PHYSIK

Formeln, Gesetze und Fachbegriffe

Stephan Block

compact

Redaktion: Caren Hummel, Anke Fischer
Fachredaktion: Wolfgang Motzer
Produktion: Wolfram Friedrich
Umschlaggestaltung: Inga Koch

ISBN 978-3-8174-7891-0
7178911

Besuchen Sie uns im Internet: www.compactverlag.de

Vorwort

Die Physik gehört zusammen mit der Chemie und der Biologie zu den Hauptzweigen der Naturwissenschaften.

Es gibt inzwischen starke Überschneidungen zwischen den Disziplinen und es ist kaum möglich, klare Grenzen zwischen ihnen zu ziehen. Auch in den Namen für einzelne Teildisziplinen wird dies deutlich, wie beispielsweise Biophysik oder Physikalische Chemie. Viele Forschungsprojekte erfordern eine interdisziplinäre Zusammenarbeit (die Gehirnforschung), da nur so komplexe Zusammenhänge aufgedeckt werden können.

Trotzdem kann man eine Unterteilung angeben. Sie ist zwar etwas grob, doch im Großen und Ganzen kann man sagen, die Biologie befasst sich mit Vorgängen der belebten Natur, die Physik und die Chemie dagegen mit Vorgängen der unbelebten Natur. Forschungsinhalte der Chemie sind im Wesentlichen Prozesse, bei denen Stoffumwandlungen stattfinden. Alle anderen Sachverhalte und Phänomene der unbelebten Natur kann man zum Forschungsgegenstand der Physik zählen. Obwohl auch diese Trennung zwischen Chemie und Physik ihre Schwächen hat, wird zumindest deutlich, wie umfangreich und mannigfaltig das Forschungsfeld der Physik ist.

Historisch gesehen kann man die Physik in eine klassische und eine moderne Physik unterteilen. Alle Ergebnisse bis zum Anfang des 20. Jahrhunderts zählen zur klassischen Physik. Sie wurde maßgeblich von Isaac Newton geprägt und hat in ihrer ursprünglichen Form heute noch Gültigkeit. Erstaunliche Entdeckungen Anfang des 20. Jahrhunderts führten zu den umwälzenden Theorien von Albert Einstein, Max Planck, Werner Heisenberg und vielen anderen führenden Wissenschaftlern. Mit der Relativitätstheorie und der Quantenmechanik läuteten sie eine neue Ära ein, die ein völliges Umdenken in der Physik erforderte.

Aber auch diese Theorien können viele Phänomene unserer Welt noch nicht erklären. Gerade die grundlegendsten Probleme, wie die Entstehung des Universums oder die kleinsten Teilchen der Materie, werden vermutlich noch lange auf eine Lösung warten.

Inhalt

1. Mechanik einzelner Massenpunkte

1.1 Grundlagen der Vektorrechnung

Die Mechanik versucht, die Bewegung von Körpern mit Hilfe physikalischer Gesetzmäßigkeiten zu beschreiben. Damit eine solche Formulierung von physikalischen Gesetzen jedoch überhaupt möglich ist, müssen geometrische Informationen (z.B. die Position und Lage der Körper im Raum) in analytische Informationen (d.h. Beschreibung der Bewegung als Funktion) übersetzt werden. Diese Übersetzung wird in der Physik durch den Einsatz der Vektorrechnung gelöst.

Koordinatensysteme und Vektoren

Um die Position eines beliebigen Punktes im Raum beschreiben zu können, muss man im betrachteten Raum ein **Koordinatensystem** einführen. Es besteht aus mehreren Koordinatenachsen (die sich im Koordinatenursprung kreuzen), wobei jede dieser **Koordinatenachsen** einen **Maßstab** besitzt, der festlegt, wie man Entfernungen entlang der jeweiligen Koordinatenachsen misst (siehe Abb. 1.1 und 1.2). Ein Punkt wird somit eindeutig beschrieben, wenn man seine Lage auf den einzelnen Koordinatenachsen kennt. Wie diese Lage auf den Achsen bestimmt wird, wird etwas später noch zu klären sein.

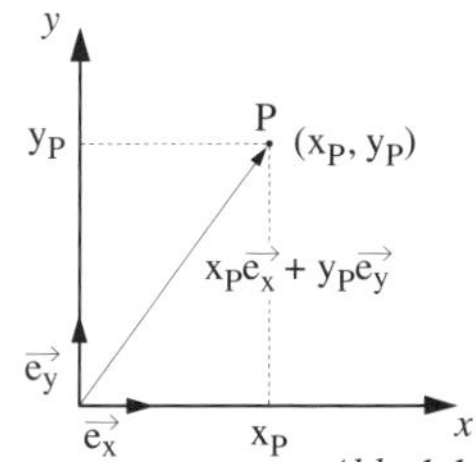

Abb. 1.1

Offensichtlich wird so die Position des Punktes relativ zum Ursprung des Koordinatensystems angegeben. Auch aus dem Alltag ist uns dieser Ansatz wohlbekannt, drückt man doch häufig den Ort eines Gegenstandes relativ zu einem anderen aus („das Auto steht ca. 50 m links von der Haustür“).

Die minimale Anzahl von Koordinatenachsen, die man benötigt, um alle Punkte des Raumes eindeutig beschreiben zu können, wird **Dimension des Raumes** genannt. Hierbei muss man sich tatsächlich auf die minimale Anzahl beschränken, da es z.B. ohne Weiteres möglich ist, eine eindimensionale Bewegung mit einem dreidimensionalen Koordinatensystem zu beschreiben. Dennoch enthalten die beiden „zusätzlichen“ Dimensionen keine zusätzlichen In-

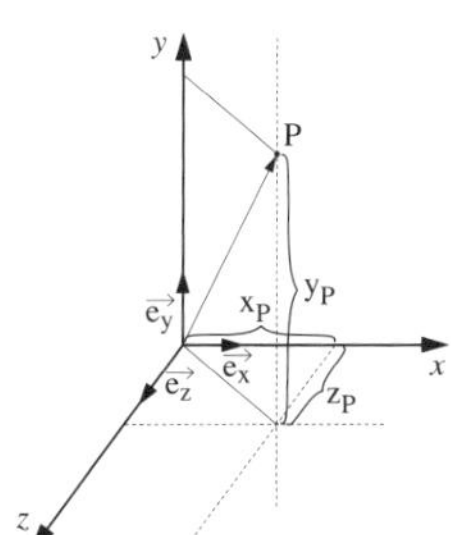

Abb. 1.2

formationen, da man das dreidimensionale Koordinatensystem stets so drehen kann, dass die eindimensionale Bewegung entlang einer Koordinatenachse verläuft (→ Abschnitt 1.9).

Die Wahl des Koordinatensystems (Art und Orientierung der Achsen sowie Position des Koordinatenursprungs) ist zunächst beliebig und willkürlich. Später wird sich jedoch zeigen, dass durch die Wahl bestimmter Koordinatensysteme die mathematische Beschreibung deutlich vereinfacht werden kann (→ Abschnitt 1.9).

Betrachten wir zunächst ein **kartesisches Koordinatensystem**: Es zeichnet sich dadurch aus, dass seine Koordinatenachsen gerade Linien sind und senkrecht aufeinanderstehen (vgl. Abb. 1.1 für ein zwei- und Abb. 1.2 für ein dreidimensionales kartesisches Koordinatensystem), wobei die Achsen traditionell als x-, y- bzw. z-Achse bezeichnet werden. Da sich in Abb. 1.1 der Punkt P in einem zweidimensionalen Raum befindet, kann seine Position durch Angabe von zwei Zahlen x und y (den sogenannten **Koordinaten des Punktes**) eindeutig beschrieben werden. Wie bereits erwähnt, verstehen sich x bzw. y bezüglich des Maßstabs der x- bzw. y-Achse. Diese Maßstäbe werden in Abb. 1.1 durch die Objekte $\vec{e}_x$ bzw. $\vec{e}_y$ dargestellt; sie haben die wichtige Eigenschaft, dass sie sowohl eine Länge als auch eine Richtung besitzen. Solche gerichteten Objekte werden in der Mathematik als Vektoren bezeichnet.

> Ein **Vektor** ist ein (gerichtetes) Objekt, das sowohl eine Länge als auch eine Richtung besitzt. Es ist daher ein mehrdimensionales Objekt. Man unterscheidet Vektoren von eindimensionalen (d.h. **skalaren**) Größen und kennzeichnet sie durch den Vektorpfeil →.

Die beiden Vektoren $\vec{e}_x$ bzw. $\vec{e}_y$ werden außerdem als **Basisvektoren des Koordinatensystems** bezeichnet, da sie das Koordinatensystem eindeutig definieren. Hierbei entspricht die Länge des jeweiligen Basisvektors der Länge des Maßstabs, mit dem Entfernungen entlang der entsprechenden Achse gemessen werden, und die Richtung des Basisvektors gibt an, in welche Richtung die entsprechende Koordinatenachse zeigt (vgl. Abb. 1.1).

Die Interpretation der Koordinaten x und y wird nun simpel: Gehe vom Koordinatenursprung x-mal mit $\vec{e}_x$-Schritten entlang der x-Achse und y-mal mit $\vec{e}_y$-Schritten entlang der y-Achse. Dies wird mathematisch durch $\vec{r} = x \cdot \vec{e}_x + y \cdot \vec{e}_y$ ausgedrückt, wobei ein Vektor $\vec{r}$ eingeführt wurde, der vom Koordinatenursprung zum Punkt P verläuft (vgl. Abb. 1.1). Da dieser Vektor den Ort des Punktes relativ zum Koordinatenursprung beschreibt, wird er als **Ortsvektor des Punktes P** bezeichnet.

In Abb. 1.2 wird die gleiche Konstruktion nochmals für den dreidimensionalen Fall durchgeführt. Hier wird das Koordinatensystem durch die Basisvektoren $\vec{e}_x$, $\vec{e}_y$ und $\vec{e}_z$ definiert, so dass man nun drei Komponenten x, y und z benötigt, um den Punkt P eindeutig beschreiben zu können:

$$\vec{r} = x \cdot \vec{e}_x + y \cdot \vec{e}_y + z \cdot \vec{e}_z. \tag{1.1}$$

Wenn man zur Beschreibung von Punkten stets die gleichen Basisvektoren verwendet, so ist es offensichtlich überflüssig, sie stets in Gleichungen der Form Gl. 1.1 mitzuführen; man kann sich Schreibarbeit sparen, wenn man nur noch die Koordinaten auflistet:

Notation

Wenn bekannt ist, welches Koordinatensystem verwendet wird, so wird der Vektor $\vec{r} = x \cdot \vec{e}_x + y \cdot \vec{e}_y + z \cdot \vec{e}_z$ verkürzend durch seine **Komponenten** (x, y, z) repräsentiert.

Wird mit mehreren Vektoren gerechnet, so beziehen sich die verwendeten Komponenten $\vec{r}_1 = (x_1, y_1, z_1)$ bis $\vec{r}_n = (x_n, y_n, z_n)$ stets auf das gleiche Koordinatensystem. Werden Komponenten unterschiedlicher Koordinatensysteme verwendet, so wird dies explizit gekennzeichnet.

Wenn $\vec{r} = x \cdot \vec{e}_x + y \cdot \vec{e}_y + z \cdot \vec{e}_z$ der Ortsvektor des Punktes P ist, so sind (x, y, z) daher die **Koordinaten** des Punktes bzw. die **Komponenten** seines Ortsvektors. Des Weiteren gilt in dieser Notation $\vec{e}_x = (1, 0, 0)$, $\vec{e}_y = (0, 1, 0)$ und $\vec{e}_z = (0, 0, 1)$.

Addition einzelner Vektoren

Die Gleichung $\vec{r} = x \cdot \vec{e}_x + y \cdot \vec{e}_y + z \cdot \vec{e}_z$ kann auch dahingehend interpretiert werden, dass drei Vektoren nacheinander addiert werden, d.h., der Ortsvektor $\vec{r}$ kann ebenso als Addition der Vektoren $(x, 0, 0)$, $(0, y, 0)$ und $(0, 0, z)$ aufgefasst werden. Generell gilt, dass sich kartesische Vektoren komponentenweise addieren, d.h.:

Vektoraddition

Beschreiben $\vec{r}_1 = (x_1, y_1, z_1)$ und $\vec{r}_2 = (x_2, y_2, z_2)$ die kartesischen Komponenten zweier Ortsvektoren, so sind die Komponenten des Ortsvektors $\vec{r} = \vec{r}_1 + \vec{r}_2$, der also durch Addition von $\vec{r}_1$ und $\vec{r}_2$ entsteht, durch $\vec{r}_1 + \vec{r}_2 = (x_1 + x_2, y_1 + y_2, z_1 + z_2)$ gegeben.

Man kann sich daher die Vektoraddition folgendermaßen vorstellen: Der Ortsvektor $\vec{r}_2$ wird so lange parallel verschoben, bis sein Fußpunkt mit der Spitze des Ortsvek-

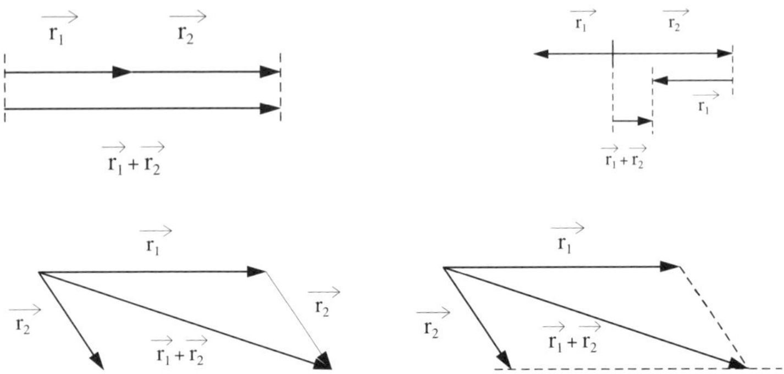

Abb. 1.3

tors $\vec{r}_1$ übereinstimmt. Dann ist der Ortsvektor $\vec{r}_1 + \vec{r}_2$ durch die Spitze von $\vec{r}_2$ gegeben. Dies wird in Abb. 1.3 für den zweidimensionalen Fall demonstriert.
Die Subtraktion zweier Vektoren verläuft analog, d.h., für $\vec{r}_1 - \vec{r}_2$ wird der Ortsvektor $\vec{r}_2$ zunächst gespiegelt $-\vec{r}_2 = (-x_2, -y_2, -z_2)$, wodurch sich die Richtung von $\vec{r}_2$ einfach umkehrt, und dann einfach gemäß $\vec{r}_1 + (-\vec{r}_2)$ zu $\vec{r}_1$ addiert.

Betrag von Vektoren

Da Ortsvektoren die Position eines Punktes relativ zum Koordinatenursprung angeben, entspricht die Länge des Ortsvektors dem Abstand des Punktes vom Ursprung. In kartesischen Koordinaten kann dieser Abstand leicht mit Hilfe der Gleichung von Pythagoras ermittelt werden. Dies gilt aber auch für allgemeine Vektoren:

Länge/Betrag eines Vektors

Sind die kartesischen Komponenten eines Vektors durch $\vec{r} = (x, y, z)$ gegeben, so kann seine Länge/sein Betrag $r = |\vec{r}|$ durch $r = \sqrt{x^2 + y^2 + z^2}$ berechnet werden. Ferner wird im Folgenden die Notation verwendet: Der Betrag eines beliebigen Vektors $\vec{r}$ wird stets durch Weglassen des Vektorpfeils, also durch r, dargestellt.

Wenn wir einen beliebigen Vektor $\vec{r}$ in kartesischen Koordinaten betrachten, so gilt offensichtlich $\vec{r} + \vec{r} = (2 \cdot x, 2 \cdot y, 2 \cdot z) = 2 \cdot \vec{r}$, d.h., man „verdoppelt" den Vektor, indem man seine kartesischen Komponenten verdoppelt. Somit gilt:

In kartesischen Koordinaten ist das Produkt eines beliebigen Vektors $\vec{r}$ mit einem skalaren Wert a durch $a \cdot \vec{r} = (a \cdot x, a \cdot y, a \cdot z)$ gegeben, d.h., der Vektor wird komponentenweise mit a multipliziert.

Die Multiplikation eines skalaren Wertes führt daher zu einer Streckung ($|a| > 1$) bzw. Stauchung ($|a| < 1$) des ursprünglichen Vektors. Dies eröffnet folgende interessante Möglichkeit:

> Jeder Vektor $\vec{r}$ lässt sich (unabhängig vom gewählten Koordinatensystem) immer in zwei Teile zerlegen: seinen Betrag r und seine Richtung $\vec{e}_r$: $\vec{r} = r \cdot \vec{e}_r$. Der Vektor $\vec{e}_r$ besitzt immer die Länge 1 und wird daher **Einheitsvektor** bzw. **Richtungsvektor** von $\vec{r}$ genannt.

Skalarprodukt, Projektion und eingeschlossener Winkel

Betrachten wir den Ortsvektor $\vec{r} = (x, y)$ aus Abb. 1.1. Offensichtlich kann man (bei Verwendung eines kartesischen Koordinatensystems) die Komponenten x und y als Projektionen des Ortsvektors $\vec{r}$ auf die entsprechende Koordinatenachse auffassen. Mathematisch wird diese Projektion durch das Skalarprodukt berechnet:

> **Skalarprodukt**
>
> Beschreiben $\vec{r}_1 = (x_1, y_1, z_1)$ und $\vec{r}_2 = (x_2, y_2, z_2)$ die kartesischen Komponenten zweier Ortsvektoren, so ist das Skalarprodukt von $\vec{r}_1$ und $\vec{r}_2$ durch
>
> $$\vec{r}_1 \cdot \vec{r}_2 = x_1 \cdot x_2 + y_1 \cdot y_2 + z_1 \cdot z_2 \tag{1.2}$$
>
> gegeben.
>
> Das Skalarprodukt stellt somit eine Funktion dar, die jeweils zwei Vektoren einen skalaren Wert zuordnet. Interessanterweise gibt $\vec{r}_1 \cdot \vec{r}_2$ die Länge des Vektors an, der durch lotrechte Projektion von $\vec{r}_1$ auf $\vec{r}_2$ (bzw. von $\vec{r}_2$ auf $\vec{r}_1$) entsteht (vgl. Abb. 1.4).
>
> Wir werden im Folgenden für das Skalarprodukt und für die Multiplikation zweier skalarer Größen das gleiche Zeichen verwenden, da aus dem Kontext ersichtlich ist, welche Multiplikation gemeint ist: Werden zwei Vektoren miteinander multipliziert, so ist das Skalarprodukt gemeint, andernfalls die normale Multiplikation mit einer skalaren Größe.

Die Projektion des Ortsvektors $\vec{r} = (x, y, z)$ auf die x-Achse kann daher einfach durch das Skalarprodukt von $\vec{r}$ mit dem Basisvektor der x-Achse, $\vec{e}_x$, berechnet werden, d.h. $\vec{r} \cdot \vec{e}_x = x \cdot 1 + y \cdot 0 + z \cdot 0 = x$, was mit der ursprünglichen Beobachtung übereinstimmt.

Wenn wir z.B. das Skalarprodukt zwischen zwei kartesischen Basisvektoren berechnen, so stellen wir fest, dass dieses Skalarprodukt gemäß Gl. 1.2 stets Null ist. So folgt beispielsweise nach den bisherigen Definitionen $\vec{e}_x \cdot \vec{e}_y = 1 \cdot 0 + 0 \cdot 1 + 0 \cdot 0 = 0$. Diese Eigenschaft der Basisvektoren kann man auch Abb. 1.1 entnehmen; sie ist eine Konsequenz der Forderung, dass in einem kartesischen Koordinatensystem die Basisvektoren senkrecht aufeinanderstehen, wodurch die Projektion stets verschwinden muss:

Orthogonale/Senkrechte Vektoren
Zwei Vektoren $\vec{r}_1$ und $\vec{r}_2$ stehen **orthogonal/senkrecht** aufeinander, wenn $\vec{r}_1 \cdot \vec{r}_2 = 0$ gilt.

In der linearen Algebra wird gezeigt, dass diese Eigenschaft unabhängig von der Wahl des Koordinatensystems ist, d.h., wenn zwei Vektoren in einem Koordinatensystem orthogonal zueinander sind, dann sind sie das in allen.

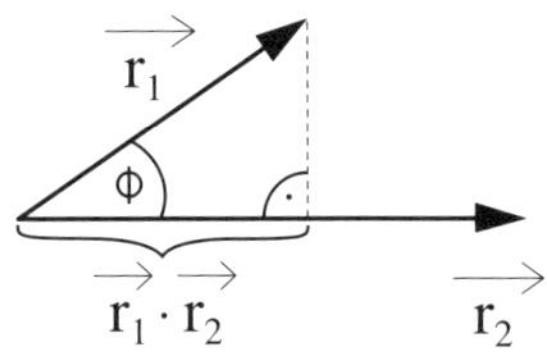

Abb. 1.4

Dies ist offensichtlich ein Spezialfall, bei dem der Winkel zwischen den Vektoren gerade 90° beträgt. Man kann ferner zeigen, dass mit Hilfe des Skalarproduktes generell der Winkel berechnet werden kann, der von beiden Vektoren eingeschlossen wird:

Skalarprodukt und eingeschlossener Winkel
Sind $\vec{r}_1$ und $\vec{r}_2$ zwei Vektoren, die den Winkel ϕ einschließen (vgl. Abb. 1.4), so ist das Skalarprodukt durch $\vec{r}_1 \cdot \vec{r}_2 = r_1 \cdot r_2 \cdot \cos\phi$ gegeben, wobei r_1 und r_2 die Beträge von $\vec{r}_1$ und $\vec{r}_2$ bezeichnen.

Diese Relation kann nach ϕ aufgelöst werden und bietet dann eine einfache Möglichkeit, diesen Winkel zu berechnen. Abschließend sei noch der Zusammenhang zwischen Skalarprodukt und Betrag eines Ortsvektors gegeben, welcher sofort aus den Definitionen beider Größen folgt:

Länge/Betrag eines Ortsvektors II
Beschreibt $\vec{r}$ einen Vektor, so ist dessen Betrag $r = |\vec{r}|$ durch $r = \sqrt{\vec{r} \cdot \vec{r}}$ gegeben.

Kreuzprodukt und rechts- bzw. linkshändige Koordinatensysteme

Das Skalarprodukt ist ein Beispiel für eine Funktion, die jeweils zwei Vektoren einen skalaren Wert zuweist. Wir werden nun eine Funktion kennenlernen, die jeweils zwei Vektoren einen neuen Vektor zuweist:

Kreuzprodukt

Beschreiben $\vec{r}_1 = (x_1, y_1, z_1)$ und $\vec{r}_2 = (x_2, y_2, z_2)$ die kartesischen Komponenten zweier Vektoren, so ist das Kreuzprodukt $\vec{k} = \vec{r}_1 \times \vec{r}_2$ durch die Vorschrift

$$\vec{k} = \vec{r}_1 \times \vec{r}_2 := (y_1 \cdot z_2 - z_1 \cdot y_2, z_1 \cdot x_2 - x_1 \cdot z_2, x_1 \cdot y_2 - y_1 \cdot x_2) \qquad (1.3)$$

gegeben.

Diese Definition mag auf den ersten Blick willkürlich und kompliziert erscheinen, wird später im Rahmen der Lie'schen Algebren in der Mathematik jedoch hinreichend motiviert. Sie hat folgende sehr interessante Eigenschaften:

Eigenschaften des Kreuzproduktes

Das Kreuzprodukt $\vec{k} = \vec{r}_1 \times \vec{r}_2$ der Vektoren $\vec{r}_1 = (x_1, y_1, z_1)$ und $\vec{r}_2 = (x_2, y_2, z_2)$ hat folgende Eigenschaften (vgl. Abb. 1.5):

1. $\vec{k}$ steht senkrecht auf der Ebene, die durch $\vec{r}_1$ und $\vec{r}_2$ aufgespannt wird.
2. Der Betrag von $\vec{k}$ entspricht dem Flächeninhalt des von $\vec{r}_1$ und $\vec{r}_2$ aufgespannten Parallelogramms.
3. Sei α der Winkel, der von $\vec{r}_1$ und $\vec{r}_2$ eingeschlossen wird. Dann ist der Betrag von $\vec{k}$ durch $k = r_1 \cdot r_2 \cdot \sin \alpha$ gegeben.
4. Das Kreuzprodukt ist antikommutativ, d.h., es gilt $\vec{r}_1 \times \vec{r}_2 = -\vec{r}_2 \times \vec{r}_1$ für beliebige $\vec{r}_1$ und $\vec{r}_2$.

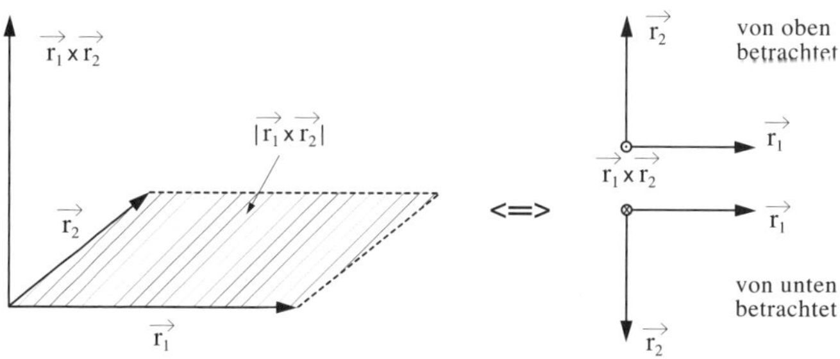

Abb. 1.5

Die vierte Eigenschaft zeigt, dass die Richtung des Kreuzproduktes nicht nur von den Richtungen sondern auch von der Reihenfolge der beteiligten Vektoren abhängt. In der Physik hat man sich daher auf folgende Reihenfolge „geeinigt“:

Konvention: Rechte-Hand-Regel I

Die Richtung des Kreuzproduktes $\vec{k} = \vec{r}_1 \times \vec{r}_2$ der Vektoren $\vec{r}_1$ und $\vec{r}_2$ kann durch die Rechte-Hand-Regel ermittelt werden. Dazu dreht man die rechte Hand derart, dass der Daumen in Richtung von $\vec{r}_1$ und der Zeigefinger in Richtung von $\vec{r}_2$ zeigt. Die Richtung des Mittelfingers gibt dann die Richtung des Kreuzproduktes an (vgl. Abb. 1.6).

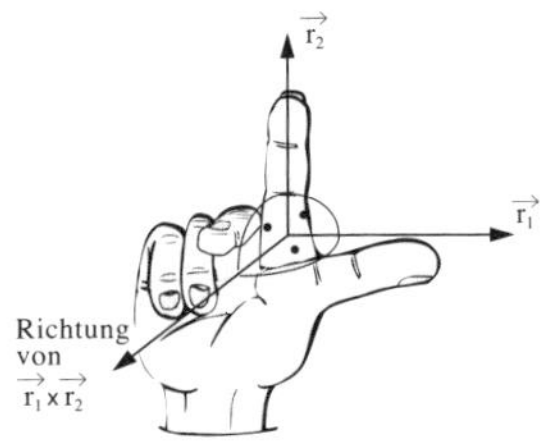

Abb. 1.6

Konvention: links- und rechtshändiges Koordinatensystem

In der Physik wird üblicherweise mit **rechtshändigen Koordinatensystemen** gerechnet, d.h., die Koordinatenachsen sind derart zueinander ausgerichtet, dass $\vec{e}_x \times \vec{e}_y = \vec{e}_z$ gilt. Ein Koordinatensystem heißt dagegen **linkshändig**, falls $\vec{e}_x \times \vec{e}_y = -\vec{e}_z$ gilt. Welche Orientierung ein Koordinatensystem aufweist, lässt sich leicht mit Hilfe der Rechten-Hand-Regel ermitteln.

Offensichtlich macht das Kreuzprodukt so nur in drei Dimensionen einen Sinn. Möchte man seine Wirkung jedoch zeichnen, so steht man vor dem Problem, dass man nur in zweidimensionalen Ebenen Grafiken erstellen kann, wodurch eine Dimension fehlt, um alle Vektoren zweifelsfrei zeichnen zu können. Um dieses Problem zu lösen, hat man sich darauf geeinigt, Vektoren, die senkrecht zur Zeichenebene stehen, auf zwei Arten zu zeichnen:

Vektoren, die **senkrecht zur Zeichenebene** stehen, werden durch einen Kreis mit Punkt symbolisiert, wenn sie aus der Zeichenebene herausstehen, während sie durch einen Kreis mit Kreuz dargestellt werden, wenn sie in die Zeichenebene hineingehen (siehe Abb. 1.5).

Um sich dies besser einzuprägen, kann man sich folgende Eselsbrücke zunutze machen: Man stellt sich den Vektor als Bogenpfeil vor und sieht dann die Pfeilspitze (also einen Punkt), wenn der Vektor auf den Betrachter zeigt, während man das Pfeilende (also das Kreuz) sieht, wenn der Vektor weg vom Betrachter zeigt.

Polar-, Zylinder- und Kugelkoordinaten

Neben den kartesischen Koordinatensystemen gibt es viele weitere unterschiedliche Arten von Koordinatensystemen, deren Einsatz in Abhängigkeit vom untersuchten Problem Vor- und Nachteile mit sich bringen kann.

Für zweidimensionale kreisförmige Bewegungen kann es beispielsweise hilfreich sein, die Position des Punktes in **Polarkoordinaten**, d.h. durch seinen Abstand r zum Ursprung und dem Winkel ϕ zur x-Achse zu beschreiben. Abb. 1.7 kann man entnehmen, dass man Polarkoordinaten durch die Vorschrift $\vec{r}(r, \phi) = (r \cdot \cos \phi, r \cdot \sin \phi)$ in kartesische Koordinaten übersetzen kann. Eine solche „Übersetzung" bezeichnet man als **Koordinatentransformation**. Des Weiteren kann Abb. 1.7 entnommen werden, dass für alle Punkte der Ebene stets $r \geq 0$ und $0 \leq \phi < 360°$ gilt. Innerhalb dieser Grenzen ist man daher mit Polarkoordinaten in der Lage, jeden Punkt in der Ebene eindeutig zu beschreiben.

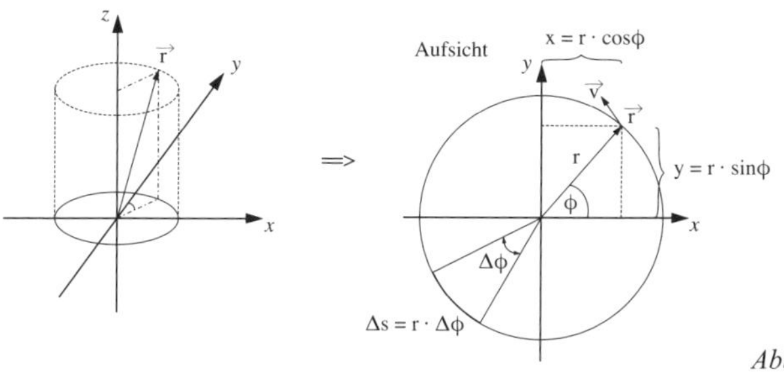

Abb. 1.7

Fügt man diesen Koordinaten noch die z-Achse hinzu, so kann man beliebige Punkte auch in drei Dimensionen beschreiben und erhält **Zylinderkoordinaten** $\vec{r}(r, \phi, z)$. Der Zusammenhang zu kartesischen Koordinaten kann dann durch $\vec{r}(r, \phi, z) = (r \cdot \cos \phi, r \cdot \sin \phi, z)$ hergestellt werden (siehe Abb. 1.7).

Alternativ kann der dreidimensionale Raum auch durch **Kugelkoordinaten** $\vec{r}(r, \phi, \theta)$ beschrieben werden (siehe Abb. 1.8), was insbesondere bei der Beschreibung kugelförmiger Probleme ein großer Vorteil sein kann. Die Komponente r gibt hierbei wieder den Abstand des Punktes zum Ursprung an. Will man jedoch die Komponenten ϕ und θ verstehen, so muss man zunächst die Ebene einzeichnen, die durch den Ortsvektor $\vec{r}(r, \phi, \theta)$ und die z-Achse erzeugt wird. Die Komponente ϕ misst dann den Winkel, den diese Ebene mit der x-z-Ebene einschließt, wäh-

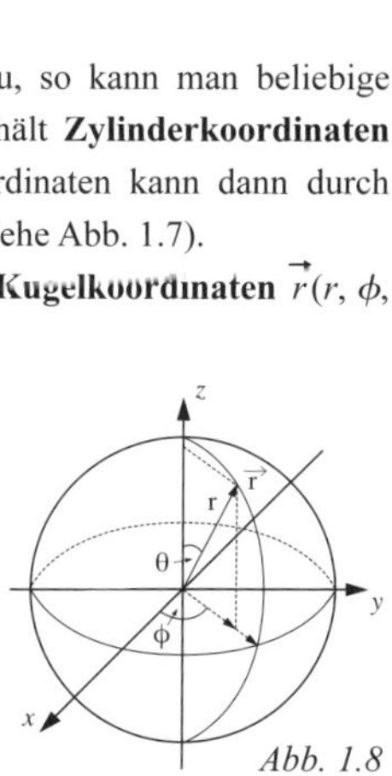

Abb. 1.8

rend θ den Winkel darstellt, der vom Ortsvektor $\vec{r}(r, \phi, \theta)$ und der z-Achse in dieser Ebene eingeschlossen wird. Somit kann r wieder beliebige positive Werte annehmen, während für die Winkel die Einschränkungen $0 \leq \phi < 360^\circ$ und $0 \leq \theta < 180^\circ$ gelten. Die Umrechnung in kartesische Komponenten erfolgt durch die Beziehung $\vec{r}(r, \phi, \theta) = (r \cdot \sin\theta \cdot \cos\phi, r \cdot \sin\theta \cdot \sin\phi, r \cdot \cos\theta)$.

Notation

Welches Koordinatensystem zur Beschreibung von Vektoren verwendet wird, kann der Bezeichnung der Komponenten entnommen werden.

Kartesische Koordinaten:	$r = \vec{r}(x, y, z)$; $x, y, z \in \left]-\infty, \infty\right[$
Polarkoordinaten:	$\vec{r} = \vec{r}(r, \phi)$; $r \geq 0$, $0 \leq \phi < 360^\circ$
Zylinderkoordinaten:	$\vec{r} = \vec{r}(r, \phi, z)$; $r \geq 0$, $0 \leq \phi < 360^\circ$, $z \in \left]-\infty, \infty\right[$
Kugelkoordinaten:	$r = \vec{r}(r, \phi, \theta)$; $r \geq 0$, $0 \leq \phi < 360^\circ$, $0 \leq \theta < 180^\circ$

1.2 Beschreibung der Dynamik einzelner Massenpunkte

In Abschnitt 1.1 wurden die Grundlagen gelegt, um die Position von Körpern im Raum beschreiben zu können. Diese Grundlagen werden in diesem Abschnitt verwendet, um die Bewegung von Objekten mit dem simpelsten mechanischen Modell, dem Massenpunkt-Modell, beschreiben zu können.

Konzept des Massenpunktes

Die Bewegung eines Körpers lässt sich deutlich einfacher beschreiben, wenn seine Ausdehnung vernachlässigt werden kann. Ist diese auf der Skala, auf der Bewegung beobachtet wird, vernachlässigbar klein und hat somit keine oder nur sehr geringe Auswirkungen auf die Bewegung, wird die Näherung immer gute Ergebnisse liefern. Dies führt zum Modell des Massenpunktes:

Bei dem **Modell des Massenpunktes** wird die räumliche Ausdehnung des Körpers vernachlässigt. Der Körper wird auf einen einzelnen Punkt reduziert, welcher die komplette Masse des Körpers in sich trägt.
Da der Massenpunkt keine Ausdehnung besitzt, kann er sich lediglich durch den Raum bewegen (**Translation**), sich jedoch **nicht** um sich selbst drehen (**Rotation**).

Die Voraussetzungen für das Massenpunkt-Modell sind beispielsweise für die Bewegung der Planeten um die Sonne sehr gut erfüllt: Nimmt man die Erde als Beispiel, so beträgt das Verhältnis zwischen dem Erdradius und der Größenordnung der

Bewegung (Abstand: Erde-Sonne) ungefähr $5 \cdot 10^{-5}$, d.h., die Ausdehnung der Erde ist mehr als vier Größenordnungen kleiner als ihr Bahnradius und kann daher für die Berechnung der Erdumlaufbahn vernachlässigt werden.

Bahnkurve eines Massenpunktes

Die Bewegung des Körpers kann nun beschrieben werden, indem man ein Koordinatensystem wählt und anschließend die Position des Massenpunktes relativ zum Koordinatenursprung in Abhängigkeit von der Zeit bestimmt (vgl. Abb. 1.9). Dadurch erhält man den Ortsvektor $\vec{r} = (x(t)), (y(t)), (z(t))$, dessen Komponenten $x(t)$, $y(t)$ und $z(t)$ Funktionen der Zeit t sind (was durch das t in der Klammer gekennzeichnet wird). Der (zeitabhängige) Ortsvektor $\vec{r}(t)$ kann somit als Bahn im dreidimensionalen Raum aufgefasst werden, wobei die Zeit t die Rolle des Bahnparameters spielt und die Bewegung eindeutig beschreibt.

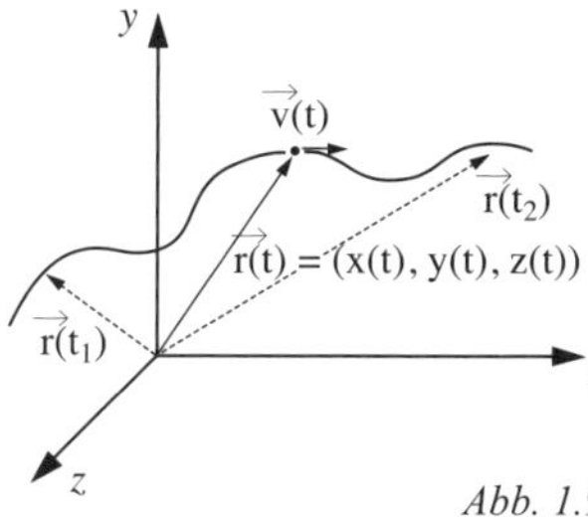

Abb. 1.9

Offensichtlich hängt die Beschreibung der Bewegung durch $\vec{r}(t)$ stark von der Wahl der Maßstäbe ab, mit denen der Abstand zum Ursprung und die Zeit gemessen werden. Üblicherweise werden hierfür die SI-Basiseinheiten 1 **Meter** = 1 m (für Längen) und 1 **Sekunde** = 1 s (für die Zeit) verwendet.

Die Abbildungen 1.10 und 1.11 zeigen zwei typische Bahnkurven: eine geradlinige und eine kreisförmige Bewegung. Die gerade Bahn (Abb. 1.10) kann beispielsweise durch $\vec{r}(t) = (v_x \cdot t, y_0, 0)$ beschrieben/**parametrisiert** werden (wobei v_x und y_0 Konstanten darstellen). Dieser Ortsvektor beschreibt eine Bahnkurve, bei der die x-Komponente linear mit der Zeit t zunimmt, während die anderen beiden Komponenten konstant sind (d.h. der Massenpunkt bezüglich der y- und z-Achse ruht).

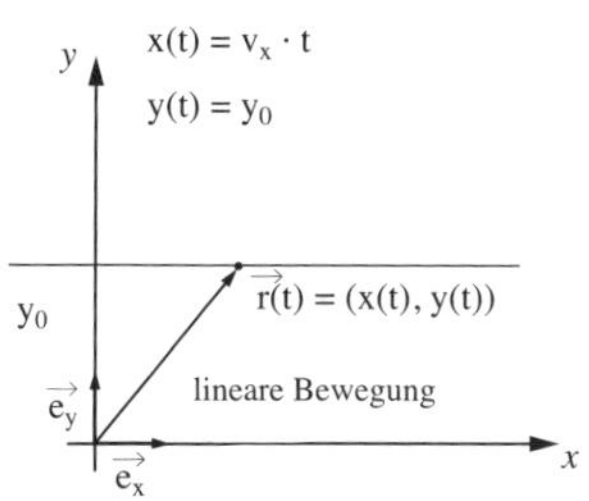

Abb. 1.10

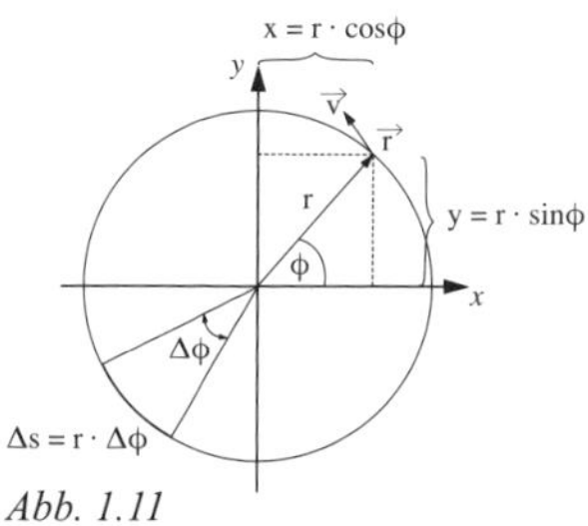

Abb. 1.11

Für die Parametrisierung der Kreisbewegung ist es jedoch günstiger, auf Polarkoordinaten zu wechseln, da bei der Bewegung der Abstand r zum Koordinatenursprung konstant ist. In Abschnitt 1.1 wurde gezeigt, dass diese Bahnkurve durch $\vec{r}(t) = (r \cdot \cos(\varphi(t)), r \cdot \sin(\varphi(t)), 0)$ beschrieben werden kann, wobei r den konstanten Abstand zum Ursprung darstellt. Aufgrund dieser Zwangsbedingung kann diese Bewegung eindimensional durch den Winkel $\varphi(t)$ beschrieben werden, der vom Ortsvektor und der x-Achse eingeschlossen wird.

In der Physik ist es dabei üblich, Winkel in **Bogenmaß** (Einheit: **Radiant**) statt in Gradzahlen (Einheit: °) zu messen. Eine Umrechnung zwischen beiden Einheiten ist durch die Relation $\varphi|_{rad} = \varphi|_{\circ} \cdot \frac{\pi}{180°}$ gegeben, d.h., 180° entsprechen einem Bogenmaß von π. Die Verwendung des Bogenmaßes hat folgenden Vorteil: Legt der Massenpunkt während der Kreisbewegung den Winkel $\Delta\varphi$ zurück, so ist die Länge des zurückgelegten Kreisbogens gerade durch $\Delta s = r \cdot \Delta\varphi$ gegeben (vgl. Abb. 1.11). Wir werden daher Winkel im Folgenden ausschließlich im Bogenmaß angeben.

Geschwindigkeit und Impuls

Da es unendlich viele Möglichkeiten gibt, eine Bahnkurve zu parametrisieren, reicht die Kenntnis über deren Verlauf alleine nicht aus, um die Bewegung eindeutig beschreiben zu können. Die unterschiedlichen Parametrisierungen können sich spürbar voneinander unterscheiden, wie das folgende Beispiel verdeutlicht:

Betrachten wir nochmals eine geradlinige Bahn (Abb. 1.10) mit der Parametrisierung $\vec{r}(t) = (v_x \cdot t, y_0, 0)$. Offensichtlich kann man v_x beliebig wählen, ohne die Form der Bahnkurve zu verändern (einzige Ausnahme: $v_x = 0$, was einen ruhenden Massenpunkt bei $(0, y_0, 0)$ beschreiben würde).

Andererseits hat v_x einen spürbaren Einfluss auf die Bewegung des Massenpunktes: Sind t_1 und t_2 die Zeitpunkte, bei denen der Massenpunkt die Orte P_1 und P_2 erreicht, dann wird das Zeitintervall $\Delta t = t_2 - t_1$ (d.h. die „Zeit“, die der Massenpunkt benötigt, um sich von P_1 zu P_2 zu bewegen) eindeutig von v_x abhängen. Aus der alltäglichen Erfahrung weiß man, dass es einen deutlichen Unterschied macht, ob man einen Tag oder eine Stunde benötigt, um die gleiche Strecke zurückzulegen.

Des Weiteren hat die Parametrisierung $\vec{r}(t) = (v_x \cdot t, y_0, 0)$ die interessante Eigenschaft, dass der Massenpunkt pro Zeiteinheit Δt stets die gleiche Strecke $\Delta\vec{r} = (v_x \cdot \Delta t, 0, 0)$ zurücklegt. Es ist dabei unerheblich, zu welchen Zeitpunkten t_1 und t_2 man die zurückgelegte Strecke $\Delta\vec{r}$ ermittelt; sie ist für alle Zeitpunkte stets $\Delta\vec{r} = (v_x \cdot \Delta t, 0, 0)$, was sich leicht mit Hilfe der Vektorrechnung nachweisen lässt. Je höher v_x ist, desto größer ist die zurückgelegte Strecke $\Delta\vec{r}$ pro Zeiteinheit, und daher ist v_x ein Maß für die Geschwindigkeit der Bewegung.

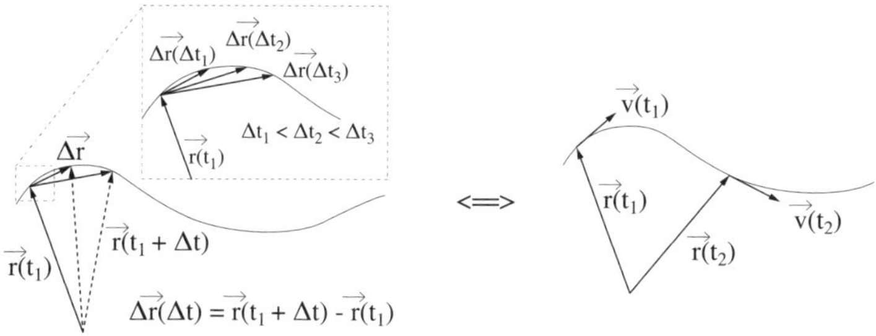

Abb. 1.12

Je schneller eine Bewegung durchgeführt wird, desto mehr Strecke $\Delta\vec{r}$ wird pro Zeiteinheit Δt zurückgelegt. Die **mittlere Geschwindigkeit** der Bewegung wird daher berechnet, indem man den Quotienten aus zurückgelegter Strecke $\Delta\vec{r}$ pro Zeiteinheit Δt betrachtet:

$$\vec{v} = \frac{\Delta\vec{r}}{\Delta t} = \frac{\vec{r}(t+\Delta t) - \vec{r}(t)}{\Delta t}.$$

Auf das Beispiel angewandt, ergibt sich für die mittlere Geschwindigkeit der Bewegung

$$\vec{v} = \frac{\Delta\vec{r}}{\Delta t} = \frac{(v_x \cdot \Delta t, 0, 0)}{\Delta t} = (v_x, 0, 0).$$

Sie ist in diesem speziellen Beispiel unabhängig vom gewählten Zeitpunkt, d.h., pro Zeiteinheit wird stets die gleiche Strecke zurückgelegt. Diese spezielle Form der Bewegung bezeichnet man daher als **gleichförmige Bewegung**.

Im Allgemeinen wird die Bewegung jedoch nicht gleichförmig und die Geschwindigkeit keine Konstante sein (vgl. Abb. 1.12). Hier wurden zu einem (fixierten) Zeitpunkt t die Größen $\Delta\vec{r}$ und $\vec{v}$ für verschiedene Zeitintervalle Δt ermittelt, und es ändern sich sowohl Betrag als auch Richtung von $\vec{v}$ in Abhängigkeit von Δt.

Interessanterweise findet man dennoch, dass für sehr kleine Δt der Quotient $\vec{v}(t, \Delta t) = \Delta\vec{r}/\Delta t = [\vec{r}(t+\Delta t) - \vec{r}(t)]/\Delta t$ gegen einen konstanten Vektor strebt, der im Allgemeinen ungleich dem Nullvektor $\vec{0} = (0, 0, 0)$ ist. Dies ist dahingehend erstaunlich, da mit $\Delta t \rightarrow 0$ der Abstandsvektor $\Delta\vec{r}$ ebenfalls gegen (0, 0, 0) strebt und man vielleicht auf den ersten Blick erwarten würde, dass somit auch $\vec{v}(t, \Delta t)$ gegen (0, 0, 0) geht. Aber bereits das Beispiel der gleichförmigen Bewegung hat gezeigt, dass dies nicht der Fall sein muss.

Mathematisch ausgedrückt bedeutet dies, dass beim Grenzübergang $\Delta t \to 0$ der Quotient $\Delta \vec{r} / \Delta t$ einen Grenzwert annimmt, den wir als die aktuelle Geschwindigkeit $\vec{v}(t)$ des Massenpunktes zum Zeitpunkt t bezeichnen:

Aktuelle Geschwindigkeit eines Massenpunktes

Sei $\vec{r}(t)$ die Bahnkurve eines Massenpunktes, so ist die aktuelle Geschwindigkeit $\vec{v}(t)$ des Massenpunktes zum Zeitpunkt t durch den Grenzwert

$$\vec{v}(t) := \frac{\mathrm{d}}{\mathrm{d}t}\vec{r}(t) = \lim_{\Delta t \to 0} \frac{\vec{r}(t + \Delta t) - \vec{r}(t)}{\Delta t} \qquad (1.4)$$

gegeben. Einheit: 1 m s^{-1}

Ist $\vec{v}(t) = \mathit{const.}$, d.h. zeitlich konstant, so liegt eine **gleichförmige** Bewegung vor, bei der der Massenpunkt pro Zeiteinheit Δt stets die gleiche Strecke $\Delta \vec{r} = \vec{v} \cdot \Delta t$ zurücklegt. Ist $\vec{v}(t)$ andererseits eine Funktion der Zeit, so nennen wir die Bewegung **beschleunigt**.

Ein Grenzübergang der Form Gl. 1.4 bezeichnet man in der Mathematik als **ableiten** bzw. **differenzieren**, d.h., die aktuelle Geschwindigkeit ist die Ableitung der Bahnkurve nach der Zeit. Die **Differentialrechnung** ist dabei der Teilbereich der Mathematik, der sich mit dem Differenzieren von Funktionen beschäftigt. Für den Fall, dass der Leser mit der Differentialrechnung nicht vertraut ist, werden ihre (für die Physik) wichtigsten Punkte in Abschnitt 1.3 kurz zusammengefasst.

Eine wichtige Eigenschaft der Geschwindigkeit lässt sich jedoch bereits Abb. 1.12 entnehmen: Der Geschwindigkeitsvektor liegt immer tangential an der Bahnkurve an. Dies ist eine sehr nützliche Eigenschaft, schließlich lässt sich die Richtung der Geschwindigkeit sofort aus der Bahnkurve gewinnen.

Abschließend definieren wir eine wichtige Größe im Zusammenhang mit der Geschwindigkeit, den Impuls:

Impuls eines Massenpunktes

Sei $\vec{v}(t)$ die aktuelle Geschwindigkeit eines Massenpunktes (Masse m), so ist dessen Impuls durch $\vec{p}(t) := m \cdot \vec{v}(t)$ definiert. Einheit: 1 kg m s^{-1}

Beschleunigung

Bei der Definition der Geschwindigkeit wurde gezeigt, dass jede Bewegung entweder gleichförmig oder beschleunigt verläuft. Beide Bewegungsformen lassen sich leicht voneinander unterscheiden, wenn man die zeitliche Änderung der Geschwindigkeit betrachtet. Wir definieren daher analog zur aktuellen Geschwindigkeit die

Aktuelle Beschleunigung

Die unterschiedlichen Arten der Bewegung lassen sich leicht unterscheiden, wenn man die Änderung der aktuellen Geschwindigkeit $\vec{v}(t)$, d.h. die **aktuelle Beschleunigung** $\vec{a}(t)$,

$$\vec{a}(t) := \frac{\mathrm{d}}{\mathrm{d}t}\vec{v}(t) = \lim_{\Delta t \to 0} \frac{\vec{v}(t + \Delta t) - \vec{v}(t)}{\Delta t} \qquad \text{(Einheit: 1 m} \cdot \text{s}^{-2}\text{)}$$

betrachtet. Gilt $|\vec{a}(t)| = 0$, so verläuft die Bewegung **gleichförmig/unbeschleunigt**. Eine **beschleunigte** Bewegung liegt dagegen genau dann vor, wenn $|\vec{a}(t)| > 0$ erfüllt ist.

Beispiele

Gleichförmige Bewegung $\vec{r}(t) = (v_x \cdot t, y_0, 0)$

Hier wird pro Zeiteinheit dt die infinitesimale Strecke $\mathrm{d}\vec{r}(t) = (v_x, 0, 0) \cdot \mathrm{d}t$ zurückgelegt, woraus sofort die Geschwindigkeit $\vec{v}(t) = (v_x, 0, 0)$ folgt. Sie ist (wie erwartet) eine Konstante, und daher folgt sofort für die Beschleunigung $\vec{a}(t) = (0, 0, 0)$.

Gleichförmige Kreisbewegung $\vec{r}(t) = (R \cdot \cos(\omega \cdot t), R \cdot \sin(\omega \cdot t), 0)$

Die Geschwindigkeit ergibt sich durch komponentenweises Differenzieren der Parametrisierung nach der Zeit (→ Abschnitt 1.3), d.h.

$$\vec{v}(t) = \frac{\mathrm{d}}{\mathrm{d}t}\vec{r}(t) = (-\omega \cdot R \cdot \sin(\omega \cdot t), \omega \cdot R \cdot \cos(\omega \cdot t), 0)$$

und analog für die Beschleunigung

$$\vec{a}(t) := \frac{\mathrm{d}}{\mathrm{d}t}\vec{v}(t) = (-\omega^2 R \cdot \cos(\omega \cdot t), -\omega^2 R \cdot \sin(\omega \cdot t), 0) = -\omega^2 \cdot \vec{r}(t)$$

Für die Beträge der Vektoren folgt

$$|\vec{r}(t)| = R, \qquad |\vec{v}(t)| = \omega \cdot R, \qquad |\vec{a}(t)| = \omega^2 R,$$

d.h., alle Beträge sind zeitlich konstant, aber ungleich Null. Nun kann auch die Bedeutung der Größe ω in der Parametrisierung erschlossen werden. Da das Produkt $\omega \cdot R$ gerade den Betrag der Bahngeschwindigkeit des Massenpunktes ergibt, stellt ω die Normierung der Bahngeschwindigkeit auf den Kreisumfang $u = 2\pi \cdot R$ dar (sofern ω in der Einheit 1 rad s^{-1} gemessen wird). Der Parameter ω wird daher als Winkelgeschwindigkeit bezeichnet und gibt an, um welchen Winkel sich der Massenpunkt pro Zeiteinheit weiterbewegt hat. Diese Interpretation ist sofort einsichtig, wenn man berücksichtigt, dass die Kosinus- und Sinusfunktionen periodische Funktionen mit der Periodizität 2π sind, d.h., für beliebige t gelten die Gleichungen $\sin(\omega \cdot t + 2\pi) = \sin(\omega \cdot t)$ und $\cos(\omega \cdot t + 2\pi) = \cos(\omega \cdot t)$. Sei T die Zeit, die der Massenpunkt benötigt, um die Kreisbahn genau einmal zu umlaufen. Dann muss aufgrund der Periodizität $\omega \cdot T = 2\pi$ bzw. $\omega = 2\pi\ /\ T$ gelten, was nochmals unterstreicht, dass ω den zurückgelegten Winkel pro Zeiteinheit darstellt.

> **Kreisgeschwindigkeit und -beschleunigung**
> Ein Massenpunkt (Masse m) bewege sich auf einer Kreisbahn mit Radius R. Dann ist die Kreisgeschwindigkeit durch $\omega(t) = v(t)\ /\ R$ (Einheit: 1 rad s^{-1}) und die Kreisbeschleunigung durch $\alpha(t) = a(t)\ /\ R$ (Einheit: 1 rad s^{-2}) gegeben.

Normal- und Tangentialbeschleunigung

Betrachten wir eine Bewegung, bei welcher der Betrag der Geschwindigkeit konstant ist: $|\vec{v}(t)|$ = const. Am Ende von Abschnitt 1.3 wird gezeigt, dass unter dieser Voraussetzung automatisch $\vec{v}(t) \cdot \vec{a}(t) = 0$ folgt und daher Geschwindigkeit und Beschleunigung senkrecht aufeinanderstehen.

Das bedeutet aber im Umkehrschluss, dass eine senkrecht zur Bewegungsrichtung wirkende Beschleunigung lediglich die Richtung der Bewegung verändert, jedoch nicht den Betrag der Geschwindigkeit. Er wird sich daher nur dann verändern, wenn die Beschleunigung eine Komponente besitzt, die in (bzw. gegen) die Bewegungsrichtung zeigt. Es ist somit sinnvoll, die Beschleunigung in Komponenten parallel (d.h. **tangential**) und senkrecht (d.h. **normal**) zur Bewegungsrichtung zu zerlegen:

> Seien $v(t)$ bzw. $a(t)$ die Geschwindigkeit bzw. die Beschleunigung eines Massenpunktes. Offensichtlich kann die Beschleunigung in zwei zueinander senkrechte Komponenten zerlegt werden (→ Abschnitt 1.1): $\vec{a}(t) = \vec{a}_t(t) + \vec{a}_n(t)$. Die Komponente $\vec{a}_t(t)$ liegt tangential an der Bahnkurve an, während $a_n(t)$ senkrecht zur Bahn ausgerichtet ist.

In Abschnitt 1.1 wurde gezeigt, dass jeder Vektor $\vec{v}(t)$ in das Produkt $\vec{v}(t) = v(\mathrm{t}) \cdot \vec{e}_v(t)$ zerlegt werden kann, wobei $v(t)$ den Betrag und $\vec{e}_v(t)$ den Richtungsvektor der Geschwindigkeit darstellen. Die Beschleunigung erhält man durch Ableiten von $\vec{v}(t)$ und mit Hilfe der Produktregel (Seite 27) zu

$$\vec{a}(t) = \frac{\mathrm{d}}{\mathrm{d}t}\vec{v}(t) = \left(\frac{\mathrm{d}}{\mathrm{d}t}v(t)\right) \cdot \vec{e}_v(t) + v(t) \cdot \frac{\mathrm{d}}{\mathrm{d}t}\vec{e}_v(t).$$

Da die Geschwindigkeit tangential an der Bahnkurve anliegt, können wir den ersten Term als Tangentialbeschleunigung $\vec{a}_t(t)$ identifizieren, und somit muss die Normalbeschleunigung $\vec{a}_n(t)$ durch den zweiten Term gegeben sein:

Tangential- und Normalbeschleunigung
Sei $\vec{a}(t) = \vec{a}_t(t) + \vec{a}_n(t)$ die Beschleunigung eines Massenpunktes. Dann verändert die normal wirkende Komponente $\vec{a}_n(t) = v(t) \cdot \frac{d}{dt}\vec{e}_v(t)$ (**Normalbeschleunigung**) lediglich die Richtung des Geschwindigkeitsvektors, nicht aber seinen Betrag. Dagegen ändert die tangential wirkende Komponente $\vec{a}_t(t) = \left(\frac{d}{dt}v(t)\right) \vec{e}_v(t)$ (**Tangentialbeschleunigung**) den Betrag der Bahngeschwindigkeit, lässt aber die Richtung der Bewegung unverändert.

1.3 Berechnung kinetischer Größen mittels Differentialrechnung

Mathematisch werden die Grenzübergänge wie in Gl. 1.4 und 1.5 als Differenzieren bezeichnet, da man hierbei das Verhältnis von Differenzen bildet. Der mathematische Teilbereich, der sich mit dem Differenzieren von Funktionen beschäftigt, wird als **Differentialrechnung** bezeichnet. Da sie bei nahezu allen physikalischen Berechnungen eingesetzt wird, soll in diesem Abschnitt eine kurze Einführung in die Differentialrechnung gegeben werden. Sie richtet sich in erster Linie an Leser, die mit ihr nicht vertraut sind.

Differentialrechnung in einer Dimension
Betrachten wir zunächst eine eindimensionale Funktion $F(t)$. Wenn wir wissen wollen, wie schnell sich diese Funktion bei einem gewissen t verändert, ist es sinnvoll, die Veränderung $F(t + \Delta t) - F(t)$ der Funktion pro Zeiteinheit zu berechnen. Dann ist der Quotient $\overline{F}(t + \Delta t) := \frac{F(t + \Delta t) - F(t)}{\Delta t}$ ein Maß für die Geschwindigkeit der Veränderung von $F(t)$ bei t.

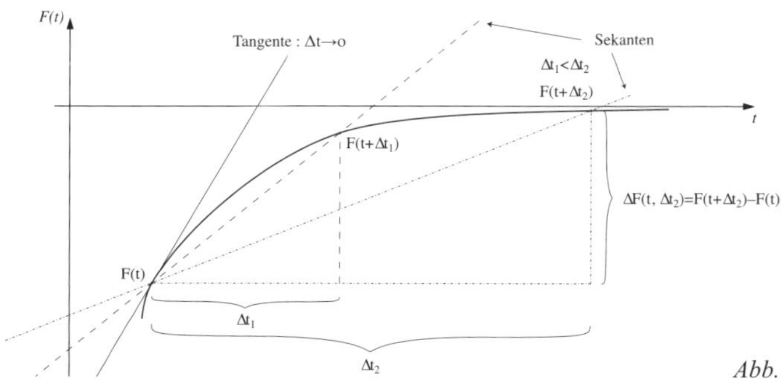

Abb. 1.13

Grafisch ist dies in Abb. 1.13 dargestellt: Man erkennt, dass $\overline{F}(t, \Delta t)$ gerade den Anstieg der Geraden darstellt, welche die Punkte $F(t)$ und $F(t + \Delta t)$ miteinander verbindet (der sogenannten Sekante dieser Punkte).

$\overline{F}(t, \Delta t)$ wird die Veränderung von $F(t)$ umso genauer wiedergeben, je kleiner Δt gewählt wird: Dadurch rücken die beiden Stützstellen der Sekante in Abb. 1.13 immer näher zusammen, wodurch die „Auflösung" bei der Berechnung von $\overline{F}(t, \Delta t)$ verfeinert wird. Im Grenzübergang $\Delta t \to 0$ geht die **Sekante** in eine **Tangente** an $F(t)$ über (da beide Stützstellen in einem Punkt zusammenfallen), und der Grenzübergang

$$f(t) := \lim_{\Delta t \to 0} \overline{F}(t, \Delta t) = \lim_{\Delta t \to 0} \frac{F(t + \Delta t) - F(t)}{\Delta t} \tag{1.6}$$

liefert dann genau den Anstieg dieser Tangente, d.h. die aktuelle Veränderung von $F(t)$ im Punkt t. Diesen Vorgang bezeichnet man als **Differenzieren** von $F(t)$. Des Weiteren sieht man in Abb. 1.13, dass der Anstieg der Tangente an $F(t)$ vom Fußpunkt t abhängt. Das Differenzieren von $F(t)$ liefert somit eine neue Funktion (in Gl. 1.6 als $f(t)$ bezeichnet), welche ebenfalls von t abhängt und als **Ableitung** bzw. **Differential** von $F(t)$ bezeichnet wird.

Somit kann das Differenzieren als Zuordnung verstanden werden, die der Funktion $F(t)$ ihre Ableitung $f(t)$ zuordnet. In Abschnitt 1.4 wird gezeigt, dass unter bestimmten Voraussetzungen auch die Umkehrung gültig ist, d.h., dass die „ursprüngliche" Funktion $F(t)$ rekonstruiert werden kann, sofern ihre Ableitung $f(t)$ bekannt ist.

Dieser enge Zusammenhang wird bereits durch das Gleichheitszeichen im Grenzübergang Gl. 1.6 deutlich, jedoch ist diese Notation für einen praktischen Gebrauch zu umständlich. Da beim Grenzübergang sehr kleine Differenzen Δt und $\Delta F := F(t + \Delta t) - F(t)$ betrachtet werden, kürzt man den Grenzübergang in der Notation ab, indem diese Differenzen durch die **infinitesimalen** Differenzen $\mathrm{d}t$ und $\mathrm{d}F$ ersetzt werden. Dadurch kann Gl. 1.6 in der verkürzten Form

$f(t) = \left(\frac{\mathrm{d}}{\mathrm{d}t}F\right)(t) = \frac{\mathrm{d}}{\mathrm{d}t}F(t)$ geschrieben werden, wobei durch die erste Klammer nochmals explizit daran erinnert wird, dass es sich bei $\left(\frac{\mathrm{d}}{\mathrm{d}t}F\right)$ um die Funktion handelt, welche durch Ableitung von $F(t)$ entsteht. Eine Notation der Form $\mathrm{d}F(t)/\mathrm{d}t$ erfordert daher immer zwingend den Grenzübergang Gl. 1.6.

Bemerkungen:

1. Wir setzen im Folgenden stillschweigend voraus, dass $F(t)$ alle mathematischen Voraussetzungen dafür erfüllt, dass ihre Ableitung $f(t)$ existiert. Wann eine Funktion differenzierbar ist, wird in der Differentialrechnung untersucht.
2. In diesem und dem folgenden Abschnitt drücken wir die Abhängigkeit von $F(t)$ bezüglich t aus. Diese Wahl ist willkürlich, d.h., wenn $F(t)$ beispielsweise eine

Funktion von x wäre, so erklärt man die Ableitung analog durch $f(x) := \mathrm{d}F(x)/\mathrm{d}x$. Wie mit Abhängigkeiten von mehreren Variablen umzugehen ist, soll im Anschluss geklärt werden.

3. Die genaue Zuordnung, welche Funktion welches Differential besitzt, kann Tafelwerken (Tabellen- und Formelsammlungen) entnommen werden. Hier seien nur auszugsweise einige der häufig benutzten Funktionen gegeben:

$F(t)$	t^n	$\log(t)$	e^t	$\sin(t)$	$\cos(t)$
$f(t)$	$n \cdot t^{n-1}$	$1/t$	e^t	$\cos(t)$	$-\sin(t)$

4. Gemäß ihrer Definition gibt $f(t)$ die aktuelle Veränderung von $F(t)$ wieder. Daraus folgt, dass $f(t)$ an den Stellen Null ist, an denen sich $F(t)$ nicht verändert (also konstant bezüglich t ist). Besitzt $F(t)$ beispielsweise Maxima oder Minima (Punkte, an denen $F(t)$ lokal einen höchsten bzw. niedrigsten Wert annimmt), so ist das Differential von $F(t)$ an diesen Stellen ebenfalls Null.

Verallgemeinerung auf mehrere Dimensionen

In der Physik werden üblicherweise mehrdimensionale Größen betrachtet. Der allgemeinste Fall wird erreicht, wenn die physikalische Größe mehrere Komponenten besitzt und jede Komponente von mehreren Variablen abhängt. Beispielsweise sind die in Abschnitt 1.5 vorgestellten Kraftfelder $\vec{F} = \vec{F}(\vec{r})$ vektorielle Größen, bei denen im Allgemeinen jede Komponente vom Ortsvektor $\vec{r}$ abhängt. Somit ist es notwendig, die eindimensionale Differentialrechnung auf mehrere Dimensionen zu verallgemeinern.

Vektoren, die von einer Variablen abhängen: Betrachten wir zunächst eine vektorielle Größe, die nur von einer Variablen abhängt, beispielsweise den Geschwindigkeitsvektor $\vec{v}(t) = (v_x(t), v_y(t), v_z(t))$. In Abschnitt 1.2 wurde bereits vorweggenommen, dass man die Differentialrechnung leicht auf diesen Fall verallgemeinern kann, wenn man die vektorielle Größe einfach komponentenweise ableitet, d.h.:

Sei $\vec{v}(t) = (v_x(t), v_y(t), v_z(t))$ eine vektorielle Größe, deren kartesische Komponenten nur von einer Variablen abhängen. Dann ist die Ableitung von $\vec{v}(t)$ komponentenweise zu verstehen:

$$\frac{\mathrm{d}}{\mathrm{d}t}\vec{v}(t) := \left(\frac{\mathrm{d}}{\mathrm{d}t}v_x(t), \frac{\mathrm{d}}{\mathrm{d}t}v_y(t), \frac{\mathrm{d}}{\mathrm{d}t}v_z(t)\right).$$

Eindimensionale Größen, die von mehreren Variablen abhängen: Betrachten wir nun den umgekehrten Fall einer skalaren Größe, welche von mehreren Variablen abhängt. Dies kann beispielsweise die x-Komponente einer Kraft sein: $F_x(\vec{r}) = F_x(x, y, z)$. Im Allgemeinen kann jede einzelne Variable eine Veränderung der skalaren Größe bewirken, und somit müssen alle Variablen bei der Berechnung der Ableitung berücksichtigt werden.

Man kann nun analog zum eindimensionalen Fall die Ableitung bilden, indem man lediglich eine Variable verändert und die restlichen Variablen konstant hält. Da hierbei nur „ein Teil" der Funktion abgeleitet wird, bezeichnet man diesen Vorgang als **partielle Ableitung**.

Greifen wir wieder das Beispiel $F_x(\vec{r}) = F_x(x, y, z)$ auf, so stellen wir fest, dass es insgesamt drei partielle Ableitungen (für x, y und z) geben muss:

$$\frac{\partial}{\partial x}F_x(x, y, z) = \lim_{\Delta x \to 0} \frac{F_x(x + \Delta x, y, z) - F_x(x, y, z)}{\Delta x}$$
$$\frac{\partial}{\partial y}F_x(x, y, z) = \lim_{\Delta y \to 0} \frac{F_x(x, y + \Delta y, z) - F_x(x, y, z)}{\Delta y}$$
$$\frac{\partial}{\partial z}F_x(x, y, z) = \lim_{\Delta z \to 0} \frac{F_x(x, y, z + \Delta z) - F_x(x, y, z)}{\Delta z}$$

Anhand dieser Gleichungen erkennt man, dass während der Ableitung tatsächlich nur eine der drei Variablen verändert wird, während die anderen als Konstanten behandelt werden. Diese Nebenbedingung während der Ableitung muss natürlich speziell gekennzeichnet werden, so dass man bei partieller Ableitung das d durch das ∂ ersetzt.

Übung: Zeigen Sie, dass für $F_x(x, y, z) = \cos x \cdot \sin z$ die partiellen Ableitungen durch $\frac{\partial}{\partial x}F_x(x, y, z) = -\sin x \cdot \sin z$, $\frac{\partial}{\partial y}F_x(x, y, z) = 0$ und $\frac{\partial}{\partial y}F_x(x, y, z) = \cos x \cdot \cos z$ gegeben sind.

Lösung: Für die Ableitung nach x folgt beispielsweise

$$\frac{\partial}{\partial x}F_x(x, y, z) = \lim_{\Delta x \to 0} \frac{F_x(x + \Delta x, y, z) - F_x(x, y, z)}{\Delta x} = \sin z \cdot \lim_{\Delta x \to 0} \frac{\cos(x + \Delta x) - \cos(x)}{\Delta x}$$

$= \sin z \cdot \frac{\mathrm{d}}{\mathrm{d}x}\cos x = -\sin x \cdot \sin z$, d.h., man leitet tatsächlich nur den Teil der Funktion ab, der von x abhängt. Analog berechnet man die beiden anderen partiellen Ableitungen. (Da die Funktion nicht von y abhängt, d.h. bezüglich y konstant ist, muss die partielle Ableitung nach y verschwinden.)

Bemerkung: Wenn eine Funktion $F(t)$ nur von einer Variablen abhängt, so besitzt sie auch nur eine partielle Ableitung. Folglich geht das ∂ wieder in das d über, d.h. $\frac{\partial}{\partial t}F(t) = \frac{\mathrm{d}}{\mathrm{d}t}F(t)$.

Wichtige Rechenregeln

Abschließend werden wir kurz einige Rechenregeln im Zusammenhang mit der Differentialrechnung betrachten, die für ihre praktische Anwendung in der Physik sehr wichtig sind.

Linearität

Betrachten wir eine Funktion $F(t)$, die sich additiv aus zwei Teilfunktionen $F_1(t)$ und $F_2(t)$ zusammensetzt: $F(t) = F_1(t) + F_2(t)$.
Dann gilt $\frac{\mathrm{d}}{\mathrm{d}t}F(t) = \frac{\mathrm{d}}{\mathrm{d}t}F_1(t) + \frac{\mathrm{d}}{\mathrm{d}t}F_2(t)$, d.h., es ist unerheblich, ob man $F(t)$ direkt ableitet oder ob man die Summe der Ableitungen von $F_1(t)$ und $F_2(t)$ bildet.

Produktregel

Betrachten wir eine Funktion $F(t)$, die sich aus dem Produkt zweier Teilfunktionen $F_1(t)$ und $F_2(t)$ zusammensetzt: $F(t) = F_1(t) \cdot F_2(t)$.
Dann gilt $\frac{\mathrm{d}}{\mathrm{d}t}F(t) = \left(\frac{\mathrm{d}}{\mathrm{d}t}F_1(t)\right) \cdot F_2(t) + F_1(t) \cdot \left(\frac{\mathrm{d}}{\mathrm{d}t}F_2(t)\right)$.

Beispiel: Betrachten wir die Funktion $F(t) = \sin t \cdot \cos t$. Dann ist die Ableitung dieser Funktion durch
$\frac{\mathrm{d}}{\mathrm{d}t}F(t) = \left(\frac{\mathrm{d}}{\mathrm{d}t}\sin(t)\right) \cdot \cos(t) + \sin(t) \cdot \left(\frac{\mathrm{d}}{\mathrm{d}t}\cos(t)\right) = \cos^2(t) - \sin^2(t)$ gegeben.

Kettenregel

Wir betrachten nun die Funktion $F(G(t))$, d.h. eine Funktion, die nicht **explizit** von t, sondern **implizit** über den Verlauf der Funktion $G(t)$ von t abhängt. Dann gilt $\frac{\mathrm{d}}{\mathrm{d}t}F(G(t)) = \frac{\mathrm{d}}{\mathrm{d}G}F(G(t)) \cdot \frac{\mathrm{d}}{\mathrm{d}t}G(t)$, d.h., die Ableitung $\frac{\mathrm{d}}{\mathrm{d}t}F(G(t))$ wird in die Ableitungen $\frac{\mathrm{d}}{\mathrm{d}G}F(G(t))$ (**äußere Ableitung**) und $\frac{\mathrm{d}}{\mathrm{d}t}G(t)$(**innere Ableitung**) zerlegt.

Beispiel: Aufgrund ihrer Komplexität soll die Anwendung der Kettenregel hier an einem Beispiel demonstriert werden. Betrachten wir dazu die Funktion $F(t) = \sin^2 t$, die als folgende Nacheinanderausführung verstanden werden kann: Zuerst wird der Sinus von t gebildet, und anschließend wird das Zwischenergebnis quadriert. Somit kann die Funktion $F(G(t))$ in die Teilschritte $G(t) = \sin t$ (innere Funktion) und $F(G(t)) = G^2(t)$ (äußere Funktion) zerlegt werden. Zur Anwendung der Kettenregel berechnen wir zunächst $\frac{\mathrm{d}}{\mathrm{d}t}G(t) = \cos t$ (innere Ableitung) und $\frac{\mathrm{d}}{\mathrm{d}G}F(G(t)) = 2 \cdot G(t)$ (äußere Ableitung), und somit folgt

$$\frac{\mathrm{d}}{\mathrm{d}t}F(G(t)) = \left(\frac{\mathrm{d}}{\mathrm{d}G}F(G(t))\right) \cdot \left(\frac{\mathrm{d}}{\mathrm{d}t}G(t)\right) = (2\sin t) \cdot (\cos t) = 2\sin t \cdot \cos t.$$

(Das gleiche Ergebnis hätten wir auch erhalten, wenn wir $F(t) = \sin^2 t$ als Produkt zweier Sinus-Funktionen betrachtet hätten und die Produktregel angewendet hätten.)

Bemerkung: Die Linearität und die Produktregel übertragen sich sofort (wie vorher beschrieben) auf vektorielle Größen und die partielle Ableitung. Für die Kettenregel gilt dies nicht ohne Weiteres. Für ihre allgemeine Formulierung sei auf die Differentialrechnung von Funktionen mehrerer Veränderlicher verwiesen.

Beispiel: Nach Abschnitt 1.1 gilt für den Betrag des Geschwindigkeitsvektors $\left|\vec{v}(t)\right| = \sqrt{\vec{v}(t) \cdot \vec{v}(t)}$ bzw. $\left|\vec{v}(t)\right|^2 = \vec{v}(t) \cdot \vec{v}(t)$, so dass bei einer zeitlichen Ableitung daher die Produktregel verwendet werden kann:

$$\frac{\mathrm{d}}{\mathrm{d}t}\left|\vec{v}(t)\right|^2 = \frac{\mathrm{d}}{\mathrm{d}t}(\vec{v}(t) \cdot \vec{v}(t)) = \left(\frac{\mathrm{d}}{\mathrm{d}t}(\vec{v}(t)\right) \cdot \vec{v}(t) + \vec{v}(t) \cdot \left(\frac{\mathrm{d}}{\mathrm{d}t}(\vec{v}(t)\right) = 2 \cdot \vec{v}(t) \cdot \vec{a}(t).$$

Liegt eine Bewegung vor, bei welcher der Betrag der Geschwindigkeit zeitlich konstant ist, so gilt andererseits $\left|\vec{v}(t)\right| = \text{const.} \Rightarrow \left|\vec{v}(t)\right|^2 = \text{const.} \Rightarrow \frac{\mathrm{d}}{\mathrm{d}t}\left|\vec{v}(t)\right|^2 = 0.$ Ein Vergleich beider Gleichungen führt sofort auf $\vec{v}(t) \cdot \vec{a}(t) = 0$, d.h., Geschwindigkeit und Beschleunigung stehen senkrecht aufeinander.

1.4 Rekonstruktion kinetischer Größen mittels Integralrechnung

Integralrechnung in einer Dimension

In Abschnitt 1.3 wurde gezeigt, dass beim Differenzieren der Funktion $F(t)$ symbolisch der Quotient $\mathrm{d}F/\mathrm{d}t$ zweier infinitesimal kleiner Differenzen $\mathrm{d}F$ und $\mathrm{d}t$ gebildet wird, welcher in Wirklichkeit abkürzend für einen Grenzübergang der Form

$$f(t) = \frac{\mathrm{d}}{\mathrm{d}t}F(t) := \lim_{\Delta t \to 0} \frac{F(t + \Delta t) - F(t)}{\Delta t} \tag{1.6}$$

steht. Trotzdem wird in der Physik $\mathrm{d}F/\mathrm{d}t$ häufig als Quotient von $\mathrm{d}F$ und $\mathrm{d}t$ aufgefasst, was mathematisch nicht ganz korrekt ist. Bei dieser Interpretation muss man ständig im Kopf behalten, dass $\mathrm{d}F$ und $\mathrm{d}t$ nicht als unabhängig voneinander aufgefasst werden dürfen: Ein Umstellen von Gl. 1.6 führt auf

$$\mathrm{d}F = f(t) \cdot \mathrm{d}t, \tag{1.7}$$

d.h., die Proportionalität von $\mathrm{d}F$ und $\mathrm{d}t$ ist gerade durch die Ableitung $f(t)$ von $F(t)$ gegeben.

Diese Interpretation hat folgenden Vorteil: Obwohl dF und dt infinitesimale Größen bezeichnen (also Größen, die nicht messbar von Null abweichen), kann man mit ihnen so rechnen, als handele es sich um normale Differenzen ΔF und Δt. Wenn also $f(t)$ die Ableitung von $F(t)$ an der Stelle t ist, so wissen wir durch Gl. 1.6, dass sich $F(t)$ an der Stelle $t + \mathrm{d}t$ um $\mathrm{d}F = f(t) \cdot \mathrm{d}t$ verändert hat. Dies erlaubt eine interessante Anwendung der Ableitung: die Rekonstruktion von $F(t)$ aus der Ableitung $f(t)$, was die Umkehrung der Differentialrechnung darstellt und als Integralrechnung bezeichnet wird.

Betrachten wir dazu Abb. 1.14. Wir hatten bereits festgestellt, dass sich die Ableitung stets als Tangente an die Funktion $F(t)$ anschmiegt. Kennt man also die Ableitung $f(t)$ von $F(t)$, so ist der Wert von $F(t + \mathrm{d}t)$ am Punkt $t + \mathrm{d}t$ durch $F(t + \mathrm{d}t) = F(t) + \mathrm{d}F(t) = F(t) + f(t) \cdot \mathrm{d}t$ gegeben. Für ein infinitesimal kleines dt wird also der Wert von $F(t + \mathrm{d}t)$ errechnet, indem man die Funktion linear mit der Steigung fortsetzt, die durch $f(t)$ angegeben wird. Man kann auch sagen, dass die Funktion $F(t)$ durch ihre Ableitung $f(t)$ im Punkt linearisiert wird, wobei der Anstieg der Linearisierung gerade durch $f(t)$ gegeben ist.

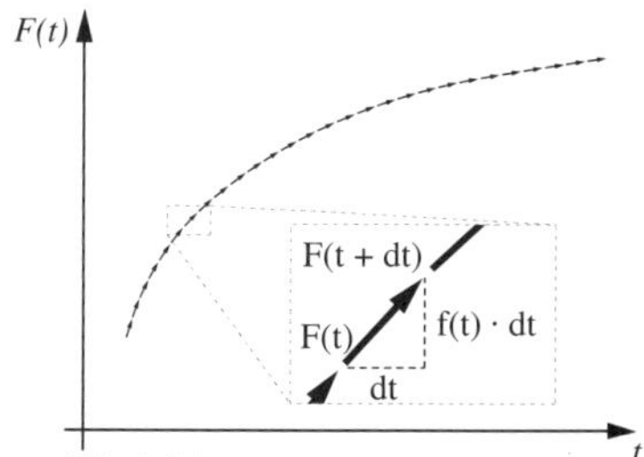

Abb. 1.14

Auf diese Weise kann $F(t)$ aus ihrer Ableitung $f(t)$ zwischen beliebigen Punkten rekonstruiert werden. Man startet dazu am Anfangspunkt t_1 und wendet Gl. 1.7 sukzessive an, bis man am Endpunkt t_2 angekommen ist. Dieser Vorgang kommt einem Aufsummieren von infinitesimal kleinen Elementen $\mathrm{d}F(t) = f(t) \cdot \mathrm{d}t$ gleich, was in der Mathematik als Integration bezeichnet wird und durch ein Integral symbolisiert wird:

$$F(t_2) = F(t_1) + \int_{F(t_1)}^{F(t_2)} \mathrm{d}F(t) = F(t_1) + \int_{t_1}^{t_2} f(t) \cdot \mathrm{d}t. \qquad (1.8)$$

Diese Notation ist einfach zu verstehen: Der Punkt unter bzw. über dem Integralzeichen repräsentiert den Start- bzw. Endpunkt, und daher ist Gl. 1.8 dahingehend zu verstehen, dass man mit der „Rekonstruktion" von $F(t)$ bei t_1 beginnt ($= F(t_1)$) und sukzessive Gl. 1.7 anwendet, bis man am Punkt t_2 ($= F(t_2)$) angekommen ist.

Bei der Integration werden somit immer infinitesimale Größen aufsummiert (in der mittleren Spalte von Gl. 1.8 ist dies dF, während es in der rechten Spalte durch dt gegeben ist), und somit muss bei einer Integration immer beachtet werden, über welche Größe integriert wird. Dies reflektiert sich beispielsweise in den Grenzen der Integrale: Da in der mittleren Spalte von Gl. 1.8 über dF integriert wird, müssen sich

die Grenzen auf $F(t)$ beziehen, während in der rechten Spalte über $\mathrm{d}t$ integriert wird, und die Grenzen bezüglich t ausgedrückt werden müssen.
Diese Überlegung zeigt, warum man in der Physik mit infinitesimalen Größen wie $\mathrm{d}F$ und $\mathrm{d}t$ anstelle der Differenzen ΔF und Δt rechnet: Im Allgemeinen wird $F(t)$ eine nicht-lineare Funktion von t sein. Bei der Annäherung bzw. Rekonstruktion von $F(t)$ über einen größeren Bereich Δt durch die lineare Funktion $F(t + \Delta t) \approx F(t) + f(t) \cdot \Delta t$ wird man im Allgemeinen einen großen Fehler machen. Dieser Fehler wird umso kleiner, je kleiner Δt gewählt wird, was aber gerade zum Grenzübergang $\Delta t \to 0$ und somit zum Übergang zu den infinitesimalen Größen $\mathrm{d}F$ und $\mathrm{d}t$ führt.
Da durch die Integration eine Funktion aus ihrer Ableitung rekonstruiert werden kann, besteht in Analogie ein sehr enger Zusammenhang zwischen $F(t)$ und $f(t)$:

Sei $f(t) = \frac{\mathrm{d}}{\mathrm{d}t}F(t)$. Dann bezeichnet man $F(t)$ als eine **Stammfunktion** von $f(t)$.
Ferner kann man zeigen, dass in dieser Situation

$$\int f(t) \cdot \mathrm{d}t = F(t) + C \text{ und} \int_{t_1}^{t_2} f(t) \cdot \mathrm{d}t = F(t_2) - F(t_1) \qquad (1.9)$$

gelten, wobei C eine Konstante ist.

Bemerkungen:
1. Während es zu einer Funktion nur eine Ableitung geben kann (sofern sie überhaupt existiert), existieren zu jeder integrierbaren Funktion unendlich viele Stammfunktionen. Wenn beispielsweise $F(t)$ eine Stammfunktion von $f(t)$ ist, so erhält man eine weitere Stammfunktion von $f(t)$, wenn man eine beliebige Konstante zu $F(t)$ hinzuaddiert. Dies wird in Gl. 1.9 durch Hinzufügen der Konstanten C berücksichtigt.
2. Die Integration von $f(t)$ nach t kann somit als Zuordnung verstanden werden, die einer Ableitung eine Stammfunktion zuordnet. Wie bei der Ableitung kann man daher in Tabellen und Tafelwerken nachsehen, welche Ableitung welche Stammfunktion besitzt.

Dieser enge Zusammenhang zwischen Ableitung und Stammfunktion ermöglicht es, unterschiedliche Informationen über die einzelnen Funktionen zu gewinnen. Während in Abschnitt 1.3 bereits gezeigt wurde, dass die Ableitung die Geschwindigkeit angibt, mit der sich die Stammfunktion verändert, lässt sich andererseits leicht zeigen, dass die Stammfunktion $F(t)$ ein Maß für den Inhalt der Fläche ist, der von $f(t)$ und der Horizontalen (hier die t-Achse) eingeschlossen wird: Dazu zerlegt man die eingeschlossene Fläche in Segmente der infinitesimalen Länge dt, wodurch der Flächeninhalt durch eine Summe von Rechtecken der Höhe $f(t)$ und Breite dt angenähert wird. Im Grenzübergang wird aus der Summe wieder ein Integral, und für den Inhalt der eingeschlossenen Fläche folgt

$$A = F(t_2) - F(t_1) = \int_{t_1}^{t_2} f(t) \cdot \mathrm{d}t \,.$$

Wichtige Rechenregeln

Wie auch in Abschnitt 1.3 werden hier einige wenige Rechenregeln gegeben, die für eine Anwendung der Integralrechnung in der Physik notwendig sind.

> Steht lediglich eine infinitesimale Größe im Integral, so kann die Integration sofort ausgeführt werden, d.h., es gilt $\int \mathrm{d}F(t) = F(t) + C$.

Diese Tatsache folgt sofort aus $\int f(t) \cdot \mathrm{d}t = F(t) + C$ und $f(t) = \frac{\mathrm{d}}{\mathrm{d}t}F(t)$:

$F(t) + C = \int f(t) \cdot \mathrm{d}t = \int \frac{\mathrm{d}}{\mathrm{d}t}F(t) \cdot \mathrm{d}t = \int \mathrm{d}F(t)$ (nach Produktregel).

> **Konstante Integration**
>
> Wird über eine Konstante integriert (d.h., gilt $f(t) = f_0$), so kann die Konstante vor das Integral gezogen werden:
>
> $F(t) = \int f(t) \cdot \mathrm{d}t = \int f_0 \cdot \mathrm{d}t = f_0 \cdot \int \mathrm{d}t = f_0 \cdot (t + C)$.

In Abschnitt 1.3 wurde gezeigt, dass die Ableitung linear ist, und somit muss das Gleiche für die Integration gelten, d.h.:

> **Linearität**
>
> Betrachten wir eine Funktion $f(t)$, die sich additiv aus zwei Teilfunktionen $f_1(t)$ und $f_2(t)$ zusammensetzt: $f(t) = f_1(t) + f_2(t)$, dann gilt $\int f(t) \cdot \mathrm{d}t = \int f_1(t) \cdot \mathrm{d}t + \int f_2(t) \cdot \mathrm{d}t$.
> Es ist unerheblich, ob man $f(t)$ direkt integriert oder ob man die Summe der Integration von $f_1(t)$ und $f_2(t)$ bildet.

Verallgemeinerung auf mehrere Dimensionen

Integrationen in mehreren Dimensionen werden uns in der Physik im Allgemeinen in zwei Varianten begegnen: 1. Integration einer skalaren Größe über mehrere Variablen und 2. Integration einer vektoriellen Größe.

Für den ersten Fall hilft der

> **Satz von Fubini**
> Betrachten wir eine Funktion $f(x, y)$, die von zwei Variablen abhängt, dann ist die Reihenfolge der Integrationen unerheblich:
> $$\int_{y_1}^{y_2}\int_{x_1}^{x_2} f(x, y) \cdot \mathrm{d}x \cdot dy = \int_{y_1}^{y_2}\left(\int_{x_1}^{x_2} f(x, y) \cdot \mathrm{d}x\right) \cdot dy = \int_{x_1}^{x_2}\left(\int_{y_1}^{y_2} f(x, y) \cdot \mathrm{d}y\right) \cdot dx.$$
> D.h., $f(x, y)$ kann integriert werden, indem nacheinander nach jeder Variablen integriert wird.

Beispiel:
Berechnung von Volumina: Man kann das Volumen eines Körpers berechnen, wenn man eine Parametrisierung des Körpers kennt und dann das Volumenelement dV der Parametrisierung über den Körper abintegriert. So können quaderförmige Körper leicht durch kartesische Koordinaten parametrisiert werden, während Zylinder (bzw. Kugeln) leichter durch Zylinderkoordinaten (bzw. Kugelkoordinaten) beschrieben werden. Dies wird gleich anhand eines Beispiels demonstriert. Vorher muss man jedoch beachten:

> Das Volumenelement dV nimmt in Abhängigkeit vom gewählten Koordinatensystem bzw. der Parametrisierung folgende Formen an:
> Kartesische Koordinaten: $\mathrm{d}V = \mathrm{d}x \cdot \mathrm{d}y \cdot \mathrm{d}z$
> Zylinderkoordinaten: $\mathrm{d}V = r \cdot \mathrm{d}r \cdot \mathrm{d}\varphi \cdot \mathrm{d}z$
> Kugelkoordinaten: $\mathrm{d}V = r^2 \cdot \sin\theta \cdot \mathrm{d}r \cdot \mathrm{d}\varphi \cdot \mathrm{d}\theta$

Wir berechnen nun exemplarisch das Volumen einer Kugel mit dem Radius R, indem wir das Integral $V = \int_{Kugel} \mathrm{d}V$ auswerten. Zuerst werden wir zeigen, dass dieses Problem deutlich vereinfacht werden kann, wenn man das richtige Koordinatensystem wählt.
Würde man beispielsweise kartesische Koordinaten wählen, so könnten die Koordinaten (x, y, z) nicht beliebige Werte annehmen, da stets die Ungleichung $x^2 + y^2 + z^2 \leq R^2$ erfüllt sein muss (andernfalls würde der Ortsvektor einen Punkt außerhalb der Kugel und somit des Integrationsbereiches beschreiben, was unzulässig ist). Dies wird im Volumenintegral durch die Integrationsgrenzen eingeschränkt: Wenn z einen beliebigen Wert im Intervall $[-R, R]$ annimmt, kann aufgrund der Zwangsbedingung y nur noch im Intervall $[-\sqrt{R^2 - z^2}, \sqrt{R^2 - z^2}]$ und analog x nur im

Intervall $[-\sqrt{R^2-y^2-z^2}, \sqrt{R^2-y^2-z^2}]$ gewählt werden. Somit lautet das Volumenintegral in kartesischen Koordinaten $V = \int\limits_{Kugel} \mathrm{d}V = \int\limits_{z=-R}^{z=R} \int\limits_{y=-\sqrt{R^2-z^2}}^{y=\sqrt{R^2-z^2}} \int\limits_{x=-\sqrt{R^2-y^2-z^2}}^{x=\sqrt{R^2-y^2-z^2}} \mathrm{d}x \cdot \mathrm{d}y \cdot \mathrm{d}z$, wobei die Kopplung der Grenzen die Integration kompliziert gestaltet.

Viel einfacher wird die Situation in Kugelkoordinaten, da in diesem System die Integrationsgrenzen bereits entkoppelt sind (→ Abschnitt 1.1). Hier lautet das Volumenintegral $V = \int\limits_{Kugel} \mathrm{d}V = \int\limits_{\theta=0}^{\theta=\pi} \int\limits_{\varphi=0}^{\varphi=2\pi} \int\limits_{r=0}^{r=R} r^2 \sin\theta \cdot \mathrm{d}r \cdot \mathrm{d}\varphi \cdot \mathrm{d}\theta$, wobei die Integration sofort ausgeführt werden kann:

$$V = \int\limits_{\theta=0}^{\theta=\pi} \int\limits_{\varphi=0}^{\varphi=2\pi} \int\limits_{r=0}^{r=R} r^2 \sin\theta \cdot \mathrm{d}r \cdot \mathrm{d}\varphi \cdot \mathrm{d}\theta = 2\pi \cdot \int\limits_{\theta=0}^{\theta=\pi} \int\limits_{r=0}^{r=R} r^2 \sin\theta \cdot \mathrm{d}r \cdot \mathrm{d}\theta$$

$$= \frac{2}{3}\pi \cdot R^3 \cdot \int\limits_{\theta=0}^{\theta=\pi} \sin\theta \cdot \mathrm{d}\theta = \frac{2}{3}\pi \cdot R^3 \cdot [-\cos\theta]_{\theta=0}^{\theta=\pi} = \frac{4}{3}\pi \cdot R^3$$

Integration von vektoriellen Größen: Die bisher gewonnenen Erkenntnisse lassen sich sofort auf die Integration von vektoriellen Größen übertragen, wenn man berücksichtigt, dass n-dimensionale Objekte durch n (eindimensionale) Komponenten dargestellt werden können und man somit die Integralrechnung komponentenweise anwenden kann (für die Differentialrechnung wurde dies in Abschnitt 1.3 gezeigt). Man integriert somit Vektoren, indem man jede Komponente einzeln integriert.

Anwendung: Rekonstruktion der Bahnkurve

Betrachten wir abschließend nochmals eine Bahnkurve $\vec{r}(t)$. In Abschnitt 1.2 wurden die Geschwindigkeit $\vec{v}(t)$ und die Beschleunigung $\vec{a}(t)$ der Bahnkurve durch die Ableitungen $\vec{v}(t) := \mathrm{d}\vec{r}(t)/\mathrm{d}t$ und $\vec{a}(t) := \mathrm{d}\vec{v}(t)/\mathrm{d}t$ definiert. Die vorangegangenen Überlegungen können wir an dieser Stelle nutzen, indem wir feststellen:

> Mittels Integration kann aus der Beschleunigung $\vec{a}(t)$ die Geschwindigkeit $\vec{v}(t_1) := \int_{t_0}^{t_1} \vec{a}(t) \cdot \mathrm{d}t + \vec{v}(t_0)$ und aus der Geschwindigkeit $\vec{v}(t)$ die Bahnkurve $\vec{r}(t)$ selbst via $\vec{r}(t_1) := \int_{t_0}^{t_1} \vec{v}(t) \cdot \mathrm{d}t + \vec{r}(t_0)$ rekonstruiert werden (siehe Gl. 1.9, rechts).
>
> Daraus folgt: Ist die Beschleunigung $\vec{a}(t)$ bekannt, so auch (bis auf Integrationskonstanten) die Geschwindigkeit $\vec{v}(t)$ und die Bahnkurve $\vec{r}(t)$. Je nachdem, welche Informationen bekannt sind, kann man die fehlenden durch Differenzieren und Integrieren rekonstruieren.

1.5 Konzept der Kraft

Aus dem Alltag wissen wir, dass Objekte ihren Bewegungszustand nur dann ändern, wenn sie eine Wechselwirkung mit ihrer Umgebung erfahren. Dies soll in diesem Abschnitt näher beleuchtet werden. Außerdem werden wir das physikalische Konzept der Kraft einführen.

Galileis Fallexperimente und die Gewichtskraft

Die Fallbewegung ist eine Bewegung, die uns im Alltag häufig begegnet. Bereits im 16. Jahrhundert wurden Fallexperimente mit dem Ziel vorgenommen, die Physik der Fallbewegung zu ergründen. So führte z.B. Galileo Galilei (1564 – 1642) Fallexperimente mit Kugeln aus unterschiedlichen Materialien durch und machte die bemerkenswerte Beobachtung, dass die Zeit, die seine Testkörper benötigten, um eine bestimmte Strecke zurückzulegen, unabhängig vom Material oder der Masse des Testkörpers war und somit nur von der Länge des Fallwegs abhing. Heute wissen wir, dass die Aussage „alle Körper fallen gleich schnell" streng genommen nur im Vakuum gültig ist, da in anderen Medien (z.B. Gasen oder Flüssigkeiten) weitere Wechselwirkungen existieren können, welche die Bewegung des Körpers abbremsen. Heute lässt sich der senkrechte Fall sehr leicht experimentell quantifizieren: So kann man beispielsweise durch ein elektrisches Signal sowohl die Fallbewegung des Testkörpers als auch die Zeitmessung starten und anschließend mittels einer Lichtschranke ermitteln, wie lange der Testkörper benötigt, um eine vorher eingestellte Strecke zurückzulegen. Diese Messanordnung liefert den Zusammenhang zwischen Fallzeit t und Fallstrecke y, woraus die Funktion $y(t)$ ermittelt werden kann (vgl. Abb. 1.15). Differenzieren dieser Funktion nach t liefert sofort die Fallgeschwindigkeit und die Fallbeschleunigung des Testkörpers. Die Fallbewegung der Körper ist beschleunigt, wobei die Fallbeschleunigung selbst eine Konstante ist (vgl. lineare Geschwindigkeitszunahme in Abb. 1.15).

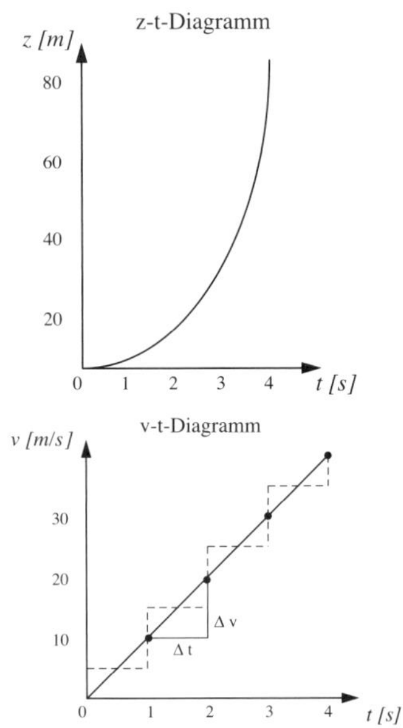

Abb. 1.15

Aus diesen Experimenten kann man folgende Aussagen ableiten:

Auf der Erde erfahren alle Massenpunkte stets die **Fall**- bzw. **Schwerebeschleunigung** g, die unabhängig von Eigenschaften des Massenpunktes ist (Material, Masse, etc.). Sie beschleunigt den Massenpunkt in Richtung des Erdbodens, bewirkt also eine Fallbewegung.
Die Fallbeschleunigung hängt schwach vom Ort auf der Erde ab, an dem sie gemessen wird. In Europa besitzt sie den Wert $g = 9{,}81\ \text{m} \cdot \text{s}^2$.

Nach ihrer Definition tritt eine Beschleunigung genau dann auf, wenn der Körper seinen Bewegungszustand verändert. Aus Erfahrung wissen wir jedoch, dass eine solche Veränderung nur dann stattfinden wird, wenn der Körper eine **Wechselwirkung** mit seiner Umgebung erfährt, d.h., wenn eine Kraft auf den Körper wirkt (wollen wir beispielsweise einen Körper verschieben, so wird diese Bewegung im Allgemeinen den Einsatz von Muskelkraft erfordern). Wir verallgemeinern daher:

Kraft
Ein Massenpunkt wird nur dann seinen Bewegungszustand verändern, wenn eine Kraft $\vec{F}$ auf ihn einwirkt. Diese Kraftwirkung äußert sich in einer Beschleunigung $\vec{a}$ des Massenpunktes, welche die gleiche Richtung wie die Kraft $\vec{F}$ aufweist, d.h. $\vec{F} \propto \vec{a}$. (Ruht der Körper, so kann man sich anschaulich vorstellen, dass er durch $\vec{F}$ in die entsprechende Richtung „gezogen wird".)
Daraus folgt automatisch: Ein Massenpunkt wird nur dann seinen Bewegungszustand beibehalten, wenn keine Kraft auf ihn wirkt.

Soll beispielsweise ein Körper gegen die Schwerebeschleunigung bewegt werden, so wissen wir aus Erfahrung, dass wir umso mehr Muskelkraft aufwenden müssen, je schwerer der Körper (d.h. je größer dessen Masse) ist. Es ist daher sinnvoll, jedem Körper im Schwerefeld der Erde eine Gewichtskraft zuzuordnen, die durch das Produkt aus Masse und Schwerebeschleunigung gegeben ist. Diese Kraft muss durch Muskelkraft kompensiert werden, damit der Körper gegen die Schwerebeschleunigung angehoben werden kann.

Gewichtskraft
Wenn sich ein Massenpunkt der Masse m in einem Schwerefeld mit Fallbeschleunigung g befindet, so wirkt auf ihn die Gewichtskraft $F_g = m \cdot g$, welche die gleiche Richtung wie die Fallbeschleunigung besitzt.

Einheit: $1\ \text{Newton} = 1\ \text{N} = 1\ \text{kg} \cdot \text{m} \cdot \text{s}^{-2}$

Newton'sche Gravitationskraft

Der Überlieferung nach hat Sir Isaak Newton (1643 – 1727) ein Apfel, der ihm auf den Kopf gefallen sein soll, zu seinen Arbeiten über die Fallgesetze motiviert. Aus der Tatsache, dass alle Körper zur Erdoberfläche fallen (egal wo man sich auf der Erde befindet), schloss er, dass die Ursache für die Gewichtskraft und somit für die Schwerebeschleunigung die Erde selbst sein muss. Diese anziehende/**attraktive** Wechselwirkung, die zwischen der Erde und den Körpern wirkt, nannte er **Gravitationskraft**. Seine (teilweise sehr komplizierten geometrischen) Überlegungen zeigten, dass der Ursprung der Kraft in den Massen der beteiligten Körper zu suchen ist:

> Zwischen zwei Massenpunkten mit den Massen m_1 bzw. m_2 wirkt immer die **Newton'sche Gravitationskraft**
>
> $$\vec{F}_{\text{Grav}} = -G\,\frac{m_1 \cdot m_2}{r^2}\,\vec{e}_r, \tag{1.10}$$
>
> wobei $\vec{r} = r \cdot \vec{e}_r$ den Abstandsvektor zwischen den beiden Massenpunkten darstellt. Sie wirkt immer entlang der Verbindungslinie beider Massenpunkte (vgl. Abb. 1.16). Die Konstante G heißt **Newton'sche Gravitationskonstante**: $G = 6{,}674 \cdot 10^{-11}\ \text{m}^3 \cdot \text{kg}^{-1} \cdot \text{s}^{-2}$.

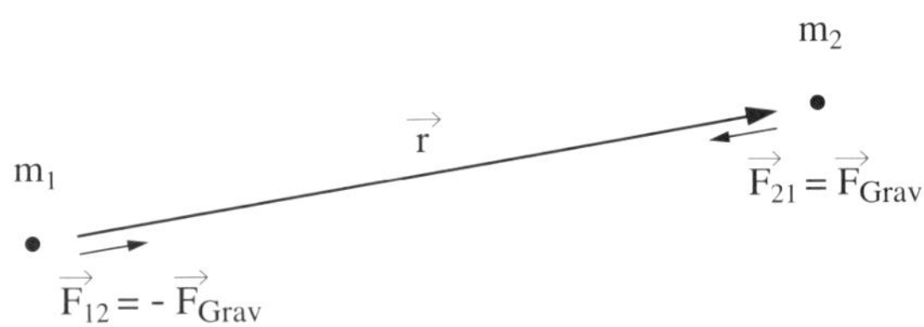

Abb. 1.16

Bemerkungen:

1. Wenn die Gravitationskraft berechnet werden soll, die auf m_1 wirkt, so zeigt $\vec{r}$ per Definition von m_1 nach m_2 (im anderen Fall kehrt sich die Richtung einfach um). Somit bewirkt das negative Vorzeichen in Gl. 1.10, dass die Gravitationskraft stets anziehend ist. Die Massenpunkte werden daher immer so beschleunigt, dass sie ihren Relativabstand $\vec{r}$ verringern.
2. Bisher wurden experimentell nur positive Massen gefunden, woraus folgt, dass bisher nur anziehende Gravitationskräfte gemessen wurden (in Übereinstimmung mit Bemerkung 1). Diese Eigenschaft erzeugte früher Probleme bei der Beschreibung des Universums: Ein Universum, in dem die Massen ruhen, kann nicht stabil sein, da es aufgrund der Newton'schen Gravitationskraft in einem Punkt zusammenstürzen müsste.

3. Newton schloss die Form der Gravitationskraft aus Überlegungen, bei denen er versuchte, Galileis Fallgesetze mit den Kepler'schen Gesetzen (→ Abschnitt 1.10) zu vereinen. Sein Ziel war es, eine Wechselwirkung zu finden, mit der sich sowohl die Fallbewegungen auf der Erde als auch die Bewegung der Planeten um die Sonne beschreiben ließen. Resultat dieser Überlegungen war die Gravitationskraft. Ihre Ableitung stellt eine revolutionäre Leistung Newtons dar.
4. Die Gravitationskraft ist eine **Fundamentalkraft,** von denen (derzeit) insgesamt vier bekannt sind. In Abschnitt 4 werden wir mit der elektromagnetischen Wechselwirkung eine weitere Fundamentalkraft kennenlernen. Sie ist beispielsweise für die Abstoßung gleichgeladener Ladungen verantwortlich. Daneben gibt es noch die schwache und starke Wechselwirkung, deren Beschreibung den Rahmen dieses Buches sprengen würde.

Gewichtskraft als Linearisierung der Gravitationskraft

Dass ein Körper fällt, wird von Newton somit auf die anziehende Wechselwirkung seines Schwerpunktes mit dem der Erde zurückgeführt, d.h., die Schwerkraft stellt nach Newton lediglich einen Spezialfall der Gravitationskraft dar. Beide Kräfte haben aber mathematisch gesehen unterschiedliche Eigenschaften: Während die Gravitationskraft nicht-linear vom Abstand r abhängt, besitzt die Gewichtskraft keinerlei Abstandsabhängigkeit.

Dieser Widerspruch kann durch folgende Überlegung gelöst werden: Da ein Körper seine Bewegung spätestens beim Auftreffen auf die Erdoberfläche stoppen wird, ist der Mindestabstand beider Schwerpunkte durch den Erdradius $R_{\text{Erde}} = 6378\ km$ gegeben, d.h., der Abstand r in Gl. 1.5 kann in die Summe $r = R_{\text{Erde}} + h$ zerlegt werden, wobei h die Höhe des Schwerpunktes über dem Erdboden angibt. Bei Fallbewegungen auf der Erde ist h in der Regel vernachlässigbar klein gegenüber dem Erdradius R_{Erde}, d.h., es gilt $R_{\text{Erde}} >> h$ bzw. $h/R_{\text{Erde}} << 1$. Daraus folgt, dass sich bei Fallbewegungen auf der Erde die Gravitationskraft nur geringfügig mit der Höhe h verändern wird.

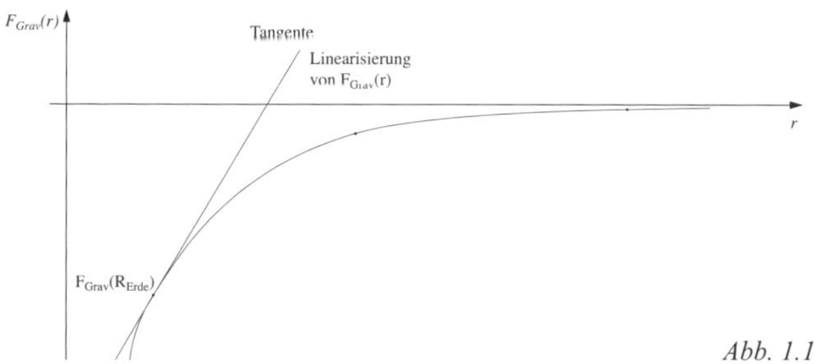

Abb. 1.17

Man betrachtet somit kleine Änderungen der Gravitationskraft für kleine Veränderungen von h bei einem (relativ großen) fixierten Abstand R_{Erde}. Aus Abschnitt 1.3 wissen wir, dass wir in dieser Situation die Funktion F_{Grav} in der Nähe um den Punkt R_{Erde} linearisieren (d.h. durch eine Gerade annähern) können, wobei die Linearisierung durch die erste Ableitung der Funktion gegeben ist (vgl. Abb. 1.17). Es wurde auch gezeigt, dass diese Näherung umso besser die ursprüngliche Funktion wiedergeben wird, je kleiner die Veränderungen von h bezüglich R_{Erde} sind. Da physikalische Gesetze häufig als Potenzgesetze aufgeschrieben werden, ist folgende Gleichung oft hilfreich, wenn man lediglich an einer linearen Näherung interessiert ist:

> Eine Funktion der Form $F(x) = (1 + x)^b$ kann für $|x| << 1$ durch $F(x) \approx 1 + b \cdot x$ linearisiert werden.

Angewendet auf die Gravitationskraft bedeutet dies, dass man F_{Grav} durch

$$F_{\text{Grav}} = -G \cdot m_1 \cdot m_2 \cdot r^{-2} = -G \cdot m_1 \cdot m_2 \cdot (R_{\text{Erde}} + h)^{-2} = -G \cdot \frac{m_1 \cdot m_2}{R_{\text{Erde}}^2} \cdot \left(1 + \frac{h}{R_{\text{Erde}}}\right)^{-2}$$

$$\approx -G \cdot \frac{m_1 \cdot m_2}{R_{\text{Erde}}^2} \cdot \left(1 - \frac{2 \cdot h}{R_{\text{Erde}}}\right)$$ linearisieren kann.

Mit Hilfe der Abkürzung $g = -G \cdot m_1 \cdot R_{\text{Erde}}^{-2}$ folgt $F_{\text{Grav}} = g \cdot \left(1 - \frac{2 \cdot h}{R_{\text{Erde}}}\right) \cdot m_2$, d.h., die Gravitationskraft „zerfällt" in zwei Komponenten: in eine konstante Anziehung $g \cdot m_2$ und eine lineare Komponente, welche die Veränderung der Gravitationskraft um den Abstand $r = R_{\text{Erde}}$ angibt. Unter der (ursprünglich getroffenen) Voraussetzung $h/R_{\text{Erde}} << 1$ ist die lineare Korrektur ebenfalls sehr klein, und die Gravitationskraft wird in guter Näherung durch den abstands-unabhängigen Term $g \cdot m_2$ gegeben.

> **Fallbeschleunigung und Gewichtskraft II**
> Die Gewichtskraft stellt eine Linearisierung der Newton'schen Gravitationskraft auf der Erdoberfläche dar. Für einen Massenpunkt (Masse m_2) kann die Gravitationskraft auf der Erdoberfläche somit sehr gut durch das Kraftfeld $F_{\text{Grav}} \approx g \cdot m_2$ angenähert werden, wobei die Konstante $g = -\frac{G \cdot m_1}{R_{\text{Erde}}^2}$ wieder die Fallbeschleunigung ist, die bereits von den Fallexperimenten bekannt ist.

Diese Betrachtung löst den vermeintlichen Widerspruch: Da die (während der Fallbewegung) zurückgelegte Strecke im Vergleich zum Erdradius sehr klein ist, verändert sich die Gravitationskraft nur geringfügig und scheint daher unabhängig von der Fallhöhe zu sein. Vielmehr zeigt die Linearisierung, dass die Fallbeschleunigung auf der Erde gemäß $g(h) \approx g \cdot (1 - 2 \cdot h/R_{\text{Erde}})$ tatsächlich nur schwach von der Fallhöhe abhängt und erklärt, warum wir auf Bergen kleinere Werte für g messen als in Meereshöhe ($h = 0$). Nehmen wir z.B. den Mount Everest mit seiner Höhe von 8848 m, so wird g auf seiner Spitze im Vergleich zur Meereshöhe um weniger als 1 % reduziert. Die Abstandsabhängigkeit der Gewichtskraft ist in unserem alltäglichen Leben somit vernachlässigbar.

Kräfte und Superpositionsprinzip

Die Gravitationskraft stellt nur eine von vielen möglichen Kräften dar, die an einen Massenpunkt angreifen können. Die Wechselwirkung der Kraft mit dem Körper wird sich physikalisch in einer Veränderung seines Bewegungszustands bemerkbar machen. Somit werden wir zum Messen einer Kraft stets auf Probekörper zurückgreifen müssen, um aus deren verändertem Bewegungszustand auf die Kraft rückschließen zu können. Eine Kraft kann daher als gerichtete bzw. vektorielle Größe aufgefasst werden, wobei der Fußpunkt dem Punkt im Raum entspricht, an dem die Kraft angreift und die Richtung anzeigt, in die der Probekörper durch sie beschleunigt wird.

Betrachten wir nochmals die Gravitationskraft $\vec{F}_{\text{Grav}}$ aus Gl. 1.10, wobei wir den Massenpunkt m_1 im Koordinatenursprung platzieren wollen. Wir stellen dann fest, dass stets eine anziehende Kraft, die von dem Ort $\vec{r}$ des anderen Massenpunktes abhängt, auf diesen wirkt. Das Gravitationsgesetz gibt uns somit eine Zuordnung, die jedem Punkt $\vec{r}$ im Raum die Kraft $\vec{F}_{\text{Grav}}(\vec{r})$ zuordnet; sie würde auf den Massenpunkt wirken, wenn er sich an diesem Ort befände. Kräfte sind somit im Allgemeinen vektorielle Größen, die von der Position im Raum abhängen.

Greifen mehrere Kräfte an einem Körper an, so kann das Superpositionsprinzip angewendet werden, um die resultierende Kraft zu berechnen, die auf den Massenpunkt wirkt. Dazu addiert man einfach alle wirkenden Kräfte vektoriell, bis nur noch eine resultierende Kraft verbleibt (vgl. Abb. 1.18):

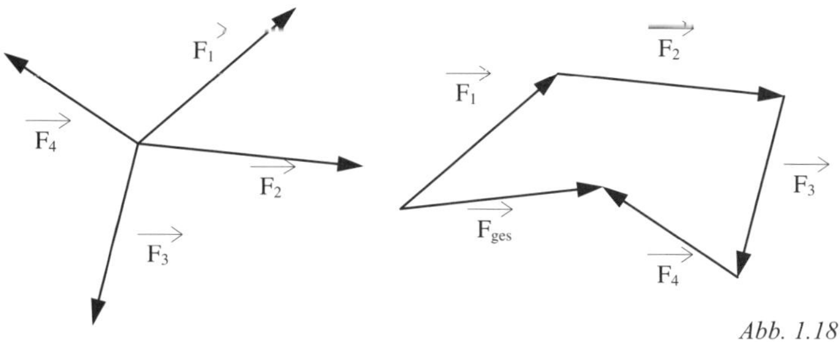

Abb. 1.18

> **Superpositionsprinzip**
> Wirken mehrere Kräfte auf einen Massenpunkt, so kann mit Hilfe des Superpositionsprinzips die Beschreibung des Systems stark vereinfacht werden. Hierbei wird durch vektorielle Addition aller (auf den Massenpunkt wirkenden) Kräfte eine resultierende Kraft berechnet, welche die gleiche Physik wie die ursprünglichen Kräfte beschreibt.
> Für den Massenpunkt in Abb. 1.18 ist es also unerheblich, ob man jede einzeln wirkende Kraft separat betrachtet oder ob man alle Kräfte durch eine einzelne resultierende Kraft ersetzt.

Bemerkungen:

1. Wirken zwei gleich große, aber einander entgegengesetzte Kräfte auf den Massenpunkt, so kompensieren sie sich nach dem Superpositionsprinzip. Die resultierende Kraftwirkung auf den Massenpunkt ist folglich Null, und er erfährt keine Beschleunigung.
2. Bei der Anwendung des Superpositionsprinzips muss man im Gedächtnis behalten, dass es streng genommen nur für **Zwei-Körper-Kräfte** gilt, d.h. für Kräfte, die zwischen zwei Körpern (z.B. Massenpunkten) wirken und von den umgebenden Körpern unabhängig sind. Bei der Gravitationskraft ist dies eindeutig erfüllt (in Gleichung 1.10 finden sich nur Eigenschaften der beiden Massenpunkte und keine Eigenschaften der Umgebung), und hier kann das Superpositionsprinzip ohne Probleme angewendet werden. Beispiele für **Mehr-Körper-Kräfte**, bei denen das Superpositionsprinzip nur eine Näherung und kein exaktes Ergebnis liefert, sind die Dispersionskräfte (z.B. die van der Waals-Kraft).

Zwangskräfte und Zerlegung von Kräften

Da die Quellen der Gravitationskraft die Massen der beteiligten Körper sind, wirkt diese Kraft zu jedem Zeitpunkt (schließlich ist es egal, wann wir einen Körper loslassen, er wird stets zu Boden fallen). Ein Körper wird seine Fallbewegung somit erst dann beenden, wenn er wieder geeigneten „Boden unter den Füßen“ gefunden hat. Daher muss auf Körper, die am Boden in einer Ruheposition sind, eine weitere Kraft wirken, welche die Wirkung der allgegenwärtigen Gravitationskraft kompensiert, so dass die resultierende Kraft Null ist. Diese Kraft wird durch den Boden erzeugt und besitzt den gleichen Betrag, aber die entgegengesetzte Richtung der Gravitationskraft. Sie entsteht als Konsequenz der **Zwangsbedingung**, dass sich der Körper nicht durch den Boden bewegen kann, und wird daher als **Zwangskraft** bezeichnet.

Ein Beispiel hierfür ist in Abb. 1.20 gegeben, in der (neben weiteren, hier nicht interessierenden Kräften) die Gewichtskraft F_g des Körpers eingezeichnet ist, die durch die Zwangskraft F_Z kompensiert wird. Diese Zwangskraft wird vom Boden auf den Körper ausgeübt und verhindert sein Einsinken. Wenn der Boden nicht stabil genug ist, d.h. die notwendige Zwangskraft nicht komplett bereitstellen kann, so wird die Gewichtskraft nicht vollständig kompensiert, und der Körper sinkt in den Boden ein.

Wenn wir die Situation umkehren, d.h. den Körper beispielsweise an einem Faden anheben, so wird durch den Faden wieder eine Zwangsbedingung und somit eine Zwangskraft erzeugt. Diese Zwangskraft wirkt der Gravitationskraft entgegen, spannt den Faden und ist messbar (schließlich spüren wir das Gewicht des Körpers, wenn wir ihn am Faden anheben). Die Existenz der Zwangskraft ist dabei tatsächlich an den Faden gebunden: Kann der Faden sie nicht erzeugen, weil er z.B. unter der Belastung reißt, so wird der Körper wieder zu Boden fallen, da die Gravitationskraft nicht mehr kompensiert werden kann und der Körper eine resultierende Kraft (ungleich Null) erfährt.

Bei der Berechnung der Bewegung von Körpern ist es daher notwendig, die Zwangskräfte zu berücksichtigen. An dieser Stelle ist es sinnvoll, das Superpositionsprinzip „umgekehrt" anzuwenden: Offensichtlich kann man jede **Kraft in beliebig viele Komponenten zerlegen**, die in ihrer Summe wieder die gesamte Kraft ergeben, ohne dass man die Physik verändern würde. Wenn wir uns beispielsweise einen Massenpunkt vorstellen, der sich auf einer schrägen Ebene befindet (vgl. Abb. 1.19), so wirkt zum einen die Gewichtskraft auf den Massenpunkt und beschleunigt ihn zum Erdboden hin. Andererseits erzeugt die Ebene eine Zwangskraft, die eine Bewegung des Massenpunktes in die Ebene hinein verhindert und somit einen Teil der Gewichtskraft kompensiert. Daher ist es sinnvoll, die Gewichtskraft $\vec{F}_g$ des Massenpunktes in Komponenten parallel $\vec{F}_t$ und senkrecht $\vec{F}_n$ zur Ebene zu zerlegen (vgl. Abb. 1.19). Die Zwangsbedingung fordert, dass die Zwangskraft die senkrechte Komponente kompensiert, so dass als resultierende Kraft nur noch die parallele Komponente F_t der Gewichtskraft verbleibt.

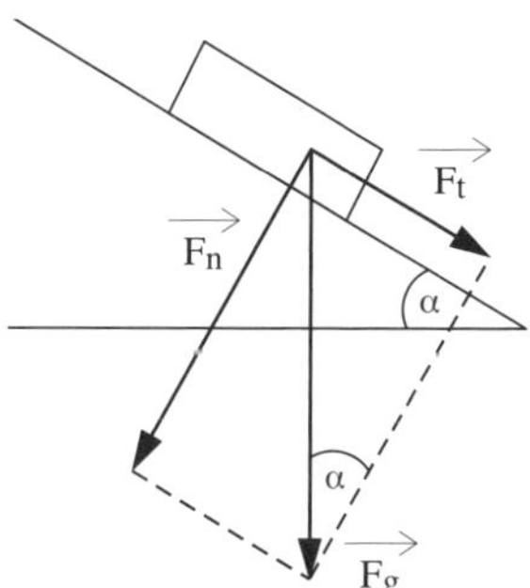

Abb. 1.19

Die trigonometrischen Beziehungen aus Abb. 1.19 zeigen, dass der Betrag dieser Kraft durch $F_t = F_g \cdot \sin\alpha$ gegeben ist und somit mit steigendem Winkel α zunimmt, d.h., der Massenpunkt wird umso stärker zu Boden gezogen, je steiler die Ebene ist.

Reibungskräfte am Beispiel von Haft- und Gleitreibung

Untersucht man die Bewegungen eines Körpers, so findet man stets Kräfte, die versuchen den Körper abzubremsen. Diese Kräfte entstehen z.B. durch Wechselwirkung mit der Auflagefläche des Körpers auf dem Untergrund oder durch Verdrängung des umgebenden Mediums und werden als Reibungskräfte bezeichnet.

Für diese spezielle Klasse von Kräften ist es schwierig, eine physikalisch geschlossene Beschreibung zu finden, da die Ursachen von Reibungskräften sehr unterschiedlich sein können. Generell zeigt sich jedoch, dass Reibungskräfte stets einer Bewegung entgegengerichtet sind und man ihnen daher eine Richtung geben kann, die entgegengesetzt zur Bewegungsrichtung orientiert ist, d.h. $\vec{F}_{reib} = -F_{reib} \cdot \vec{e}_v$. Der Betrag F_{reib} der Reibungskraft kann dabei von vielen Eigenschaften abhängen, z.B. von der Geschwindigkeit des Körpers, dessen Auflagekraft auf der Unterlage, den beteiligten Materialien, etc.

Beispiel: Haft- und Gleitreibung: Wird ein Körper auf einem Untergrund verschoben, so sind die beteiligten Oberflächen nie perfekt glatt. Vielmehr findet man, dass jede Oberfläche mit einer gewissen Rauheit σ_{RMS} behaftet ist, wobei das Spektrum der Rauigkeiten sehr breit ist: Nach oben kann σ_{RMS} nahezu beliebige Werte annehmen, während sie nach unten durch atomar flache Oberflächen (z.B. Glimmer, $\sigma_{RMS} \approx 10^{-10}\ m$) eingeschränkt wird.

Treffen zwei raue Oberflächen aufeinander, so werden sie sich in einem gewissen Maß ineinander verhaken (vgl. Abb. 1.20), was einer Verschiebung der Oberflächen einen Widerstand entgegensetzt. Dieser Widerstand äußert sich als Reibungskraft F_{Reib}, die von außen kompensiert werden muss, will man die Oberflächen gegeneinander verschieben (den Körper also bewegen).

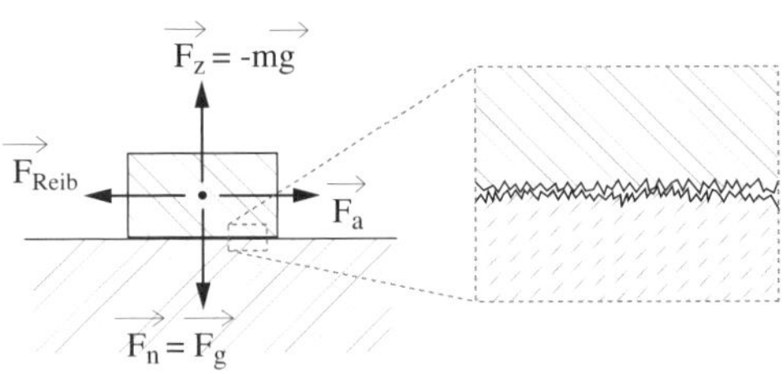

Abb. 1.20

Experimentell findet man häufig, dass die zu kompensierende Reibungskraft F_{reib} von der Normalkraft F_n des Körpers abhängt, mit der er auf die Unterlage gedrückt wird. Sie kann somit in der Form $F_{reib} = \mu_{reib} \cdot F_n$ dargestellt werden, wobei μ_{reib} der Reibungskoeffizient ist und von den beteiligten Materialien abhängt.

Bemerkung: Die Gleichung $F_{\text{reib}} = \mu_{\text{reib}} \cdot F_{\text{n}}$ gibt die obere Grenze der Reibungskraft an und ist folgendermaßen zu verstehen: Auf den Körper wirke von außen eine Kraft F_{a}, für die $F_{\text{a}} < \mu_{\text{reib}} \cdot F_{\text{n}}$ gilt. Dann baut sich aufgrund der Reibung eine Gegenkraft auf, welche die gleiche Größe wie F_{a} besitzt, ihr aber entgegengesetzt ist (vgl. Abb. 1.20). Somit wird F_{a} komplett durch die Reibungskraft kompensiert, die sich hier wie eine Zwangskraft verhält. Wird F_{a} weiter erhöht, so wird sich die Reibungskraft in gleichem Maß erhöhen und so den Körper in Ruhe halten. Die Reibungskraft besitzt jedoch mit $F_{\text{reib}} = \mu_{\text{reib}} \cdot F_{\text{n}}$ eine obere Grenze, d.h., wenn $F_{\text{a}} > \mu_{\text{reib}} \cdot F_{\text{n}}$ gilt, dann kann F_{a} nicht mehr komplett kompensiert werden, und der Körper beginnt, sich auf dem Untergrund zu bewegen. Auf den Körper wirkt weiterhin die Reibungskraft, d.h., der Körper wird mit der resultierenden Kraft $F_{\text{a}} - \mu_{\text{reib}} \cdot F_{\text{n}}$ beschleunigt.

Experimentell zeigt sich, dass μ_{reib} für einen ruhenden Körper größer ist als für einen, der sich bereits in Bewegung findet. Man unterscheidet daher zwischen Haftreibung (Körper in Ruhe) und Gleitreibung (Körper gleitet über den Untergrund) und führt entsprechend den Haftreibungs- μ_{Haft} und Gleitreibungskoeffizienten μ_{Gleit} ein.

Experimentell können diese Koeffizienten ermittelt werden, indem man Körper an einer schiefen Ebene herunterrutschen lässt (→ Abschnitt 1.6). Andererseits steht den Experimentatoren seit einiger Zeit der Surface Forces Apparatus (SFA) zur Verfügung, mit dem sich Reibungskräfte sehr präzise messen lassen. Jüngste Experimente haben gezeigt, dass es spezielle Beschichtungsformen organischer Materie gibt (die sogenannten Polyelektrolyt-Bürsten), deren Gleitreibungskoeffizienten mehrere Größenordnungen kleiner sind als die von poliertem Stahl auf Eis. Heute vermutet man, dass sich die Natur dieser speziellen Beschichtung bedient, um so beispielsweise die Gleitreibung zwischen den Oberflächen des Kniegelenks gering zu halten und dadurch eine lange Funktionsfähigkeit gewährleisten zu können.

1.6 Newton'sche Axiome und die Bewegungsgleichung eines Massenpunktes

In Abschnitt 1.5 wurde gezeigt, dass Newton (1643 – 1727) nach der Wechselwirkung suchte, mit der sich sowohl die Fallbewegungen auf der Erde als auch die Planetenbewegungen mit einem Gesetz erklären lassen. Seine Überlegungen führten ihn zur Gravitationskraft, die als anziehende Wechselwirkung zwischen allen massiven Objekten wirkt. Er leitete drei Gesetze ab, mit deren Hilfe man quantitativ berechnen kann, wie sich der Bewegungszustand eines Objektes verändert, wenn eine Kraft auf ihn wirkt. Diese Gesetze sind heute als Newton'sche Axiome bekannt und können als Fundament der Mechanik betrachtet werden.

1. Newton'sches Axiom: Trägheitsprinzip

Das 1. Newton'sche Axiom macht eine Aussage darüber, wie sich ein Massenpunkt bewegt, wenn keine Kraft auf ihn wirkt:

> **Trägheitsprinzip**
> Wirkt keine (resultierende) Kraft auf einen Massenpunkt, so führt der Massenpunkt eine gleichförmige Bewegung durch. In diesem Fall ist seine Geschwindigkeit konstant bzw. Null. Ein solcher Massenpunkt heißt **frei**.

Dieses Axiom lässt sich leicht deuten: Wenn keine (resultierende) Kraft auf den Massenpunkt wirkt, so wird sich sein Bewegungszustand nicht verändern. Der Massenpunkt verhält sich somit träge, d.h., jede Veränderung des Bewegungszustandes setzt die Existenz einer Kraft voraus. Ferner bewegen sich freie Körper gleichförmig auf geradlinigen Bahnen.

2. Newton'sches Axiom: Aktionsprinzip

Das 2. Newton'sche Axiom macht eine quantitative Aussage darüber, wie sich die Bewegung eines Massenpunktes verändert, wenn eine Kraft auf ihn wirkt:

> **Aktionsprinzip**
> Wirkt eine (resultierende) Kraft auf einen Massenpunkt, so entspricht die zeitliche Änderung des Impulses der angreifenden Kraft, d.h., es gilt die Relation
> $$\frac{\mathrm{d}}{\mathrm{d}t}\vec{p}(t) = \vec{F}_{res}(\vec{r}(t)), \tag{1.11}$$
> wobei $\vec{p}(t)$ den Impuls und $\vec{F}_{res}(\vec{r}(t))$ die auf den Massenpunkt wirkende Kraft darstellt.

Dieses Axiom ist von unschätzbarem Wert für die Mechanik, da es die auf den Massenpunkt wirkende Kraft mit seiner Bewegung (d.h. der Bahnkurve des Massenpunktes) verknüpft.

Da sowohl $\mathrm{d}\vec{p}/\mathrm{d}t$ als auch $\vec{F}_{\mathrm{res}}(\vec{r}(t))$ in der Regel dreidimensional sind, stellt Gl. 1.11 genau genommen ein System von drei Gleichungen dar, d.h., man muss im Allgemeinen die Gleichungen

$$\frac{\mathrm{d}}{\mathrm{d}t}p_{\mathrm{x}}(t) = F_{\mathrm{res,x}}(\vec{r}(t)),\ \frac{\mathrm{d}}{\mathrm{d}t}p_{\mathrm{y}}(t) = F_{\mathrm{res,y}}(\vec{r}(t)),\ \frac{\mathrm{d}}{\mathrm{d}t}p_{\mathrm{z}}(t) = F_{\mathrm{res,z}}(\vec{r}(t))$$

simultan lösen, wobei der Impuls und die Kraft in die Komponenten $\vec{p} = (p_{\mathrm{x}}, p_{\mathrm{y}}, p_{\mathrm{z}})$ bzw. $\vec{F}_{\mathrm{res}} = (F_{\mathrm{res,x}}, F_{\mathrm{res,y}}, F_{\mathrm{res,z}})$ zerlegt wurden.

Gleichungen dieses Typs werden als **Differentialgleichungen** bezeichnet, da die Differentiale einer oder mehrerer Größen untereinander und mit anderen Größen in Relation gesetzt werden.

Betrachten wir beispielsweise einen Massenpunkt mit konstanter Masse m, so vereinfacht sich das Aktionsprinzip zu

$$\frac{\mathrm{d}}{\mathrm{d}t}\vec{p}(t) = m\frac{\mathrm{d}}{\mathrm{d}t}\vec{v}(t) \equiv \vec{F}_{res}(\vec{r}(t)) \rightarrow \frac{\mathrm{d}^2}{\mathrm{d}t^2}\vec{r}(t) = \frac{\vec{F}_{res}(\vec{r}(t))}{m}.$$

Wenn man also die Kraft kennt, die am Massenpunkt angreift (in Abhängigkeit von der Bahnkurve $\vec{r}(t)$!), so kann man durch Integration der Beschleunigung sofort die Bahnkurve berechnen, die der Massenpunkt (aufgrund der wirkenden Kraft) durchläuft.

In der Mathematik der Differentialgleichungen wird ferner gezeigt, dass man für Gleichungen dieses Typs lediglich zwei **Randbedingungen** benötigt, um die Bewegung eindeutig zu beschreiben. Diese Randbedingungen können beispielsweise zwei Orte des Massenpunktes zu zwei unterschiedlichen Zeiten t_1 und t_2 sein oder z.B. Ort und Geschwindigkeit zu einem Zeitpunkt t_1. Daraus folgt, dass die Bewegung des Massenpunktes eindeutig vorhergesagt werden kann, sofern alle Kräfte im System bekannt sind und man außerdem zwei Randbedingungen kennt. Ferner kann man in Gl. 1.11 die Zeit auch „rückwärts laufen" lassen und somit die Bewegung des Massenpunktes in seiner Vergangenheit berechnen. Diese Überlegungen wurden durch Pierre-Simon Laplace (1749 – 1827) auf den Punkt gebracht, dessen **„Laplace'scher Dämon"** den Zustand eines Systems zu einem beliebigen Zeitpunkt eindeutig berechnen kann, sofern alle Naturgesetze und Randbedingungen bekannt sind. In einem solchen (**deterministischen**) System gibt es keinen Platz für Zufälle oder göttliche Wunder. Dies zeigt deutlich, warum diese Interpretationen seit ihrer Formulierung im 18. Jahrhundert zu heftigen Kontroversen geführt haben.

Später sollte sich jedoch zeigen, dass Gl. 1.11 nur für einige Spezialfälle analytisch (d.h. in Form von funktionalen Zusammenhängen) gelöst werden kann und man für allgemeine Systeme die Lösung numerisch berechnen muss. Ferner zeigte sich, dass die Vorhersagbarkeit der Bewegung aufgrund von Gl. 1.11 nur für makroskopische Körper erfüllt ist: Verkleinert man die beobachteten Körper bis in die Größenordnung einzelner Atome, so stellt man fest, dass es zusätzliche Effekte gibt, die im Rahmen der Quantenmechanik beschrieben werden können und die eine Vorhersagbarkeit der Bewegung gemäß Gl. 1.11 unmöglich machen. Hier sei nur exemplarisch die **Orts-Impuls-Unschärfe** erwähnt, die es bei atomaren Teilchen unmöglich macht, zu einem Zeitpunkt sowohl den Ort als auch den Impuls des Teilchens genau zu bestimmen. Somit kann Gl. 1.11 zwar hypothetisch gelöst werden, jedoch fehlen wichtige Informationen über die Bewegung, die für eine Vorhersagbarkeit notwendig wären.

Dennoch ist Gl. 1.11 für makroskopische Körper sehr exakt anwendbar. Sie erlaubt es beispielsweise, die Bewegung der Planeten sehr genau zu beschreiben (→ Abschnitt 1.10), wobei die Präzision der Berechnungen derart hoch ist, dass bereits geringste Abweichungen der gemessenen Planetenbahnen von den Vorhersagen stets zur Hypothese der Existenz von unbekannten (da noch unbeobachteten) Planeten führte: So wurde der Neptun aus Störungen der Planetenbahn des Uranus vorhergesagt, und diese Berechnung ermöglichte es überhaupt erst, den unbekannten Planteten im All aufzufinden.

3. Newton'sches Axiom: Reaktionsprinzip

Zu jeder Kraft $\vec{F}_{12}$, die ein Massenpunkt auf einen zweiten Massenpunkt ausübt, gibt es eine gleich große, aber entgegengerichtete Gegenkraft $\vec{F}_{12} = -\vec{F}_{21}$, die der zweite Massenpunkt auf den ersten ausübt (vgl. Abb. 1.21).

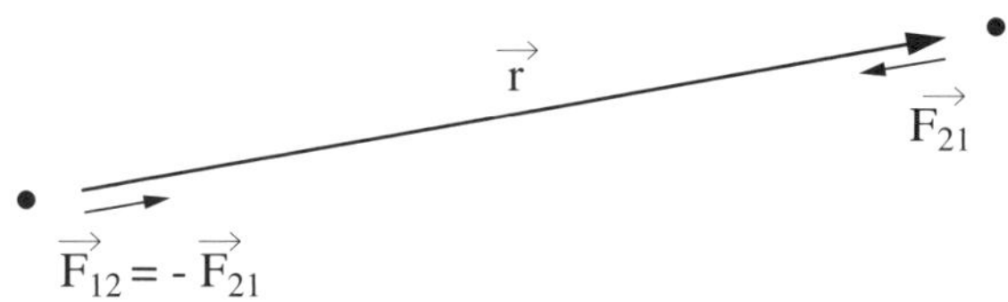

Abb. 1.21

Die Existenz der Gegenkraft haben wir bereits am Beispiel der Gravitationskraft gesehen, die attraktiv zwischen zwei Massenpunkten wirkt. Hierbei macht es keinen Unterschied, ob wir die Kraft beobachten, die auf den ersten oder auf den zweiten Massenpunkt wirkt: Sie hat gemäß Gl. 1.11 stets den gleichen Betrag, aber eine entgegengesetzte Richtung (d.h., sie zeigt immer zum anderen Massenpunkt).
Mit Hilfe des 1. und 3. Newton'schen Axioms kann Gl. 1.11 des 2. Newton'schen Axioms neu interpretiert werden: Die Gleichung $\vec{F}_{res} = \mathrm{d}\vec{p}/\mathrm{d}t$ verknüpft einerseits die Beschleunigung des Massenpunktes mit der an ihm angreifenden resultierenden Kraft. Andererseits folgt aus dem Reaktionsprinzip, dass die Kraft $\mathrm{d}\vec{p}/\mathrm{d}t$ als Gegenkraft zur resultierenden Kraft aufgefasst werden kann. Aufgrund der Masse (also der Trägheit) des Massenpunktes muss folglich zwingend die Kraft $\vec{F}_{\mathrm{tr}} = -\mathrm{d}\vec{p}/\mathrm{d}t$ wirken, um den Bewegungszustand des Massenpunktes ändern zu können (das Minuszeichen resultiert dabei aus der Interpretation als Gegenkraft und zeigt an, dass diese Kraft einer Änderung der Beschleunigung entgegenwirkt).

Beispiel: Fallbewegungen

Allgemeine Lösung: Betrachten wir einen Massenpunkt mit konstanter Masse m, der unter dem Einfluss seiner Gewichtskraft zu Boden fällt. In diesem Fall wirkt nur eine Kraft im System, die Gewichtskraft $\vec{F}_g = (0, 0, -m \cdot g)$, wobei das Minuszeichen aus der Tatsache resultiert, dass die Kraft entgegengesetzt zum Einheitsvektor der z-Achse orientiert ist. Gl. 1.11 lautet somit

$$\frac{\mathrm{d}}{\mathrm{d}t}v_x(t) = 0, \qquad \frac{\mathrm{d}}{\mathrm{d}t}v_y(t) = 0, \qquad m \cdot \frac{\mathrm{d}}{\mathrm{d}t}v_z(t) = -m \cdot g.$$

Aus $\mathrm{d}v_x/\mathrm{d}t = 0$ und $\mathrm{d}v_y/\mathrm{d}t = 0$ folgt, dass v_x und v_y Konstanten sind, die im Folgenden als $v_x(t) = v_{x,0}$ und $v_y(t) = v_{y,0}$ bezeichnet werden sollen. Für $v_z(t)$ folgt nach Integration $v_z(t) = -g \cdot t + v_{z,0}$ mit der Integrationskonstanten $v_{z,0}$. Die Bahnkurve erhält man durch erneute Integration nach der Zeit

$$\vec{r}(t) = (v_{x,0} \cdot t + r_{x,0}, v_{y,0} \cdot t + r_{y,0}, -\frac{g}{2} \cdot t^2 + v_{z,0} \cdot t + r_{z,0}). \tag{1.12}$$

Dies ist die allgemeine Lösung des freien Falls (wobei $\vec{r}_0(t) = (r_{x,0}, r_{y,0}, r_{z,0})$ wieder Integrationskonstanten sind, die durch die Randbedingungen definiert werden). Die allgemeine Fallbewegung setzt sich aus zwei unterschiedlichen Bewegungsformen zusammen: einer gleichförmigen Bewegung entlang der x- und y-Achse und einer beschleunigten Bewegung entlang der z-Achse. Die tatsächlich (physikalisch) realisierte Bewegung erhält man, indem man die Randbedingungen einsetzt, wie die folgenden Spezialfälle zeigen werden.

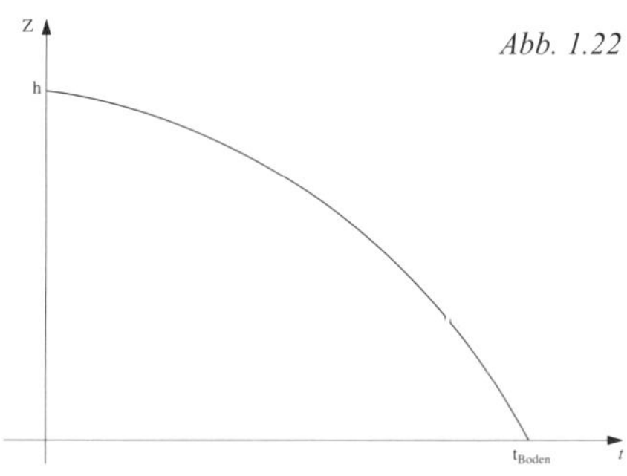

Abb. 1.22

Senkrechter Fall: Beim senkrechten Fall ruht der Massenpunkt vor dem Fall in einer Höhe h über dem Erdboden, während er zum (beliebig wählbaren) Zeitpunkt $t = 0$ losgelassen wird und die Fallbewegung vollführt. Da sich der Massenpunkt bei $t = 0$ in Ruhe befindet, gilt $\vec{v}_0 = (v_{x,0}, v_{y,0}, v_{z,0}) = (0, 0, 0)$. Ferner kann man als weitere Randbedingung $\vec{r}_0 = (0, 0, h)$ wählen, da sich der Massenpunkt vor dem Fallen in der Höhe h befindet. Die Bahnkurve Gl. 1.12 lautet nun $\vec{r}_{sF}(t) = (0, 0, -\frac{g}{2} \cdot t^2 + h)$. Die z-Komponente der Bahnkurve ist in Abb. 1.22 dargestellt und hat den Verlauf, den wir von den Fallexperimenten für einen senkrechten Fall erwarten würden.

Übung: Zeigen Sie, dass der Massenpunkt zum Zeitpunkt $t_{\text{Boden}} = \sqrt{2h/g}$ den Erdboden erreicht, d.h., dass $\vec{r}_{\text{sF}}(t_{\text{Boden}}) = (0, 0, 0)$ gilt.

Lösung: Aus $\vec{r}_{\text{sF}}(t_{\text{Boden}}) = (0, 0, 0)$ folgt, dass der Boden erreicht wird, wenn $-\frac{g}{2} \cdot t^2_{\text{Boden}} + h = 0$ gilt. Umstellen nach t_{Boden} ergibt sofort die Behauptung.

Wurfparabel eines Projektils: Nun sei der Massenpunkt ein Projektil (z.B. eine Kanonenkugel), das mit der Anfangsgeschwindigkeit v_0 im Winkel α vom Boden, d.h. vom Punkt $\vec{r}_0 = (0, 0, 0)$ aus, abgefeuert wird, vgl. Abb. 1.23. In dieser Situation kann man das Koordinatensystem derart wählen, dass der Vektor der Anfangsgeschwindigkeit $\vec{v}_0$ in der x-z-Achse liegt. Diese Wahl hat zur Folge, dass die y-Komponente von $\vec{v}_0$ Null ist, d.h., mit den Eigenschaften der Winkelfunktionen folgt aus Abb. 1.23 $\vec{v}_0 = (v_0 \cos\alpha, 0, v_0 \sin\alpha)$, was die ursprünglich dreidimensionale Beschreibung des Systems auf zwei Dimensionen reduziert und somit eindeutig vereinfacht.

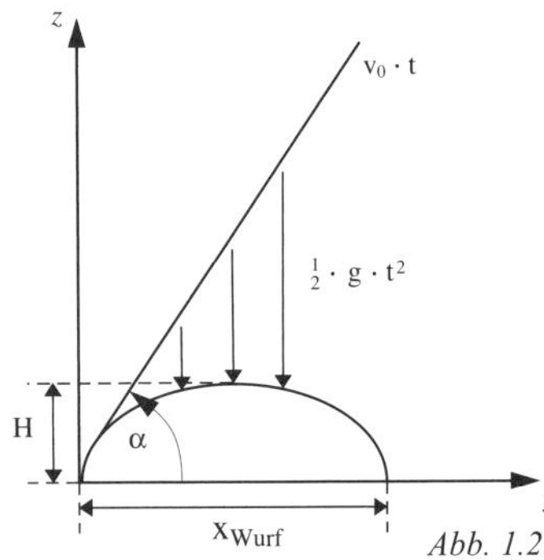

Abb. 1.23

Wenn man bei der Beschreibung von physikalischen Systemen diese Freiheit besitzt, wird man sie stets wahrnehmen, da sich so bei komplizierten Systemen die Rechenarbeit drastisch reduzieren lässt. In der Mathematik würde man anmerken, dass die Wahl ohne Beschränkung der Allgemeinheit (kurz o.B.d.A.) vorgenommen wurde, um nochmals zu unterstreichen, dass die spezielle Wahl des Koordinatensystems keinerlei Auswirkung auf die Physik des Systems hat.

Einsetzen der Anfangsbedingungen in Gl. 1.12 liefert sofort die Wurfparabel $\vec{r}_{\text{Wurf}}(t) = ([v_0 \cdot \cos\alpha] \cdot t, 0, [v_0 \cdot \sin\alpha] \cdot t - \frac{g}{2} \cdot t^2)$, wobei die Größen in den eckigen Klammern Konstanten sind, die von den Anfangsbedingungen abhängen.

Übung: Zeigen Sie, dass das Projektil den Boden zum Zeitpunkt $t_{\text{Boden}} = (2 \cdot v_0 \cdot \sin\alpha)/g$ wieder erreicht und dass es dabei insgesamt die Strecke $x_{\text{Wurf}} = (2 \cdot v_0^2 \cdot \sin\alpha \cdot \cos\alpha)/g$ zurücklegt. Weisen Sie ferner nach, dass für $\alpha_{\max} = 45°$ die Wurfweite x_{Wurf} ein Maximum annimmt, indem Sie die Ableitung $dx_{\text{Wurf}}/d\alpha$ bilden und zeigen, dass $dx_{\text{Wurf}}/d\alpha = 0$ an der Stelle $\alpha_{\max} = 45°$ gilt.

Lösung: Wie beim freien Fall wird der Boden erreicht, wenn $\vec{r}_{Wurf}(t_{Boden}) = \vec{0}$, d.h. $\left(v_0 \cdot \sin\alpha - \frac{g}{2} \cdot t_{Boden}\right) \cdot t_{Boden} = 0$ gilt. Dies ist zu zwei Zeiten erfüllt: für $t_{Boden} = 0$ (Startpunkt der Bewegung) und $t_{Boden} = (2 \cdot v_0 \cdot \sin\alpha)/g$. Des Weiteren gibt die x-Komponente von $\vec{r}_{Wurf}(t)$ an, wie weit sich das Projektil (projiziert auf die Erdoberfläche) bewegt hat. Einsetzen von t_{Boden} ergibt die Behauptung. Diese Wurfweite wird bezüglich α genau dann maximal, wenn $(2 \cdot v_0^2/g) \cdot (\sin\alpha \cdot \cos\alpha)$ und somit $(\sin\alpha \cdot \cos\alpha)$ maximal wird (da die Terme in der Klammer Konstanten sind). Die Ableitung unter Verwendung der Produktregel ergibt dann den Ausdruck $(\cos^2\alpha - \sin^2\alpha)$, der für $\alpha_{max} = 45°$ Null ist. Die Wurfweite nimmt daher für $\alpha_{max} = 45°$ ein Maximum an.

Beispiel: Schiefe Ebene

Betrachten wir nochmals die schiefe Ebene aus Abb. 1.24. Wir wollen die Bewegung eines Massenpunktes der Masse m beschreiben, der zunächst auf der Ebene ruht. Zum Zeitpunkt $t_0 = 0$ wird der Massenpunkt gelöst und beginnt mit seiner Bewegung.

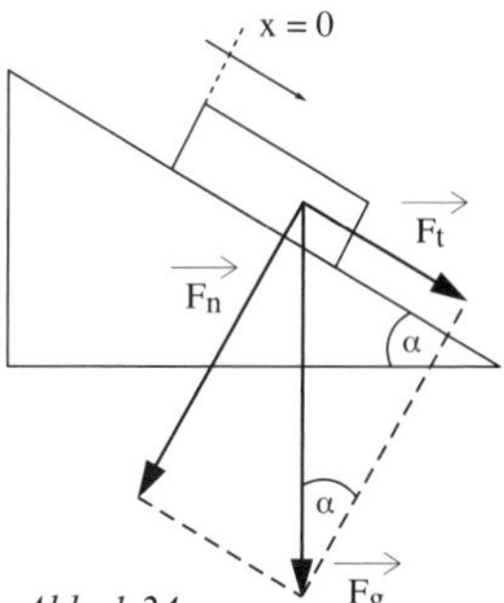

Abb. 1.24

Die Gewichtskraft des Massenpunktes ist die Ursache für seine Bewegung, und durch die Zwangsbedingung der schiefen Ebene handelt es sich bei ihr um eine eindimensionale Bewegung (da der Massenpunkt einfach nur die Schräge herunterrutschen wird). Um seine Bewegung zu beschreiben, drehen wir das Koordinatensystem so, dass die x-Achse parallel zur Ebene und die y-Achse senkrecht zur ihr ausgerichtet ist.

Bei der Diskussion über das Superpositionsprinzip wurde gezeigt, dass dann die Gewichtskraft in zwei Komponenten zerfällt: in eine (zur Ebene) senkrechte Komponente $\vec{F}_n$ und in eine parallele Komponente $\vec{F}_t$, vgl. Abb. 1.24. Des Weiteren wurde gezeigt, dass für die Beträge der Komponenten $F_n = F_g \cdot \cos\alpha$ und $F_t = F_g \cdot \sin\alpha$ gilt, wobei $\vec{F}_n$ komplett durch die Zwangskraft kompensiert wird, die durch die Ebene erzeugt wird. Als resultierende Kraft wirkt somit nur noch $\vec{F}_t$ auf den Massenpunkt; nach dem Aktionsprinzip folgt daher die Bewegungsgleichung $m \cdot \frac{\mathrm{d}}{\mathrm{d}t} v_x(t) = F_t = F_g \cdot \sin\alpha$, was sich leicht (nach Umstellen) zu $v_x = [g \cdot \sin\alpha] \cdot t$ und $x = \frac{g \cdot \sin\alpha}{2} \cdot t^2$ integrieren lässt. Im Grenzfall $\alpha = 90°$ erhalten wir $v_x = g \cdot t$, d.h. die Lösung für den senkrechten Fall.

Übung: Nehmen Sie an, dass der Massenpunkt aufgrund seiner Masse m eine Gleitreibungskraft $F_{\text{Gleit}} = \mu_{\text{Gleit}} \cdot F_{\text{n}}$ (mit dem Gleitreibungskoeffizienten μ_{Gleit}) erfährt. Die Gleitreibungskraft wirkt dabei der Beschleunigung (und somit F_{t}) entgegen. Zeigen Sie, dass in dieser Situation die Geschwindigkeit des Massenpunktes durch $v = g \cdot [\sin\alpha - \mu_{\text{Gleit}} \cdot \cos\alpha] \cdot t$ gegeben ist und dass ferner die Ebene mindestens das Gefälle $\alpha_{\text{Gr}} = \arctan \mu_{\text{Gleit}}$ aufweisen muss, damit der Massenpunkt diese Ebene von selbst herunterrutschen kann.

Lösung: Durch die Reibung wirkt zusätzlich die Reibungskraft $F_{\text{Gleit}} = \mu_{\text{Gleit}} \cdot F_{\text{n}} = \mu_{\text{Gleit}} \cdot F_{\text{g}} \cdot \cos\alpha$ auf den Massenpunkt, welche der Hangabtriebskraft F_{t} entgegenwirkt und somit seine Beschleunigung gemäß $m \cdot \frac{\text{d}}{\text{d}t} v_x(t) = F_{\text{t}} - F_{\text{Gleit}} = F_{\text{g}} \cdot (\sin\alpha - \mu_{\text{Gleit}} \cdot \cos\alpha)$ verringert. Nach Integration folgt sofort die Geschwindigkeit $v = g \cdot [\sin\alpha - \mu_{\text{Gleit}} \cdot \cos\alpha] \cdot t$. Damit der Massenpunkt die Bewegung starten kann, muss der Ausdruck in der Klammer positiv sein. Somit folgt, dass die Ebene mindestens das Gefälle $\sin\alpha_{\text{Gr}} - \mu_{\text{Gleit}} \cdot \cos\alpha_{\text{Gr}} = 0 \rightarrow \alpha_{\text{Gr}} = \arctan \mu_{\text{Gleit}}$ aufweisen muss.

Schwere und träge Masse

Bisher wurde die Masse mit zweierlei Maß gemessen: Einmal wurde sie bezüglich des Newton'schen Gravitationsgesetzes definiert (die **schwere Masse**) und einmal mit Hilfe des 2. Newton'schen Axioms (die **träge Masse**). In beiden Situationen äußert sich die Masse auf unterschiedliche Art: die schwere Masse durch die Gravitationskraft, die von ihr erzeugt wird, und die träge Masse aufgrund des Widerstandes, den sie „einer Beschleunigung entgegensetzt". Beide Massen wurden bisher stillschweigend gleichgesetzt, d.h. als physikalisch ununterscheidbar angenommen, was natürlich eine Hypothese ist und nicht aus Gesetzmäßigkeiten abgeleitet werden kann.

Warum lohnt es sich, über träge und schwere Masse nachzudenken? Betrachten wir z.B. einen Massenpunkt, der im Abstand h über der Erdoberfläche losgelassen wird, so würde man nach dem Aktionsprinzip die Bewegungsgleichung $m_{\text{träge}} \cdot a(t) = -g \cdot m_{\text{schwer}}$ bzw. $a(t) = -g \cdot m_{\text{schwer}}/m_{\text{träge}}$ aufstellen. Daraus folgt, dass bei einer Gravitationswechselwirkung die Beschleunigung des Massenpunktes vom Verhältnis zwischen träger und schwerer Masse abhängt.

Sehr genaue Fallexperimente haben gezeigt, dass das Verhältnis $m_{\text{schwer}}/m_{\text{träge}}$ für alle Körper tatsächlich konstant ist (es verändert sich um weniger als 10^{-11}!) und es somit durch Wahl geeigneter Einheiten auf 1 gesetzt werden kann.

Interessanterweise nimmt die Äquivalenz von träger und schwerer Masse einen zentralen Stellenwert in Albert Einsteins (1879 – 1955) „Allgemeiner Relativitäts-

theorie“ ein und hat als physikalische Konsequenz, dass ein Physiker nicht den Bewegungszustand eines Systems ermitteln kann, wenn man ihm die Möglichkeit nimmt, aus dem System „herauszuschauen“.
Stellen Sie sich z.B. vor, Sie befinden sich in einem geschlossenen Fahrstuhl. Dann haben Sie keine Möglichkeit festzustellen, ob der Fahrstuhl in einem kräftefreien System ruht (z.B. im Weltall) oder sich im freien Fall (z.B. auf der Erde) befindet. Obwohl sich beide Systeme und Bewegungen physikalisch drastisch unterscheiden (gleichförmige vs. beschleunigte Bewegung), können Sie nicht ermitteln, welche Situation vorliegt, ohne aus der Fahrstuhltür zu sehen.

1.7 Arbeit, Potential, Energie und Leistung

Aus dem Alltagsleben wissen wir, dass wir Energie verbrauchen, wenn wir gegen einen Widerstand (d.h. gegen eine Kraft) Arbeit verrichten. Ziel dieses Abschnittes wird es sein, die physikalischen Begriffe Arbeit und Energie einzuführen, um diese Alltagserfahrung quantitativ beschreiben zu können.

Arbeit
Betrachten wir folgendes Beispiel: Eine Kugel der Masse *m* befinde sich in Ruhe auf einem ebenen Boden. Aus Erfahrung wissen wir, dass es gerade bei schweren Kugeln deutlich leichter ist, diese parallel zum Boden zu verschieben, als sie anzuheben. In Abschnitt 1.5 wurde gezeigt, dass an allen Körpern die Gewichtskraft angreift und somit eine Gegenkraft zur Gewichtskraft wirken muss, damit ein Körper angehoben werden kann. Beim Anheben der Kugel wird daher die Arbeit direkt gegen den Widerstand der Gewichtskraft geleistet, während bei einer Verschiebung der Kugel entlang des Bodens (und somit senkrecht zur Gewichtskraft) kaum Arbeit notwendig ist.
Dieses Verhalten können wir mathematisch beschreiben, wenn wir berücksichtigen, dass sowohl Kräfte als auch die Bahnkurve gerichtete Objekte, also Vektoren sind. Der Einfachheit halber betrachten wir zunächst eine Gewichtskraft, die unabhängig vom Ort sei, an dem wir sie betrachten, und verschieben den Körper lediglich auf einer geraden Strecke der Länge $\vec{l}$, vgl. Abb. 1.25.

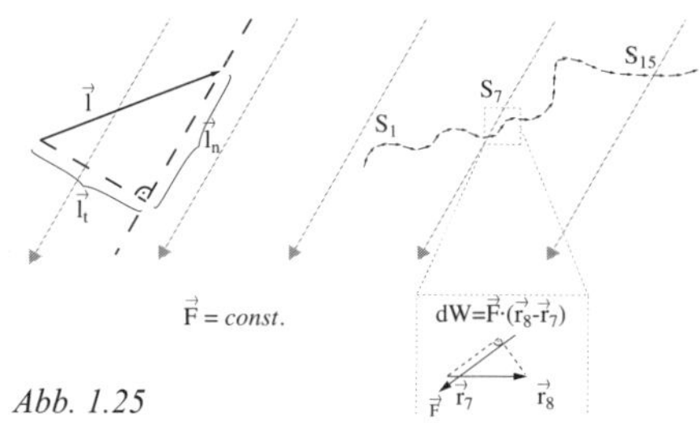

Abb. 1.25

Das Beispiel hat gezeigt, dass bei einer Bewegung senkrecht zur Kraft keine Arbeit verrichtet werden muss, während bei Bewegungen parallel zur Kraft die zu verrichtende Arbeit maximal wird. Somit ist es sinnvoll, den Weg $\vec{l}$ (wie beim Beispiel der schiefen Ebene in Abschnitt 1.5) in Komponenten $\vec{l}_t$ parallel und $\vec{l}_n$ senkrecht zur Kraft zu zerlegen (vgl. Abb. 1.25) und die verrichtete Arbeit durch das Produkt $W = F \cdot l_n$ zu definieren.
Man überzeugt sich leicht, dass dies äquivalent zum Skalarprodukt $W = \vec{F} \cdot \vec{l}$ ist: Schließlich folgt nach Zerlegung der Kraft und unter Verwendung von $\vec{F} \cdot \vec{l}_t = 0$ ($\vec{l}_t$ per Definition senkrecht auf $\vec{F}$) sofort $\vec{F} \cdot \vec{l} = \vec{F} \cdot \vec{l}_t + \vec{F} \cdot \vec{l}_n = F \cdot l_n$. Diese Definition hat somit den Vorteil, dass die Zerlegung der Kraft in die Komponenten $\vec{l}_t$ und $\vec{l}_n$ nicht mehr manuell vorgenommen werden muss, da sie durch das Skalarprodukt quasi automatisch erledigt wird.
Um nun die allgemeine Situation, d.h. beliebige Wege in inhomogenen Kraftfeldern, berechnen zu können, zerlegt man den Weg der Bahnkurve in eine Vielzahl linearer Wegstücke S_i der Länge l (vgl. Abb. 1.25), wobei die Zahl i die einzelnen Wegstücke durchnummerieren soll (d.h., S_1 ist das erste Wegstück vom Punkt $\vec{r}_1$ nach $\vec{r}_2$, S_2 das zweite von $\vec{r}_2$ nach $\vec{r}_3$ usw.). Dann kann die zu leistende Arbeit in Näherung berechnet werden, indem man die Arbeit W_i pro Wegstück berechnet, d.h. $W_i = \vec{F}(\vec{r}_i) \cdot (\vec{r}_{i+1} - \vec{r}_i)$, und anschließend alle Arbeiten aufsummiert, d.h. $W = \sum_i W_i$.

Die Näherung wird umso besser funktionieren, je feiner der Weg zerlegt wurde, d.h. je kleiner die Länge l der einzelnen Wegstücke ist. Man kann zeigen (→ Abschnitt 1.4), dass dieser Ansatz zum richtigen Wert für die zu leistende Arbeit führt, wenn man für l den Grenzübergang $l \to 0$ durchführt, d.h. den Weg in infinitesimal kleine Wegstücke der Länge dl zerlegt. Die Differenz in $\vec{r}_{i+1} - \vec{r}_i$ geht dann in das infinitesimale Wegelement dr über, und somit erhält man die Arbeit, indem man die Arbeiten pro Wegstück $dW_i = \vec{F}(\vec{r}) \cdot d\vec{r}$ entlang des Weges S aufsummiert, was bei infinitesimalen Größen die Integration bedeutet, d.h.:

Arbeit

Ein Massenpunkt werde entlang des Weges S mit der Kraft $\vec{F}(\vec{r})$ verschoben (wobei $\vec{r}(t)$ eine Parametrisierung des Weges S sei). Für diese Bewegung wird dann die Arbeit

$$W_S := \int_S \vec{F}(\vec{r}) \cdot d\vec{r} \qquad (1.13)$$

verrichtet.

Einheit: 1 Joule = 1 J = 1 N m

Wie ist nun diese Definition praktisch zu verstehen? In der Regel kann man ohne weitere Probleme den Weg S durch eine Bahnkurve $\vec{r}(t) = (x(t), y(t), z(t))$ parametrisieren. Das Differential, über welches integriert wird, ist dann nach der Kettenregel einfach durch $\mathrm{d}\vec{r}(t) = (\frac{\mathrm{d}}{\mathrm{d}t}x(t), \frac{\mathrm{d}}{\mathrm{d}t}y(t), \frac{\mathrm{d}}{\mathrm{d}t}z(t)) \cdot \mathrm{d}t$ gegeben (→ Abschnitt 1.3), wodurch die Integration entlang des infinitesimalen Richtungsvektors $\mathrm{d}\vec{r}$ in eine Integration über den Bahnparameter $\mathrm{d}t$ umgewandelt wird.

Bemerkungen:

1. Ein Integral der Form $W_S = \int_S \vec{F}(\vec{r}) \cdot \mathrm{d}\vec{r}$ bezeichnet man als **Weg-** bzw. **Linienintegral**, da hier eine physikalische Größe entlang eines bestimmten Weges berechnet wird.
2. Die Arbeit hängt vom gewählten Weg ab, d.h. mindestens vom Anfangs- und Endpunkt der Bewegung, im Allgemeinen jedoch auch vom exakt gewählten Verlauf des Weges S. Dies wird in der Definition der Arbeit durch den Index S berücksichtigt.
3. Des Weiteren wurde in der Definition der Weg über die Zeit t parametrisiert, da als Bahnparameter häufig die Zeit gewählt wird. Die Analysis zeigt jedoch, dass die Definition der Arbeit unabhängig von der gewählten Parametrisierung ist. Solange also unterschiedliche Parametrisierungen den gleichen Weg ergeben, wird Gl. 1.13 auch die gleiche Arbeit berechnen. Dies ist eine Eigenschaft, welche die Arbeit zwingend erfüllen muss: Schließlich wird sich die Natur nicht dafür interessieren, wie wir versuchen, sie durch eine Parametrisierung zu beschreiben. Vielmehr müssen äquivalente Beschreibungen auch zu äquivalenten Ergebnissen führen.

Übung: Betrachten Sie einen Massenpunkt der Masse m, auf den die Fallbeschleunigung $\vec{g} = (0, 0, -g)$ wirkt. Berechnen Sie die Arbeit, die Sie verrichten müssen, um den Massenpunkt um die Höhe h (entlang der z-Achse) anzuheben.

Lösung: Die Gewichtskraft ergibt sich zu $\vec{F} = (0, 0, -m \cdot g)$. Wir wählen als Parametrisierung $\vec{r}(t) = (0, 0, t)$, wobei die Bewegung von $t_1 = 0$ nach $t_2 = h$ verlaufen soll, was bezüglich der z-Achse dem Anheben um die Höhe h entspricht. Somit folgt $\mathrm{d}\vec{r}(t) = (0, 0, 1) \cdot \mathrm{d}t$ und für die Arbeit

$$W_S = \int_S \vec{F}(\vec{r}) \cdot \mathrm{d}\vec{r} = \int_{t_1}^{t_2} F(\vec{r}(t)) \cdot (0, 0, 1) \cdot \mathrm{d}t = -\int_{t_1}^{t_2} m \cdot g \cdot dt = -m \cdot g \cdot h. \qquad (1.14)$$

Interessanterweise hängt in diesem Beispiel die zu verrichtende Arbeit nur vom Betrag der Kraft und der Länge h ab, die für die Bewegung direkt (d.h. parallel) gegen die Kraft zurückgelegt werden musste. Dies ist eine Eigenschaft, die alle homogenen Kräfte aufweisen: Da die Kraft nicht vom Ort abhängt, sind bezüglich der Kraft alle Orte in ihrer Wirkung auf den Massenpunkt gleich. Daher ist kein Punkt gegenüber dem anderen besonders ausgezeichnet, und die Arbeit kann nur vom Weg abhängen, der direkt gegen die Kraft zurückgelegt wurde. Das bedeutet:

> Auf einen Massenpunkt wirke eine homogene Kraft $\vec{F}$, während er von $\vec{r}_1$ nach $\vec{r}_2$ bewegt wird. Dann hängt die zu verrichtende Arbeit nicht vom Weg ab, der von $\vec{r}_1$ nach $\vec{r}_2$ führt. Vielmehr ist die Arbeit durch $W = F \cdot h$ gegeben, wobei h die Länge angibt, die der Massenpunkt parallel zur Kraft von $\vec{r}_1$ nach $\vec{r}_2$ zurückgelegt hat, vgl. Abb. 1.26. Daraus folgt, dass im Schwerefeld der Erde die Arbeit $W = -m \cdot g \cdot h$ verrichtet werden muss, um einen Körper der Masse m um die Länge h gegen die Schwerebeschleunigung zu bewegen.

Des Weiteren können wir an diesem Beispiel sofort erkennen, wie das Vorzeichen der Arbeit bei einer linearen Bewegung in einem homogenen Kraftfeld zu verstehen ist:

> Sei W_S die Arbeit, die bei einer geradlinigen Bewegung in einem homogenen Kraftfeld verrichtet wird. Besitzt W_S ein positives Vorzeichen ($W_S > 0$), so wird der Massenpunkt mit der Kraft bewegt, d.h., Kraft und Weg schließen einen Winkel ein, der kleiner als 90° ist. Gilt dagegen $W_S < 0$, so wird die Arbeit bei einer Bewegung gegen die Kraft verrichtet, d.h., Kraft und Weg schließen einen Winkel ein, der zwischen 90° und 180° liegt.

Übung: Betrachten Sie zwei Massenpunkte mit den Massen m_1 und m_2, die sich im Abstand d_1 zueinander befinden und zwischen denen die Newton'sche Gravitationskraft wirkt. Zeigen Sie, dass die Arbeit

$$W = G \cdot m_1 \cdot m_2 \cdot \left(\frac{1}{d_2} - \frac{1}{d_1} \right) \tag{1.15}$$

verrichtet werden muss, um den Abstand von d_1 auf $d_2 > d_1$ zu vergrößern.

Lösung: Die Gravitationskraft F_{Grav} wirkt immer entlang der Verbindungslinie beider Massenpunkte. Wir können daher o.B.d.A. einen der Massenpunkte in den Koordinatenursprung legen und das Koordinatensystem derart drehen, dass der andere Massenpunkt eine Bewegung von $\vec{r}_1 = (d_1, 0, 0)$ nach $\vec{r}_2 = (d_2, 0, 0)$, d.h. entlang der x-Achse, vollführt. Diese Bewegung verläuft stets parallel zur Kraftwirkung und somit folgt für die Arbeit

$$W = \int_{d_1}^{d_2} \vec{F}(\vec{r}) \cdot \mathrm{d}\vec{r} = \int_{d_1}^{d_2} F(\vec{r}) \cdot \mathrm{d}r = G \cdot m_1 \cdot m_2 \cdot \left[\frac{1}{d}\right]_{d_1}^{d_2} = G \cdot m_1 \cdot m_2 \cdot \left(\frac{1}{d_2} - \frac{1}{d_1}\right).$$

Konservative Kräfte und der Begriff des Potentials

Die Gleichungen 1.14 und 1.15 sind Beispiele für den Fall, dass eine Kraft wegunabhängig ist, d.h.:

Wir nennen eine Kraft $\vec{F}(\vec{r})$ **konservativ** bzw. **wegunabhängig**, wenn für zwei beliebig gewählte Punkte $\vec{r}_1$ und $\vec{r}_2$ gilt: Die Arbeit, die verrichtet werden muss, um von $\vec{r}_1$ nach $\vec{r}_2$ zu gelangen, hängt nur von den beiden Punkten $\vec{r}_1$ und $\vec{r}_2$ ab, aber nicht von dem Weg, der dazu zurückgelegt wird, vgl. Abb. 1.26.

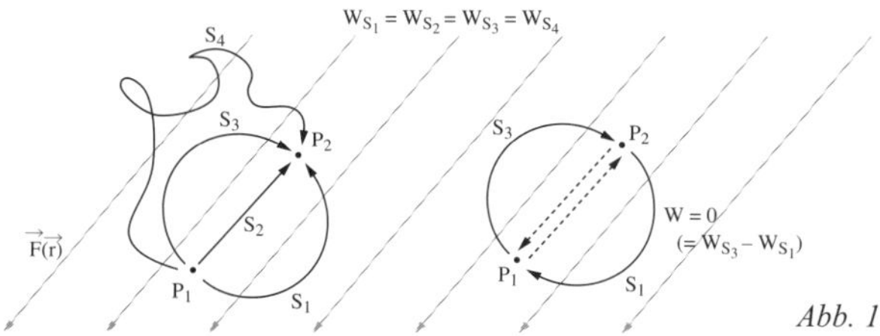

Abb. 1.26

Bemerkungen:

1. Mit „beliebig gewählten Punkten" meint man, dass diese Eigenschaft für alle Punkte des Raumes gelten muss, in dem die Kraft $\vec{F}(\vec{r})$ definiert ist. Die konservative Kraft muss diese Voraussetzung also stets erfüllen, egal welche beiden Punkte für eine „Überprüfung" gewählt werden.
2. Dass die konservative Kraft nur von den Punkten $\vec{r}_1$ und $\vec{r}_2$ abhängt, bedeutet, dass die einzigen räumlich relevanten Informationen der Start- und Endpunkt der Bewegung sind. Welcher Weg für die Bewegung gewählt wird, ist ohne Bedeutung (egal, wie kompliziert die Bewegung auch sein mag). In einem konservativen Kraftfeld wird bei allen in Abb. 1.26 skizzierten Bewegungen die gleiche Arbeit verrichtet.
3. Die Arbeit, die entlang eines geschlossenen Integrationsweges verrichtet wird (Abb. 1.26 rechts), muss bei einer konservativen Kraft verschwinden. In Formeln drückt man dies durch das Kontur-Integral aus $\oint_S$, welches eine Integration ent-

lang eines geschlossenen Weges symbolisiert. Eine konservative Kraft muss daher für alle geschlossenen Wege die Gleichung $W_S = \oint\limits_S \vec{F}(\vec{r}) \cdot \mathrm{d}\vec{r} = 0$ erfüllen. Diese Eigenschaft lässt sich leicht nachweisen, indem man einen Weg betrachtet, der vom Punkt P_1 zum Punkt P_2 führt. Legt man diesen Weg einmal vorwärts ($P_1 \rightarrow P_2$) und einmal rückwärts ($P_2 \rightarrow P_1$) zurück, so erhält man einen geschlossenen Weg um den Punkt P_1, und es folgt

$$W_S = \oint\limits_{P_1} \vec{F}(\vec{r}) \cdot \mathrm{d}\vec{r} = \int\limits_{P_1}^{P_2} \vec{F}(\vec{r}) \cdot \mathrm{d}\vec{r} + \int\limits_{P_2}^{P_1} \vec{F}(\vec{r}) \cdot \mathrm{d}\vec{r} = \int\limits_{P_1}^{P_2} \vec{F}(\vec{r}) \cdot \mathrm{d}\vec{r} - \int\limits_{P_1}^{P_2} \vec{F}(\vec{r}) \cdot \mathrm{d}\vec{r} = 0.$$

Hier wurde im letzten Schritt ausgenutzt, dass sich das Vorzeichen der Arbeit umdreht, wenn die Bahnkurve in entgegengesetzter Richtung durchlaufen wird. Da (nach Definition der konservativen Kraft) alle geschlossenen Wege um P_1 bezüglich der Arbeit äquivalent sind und der Punkt P_1 beliebig gewählt werden kann (wir haben keine Voraussetzungen an seine Wahl geknüpft), gilt:

> Ist $\vec{F}(\vec{r})$ eine konservative Kraft, so gilt entlang eines beliebigen geschlossenen Weges $W_S = \oint\limits_S \vec{F}(\vec{r}) \cdot \mathrm{d}\vec{r} = 0.$ (1.16)

4. Aus Bemerkung 3 folgt, dass eine konservative Kraft im Allgemeinen nicht von der Zeit abhängen kann: Andernfalls könnte man den Start- und Endzeitpunkt der Bewegung derart wählen, dass $\vec{F}(\vec{P}_1)$ für die beiden Zeitpunkte unterschiedliche Werte annimmt. Im Allgemeinen lässt sich dazu ein geschlossener Weg finden, für den dann $W_S = \oint\limits_S \vec{F}(\vec{r}) \cdot \mathrm{d}\vec{r} <> 0$ folgt, was im Widerspruch zu Gleichung 1.16 steht.
5. Da Reibungskräfte generell entgegengesetzt zur Geschwindigkeit wirken, kann die Reibungsarbeit nicht wegunabhängig sein. Sie sind daher ein Beispiel für nicht-konservative Kräfte.
6. Die Vektoranalysis gibt eine elegante Antwort auf die Frage, ob ein Kraftfeld konservativ ist oder nicht. Mit Hilfe recht abstrakter Rechnungen kann man zeigen, dass ein Kraftfeld $\vec{F}(\vec{r})$ genau dann konservativ ist, wenn dessen Rotation $\mathrm{rot}\,\vec{F}(\vec{r}) := \left(\frac{\partial F_z}{\partial y} - \frac{\partial F_x}{\partial z}, \frac{\partial F_x}{\partial z} - \frac{\partial F_z}{\partial x}, \frac{\partial F_y}{\partial x} - \frac{\partial F_x}{\partial y}\right)$ verschwindet. Aus Gl. 1.16 folgt somit automatisch $\mathrm{rot}\,\vec{F}(\vec{r}) = \vec{0}$. Dieses Ergebnis ist ein Beispiel dafür, welche Aussagen mit Hilfe der (abstrakten) Mathematik möglich sind. Sie ist ein Spezialfall des Satzes von Stokes und alles andere als offensichtlich oder naheliegend.

Konservative Kräfte zeichnen sich gegenüber allen anderen Kräften durch diese besonderen Eigenschaften aus. Ferner wird in der Analysis gezeigt, dass man zu jedem konservativen Kraftfeld (mindestens) eine skalare Funktion $\Phi(\vec{r})$ findet, mit deren Hilfe sich das gesamte konservative Kraftfeld rekonstruieren lässt:

Potential
Sei $\vec{F}(\vec{r}) = (F_x(\vec{r}), F_y(\vec{r}), F_z(\vec{r}))$ eine konservative Kraft in kartesischen Komponenten. Dann existiert (mindestens) eine skalare Funktion $\Phi(\vec{r})$, welche die Beziehung

$$F(\vec{r}) = -(\frac{\partial}{\partial x}\Phi(\vec{r}), \frac{\partial}{\partial y}\Phi(\vec{r}), \frac{\partial}{\partial z}\Phi(\vec{r})) \qquad (1.17)$$

erfüllt. Die einzelnen Komponenten von $\vec{F}(\vec{r})$ können aus $\Phi(\vec{r})$ rekonstruiert werden, indem $\Phi(\vec{r})$ nach der entsprechenden Koordinate partiell abgeleitet wird, z.B. $F_x(\vec{r}) = -\frac{\partial}{\partial x}\Phi(\vec{r})$.

Da eine konservative Kraft komplett aus ihrem Potential rekonstruiert werden kann, macht es physikalisch keinen Unterschied, ob die Kraft oder das Potential zur Beschreibung der Bewegung verwendet wird: Beide Größen sind hinsichtlich ihres Informationsgehaltes äquivalent. Jedoch hat das Potential im Vergleich zur Kraft den entscheidenden Vorteil, dass es lediglich eine Komponente besitzt (d.h. eindimensional ist), während die Kraft bis zu drei Komponenten aufweisen kann.

Übung: Zeigen Sie durch Ableiten, dass das Potential der Gewichtskraft durch die Funktion $\Phi(\vec{r}) = m \cdot g \cdot z$ gegeben ist.

Lösung: Nach Einsetzen in die Definition Gl. 1.17 folgt sofort
$F(\vec{r}) = -(\frac{\partial}{\partial x}\Phi(\vec{r}), \frac{\partial}{\partial y}\Phi(\vec{r}), \frac{\partial}{\partial z}\Phi(\vec{r})) = -(0, 0, m \cdot g)$, was gerade die Gewichtskraft des Massenpunktes ist.

Beispiel: Potential der Gravitationskraft
Bei der Ableitung von Gl. 1.15 wurde gezeigt, dass die Arbeit $W = G \cdot m_1 \cdot m_2 \cdot (1/d - 1/d_1)$ verrichtet werden muss, um den Abstand der zwei Massenpunkte von d_1 auf $d > d_1$ zu vergrößern. Daraus folgt sofort, dass das Potential der Massenpunkte durch $\Phi(d) = -G \cdot m_1 \cdot m_2 \cdot (1/d - 1/d_1)$ gegeben ist. Da das Potential stets bezüglich eines Referenzpunktes (hier d_1) gemessen wird, kann man in dieser Situation als Referenzpunkt $d_1 \to \infty$ wählen, wodurch sich das Potential zu $\Phi(d) = -G \cdot m_1 \cdot m_2 / d$ vereinfacht.

Potentielle Energie

Betrachten wir nochmals die Bewegung eines Massenpunktes (Masse m) im Schwerefeld der Erde. Am Anfang dieses Abschnittes wurde gezeigt, dass man die Arbeit $-m \cdot g \cdot h$ verrichten muss, um den Massenpunkt gegen die Schwerebeschleunigung g um die Höhe h anzuheben, wobei das negative Vorzeichen anzeigt, dass die Arbeit gegen die Gewichtskraft $F_g = m \cdot g$ verrichtet wurde. Wird die Bewegung umgekehrt, d.h., lassen wir den Massenpunkt um die Höhe h fallen, so bleibt der Betrag der Arbeit unverändert, während sich das Vorzeichen jedoch umkehrt. Aus Erfahrung wissen wir, dass das Fallen eines Körpers spontan passiert, während zum Heben stets jemand oder etwas notwendig ist, der bzw. das am Körper Arbeit verrichtet.

Bei beiden Prozessen wird betragsmäßig die gleiche Arbeit verrichtet, was man so interpretieren kann, dass der Massenpunkt die Arbeit, die man beim Anheben aufwenden musste, „speichern" konnte und beim Fallen spontan wieder freisetzt. Durch diese Fähigkeit, „Arbeit zu speichern", scheint der Massenpunkt eine Art Reservoir zu besitzen, das man als Energie des Massenpunktes bezeichnet. Interessanterweise zeigt sich, dass die derart „gespeicherte Energie" gerade durch das Potential gegeben ist.

In der vorangegangenen Übung wurde beispielsweise gezeigt, dass das Potential der Gewichtskraft durch $\Phi(\vec{r}) = m \cdot g \cdot z$ gegeben ist. Je höher der Massenpunkt (bezüglich der z-Achse) angehoben wird, umso mehr Energie wird dabei gespeichert und umso größer wird auch das Potential $\Phi(\vec{r})$. Da der Massenpunkt diese (gespeicherte Energie) potentiell jederzeit freisetzen kann, bezeichnet man diese Energieform als

> **Potentielle Energie**
>
> Wird ein Massenpunkt in einem konservativen Kraftfeld $\vec{F}(\vec{r})$ bewegt, so kann er bei der Bewegung Energie speichern ($W < 0$) bzw. freisetzen ($W > 0$). Die derart gespeicherte Energie wird als potentielle Energie bezeichnet und ist durch
>
> $E_{pot}(r) := \Phi(\vec{r}) - \Phi(\vec{r}_0)$
>
> gegeben. Hierbei ist $\Phi(\vec{r})$ das Potential von $\vec{F}(\vec{r})$, und $\vec{r}_0$ ist ein beliebiger (aber fixierter) Referenzpunkt.
>
> Wenn sich der Massenpunkt somit von $\vec{r}_1$ nach $\vec{r}_2$ bewegt, so wird die Energie
>
> $\Delta E_{pot} = E_{pot}(\vec{r}_2) - E_{pot}(\vec{r}_1) = \Phi(\vec{r}_2) - \Phi(\vec{r}_1)$
>
> freigesetzt ($\Delta E_{pot} < 0$) bzw. gespeichert ($\Delta E_{pot} > 0$).

Bemerkungen:

1. Offensichtlich ist die Wahl des Referenzpunktes willkürlich, was auf den ersten Blick ungewöhnlich erscheinen mag. Die Wahl des Referenzpunktes verändert jedoch lediglich die Konstante $\Phi(\vec{r}_0)$ innerhalb der potentiellen Energie. Dies hat

aber keinen Einfluss, da sich nur Differenzen der potentiellen Energie physikalisch auswirken. Dies sieht man auch, wenn man durch Gl. 1.17 die Kraft berechnet: Die Ableitung der Konstante $\Phi(\vec{r}_0)$ ergibt Null, somit liefern unterschiedliche potentielle Energien die gleiche Kraft, sofern sie sich lediglich um einen konstanten Wert unterscheiden.

2. In Gl. 1.12 wurde das Potential mit einem negativen Vorzeichen bezüglich der Kraft definiert. Somit sind ΔE_{pot} und die verrichtete Arbeit zwar betragsmäßig gleich, tragen aber immer ein unterschiedliches Vorzeichen. Es besteht somit folgender Zusammenhang:

Potential und Arbeit
Sei $\Phi(\vec{r})$ das Potential einer konservativen Kraft $\vec{F}(\vec{r})$. Dann kann die Arbeit, welche verrichtet werden muss, um einen Massenpunkt von P_1 zu P_2 zu verschieben, durch
$W = \Phi(\vec{r}_1) - \Phi(\vec{r}_2) = -\Delta E_{pot}$
berechnet werden.

3. Somit folgt für Bewegungen mit $W > 0$ automatisch $\Delta E_{pot} < 0$, d.h., der Massenpunkt kann diese Bewegung spontan unter Reduzierung seiner potentiellen Energie durchführen. Wird andererseits während der Bewegung Arbeit gegen eine Kraft verrichtet ($W < 0$), so folgt aus $\Delta E_{pot} > 0$, dass der Massenpunkt die Bewegung nicht spontan ausführen kann, dass am Massenpunkt hierfür Arbeit verrichtet werden muss und dass die dabei verrichtete Arbeit in Form potentieller Energie gespeichert wird.

Äquipotentiallinien und -flächen
Das Potential $\Phi(\vec{r})$ ist eine skalare Funktion, die jedem Punkt $\vec{r}$ im Raum einen bestimmten Wert zuordnet. Wenn man nun die Punkte im Raum zusammenfasst, bei denen das Potential einen bestimmten Wert C besitzt (die also die Gleichung $\Phi(\vec{r}) = C$ erfüllen), so bilden diese Punkte im Allgemeinen eine Fläche. Da das Potential auf diesen Flächen konstant ist, bezeichnet man sie als Äquipotentialflächen. Betrachten wir beispielsweise das Potential der Gewichtskraft $\Phi(\vec{r}) = m \cdot g \cdot z$, so stellen wir fest, dass $\Phi(\vec{r})$ lediglich von der z-Komponente

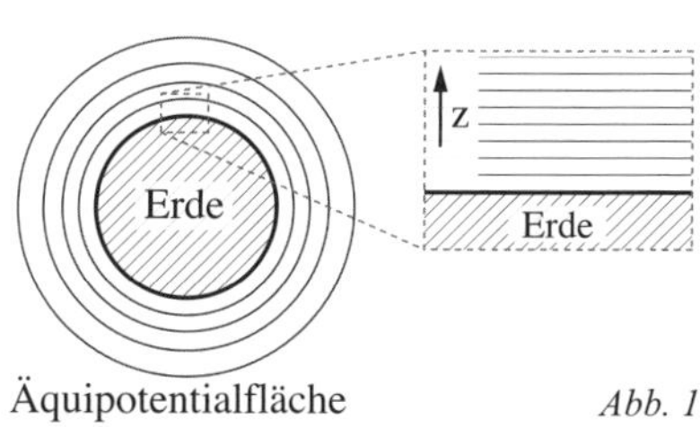

Äquipotentialfläche *Abb. 1.27*

abhängt. Man kann sich bei konstantem z also beliebig in der x-y-Ebene bewegen, ohne dass sich das Potential verändert. Somit sind in dieser Situation die Äquipotentialflächen gerade die x-y-Ebenen, welche die z-Achse bei einem bestimmten Wert schneiden (vgl. Abb. 1.27).
Die physikalische Bedeutung der Äquipotentialflächen wird durch folgende Überlegung erklärt: Wenn sich der Massenpunkt auf einer Äquipotentialfläche bewegt, so verändern sich bei dieser Bewegung weder Potential noch dessen potentielle Energie. Somit wird bei dieser Bewegung auch keine Arbeit verrichtet, denn jede auftretende Arbeit würde (per Definition) ebenfalls die potentielle Energie verändern.

> Bewegt sich ein Massenpunkt auf einer **Äquipotentialfläche**, so wird dabei keine Arbeit verrichtet, d.h., man muss keine Energie aufwenden, um diese Bewegung durchführen zu können. Bewegt man sich dagegen zwischen unterschiedlichen Äquipotentialflächen, so muss hierfür Arbeit verrichtet werden. Hieraus folgt, dass die Kräfte stets senkrecht auf den Äquipotentialflächen stehen.

Betrachtet man ein Potential in einem zweidimensionalen Raum, so kann die Gleichung $\Phi(\vec{r}) = C$ nur noch auf Linien erfüllt werden, die in Analogie als **Äquipotentiallinien** bezeichnet werden.

Kinetische Energie

Betrachten wir einen Massenpunkt mit der Masse m, dessen Geschwindigkeit sich während eines Weges S von v_1 zu v_2 verändert. Für die Änderung der Geschwindigkeit muss der Massenpunkt offensichtlich beschleunigt werden. In Abschnitt 1.6 wurde gezeigt, dass man hierfür die Trägheitskraft $-m \cdot \vec{a}$ kompensieren muss. Somit muss entlang des Weges S die Arbeit

$$W_{\text{kin}} = \int_S \vec{F}(\vec{r}) \cdot \mathrm{d}\vec{r} = -m \cdot \int_S \vec{a} \cdot \mathrm{d}\vec{r}$$

verrichtet werden.
Dieses Integral lässt sich leicht berechnen, wenn man berücksichtigt, dass das infinitesimale Element $\mathrm{d}\vec{r}$ als komponentenweise Ableitung der Bahnkurve nach der Zeit zu verstehen ist, d.h. $\mathrm{d}\vec{r} = \frac{\mathrm{d}}{\mathrm{d}t}\vec{r}(t) \cdot \mathrm{d}t$ (→ Abschnitt 1.3). Somit folgt für die Arbeit $W_{\text{kin}} = -m \cdot \int_S \vec{a} \cdot \mathrm{d}\vec{r} = -m \cdot \int_S \left(\frac{\mathrm{d}}{\mathrm{d}t}\vec{v}(t)\right) \cdot \left(\frac{\mathrm{d}}{\mathrm{d}t}\vec{r}(t)\right)\mathrm{d}t$.

Da sowohl $\vec{r}(t)$ als auch $\vec{v}(t)$ bezüglich des gleichen Bahnparameters t parametrisiert wurden, kann das infinitesimale Zeitelement $\mathrm{d}t$ auch auf $\frac{\mathrm{d}}{\mathrm{d}t}\vec{v}(t)$ angewendet werden, und die Anwendung der Kettenregel liefert $\frac{\mathrm{d}}{\mathrm{d}t}\vec{v}(t) \cdot \mathrm{d}t = \mathrm{d}\vec{v}$. Durch diese

Transformationen nimmt die Arbeit die Form

$$W_{\text{kin}} = -m \cdot \int\limits_S \left(\frac{\mathrm{d}}{\mathrm{d}t}\vec{v}(t)\right) \cdot \left(\frac{\mathrm{d}}{\mathrm{d}t}\vec{r}(t)\right)\mathrm{d}t = -m \cdot \int\limits_S \vec{v} \cdot \mathrm{d}\vec{v} = -\frac{m}{2} \cdot (v_2^2 - v_1^2)$$

an, wobei die Produktregel $\frac{\mathrm{d}}{\mathrm{d}t}v^2 = \frac{\mathrm{d}}{\mathrm{d}t}\vec{v}(t) \cdot \vec{v}(t) = 2 \cdot \vec{v}(t) \cdot \frac{\mathrm{d}}{\mathrm{d}t}\vec{v}(t)$ verwendet wurde.

Wie bei der potentiellen Energie ist der Massenpunkt wieder in der Lage, die Arbeit zu speichern, die verrichtet wurde, um seine Geschwindigkeit von v_1 nach v_2 zu beschleunigen. Diese Energie steht dem Massenpunkt aufgrund seiner Bewegung zur Verfügung und wird als kinetische Energie bezeichnet:

Kinetische Energie

Wird ein Massenpunkt (Masse m) von der Geschwindigkeit v_1 auf die Geschwindigkeit v_2 beschleunigt, so muss hierfür die Arbeit $W_{\text{kin}} = -\frac{m}{2} \cdot (v_2^2 - v_1^2)$ verrichtet werden. Diese Arbeit wird als kinetische Energie $E_{\text{kin}} = -W_{\text{kin}} = \frac{m}{2} \cdot (v_2^2 - v_1^2)$ gespeichert.

Besitzt ein Massenpunkt somit die Geschwindigkeit v, so steht ihm aufgrund seines Bewegungszustandes die kinetische Energie $E_{\text{kin}} = \frac{m}{2} \cdot v^2$ zur Verfügung, um Arbeiten zu verrichten.

Führt der Massenpunkt eine gleichförmige Kreisbewegung mit Radius R und Winkelgeschwindigkeit ω durch, so besitzt er die kinetische Energie

$$E_{\text{rot}} = \frac{m}{2} \cdot v^2 = \frac{m \cdot R^2}{2} \cdot \omega^2,$$

welche in dieser Situation als **Rotationsenergie** bezeichnet wird.

Mechanische Gesamtenergie und ihre Erhaltung

Betrachten wir zunächst einen einzelnen Massenpunkt (Masse m), der sich in der Höhe h über dem Boden im Schwerefeld der Erde befindet. Somit besitzt dieser Massenpunkt bezüglich des Erdbodens die potentielle Energie $E_{\text{pot}}(h) = m \cdot g \cdot h$. In Abschnitt 1.5 wurde gezeigt, dass der Massenpunkt aufgrund der Gewichtskraft zu Boden fällt, wobei die Fallzeit gerade $t_{\text{Fall}} = \sqrt{2 \cdot h/g}$ beträgt. Innerhalb dieser Zeit wird der Massenpunkt beschleunigt, so dass er zum Zeitpunkt des Auftreffens die Geschwindigkeit $v = g \cdot t_{\text{Fall}} = \sqrt{2 \cdot h \cdot g}$ und dadurch die kinetische Energie $E_{\text{kin}} = \frac{m}{2} \cdot v^2 = \frac{m}{2} \cdot 2 \cdot h \cdot g = m \cdot g \cdot h$ besitzt. Somit wurde die potentielle Energie vor dem Fallen komplett in kinetische Energie umgewandelt. Des Weiteren kann leicht gezeigt werden, dass während dieser Fallbewegung die Summe aus potentieller und kinetischer Energie des Massenpunktes konstant ist. Dies ist der

> **Energieerhaltungssatz für Massenpunkte**
> Wirken auf einen Massenpunkt (Masse m) ausschließlich konservative Kräfte, so ist die Summe aus potentieller und kinetischer Energie des Massenpunktes zeitlich konstant. Zu jedem Zeitpunkt gilt daher
> $$E_{\text{kin}} + E_{\text{pot}} = \frac{m}{2}\left(\frac{\mathrm{d}}{\mathrm{d}t}\vec{r}(t)\right)^2 + E_{\text{pot}}(r(t)) = E_0.$$
> Die Konstante E_0 ist die mechanische Gesamtenergie des Massenpunktes.

Die Summe aus kinetischer und potentieller Energie wurde mit Absicht als mechanische Gesamtenergie bezeichnet, da es (wie wir in den späteren Abschnitten sehen werden) viele unterschiedliche Formen von Energie gibt.
Die Energieerhaltung hat eine interessante Konsequenz:

> Energie unterschiedlicher Formen kann ineinander umgewandelt werden. Ein fallender Massenpunkt verringert beispielsweise seine potentielle Energie und wandelt die freigesetzte potentielle Energie in kinetische Energie um, was eine Erhöhung seiner Geschwindigkeit bewirkt. Andererseits kann der Massenpunkt auch seine Geschwindigkeit verringern und durch die freigesetzte kinetische Energie Arbeit verrichten, d.h. seine potentielle Energie erhöhen.
> **Energie** ist somit die Fähigkeit eines Körpers, Arbeit zu verrichten. Sie besitzt daher ebenfalls die SI-Einheit 1 Joule = 1 J = 1 N m.

Leistung
Zu Beginn des Abschnitts wurde gezeigt, dass die Arbeit $\mathrm{d}W = \vec{F}(\vec{r}) \cdot \mathrm{d}\vec{r}$ verrichtet werden muss, wenn ein Massenpunkt um $\mathrm{d}\vec{r}$ entlang einer Kraft $\vec{F}(\vec{r})$ verschoben wird. Bei konservativen Kräften hängt diese Arbeit nur vom Start- und Endpunkt der Bewegung ab, aber nicht davon, wie schnell die Bewegung durchgeführt wurde. Praktisch macht es aber einen großen Unterschied, ob man einen Berg hochläuft oder -rennt:

> **Leistung**
> Bei einer Bewegung werde pro Zeiteinheit $\mathrm{d}t$ die Arbeit $\mathrm{d}W(t)$ verrichtet. Dann ist die damit verbundene Leistung P durch $P(t) := \frac{\mathrm{d}}{\mathrm{d}t}W(t)$ gegeben.
> Einheit: 1 Watt = 1 W = 1 J/s.

Betrachten wir dazu ein Auto, welches aus der Ruhe auf eine gewisse Geschwindigkeit v beschleunigt werden soll. Für diese Beschleunigung muss der Motor so lange

Arbeit verrichten, bis die geleistete Arbeit mindestens der kinetischen Energie $E_{\text{kin}} = \frac{m}{2} \cdot v^2$ entspricht, d.h. bis $\frac{m}{2} \cdot v^2 = \int_0^{t_{\text{E}}} P_{\text{Motor}}(t) \cdot \mathrm{d}t$ gilt. Wenn wir vereinfachend annehmen, dass die Motorleistung P_{Motor} konstant ist, so folgt $\frac{m \cdot v^2}{2} = P_{\text{Motor}} \cdot t_{\text{E}} \rightarrow t_{\text{E}} = \frac{m \cdot v^2}{2 \cdot P_{\text{Motor}}}$, d.h., je größer die Motorleistung P_{Motor} ist, desto schneller erreicht das Auto die Endgeschwindigkeit und desto höher ist dessen Beschleunigung.

Die Leistung gibt uns somit Auskunft darüber, wie schnell Arbeit verrichtet werden kann. Wenn wir daher wissen, wie viel Energie ein bestimmter Prozess benötigt und wie viel Leistung uns zur Verfügung steht, so können wir abschätzen, wie viel Zeit benötigt wird, um den Prozess zu vollenden, und ob der Prozess überhaupt in vertretbarer Zeit vollendet werden kann.

1.8 Drehimpuls und Drehmoment eines Massenpunktes

Drehmoment eines Massenpunktes

Wir betrachten einen Massenpunkt (Masse m), der an einem (masselosen) Hebel befestigt ist, d.h. an einer Stange, die in einem Punkt drehbar gelagert ist. Da sich der Massenpunkt im Schwerefeld der Erde befindet, wirkt die Gewichtskraft $\vec{F}_{\text{g}} = (0, 0, -m \cdot g)$ auf ihn, und der Massenpunkt wird genau dann in Ruhe bleiben, wenn der Hebel eine gleich große, aber entgegengerichtete Zwangskraft erzeugt (→ Abschnitt 1.5). Da der Hebel drehbar gelagert ist, wird er diese Kraft nur dann erzeugen können, wenn auf der anderen Seite des Hebels eine Kraft $\vec{F}_{\text{H}}$ wirkt, vgl. Abb. 1.28.

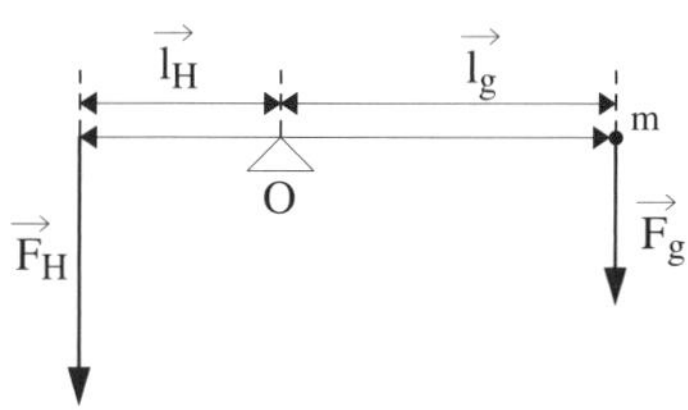

Abb. 1.28

Es zeigt sich nun, dass der Betrag der Kraft $\vec{F}_{\text{H}}$ nicht nur von der Gewichtskraft des Körpers abhängt, sondern auch vom Abstand, den die Kräfte zum Drehpunkt besitzen. Experimentell findet man (**Hebelgesetz**), dass für die Beträge der Kräfte die Gleichgewichtsbedingung $F_{\text{g}} \cdot l_{\text{g}} = F_{\text{H}} \cdot l_{\text{H}}$ erfüllt sein muss.

Dies ist aber nur ein Spezialfall, da die Kräfte hier senkrecht zum Hebel wirken. Im

Allgemeinen zeigt sich, dass es sinnvoll ist, die Richtungen beider Größen durch die folgende Definition zu berücksichtigen:

> **Drehmoment**
> Die Kraft $\vec{F}$ greife an einem Massenpunkt an, der im Auflagepunkt O drehbar gelagert ist (vgl. Abb. 1.28). Wenn $\vec{l}$ vom Auflagepunkt zum Massenpunkt zeigt, so wird durch das Kreuzprodukt $\vec{D} := \vec{l} \times \vec{F}$ das Drehmoment definiert, das die Kraft $\vec{F}$ bezüglich O auf den Massenpunkt ausübt. Einheit: 1 N · m
>
> In kartesischen Koordinaten gilt für die Komponenten des Drehmomentes (→ Abschnitt 1.1)
> $D_x := r_y \cdot F_z - r_z \cdot F_y$, $D_y := r_z \cdot F_x - r_x \cdot F_z$, $D_z := r_x \cdot F_y - r_y \cdot F_x$.
> Sei ferner α der Winkel, der von $\vec{l}$ und $\vec{F}$ eingeschlossen wird. Dann gilt für den Betrag des Drehmomentes $D = l \cdot F \cdot \sin\alpha$.

Auf den Hebel aus Abb. 1.28 angewendet, zeigt die Definition, dass die Kräfte $\vec{F}_g$ und $\vec{F}_H$ jeweils ein Drehmoment erzeugen. Da jedoch $\vec{l}_g$ und $\vec{l}_H$ entgegengesetzt zueinander orientiert sind, zeigen diese Drehmomente in entgegengesetzte Richtungen. Im Gleichgewicht, d.h. für $F_g \cdot l_g = F_H \cdot l_H$, heben sich die beiden Drehmomente komplett auf: Das resultierende Drehmoment $\vec{D} = \vec{D}_g + \vec{D}_H$ ist Null, und der Hebel bleibt in Ruhe. Für $F_g \cdot l_g <> F_H \cdot l_H$ ist das resultierende Drehmoment nicht mehr Null und zeigt entweder aus der Zeichenebene heraus bzw. zum Beobachter hin ($F_g \cdot l_g < F_H \cdot l_H$) oder in sie hinein bzw. vom Beobachter weg ($F_g \cdot l_g > F_H \cdot l_H$). Aus Erfahrung wissen wir, dass der Hebel sich in dieser Situation gegen bzw. im Uhrzeigersinn drehen würde, was auch sofort der Richtung des Drehmomentes entnommen werden kann:

> **Konvention: Rechte-Hand-Regel II**
> Ein Drehmoment, das in einem rechtshändigen Koordinatensystem in die Zeichenebene zeigt, erzeugt eine Drehung im Uhrzeigersinn. Zeigt es dagegen aus der Zeichenebene heraus, so wird es eine Drehung gegen den Uhrzeigersinn bewirken.
> Dies lässt sich mit Hilfe der rechten Faust gut merken: Legt man den Daumen in Richtung des Drehmomentes, so zeigen die Finger die bewirkte Drehrichtung an.

Drehimpuls eines Massenpunktes

Im Abschnitt 1.6 wurde gezeigt, dass eine Beschleunigung hervorgerufen wird, wenn eine Kraft auf einen Massenpunkt wirkt (Aktionsprinzip). Analog dazu zeigt das Beispiel aus Abb. 1.28, dass die Existenz eines resultierenden Drehmomentes ebenfalls eine Drehbewegung verursacht. Somit muss auch für Drehbewegungen eine Art Aktionsprinzip existieren, mit dessen Hilfe sich die Drehbewegung quantitativ berechnen lässt. Tatsächlich lässt sich in Analogie zum Impuls eines Massenpunktes auch ein Drehimpuls definieren:

> **Drehimpuls eines Massenpunktes**
> Wir betrachten einen Massenpunkt (Masse m), der sich entlang einer beliebigen Bahnkurve $\vec{r}(t)$ bewegt (Abb. 1.29). Dann ist der Drehimpuls $\vec{L}(t)$ des Massenpunktes durch das Kreuzprodukt von Ortsvektor $\vec{r}(t)$ und Impuls $\vec{p}(t)$ des Massenpunktes definiert, d.h. $\vec{L}(t) = \vec{r}(t) \times \vec{p}(t) = m \cdot \vec{r}(t) \times \vec{v}(t)$. (1.18)

Übung: Zeigen Sie, dass für die zeitliche Änderung des Drehimpulses $\frac{\mathrm{d}}{\mathrm{d}t}\vec{L}(t) = \vec{r}(t) \times \vec{F}(t) = \vec{D}(t)$ gilt, wobei $\vec{F}(t) = \vec{F}(\vec{r}(t))$ die Kraft ist, die am Ort $\vec{r}(t)$ auf den Massenpunkt wirkt.

Lösung: Anwendung der Produktregel und des Aktionsprinzips ergibt $\frac{\mathrm{d}}{\mathrm{d}t}\vec{L}(t) = m \cdot \frac{\mathrm{d}}{\mathrm{d}t}\left(\vec{r}(t) \times \vec{v}(t)\right) = m \cdot \left(\vec{v}(t) \times \vec{v}(t) + \vec{r}(t) \times \vec{a}(t)\right) = \vec{r}(t) \times \vec{F}(t)$,wobei ausgenutzt wurde, dass $\vec{v}(t) \times \vec{v}(t) = 0$.

> **Zusammenhang zwischen Drehmoment und Drehimpuls**
> Wirkt auf einen Massenpunkt das Drehmoment $\vec{D}(t)$, so ändert sich dessen Drehimpuls $\vec{L}(t)$ gemäß $\frac{\mathrm{d}}{\mathrm{d}t}\vec{L}(t) = \vec{r}(t) \times \vec{F}(t) = \vec{D}(t)$.
> Der Drehimpuls ist zeitlich konstant, wenn kein Drehmoment auf den Massenpunkt wirkt. Dies ist der Fall, wenn:
> 1. Keine Kraft auf den Massenpunkt wirkt, d.h. $\vec{F}(t) = 0$, oder:
> 2. Die Kraft immer parallel zum Ortsvektor $\vec{r}(t)$ ist, d.h., wenn $\vec{F}(\vec{r}) = F(r) \cdot \vec{e}_r$ gilt. Solche Kräfte nennt man **Zentralkräfte**.
> 3. Ist der Drehimpuls eine zeitliche Konstante, so verläuft die Bewegung des Massenpunktes in einer Ebene.

Bemerkungen:

1. Die dritte Eigenschaft sieht man sofort ein, wenn man berücksichtigt, dass der Drehimpuls senkrecht auf der Ebene steht, die vom Orts- und Geschwindigkeits-

vektor aufgespannt wird (vgl. Abb. 1.29). Wenn also der Drehimpuls zeitlich konstant ist, so auch dessen Richtung und damit die Ebene, in der die Bewegung verläuft.

2. Da der Ortsvektor $\vec{r}(t)$ (→ Abschnitt 1.9) von der Wahl des Koordinatensystems abhängt, ist der Drehimpuls in Gl. 1.18 ebenfalls immer bezüglich des gewählten Koordinatensystems definiert. Findet die Drehbewegung um einen fixierten Drehpunkt statt, so wählt man üblicherweise diesen Drehpunkt als Koordinatenursprung zur Berechnung von $\vec{L}(t)$.

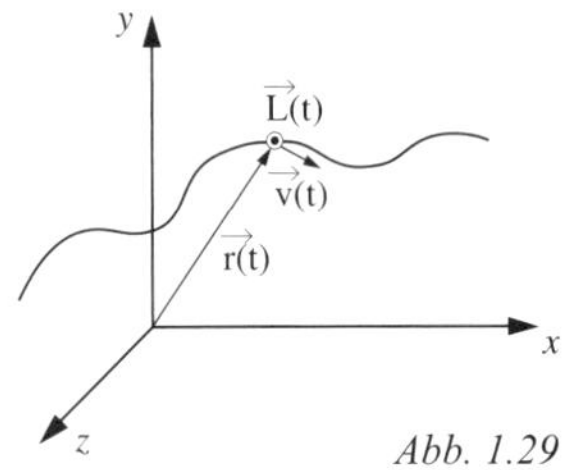

Abb. 1.29

Übung: Betrachten Sie die Leiter mit der Masse m und der Länge L, die im Winkel α gegen eine Wand gelehnt ist (vgl. Abb. 1.30). Ohne Reibungskraft würde der Fußpunkt der Leiter nach links abrutschen. Berechnen Sie in Abhängigkeit von der Haftreibungszahl μ, wie groß α maximal werden darf, bevor die Leiter trotz Reibung zu rutschen beginnen würde. Verfahren sie wie folgt:

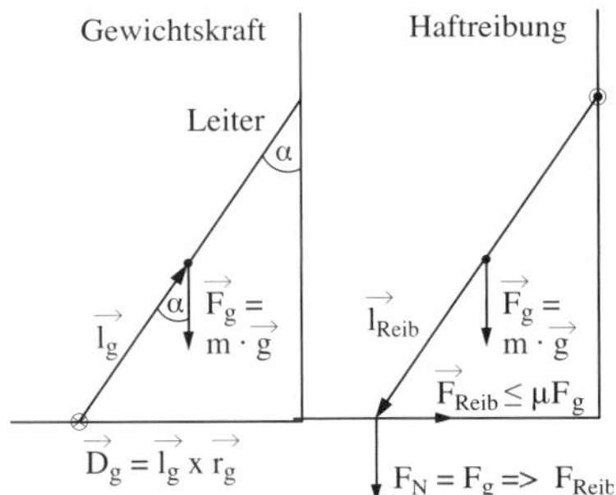

Abb. 1.30

1. Zeichnen Sie die Gewichtskraft und die Reibungskraft ein.
2. Berechnen Sie die Drehmomente, die beide Kräfte erzeugen (berücksichtigen Sie dabei, an welcher Stelle der Leiter die jeweilige Kraft angreift).
3. Setzen Sie die Beträge der Drehmomente gleich, um den maximalen Anstellwinkel α berechnen zu können.

Lösung: Die Gewichtskraft $\vec{F}_g$ greift im Mittelpunkt der Leiter an und erzeugt bezüglich $\vec{l}_g$ das Drehmoment $|\vec{D}_g| = |\vec{l}_g \times \vec{F}_g| = l_g \cdot F_g \cdot \sin\alpha = \frac{L}{2} \cdot F_g \cdot \sin\alpha$. Die Gewichtskraft $\vec{F}_g$ der Leiter wirkt in ihrem Fußpunkt senkrecht zum Boden und erzeugt eine Haftreibungskraft $\vec{F}_{Reib}$, die maximal den Betrag $\mu \cdot F_g$ annehmen kann (→ Abschnitt 1.5). Somit gilt für das zweite Drehmoment

$\vec{D}_{Reib} = \vec{l}_{Reib} \times \vec{F}_{Reib} \rightarrow |\vec{D}_{Reib}| = l_{Reib} \cdot F_{Reib} \cdot \cos\alpha \leq L \cdot \mu \cdot m \cdot g \cdot \cos\alpha$.

Die Leiter ist in Ruhe, wenn sich beide Drehmomente kompensieren, d.h., wenn $|\vec{D}_g| = |\vec{D}_{Reib}|$ gilt.

Einsetzen liefert die Ungleichung
$\frac{L}{2} \cdot m \cdot g \cdot \sin\alpha \leq L \cdot \mu \cdot m \cdot g \cdot \cos\alpha \rightarrow \tan\alpha \leq 2 \cdot \mu$, welche die obere Grenze für den Anstellwinkel $\tan \alpha_{Gr} = 2 \cdot \mu$ liefert. Überschreitet α diesen kritischen Wert, so ist das von der Haftreibung erzeugte Drehmoment zu klein, die Leiter rutscht ab und dreht sich dabei zu Boden.

Rotationsenergie und Trägheitsmoment

Betrachten wir einen Massenpunkt (Masse m), der die gleichförmige Kreisbewegung $\vec{r}(t) = (R \cdot \cos(\omega \cdot t), R \cdot \sin(\omega \cdot t), 0)$ ausführt (Abb. 1.31). Nach Ableiten folgt sofort $\vec{v}(t) = (-\omega \cdot R \cdot \sin(\omega \cdot t), \omega \cdot R \cdot \cos(\omega \cdot t), 0)$ für die Bahngeschwindigkeit, so dass der Drehimpuls für diese Bewegung durch
$\vec{L}(t) = m \cdot \vec{r}(t) \times \vec{v}(t) = \vec{e}_z \cdot m \cdot R^2 \cdot \omega \cdot \left(\cos^2(\omega \cdot t) + \sin^2(\omega \cdot t)\right) = \vec{e}_z \cdot m \cdot R^2 \cdot \omega$
gegeben ist. Offensichtlich ist der Drehimpuls parallel zur z-Achse, die in dieser Situation aber auch die Drehachse der Rotation ist. Wir können daher den Vektor $\vec{\omega} := \omega \cdot \vec{e}_z$ einführen und stellen fest, dass $\vec{\omega}$ die Rotation eindeutig beschreibt, da a) seine Richtung mit der der Drehachse übereinstimmt, b) die Drehrichtung (d.h. der Umlaufsinn) der Rechten-Hand-Regel II entnommen werden kann und c) sein Betrag der Winkelgeschwindigkeit ω entspricht.

Ferner hängt der Drehimpuls linear von der Winkelgeschwindigkeit ab, wobei die Proportionalitätskonstante $I = m \cdot R^2$ als **Trägheitsmoment des Massenpunktes** bezeichnet wird. Die kinetische Energie dieser Rotation kann damit leicht zu $E_{kin} = \frac{1}{2} m \cdot v^2 = \frac{1}{2} m \cdot \omega^2 \cdot R^2 = \frac{1}{2} I \cdot \omega^2$ berechnet werden. Vergleicht man die Rotation des Massenpunktes nun mit seiner geradlinigen Bewegung, so stellt man fest, dass die Gleichungen für (Dreh-)Impuls und kinetische Energie mathematisch die gleiche Form besitzen, d.h., bei Rotationen übernimmt die Winkelgeschwindigkeit die Rolle der Geschwindigkeit und das Trägheitsmoment die Funktion der Masse.

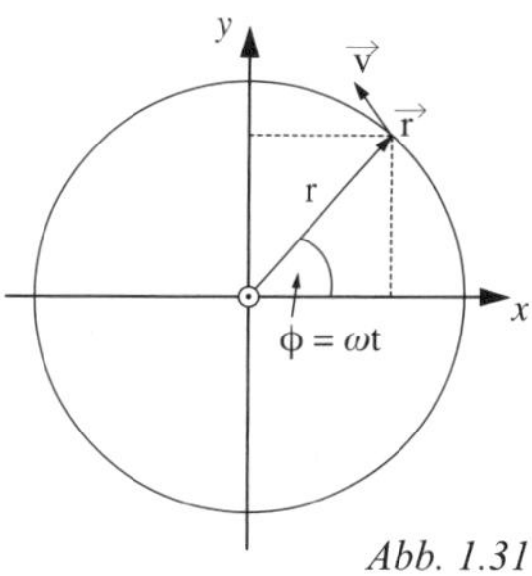

Abb. 1.31

> **Trägheitsmoment und Rotationsenergie**
>
> Rotiert ein Massenpunkt (Masse m) auf einem Kreis mit Radius R und Winkelgeschwindigkeit $\vec{\omega}(t) := \omega(t) \cdot \vec{e}_\omega$, so ist sein Trägheitsmoment durch $I = m \cdot R^2$ und sein Drehimpuls durch $\vec{L}(t) = \vec{e}_\omega \cdot I \cdot \omega(t)$ gegeben. Ferner kann das Drehmoment durch $\vec{D}(t) = \mathrm{d}\vec{L}(t)/\mathrm{d}t = \vec{e}_\omega \cdot I \cdot \alpha(t)$ berechnet werden.
>
> Die kinetische Energie der Rotation ist durch $E_{kin} = \frac{1}{2} I \cdot \omega^2$ gegeben.

1.9 Einfluss des Bezugssystems auf die Bewegungsgleichung

In diesem Abschnitt werden wir die Auswirkungen untersuchen, die bewegte Bezugssysteme auf die Newton'schen Bewegungsgleichungen haben. Wir werden feststellen, dass die Newton'schen Axiome nur in einer speziellen Klasse von Koordinatensystemen gültig sind, die wir als Inertialsysteme bezeichnen werden, und dass bei einer Beschreibung der Bewegung in Nicht-Inertialsystemen Scheinkräfte eingeführt werden müssen, damit die Bewegungsgleichungen weiterhin gültig sind.

Inertialsysteme und Galilei-Transformation

Zunächst wollen wir eine Bewegung aus zwei unterschiedlichen „Blickwinkeln" (d.h. von zwei unterschiedlichen Koordinatensystemen aus) betrachten. Seien KS und KS' zwei Koordinatensysteme, deren Achsen in gleicher Weise orientiert sind und deren Ursprünge um den Vektor $\vec{D}(t)$ zueinander verschoben sind, vgl. Abb. 1.32. Wir betrachten eine Bahnkurve, die in KS durch $\vec{r}(t)$ und in KS' durch $\vec{r}\,'(t)$ beschrieben wird. Dann gilt $\vec{r}\,'(t) = \vec{r}(t) - \vec{D}(t)$.

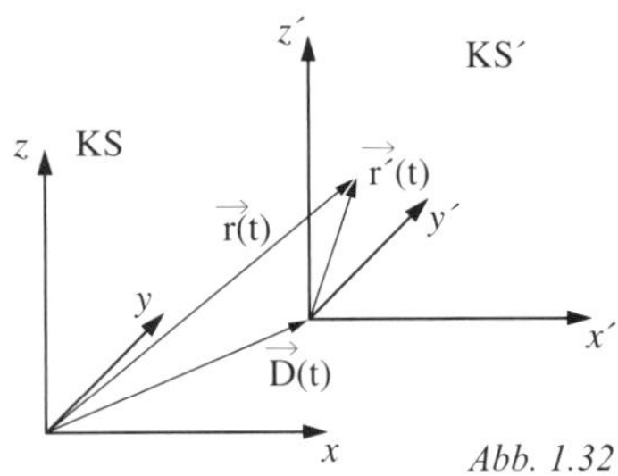

Abb. 1.32

Somit messen wir in KS' die Geschwindigkeit und die Beschleunigung der Bewegung zu $\vec{v}\,'(t) = \vec{v}(t) - \frac{\mathrm{d}}{\mathrm{d}t}\vec{D}(t)$ und $\vec{a}\,'(t) = \vec{a}(t) - \frac{\mathrm{d}^2}{\mathrm{d}t^2}\vec{D}(t)$. Wir stellen fest, dass unsere Messgrößen von der Relativbewegung der Koordinatensysteme zueinander abhängen.

Betrachten wir zunächst die Situation, in der KS' gegenüber KS durch $\vec{D}(t) = \vec{d} \cdot t^2$ beschleunigt ist. Dann messen wir in KS' die Beschleunigung $\vec{a}\,'(t) = \vec{a}(t) - 2 \cdot \vec{d}$. Das bedeutet: Selbst wenn in KS eine gleichförmige Bewegung mit $\vec{a}(t) = 0$ vorliegt, messen wir in KS' eine Bewegung, die mit $a'(t) = -2 \cdot \vec{d}$ beschleunigt ist. Wüssten wir nicht, dass KS' gegenüber KS beschleunigt ist, würde diese (zusätzliche) Beschleunigung die Existenz der Kraft $\vec{F}_S = m \cdot \vec{a}\,'(t) = -2 \cdot m \cdot \vec{d}$ erfordern (Aktionsprinzip). Da die Ursache dieser Kraft jedoch nicht real, sondern lediglich eine Konsequenz der Beschleunigung von KS' ist, bezeichnet man sie auch als **Scheinkraft**. In KS' muss diese Kraft in den Bewegungsgleichungen berücksichtigt werden, wodurch die Bewegungsgleichung in KS' eine kompliziertere Form als in KS hat. Somit ist es sinnvoll, beschleunigte von unbeschleunigten Bezugssystemen zu unterscheiden:

Inertialsysteme

Unbeschleunigte Bezugssysteme, die sogenannten **Inertialsysteme**, zeichnen sich durch die Eigenschaft aus, dass in ihnen die Newton'schen Axiome gültig sind und in das Aktionsprinzip lediglich die Kräfte eingehen, die real auf die Massenpunkte einwirken. Somit bewegen sich kräftefreie Massenpunkte in Inertialsystemen gleichförmig auf geradlinigen Bahnen oder ruhen.

Scheinkraft

Wird eine Bewegung in einem beschleunigten Koordinatensystem betrachtet, so kann es notwendig sein, zusätzliche Kräfte einzuführen, um die Bewegung im gewählten Koordinatensystem durch die Newton'sche Bewegungsgleichung beschreiben zu können. Diese Kräfte sind nicht real, sondern eine Konsequenz des rotierenden Koordinatensystems. Daher werden sie als **Scheinkräfte** bezeichnet.

Betrachten wir nun die Relativbewegung $\vec{D}(t) = \vec{v}_D \cdot t + \vec{D}_0$ zwischen KS' und KS, wobei $\vec{v}_D$ und $\vec{D}_0$ beliebige konstante Vektoren sind. Von KS' aus betrachtet messen wir dann $\vec{r}'(t) = \vec{r}(t) - \vec{v}_D \cdot t - \vec{D}_0$, $\vec{v}'(t) = \vec{v}(t) - \vec{v}_D$ und $\vec{a}'(t) = \vec{a}(t)$. Somit beschreibt $\vec{D}(t)$ eine Relativbewegung, bei der sich die Koordinatensysteme mit der Geschwindigkeit $\vec{v}_D$ zueinander bewegen und zum Zeitpunkt $t = 0$ den Abstand $\vec{D}_0$ zueinander besitzen.
Interessanterweise messen wir in beiden Systemen die gleiche Beschleunigung, und somit muss auch die Bewegungsgleichung des Massenpunktes in beiden Systemen die gleiche Form besitzen, d.h. $\vec{F}'(t) = \vec{F}(t)$. Dies zeigt, dass die Beschreibungen in KS und KS' physikalisch äquivalent sind und dass der Bewegungszustand nicht durch $\vec{D}(t)$ verändert wird, d.h., wenn der Massenpunkt in KS sich gleichförmig bewegt, so auch in KS'.
Die Verschiebung $\vec{D}(t) = \vec{v}_D \cdot t + \vec{D}_0$ erlaubt somit, kinetische Größen zwischen verschiedenen Inertialsystemen umzurechnen (zu transformieren), ohne dass dabei die Physik der Bewegung verändert wird. Transformationen mit dieser Eigenschaft bezeichnet man in der klassischen Mechanik als **Galilei-Transformationen**.

Bemerkungen:

1. Eine Galilei-Transformation kann im Allgemeinen aus zwei Operationen zusammengesetzt werden: eine beliebige, aber zeitlich konstante Rotation von KS' gegenüber KS und anschließend eine Verschiebung der Ursprünge mittels $\vec{D}(t) = \vec{v}_D \cdot t + \vec{D}_0$. Im Allgemeinen haben wir somit zusätzlich die Freiheit, das

Koordinatensystem so zu orientieren, dass die Beschreibung möglichst einfach wird.

2. Die Geschwindigkeit $\vec{v}'(t)$ in KS' ist durch die Summe der Geschwindigkeit $\vec{v}(t)$ in KS und der „Geschwindigkeit $\vec{v}_D$ von KS'" gegeben, d.h., unter Galilei-Transformationen addiert sich die Geschwindigkeit des Koordinatensystems zur Bewegung. Da alle Inertialsysteme physikalisch äquivalent sind, gibt es kein besonders bevorzugtes bzw. ausgezeichnetes Bezugssystem, und es ist somit unmöglich, die Geschwindigkeit eines Körpers absolut zu messen. Man kann lediglich die Bewegung eines Körpers relativ zu anderen Körpern bestimmen.
3. Galilei-Transformationen sind uns aus dem Alltag wohlbekannt. Wenn wir beispielsweise neben einem Fluss ruhen, so können wir ohne Probleme die Fließgeschwindigkeit $\vec{v}_{\text{Fluss}}$ des Flusses ermitteln (z.B., indem wir die Bewegung eines Blattes beobachten, das auf dem Fluss schwimmt). Wenn wir uns nun mit der gleichen Geschwindigkeit $\vec{v}_D = \vec{v}_{\text{Fluss}}$ entlang des Flusses fortbewegen, so messen wir $v'_{\text{Fluss}}(t) = \vec{v}_{\text{Fluss}}(t) - \vec{v}_D = \vec{0}$, d.h., der Fluss ruht in unserem (bewegten) Bezugssystem, und das Blatt ruht relativ zu uns.

Kreisförmige Bewegungen: Zentrifugal- und Zentripetalkraft

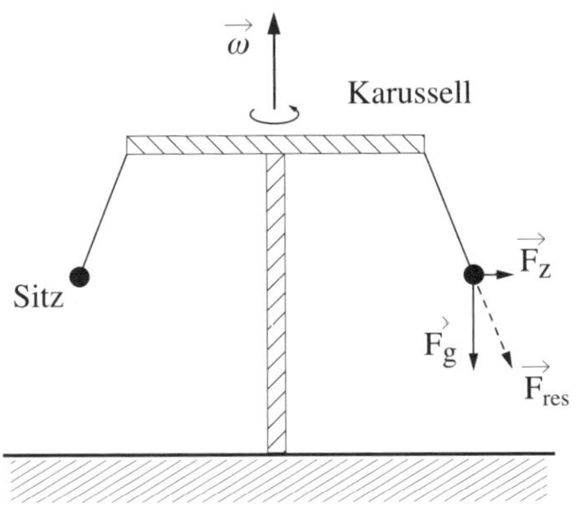

Abb. 1.33

Betrachen wir die Bewegung eines Massenpunktes, den wir an einem (masselosen) Faden befestigen und um uns herum mit konstanter Winkelgeschwindigkeit ω rotieren lassen (vgl. Abb. 1.33). Ein klassisches Beispiel hierfür wäre die Drehung eines Kettenkarussells. Aus Erfahrung wissen wir, dass bei der Rotation des Karussells die Sitze nach außen beschleunigt werden, d.h. aufgrund der Rotation eine Kraft auf sie wirkt, welche mit zunehmender Winkelgeschwindigkeit ebenfalls zunimmt.

Die Existenz dieser Kraft sieht man sofort, wenn man die Beschleunigung des Massenpunktes berechnet: In Abschnitt 1.2 wurde gezeigt, dass für die gleichförmige Kreisbewegung $\vec{r}(t) = (R \cdot \cos(\omega \cdot t), R \cdot \sin(\omega \cdot t), 0)$ der Betrag der Beschleunigung durch $a = \omega^2 R$ gegeben ist. Wendet man auf diese Beschleunigung das Aktionsprinzip an, so erhält man:

Zentrifugal- bzw. Zentripetalkraft
Ein Massenpunkt führe die gleichförmige Kreisbewegung $\vec{r}(t) = (R \cdot \cos(\omega \cdot t), R \cdot \sin(\omega \cdot t), 0)$ aus. Dann wirkt auf den Massenpunkt die Zentripetalkraft $\vec{F}_{ZP}(t) = -m \cdot \omega^2 \cdot \vec{r}(t)$, $F_{ZP} = m \cdot \omega^2 \cdot R$, die den Massenpunkt nach innen beschleunigt und ihn somit auf der Kreisbahn hält. Diese Kraft wird (3. Newton'sches Axiom) durch eine gleich große, aber entgegengerichtete Kraft kompensiert, die sogenannte Zentrifugalkraft $\vec{F}_Z(t) = m \cdot \omega^2 \cdot \vec{r}(t)$, vgl. Abb. 1.33.

Die Zentripetalkraft erzeugt somit die Beschleunigung, die notwendig ist, um den Massenpunkt auf der Kreisbahn zu halten, und kann in dieser Situation somit als Zwangskraft aufgefasst werden. Ihre Gegenkraft ist die Zentrifugalkraft, deren Ursprung in der Trägheit des Massenpunktes zu finden ist: Der Massenpunkt widersetzt sich der Abweichung von der linearen Bahn, und diesen „Widerstand" messen wir als Zentrifugalkraft. Sie greift beim Karussell an den Sitzen an und beschleunigt diese nach außen.

Scheinkräfte in rotierenden Koordinatensystemen
Betrachten wir die gleiche Situation aus einem anderen Blickwinkel. Unser Massenpunkt soll nun im Abstand R zu uns ruhen, und wir führen die Rotation aus, indem wir uns mit der Winkelgeschwindigkeit $-\omega$ um unsere Körperachse drehen (das Minuszeichen wurde gewählt, um später die mathematische Formulierung etwas zu vereinfachen). Dies kann z.B. dadurch realisiert werden, indem ein Stück Kreide auf den Tisch gelegt wird und wir uns vor dem Tisch um die eigene Achse drehen. Aus diesem Blickwinkel, d.h. diesem (rotierenden) Koordinatensystem, führt der Massenpunkt die gleiche Bewegung wie im ersten Beispiel aus, d.h., seine Bahnkurve kann ebenfalls durch die gleichförmige Kreisbewegung $\vec{r}(t) = (R \cos(\omega \cdot t), R \sin(\omega \cdot t), 0)$ dargestellt werden.
Aufgrund der Newton'schen Axiome würden wir auf die Existenz der Zentripetalkraft schließen, da schließlich eine Kraft existieren muss, die den Massenpunkt nach innen beschleunigt und ihn somit auf der Kreisbahn hält. Gerade hier liegt aber das Problem: Während wir im ersten Beispiel die Zentripetalkraft anhand ihrer Gegenkraft messen konnten, werden wir hier durch Messungen feststellen, dass keine Kraft auf den Massenpunkt wirkt.

Offensichtlich folgt die Existenz der Zentripetalkraft lediglich aus der Rotationsbewegung des Beobachters und hat sonst keine messbare Grundlage. Sie tritt in dieser Situation daher als Scheinkraft auf, weil in unserem rotierenden Bezugssystem die Rotationsbeschleunigung nicht berücksichtigt wurde.

Um Scheinkräfte in rotierenden Bezugssystemen quantitativ beschreiben zu können, müssen wir eine Vorschrift finden, um physikalische Größen in rotierenden und ruhenden Koordinatensystemen miteinander vergleichen zu können. Dazu betrachten wir zwei unterschiedliche Koordinatensysteme KS und KS': Beide Koordinatensysteme sollen den gleichen Ursprung und die gleiche z-Achse besitzen. Jedoch ruhe KS im Raum, während KS' um die z-Achse gleichförmig mit der Winkelgeschwindigkeit ω gegen KS rotiere, vgl. Abb. 1.34.

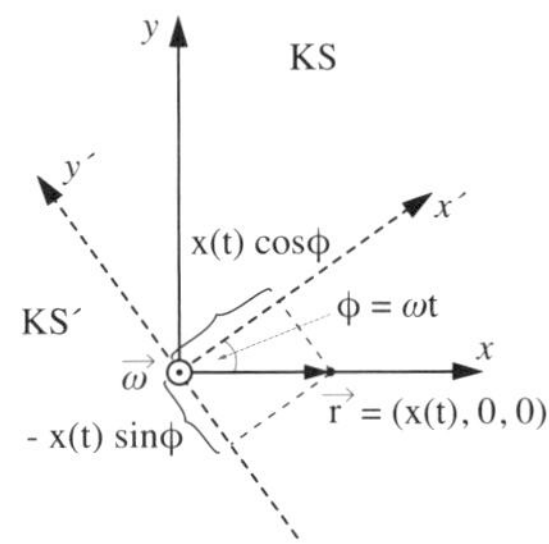

Abb. 1.34

Betrachten wir zunächst eine Bewegung, die im raumfesten System KS entlang der x-Achse verläuft, d.h. $\vec{r}(t)\big|_{KS} = (x(t), 0, 0)$. Da Komponenten von Vektoren stark von der Wahl des Koordinatensystems abhängen, wurde hier die Notation $\big|_{KS}$ hinzugefügt, um anzuzeigen, dass diese Komponenten bezüglich KS zu verstehen sind. Wird beispielsweise der gleiche Vektor in KS' betrachtet, so wird er dort durch die Komponenten $\vec{r}(t)\big|_{KS'} = x(t) \cdot (\cos[\omega \cdot t], -\sin[\omega \cdot t], 0)$ dargestellt, was man leicht mit Hilfe der Zerlegung in Abb. 1.34 einsieht.

Zur Berechnung der Geschwindigkeit müssen wir kennzeichnen, in welchem Koordinatensystem (KS oder KS') die zeitliche Ableitung des Ortsvektors vorgenommen wurde. Wir werden dies durch gestrichene Koordinaten vornehmen, d.h., $\mathrm{d}/\mathrm{d}t$ bezieht sich auf eine Ableitung in KS, während bei $\mathrm{d}'/\mathrm{d}t$ der Vektor in KS' abgeleitet wird. In KS folgt für die Geschwindigkeit sofort $\vec{v}(t) = (\frac{\mathrm{d}}{\mathrm{d}t}x(t), 0, 0) = (v_x(t), 0, 0)$, während für die Ableitung von $\vec{r}$ in KS' die Produktregel beachtet werden muss, d.h.

$$\frac{\mathrm{d}'}{\mathrm{d}t}\vec{r}(t) = (\cos[\omega \cdot t], -\sin[\omega \cdot t], 0) \cdot \frac{\mathrm{d}}{\mathrm{d}t}x(t) - (\sin[\omega \cdot t], \cos[\omega \cdot t], 0) \cdot \omega \cdot x(t). \quad (1.18)$$

Obwohl beide Parametrisierungen die gleiche Bewegung (lediglich aus unterschiedlichen Blickwinkeln) beschreiben, nimmt die Geschwindigkeit im rotierenden Koordinatensystem (KS') eine viel kompliziertere Form an als im raumfesten (KS).

Der erste Term in Gl. 1.18 kann als der Geschwindigkeitsvektor $\vec{v}(t)$ aus KS identifiziert werden, der nach KS' transformiert wurde, d.h.

$$(\cos[\omega \cdot t], -\sin[\omega \cdot t], 0) \cdot \frac{\mathrm{d}}{\mathrm{d}t}x(t) \equiv \vec{v}(t).$$

Der zweite Term lässt sich verstehen, wenn wir wieder den Vektor $\vec{\omega} = \omega \cdot \vec{e}_z$ einführen, dessen Richtung durch die Drehachse entsprechend der Rechten-Hand-Regel gegeben ist und dessen Betrag der Winkelgeschwindigkeit entspricht (→ Abschnitt 1.8). Dann lässt sich leicht zeigen, dass der zweite Term in Gl. 1.18 durch Transformation des Vektors $-\vec{\omega} \times \vec{r}(t)$ nach KS' gegeben ist.

Die Ableitung eines Vektors $\vec{r}(t)$ in KS' setzt sich somit aus zwei Termen zusammen: der Ableitung von $\vec{r}(t)$ in KS und dem Zusatzterm $-\vec{\omega} \times \vec{r}(t)$, der die Rotation von KS' um die z-Achse berücksichtigt.

Obwohl zur Ableitung dieser Gleichung die Einschränkung benutzt wurde, dass $\vec{r}(t)$ entlang der x-Achse von KS verläuft, gilt sie allgemein, d.h.:

> Sei KS' ein Koordinatensystem, das relativ zu einem raumfesten Koordinatensystem KS gleichförmig um eine Drehachse rotiert, und sei $\vec{\omega}$ der Vektor, dessen Richtung durch die Drehachse und dessen Betrag durch die (konstante) Winkelgeschwindigkeit der Rotation gegeben ist. Ferner bezeichne $\vec{r}(t)$ einen beliebigen Vektor in KS. Dann ist die zeitliche Ableitung von $\vec{r}(t)$ in KS' durch
>
> $$\frac{d'}{dt}\vec{r}(t) = \frac{d}{dt}\vec{r}(t) - \vec{\omega} \times \vec{r}(t) \qquad (1.19)$$
>
> gegeben.

Mit Hilfe dieser Relation kann schnell die Beschleunigung des Massenpunktes in KS' mit der in KS verglichen werden:

$$\frac{d'}{dt}\left(\frac{d'}{dt}\vec{r}(t)\right) = \frac{d'}{dt}\left(\frac{d}{dt}\vec{r}(t) - \vec{\omega} \times \vec{r}(t)\right)$$

$$= \frac{d'}{dt}\left(\vec{v}(t) - \vec{\omega} \times \vec{r}(t)\right).$$

Nun muss die zeitliche Ableitung in KS' ein weiteres Mal durchgeführt, d.h. Gl. 1.19 nochmals angewandt werden:

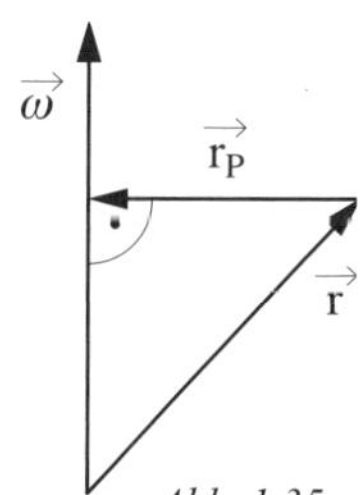

Abb. 1.35

$$\frac{d'}{dt}\left(\frac{d'}{dt}\vec{r}(t)\right) = \frac{d'}{dt}\vec{v}(t) - \vec{\omega} \times \left(\frac{d'}{dt}\vec{r}(t)\right) =$$

$$\frac{d}{dt}\vec{v}(t) - \vec{\omega} \times \vec{v}(t) - \vec{\omega} \times \left(\vec{v}(t) - \vec{\omega} \times \vec{r}(t)\right)$$

$$= \vec{a}(t) - 2 \cdot \vec{\omega} \times \vec{v}(t) + \vec{\omega} \times \left(\vec{\omega} \times \vec{r}(t)\right)$$

Der letzte Term kann in der Form $\vec{\omega} \times \left(\vec{\omega} \times \vec{r}(t)\right) = -\omega^2 \cdot \vec{r}_p(t)$ dargestellt werden, wobei $\vec{r}_p(t)$ das Lot des Ortsvektors $\vec{r}(t)$ auf die Rotationsachse bezeichnet (vgl.

Abb. 1.35), und kann somit als Zentrifugalbeschleunigung identifiziert werden. Somit folgt

> Seien KS und KS' Koordinatensysteme wie auf Seite 72. Ferner bezeichne $\vec{r}(t)$ die Bahnkurve eines Massenpunktes. Wird die Beschleunigung von $\vec{r}(t)$ in KS' berechnet, so folgt $\frac{d'}{dt}\left(\frac{d'}{dt}\vec{r}(t)\right) = \vec{a}(t) + \vec{a}_{Cor}(t) + \vec{a}_{ZF}(t)$. Hierin bezeichnen $\vec{a}(t)$ die Beschleunigung in KS, $\vec{a}_{Cor}(t) = -2 \cdot \vec{\omega} \times \vec{v}(t)$ die **Coriolis-Beschleunigung** und $\vec{a}_{ZF}(t) = -\omega^2 \cdot \vec{r}_p(t)$ die **Zentrifugalbeschleunigung**. Nach dem Aktionsprinzip bewirken sie die **Coriolis-Kraft** $\vec{F}_{Cor}(t) = m \cdot \vec{a}_{Cor}(t)$ und die **Zentrifugalkraft** $\vec{F}_{ZF}(t) = m \cdot \vec{a}_{ZF}(t)$.

Die Wirkung der Coriolis-Beschleunigung kann man sich leicht verdeutlichen, wenn man einen Massenpunkt betrachtet, der sich geradlinig über eine rotierende Scheibe bewegt. Von der Scheibe aus gesehen erscheint diese Bewegung gekrümmt, da sich die Scheibe aufgrund der Rotation „unter dem Massenpunkt weiterbewegt", während er sich vorwärtsbewegt. Um diese Krümmung der Bahnkurve erklären zu können, muss wieder eine Scheinkraft eingeführt werden, die durch die Coriolis-Kraft $\vec{F}_{Cor}(t) = m \cdot \vec{a}_{Cor}(t) = -2 \cdot m \cdot \vec{\omega} \times \vec{v}(t)$ gegeben ist.

Physikalische Auswirkungen von Scheinkräften

Die vorigen Überlegungen haben gezeigt, dass in rotierenden Bezugssystemen Scheinkräfte auftreten können. Da ihre Ursache in der beschleunigten Bewegung des Bezugssystems zu suchen ist, sind sie physikalisch nicht real, d.h. nicht messbar. Sie können jedoch messbare Kräfte erzeugen, wenn die Bewegung des Massenpunktes im rotierenden Bezugssystem eingeschränkt wird.

Um dies zu demonstrieren, betrachten wir von der Erde aus die Bewegung, die ein Flugzeug und ein Zug vollführen, während sie sich gleichförmig und geradlinig von Norden nach Süden bewegen.

Das Flugzeug ist nicht an die rotierende Erde gebunden. Hier würden wir wieder feststellen, dass sich die Erde unter dem Flugzeug wegdreht. Somit würden wir bezüglich unseres Bezugssystems eine gekrümmte Bahn des Flugzeugs messen und dies auf die Coriolis-Kraft zurückführen, die in dieser Situation als Scheinkraft wirkt. Der Zug ist jedoch durch die Schienen (die in Nord-Süd-Richtung verlaufen) an die Erde und somit an das rotierende Bezugssystem gebunden. Wir messen daher eine geradlinige Bewegung des Zuges nach Süden, die aber auf der Nordhalbkugel mit einer Kraftwirkung nach Osten, der Coriolis-Kraft, verbunden ist. Schließlich würde der Zug, wäre er nicht an die Erde gebunden, scheinbar aufgrund der Coriolis-Kraft eine Krümmung der Bahnkurve erfahren. Da diese Krümmung nicht beobachtet wird, muss die Coriolis-Kraft durch eine Gegenkraft kompensiert werden. Diese Gegenkraft wird durch die Bahnschienen erzeugt und ist physikalisch messbar. Diese Beispiele zeigen, dass auch Scheinkräfte physikalisch messbare Auswirkungen haben können.

1.10 Schwingungen und andere periodische Bewegungen

Nachdem in den vorangegangenen Abschnitten die grundlegenden Begriffe der Mechanik eingeführt wurden, werden wir sie in diesem Abschnitt auf Massenpunkte anwenden, die periodische Bewegungen durchführen. Es wird gezeigt, dass es bei Anwesenheit einer konservativen Kraft, welche stets der Bewegung entgegengerichtet ist, zu Schwingungen des Massenpunktes kommen kann. Ferner wird sich zeigen, dass während der Schwingung ständig Energie zwischen unterschiedlichen Energieformen umgewandelt wird, während die gesamte mechanische Energie des Massenpunktes (im reibungsfreien Fall) konstant bleibt. Diese ständige Energieumwandlung zwischen mindestens zwei Energiearten wird sich sogar als Voraussetzung für die Ausbildung einer Schwingung herausstellen.
Am Ende des Abschnitts wird diese Beobachtung bei der Betrachtung der Planetenbewegung verallgemeinert. Es wird gezeigt, dass die Planeten des Sonnensystems aufgrund der Gravitationswechselwirkung an die Sonne gebunden sind. Dies bedeutet physikalisch, dass die mechanische Gesamtenergie eines Planeten kleiner sein muss als die Energie, die nötig wäre, um den Planeten aus dem Gravitationsfeld der Sonne zu entfernen. Es wird sich zeigen, dass derartig gebundene Massenpunkte ebenfalls periodische Bewegungen ausführen können, die sich dann als Schwingung oder Rotationssbewegung äußern.

Federpendel

In Abschnitt 2.3 wird gezeigt, dass Festkörper das Bestreben haben, ihre Form beizubehalten, d.h. formstabil zu sein. Greift beispielsweise eine Zugkraft an einem Festkörper an, so wird man im Allgemeinen eine mechanische Längenausdehnung feststellen, die bei kleinen Zugkräften linear mit der Kraft anwächst. Während dieser Verformung entwickelt der Körper eine Gegenkraft, die im Gleichgewicht die äußere Kraft exakt kompensiert. Würde man daher die Zugkraft wieder entfernen, so würde die Gegenkraft den Körper zusammenziehen, bis er seine ursprüngliche Längenausdehnung wieder erreicht hat. Wenn somit die Länge des Körpers um ΔL

verändert wird, so erzeugt der Körper (elastische Näherung) eine rücktreibende Kraft, die proportional zu ΔL ist:

> **Hooke'sches Gesetz für Federn**
> Wird die Länge eines elastischen Körpers (zur Definition → Abschnitt 2.3) um ΔL verändert, so erzeugt der Körper eine rücktreibende Kraft, die proportional zu ΔL ist: $F_k = -k \cdot \Delta L$. Die Proportionalitätskonstante k bezeichnet man als Federkonstante (Einheit: 1 N/m).

Bemerkungen:

1. In Abschnitt 2.3 wird das Hooke'sche Gesetz nochmals für Festkörper betrachtet. Durch Rechnungen ist es möglich, die Federkonstante als Funktion der geometrischen Ausdehnung und der Materialeigenschaften des Festkörpers zu berechnen.
2. Die Federkraft F_k wirkt einer Längenveränderung stets entgegen. Wird der Körper auseinandergezogen ($\Delta L > 0$), so ist F_k negativ und zieht den Körper wieder zusammen, während die Federkraft bei einer Kompression des Körpers ($\Delta L < 0$) positiv ist und dessen Ausdehnung bewirkt.

Das klassische Beispiel hierfür ist durch die Feder gegeben. Betrachten wir daher das folgende System: Ein Massenpunkt (Masse m) sei über eine Feder (Federkonstante k) an eine Mauer gebunden (Federpendel, vgl. Abb. 1.36). Des Weiteren nehmen wir an, dass die Feder masselos sei (ihre Masse somit gegenüber der des Massenpunktes vernachlässigbar ist) und sonst keine weiteren Kräfte auf das System wirken.
In Ruhe besitzt die Feder die Länge L. Wird nun der Massenpunkt um die Strecke x aus der Ruhelage ausgelenkt, so erfährt die Feder eine Längenänderung um $\Delta L = x$ und erzeugt aufgrund des Hooke'schen Gesetzes die rücktreibende Kraft $F_k = -k \cdot x$.

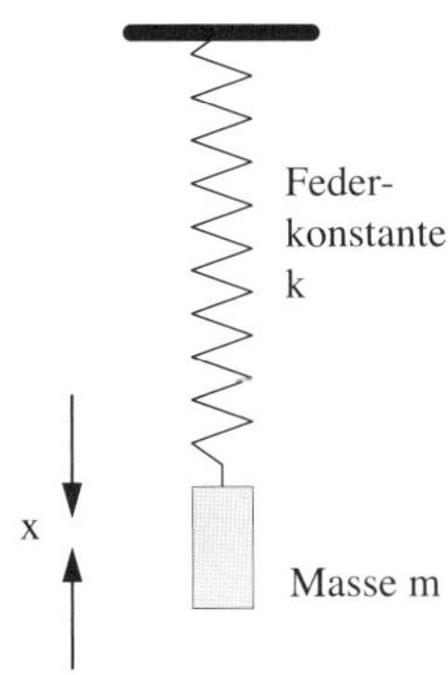

Abb. 1.36

Übung: Zeigen Sie, dass die potentielle Energie des Massenpunktes in Abb. 1.36 durch $E_{pot} = \frac{k}{2} \cdot x^2$ gegeben ist.

Lösung: Wenn der Massenpunkt um x ausgelenkt wird, so muss gegen die Kraft $F_k = -k \cdot x$ Arbeit verrichtet werden:

$$W(x) = \int_{x'=0}^{x'=x} F_k \cdot dx' = -k \cdot \int_{x'=0}^{x'=x} x'dx' = -\frac{k}{2} \cdot x^2.$$

Mit der Definition der potentiellen Energie folgt hieraus die Behauptung.

Ferner liefert die Anwendung der Newton'schen Axiome folgende Bewegungsgleichung für den Massenpunkt:

$$m\frac{d^2}{dt^2}x(t) = F_k(t) = -k \cdot x(t) \Rightarrow \frac{d^2}{dt^2}x(t) + \frac{k}{m} \cdot x(t) = 0.$$

Mit der Abkürzung $\omega^2 = k/m$ vereinfacht sich dies zur

Differentialgleichung des Harmonischen Oszillators

Für reelles ω besitzt die Differentialgleichung $\frac{d^2}{dt^2}x(t) + \omega^2 \cdot x(t) = 0$ die allgemeine Lösung $x(t) = A \cdot \sin(\omega \cdot t) + B \cdot \cos(\omega \cdot t)$, (1. 20)

wobei die Konstanten A und B durch die Randbedingungen definiert werden. In dieser Form beschreibt der Harmonische Oszillator somit eine harmonische Schwingung der Variablen $x(t)$.

Dies zeigt, dass das Federpendel bei Auslenkung im Allgemeinen eine Schwingung des Massenpunktes verursachen wird. Die genaue Form der Bewegung wird dabei durch die Rand- bzw. Anfangsbedingungen definiert, wie die folgende Übung zeigt.

Übung: Der Massenpunkt des Federpendels (Abb. 1.36) werde um x_0 ausgelenkt und zum Zeitpunkt $t = 0$ aus der Ruhe losgelassen. Aufgrund der rücktreibenden Kraft der Feder wird der Massenpunkt eine Schwingung um die Ruhelage der Feder durchführen. Zeigen Sie, dass dann die Bewegung durch die Gleichung $x(t) = x_0 \cdot \cos(\omega \cdot t)$ beschrieben wird.

Lösung: Zum Zeitpunkt $t = 0$ nimmt die allgemeine Lösung die Form $x(t = 0) = B$ an, da $\sin(0) = 0$ und $\cos(0) = 1$ gelten. Da zu diesem Zeitpunkt der Massenpunkt um x_0 ausgelenkt wurde (erste Anfangsbedingungen), folgt sofort $x(t = 0) = B \equiv x_0$.

Die zweite Anfangsbedingung besagt, dass der Massenpunkt vor der Bewegung in Ruhe war, d.h. $v(t = 0) = 0$. Somit muss zunächst die Geschwindigkeit des Massenpunktes berechnet werden

$$v(t) = \frac{d}{dt}x(t) = \omega \cdot (A \cdot \cos(\omega \cdot t) - B \cdot \sin(\omega \cdot t)) \Rightarrow v(t = 0) = \omega \cdot A.$$

Einsetzen von $v(t = 0) = 0$ liefert daher $v(t = 0) = \omega \cdot A \equiv 0 \Rightarrow A = 0$. Nach Einsetzen von $A = 0$ und $B = x_0$ in die allgemeine Lösung folgt, dass die Bewegung durch die Gleichung $x(t) = x_0 \cdot \cos(\omega \cdot t)$ beschrieben wird.

Die Übung zeigt, dass die Bewegung des Massenpunktes unter den gegebenen Bedingungen durch die Gleichungen $x(t) = x_0 \cdot \cos(\omega \cdot t)$ und $v(t) = \omega \cdot x_0 \cdot \sin(\omega \cdot t)$ beschrieben wird. Der Verlauf der Auslenkung $x(t)$ und der Geschwindigkeit $v(t)$ ist in Abb. 1.37 abgebildet.

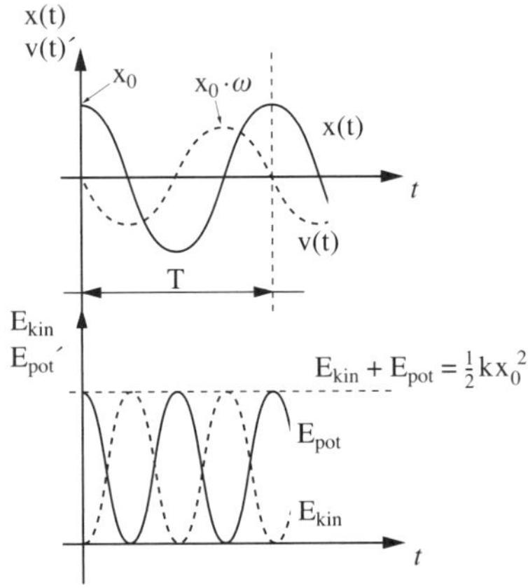

Abb. 1.37

Offensichtlich führen beide Größen harmonische Schwingungen um die t-Achse durch. Die Bezeichnung „harmonisch" wurde einst gewählt, da in der Akustik der (reine) Sinus-Ton einer harmonischen Schwingung entspricht und eine Überlagerung verschiedener Sinus-Töne der Frequenzen $n \cdot \omega$ vom Hörer als harmonisch empfunden wird.

Beide Schwingungen sind dadurch gekennzeichnet, dass sie sich nach einer gewissen Zeit T (**Periodendauer**) wiederholen. Analog zu den Kreisbewegungen in Abschnitt 1.2 kann leicht gezeigt werden, dass für die Periodendauer $T = 2\pi / \omega$ gilt. Die Inverse der Periodendauer wird als **Frequenz** $f := 1/T$ bezeichnet (Einheit: 1 Hertz = 1 Hz = 1/s) und zeigt an, wie häufig sich die Schwingung pro Sekunde wiederholt.

Des Weiteren kann man Abb. 1.37 entnehmen, dass beide Schwingungen um einen konstanten Wert entlang der t-Achse verschoben sind, was man als **Phasenverschiebung** $\Delta\varphi$ der Schwingungen bezeichnet. Die Abbildung zeigt, dass Auslenkung und Geschwindigkeit eine Phasenverschiebung von $\Delta\varphi = \pi/2$ zueinander besitzen: Immer wenn der Massenpunkt maximal ausgelenkt wird, hat die Geschwindigkeit ihren Nulldurchgang, und analog nimmt die Geschwindigkeit ein Maximum an, wenn der Massenpunkt gerade die Ruhelage passiert. Da die kinetische Energie von der Geschwindigkeit und die potentielle Energie von der Auslenkung abhängt, zeigt diese Überlegung, dass während der Schwingung stets Energie zwischen diesen beiden Formen umgewandelt wird.

Übung: Zeigen Sie, dass unter den gegebenen Bedingungen die Gesamtenergie des Massenpunktes zeitlich konstant und durch $E_{\text{ges}} = \frac{1}{2}k \cdot x_0^{\,2}$ gegeben ist.

Lösung: Der Massenpunkt hat zwei Energieformen: potentielle und kinetische Energie. Der kinetische Anteil folgt mit der Definition sofort zu $E_{\text{kin}}(t) = \frac{1}{2}m \cdot v^2(t) = \frac{1}{2}m \cdot \omega^2 \cdot x_0^{\,2} \cdot \sin^2(\omega \cdot t) = \frac{1}{2}k \cdot x_0^{\,2} \cdot \sin^2(\omega \cdot t)$, wobei im letzten Schritt $\omega^2 = k/m$ verwendet wurde. Für die potentielle Energie folgt aus $E_{\text{pot}}(t) = \frac{k}{2} \cdot x^2(t)$ nach Einsetzen sofort $E_{\text{pot}}(t) = \frac{k}{2} \cdot x^2(t) = \frac{1}{2}k \cdot x_0^{\,2} \cdot \cos^2(\omega \cdot \mathrm{t})$, und somit ergibt sich die gesamte mechanische Energie zu $E_{\text{ges}} = \frac{1}{2}k \cdot x_0^{\,2}$, wobei die trigonometrische Beziehung $\sin^2 x + \cos^2 x = 1$ verwendet wurde.

Diese wichtige Information wird grafisch in Abb. 1.37 dargestellt: Während sich beide Energieformen ebenfalls zeitlich periodisch verändern, ist ihre Summe zeitlich konstant. Offensichtlich entspricht diese Gesamtenergie gerade der Energie, die zu Beginn der Schwingung aufgewendet werden musste, um den Massenpunkt um x_0 auszulenken. Dies demonstriert nochmals eindrucksvoll die Aussage des Energieerhaltungssatzes: Damit der Massenpunkt schwingen kann, musste ihm zunächst von außen Energie zugeführt werden. Diese Energie wird dann während der Schwingung in unterschiedliche Formen umgewandelt, wobei die Gesamtenergie jedoch zeitlich konstant ist. Interessanterweise stellt man außerdem fest, dass im zeitlichen Mittel (über eine Schwingung) die kinetische und potentielle Energie den gleichen Wert annimmt. Im zeitlichen Mittel wird also in beiden Energieformen gleich viel Energie gespeichert.

Bemerkung: Dieses relativ einfache System wurde unter Verwendung des Harmonischen Oszillators relativ umständlich gelöst. Dies hat aber einen entscheidenden Vorteil: Viele Bewegungsgleichungen lassen sich auf die Form des Harmonischen Oszillators bringen und können somit durch Gl. 1.20 sofort gelöst werden. Man erhält dann im Allgemeinen einen Ausdruck, der ω mit den Eigenschaften des Systems verknüpft (beispielsweise $\omega^2 = k/m$ für das Federpendel). Anhand dieser Relation kann man dann sofort berechnen, mit welcher Frequenz/Periodendauer das System schwingen würde. Wir werden dies am Beispiel des Fadenpendels demonstrieren.

Fadenpendel

Wir betrachten einen Massenpunkt der Masse m, der sich an einem starren, masselosen Faden der Länge l befindet, vgl. Abb. 1.38. Wir beschränken uns (der Einfachheit halber) auf die Pendelbewegung in der *x*-*y*-Ebene, obwohl eine Erweiterung auf drei Dimensionen kein sonderliches Problem darstellt. Ferner soll sich der Massenpunkt zu Beginn der Bewegung ($t = 0$) in Ruhe befinden.

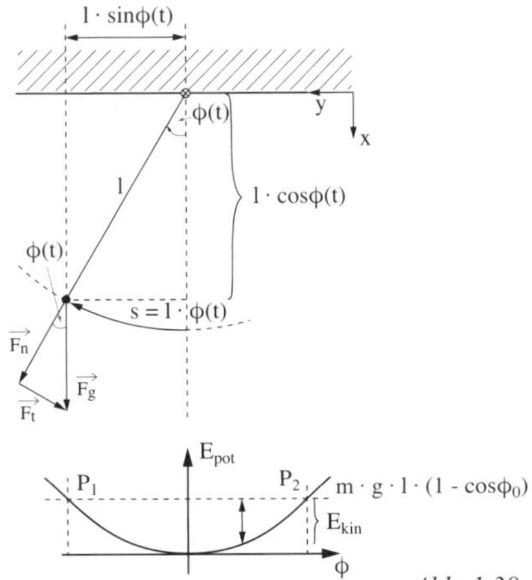

Abb. 1.38

Die Bewegung des Massenpunktes verläuft lediglich auf einer Kreisbahn und kann daher (vgl. das gewählte Koordinatensystem in Abb. 1.38) durch $\vec{r}(t) = (l \cdot \cos \varphi(t), l \cdot \sin \varphi(t))$ beschrieben werden, wobei der Winkel $\varphi(t)$ die Auslenkung des Massenpunktes von seiner Ruhelage $\varphi = 0$ bezeichnet und positiv gezählt wird, wenn sich der Massenpunkt in Abb. 1.38 „nach links" bewegt. Da sich die Länge l des Fadens nicht verändern kann, ist die Bewegung des Massenpunktes eindeutig beschrieben, wenn die Auslenkung $\varphi(t)$ oder die (auf dem Kreis) zurückgelegte Strecke $s(t) = l \cdot \varphi(t)$ (vgl. Bogenmaß → Abschnitt 1.2) bekannt ist. Die Bahngeschwindigkeit $v(t)$ ergibt sich dann durch Differenzieren von $s(t)$ nach der Zeit, d.h. $v(t) = l \cdot \frac{d}{dt}\varphi(t)$.

Für die nächsten Überlegungen nehmen wir an, dass der Massenpunkt um $\varphi(t)$ ausgelenkt sei. Wie in den vorherigen Beispielen (→ Abschnitt 1.8) wird die Dynamik des Systems durch die Gewichtskraft des Massenpunktes verursacht, und da durch den starren Faden eine Zwangskraft erzeugt wird, ist es sinnvoll, die Gewichtskraft in zwei Komponenten zu zerlegen: in $\vec{F}_t$ senkrecht und $\vec{F}_n$ parallel zum Faden. Die Komponente $\vec{F}_n$ parallel zum Faden wird während der Bewegung durch die Zwangskraft des Fadens komplett kompensiert und wirkt sich somit nicht auf die Bewegung aus. Sie bewirkt lediglich eine Spannung des Fadens und wird daher auch als Fadenspannkraft bezeichnet.

Ferner kann Abb. 1.38 entnommen werden, dass $\vec{F}_t$ den Massenpunkt immer in Richtung der Ruhelage beschleunigt, d.h., sie wirkt als rücktreibende Kraft bzw. Rückstellkraft auf den Massenpunkt und ist der Bahngeschwindigkeit stets entgegengerichtet (d.h. $\vec{v}(t) \uparrow\downarrow \vec{F}_t$). Da beide Größen parallel zueinander sind, reicht es aus, ihre Beträge zu betrachten. Anhand von Abb. 1.38 überlegt man sich leicht, dass für den Betrag von $\vec{F}_t$ folgt: $F_t(t) = F_g \cdot \sin\varphi(t)$. Somit lautet die Bewegungsgleichung des Massenpunktes:

$$m \cdot \frac{d}{dt} v(t) = -F_t = -F_g \cdot \sin\varphi(t) \Rightarrow m\left(l \cdot \frac{d^2}{dt^2}\varphi(t) + g \cdot \sin\varphi(t)\right) = 0$$

$$\Rightarrow \frac{d^2}{dt^2}\varphi(t) + \frac{g}{l} \cdot \sin\varphi(t) = 0,$$

wobei das Minus vor F_t berücksichtigt, dass stets $\vec{v}(t) \uparrow\downarrow \vec{F}_t$ gilt. Diese Differentialgleichung hat schon fast die Form des Harmonischen Oszillators, lässt sich aber nicht exakt lösen, da in ihr anstelle von $\varphi(t)$ die (nichtlineare) Sinusfunktion $\sin\varphi(t)$ vorkommt. Für kleine Winkel ($\varphi(t) < 0.1$ rad $\approx 6°$) kann man jedoch zeigen, dass der Sinus in guter Näherung durch $\varphi(t)$ (im Bogenmaß) ersetzt werden kann, d.h., die Näherung $\sin\varphi(t) \approx \varphi(t)$ erzeugt einen Fehler, der kleiner als 0,2% ist. Mit Hilfe dieser Näherung und der Abkürzung $\omega^2 = g/l$ vereinfacht sich die Bewegungsgleichung zum Harmonischen Oszillator, dessen Lösung eine Schwingung mit der Frequenz $f = \frac{1}{2\pi}\sqrt{\frac{g}{l}}$ beschreibt.

Auch hier lässt sich leicht zeigen, dass die mechanische Gesamtenergie zeitlich konstant ist und ständig zwischen kinetischer und potentieller Energie umgeformt wird. Diese Eigenschaft erlaubt eine anschauliche Interpretation der potentiellen Energie. Wenn das Fadenpendel um $\varphi(t)$ ausgelenkt wird, so wird der Massenpunkt um die Strecke $h = l \cdot (1 - \cos(\varphi(t))$ gegen die Schwerebeschleunigung g angehoben. Daher ist die potentielle Energie des Massenpunktes durch $E_{pot} = m \cdot g \cdot h = m \cdot g \cdot l\,(1 - \cos(\varphi(t))$ gegeben, was in Abb. 1.38 unter dem Pendel skizziert wurde. Wird der Massenpunkt zu Beginn der Bewegung um φ_0 ausgelenkt, so steht ihm für die Schwingung insgesamt die Energie $E_{ges} = m \cdot g \cdot l\,(1 - \cos\varphi_0)$ zur Verfügung (gestrichelte Linie in Abb. 1.38 unten).

Die Wirkung dieser Potentialmulde kann man sich anschaulich wie die eines Tals vorstellen: Der Massenpunkt (der sich in P_1 befinde) ist bestrebt, seine potentielle Energie zu verringern, sich also in das Zentrum der Mulde zu bewegen. Bei dieser Bewegung wird potentielle Energie freigesetzt, die (zur Energieerhaltung) in kinetische Energie umgewandelt wird. Im Zentrum der Potentialmulde hat der Massenpunkt seine komplette potentielle Energie umgewandelt und beginnt nun, gegen den Anstieg „anzulaufen“. Hierzu muss aber Arbeit verrichtet werden, und die dafür notwendige Energie kann er nur gewinnen, wenn er seine kinetische Energie verringert und sie somit wieder in potentielle Energie umwandelt. Wenn der Massenpunkt in P_2 angekommen ist, hat er die gesamte kinetische Energie aufgebraucht, und der Prozess beginnt von vorne.

Dieses Beispiel zeigt, dass man durch die Kenntnis des Potentials die Bewegung des Massenpunktes wenigstens qualitativ vorhersagen kann.

Bemerkungen:

1. Im Gegensatz zum Federpendel zeigt das Fadenpendel keine Abhängigkeit der Schwingungsfrequenz von der Masse. Sie kürzt sich in der Bewegungsgleichung heraus, sofern man die Gleichheit von schwerer und träger Masse annimmt (→ Abschnitt 1.6).
2. Die rücktreibende Kraft wird beim Federpendel durch die Federkraft und beim Fadenpendel über die Gewichtskraft erzeugt. Daher gehen als charakteristische Größen auch die Federkonstante bzw. die Schwerebeschleunigung in die Frequenzen ein.

Planetenbahnen und die Kepler'schen Gesetze

Den entscheidenden Durchbruch gelang der Newton'schen Mechanik, als sie auf elegante Weise sowohl die Planetenbewegungen als auch die Fallbewegungen von Körpern auf der Erde erklären konnte. Dies ist besonders deshalb erstaunlich, da für die Berechnung der Planetenbahnen lediglich die drei Newton'schen Axiome und die Gravitationskraft Verwendung finden.

Bevor es mit Hilfe der Newton'schen Mechanik gelang, diese Planetenbahnen mit sehr hoher Genauigkeit zu berechnen, wurden jahrtausendelang kontroverse Diskussionen über die Bewegung der Himmelskörper geführt.

Die ersten Überlegungen zur Struktur des Sonnensystems stammen von Aristoteles (384 v. Chr. – 322 v. Chr). Er war der festen Auffassung, dass eine ruhende Erde den Mittelpunkt des Universums bildet und dass sich daher alle anderen Himmelskörper (auf Kreisbahnen) um sie herum bewegen würden. Diese Idee wurde von Ptolemäus (100 – 175) weiterentwickelt, der die Himmelskörper auf Kugelschalen anordnete, die konzentrisch um die Erde herum gelagert waren. Zu dieser Zeit war bereits bekannt, dass sich die Planeten (von der Erde aus gesehen) auf Bahnen bewegen, die viel komplizierter als reine Kreisbahnen sind. Aus diesem Grund führte Ptolemäus weitere, kleinere Kreisbahnen ein, auf denen sich die Planeten um die Kugelschalen bewegen konnten, um so die Beobachtungen mit seinen Modell in Einklang bringen zu können. Das ptolemäische Weltbild war geboren und wurde von der Kirche aufgenommen, da es jenseits der Kugelschalen genügend Platz für Himmel und Hölle bot.

Das ptolemäische Weltbild trug jedoch einige Widersprüche in sich, so dass nach weiteren Modellen für das Sonnensystem gesucht wurde. Eine revolutionäre Alternative wurde von Kopernikus (1473 – 1543) vorgeschlagen, in dessen Weltbild die Sonne den Mittelpunkt des Sonnensystems bildete und von den Planeten auf Kreisbahnen umkreist wurde. Dieses heliozentrische Weltbild konnte sich zunächst nicht durchsetzen, da es deutliche Abweichungen zwischen den berechneten und beobachteten Planetenbahnen gab. Da es im Vergleich zum ptolemäischen Weltbild jedoch deutlich einfacher und eleganter war, wurde es dennoch aufgegriffen und weiterentwickelt. Friedrich Johannes Kepler (1571 – 1630) machte schließlich die Entdeckung, dass das kopernikanische Weltbild die wirklichen Planetenbahnen sehr genau zu beschreiben vermochte, wenn man den Planeten elliptische Bahnen anstelle von Kreisbahnen zuwies. Er formulierte drei Gesetze zur Bewegung der Planeten, die er aus den Beobachtungen seines Lehrers Tycho Brahe (1546 – 1601) schlussfolgerte:

Erstes Kepler'sches Gesetz
Die Planeten bewegen sich auf Ellipsen um die Sonne, wobei sich die Sonne in einem Brennpunkt der Ellipse befindet.
Zweites Kepler'sches Gesetz
Der Ortsvektor des Planeten überstreicht in gleicher Zeit gleiche Flächen.
Drittes Kepler'sches Gesetz
Vergleicht man die Bewegung mehrerer Planeten um die Sonne, so verhalten sich die Quadrate der Umlaufzeiten der Planeten zueinander wie die dritten Potenzen ihrer großen Halbachsen. Ist T_i also die Umlaufzeit und a_i die große Halbachse des *i*-ten Planeten, so gilt $T_i^2/T_j^2 = a_i^3/a_j^3$.

Interessanterweise lassen sich diese Gesetze komplett mit Hilfe der Newton'schen Mechanik herleiten, worauf in diesem Buch aber aufgrund der teilweise umfangreichen Rechnung verzichtet werden soll. Exemplarisch soll hier nur das 2. Kepler'sche Gesetz bewiesen werden:
Betrachten wir dazu die Bewegung eines beliebigen Planeten um die Sonne, wobei wir den Einfluss aller anderen Planeten vernachlässigen wollen. Wir stellen fest, dass in diesem System lediglich die Gravitationskraft zwischen der Sonne und dem Planeten wirkt. Da sie stets entlang der Verbindungslinie beider Körper wirkt (→ Abschnitt 1.5), ist sie eine Zentralkraft und erzeugt somit kein Drehmoment auf den Planeten. Daher muss der Drehimpuls des Planeten zeitlich konstant sein, und die Bewegung muss in einer Ebene erfolgen (→ Abschnitt 1.8).
Wenn $\vec{r}(t)$ der Ortsvektor des Planeten mit Masse m_P ist, so bewegt sich der Planet in der infinitesimalen Zeit dt um die Strecke $d\vec{r}(t) = \vec{v}(t) \cdot dt$ weiter und überstreicht dabei das Flächenelement $dA = \left|\vec{r}(t) \times d\vec{r}(t)\right|/2$ (dies folgt den Eigenschaften des Kreuzproduktes → Abschnitt 1.1). Einsetzen liefert

$$\frac{dA}{dt} = \frac{1}{2}\left|\vec{r}(t) \times \vec{v}(t)\right| = \frac{1}{2 \cdot m}\left|\vec{L}\right|,$$

d.h., dass die überstrichene Fläche pro Zeiteinheit proportional zum Drehimpuls des Planeten ist. Da aber der Betrag des Drehimpulses eine Konstante ist, muss das Gleiche für dA/dt gelten. Das ist aber genau die Aussage des 2. Kepler'schen Gesetzes.

Effektives Potential

Da zwischen der Sonne (Masse m_S) und dem Planeten (Masse m_P) die Gravitationskraft wirkt, findet die Planetenbewegung in einem Potential statt. Abschließend wollen wir die Struktur dieses Potentials und dessen Implikationen betrachten.

Wenn $\vec{r}(t)$ der Ortsvektor des Planeten ist, so wurde in Abschnitt 1.7 gezeigt, dass das Potential der Gravitationskraft mit $r(t) = |\vec{r}(t)|$ durch $\Phi(\vec{r}(t)) = -G \cdot m_P \cdot m_S / r(t)$ gegeben ist. Dieses Potential beschleunigt den Planeten in Richtung Sonne und würde zu seinem „Absturz“ führen, wenn die Zentrifugalkraft die Gravitationskraft nicht kompensieren würde.

Betrachten wir dazu nochmals die Bahnkurve in Polarkoordinaten $\vec{r}(t) = r(t) \cdot (\cos\phi(t), \sin\phi(t))$. Daraus folgt, dass die Geschwindigkeit $\frac{d}{dt}\vec{r}(t) = \left(\frac{d}{dt}r(t)\right) \cdot (\cos\phi(t), \sin\phi(t)) + \left(r(t) \cdot \frac{d}{dt}\phi(t)\right) \cdot (-\sin\phi(t), \cos\phi(t))$ in die Summe der Komponenten $\vec{v}_r(t) = \left(\frac{d}{dt}r(t)\right) \cdot (\cos\phi(t), \sin\phi(t))$ und $\vec{v}_\varphi(t) = \left(r(t) \cdot \frac{d}{dt}\phi(t)\right) \cdot (-\sin\phi(t), \cos\phi(t))$ zerlegt werden kann. Anhand ihrer Komponenten kann man erkennen, dass $\vec{v}_r(t)$ parallel zum Ortsvektor $\vec{r}(t)$ ist, und somit entspricht $\vec{v}_r(t)$ dem radialen Anteil und $\vec{v}_\varphi(t)$ dem Winkelanteil der Bahngeschwindigkeit. Mit Hilfe dieser Zerlegung lässt sich auch die kinetische Energie des Planeten $E_{kin} = \frac{m_P}{2} v^2(t) = \frac{m_P}{2} v_r^2(t) + \frac{m_P}{2} v_\varphi^2(t)$ in einen radialen Anteil $E_{kin,r}$ und einen Winkelanteil $E_{kin,\varphi}$ zerlegen, wobei verwendet wurde, dass $\vec{v}_r(t)$ und $\vec{v}_\varphi(t)$ senkrecht aufeinander stehen. Die Gesamtenergie des Planeten ist durch die Summe von potentieller und kinetischer Energie zu $E_{ges} = \frac{m_P}{2} v_r^2(t) + \frac{m_P}{2} v_\varphi^2(t) - \frac{G \cdot m_P \cdot m_s}{r(t)}$ gegeben.

Der Vorteil der Zerlegung wird sichtbar, wenn man den Drehimpuls des Planeten berechnet. Nach Definition ist er durch

$$\vec{L} = m_p \cdot \left(\vec{r}(t) \times \vec{v}(t)\right) = m_p \cdot \left(\vec{r}(t) \times (\vec{v}_r(t) + \vec{v}_\varphi(t))\right) \rightarrow L = m_p \cdot r(t) \cdot v_\varphi(t)$$

gegeben, wobei verwendet wurde, dass $\vec{v}_r(t)$ parallel zum Ortsvektor $\vec{r}(t)$ ist, woraus sofort $\vec{r}(t) \times \vec{v}_r(t) = 0$ und die rechte Seite folgt. Umstellen nach $v_\varphi(t)$ liefert, dass der Winkelanteil der kinetischen Energie durch

$\frac{m_P}{2} v_\varphi^2(t) = \frac{m_P}{2} \cdot \left(\frac{L}{m_p \cdot r(t)}\right)^2 = \frac{L^2}{2 \cdot m_p \cdot r^2(t)}$ gegeben ist. Aufgrund der Drehimpulserhaltung hängt dieser Term nur noch vom Abstand des Planeten zur Sonne ab, und in die Energieerhaltung $E_{ges} = \frac{m_P}{2} v_r^2(t) + E_{eff}(r(t)) = const$ kann das effektive Potential $E_{eff}(r(t)) = \frac{L^2}{2 \cdot m_p \cdot r^2(t)} - \frac{G \cdot m_P \cdot m_s}{r(t)}$ eingeführt werden.

Der allgemeine Verlauf des effektiven Potentials ist in Abb. 1.39 gegeben. Bei kleinen Abständen $r(t)$ strebt das Potential gegen $+\infty$, da der Planet mit einem sehr kleinen Radius und einer sehr hohen Winkelgeschwindigkeit die Sonne umrundet, was zu einer sehr hohen Zentrifugalkraft führt. Erhöht man den Abstand, so fällt das Potential ab und bildet ein Minimum aus.

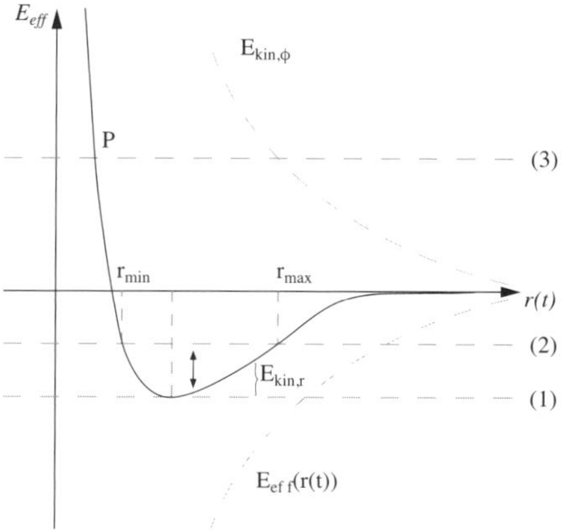

Abb. 1.39

Die Diskussion zum Fadenpendel hat gezeigt, dass das System in der Nähe dieses Minimums (Potentialmulde) Schwingungen ausführen kann, deren Amplitude von der Höhe der Gesamtenergie abhängt. Sie wird in Abb. 1.39 durch waagerechte Striche dargestellt, wobei drei Fälle unterschieden werden müssen.

Entspricht die Gesamtenergie dem Minimum des effektiven Potentials (Fall 1), so kann keine Energieumwandlung in kinetische Energie stattfinden. Der Planet umrundet in dieser Situation die Sonne auf einer Kreisbahn, und der Abstand r ist dann durch die Position des Minimums gegeben.

Wird die Gesamtenergie weiter erhöht (Fall 2), so kann aufgrund der Energieerhaltung potentielle in kinetische Energie umgewandelt werden. Der Planet bewegt sich auf einer elliptischen Bahn, und der Abstand $r(t)$ schwingt zwischen zwei Extremwerten hin und her: dem Punkt r_{min} mit minimalem (**Perihel**) bzw. dem Punkt r_{max} mit maximalem Abstand zur Sonne (**Aphel**).

Wird die Gesamtenergie jedoch größer als das effektive Potential für $r \to +\infty$ (Fall 3), so wird sich der Planet zwar bis auf einen bestimmten Abstand an die Sonne annähern (Punkt P in Abb. 1.39), dann aber das Potential wieder „rückwärts" durchlaufen und das Sonnensystem verlassen. In dieser Situation ist die kinetische Energie größer als die Energie, die man aufwenden musste, um den Planeten gegen die Gravitationskraft von P nach $+\infty$ zu bringen.

In den Fällen 1 und 2 schneidet die Gesamtenergie das effektive Potential entweder im Minimum oder an zwei Punkten, wodurch sich eine Potentialmulde ausbildet. In dieser Situation reicht die Energie des Planeten nicht aus, um das Sonnensystem zu verlassen, und man kann ihn daher als „gebunden" ansehen. Wieder erlaubt das Potential eine einfache qualitative Interpretation der Bewegung.

1.11 Systeme von mehreren Massenpunkten und mechanische Erhaltungssätze

Massenschwerpunkt und Impulserhaltungssatz

Betrachten wir ein System aus n Massenpunkten, wobei wir die einzelnen Massen von m_1 bis m_n und deren Ortsvektoren von $\vec{r}_1(t)$ bis $\vec{r}_n(t)$ durchnummerieren (vgl. Abb. 1.40 für $n = 4$).

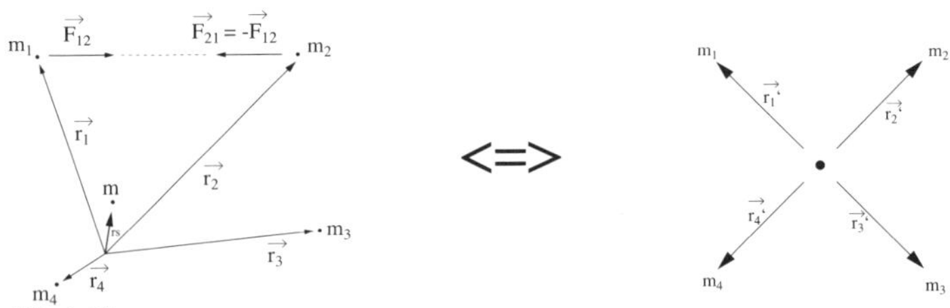

Abb. 1.40

> **Schwerpunkt**
>
> Der Schwerpunkt $\vec{r}_S$ eines Systems aus n Massenpunkten wird durch das gewichtete Mittel
>
> $$\vec{r}_S(t) = \frac{\sum_i m_i \cdot r_i(t)}{\sum_i m_i} = \frac{1}{m} \cdot \sum_i m_i \cdot \vec{r}_i(t)$$
>
> definiert, wobei m die Summe der Massen aller Massenpunkte ist. Für die Geschwindigkeit $\vec{v}_S(t)$ des Schwerpunktes folgt nach Definition
>
> $$\vec{v}_S(t) = \frac{\mathrm{d}}{\mathrm{d}t}\vec{r}_S(t) = \frac{1}{m} \cdot \sum_i m_i \cdot \vec{v}_i(t) = \frac{1}{m} \cdot \sum_i \vec{p}_i(t).$$
>
> Somit kann dem Schwerpunkt der Impuls $\vec{p}_S(t)$
>
> $$\vec{p}_S(t) = \sum_i \vec{p}_i(t) = m \cdot \vec{v}_S(t)$$
>
> zugeordnet werden, der rechnerisch dem Gesamtimpuls aller Massenpunkte entspricht.

Für die zeitliche Änderung des Gesamtimpulses $\vec{p}_S$ folgt unter Verwendung des Aktionsprinzips

$$\frac{\mathrm{d}}{\mathrm{d}t}\vec{p}_S = \sum_i \frac{\mathrm{d}}{\mathrm{d}t}\vec{p}_i = \sum_i \vec{F}_i, \qquad (1.21)$$

d.h., die Änderung des Gesamtimpulses entspricht der Summe aller im System wirkenden Kräfte. Hier müssen wir nun zwei Arten von Kräften unterscheiden:

Innere und äußere Kräfte
Eine konservative Kraft nennen wir **innere Kraft** des Systems, wenn sie durch die Wechselwirkung zweier Massenpunkte entsteht und beide Massenpunkte sich im betrachteten System befinden. Gilt dies nicht, d.h., befindet sich der Verursacher der Wechselwirkung nicht im System, so handelt es sich um eine **äußere Kraft**.

Ein Beispiel für eine innere Kraft ist die Gravitationskraft, die zwischen zwei Massenpunkten wirkt. Hier wissen wir, dass beide Massenpunkte betragsmäßig die gleiche Kraft erfahren, dass die Kräfte aber entgegengesetzt ausgerichtet sind. Sie heben sich daher in einer Summe wie in Gl. 1.21 gegenseitig auf (vgl. F_{12} und F_{21} in Abb. 1.40), und somit folgt:

Zu einer inneren Kraft findet man nach dem Reaktionsprinzip stets eine gleich große, aber entgegengesetzt gerichtete Gegenkraft. Somit heben sich in der Summe $\sum_i \vec{F}_i$ alle inneren Kräfte gegenseitig auf. Daraus folgt, dass die zeitliche Änderung des Gesamtimpulses $\vec{p}_S(t)$ durch

$$\frac{\mathrm{d}}{\mathrm{d}t}\vec{p}_S = \sum_i \vec{F}_{i,\,ext}(\vec{r}_i(t))$$

gegeben ist, wobei $\vec{F}_{i,ext}(\vec{r}_i(t))$ die äußere Kraft ist, die auf den i-ten Massenpunkt wirkt.

Wenn zusätzlich die Gesamtmasse m zeitlich konstant ist, folgt sofort für die Beschleunigung des Schwerpunktes:

$$\frac{\mathrm{d}}{\mathrm{d}t}\vec{p}_S = m \cdot \vec{a}_S(t) = \sum_i \vec{F}_{i,\,ext}(\vec{r}_i(t)),$$

d.h., der Schwerpunkt $\vec{r}_S(t)$ des Systems bewegt sich unter dem Einfluss der äußeren Kräfte $\sum_i \vec{F}_{i,\,ext}(\vec{r}_i(t))$ wie ein einzelner Massenpunkt, der die gesamte Masse m in sich vereint. Offensichtlich wirken sich die inneren Kräfte überhaupt nicht auf die Bewegung des Schwerpunktes aus, und somit folgt bei Abwesenheit von äußeren Kräften:

Abgeschlossenes System
Ein System heißt abgeschlossen, wenn folgende Bedingungen erfüllt sind:

1. Es wirken keine äußeren Kräfte auf das System, d.h. $\sum_i \vec{F}_{i,\,ext}(\vec{r}_i(t)) = 0$.
2. Das System ist bezüglich der Masse und Energie abgeschlossen, d.h. weder Masse noch Energie werden in das System oder aus ihm heraus transferiert.

Impulserhaltungssatz
In einem abgeschlossenen System ist der Impuls des Schwerpunktes eine Konstante, d.h., es gilt $\frac{\mathrm{d}}{\mathrm{d}t}\vec{p}_\mathrm{S} = 0$.

Die Konsequenz des Impulserhaltungssatzes ist, dass die Gesamtsumme der Impulse in einem abgeschlossenen System erhalten ist. Da es sich hierbei um eine Summe von Vektoren handelt, ist dies komponentenweise zu verstehen.
Die Definition des Schwerpunktes hat eine interessante Konsequenz. Betrachten wir nämlich die Bewegung der Massenpunkte vom Schwerpunkt aus, dann können wir die Ortsvektoren $\vec{r}_\mathrm{i}(t)$ durch die Relativbewegungen $\vec{r}'_\mathrm{i}(t)$ ersetzen, die wir bezüglich des Schwerpunktes $\vec{r}_\mathrm{S}(t)$ messen. Wir führen somit die Zerlegung $\vec{r}_\mathrm{i}(t) = \vec{r}'_\mathrm{i}(t) + \vec{r}_\mathrm{S}(t)$ durch (vgl. Abb. 1.40), was gleichbedeutend ist mit einer Transformation in ein Koordinatensystem (→ Abschnitt 1.9), dessen Ursprung durch den Schwerpunkt des Systems gegeben ist (dem sogenannten **Schwerpunkt-System**). Mit der Definition des Schwerpunktes folgt sofort

$\sum_i \vec{p}'_\mathrm{i}(t) = \sum_i m_\mathrm{i} \cdot \vec{r}'_\mathrm{i}(t) = \sum_i m_\mathrm{i} \cdot \vec{r}_\mathrm{i}(t) - \sum_i m_\mathrm{i} \cdot \vec{r}_\mathrm{S}(t) = 0$, d.h.:

Die Summe der Impulse ist in einem Schwerpunkt-System gleich Null:
$\sum_i \vec{p}'_\mathrm{i}(t) = 0$.

Gesamtdrehimpuls und dessen Erhaltung
Analog zum Gesamtimpuls kann der Gesamtdrehimpuls des Systems durch die Summe der Drehimpulse der einzelnen Massenpunkte berechnet werden:

Gesamtdrehimpuls
Der Gesamtdrehimpuls $\vec{\mathrm{L}}_\mathrm{ges}(t)$ eines Systems aus n Massenpunkten ist durch $\vec{\mathrm{L}}_\mathrm{ges}(t) = \sum_i \vec{r}_\mathrm{i}(t) \times \vec{p}_\mathrm{i}(t)$ definiert. Er kann zerlegt werden in den Drehimpuls des Schwerpunktes relativ zum Ursprung und die Drehimpulse der Relativbewegungen relativ zum Schwerpunkt, d.h. $\vec{\mathrm{L}}_\mathrm{ges}(t) = \vec{r}_\mathrm{S}(t) \times \vec{p}_\mathrm{S}(t) + \sum_i \vec{r}'_\mathrm{i}(t) \times \vec{p}'_\mathrm{i}(t)$.

Es lässt sich wieder leicht zeigen, dass die durch innere Kräfte verursachten Drehmomente sich nicht auf den Gesamtdrehimpuls auswirken. Somit ist die zeitliche Änderung des Gesamtdrehimpulses durch die Summe der externen Drehmomente gegeben.

Drehimpulserhaltungssatz
Innere Kräfte haben keine Auswirkungen auf den Gesamtdrehimpuls, d.h., die zeitliche Änderung des Gesamtdrehimpulses ist gleich der Summe der äußeren Drehmomente:

$$\frac{\mathrm{d}}{\mathrm{d}t}\vec{L}_{\text{ges}}(t) = \sum_i \vec{r}_i(t) \times \vec{F}_{i,\,ext}(\vec{r}_i(t)) = \sum_i \vec{D}_{i,\,ext}(t).$$

Verschwinden die äußeren Drehmomente $\sum_i \vec{D}_{i,\,ext}(t) = 0$, so bleibt der Gesamtdrehimpuls zeitlich konstant.

Mechanische Gesamtenergie und der Energieerhaltungssatz
In Abschnitt 1.7 und 1.10 wurde gezeigt, dass die mechanische Gesamtenergie eines Massenpunktes konstant ist, sofern ausschließlich konservative Kräfte auf den Massenpunkt wirken. Ferner wurde exemplarisch gezeigt, dass Energie zwischen unterschiedlichen Formen umgewandelt werden kann: So wird bei Fallbewegungen beispielsweise potentielle in kinetische Energie umgewandelt, während bei dem Feder- und Fadenpendel eine ständige Umwandlung dieser beiden Formen stattfindet.
Bei einer Verallgemeinerung der Energieerhaltung auf Systeme mehrerer Massenpunkte ist daher Vorsicht geboten, da man alle möglichen Energieformen in die Summe der Gesamtenergie aufnehmen müsste. Dieses Problem kann man umgehen, wenn man die Energieerhaltung folgendermaßen formuliert:

In einem abgeschlossenen System ist die Gesamtenergie, d.h. die Summe der Energien aller Massenpunkte, zeitlich konstant: Energie kann weder erzeugt noch vernichtet werden, sie kann nur von außen zu- oder nach außen abgeführt werden.
Die Gesamtenergie kann jedoch in unterschiedliche Formen umgewandelt werden, d.h., es ist möglich, dass ein Massenpunkt Energie der einen Form abgibt und ein anderer Massenpunkt diese Energie in anderer Form wieder aufnimmt.

Dieser Satz drückt die Tatsache aus, dass Energie nicht einfach aus dem Nichts entstehen oder dorthin verschwinden kann. Er berücksichtigt daher auch die Möglichkeit, dass Energie beispielsweise durch Reibung in Wärme umgewandelt wird: Sie steht dann nicht mehr für Arbeit zur Verfügung, ist aber in einer anderen Form dennoch im System präsent. Die Gesamtenergie kann sich somit nur ändern, wenn das System nicht mehr abgeschlossen ist. Dies ist beispielsweise der Fall, wenn äußere Kräfte Arbeit am System verrichten.

Bemerkung zum abgeschlossenen System

Nachdem die Erhaltungssätze diskutiert wurden, erschließt sich auch der Sinn der Definition des abgeschlossenen Systems. Es wurde gezeigt, dass innere Kräfte nicht den Gesamtimpuls, den Gesamtdrehimpuls oder die Gesamtenergie des Systems verändern können. Fehlen äußere Kräfte, so sind diese Größen zeitlich konstant, und eine Unterscheidung in innere und äußere Kräfte ist tatsächlich sinnvoll.

Ferner wurde für ein abgeschlossenes System gefordert, dass weder Masse- noch Energietransfer stattfinden. Diese Forderung ist für die Erhaltungssätze notwendig, da

1. ein massives Teilchen, welches das System verlässt, z.B. Impuls aus dem System entfernt. Somit kann auch der Gesamtimpuls nicht mehr erhalten sein.
2. Energie z.B. durch Wärmestrahlung das System verlassen könnte und somit die Gesamtenergie nicht mehr erhalten wäre.

1.12 Stöße zwischen Massenpunkten

In diesem Abschnitt werden wir Stöße zwischen zwei Massenpunkten betrachten. Im Allgemeinen ist ein Stoß ein physikalischer Prozess, bei dem zwei Körper zusammentreffen, innerhalb eines relativ begrenzten Bereiches miteinander wechselwirken und sich dann ggf. wieder voneinander entfernen (vgl. Abb. 1.41). Für die Beschreibung werden wir die Größen nach dem Stoß durch Hinzufügen eines Striches von den Größen vor dem Stoß unterscheiden, d.h., während v_1 die Geschwindigkeit des ersten Massenpunktes vor dem Stoß darstellt, wird dieselbe Größe nach dem Stoß durch v'_1 symbolisiert.

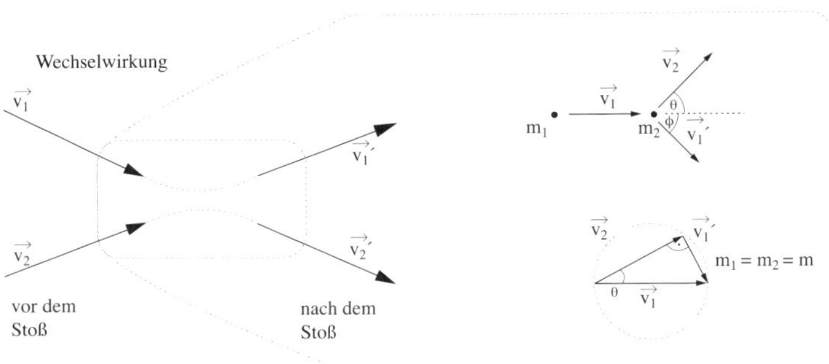

Abb. 1.41

Ist die Wechselwirkung zwischen den Stoßteilnehmern nicht bekannt, so kann man nur asymptotische Aussagen treffen, d.h., die Bahnkurven der Stoßteilnehmer können nur für Abstände exakt berechnet werden, die sehr weit vom Stoßzentrum entfernt sind. Was in dieser Situation eine weite Entfernung ist, wird durch die Reichweite der Wechselwirkung definiert. Stoßen beispielsweise zwei Autos zusammen, so ist die Wechselwirkung auf ihre geometrischen Ausmaße beschränkt. Eine weite Entfernung wäre hier also ein Abstand von einigen Metern. Bei Stoßprozessen in Atomkernen wirken teilweise Kräfte, die eine sehr geringe Reichweite besitzen ($<< 10^{-15}\ m$), wodurch der (unvorstellbar kleine) Abstand von wenigen nm bereits weit genug entfernt von der Kraft wäre. Die genaue Berechnung der Bewegung der Massenpunkte innerhalb des Stoßzentrums ist somit nur möglich, wenn die Wechselwirkung genau bekannt ist.

Dennoch lassen sich auch ohne genaue Kenntnis der Wechselwirkung Aussagen über den Stoßprozess treffen. Findet der Stoß beispielsweise in einem abgeschlossenen System statt (d.h. in Abwesenheit von äußeren Kräften und ohne Energie- oder Massetransfer aus dem System heraus), so wissen wir aus dem vorangehenden Abschnitt, dass sowohl die Gesamtenergie als auch der Gesamtimpuls des Systems Erhaltungsgrößen sind.

> Bei Stoßprozessen in abgeschlossenen Systemen gilt immer der Impulserhaltungssatz
> $m_1 \cdot \vec{v}_1 + m_2 \cdot \vec{v}_2 = m_1 \cdot \vec{v}'_1 + m_2 \cdot \vec{v}'_2.$

Bei der Energieerhaltung ist jedoch Vorsicht geboten. Sie setzt voraus, dass wir bei der Berechnung der Gesamtenergie alle Formen von Energie berücksichtigen, die im System auftreten. Da Energie in unterschiedliche Formen umgewandelt werden kann, muss dies z.B. bei der Berechnung der kinetischen Energie durch einen Zusatzterm berücksichtigt werden:

> Kinetische Energie kann während des Stoßprozesses in andere Formen umgewandelt werden, was bei der Bilanzierung der kinetischen Energie durch den Zusatzterm ΔE berücksichtigt wird:
> $\frac{1}{2} m_1 \cdot v_1^2 + \frac{1}{2} m_2 \cdot v_2^2 = \frac{1}{2} m_1 \cdot v'^2_1 + \frac{1}{2} m_2 \cdot v'^2_2 + \Delta E.$

In Abhängigkeit von ΔE unterscheidet man folgende drei Fälle:

1. Bei **elastischen** Stößen ($\Delta E = 0$) bleibt die gesamte kinetische Energie erhalten. Dies tritt beispielsweise bei Stößen auf, bei denen die Körper nur elastisch deformiert werden (→ Abschnitt 2.3).
2. Bei **inelastischen** Stößen ($\Delta E > 0$) wird die kinetische Gesamtenergie verringert, da Bewegungsenergie in andere Energieformen umgewandelt wird. Das kann z.B. eine plastische Verformung sein, oder durch den Stoßprozess kann einer der beteiligten Körper angeregt werden, wodurch er einen Teil der kinetischen Energie als Anregungsenergie speichert (siehe Abschnitt 8.2).
3. Bei **superelastischen** Stößen ($\Delta E < 0$) erhöht sich die kinetische Gesamtenergie. Dies kommt beispielsweise vor, wenn einer der Körper vor dem Stoß angeregt war und einen Teil seiner Anregungsenergie während des Stoßes abgibt.

Wir werden nun einige Spezialfälle von Stoßprozessen zwischen Massenpunkten diskutieren.

Zentraler elastischer Stoß

Ein zentraler elastischer Stoß liegt vor, wenn der Stoß auf einer Linie erfolgt, d.h., wenn sich die Massenpunkte vor und nach dem Stoß auf derselben Geraden bewegen, vgl. Abb. 1.41 rechts für $\theta = 0$.

Zur Beschreibung eines zentralen Stoßes zwischen zwei Massenpunkten mit den Massen m_1 und m_2 wählen wir als Koordinatensystem das Ruhesystem des zweiten Massenpunktes. Hierbei sei das Koordinatensystem so orientiert, dass sich m_1 mit der Geschwindigkeit v_1 entlang der x-Achse auf m_2 zubewegt. Diese Wahl hat den Vorteil, dass sich der Impulserhaltungssatz auf eine eindimensionale Gleichung reduziert, in der v_2 Null ist (Ruhesystem): $m_1 \cdot v_1 = m_1 \cdot v'_1 + m_2 \cdot v'_2$.

Da außerdem ein elastischer Stoß vorliegt, bleibt die kinetische Energie erhalten, d.h., zusätzlich gilt $m_1 \cdot v_1^2 = m_1 \cdot v_1'^2 + m_2 \cdot v_2'^2$.

Wir haben somit zwei unbekannte Variablen (v'_1 und v'_2) und zwei Gleichungen. Daher kann dieses Problem eindeutig gelöst werden. Umstellen des Impulssatzes liefert $v'_1 = \frac{m_1 \cdot v_1 - m_2 \cdot v'_2}{m_1} = v_1 - \frac{m_2}{m_1} \cdot v'_2$, und nach Einsetzen in die Energieerhaltung folgt

$$m_1 \cdot v_1^2 = m_1 \cdot v_1'^2 + m_2 \cdot v_2'^2 = \frac{m_1^2 \cdot v_1^2 + m_2^2 v_2'^2 - 2 \cdot m_1 \cdot m_2 \cdot v_1 \cdot v'_2}{m_1} + m_2 \cdot v_2'^2$$

$$2 \cdot m_2 \cdot v_1 \cdot v'_2 = m_2 \cdot v_2'^2 \cdot (1 + m_2/m_1) \rightarrow v'_2 = \frac{2 \cdot m_2}{m_1 + m_2} \cdot v_1$$

und $v'_1 = v_1 - \frac{m_2}{m_1} \cdot v'_2 = v_1 - \frac{2 \cdot m_2}{m_1 + m_2} \cdot v_1 = \frac{m_1 - m_2}{m_1 + m_2} \cdot v_1$.

Offensichtlich hängen die Endgeschwindigkeiten (nach Normierung auf die Anfangsgeschwindigkeit v_1) lediglich vom Verhältnis der Massen der Stoßteilnehmer zueinander ab.

Da der zweite Massenpunkt vor dem Stoß geruht hat, muss seine kinetische Energie nach dem Stoß das Resultat eines Energietransfers während des Stoßes sein. Somit wird beim zentralen Stoß die kinetische Energie

$$\Delta E_{\text{kin}} = E'_{\text{kin},2} = \frac{1}{2} \cdot m_2 \cdot v'^2_2 = \frac{4 \cdot m_1 \cdot m_2}{(m_1 + m_2)^2} \cdot \left(\frac{1}{2} \cdot m_1 \cdot v_1^2\right) = \frac{4 \cdot m_1 \cdot m_2}{(m_1 + m_2)^2} \cdot E_{\text{kin},1}$$

vom ersten auf den zweiten Massenpunkt übertragen, wobei der relative Energieübertrag $\Delta E_{\text{kin}}/E_{\text{kin},1}$ lediglich von den Massen m_1 und m_2 abhängt. Dies ist ein interessantes Ergebnis, da es zeigt, dass man nicht beliebig viel Energie bei einem zentralen elastischen Stoß transferieren kann.

> Ein Massenpunkt (Masse m_1, Geschwindigkeit v_1) stoße zentral und elastisch mit einem ruhenden Massenpunkt (Masse m_2). Dann sind die Geschwindigkeiten beider Massenpunkte nach dem Stoß durch
>
> $v'_1 = \frac{m_1 - m_2}{m_1 + m_2} \cdot v_1$ und $v'_2 = \frac{2 \cdot m_2}{m_1 + m_2} \cdot v_1$ gegeben.
>
> Bei diesem Stoß wird maximal der Bruchteil $\frac{4 \cdot m_1 \cdot m_2}{(m_1 + m_2)^2}$ an kinetischer Energie vom ersten auf den zweiten Massenpunkt übertragen.
>
> Für $m_1 = m_2$ gilt $v'_1 = 0$ und $v'_2 = v_1$, d.h., beide Massenpunkte tauschen ihre Rolle.
>
> Für $m_1 < m_2$ ist v'_1 negativ, d.h., der erste Massenpunkt prallt am zweiten ab und läuft wieder „rückwärts" aus dem System heraus.
>
> Für $m_2 \to \infty$ (Stoß mit der Wand) folgt $v'_1 = -v_1$ und $v'_2 = 0$. Der erste Massenpunkt prallt somit komplett ab, und dabei ändert sich der Impuls um $\Delta p_1 = m_1 \cdot (v_1 - v'_1) = 2 \cdot p_1$. Da der Gesamtimpuls erhalten bleibt, muss die Wand diese Impulsänderung aufnehmen.

Elastischer Stoß mit gleichen Massen

Wir betrachten nochmals einen elastischen Stoß, bei dem wir uns nicht auf den zentralen Fall beschränken wollen, der Einfachheit halber aber fordern, dass die beteiligten Massen gleich sind ($m_1 = m_2$). Dann nehmen Energie- und Impulserhaltung die Form

$$v_1^2 = v'^2_1 + v'^2_2$$
$$\vec{v}_1 = \vec{v}'_1 + \vec{v}'_2 \qquad (1.22)$$

an, wobei wir wieder das Ruhesystem von m_2 als Koordinatensystem gewählt haben, so dass sich m_1 mit der Geschwindigkeit v_1 entlang der x-Achse bewegt. Die

Impulserhaltung verlangt, dass die vektorielle Summe von $\vec{v}'_1$ und $\vec{v}'_2$ wieder den Geschwindigkeitsvektor $\vec{v}_1$ ergibt. Diese Vektorsumme stellt somit ein Dreieck dar, und wir können unser Koordinatensystem daher so drehen, dass der Stoßprozess in der x-y-Ebene verläuft (vgl. Abb. 1.41 rechts unten).
Durch unsere Wahl des Koordinatensystems wird die Beschreibung stark vereinfacht, da die Impulsvektoren jetzt nur noch zweidimensionale Größen sind und somit nur die vier unbekannten Größen ($\vec{v}'_1=(v'_{1,x}, v'_{1,y})$ und $\vec{v}'_2=(v'_{2,x}, v'_{2,y})$) im System verbleiben. Dennoch geben die Impuls- und Energieerhaltung lediglich drei Gleichungen vor, und somit fehlt uns eine Information über die Vektoren $\vec{v}'_1$ und $\vec{v}'_2$, um das Problem eindeutig lösen zu können. Diese Information bzw. Randbedingung muss später durch Beobachtung des Stoßes gegeben werden, damit die Bewegung eindeutig berechnet werden kann. Wir werden gleich sehen, dass es dafür völlig ausreicht, die Richtung von $\vec{v}'_1$ oder $\vec{v}'_2$ zu kennen.
Die Energieerhaltung macht nämlich eine Aussage über die Längen der Vektoren, die das Stoßdreieck bilden. Gl. 1.22 hat die Form des Archimedischen Satzes, wobei die Länge v_1 als Hypotenuse eines rechtwinkligen Dreiecks interpretiert werden kann. Die Vektoren $\vec{v}'_1$ und $\vec{v}'_2$ spielen hierbei die Rolle von An- und Gegenkathete, und somit müssen diese beiden Vektoren senkrecht aufeinanderstehen. Des Weiteren kann diese Gleichung auch als Kreisgleichung aufgefasst werden, d.h., die Vektoren $\vec{v}'_1$ und $\vec{v}'_2$ können nur auf dem in Abb. 1.41 eingezeichneten Kreis mit Durchmesser v_1 liegen (Satz des Thales). Würde man somit eine zusätzliche Information über die Vektoren $\vec{v}'_1$ und $\vec{v}'_2$ (Betrag oder Richtung) kennen, so wäre dieser Stoßprozess eindeutig bestimmt.

> Betrachtet man einen elastischen Stoß zwischen zwei Massenpunkten gleicher Masse, bei denen einer der beiden vor dem Stoß ruht, so stehen nach dem Stoß beide Geschwindigkeitsvektoren senkrecht aufeinander, d.h., es gilt $\vec{v}'_1 \perp \vec{v}'_2$. Mit der Impulserhaltung $\vec{v}_1 = \vec{v}'_1 + \vec{v}'_2$ folgt hieraus, dass die Geschwindigkeitsvektoren $\vec{v}'_1$ und $\vec{v}'_2$ stets die geometrische Konstruktion aus Abb. 1.41 erfüllen müssen.

Inelastischer Stoß

Bei inelastischen Stößen wird kinetische Energie während des Stoßprozesses in andere Energieformen umgewandelt. Der Grenzfall wird hier durch den vollkommen bzw. maximal inelastischen Stoß gegeben, bei dem beide Massenpunkte nach dem Stoß zusammenbleiben und sich somit gemeinsam fortbewegen.
Betrachten wir dazu zwei Massenpunkte (Massen m_1 und m_2 und Geschwindigkeiten v_1 und v_2), die zentral aufeinander stoßen. Nach dem (maximal-inelastischen)

Stoß bewegen sie sich gemeinsam mit der Geschwindigkeit v'_1 fort, welche mit Hilfe der Impulserhaltung sofort berechnet werden kann:

$$m_1 \cdot v_1 + m_2 \cdot v_2 = (m_1 + m_2) \cdot v'_1 \rightarrow v'_1 = \frac{m_1 \cdot v_1 + m_2 \cdot v_2}{m_1 + m_2}. \tag{1.23}$$

Die Änderung der kinetischen Energie wird (für gegebene m_1 und m_2) maximal, wenn $m_1 \cdot v_1 + m_2 \cdot v_2 = 0 \rightarrow m_1 \cdot v_1 = -m_2 \cdot v_2$ erfüllt ist, da dann beide Massenpunkte nach dem Stoß ruhen. In dieser Situation wird die komplette kinetische Energie in andere Energieformen umgewandelt.

Übung: Zwei gleich schwere Massenpunkte sollen inelastisch miteinander stoßen, wobei sich einer der Massenpunkte vor dem Stoß in Ruhe befindet. Zeigen Sie, dass maximal die Hälfte der kinetischen Energie dabei übertragen wird.

Lösung: Wenn v_1 die Geschwindigkeit vor dem Stoß war, so folgt unter der Annahme $m_1 = m_2$ aus Gl. 1.23 sofort $v'_1 = v_2/2$, d.h., die Geschwindigkeit halbiert sich nach dem Stoß. Somit ändert sich die gesamte kinetische Energie um

$$\Delta E = \frac{1}{2} m \cdot v_1^2 - \frac{1}{2} \cdot (2 \cdot m) \cdot \frac{v_1^2}{4} = \frac{1}{4} m \cdot v_1^2 = \frac{E_{\mathrm{kin},1}}{2},$$

d.h., bei diesem inelastischen Stoß wird maximal die Hälfte der kinetischen Energie des bewegten Massenpunktes übertragen.

2. Mechanik ausgedehnter Körper

2.1 Aggregatzustände von Materie

Aus dem Alltag ist wohlbekannt, dass Materie in drei unterschiedlichen Aggregatzuständen vorkommen kann: **fest**, **flüssig** und **gasförmig**. Entsprechend ihres Aggregatzustandes bezeichnet man Körper daher als **Festkörper**, **Flüssigkeit** bzw. als **Gas**.
In diesem Abschnitt werden wir sehen, dass Materie aus sich wiederholenden Bausteinen aufgebaut ist und dass die unterschiedlichen Aggregatzustände durch unterschiedliche Kräfte verursacht werden, die zwischen diesen Bausteinen wirken. Es wird gezeigt, dass sich die Aggregatzustände in ihren mechanischen Eigenschaften stark voneinander unterscheiden können, wobei genaue mechanische Definitionen erst in den Abschnitten 2.3 bis 2.6 gegeben werden. In Abschnitt 3 werden wir dann sehen, dass man nahezu jede Materie in einen der drei Aggregatzustände versetzen kann, wenn man die äußeren Rahmenbedingungen (beispielsweise Temperatur und Druck) entsprechend wählt.

Atomistisches Modell
Bereits im antiken Griechenland beschäftigten sich die Philosophen mit der Frage, woraus Materie aufgebaut ist. Im Allgemeinen kann man hier zwei Schulen benennen, die sich in ihren Aussagen grundlegend voneinander unterscheiden:
Die beiden Naturphilosophen Leukipp und Demokrit (beide lebten im 5. Jahrhundert v. Chr) werden der atomistischen Schule zugeordnet. Sie lehrt, dass sich alle Körper aus unendlich kleinen Bausteinen zusammensetzen. Da diese Bausteine unteilbar sind, wurden sie Atome genannt (vom griechischen Wort „atomos" für unteilbar).
Aristoteles (384 – 322 v. Chr) lehnte diese Lehre vehement ab und ging davon aus, dass Materie kontinuierlich ausgefüllt und somit beliebig oft teilbar ist.
Welche der beiden Schulen die Realität besser beschreibt, konnte (auf Grundlage von experimentellen Beweisen) erst im 17. Jahrhundert entschieden werden und fiel zugunsten der Atomisten aus. Zu dieser Zeit konnte mit Hilfe chemischer Experimente nachgewiesen werden, dass sich verschiedene Stoffe im Allgemeinen nur in festen Massenverhältnissen chemisch miteinander verbinden.
Materie setzt sich daher tatsächlich aus unteilbaren Bausteinen/Atomen zusammen, denen eine bestimmte (für das jeweilige Element spezifische) Masse zugeordnet werden kann und die sich daher nur in ganzzahligen Verhältnissen mit den Bausteinen anderer Elemente verbinden.

Heute weiß man auf Grundlage von Experimenten, dass sich die Atome in unterschiedlichsten Strukturen anordnen können:

> Man unterscheidet generell zwischen dem Aufbau von Materie durch **einzelne Atome** (z.B. Edelgasatome → Abschnitt 3.2) bzw. durch ganze **Atomgruppen/ Moleküle** (Wasser ist beispielsweise der flüssige Aggregatzustand des Moleküls, das sich aus zwei Wasserstoff- und einem Sauerstoff-Atom zusammensetzt: H_2O).

Die nun folgenden Überlegungen gelten sowohl für einzelne Atome als auch für Moleküle, weshalb der Einfachheit halber beide Formen mit den Begriffen **Baustein** bzw. **Teilchen** zusammengefasst werden sollen.
Welchen Aggregatzustand Materie annimmt, hängt entscheidend von der Wechselwirkung zwischen ihren Bausteinen ab. Generell lässt sich sagen, dass die Bausteine bei einer anziehenden Wechselwirkung Energie „gewinnen“, wenn sie sich einander annähern, während sie bei einer abstoßenden Wechselwirkung Energie „verlieren“ würden und somit versuchen werden, einen möglichst großen Abstand zueinander anzunehmen. Wir werden dies in Form einer potentiellen Energie interpretieren, die im Allgemeinen qualitativ gesehen zwei verschiedene Verläufe besitzt, vgl. Abb. 2.1.

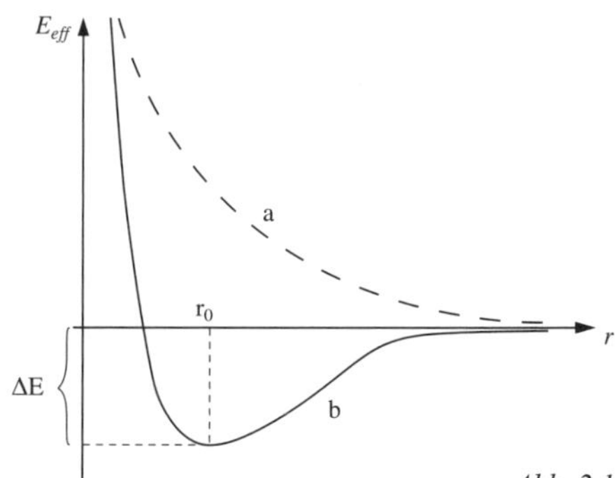

Abb. 2.1

Gasförmiger Aggregatzustand (Gas)
Beim Verlauf a) muss Arbeit verrichtet werden, um den Abstand zwischen den Bausteinen zu verringern, d.h., die potentielle Energie der Bausteine wird minimal, wenn sie einen möglichst großen Abstand zu ihren Nachbarn einzunehmen versuchen (Minimierung der potentiellen Energie → Abschnitt 1.10).
Derartige Materie wird daher den Raum, der ihr zur Verfügung steht, vollständig ausfüllen. Des Weiteren können die Bausteine als innerhalb der Materie frei beweglich angesehen werden (schließlich versuchen sie, ihren Abstand zueinander zu ma-

ximieren, so dass man den einzelnen Bausteinen keine feste Ruheposition zuordnen kann). Materie, die diese Eigenschaften erfüllt, bezeichnet man als Gas.

Kondensierte Materie (Kondensat)

Eine andere Situation liegt vor, wenn die potentielle Energie ein Minimum besitzt (vgl. Verlauf b in Abb. 2.1). Den zum Minimum gehörigen Abstand werden wir im Folgenden als Gleichgewichtsabstand r_0 bezeichnen.

Da die Bausteine bestrebt sind, ihre potentielle Energie zu minimieren, werden sie bevorzugt einen Abstand zueinander einnehmen, der gerade dem Gleichgewichtsabstand r_0 entspricht.

Somit besteht ein gewisser Zusammenhalt der Materie, welcher sich in dem Bestreben äußert, zumindest das eingenommene Volumen zu erhalten. Greift von außen eine Kraft an, welche das Volumen V der Materie ändert, so ändert sich dabei auch die Dichte $p \propto 1/V$ der Materie, und die Bausteine müssen einen Abstand einnehmen, der nicht mehr dem Gleichgewichtsabstand r_0 entspricht. Da hierbei die potentielle Energie erhöht werden muss, äußert sich dies makroskopisch in einer Kraft, die der Volumenveränderung entgegenwirkt. Diese Materie „verteidigt" daher ihr Volumen gegen von außen angreifende Kräfte (→ Abschnitt 2.3).

Ein Maß für die Stärke dieses Zusammenhalts, d.h. der Bindung der Bausteine aneinander, ist durch die Differenz zwischen der potentiellen Energie am Minimum und bei unendlichem Abstand zwischen den Bausteinen geben (vgl. ΔE in Abb. 2.1).

An dieser Stelle kann grob zwischen zwei Formen kondensierter Materie unterschieden werden: den Flüssigkeiten und den Festkörpern.

Flüssiger Aggregatzustand (Flüssigkeit)

Wenn die Bindung der Bausteine im Kondensat so schwach ist, dass sie sich beliebig frei bewegen können (ohne dass sie dabei den Gleichgewichtsabstand r_0 verändern), so spricht man von einem flüssigen Aggregatzustand.

Den Bausteinen kann daher in einer Flüssigkeit ebenfalls keine feste Ruheposition zugewiesen werden, so dass Flüssigkeiten (genau wie Gase) im Allgemeinen keine Ordnung aufweisen. Dies bedeutet, dass Flüssigkeiten zwar das Bestreben besitzen, ihr Volumen gegen äußere Kräfte zu verteidigen (ähnlich wie Festkörper), sie aber nicht in der Lage sind, ihre Form beizubehalten (→ Abschnitt 2.4).

Fester Aggregatzustand (Festkörper)

Beim Festkörper ist die Bindung der Bausteine derart stark, dass man ihnen in guter Näherung feste Ruhepositionen zuschreiben kann. Ihre Bewegung ist dann nicht mehr frei, sondern erfolgt lediglich als Schwingung um die Ruhelage.

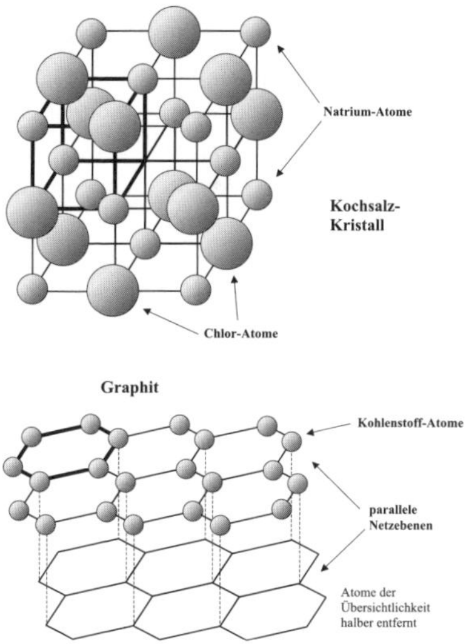

Abb. 2.2

Experimente haben gezeigt, dass Festkörper Strukturen aufweisen können, die sich teilweise erheblich voneinander unterscheiden. Weist der Festkörper z.B. eine regelmäßige, periodische Anordnung seiner Bausteine auf, so spricht man von **Kristallen**. Regelmäßige Anordnung bedeutet hierbei, dass man die Bausteine auf einem sogenannten **Gitter** platzieren kann und die Struktur des gesamten Festkörpers erhält, indem man dieses Gitter regelmäßig fortsetzt. Durch diese Eigenschaft besitzen Kristalle eine **Fernordnung**, d.h., der Abstand zwischen zwei beliebigen Bausteinen kann nur bestimmte Werte annehmen (vgl. Kochsalz-Kristall in Abb. 2.2).

Besteht der ganze Festkörper aus einem Kristall, so bezeichnet man ihn als **Einkristall**. Einkristalle sind in der Natur jedoch relativ selten und müssen üblicherweise durch aufwendige Techniken hergestellt werden. Viel häufiger ist der Festkörper aus einzelnen Kristallen zusammengesetzt. Innerhalb bestimmter Bereiche besitzt der Festkörper also eine hohe Ordnung, während diese Bereiche selbst ungeordnet im Festkörper verteilt sind. Diese Situation wird als **polykristallin** bezeichnet und liegt bei vielen Metallen und Salzen vor.

Eine weitere Möglichkeit stellen die **amorphen** Festkörper dar, die höchstens eine sehr kurzreichweitige Ordnung aufweisen (**Nahordnung**). Ein klassisches Beispiel hierfür sind Gläser, die durch relativ schnelles Abkühlen einer Schmelze entstehen. Dadurch können sich während des Abkühlvorgangs zwar Kristallkeime bilden, jedoch verbleibt ihnen zu wenig Zeit, um sich weiter auszuweiten, und eine komplette Kristallisation des Festkörpers ist nicht möglich.

Homogene und isotrope Materie

Die starke Ordnung in Kristallen kann zur Folge haben, dass nicht mehr alle Raumrichtungen zueinander äquivalent sind. Vergleicht man beispielsweise das Gitter eines Natriumchlorid-Kristalls (NaCl, Kochsalz, vgl. Abb. 2.2) mit dem von Glimmer oder Graphit, so stellt man fest, dass NaCl ein kubisches Gitter besitzt, bei dem alle drei Raumachsen zueinander äquivalent sind, während das Gitter von Graphit aus Netzebenen besteht, die parallel zueinander ausgerichtet sind und deren „Stapelung" den Graphit-Kristall bildet. Jüngste Experimente an einzelnen Graphit-Schichten (sogenannten Graphenen) haben gezeigt, dass die Leitfähigkeit für elektrischen Strom entlang der Netzebenen mehrere Größenordnungen höher ist als senkrecht zu den Ebenen, d.h., der Transport von Elektronen ist senkrecht zu den Netzebenen im Vergleich zu einem parallelen Transport deutlich erschwert.

Wenn Materie ein solches Verhalten zeigt, d.h., wenn eine physikalische Größe stark von der Richtung innerhalb der Materie abhängt, so zeigt die Materie **anisotropes** Verhalten. Hängen die physikalischen Größen jedoch nicht von der Richtung ab, so ist die Materie **isotrop**. In diesem Fall sind alle Raumrichtungen zueinander äquivalent.

Des Weiteren kann man Materie danach unterscheiden, ob eine bestimmte Eigenschaft (wie beispielsweise die Massendichte → Abschnitt 2.2) vom Ort innerhalb der Materie abhängt. Eine Eigenschaft wird als **homogen** bezeichnet, wenn sie an allen Punkten der Materie den gleichen Wert besitzt. In diesem Fall sind bezüglich der Eigenschaft alle Orte innerhalb der Materie zueinander äquivalent.

2.2 Mechanik ausgedehnter, starrer Festkörper

In diesem Abschnitt werden wir zunächst starre Festkörper studieren, d.h. Festkörper, deren Bausteine sich nicht relativ zueinander bewegen können und deren Abstand somit auf den Gleichgewichtsabstand fixiert wurde. Durch diese Einschränkung ist es unmöglich, die Form des Festkörpers zu verändern, da dieser Vorgang mit einem unendlich hohen Kraftaufwand verbunden wäre. Somit sind starre Festkörper nicht deformierbar.

Ziel wird es sein, die Bewegungsgleichung starrer Körper abzuleiten, um auch Rotationen ausgedehnter Körper quantitativ berechnen zu können.

Übergang von Massenpunkten zu starren Körpern

Da die Relativabstände zwischen den Bausteinen konstant sind, können wir einen starren Körper erzeugen, indem wir ein System von n Massenpunkten betrachten, deren Positionen relativ zueinander jedoch fixiert sind. Daraus folgt, dass sich die Massenpunkte zwar noch im Raum bewegen können, die Bewegungen der Massenpunkte aufgrund der Zwangsbedingung (fixierter Abstand) jedoch nicht mehr unabhängig voneinander sind:

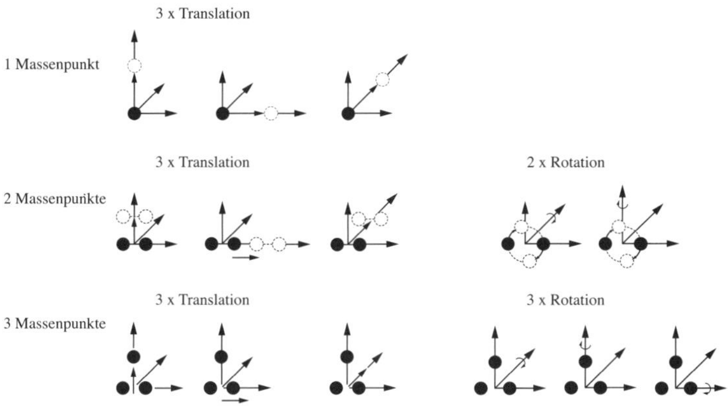

Abb. 2.3

Einen einzelnen freien Massenpunkt kann man zunächst beliebig im Raum positionieren (→ Abschnitt 1.9, Galilei-Transformation). In einem dreidimensionalen Raum sind daher seine drei Komponenten beliebig wählbar, was man durch die Bezeichnung ausdrückt, dass ein freier Massenpunkt drei Freiheitsgrade besitzt (vgl. Abb. 2.3).

Zwei freie Massenpunkte haben somit zunächst sechs Freiheitsgrade: Da beide Massenpunkte unabhängig voneinander positioniert werden können, kann man insgesamt sechs Komponenten beliebig wählen. Durch die Zwangsbedingung reduziert sich diese Zahl beim starren Körper jedoch auf fünf, da nun ein Abstand konstant gehalten werden muss und man somit einen Freiheitsgrad verliert.

Fügen wir einen weiteren, dritten Massenpunkt hinzu, so gewinnen wir zwar wieder drei weitere Freiheitsgrade, verlieren jedoch zwei davon, da der dritte Massenpunkt nun zwei Abstände, also zwei Zwangsbedingungen, erfüllen muss. Die Zahl der Freiheitsgrade liegt hier bei sechs und kann nicht durch Hinzufügen weiterer Massenpunkte gesteigert werden: Jeder weitere Massenpunkt bringt zwar drei Freiheitsgrade, verliert sie aber sofort wieder, da seine Position im dreidimensionalen Raum eindeutig bestimmt ist, sofern sein Abstand relativ zu drei beliebigen Bezugspunkten bekannt ist.

Die möglichen Bewegungen sind nochmals in Abb. 2.3 skizziert, und man erkennt sofort, dass der starre Körper genau zwei Grundbewegungen durchführen kann:

Ein starres System von n Massenpunkten besitzt die folgende Anzahl an Freiheitsgraden:
$n = 1$: 3 Freiheitsgrade, dreidimensionale Translation
$n = 2$: 5 Freiheitsgrade, dreidimensionale Translation + Rotation um zwei Achsen
$n \geq 3$: 6 Freiheitsgrade, dreidimensionale Translation + Rotation
Die Bewegung eines starren Körpers kann somit immer durch Translation (alle Massenpunkte werden in gleicher Weise verschoben) und Rotation des Körpers um eine bestimmte Achse zusammengesetzt werden.

Massendichte

Um bei der Beschreibung des starren Körpers die Ergebnisse des Massenpunkt-Modells verwenden zu können, müssen wir eine Möglichkeit finden, starre Körper als ein starres System von Massenpunkten aufzufassen.
Betrachten wir dazu den starren Körper mit der Masse m, der in Abb. 2.4 skizziert wurde. Dieser Körper kann in kleinere kubische Teilkörper mit dem Volumen V zerlegt werden, und man kann leicht bestimmen, welche Teilmasse m_i des starren Körpers jeweils durch den i-ten Teilkörper eingeschlossen wird. Diese Masse ist offensichtlich eine Funktion des Volumens V (je weniger man aus dem starren Körper herausschneidet, desto geringer wird auch die herausgeschnittene Masse sein) und des Ortes, an dem sich der i-te Teilkörper befindet.

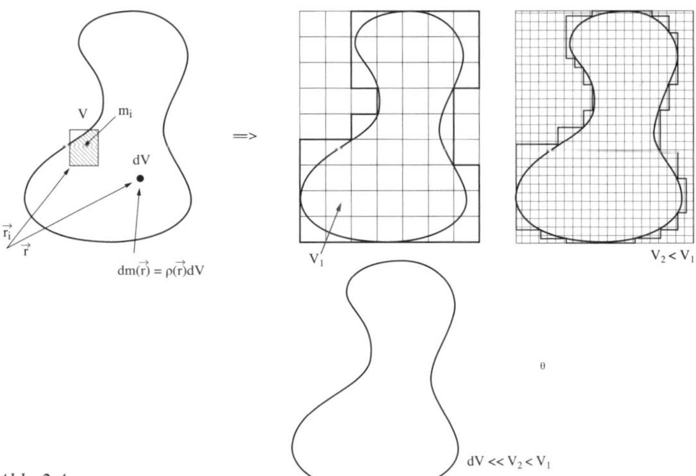

Abb. 2.4

Die Zerlegung in kubische Teilkörper wird den starren Körper umso besser wiedergeben, je kleiner die Teilkörper sind, d.h., je feiner der starre Körper zerlegt wurde. Daher muss man für eine quantitative Beschreibung wieder zu infinitesimalen Größen übergehen, d.h. den starren Körper in infinitesimale Volumina $\mathrm{d}V$ zerlegen, wobei die Massen m_i der Teilkörper in ein ortsabhängiges Massenelement $\mathrm{d}m(\vec{r})$ übergehen, vgl. Abb. 2.4.

> Die Massenverteilung eines starren Körpers ist eindeutig bestimmt, wenn die ortsabhängige Massendichte (oder kurz Dichte) des Körpers
>
> $$\rho(\vec{r}) = \frac{\mathrm{d}m(\vec{r})}{\mathrm{d}V} \tag{2.1}$$
>
> bekannt ist. Einheit: 1 kg m^{-3}

Diese Definition kann so verstanden werden, wie sie in Gl. 2.1 notiert wurde: Zur Berechnung der Dichte am Ort $\vec{r}$ „schneidet" man dort ein infinitesimales Volumen $\mathrm{d}V$ aus dem starren Körper heraus, misst die herausgeschnittene Masse $\mathrm{d}m(\vec{r})$ und bildet das Verhältnis gemäß Gl. 2.1. Diese Interpretation kann aber auch umgekehrt werden:

> Sei $\rho(\vec{r})$ die Massendichte eines starren Körpers, so wird am Ort $\vec{r}$ durch das Volumen $\mathrm{d}V$ die infinitesimale Masse $\mathrm{d}m(\vec{r}) = \rho(\vec{r}) \cdot \mathrm{d}V$ eingeschlossen. Ferner ergibt die Integration der Dichte $\rho(\vec{r})$ über das Volumen des starren Körpers dessen Masse, d.h.
>
> $$m = \int\limits_{Körper} \mathrm{d}m(\vec{r}) = \int\limits_{Körper} \rho(\vec{r}) \cdot \mathrm{d}V.$$

In der Analysis wird $\mathrm{d}V$ als Volumenelement bezeichnet, wobei die exakte Form von $\mathrm{d}V$ stark von der Wahl des Koordinatensystems abhängt (→ Abschnitt 1.4).

Bemerkungen:

1. Durch die Zerlegung des starren Körpers in ein System aus infinitesimalen Massenpunkten $\mathrm{d}m(\vec{r}) = \rho(\vec{r}) \cdot \mathrm{d}V$ ist es teilweise möglich, die Ergebnisse der Massenpunkt-Mechanik auf starre, ausgedehnte Körper zu übertragen. Dies wird auf den folgenden Seiten demonstriert.
2. Normalerweise werden wir Prozesse betrachten, die im dreidimensionalen Raum stattfinden. Manchmal ist es jedoch notwendig, in Räume geringerer Dimension überzugehen. In diesen Situationen kann man Dichten auch bezüglich Flächenelementen $\mathrm{d}A$ oder Linienelementen $\mathrm{d}s$ definieren, d.h.:

Liegt eine Massenverteilung in Form einer Fläche bzw. einer Linie vor, so kann man analog die Flächendichte durch $\rho_A(\vec{r}) = \frac{dm(\vec{r})}{dA}$ bzw. die Liniendichte durch $\rho_S(\vec{r}) = \frac{dm(\vec{r})}{ds}$ definieren. Hierbei ist $\vec{r}$ ein Ortsvektor, der in die Fläche bzw. Linie zeigt, und dA bzw. ds sind die infinitesimalen Flächen- bzw. Linienelemente.

Einheit: 1 kg m^{-2} bzw. 1 kg m^{-1}

Beispiel: Betrachten wir eine homogene Hohlkugel mit dem Radius R und der Masse m. Da sich die Masse lediglich auf der Kugeloberfläche befindet, ist es unsinnig, die Massendichte bezüglich des Kugelvolumens zu definieren. Für die Flächendichte folgt somit $\rho_0 = \frac{m}{A} = \frac{m}{4\pi \cdot R^2}$, wobei ausgenutzt wurde, dass die Masse m homogen auf der Kugeloberfläche A verteilt wurde.

Diese Definitionen weisen den Vorteil auf, dass man sich ein beliebiges Flächenelement dA aus der Oberfläche herausnehmen kann und sofort weiß, dass dieses Flächenelement die Masse $dm = \rho_0 \cdot dA$ besitzt.

Massenschwerpunkt

In Abschnitt 1.11 wurde der Massenschwerpunkt durch

$$\vec{r}_S = \frac{1}{m} \cdot \sum_i m_i \cdot \vec{r}_i$$

definiert, wobei $\vec{r}_i$ der Ortsvektor des i-ten Massenpunktes mit der Masse m_i ist und m die Gesamtmasse aller Massenpunkte darstellt.

Mit Hilfe seiner Dichte kann der starre Körper als kontinuierliche Verteilung von infinitesimalen Massenpunkten $dm(\vec{r}) = \rho(\vec{r}) \cdot dV$ aufgefasst werden. Da hierbei infinitesimale Größen aufsummiert werden, muss wieder die Summe durch ein Integral, d.h. durch

$$\vec{r}_S = \frac{1}{m} \int_{Körper} \vec{r} \cdot dm(\vec{r}) = \frac{1}{m} \int_{Körper} \vec{r} \cdot \rho(\vec{r}) \cdot dV$$

ersetzt werden, wobei der Ortsvektor $\vec{r}$ über den gesamten Körper abintegriert wird.

Achtung: Diese Gleichung stellt wieder eine Integration eines Vektors über ein Volumen dar, d.h., sie steht stellvertretend für drei Integrationen, nämlich jeweils eine Integration für jede der drei Komponenten des Vektors.

Übung: Berechnen Sie den Schwerpunkt einer homogenen Halbkugel mit dem Radius R und der Dichte $\rho(\vec{r}) = \rho_0$.

Lösung: Da die Dichte homogen ist, kann sie vor das Integral gezogen werden, d.h.

$$r_S = \frac{1}{m} \int_{Körper} \vec{r} \cdot \rho(\vec{r}) \cdot dV = \frac{\rho_0}{m} \int_{Körper} \vec{r} \cdot dV.$$

Aufgrund der Symmetrie wählen wir wieder Kugelkoordinaten, d.h. $\vec{r} = r \cdot (\sin\theta \cdot \cos\varphi,\ \sin\theta \cdot \sin\varphi,\ \cos\theta)$, wobei wir berücksichtigen, dass bei einer Halbkugel θ nur Werte zwischen 0 und $\pi/2$ annehmen kann. Somit folgt für die x-Komponente r_x $(= r \cdot \sin\theta \cdot \cos\varphi)$ des Schwerpunktes

$$r_{S,x} = \frac{\rho_0}{m} \int_{Körper} r \cdot \sin\theta \cdot \cos\varphi \cdot dV$$

$$= \frac{\rho_0}{m} \int_{\theta=0}^{\theta=\pi/2} \int_{\varphi=0}^{\varphi=2\pi} \int_{r=0}^{r=R} r^3 \cdot \sin^2\theta \cdot \cos\varphi \cdot dr \cdot d\varphi \cdot d\theta.$$

Integration über φ liefert $\int_{\varphi=0}^{\varphi=2\pi} \cos\varphi \cdot d\varphi = \sin\varphi\Big|_{\varphi=0}^{\varphi=2\pi} = 0$, und daraus folgt $r_{S,x} = 0$. Eine analoge Rechnung kann für die y-Komponente durchgeführt werden, wobei die Integration über φ diesmal den Ausdruck $\int_{\varphi=0}^{\varphi=2\pi} \sin\varphi \cdot d\varphi = -\cos\varphi\Big|_{\varphi=0}^{\varphi=2\pi} = 0$ liefert. Somit verschwindet auch $r_{S,y}$.

Die z-Komponente enthält jedoch keine Winkelfunktion bezüglich φ und verschwindet dadurch nicht:

$$r_{S,z} = \frac{\rho_0}{m} \cdot \int_{\theta=0}^{\theta=\pi/2} \int_{\varphi=0}^{\varphi=2\pi} \int_{r=0}^{r=R} r^3 \cdot \sin\theta \cdot \cos\theta \cdot dr \cdot d\varphi \cdot d\theta$$

$$= \frac{\rho_0}{m} \cdot 2\pi \cdot \frac{R^4}{4} \cdot \int_{\theta=0}^{\theta=\pi/2} \sin\theta \cdot \cos\theta \cdot d\theta.$$

Das verbleibende Integral kann mittels einer Formelsammlung gelöst werden:

$\int_{\theta=0}^{\theta=\pi/2} \sin\theta \cdot \cos\theta \cdot d\theta = \frac{1}{2} \sin^2\theta \Big|_{\varphi=0}^{\varphi=2\pi/2} = \frac{1}{2}$. Somit folgt für die z-Komponente

$$r_{S,z} = \frac{\rho_0}{m} \cdot 2\pi \cdot \frac{R^4}{4} \cdot \frac{1}{2} = \frac{3 \cdot \rho_0 \cdot \pi}{2 \cdot \rho_0 \cdot \pi \cdot R^3} \cdot \frac{R^4}{4} = \frac{3}{8} \cdot R.$$

Raumfeste Drehachse: Trägheitsmoment

In Abschnitt 1.8 wurde das Trägheitsmoment eines Massenpunktes (Masse m, Bewegung auf einer Kreisbahn mit dem Radius R) durch $I = m \cdot R^2$ definiert. Für eine Verallgemeinerung auf den starren Körper betrachten wir eine Rotation um eine beliebig gewählte raumfeste Drehachse. Raumfest bedeutet in diesem Zusammenhang, dass sie a) in einem Bezugssystem des Körpers ruht und b) im umgebenden Raum ihre Richtung nicht ändert. Rollt beispielsweise ein Zylinder eine schiefe

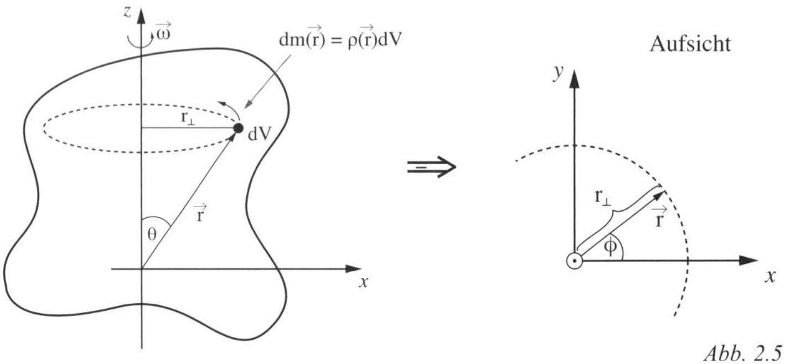

Abb. 2.5

Ebene herab, so ist die Drehachse durch die Verbindungslinie von Zylinder und Ebene gegeben. Diese Drehachse erfüllt beide Bedingungen und kann daher als raumfest angesehen werden. Dagegen ist die Rotation der Erde um ihre Achse ein Beispiel für eine Drehbewegung, die nicht um eine raumfeste Achse erfolgt, da die Drehachse der Erde während ihrer Bewegung um die Sonne ebenfalls eine Drehbewegung durchführt, die als Präzession bekannt ist.

Durch die Beschränkung auf eine raumfeste Drehachse wird die Beschreibung des starren Körpers drastisch vereinfacht. Wenn Richtung und Position der Drehachse bekannt sind, so ist die Rotation eindeutig bestimmt, wenn man den Drehwinkel $\varphi(t)$ des starren Körpers kennt. Die Rotationsbewegung wird dadurch quasi eindimensional, da sämtliche Richtungsinformationen durch die Drehachse gespeichert werden.

O.B.d.A. können wir unser Koordinatensystem derart ausrichten, dass die z-Achse mit der Rotationsachse des Körpers übereinstimmt, vgl. Abb. 2.5. Bei der Rotation führen die Massenelemente dann Kreisbewegungen aus, wobei der Radius der Kreisbahnen durch den Abstand zur z-Achse gegeben ist. Somit muss für eine Verallgemeinerung des Trägheitsmomentes m durch $\mathrm{d}m(\vec{r}) = \rho(\vec{r}) \cdot \mathrm{d}V$ ersetzt werden und R durch den Abstand $r_\perp$ zur z-Achse.

Trägheitsmoment eines starren Körpers

Rotiert ein starrer Körper mit der Dichte $\rho(\vec{r})$ um eine beliebige, aber raumfeste Drehachse, so ist das Trägheitsmoment des Körpers bezüglich dieser Drehachse durch $I = \int\limits_{Körper} r_\perp^2 \cdot \mathrm{d}m(\vec{r}) = \int\limits_{Körper} r_\perp^2 \cdot \rho(\vec{r}) \cdot \mathrm{d}V$ definiert, wobei $r_\perp$ den Abstand des Ortsvektors $\vec{r}$ zur Drehachse darstellt, vgl. Abb. 2.5. Einheit: 1 kg m²

Bemerkungen:

1. Die Größe des Trägheitsmomentes hängt von der konkreten Massenverteilung, aber auch von der Wahl der Rotationsachse ab. Wie sich das Trägheitsmoment bei Parallelverschiebung der Rotationsachse verändert, ist Gegenstand des Steiner'schen Satzes.
2. Ferner gehen in das Trägheitsmoment die Abstände der Massenpunkte quadratisch ein. Somit können sich (im Gegensatz zum Schwerpunkt) gegenüberliegende Massenpunkte nicht gegenseitig kompensieren, wodurch das Trägheitsmoment immer größer Null ist.
3. Die Massendichte geht linear in das Trägheitsmoment ein. Daraus folgt, dass sich die Trägheitsmomente zweier Körper bei Rotation um die gleiche raumfeste Drehachse addieren, d.h. $I_{ges} = I_1 + I_2$. Man sagt auch, dass das Trägheitsmoment eine extensive Größe ist.

Häufig verwendete Trägheitsmomente können der folgenden Auflistung entnommen werden (homogene Massenverteilung):

Massenpunkt (Masse m) mit Kreisbewegung (Radius R): $I = m \cdot R^2$

Vollzylinder (Masse m, Radius R) bei Rotation um die Symmetrieachse: $I = \frac{1}{2} m \cdot R^2$

Hohlzylinder (Masse m, Radius R) bei Rotation um die Symmetrieachse: $I = m \cdot R^2$

Vollkugel (Masse m, Radius R) mit Drehachse durch den Schwerpunkt: $I = \frac{2}{5} m \cdot R^2$

Hohlkugel (Masse m, Radius R) mit Drehachse durch den Schwerpunkt: $I = \frac{2}{3} m \cdot R^2$

Übung: Berechnen Sie das Trägheitsmoment einer homogenen Vollkugel (Masse m, Radius R) bei Rotation um den Mittelpunkt der Kugel.

Lösung: Entsprechend der Symmetrie wählen wir Kugelkoordinaten, wobei wir o.B.d.A. die Rotationsachse mit der z-Achse identifizieren. Da $r_\perp$ den Abstand des Ortsvektors von der z-Achse darstellt, gilt in dieser Parametrisierung $r_\perp = r \cdot \sin\theta$ (vgl. die analoge Situation in Abb. 2.5).

Somit folgt für das Trägheitsmoment

$$I = \int_{Körper} r_\perp^2 \cdot \rho(\vec{r}) \cdot \mathrm{d}V = \rho_0 \cdot \int_{\theta=0}^{\theta=\pi} \int_{\varphi=0}^{\varphi=2\pi} \int_{r=0}^{r=R} r_\perp^2 \cdot r^2 \cdot \sin\theta \cdot \mathrm{d}r \cdot \mathrm{d}\varphi \cdot \mathrm{d}\theta$$

$$= \rho_0 \cdot \int_{\theta=0}^{\theta=\pi} \int_{\varphi=0}^{\varphi=2\pi} \int_{r=0}^{r=R} r^4 \cdot \sin^3\theta \cdot \mathrm{d}r \cdot \mathrm{d}\varphi \cdot \mathrm{d}\theta.$$

Die Integrationen über r und φ sind wieder elementar und können sofort ausgeführt werden, d.h.

$$I = 2\pi \cdot \rho_0 \cdot \frac{R^5}{5} \cdot \int_{\theta=0}^{\theta=\pi} \sin^3\theta \cdot \mathrm{d}\theta.$$

Das letzte Integral kann wieder geeigneten Tafelwerken entnommen werden und liefert $\int \sin^3\theta \cdot \mathrm{d}\theta = (\sin^2\theta - 2)/\,3 \cdot \cos\theta$, woraus

$$I = 2\pi \cdot \rho_0 \cdot \frac{R^5}{5} \cdot \left[\frac{2}{3} + \frac{2}{3}\right] = 2\pi \cdot \rho_0 \cdot \frac{R^5}{5} \cdot \frac{4}{3} \text{ folgt.}$$

Nach Substitution des Volumens durch die Masse folgt die Behauptung

$$I = 2\pi \cdot \rho_0 \cdot \frac{R^5}{5} \cdot \frac{4}{3} \cdot \frac{m}{m} = 2\pi \cdot \rho_0 \cdot \frac{R^5}{5} \cdot \frac{4}{3} \cdot \frac{3 \cdot m}{4 \cdot \pi \cdot \rho_0 \cdot R^3} = \frac{2}{5} \cdot m \cdot R^2.$$

Übung: Berechnen Sie das Trägheitsmoment einer homogenen Hohlkugel (Masse m, Radius R) bei Rotation um den Mittelpunkt der Kugel.

Lösung: Hier muss beachtet werden, dass die Integration über die Kugeloberfläche (also nur über die Parameter φ und θ) erfolgt. Die Definition des Trägheitsmomentes lautet daher

$$I = \int_{Körper} r_\perp^2 \cdot \rho(\vec{r}) \cdot \mathrm{d}A = \rho_0 \cdot \int_{\theta=0}^{\theta=\pi} \int_{\varphi=0}^{\varphi=2\pi} r_\perp^2 \cdot R^2 \cdot \sin\theta \cdot \mathrm{d}\varphi \cdot \mathrm{d}\theta.$$

Wie bei der Vollkugel gilt aber $r_\perp = R \cdot \sin\theta$, so dass

$$I = \rho_0 \cdot R^4 \cdot \int_{\theta=0}^{\theta=\pi} \int_{\varphi=0}^{\varphi=2\pi} \sin^3\theta \cdot \mathrm{d}\varphi \cdot \mathrm{d}\theta = 2\pi \cdot \rho_0 \cdot R^4 \cdot \int_{\theta=0}^{\theta=\pi} \sin^3\theta \cdot \mathrm{d}\theta \text{ folgt.}$$

Das letzte Integral liefert wieder 4/3 und im letzten Schritt muss lediglich berücksichtigt werden, dass sich die Masse m ausschließlich auf der Kugeloberfläche $A = 4\pi \cdot R^2$ befindet, d.h.

$$I = 2\pi \cdot \rho_0 \cdot R^4 \cdot \frac{4}{3} \cdot \frac{m}{m} = 2\pi \cdot \rho_0 \cdot R^4 \cdot \frac{4}{3} \cdot \frac{m}{4\pi \cdot \rho_0 \cdot R^2} = \frac{2}{3} \cdot m \cdot R^2.$$

Raumfeste Drehachse: Steiner'scher Satz

Bei seiner Definition wurde darauf hingewiesen, dass das Trägheitsmoment stark von der Rotationsachse des starren Körpers abhängt. Der Steiner'sche Satz macht eine Aussage darüber, wie sich das Trägheitsmoment verändert, wenn die Rotationsachse parallel verschoben wird.

Betrachten wir dazu die Rotation eines starren Körpers, bei der die Rotationsachse parallel um einen beliebigen konstanten Vektor $\vec{r}_a$ vom Schwerpunkt aus parallel verschoben wurde, wobei $\vec{r}_a$ senkrecht zur Drehachse stehe (vgl. Abb. 2.6). Dann folgt für das Trägheitsmoment

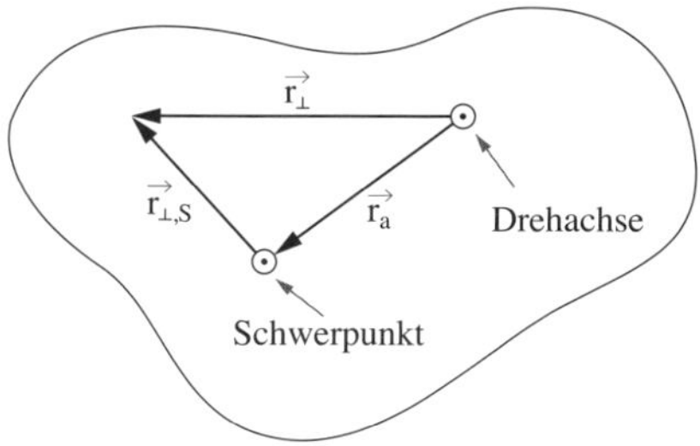

Abb. 2.6

$$I = \int_{Körper} r_\perp^2 \cdot dm(\vec{r}) = \int_{Körper} (\vec{r}_{\perp,S} + \vec{r}_a)^2 \cdot dm(\vec{r})$$

$$= \int_{Körper} r_{\perp,S}^2 \cdot dm(\vec{r}) + \int_{Körper} r_a^2 \cdot dm(\vec{r}) + \int_{Körper} 2 \cdot \vec{r}_{\perp,S} \cdot \vec{r}_a \cdot dm(\vec{r}) = I_S + r_a^2 \cdot m$$

(wobei verwendet wurde, dass aus $\vec{r}_{\perp,S} = -\vec{e}_\omega \times (\vec{e}_\omega \times \vec{r})$ und der Definition des Schwerpunktes automatisch $2 \cdot \vec{r}_a \cdot \int_{Körper} \vec{r}_{\perp,S} \cdot dm(\vec{r}) = 0$ folgt). Somit kann das Trägheitsmoment leicht berechnet werden, wenn man das Trägheitsmoment I_S des Körpers bei Rotationen um den Schwerpunkt und den Abstand r_a der Drehachse zum Schwerpunkt kennt.

> **Steiner'scher Satz**
>
> Sei I_S das Trägheitsmoment eines starren Körpers (Masse m) bezüglich einer Rotation, deren Drehachse durch den Schwerpunkt des Körpers verläuft. Wird diese Drehachse parallel um die Strecke r_a verschoben, so besitzt der Körper bezüglich der neuen Drehachse das Trägheitsmoment $I_A = I_S + r_a^2 \cdot m$.

Raumfeste Drehachse: Drehimpuls und Rotationsenergie

Durch die Wahl einer raumfesten Drehachse stellt man sicher, dass sich alle Massenelemente mit der gleichen Winkelgeschwindigkeit $\omega(t)$ um die Drehachse bewegen. Zur Vereinfachung der Notation fassen wir wieder $\vec{\omega}(t)$ als den Vektor auf, dessen Richtung durch die Richtung der Drehachse und dessen Betrag durch die Winkelgeschwindigkeit $\omega(t)$ gegeben ist. Damit wurde in Abschnitt 1.8 gezeigt, dass der Drehimpuls $\vec{L}(t)$ eines Massenpunktes durch $\vec{L}(t) = I \cdot \vec{\omega}(t)$ gegeben ist, wobei I das Trägheitsmoment des Massenpunktes bei dieser Rotation ist.

Da das Trägheitsmoment jedoch eine extensive Größe ist, muss die gleiche Relation auch für den starren Körper gelten, d.h.:

Drehimpuls und Rotationsenergie

Ein starrer Körper rotiere mit der Winkelgeschwindigkeit $\vec{\omega}(t)$ um eine raumfeste Drehachse. Wenn I das Trägheitsmoment des Körpers bezüglich dieser Drehachse ist, so ist der Drehimpuls des starren Körpers durch $\vec{L}_S(t) = I \cdot \vec{\omega}(t)$ und dessen Rotationsenergie durch $E_{rot}(t) = \frac{I}{2} \cdot \omega^2(t)$ gegeben.

Raumfeste Drehachse: Bewegungsgleichung des starren Körpers

Betrachten wir wieder einen starren Körper, welcher derart gelagert wurde, dass er höchstens um eine raumfeste Achse rotieren kann (vgl. Abb. 2.7). Durch die Beschränkung auf eine raumfeste Drehachse wird die Beschreibung der Rotation drastisch vereinfacht, da nun Drehimpuls $\vec{L}$ und Drehachse $\vec{\omega}$ des Körpers parallel zueinander und durch die Relation $\vec{L} = I \cdot \vec{\omega}$ verknüpft sind.

Greift eine äußere Kraft an einem beliebigen Punkt des starren Körpers an, so wird sie im Allgemeinen ein Drehmoment erzeugen, das eine Winkelbeschleunigung $\vec{\alpha}$

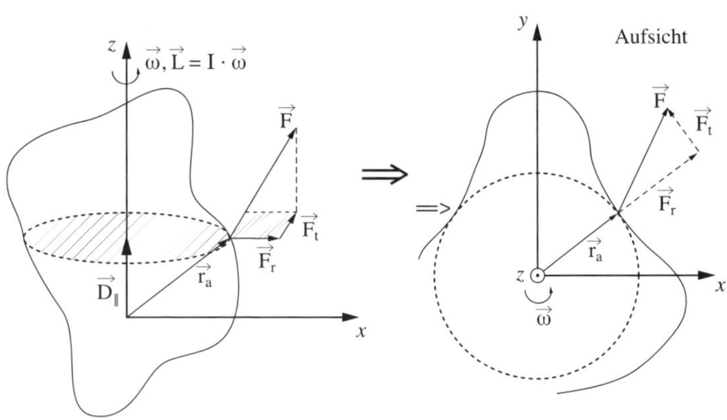

Abb. 2.7

des starren Körpers verursacht und somit dessen Drehimpuls verändert. Wenn $\vec{r}_a$ der Abstand zwischen Drehachse und Angriffspunkt der äußeren Kraft ist, so ist dieses Drehmoment durch $\vec{D} = \vec{r}_a \times \vec{F}$ gegeben.
Da die Drehbewegung jedoch um eine raumfeste Achse erfolgt, wirkt sich nur der Anteil $\vec{D}_{||} = \vec{r}_a \times \vec{F}_t$ des Drehmomentes $\vec{D}$ aus, welcher parallel zur Drehachse ist: Der restliche Anteil von $\vec{D}$ erzeugt eine Drehbewegung, welche die Richtung der Drehachse verändern würde, was durch die Lagerung der Drehachse aufgefangen und kompensiert wird.
Die zeitliche Änderung des Drehimpulses ist aber gerade durch das (äußere) Drehmoment $\vec{D}_{||}$ gegeben (→Abschnitt 1.8), und somit folgt als zweite Bewegungsgleichung unmittelbar $\frac{\mathrm{d}}{\mathrm{d}t}\vec{L} = \mathrm{I} \cdot \frac{\mathrm{d}}{\mathrm{d}t}\vec{\omega} \equiv \vec{D}_{||}$.
Wir können daher zusammenfassen:

Bewegungsgleichung des starren Körpers
Ein starrer Körper sei so gelagert, dass er sich höchstens um eine raumfeste Drehachse drehen kann. Greift dann eine äußere Kraft $\vec{F}$ an einem Punkt eines starren Körpers an, welcher sich im Abstand $\vec{r}_a$ zur Drehachse befindet, so erfüllt der starre Körper die Bewegungsgleichungen

$$\frac{\mathrm{d}}{\mathrm{d}t}\vec{L} = I \cdot \frac{\mathrm{d}}{\mathrm{d}t}\vec{\omega} \equiv \vec{D}_{||} \qquad \text{(Rotation um den Schwerpunkt),}$$

wobei $\vec{D}_{||}$ der Anteil des Drehmomentes $\vec{D} = \vec{r}_a \times \vec{F}$ ist, der parallel zur Drehachse ist ($\vec{D}_{||} = \vec{r}_a \times \vec{F}_t$ in Abb. 2.7).

Beispiele
Physikalisches Pendel: Betrachten wir das physikalische Pendel aus Abb. 2.8, bei dem ein starrer Körper (Masse m) in einem Punkt aufgehängt wird, der nicht seinem Schwerpunkt entspricht, und anschließend um den Winkel φ_0 aus der Ruhelage ausgelenkt wird.
Sei I_S das Trägheitsmoment des Körpers bei Rotation um den Schwerpunkt, so folgt für das Trägheitsmoment bezüglich der eingezeichneten Drehachse $I = I_S + m \cdot d^2$ (Steiner'scher Satz). Ferner greift im Schwerpunkt die Gewichtskraft an, die bei einer Auslenkung um den Win-

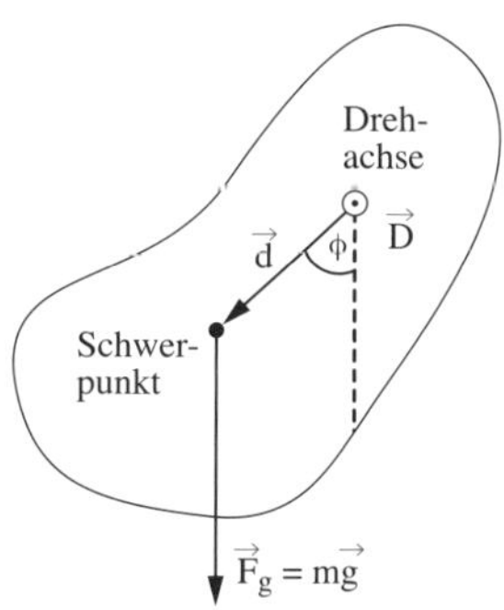

Abb. 2.8

kel φ das Drehmoment $D = \vec{d} \times \vec{F}_g = -d \cdot m \cdot g \cdot \sin\varphi(t) \cdot \vec{e}_\omega$ erzeugt. Somit lautet die Bewegungsgleichung für die Rotation

$$I \cdot \frac{\mathrm{d}}{\mathrm{d}t}\vec{\omega} = \vec{D} \rightarrow I \cdot \varphi(t) \cdot \vec{e}_\omega. = -d \cdot m \cdot g \cdot \sin\varphi(t) \cdot \vec{e}_\omega.$$

Wenden wir wieder die Kleinwinkelnäherung $\sin\varphi(t) \approx \varphi(t)$ an, so lässt sich die Bewegungsgleichung auf die Form des Harmonischen Oszillators bringen:

$$\frac{\mathrm{d}^2}{\mathrm{d}t^2}\varphi(t) + \frac{d \cdot m \cdot g}{I_S + m \cdot d^2} \cdot \varphi(t) = 0.$$

Daraus folgt mit den Anfangsbedingungen sofort (→ Abschnitt 1.10) die Lösung $\varphi(t) = \varphi_0 \cdot \sin(\omega \cdot t)$ mit $\omega^2 = \frac{d \cdot m \cdot g}{I_S + m \cdot d^2}$. Im Grenzfall des Massenpunktes (mathematisches Pendel, $I_S = 0$) geht dies in die bereits aus Abschnitt 1.10 bekannte Lösung $\omega^2 = g/d$ über.

Die Bewegung eines einzelnen Massenpunktes ist als Grenzfall in den Bewegungsgleichungen des starren Körpers enthalten, und somit bietet dieser Formalismus eine schnelle und bequeme Möglichkeit, Schwingungsprobleme dieser Art aufzuschreiben und zu lösen.

Zylinder auf der schiefen Ebene: Ein Zylinder (Trägheitsmoment I_S, Radius R und Masse m) rolle eine schiefe Ebene herunter, die im Winkel α gegen die Horizontale geneigt ist. Bei dieser Rollbewegung dient die Kontaktlinie von Zylinder und Ebene als Drehachse, somit wirkt nach dem Steiner'schen Satz das Trägheitsmoment $I = I_S + m \cdot R^2$.
Ferner greift die Gewichtskraft $F_g = m \cdot g$ im Schwerpunkt an, welche die Normalkraft $F_n = F_g \cdot \cos\alpha$ und Hangabtriebskraft $F_t = F_g \cdot \sin\alpha$ erzeugt.

Wir betrachten nun zwei Grenzfälle:

1. Unendlich hohe Reibung: Wenn die Reibung zwischen Zylinder und Ebene groß genug ist, dass der Zylinder die schiefe Ebene herabrollt, ohne dabei zu gleiten, so greift an der Kontaktlinie eine Reibungskraft am Zylinder an. Diese Reibungskraft besitzt den gleichen Betrag wie die Hangabtriebskraft und erzeugt zwingend eine Rotation des Zylinders.

   Das Drehmoment kann dann zu $D_g = \left|\vec{R} \times \vec{F}_g\right| = m \cdot g \cdot R \cdot \sin\alpha$ berechnet werden, was gemäß der Bewegungsgleichung

   $$D_g = \frac{\mathrm{d}}{\mathrm{d}t}L(t) = I\frac{\mathrm{d}}{\mathrm{d}t}\omega\,(t) = I \cdot \alpha$$

zur Winkelbeschleunigung $\alpha = D_g / I = D_g / (I_S + m \cdot R^2)$ des Zylinders führt. Diese Winkelbeschleunigung kann durch $a = \alpha \cdot R$ in die Beschleunigung des Schwerpunktes des Zylinders umgerechnet werden (→ Abschnitt 1.2):

$$a = \frac{m \cdot g \cdot R^2}{I_S + m \cdot R^2} \cdot \sin\alpha.$$

Vergleichen wir einen Hohlzylinder und einen Vollzylinder, die jedoch die gleiche Masse und den gleichen Radius besitzen sollen. Dann folgt aus $I_{S,HZ} = m \cdot R^2$ und $I_{S,VZ} = m \cdot R^2/2$, dass der Schwerpunkt des Hohlzylinders mit $a_{HZ} = g \cdot \sin\alpha/2$ beschleunigt wird, während beim Vollzylinder $a_{VZ} = 2 \cdot g \cdot \sin\alpha/3 = 4/3 \cdot a_{HZ}$ beträgt. Der Vollzylinder besitzt somit eine Schwerpunkts-Beschleunigung, die um ein Drittel höher ist als die des Hohlzylinders (bei gleicher Masse und gleichem Radius). Würden beide Zylinder zur gleichen Zeit ihre Rollbewegung starten, so würde der Vollzylinder die schiefe Ebene schneller herabrollen als der Hohlzylinder, was man auf die unterschiedlichen Trägheitsmomente zurückführen kann.

2. Keine Reibung: Ohne Reibung kann das Drehmoment nicht angreifen, und somit würde der Zylinder die schiefe Ebene einfach nur herabgleiten. In diesem Fall ist die Beschleunigung durch $a = g \cdot \sin\alpha$ gegeben.
   Da bei einem ausgedehnten Körper stets $I_S > 0$ gilt, ist die gleitende Bewegung stets schneller als eine Bewegung, die eine Rotation beinhaltet. Das kann man sich klarmachen, wenn man berücksichtigt, dass beim Gleiten die potentielle Energie lediglich in kinetische Energie des Schwerpunktes umgewandelt wird, während bei einer Rollbewegung zusätzlich potentielle Energie in Rotationsenergie umgewandelt werden muss. Dies verringert die kinetische Energie des Schwerpunktes und somit auch dessen Geschwindigkeit.

2.3 Mechanik deformierbarer Körper

Im letzten Abschnitt haben wir uns mit starren Körpern beschäftigt, d.h. mit einem System von Massenpunkten, deren Abstand zueinander fixiert ist, weshalb solche Körper ihre Form nicht ändern können. Dennoch wissen wir aus Erfahrung, dass es solche Körper nicht gibt: Jeder Körper ändert seine Form, sobald die auf ihn wirkende Kraft groß genug ist.

Deshalb soll es in diesem Abschnitt um ausgedehnte Festkörper gehen, bei denen der Relativ-Abstand der Massenpunkte nicht starr ist. Man „lockert" somit die Voraussetzung konstanter Relativabstände und „erlaubt" den Massenpunkten, sich in gewissem Maße gegeneinander zu bewegen. Dadurch kann der Körper seine Form verändern und wird deformierbar.

Die Art der Wechselwirkung zwischen den Massenpunkten ist hierbei entscheidend für das Verhalten des Körpers unter Deformation: In Abschnitt 2.1 wurde gezeigt, dass sich die Bausteine von Festkörpern nur geringfügig gegeneinander bewegen können, während sie sich bei Flüssigkeiten und Gasen relativ frei umeinander anordnen. Dadurch sind lediglich Festkörper in der Lage, ihre Form zu halten, während Flüssigkeiten und Gase bereits unter der Einwirkung von geringsten Kräften deformieren können.
Ferner halten sich die Bausteine von Festkörpern bevorzugt in einem bestimmten Gleichgewichtsabstand auf, der selbstverständlich stark materialspezifisch ist. Der Relativabstand wird daher nur dann verändert, wenn eine Kraft von außen angreift. Somit ist eine Deformation des Festkörpers stets mit Arbeit gegen eine rücktreibende Kraft verbunden.
Bei kleinen Kräften zeigt sich, dass viele Festkörper ihre Form reversibel ändern, d.h., sie werden durch die Kraft deformiert und nehmen ihre ursprüngliche Form wieder an, sobald keine Kraft mehr auf die Festkörper wirkt. Dieses Verhalten nennt man elastische Deformation. Wird die Kraft jedoch immer größer, so ist der Festkörper ab einem bestimmten Punkt nicht mehr in der Lage, nach Beseitigung der Kraft seine ursprüngliche Form wieder anzunehmen. In dieser Situation ist die Deformation irreversibel: Der Körper wurde plastisch deformiert. Die dabei verrichtete Arbeit steht nur noch teilweise bzw. nicht mehr als Energie zur Verfügung.

Zugspannung und Hooke'sches Gesetz
Spannt man einen stabförmigen Körper mit der Länge L und dem Querschnitt A derart ein, dass man eine Zugkraft F_Z an seinen Querschnitt anlegen kann (vgl. Abb. 2.9), so wissen wir aus Erfahrung, dass sich der Körper um eine Länge ΔL ausdehnen wird. Quantitativ stellt man fest, dass für kleine Kräfte die Längenausdehnung ΔL linear mit der Zugkraft F_Z zunimmt:

Hooke'sches Gesetz
Für kleine Zugkräfte F_Z, die an einen Festkörper der Länge L angreifen, ist die Längenausdehnung des Festkörpers $\Delta L := L(F_Z) - L(F_Z = 0)$ linear proportional zur angreifenden Zugkraft F_Z, d.h. $\frac{F_Z}{A} = E \cdot \frac{\Delta L}{L}$. Die Proportionalitätskonstante E bezeichnet man als Elastizitätsmodul des Festkörpers
(Einheit: 1 Pascal = 1 Pa = 1 N m^{-2}).
Das Hooke'sche Gesetz wird auch häufig in der Form $\sigma_F = E \cdot \varepsilon_L$ aufgeschrieben, wobei $\sigma_F := F_Z / A$ als Zugspannung und $\varepsilon_L := \Delta L / L$ als relative Längenänderung bezeichnet wird.

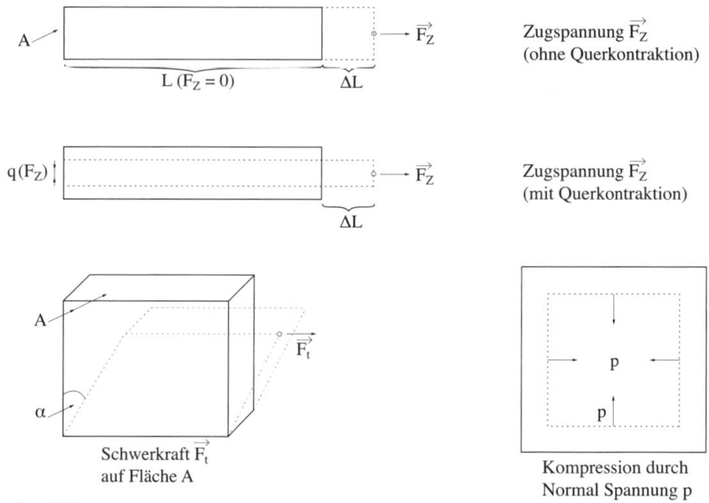

Abb. 2.9

Bemerkungen:

1. Wie „klein" in dieser Situation „kleine Kräfte" sind, hängt stark vom Festkörper ab und muss experimentell ermittelt werden. Es zeigt sich jedoch, dass alle Festkörper auf eine beginnende Zugkraft zunächst mit einer linearen Längenausdehnung reagieren, bevor bei „großen" Zugkräften nicht-lineares Verhalten bis hin zum Reißen des Körpers auftritt.
2. Der Elastizitätsmodul kann auch folgendermaßen interpretiert werden: Wenn zwei Körper gleicher Geometrie um die gleiche Strecke ausgedehnt werden sollen, so muss bei dem Körper mit höherem Elastizitätsmodul eine höhere Kraft aufgewendet werden. Bei gleicher Zugkraft würde sich dieser Körper daher in geringerem Maße ausdehnen als der andere und verhält sich somit starrer.

Querkontraktion

Betrachten wir wieder einen stabförmigen Festkörper (Abb. 2.9), wobei wir diesmal zur Vereinfachung annehmen, dass der Festkörper einen quadratischen Querschnitt mit der Kantenlänge q besitzt (d.h. $A = q^2$). Greift an der Querfläche eine Zugkraft F_Z an, so wird sich der Festkörper unter dieser Kraft ausdehnen (Hooke'sches Gesetz). Durch diesen Prozess wird also im Allgemeinen das Volumen des Körpers verändert.

Experimentell stellt man fest, dass eine Längenausdehnung ΔL durch eine Querkontraktion $\Delta q := q(F_Z) - q(F_Z = 0)$ begleitet wird. Während der Körper also um ΔL in die Länge gezogen wird, nimmt sein Querschnitt um Δq ab. Dieses Verhalten wird quantitativ durch die Poisson-Zahl erfasst:

> Dehnt sich ein Festkörper unter Einfluss einer Zugkraft F_Z um $\varepsilon_L = \Delta L / L$ aus, so zeigt er in der Regel auch eine Querkontraktion, d.h., sein Querschnitt verjüngt sich um Δq. Für diesen Festkörper ist die Poisson-Zahl μ durch das Verhältnis
>
> $\mu := \frac{\Delta q}{q} / \frac{\Delta L}{L}$ definiert.

Wenn die Zugkraft klein genug ist (so dass E und μ Konstanten bleiben), so kann man mit Hilfe dieser Definition und einiger Berechnungen die relative Volumenänderung bestimmen:

> Ist die Zugspannung $\sigma_F = F_Z / A$, die auf einen Festkörper wirkt, derart klein, dass E und μ Konstanten sind, so kann die relative Volumenänderung durch
>
> $$\frac{\Delta V}{V} = \frac{1 - 2 \cdot \mu}{E} \cdot \sigma_F$$
>
> berechnet werden.

Scherung

Für das Hooke'sche Gesetz hatten wir die Deformation betrachtet, die durch eine Kraft erzeugt wird, welche senkrecht zur Querschnittsfläche wirkt. Greift die Kraft jedoch tangential an der Querschnittsfläche an, so wird der Körper im Allgemeinen um den Winkel α verkippt, vgl. Abb. 2.9.

Analog zur Zugspannung können wir in dieser Situation die Schub- bzw. Scherspannung τ definieren:

> Greift eine Kraft F_t tangential an eine Fläche A an, so ist die Scherspannung τ auf die Fläche durch das Verhältnis $\tau := F_t / A$ definiert.
>
> Wie beim Hooke'schen Gesetz findet man experimentell, dass für hinreichend kleine Scherspannungen τ der Scherwinkel α proportional zur Scherspannung ist (vgl. Abb. 2.9), d.h., es gilt $\tau = G \cdot \alpha$, wobei die Proportionalitätskonstante G als Schermodul bezeichnet wird.

Druck, Volumenarbeit und Kompressibilität

Wir können die Zugspannung in ihrer Richtung umkehren, d.h., wir können versuchen, den Körper von allen Seiten durch eine Normalspannung $p = -\sigma_n$ zu komprimieren.
Greift diese Normalspannung an einer Fläche A an, so äußert sie sich durch die Normalkraft $|F_n| = \sigma_n \cdot A$, vgl. Abb. 2.9. Ferner bezeichnet man p als den Druck, der auf die Fläche A wirkt.

Einheit: 1 Pascal = 1 Pa = 1 N m^{-2}

Druck verschiedener Natur ist uns aus dem Alltag wohlbekannt. So kennen wir z.B. den Luftdruck, welcher durch das Gewicht der Atmosphäre erzeugt wird (vgl. Abschnitt 2.5). Des Weiteren wissen wir aus Erfahrung, dass ein starker Druck auf Körper wirken kann, die in Flüssigkeiten eingetaucht werden. Dieser Druck wird hydrostatischer Schweredruck genannt und in Abschnitt 2.4 beschrieben. Bei der Thermodynamik werden wir sehen, dass der Druck eines Gases eine von drei Größen ist, die den Zustand eines Gases eindeutig beschreiben (→ Abschnitt 3.2).
Physikalisch kann der Druck als Kraft pro Einheitsfläche aufgefasst werden. Somit muss Arbeit verrichtet werden, wenn die Einheitsfläche gegen den Druck verschoben wird. Betrachten wir dazu den Quader aus Abb. 2.10, der so eingespannt ist, dass auf die Querschnittsflächen der Druck p wirkt. Wenn wir versuchen, den Zylinder weiter um das infinitesimale Streckenelement ds zu verkürzen, so wird aufgrund des bereits bestehenden Druckes mit der Normalkraft F_n Arbeit verrichtet werden: $dW_V = F_n \cdot ds = p \cdot A \cdot ds$. Dabei wird das Volumen des Zylinders um $dV = -A \cdot ds$ verringert, und somit folgt für die infinitesimale Volumenarbeit: $dW_V = -p \cdot dV$.

Volumenarbeit
Ein Körper stehe unter dem Druck p. Verändert man dann sein Volumen um dV, so muss hierfür die Volumenarbeit $dW_V = -p \cdot dV$ verrichtet werden.

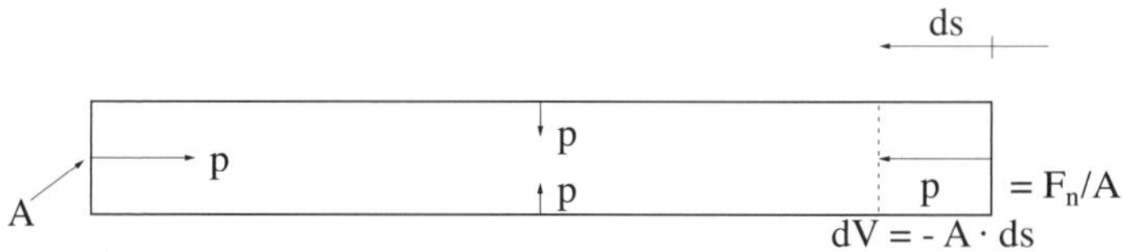

Abb. 2.10

Bemerkungen:

1. Wie viel Arbeit insgesamt für den Prozess verrichtet werden muss, kann erst berechnet werden, wenn bekannt ist, wie sich der Druck in Abhängigkeit von den anderen Variablen verändert (→ Abschnitt 3.1).
2. Erfolgt die Volumenänderung reversibel, d.h., ist der Körper in der Lage, sein ursprüngliches Volumen von selbst wieder anzunehmen, so steht diese Volumenarbeit dem Körper als Energie $\mathrm{d}E_\mathrm{V} = p \cdot \mathrm{d}V$ zur Verfügung.

Abschließend definieren wir zwei Größen, denen man entnehmen kann, wie sich das Volumen eines Körpers unter einem äußeren Druck verändert.

Kompressibilität, Kompressionsmodul

Ein Körper stehe unter dem Druck p. Das Volumen V eines Körpers wird dann im Allgemeinen eine Funktion von p sein, d.h. $V = V(p)$. Dann ist die Kompressibilität κ des Körpers durch

$$\kappa(p) := -\frac{1}{V(p)} \cdot \frac{\mathrm{d}}{\mathrm{d}p} V(p) \qquad \text{Einheit: } 1\ \mathrm{Pa}^{-1}$$

definiert. Des Weiteren ist das Kompressionsmodul $K(p)$ als inverse Kompressibilität, d.h. durch $K(p) := 1/\kappa(p)$, definiert.

Die Kompressibilität von volumenstabilen bzw. inkompressiblen Körpern (d.h. Körper, deren Volumen nicht durch einen Druck verändert werden) ist Null. Sie besitzen somit ein unendlich hohes Kompressionsmodul.

Bemerkungen:

1. Durch das negative Vorzeichen bei der Definition sind Kompressibilität und Kompressionsmodul positive Größen (da aus $\mathrm{d}p > 0$ im Allgemeinen $\mathrm{d}V < 0$ folgt).
2. Die meisten Festkörper und Flüssigkeiten besitzen derart hohe Kompressionsmoduln, dass sie praktisch als inkompressibel erscheinen. So wurde z.B. das endliche Kompressionsmodul von Flüssigkeiten bis Mitte des 18. Jahrhunderts bezweifelt, da erst im Jahr 1762 durch John Canton (1718 – 1772) zweifelsfrei nachgewiesen werden konnte, dass Wasser ein endliches Kompressionsmodul besitzt.

Zusammenhang zwischen den unterschiedlichen Moduln

Berechnungen der theoretischen Physik haben gezeigt, dass die unterschiedlichen Moduln eines isotropen Festkörpers nicht unabhängig voneinander sind. Das überrascht nicht, schließlich wurde in Abschnitt 2.1 gezeigt, dass die hierbei auftretenden Kräfte in erster Linie durch die Wechselwirkung der Bausteine erzeugt werden, aus denen sich der Festkörper zusammensetzt.

> Wenn die auf einen Festkörper wirkenden Spannungen derart klein sind, dass sie nur elastische Deformationen bewirken, dann erfüllen die Moduln eines isotropen Festkörpers die Relation
> $E = 2 \cdot G \cdot (1 + \mu) = K \cdot (3 - 6 \cdot \mu)$.

Anwendung: Biegung eines Balkens

Als Anwendung betrachten wir einen Balken mit rechteckigem Querschnitt $A = q \cdot b$, der aufgrund einer äußeren Kraft gebogen wird, vgl. Abb. 2.11. Dieser Balken sei an einem Ende fest eingespannt und werde am anderen Ende (und damit im Abstand L) durch die Kraft F belastet. Wir legen das Koordinatensystem so, dass die Kraft positiv entlang der y-Achse wirkt und der Balken in Ruhe entlang der x-Achse ausgerichtet ist. Die Kraft sei klein, so dass der Balken nur gering ausgelenkt wird.

Aufgrund der Kraft wird sich der Balken innerhalb der x-y-Ebene biegen. Um die Biegung beschreiben zu können, nehmen wir an einer beliebigen Stelle x ein kleines Stück des Balkens heraus und nähern die Biegung durch einen Kreisbogen an, vgl. Abb. 2.11. Dieser Abbildung kann man entnehmen, dass sich bei der Biegung die Länge der mittleren Faser des Balkens nicht verändert, während der Balken oberhalb dieser Faser gestreckt und unterhalb dieser Faser gestaucht wird. Daher treten ober- und

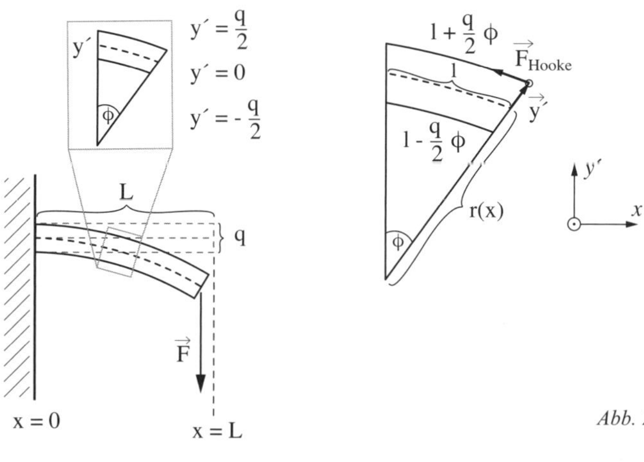

Abb. 2.11

unterhalb der mittleren Faser Spannungen im Balken auf; lediglich die mittlere Faser ist spannungsfrei. Sie wird aus diesem Grund auch **neutrale Faser** genannt. Wenn nun l die Länge des Bogenstücks bei $y' = 0$ ist (vgl. Abb. 2.11), so gilt bei einem Krümmungsradius $r(x)$ des Balkens $l = r(x) \cdot \varphi$. Betrachtet man die obere Kante des Balkens (die sich bei $y' = +q/2$ befindet), so ist dort die Länge dieses Kreisbogens durch $l(y = q/2) = (r(x) + q/2) \cdot \varphi$ gegeben. Durch die Biegung wurde die Bogenlänge der oberen Kante um $\frac{q}{2} \cdot \varphi = \frac{q}{2} \cdot \frac{l}{r(x)}$ verlängert. Dagegen wurde die untere Kante (bei $y' = -q/2$) um den gleichen Betrag verkürzt, d.h. um $-\frac{q}{2} \cdot \frac{l}{r(x)}$, d.h., allgemein gilt für die Längenänderung $\Delta l(y)$ aufgrund der Biegung $\Delta l(y')/l = y'/r(x)$. Diese Längenänderung erzeugt im Querschnitt des Balkens (gemäß des Hooke'schen Gesetzes) die Spannung $\sigma(x,y') = E \cdot \Delta l(y')/l = E \cdot y'/r(x)$ und somit die Kraft $\mathrm{d}F(x, y') = \sigma \cdot \mathrm{d}A = \sigma \cdot b \cdot \mathrm{d}y' = \frac{E \cdot b}{r(x)} \cdot y \cdot \mathrm{d}y'$. Diese Kraft bewirkt an der Stelle x entlang der z-Achse das Drehmoment

$$\mathrm{d}D_Z(x, y') = -\,\mathrm{d}F(x, y') \cdot y' = -\frac{E \cdot b}{r(x)} \cdot y'^2 \cdot \mathrm{d}y',$$

welches gegen eine Biegung des Balkens wirkt. Integriert man über den Balkenquerschnitt von der Unter- bis zur Oberkante (d.h. von $y' = -q/2$ bis $y' = +q/2$), so folgt, dass an der Stelle x das Drehmoment

$$D_Z(x) = \int \mathrm{d}D_Z(x, y') = -\int_{y'=-q/2}^{y'=+q/2} \frac{E \cdot b}{r(x)} \cdot y'^2 \cdot \mathrm{d}y' = -\frac{E \cdot b \cdot q^3}{12 \cdot r(x)}$$

auf den Balken wirkt. Damit der Körper in Ruhe ist, muss dieses Drehmoment aber betragsmäßig dem Drehmoment entsprechen, das die äußere Kraft am Balken hervorruft. Dieses Drehmoment ist nach Definition durch $D_{z,\,\text{außen}}(x) = F \cdot (L - x)$ gegeben, und somit kann nach Gleichsetzen beider Seiten und Umstellen der Krümmungsradius $r(x)$ ermittelt werden, der die Biegung des Balkens beschreibt:

$$D_Z(x) + D_{z,\,\text{außen}}(x) = 0 \rightarrow \frac{E \cdot b \cdot q^3}{12 \cdot r(x)} = F \cdot (L - x) \rightarrow r(x) = \frac{E \cdot b \cdot q^3}{12 \cdot F \cdot (L - x)}.$$

In der Differentialgeometrie wird gezeigt, dass für kleine Auslenkungen (kleine Biegungen) der Zusammenhang $\frac{\mathrm{d}^2}{\mathrm{d}x^2}\, y(x) = \frac{1}{r(x)}$ gilt, woraus mittels Integration die Auslenkung des Balkens zu

$y(x) = \frac{r_0}{2} L \cdot x^2 - \frac{r_0}{6} x^3$ mit $r_0 = \frac{12 \cdot F}{E \cdot b \cdot q^3}$ bestimmt werden kann. Durch die Wirkung der Kraft biegt sich das Ende des Balkens um

$y(L) = \frac{4 \cdot L^3}{E \cdot b \cdot q^3} \cdot F$ und erfüllt somit eine Art Hooke'sches Gesetz

$F(y) = k \cdot y$ mit der Federkonstanten $k = \frac{E \cdot b \cdot q^3}{4 \cdot L^3}$.

2.4 Ruhende Flüssigkeiten

In diesem und dem nächsten Abschnitt werden wir uns mit Flüssigkeiten beschäftigen. Wie Festkörper zeichnen sie sich dadurch aus, dass sich ihre Bausteine bevorzugt in einem bestimmten Gleichgewichtsabstand zueinander befinden. Im Gegensatz zu Festkörpern sind die Bausteine von Flüssigkeiten jedoch relativ frei beweglich: Sofern sie sich weiterhin im Gleichgewichtsabstand zueinander befinden, können sie sich nahezu beliebig um andere Bausteine herum anordnen. Eine feste Nachbarbeziehung existiert somit in Flüssigkeiten nicht, wodurch sie in der Lage sind, ihre Form beliebig zu verändern (sofern das Gesamtvolumen konstant bleibt). Physikalisch drückt man dies durch die Eigenschaft aus, dass Flüssigkeiten **volumenstabil**, aber **nicht formstabil** sind.

Flüssigkeiten deformieren bereits unter kleinen (einseitig angreifenden) Kräften. Können Oberflächen- und Reibungseffekte vernachlässigt werden (ideale Flüssigkeit), so sind Elastizitäts- und Schermodul Null: $E = G = 0$.
Andererseits sind Flüssigkeiten volumenstabil, d.h., das Kompressionsmodul K von Flüssigkeiten kann die gleiche Größenordnung annehmen wie die von Festkörpern.

Aufgrund dieser Eigenschaften kann an die Oberfläche von Flüssigkeiten keine Tangentialkraft angreifen: Da das Schermodul verschwindend gering ist, würde die Existenz einer tangential angreifenden Kraft die Flüssigkeit so lange verschieben, bis diese Kraft verschwindet. Eine Flüssigkeit in einem Kraftfeld wird sich also so lange umordnen, bis ihre Oberfläche senkrecht zum Kraftfeld steht.
Dies kann man auch wie folgt verstehen: Da das Schermodul verschwindet, benötigt man keine Kraft, um die Oberfläche einer Flüssigkeit zu scheren. Somit muss bei diesem Vorgang keine Arbeit verrichtet werden, und die potentielle Energie der Flüssigkeit bleibt konstant. Die Flüssigkeitsoberfläche kann daher als Äquipotentialfläche aufgefasst werden, auf der äußere Kräfte stets senkrecht stehen (→ Abschnitt 1.7). Dies erklärt, warum Flüssigkeiten im Schwerefeld der Erde eine (zum Schwerefeld senkrecht stehende) Oberfläche ausbilden.
Wir werden in diesem Kapitel ausschließlich ruhende Flüssigkeiten betrachten und in Abschnitt 2.6 die Effekte untersuchen, die entstehen, wenn Flüssigkeiten strömen. Ferner werden wir im Folgenden die Flüssigkeiten als inkompressibel annähern, was aufgrund des hohen Kompressionsmoduls von Flüssigkeiten eine gute Näherung darstellt.

Hydrostatischer Druck

Betrachten wir eine inkompressible Flüssigkeit, die sich in einem Kolben befindet, wobei auf den Stempel des Kolbens die Normalkraft F_n wirkt (Abb. 2.12 links). Dieses System soll sich ferner in einem kräftefreien Raum befinden, d.h., bis auf die Normalkraft, die auf den Stempel wirkt, soll es keine weiteren äußeren Kräfte geben.

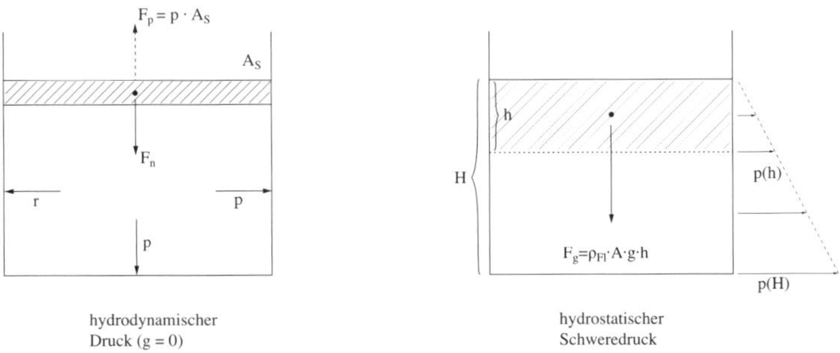

Abb. 2.12

Dann zeigt sich experimentell, dass die Flüssigkeit an jeder Stelle des Kolbens die gleiche Normalspannung bzw. den gleichen Druck p erzeugt und dass diese Normalspannung mit der Normalspannung $p = \sigma_n = F_n / A_S$ des Stempels folglich übereinstimmt. Man kann dies so interpretieren, dass die Normalspannung, welche die Flüssigkeit durch den Stempel erfährt, gleichmäßig und isotrop über den gesamten Kolben als Druck weiterverteilt wird. Dieser Druck, der als hydrostatischer Druck bezeichnet wird, ist eine Konsequenz der Annahme, dass die Flüssigkeit inkompressibel ist, ihr Volumen also unabhängig vom Druck ist: Würde die Flüssigkeit unter dem Druck komprimieren, so würde sie durch innere Rückstellkräfte einen Teil der Normalspannung kompensieren und somit nicht die komplette Normalspannung isotrop weitergeben können.

Andererseits eröffnet der hydrostatische Druck ein interessantes Anwendungsgebiet, die Hydraulik: Wir betrachten dazu ein mit Flüssigkeit gefülltes Rohr, vgl. Abb. 2.13. Dieses Rohr besitzt zwei Stempel mit den unterschiedlichen Stempelflächen A_1 und A_2. Wenn am ersten Stempel die Normalkraft $F_{n,1}$ angreift, so erzeugt er die Normalspannung $p = \sigma_{n,1} = F_{n,1} / A_1$,

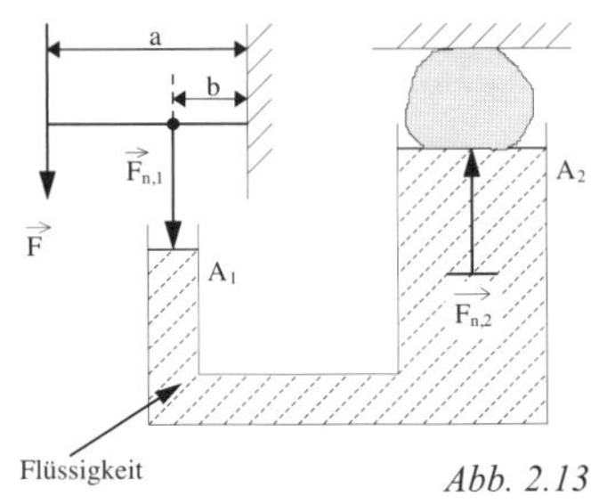

Abb. 2.13

welche isotrop durch die Flüssigkeit auf den zweiten Stempel übertragen wird. Dort erzeugt der hydrostatische Druck eine Normalkraft $F_{n,2} = p \cdot A_2 = F_{n,1} \cdot A_2 / A_1$. Je größer das Verhältnis A_2 / A_1 der Stempelflächen zueinander gemacht wird, desto größer wird auch $F_{n,2}$ werden, und man hat somit die Möglichkeit, sehr hohe Kräfte zu erzeugen. In der Praxis wird diese Eigenschaft bei **hydraulischen Pressen** bzw. Schneidewerkzeugen ausgenutzt.

Hydrostatischer Schweredruck

Zur Diskussion des hydrostatischen Drucks wurde vorausgesetzt, dass bis auf die Normalspannung keine weiteren äußeren Kräfte auf die Flüssigkeit wirken, wodurch man in der Flüssigkeit überall den gleichen Druck messen konnte.
Diese Situation ändert sich, wenn äußere Kräfte auf die Flüssigkeit wirken, d.h., wenn sich die Flüssigkeit in einem Kraftfeld befindet. Betrachten wir dazu einen Zylinder, der bis zur Höhe H mit einer Flüssigkeit gefüllt ist und sich im Schwerefeld der Erde befindet, vgl. Abb. 2.12 rechts. Wenn wir eine beliebige Wasserschicht betrachten, die sich im Abstand h von der Oberfläche aus befindet, so wissen wir, dass über dieser Schicht die Flüssigkeit die Masse $m(h) = \rho_{Fl} \cdot V(h) = \rho_{Fl} \cdot A \cdot h$ besitzt, wobei A die Querschnittsfläche des Zylinders sei. Diese Masse erzeugt im Schwerefeld der Erde die Kraft $F_g(h) = m(h) \cdot g = \rho_{Fl} \cdot g \cdot A \cdot h$, die als Normalspannung $p(h) = F_g(h) / A = \rho_{Fl} \cdot g \cdot h$ von oben auf die eingezeichnete Schicht wirkt und somit durch die Flüssigkeit isotrop verteilt wird. Somit erzeugt die Flüssigkeit nicht mehr an allen Stellen den gleichen Druck. Vielmehr werden wir durch Messung feststellen, dass der Druck mit zunehmendem Abstand von der Oberfläche ebenfalls zunimmt:

Hydrostatischer Schweredruck

Eine inkompressible Flüssigkeit der Dichte ρ_{Fl} befinde sich in einem Gefäß im Schwerefeld der Erde. Dann erzeugt die Schwerkraft den hydrostatischen Schweredruck

$p(h) = \rho_{Fl} \cdot g \cdot h$,

der mit zunehmendem Abstand h von der Oberfläche ebenfalls zunimmt. Da die Flüssigkeit den Druck isotrop verteilt, nimmt die Normalspannung auf die Seitenteile des Gefäßes ebenfalls mit h zu, vgl. Abb. 2.12.

Setzt man einen solchen Zylinder zusätzlich mit einer äußeren Normalkraft unter Druck, so überlagern sich der (von der Normalkraft erzeugte) hydrostatische Druck und der hydrostatische Schweredruck.

Diese Überlegungen führen zu einem interessanten Phänomen, dem **hydrostatischen Paradoxon**: Die Diskussion hat gezeigt, dass die Geometrie des Gefäßes keinen Einfluss auf den hydrostatischen Schweredruck innerhalb der Schicht hat. Schließlich wurden an keiner Stelle geometrische Informationen verwendet. Daraus folgt, dass es unerheblich ist, wie breit der Zylinder ist, und dass lediglich die Höhe der Flüssigkeitssäule über der Schicht relevant ist.

Barometer: Eine weitere Konsequenz ist die Tatsache, dass man Flüssigkeiten nicht beliebig hoch ansaugen kann. Betrachten wir dazu Abb. 2.14, bei der ein (oben abgeschlossenes) Rohr in eine Flüssigkeit mit der Dichte ρ_{Fl} eintaucht. Das Reservoir der Flüssigkeit sei dabei so groß, dass sich der Flüssigkeitsspiegel im Reservoir selbst dann nicht verändert, wenn Flüssigkeit vom Rohr angesaugt wird.

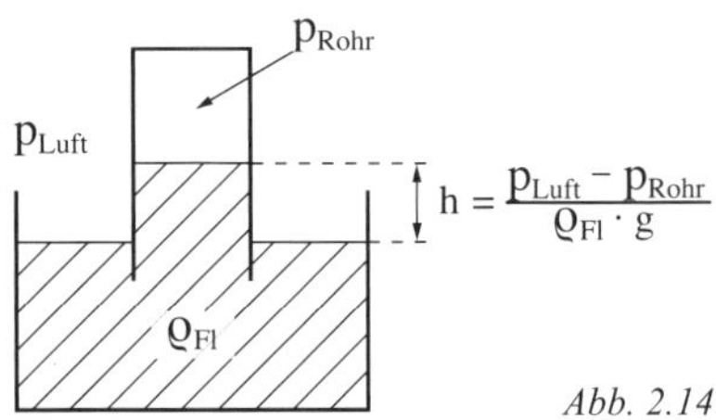

Abb. 2.14

Nehmen wir an, dass im oberen Bereich des Rohrs ein Druck p_{Rohr} vorliegt, welcher geringer als der atmosphärische Luftdruck p_{Luft} ist, und dass die Flüssigkeit bis auf die Höhe h angesaugt wurde.

In Höhe der Flüssigkeitsoberfläche wirkt somit außerhalb des Rohres der Druck p_{Luft}, während die gleiche Flüssigkeitsschicht im Rohr unter dem Druck $\rho_{Fl} \cdot g \cdot h + p_{Rohr}$ steht. Offensichtlich wird so lange Flüssigkeit in das Rohr gesaugt, bis $\rho_{Fl} \cdot g \cdot h + p_{Rohr} = p_{Luft}$ gilt, d.h. bis der hydrostatische Schweredruck die Druckdifferenz $p_{Luft} - p_{Rohr}$ kompensiert. Umstellen liefert für die Steighöhe h im Rohr

$$h = \frac{p_{Luft} - p_{Rohr}}{\rho_{Fl} \cdot g}.$$

Die maximale Steighöhe wird erreicht, wenn sich im Rohr ein Vakuum befindet ($p_{Rohr} = 0$). Daraus folgt, dass die Flüssigkeit maximal bis zur Höhe $h_{max} = p_{Luft} / (\rho_{Fl} \cdot g)$ angesaugt werden kann.

Da die Steighöhe linear vom Luftdruck abhängt, kann eine solche Vorrichtung verwendet werden, um den Luftdruck zu messen, wobei dieses Messinstrument als Barometer bezeichnet wird. Dies wurde erstmals von Torricelli (1608 – 1647) umgesetzt, wobei er Quecksilber als Flüssigkeit verwendete, da es als flüssiges Metall eine sehr hohe Dichte ($\rho_{Fl,Hg} = 13{,}55 g \cdot cm^{-3}$) besitzt und unter normalen Bedingungen ($p_{Luft} = 1{,}05 \cdot 10^5$ Pa) nur ca. 760 mm hoch ansteigt. Auf diese Zeit geht die Einheit „Millimeter Quecksilber-Säule", kurz mmHg, zurück.

Auftrieb

In der Einleitung haben wir festgestellt, dass Flüssigkeiten stets die Form annehmen, bei der sie die geringste potentielle Energie besitzen. Stellen wir uns nun vor, dass ein Körper (Dichte $\rho_{\text{Körper}}$, Volumen $V_{\text{Körper}}$) in eine Flüssigkeit (Dichte ρ_{Fl}) eingetaucht wird. Bei diesem Prozess muss er Flüssigkeit mit dem Volumen $V_{\text{Fl}} = V_{\text{Körper}}$ verdrängen, da er ansonsten „keinen Platz" in der Flüssigkeit fände.

Bei dieser Verdrängung muss aber Arbeit verrichtet werden: Schließlich hatte sich die Flüssigkeit vor dem Eintauchen des Körpers so im Gefäß verteilt, dass ihre potentielle Energie minimal war. Durch die Verdrängung muss das Flüssigkeitsvolumen V_{Fl} gegen die Schwerkraft angehoben werden, was die potentielle Energie der Flüssigkeit erhöht. Bei diesem Vorgang wird somit Arbeit gegen die Schwerkraft $F_g = m_{\text{Fl}} \cdot g = \rho_{\text{Fl}} \cdot V_{\text{Fl}} \cdot g = \rho_{\text{Fl}} \cdot V_{\text{Körper}} \cdot g$ verrichtet.

Nun ist aber das Eintauchen des Körpers die Ursache für die Verdrängung der Flüssigkeit; somit folgt, dass die Flüssigkeit dem Körper die Kraft $F_g = \rho_{\text{Fl}} \cdot V_{\text{Körper}} \cdot g$ entgegensetzt, wenn man versucht, ihn mit dem Volumen $V_{\text{Körper}}$ in die Flüssigkeit einzutauchen.

> **Auftriebskraft und Archimedisches Prinzip**
>
> Taucht ein Körper (Dichte $\rho_{\text{Körper}}$) mit dem Volumen $V_{\text{Körper}}$ in eine Flüssigkeit (Dichte ρ_{Fl}) ein, so wirkt auf ihn die Auftriebskraft $F_A = \rho_{\text{Fl}} \cdot V_{\text{Körper}} \cdot g$, die der Schwerkraft $F_g = \rho_{\text{Körper}} \cdot V_{\text{Körper}} \cdot g$ des Körpers entgegengerichtet ist.
>
> Auf den Körper wirkt somit die resultierende Kraft
>
> $F_{\text{res}} = (\rho_{\text{Körper}} - \rho_{\text{Fl}}) \cdot V_{\text{Körper}} \cdot g.$
>
> Der Körper schwimmt daher für $\rho_{\text{Körper}} < \rho_{\text{Fl}}$, er schwebt für $\rho_{\text{Körper}} = \rho_{\text{Fl}}$, und er sinkt zu Boden für $\rho_{\text{Körper}} > \rho_{\text{Fl}}$.

Dies wurde bereits von Archimedes (287 – 212 v. Chr.) beobachtet, der formulierte: Ein Körper erfährt eine Auftriebskraft, die genauso groß ist wie das Gewicht des Wassers, das er verdrängt.

Diese Überlegungen zeigen, dass ein Körper in jedem Medium eine Auftriebskraft erfährt, welche die Gewichtskraft des Körpers verringert. Bestimmt man beispielsweise Massen von kleinen Körpern mit hoher Präzision, so muss die Wirkung der Auftriebskraft berücksichtigt werden.

Andererseits zeigt sich, dass die (über den Körper gemittelte) Massendichte in die resultierende Kraft eingeht. Man kann somit Körper zum Schweben bringen, indem man ihre Massendichte reduziert. Diese Eigenschaft wird beispielsweise in der Luftfahrt in Form von Ballons ausgenutzt, die mit einem Medium gefüllt werden, welches leichter als die umgebende Luft ist (z.B. leichte Gase wie Helium oder heiße Luft).

Ebenso erklären die Überlegungen, warum Schiffe schwimmen können: Durch Hohlräume in ihrem Inneren ist die Dichte des Schiffs kleiner als die des umgebenden Wassers. Wird die Dichte jedoch zu groß (z.B. durch Überladen des Schiffs bzw. Fluten der Hohlräume), so kann der Auftrieb die Gewichtskraft nicht mehr kompensieren, und das Schiff sinkt.

Oberflächenspannung

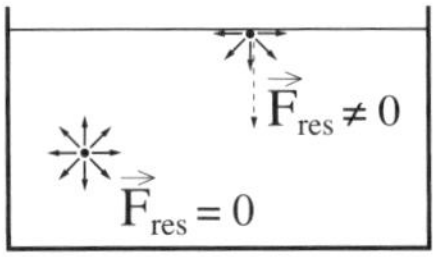

Abb. 2.15

In Abschnitt 2.1 wurde gezeigt, dass Bausteine, die eine Flüssigkeit erzeugen, einen bevorzugten Abstand zu ihren Nachbarn besitzen. Versucht man, diesen Abstand zu vergrößern, tritt sofort eine starke Kraft auf, welche die Bausteine wieder zusammenzieht. Gäbe es diese Kraft nicht, dann würden die Bausteine keinen bevorzugten Abstand zu ihrem Nachbarn besitzen und sich frei im Raum bewegen, d.h., die Flüssigkeit würde sofort verdampfen. Daraus folgt, dass die Bausteine im Inneren einer Flüssigkeit Kräfte erfahren, die jedoch isotrop verteilt sind und sich daher größtenteils gegenseitig kompensieren, vgl. Abb. 2.15.

Betrachtet man jedoch die Oberfläche einer Flüssigkeit, so stellt man fest, dass diese anziehenden Kräfte außerhalb der Flüssigkeit fehlen, während sie unterhalb der Oberfläche noch vorhanden sind. Daraus folgt, dass die Bausteine an der Oberfläche eine resultierende Kraft erfahren, die ins Innere der Flüssigkeit gerichtet ist. Versucht man, die Form der Grenzfläche zu verändern, so muss hierfür gegen diese Kraft Flüssigkeit aus dem Inneren an die Oberfläche gebracht werden, so dass offensichtlich Arbeit verrichtet werden muss:

> Die Oberflächenspannung $\sigma = -\dfrac{\mathrm{d}W}{\mathrm{d}A}$
>
> ist ein Maß für die Arbeit dW, die verrichtet werden muss, wenn man die Oberfläche einer Flüssigkeit um die Fläche dA vergrößert. Einheit : 1 J m^{-2}

Bemerkungen:

1. Im Allgemeinen muss bei einer Vergrößerung der Oberfläche Arbeit gegen eine Kraft geleistet werden, d.h., die Arbeit dW ist negativ. Das negative Vorzeichen bei der Definition stellt so sicher, dass die Oberflächenspannung eine positive Größe ist.
2. Das Phänomen der Oberflächenspannung ist nicht auf Flüssigkeiten beschränkt und kann an vielen Grenzflächen auftreten. Man bezeichnet sie daher auch als Grenzflächenspannung.

3. Flüssigkeiten können somit aufgrund ihrer Oberfläche Energie speichern, was als eine Form potentieller Energie betrachtet werden kann. Betrachtet man einen Flüssigkeitstropfen, auf den keine äußeren Kräfte wirken (z.B. in Schwerelosigkeit), so ist die Grenzflächenenergie die einzige potentielle Energie, die der Tropfen besitzt. Daher wird sich die Flüssigkeit so lange verformen, bis diese Energie minimiert wurde. Dies ist erreicht, sobald die Flüssigkeit Kugelform annimmt, da die Kugel bei vorgegebenem Volumen die kleinste Oberfläche besitzt.
4. Werden die Bausteine eines anderen Mediums in die Oberfläche eingebaut (Schutz), so hat dies im Allgemeinen Auswirkungen auf die Wechselwirkung zwischen den Bausteinen der Flüssigkeit. Wird beispielsweise die rücktreibende Kraft verringert, so muss zur Vergrößerung der Oberfläche weniger Arbeit verrichtet werden, und die Oberflächenspannung sinkt. Ein Beispiel hierfür sind die sogenannten Detergentien, die in Waschmitteln die Oberflächenspannung zwischen Wasser und Schmutz herabsetzen und so dafür sorgen, dass der Schmutz leichter in Wasser gelöst wird.

Kontaktwinkel

Betrachten wir dazu ein System, bei dem eine Flüssigkeit (Fl), ein Gas (G) und ein Festkörper (FK) zusammentreffen und auf das keine äußeren Kräfte wirken sollen (vgl. Abb. 2.16). Dann kann jeder Grenzfläche eine Grenzflächenspannung zugeordnet werden, die wir als $\sigma_{Fl,FK}$ (flüssig-fest), $\sigma_{Fl,G}$ (flüssig-gasförmig) und $\sigma_{FK,G}$ (fest-gasförmig) bezeichnen wollen.

Ohne Oberflächenspannung würde sich der Meniskus der Flüssigkeit horizontal im Schwerefeld der Erde ausrichten. Da aber jede Grenzfläche eine Grenzflächenspannung aufweist, kann die gesamte Oberflächenenergie minimiert werden, wenn sich der Meniskus krümmt, vgl. Abb. 2.16.

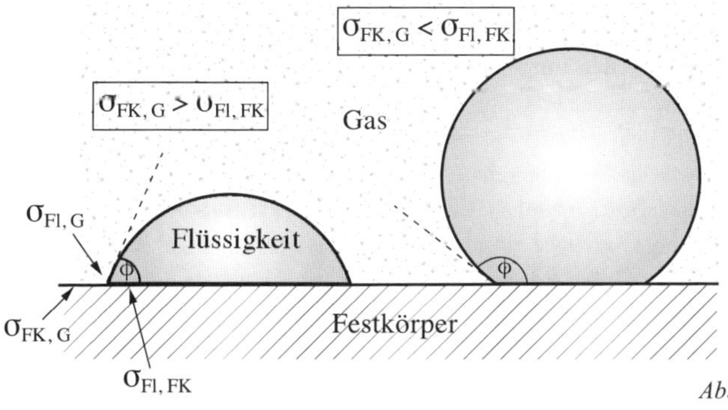

Abb. 2.16

Gilt beispielsweise $\sigma_{FK,G} > \sigma_{Fl,FK}$, so kann das System die Oberflächenenergie verringern, wenn sich der Meniskus nach unten krümmt, da hierdurch die Grenzfläche mit der höheren Energie (fest-gasförmig) verringert und durch eine Grenzfläche niedriger Energie (fest-flüssig) ersetzt wird. Analog folgt für $\sigma_{FK,G} < \sigma_{Fl,FK}$, dass sich der Meniskus nach oben verbiegen wird und die Flüssigkeit die Form einer Kugel annehmen wird.

In beiden Fällen stellt man fest, dass im Gleichgewicht die drei Phasen in einem Winkel φ aufeinandertreffen. Dieser Winkel heißt **Kontakt-** oder **Randwinkel** und kann leicht durch die Beziehung

$$\cos\varphi = (\sigma_{FK,G} - \sigma_{Fl,FK}) / \sigma_{Fl,G} \qquad (2.2)$$

berechnet werden.

Für $\sigma_{FK,G} - \sigma_{Fl,FK} > 0$ ist der Kosinus positiv und der Kontaktwinkel somit kleiner als 90°: Die Flüssigkeit bildet auf dem Festkörper einen flachen Tropfen, da es energetisch günstiger ist, die Flüssig-Fest-Grenzfläche gegen die Fest-Gasförmig-Grenzfläche zu vergrößern.

Im Grenzfall $\sigma_{FK,G} - \sigma_{Fl,FK} > \sigma_{Fl,G}$ kann Gl. 2.2 nicht mehr erfüllt werden, und die Flüssigkeit wird komplett über den Festkörper verteilt. Dadurch verschwindet die Fest-Gasförmig-Grenzfläche, was man auch als komplette Benetzung bezeichnet.

Gilt andererseits $\sigma_{Fl,FK} - \sigma_{FK,G} > 0$, so ist der Kosinus negativ, und der Kontaktwinkel liegt zwischen 90° und 180°: Die Flüssigkeit bildet einen kugelförmigen Tropfen, da es nun energetisch günstiger ist, die Fest-Gasförmig-Grenzfläche gegen die Flüssig-Fest-Grenzfläche zu vergrößern.

Für $(\sigma_{Fl,FK} - \sigma_{FK,G}) > \sigma_{Fl,G}$ wird der Kontaktwinkel 180° erreicht, und die Flüssigkeit zieht sich zu einer Kugel zusammen, da sie versucht, die Grenzfläche mit dem Festkörper möglichst gering zu gestalten. Dieses Verhalten kann beispielsweise bei Lotusblättern beobachtet werden, die nur eine geringe Benetzbarkeit von Wasser aufweisen (**Lotuseffekt**).

Young-Laplace-Gleichung

Betrachten wir wieder einen Flüssigkeitstropfen, auf den keine äußeren Kräfte wirken. Der Tropfen sei an einer Spritze befestigt, so dass wir leicht das Volumen und somit die Oberfläche des Tropfens verändern können. Wir wollen uns nun die Frage stellen, gegen welchen Druck wir arbeiten müssen, um Flüssigkeit aus der Spritze zu pressen. Der Tropfen hat in Schwerelosigkeit die Form einer Kugel und kann somit durch den Kugelradius R beschrieben werden. Wird der Radius um dR erhöht, so ändert sich das Volumen des Tropfens um $\mathrm{d}V = 4\pi \cdot R^2 \cdot \mathrm{d}R$, während die Oberfläche um $\mathrm{d}A = 8\pi \cdot R \cdot \mathrm{d}R$ zunimmt. Da die Flüssigkeit die Oberflächenspannung $\sigma_{Fl,G}$ besitzt, muss hierfür die Arbeit $\mathrm{d}W = -\sigma_{Fl,G} \cdot \mathrm{d}A = -8\pi \cdot R \cdot \sigma_{Fl,G} \cdot \mathrm{d}R$ verrichtet werden. Da mit der Vergrößerung der Oberfläche ebenfalls das Volumen zunimmt, kann dies auch als Volumenarbeit $\mathrm{d}W = -p_B(R) \cdot \mathrm{d}V = -p_B(R) \cdot 4\pi \cdot R^2 \cdot \mathrm{d}R$ aufgefasst werden. Gleichsetzen liefert dann den Druck, mit dem der Tropfen gegen eine Vergrößerung seiner Oberfläche wirkt: $p_B(R) = 2 \cdot \sigma / R$. Gegen diesen Druck muss daher Arbeit verrichtet werden, wenn man das Volumen des Tropfens erhöht.

Binnendruck und Young-Laplace-Gleichung
In Abwesenheit von äußeren Kräften erzeugt eine kugelförmige Grenzfläche mit dem Krümmungsradius R und der Oberflächenspannung σ in ihrem Inneren den Binnendruck $p_B(R) = 2 \cdot \sigma / R$.

Übung: Zeigen Sie, dass eine zylinderförmige Flüssigkeit den Grenzdruck $p_B(R) = \sigma / R$ erzeugt.

Lösung: Volumen bzw. Oberfläche eines Zylinders sind durch $V = \pi \cdot R^2 \cdot H$ bzw. $A = 2 \cdot \pi \cdot R \cdot H$ gegeben. Hieraus folgt $\mathrm{d}V = 2 \cdot \pi \cdot R \cdot H \cdot \mathrm{d}R$ bzw. $\mathrm{d}A = 2 \cdot \pi \cdot H \cdot \mathrm{d}R$, sofern die Veränderung nur durch Änderung von R induziert wird. Die gleiche Argumentation wie bei der Kugel liefert $p_B(R) = \sigma / R$.

Kapillarkräfte
Wenn wir eine Kapillare mit dem Radius r in eine Flüssigkeit eintauchen, so wissen wir, dass im Allgemeinen der Flüssigkeitsmeniskus und die Kapillarwand den Kontaktwinkel φ einschließen, der mittels $\cos\varphi = (\sigma_{FK,G} - \sigma_{Fl,FK}) / \sigma_{Fl,G}$ berechnet werden kann, vgl. Abb. 2.17. Die Young-Laplace-Gleichung sagt aber in dieser Situation voraus, dass aufgrund der Krümmung des Meniskus ein zusätzlicher Druck entsteht, wodurch sich der Flüssigkeitsmeniskus verschieben wird.

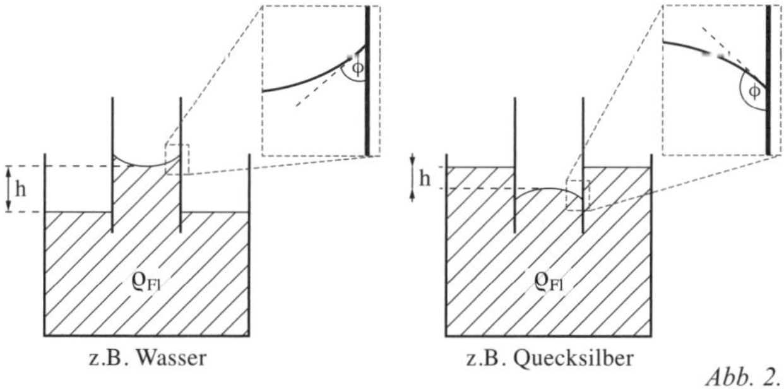

Abb. 2.17

Sei h die Höhe des Meniskus über dem Flüssigkeitsspiegel. Wenn diese Höhe um dh vergrößert werden soll, so muss gegen den hydrostatischen Schweredruck $p = \rho_{Fl} \cdot g \cdot h$ Arbeit verrichtet werden, d.h., am Meniskus greift die Normalkraft $F_n = p \cdot A = \rho_{Fl} \cdot g \cdot h \cdot \pi \cdot r^2$ an.
Des Weiteren verändert die Bewegung die Oberflächenenergie: Bei einer Erhöhung um dh wird die Fest-Flüssig-Grenzfläche um $\mathrm{d}A = 2 \cdot \pi \cdot r \cdot \mathrm{d}h$ vergrößert, während die Fest-Gasförmig-Grenzfläche um $-\mathrm{d}A$ verringert wird. Somit verändert sich die Oberflächenenergie um $\mathrm{d}W = (\sigma_{FK,G} - \sigma_{Fl,FK}) \cdot \mathrm{d}A = (\sigma_{FK,G} - \sigma_{Fl,FK}) \cdot 2 \cdot \pi \cdot r \cdot \mathrm{d}h$. Dies kann als Zugkraft $F_Z = \mathrm{d}W/\mathrm{d}h = (\sigma_{FK,G} - \sigma_{Fl,FK}) \cdot 2 \cdot \pi \cdot r$ aufgefasst werden, die entgegengesetzt zur Normalkraft F_n wirkt. Da sie ihre Ursache in der Grenzflächenenergie zur Kapillare hat, bezeichnet man sie auch als **Kapillarkraft**.
Der Meniskus wird sich genau dann im Gleichgewicht befinden, wenn sich beide Kräfte gegenseitig kompensieren, d.h. betragsmäßig gleich sind. Gleichsetzen und Umstellen liefert dann die Steighöhe $h = \dfrac{2 \cdot \sigma_{Fl,G} \cdot \cos\varphi}{r \cdot \rho_{Fl} \cdot g}$. Dies zeigt, dass der Meniskus aufgrund der Grenzflächenenergie eine Kapillarkraft erfährt, die ihn in Abhängigkeit vom Kontaktwinkel entweder in die Kapillare hineinzieht oder aus ihr herausdrückt (vgl. Abb. 2.17).

2.5 Ruhende Gase

In Abschnitt 2.1 wurde gezeigt, dass bei Gasen die Wechselwirkungen zwischen den Bausteinen derart schwach sind, dass es energetisch ungünstig wäre, wenn sie keinen bevorzugten Abstand zu ihren Nachbarn einnehmen würden. Vielmehr versuchen sie, den Abstand zu ihren Nachbarn zu maximieren, was dazu führt, dass sie einen (ihnen zur Verfügung stehenden) Raum komplett ausfüllen. Sie sind daher wie Flüssigkeiten nicht formstabil ($E = G = 0$), im Gegensatz zu flüssigen Medien aber auch nicht volumenstabil.
Da Gase im Allgemeinen versuchen, ein vorhandenes Volumen V gänzlich auszufüllen, zeigt sich experimentell, dass Gase nahezu beliebig komprimiert bzw. expandiert werden können (beispielsweise durch Verkleinerung bzw. Vergrößerung von V). Dieses Verhalten wurde von den beiden Physikern Robert Boyle (1627 – 1692) und Edme Mariotte (1620 – 1684) untersucht, und beide entdeckten unabhängig voneinander:

Gesetz von Boyle-Mariotte
Bei konstanter Temperatur ist der Druck p eines (idealen) Gases umgekehrt proportional zu seinem Volumen V, d.h. $p \propto 1/V$ oder $p \cdot V = \text{const.}$ (2.3)

Übung: Zeigen Sie mit Hilfe des Gesetzes von Boyle-Mariotte, dass das Kompressionsmodul (→ Abschnitt 2.3) eines idealen Gases durch $K(p) = p$ gegeben ist.

Lösung: Bezüglich des Volumens kann das Gesetz von Boyle-Mariotte auch durch $V(p) = C/p$ ausgedrückt werden, wobei C eine Konstante ist. Somit ist

$\frac{\mathrm{d}}{\mathrm{d}p}V(p) = -C/p^2$, und für die Kompressibilität κ folgt nach Einsetzen in die

Definitionen $\kappa(p) := -\frac{1}{V(p)} \cdot \frac{\mathrm{d}}{\mathrm{d}p}V(p) = \frac{p}{C} \cdot \frac{C}{p^2} = \frac{1}{p} \Rightarrow K(p) := \frac{1}{\kappa(p)} = p$.

> Gase sind weder form- noch volumenstabil. Für ideale Gase (→ Abschnitt 3.3) gilt daher: $E = G = 0$ und $K(p) = p$. Ein Gas wird ein zur Verfügung stehendes Volumen vollständig ausfüllen.

Wenn das Gas ein Volumen komplett ausfüllt, so werden bei diesem Vorgang die N Teilchen des Gases über das Volumen V verteilt. Man kann daher in Analogie zur Massendichte $\rho(\vec{r})$ (→ Abschnitt 2.2) eine Teilchendichte $n(\vec{r})$ durch $n(\vec{r}) = \frac{\mathrm{d}N(\vec{r})}{\mathrm{d}V}$ definieren, indem man am Ort $\vec{r}$ ein infinitesimales Volumen $\mathrm{d}V$ „herausschneidet" und misst, wie viele Teilchen $\mathrm{d}N$ sich an diesem Ort befinden. Wenn das Gas nur aus einer Teilchenart besteht und m_G die Masse eines dieser Teilchen ist, so ergibt $m = m_G \cdot N$ die Gesamtmasse m des Gases, d.h., zwischen Massen- und Teilchendichte besteht unter dieser Annahme der Zusammenhang

$$\rho(\vec{r}) = m_G \cdot n(\vec{r}). \tag{2.4}$$

Wirken ferner keine äußeren Kräfte auf das Gas, so werden sich die Teilchen gleichmäßig im Volumen verteilen, und die Teilchendichte $n(\vec{r})$ wird dann homogen:

$$n(\vec{r}) = N/V. \tag{2.5}$$

Barometrische Höhenformel

Die vorangegangenen Überlegungen zeigen aber, dass die Teilchendichte nicht mehr homogen sein wird, sobald eine äußere Kraft auf das Gas einwirkt. Greift beispielsweise die Schwerkraft am Gas an, so finden wir eine Situation, die ähnlich dem hydrostatischen Schweredruck (→ Abschnitt 2.4) ist: Auf eine Schicht im Gas wirkt stets die gesamte Gewichtskraft der darüberliegenden Schichten, die als Normalkraft einen Druck im Gas erzeugen wird.

Im Gegensatz zu Flüssigkeiten können Gase deutlich stärker komprimiert werden. Während man bei Flüssigkeiten in guter Näherung annehmen konnte, dass die Dichte unabhängig vom Schweredruck ist, so gilt dies bei Gasen nicht einmal annähernd. Um den Schweredruck im Gas berechnen zu können, müssen wir daher das Gas in einzelne infinitesimale Schichten der Dicke dh zerlegen. Jede dieser Schichten erzeugt aufgrund ihrer (nun höhenabhängigen) Dichte $\rho(h)$ einen Schweredruck d$p(h)$ $= -\rho(h) \cdot g \cdot \mathrm{d}h$. Das Minuszeichen muss in dieser Situation gesetzt werden, da hier die Höhe h vom Erdboden aus gemessen werden soll und mit steigender Höhe immer weniger Luftschichten oberhalb der betrachteten Schicht liegen, wodurch der Schweredruck mit zunehmender Höhe h abnehmen muss.

Um diese infinitesimalen Anteile zum Schweredruck aufintegrieren zu können, müssen wir einen Ausdruck für $\rho(h)$ finden. Die Gleichungen 2.3 bis 2.5 zeigen, dass bei konstanter Temperatur sowohl die Dichte als auch der Druck umgekehrt proportional zu V sind. Daraus folgt, dass das Verhältnis $\rho(h)/\, p(h)$ ebenfalls eine Konstante sein muss. Wenn wir daher die Dichte ρ_0 und den Schweredruck p_0 am Boden (h = 0) kennen, so kann $\rho(h)$ durch $\rho(h) = p(h) \cdot \rho_0/p_0$ dargestellt werden. Einsetzen liefert die Gleichung $\mathrm{d}p(h) = -p(h) \cdot \rho_0 \cdot g \cdot \mathrm{d}h/p_0$, welche nach „Trennung der Variablen" leicht integriert werden kann:

Barometrische Höhenformel

Wenn die Schwerkraft auf ein Gas wirkt, so erzeugt diese Normalspannung nicht nur einen Schweredruck $p(h)$, sondern komprimiert zusätzlich das Gas. Ist die Temperatur insgesamt eine Konstante, so kann für den Schweredruck die barometrische Höhenformel $p(h) = p_0 \cdot e^{-\frac{\rho_0}{p_0} \cdot g \cdot h}$ abgeleitet werden. Hier wird h parallel zur Schwerkraft vom Boden aus gemessen, und ρ_0 bzw. p_0 stellen die Dichte bzw. den Schweredruck des Gases am Boden dar.

Auf die Luftatmosphäre der Erde angewendet, bezeichnet man $p(h)$ auch als Luftdruck. Er nimmt mit zunehmender Höhe exponentiell ab, d.h., es gibt keine scharfe Grenze zwischen der Luftatmosphäre und dem Vakuum ($p = 0$) des Weltraums. Auf Meereshöhe misst man im Durchschnitt einen Luftdruck von p_0 = $1{,}01 \cdot 10^5$ Pa, während die Luftdichte bei diesem Druck und bei $T = 0°$ C (Normbedingungen) einen durchschnittlichen Wert von $\rho_0 = 1{,}293$ kg/m^3 annimmt.

2.6 Strömende Flüssigkeiten und Gase

In den vorangegangenen Abschnitten haben wir uns mit den Eigenschaften von ruhenden Flüssigkeiten und Gasen beschäftigt. Im Allgemeinen sind diese Medien jedoch in Bewegung, so dass ein Massentransport einsetzt, der als **Strömung** bezeichnet wird. Die damit verbundenen zusätzlichen Effekte werden im Rahmen der Hydrodynamik (Flüssigkeiten) bzw. Aerodynamik (Gase) studiert.

Generell zeigt sich, dass die Beschreibung von Strömungen anhand des Aktionsprinzips oft zu komplizierten Berechnungen führt: Während man prinzipiell ohne Probleme am Ort $\vec{r}$ einen Teil dm des strömenden Mediums (**Fluid**) beobachten und bei Kenntnis der angreifenden Kräfte auch dessen Bewegung berechnen kann, zeigt sich jedoch praktisch, dass häufig Effekte auftreten, die die Berechnungen extrem erschweren, wie z.B. die Bildung von Wirbeln und turbulenten bzw. chaotischen Strömungsverhältnissen. Dadurch ist es nur in Spezialfällen möglich, analytische Aussagen zur Strömung von Fluiden zu formulieren. Wir werden uns in diesem Abschnitt auf einige dieser Spezialfälle beschränken, da die Lösung hydrodynamischer Differentialgleichungen (Euler- bzw. Navier-Stokes-Gleichungen) weit über den Rahmen dieses Buches hinausgehen würde.

Strömung, Strom und Kontinuitätsgleichung

Der Begriff **Strömung** bezieht sich allgemein auf die gerichtete Bewegung einer physikalischen Quantität. Dies kann beispielsweise der Transport von Masse m, Energie E oder Ladung Q sein.

Betrachten wir zunächst den Massentransport einer strömenden Flüssigkeit, dann kann man an einer beliebigen Stelle $\vec{r}$ innerhalb der Flüssigkeit messen, mit welcher Geschwindigkeit $\vec{v}(\vec{r}, t)$ sich die Bausteine dort bewegen. Dies kann beispielsweise dadurch erfolgen, dass man zum Zeitpunkt t am Ort $\vec{r}$ eine sehr kleine Gasblase in die Flüssigkeit einbringt und aus deren Bahnkurve die Geschwindigkeit $\vec{v}(\vec{r}, t)$ ermittelt. Theoretisch kann dieses Verfahren an jedem Punkt $\vec{r}$ der Strömung und zu jedem Zeitpunkt durchgeführt werden, so dass man die räumliche und zeitliche Verteilung der Strömungsgeschwindigkeit, also das **Geschwindigkeitsfeld** $\vec{v}(\vec{r}, t)$, erhält. Im Allgemeinen werden weder alle Bausteine gleich schnell strömen noch die Strömung zeitlich konstant sein. Das bedeutet, dass $\vec{v}(\vec{r}, t)$ normalerweise sowohl vom beobachteten Ort $\vec{r}$ als auch von der Zeit t abhängen wird, was wiederum deutlich macht, dass das Geschwindigkeitsfeld $\vec{v}(\vec{r}, t)$ im Allgemeinen eine sehr komplexe Funktion sein kann.

Das Geschwindigkeitsfeld $\vec{v}(\vec{r}, t)$ gibt an, mit welcher Geschwindigkeit eine physikalische Quantität (z.B. eine Masse) am Ort $\vec{r}$ zur Zeit t innerhalb einer Strömung transportiert wird.
Man nennt die Strömung **stationär**, wenn das Geschwindigkeitsfeld unabhängig von der Zeit ist: $\vec{v}(\vec{r}, t) = \vec{v}(\vec{r})$. Ist sie dagegen unabhängig vom Ort, so bezeichnet man sie als **homogen**.

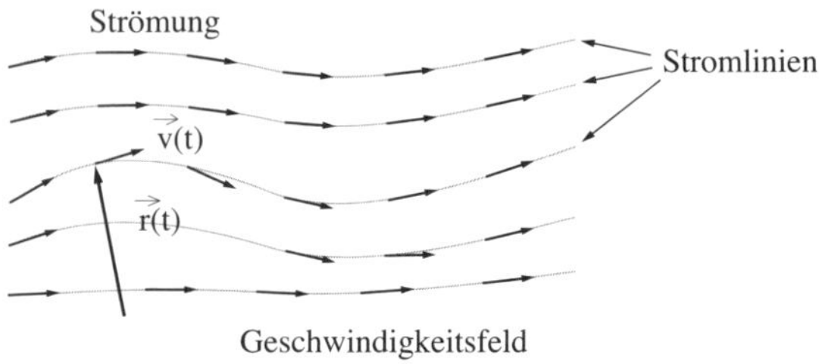

Abb. 2.18

Nur wenn die Strömung stationär ist, kann das Geschwindigkeitsfeld $\vec{v}(\vec{r}, t)$ komplett mit Hilfe von Markern ermittelt werden: Ist die Strömung nicht stationär, so wird sich $\vec{v}(\vec{r}, t)$ mit der Zeit verändern, und die Bahnkurve des Markers wird eine Mischung aus unterschiedlichen Geschwindigkeitsprofilen darstellen. Nur bei einer stationären Strömung kann vernachlässigt werden, zu welchem Zeitpunkt t der Marker einen bestimmten Ort passiert, und somit entspricht nur unter dieser Bedingung die Bahnkurve $\vec{r}(t)$ des Markers dem stationären Geschwindigkeitsfeld $\vec{v}(\vec{r})$. In dieser Situation wird $\vec{r}(t)$ auch als **Stromlinie** der Strömung bezeichnet, da sie einen Eindruck davon vermittelt, wie sich eine Strömung räumlich ausbreitet (vgl. Abb. 2.18)

Um ein Maß für die Stärke der Strömung zu bekommen, betrachten wir eine beliebige Fläche, die sich innerhalb der Strömung befinden soll. Dann kann man bezüglich dieser Fläche „zählen“, wie viele Bausteine $\mathrm{d}N$ in der (infinitesimalen) Zeiteinheit $\mathrm{d}t$ durch die Fläche hindurchströmen, und damit die (Teilchen-)Stromstärke $I_N := \frac{\mathrm{d}N}{\mathrm{d}t}$ definieren. Je stärker die Strömung ist, desto größer werden auch $\mathrm{d}N$ und somit I_N sein.

Kontinuitätsgleichung

Betrachten wir nun ein inkompressibles Fluid, das durch ein Rohr mit zwei unterschiedlichen Querschnittsflächen A_1 und A_2 strömt, vgl. Abb. 2.19. Die Strömung im Rohr sei stationär und (entlang eines Querschnittes wie A_1 und A_2) homogen, d.h., die Geschwindigkeit der Strömung hängt nur von der x-Koordinate in Abb. 2.19 ab: $\vec{v}(\vec{r}, t) = v(x) \cdot \vec{e}_x$.

Der Teilchenstrom $I_N(x)$ werde bezüglich der gesamten Querschnittsfläche gemessen, wobei die gewählte Querschnittsfläche parallel zur y-Achse verlaufe. Am linken Ende ($x = x_1$) strömt dann das Fluid mit dem Strom $I_N(x_1)$ in das Rohr hinein, während es am rechten Ende ($x = x_2$) das Rohr mit dem Strom $I_N(x_2)$ wieder verlässt.

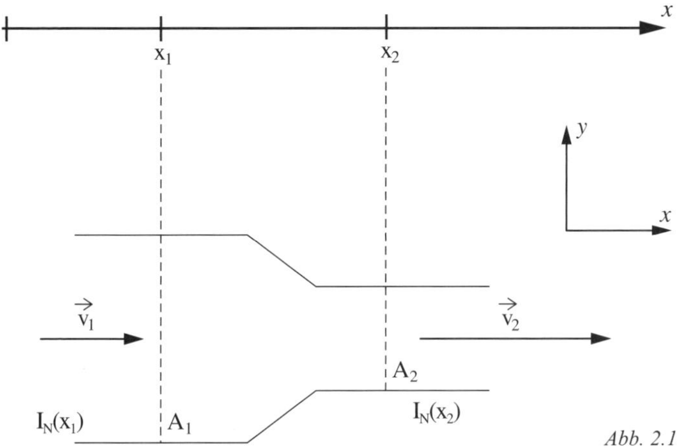

Abb. 2.19

Da die Strömung stationär ist, wird durch eine Querschnittsfläche pro Zeiteinheit Δt stets die gleiche Menge $\Delta N(x)$ an Bausteinen hindurchfließen, welche durch $\Delta N(x) = I_N(x_1) \cdot \Delta t$ berechnet werden kann.

Für inkompressible Fluide muss ΔN für alle Querschnittsflächen gleich sein, wie man anhand der folgenden Überlegung leicht einsieht: Dazu wählen wir zwei beliebige Querschnittsflächen (beispielsweise A_1 und A_2) und lassen durch eine Fläche mehr Teilchen einfließen als durch die andere herausfließen (im Beispiel wäre dies durch $\Delta N(x_1) > \Delta N(x_2)$ erfüllt). Pro Zeiteinheit Δt würden sich zwischen den Flächen somit Teilchen ansammeln, und zwangsläufig müsste sich die Dichte des Fluids zwischen den Flächen erhöhen, da immer mehr Teilchen in dem (konstanten) Volumen zwischen den Flächen gespeichert werden. Dies steht aber im Widerspruch zum inkompressiblen Verhalten des Fluids.

Somit ist ΔN an jeder Querschnittsfläche im Rohr gleich und damit auch automatisch der Strom I_N durch die Fläche. Da dieser Strom jedoch ebenfalls mit einem Massentransport verbunden ist, muss bei der Strömung die Masse im Rohr erhalten bleiben:

> Wenn ein inkompressibles Fluid durch ein Rohr strömt, so bleibt die transportierte Masse erhalten: Was an Masse in das Rohr hineinströmt, muss am anderen Ende auch wieder hinausströmen (**Kontinuitätsgleichung**).
> Dies ist nur möglich, wenn das Fluid an den engeren Stellen des Rohres schneller strömt als an den breiten Stellen.

Betrachten wir dazu eine Querschnittsfläche $A(x)$, durch die das Fluid mit der Geschwindigkeit $v(x)$ strömt. Pro Zeiteinheit $\mathrm{d}t$ legt das Fluid dann die Strecke $v(x) \cdot \mathrm{d}t$ zurück, was den Transport des Fluid-Volumens $\mathrm{d}V = A(x) \cdot v(x) \cdot \mathrm{d}t$ durch den Querschnitt hindurch bewirkt. Dieses Volumen beinhaltet aber (unter Verwendung der Teilchenzahldichte n) die Menge $\mathrm{d}N = n \cdot \mathrm{d}V = n \cdot A(x) \cdot v(x) \cdot \mathrm{d}t$ an Teilchen, so dass der Strom durch die Fläche durch $I_\mathrm{N} = \mathrm{d}N / \mathrm{d}t = n \cdot A(x) \cdot v(x)$ gegeben ist.
Die Kontinuitätsgleichung besagt, dass dieser Strom für inkompressible Fluide eine Konstante ist, und somit folgt:

$$n \cdot A(x) \cdot v(x) = const \Rightarrow v(x_2) = \frac{A(x_1)}{A(x_2)} \cdot v(x_1). \tag{2.6}$$

Verengt sich das Rohr bei x_2 bezüglich x_1 (d.h. $A(x_1) > A(x_2)$), so folgt aus Gl. 2.6 sofort $v(x_2) > v(x_1)$, d.h., das Fluid wird bei Verengung beschleunigt.

Bemerkungen:

1. Wenn man den Strom I auf die Querschnittsfläche A normiert, $j = I / A$, so erhält man die **Stromdichte** j. Auf das Beispiel angewandt, liefert dieser Ansatz die Teilchenstromdichte $j_\mathrm{N}(x) = I_\mathrm{N} / A(x) = n \cdot v(x)$, die ein Maß für die Anzahl der Teilchen ist, die pro Zeiteinheit und Einheitsfläche durch einen (senkrecht auf der Strömung stehenden) Querschnitt hindurchtreten.
   Sie kann mittels $\vec{j}_\mathrm{N}(\vec{r}) = n(\vec{r}) \cdot \vec{v}(\vec{r})$ leicht auf beliebige Strömungen verallgemeinert werden und erlaubt es, auch inhomogene Strömungen adäquat zu beschreiben.
   Setzt sich das Fluid aus identischen Teilchen zusammen, so kann beispielsweise durch $\vec{j}_\mathrm{M}(\vec{r}) = m \cdot \vec{j}_\mathrm{N}(\vec{r})$ die Massenstromdichte des Fluids berechnet werden. Prinzipiell lässt sich dieser Ansatz auf den Transport beliebiger physikalischer Quantitäten übertragen.
2. Streng genommen verletzen Gase aufgrund ihres endlichen Kompressionsmoduls (→ Abschnitt 2.5) die Voraussetzungen für Gl. 2.6. Man kann jedoch zeigen, dass ihre Kompressibilität vernachlässigt werden kann, sofern sich das Gas an jeder Stelle der Strömung mit einer Geschwindigkeit bewegt, die weit unter der Schallgeschwindigkeit des Gases liegt (→ Abschnitt 2.7).

Bernoulli-Gleichung

Mit Hilfe der Kontinuitätsgleichung konnte gezeigt werden, dass bei der Strömung von inkompressiblen Fluiden durch ein Rohr die Strömungsgeschwindigkeit zunimmt, wenn die Querschnittsfläche des Rohrs abnimmt. Diese Zunahme der Geschwindigkeit zeigt, dass das Fluid an den engeren Stellen beschleunigt wird; somit muss geklärt werden, wie die hierfür notwendige Arbeit verrichtet wird.

Betrachten wir dazu eine Querschnittsfläche $A(x)$, die vom Fluid mit der Geschwindigkeit $v(x)$ durchströmt wird. Es wurde bereits gezeigt, dass pro Zeiteinheit $\mathrm{d}t$ das Volumen $\mathrm{d}V = A(x) \cdot v(x) \cdot \mathrm{d}t$ durch A hindurchströmt. Diesem Volumen kann bei einem inkompressiblen Fluid der Dichte ρ die Masse $\mathrm{d}m = \rho \cdot \mathrm{d}V$ und somit die kinetische Energie $\mathrm{d}E_{\mathrm{kin}} = \frac{\mathrm{d}m}{2} \cdot v^2(x)$ zugeordnet werden (→ Abschnitt 1.8). Andererseits ist aus Abschnitt 1.6 bekannt, dass an den Teilchen des Fluids eine Kraft angreifen muss, damit das Fluid beschleunigt wird und durch die Röhre strömen kann. Diese Kraft greift an A an und erzeugt am Ort x einen hydrostatischen Druck $p(x)$. Wird somit pro Zeiteinheit das Volumen $\mathrm{d}V$ des Fluids gegen den Druck $p(x)$ durch die Querschnittsfläche A transportiert, so muss hierfür Volumenarbeit verrichtet werden, die in Form der potentiellen Energie $\mathrm{d}E_{\mathrm{pot}}(x) = p(x) \cdot \mathrm{d}V$ durch das Fluid gespeichert wird.

Betrachten wir zunächst eine reibungsfreie Strömung, so folgt aus der Energieerhaltung (→ Abschnitt 1.11), dass die Summe $\mathrm{d}E_{\mathrm{kin}} + \mathrm{d}E_{\mathrm{pot}}$ während der Bewegung konstant sein muss. Hieraus folgt nach Einsetzen sofort:

Gleichung von Bernoulli

Ein inkompressibles Fluid ströme reibungsfrei durch ein Rohr, wobei das Geschwindigkeitsfeld homogen bezüglich der Querschnittsflächen $A(x)$ des Rohres sei (vgl. Abb. 2.19). Dann ist die mechanische (Gesamt-)Energie des Fluids konstant, woraus sofort die Gleichung von Bernoulli

$$p_0 = p(x) + \frac{\rho}{2} \cdot v^2(x) = const \tag{2.7}$$

folgt.

Den konstanten Term p_0 bezeichnet man als **Gesamtdruck** des Fluids, $p(x)$ als **hydrostatischen Druck** am Ort x und die Differenz $p_0 - p(x)$ als **Staudruck**.

Die Konstanz des Gesamtdrucks hat zur Folge, dass der hydrostatische Druck des Fluids an den Orten abnimmt, an denen das Fluid (z.B. aufgrund einer Einengung) schneller strömt. Dieser Druckunterschied wird beispielsweise bei Wasserstrahlpumpen ausgenutzt, um Gase abzupumpen und somit ein Vakuum herstellen zu können.

Des Weiteren stellt die Bernoulli'sche Gleichung die Grundlage für die Aerodynamik dar: Im hinteren Teil dieses Abschnitts werden wir zeigen, dass die spezielle Form der Tragflächen dazu führt, dass das Fluid mit unterschiedlichen Strömungsgeschwindigkeiten die Tragflächen umströmt. Der so entstandene Druckunterschied bewirkt dann eine Auftriebskraft, die an den Flügeln des Flugzeugs angreift.

Bemerkungen:

1. Für die Ableitung der Bernoulli'schen Gleichung wurde eine reibungsfreie Strömung vorausgesetzt. Im Allgemeinen ist dies nicht erfüllt: Das Fluid wird während der Strömung eine Reibung erfahren, die zu einer Behinderung der Bewegung führt. Dies äußert sich als eine Art „Gegendruck", der überwunden werden muss, damit überhaupt eine Strömung stattfinden kann. Somit geht während der Strömung ständig Energie durch Reibung verloren, was sich in einer Abnahme der Drücke in Gl. 2.7 äußert.
2. Sollte das Fluid Energie in anderen Formen speichern können, so muss dies ebenfalls in Gl. 2.7 berücksichtigt werden. Strömt beispielsweise das Fluid gegen eine Schwerebeschleunigung g nach oben, so speichert es zusätzlich die Energie $dE(x) = dm \cdot g \cdot h(x) = \rho \cdot g \cdot h(x) \cdot dV$, und die Bernoulli'sche Gleichung lautet nun $p(x) + \frac{\rho}{2} \cdot v^2(x) + \rho \cdot g \cdot h(x) = const.$

Reibungskräfte: Laminare und turbulente Strömung

Wenn ein Fluid strömt, so werden dessen Bausteine im Allgemeinen auf Wände bzw. Hindernisse stoßen, die sich in der Strömung befinden oder die Strömung seitlich begrenzen. Diese Wechselwirkung wird die Strömung des Fluids behindern, also eine Reibungskraft erzeugen, die man in Analogie zu Abschnitt 1.5 als **Gleitreibung des Fluids** auffassen kann.

Zusätzlich dazu werden die Bausteine während der Strömung aber auch untereinander wechselwirken und sich ggf. gegenseitig behindern. Dies kann ebenfalls eine Reibungskraft erzeugen, die man als **innere Reibung** bezeichnet. Fluide, die eine innere Reibung aufweisen, nennt man **zäh** bzw. **viskos**.

An dieser Stelle ist es sinnvoll, zwei Fälle zu unterscheiden:

Wenn die Reibungskräfte die dominierenden Kräfte im System sind, so werden Störungen während der Strömung schnell ausgedämpft und können sich nicht beliebig weit ausbreiten. Die Strömung selbst erfolgt dann verhältnismäßig geordnet und

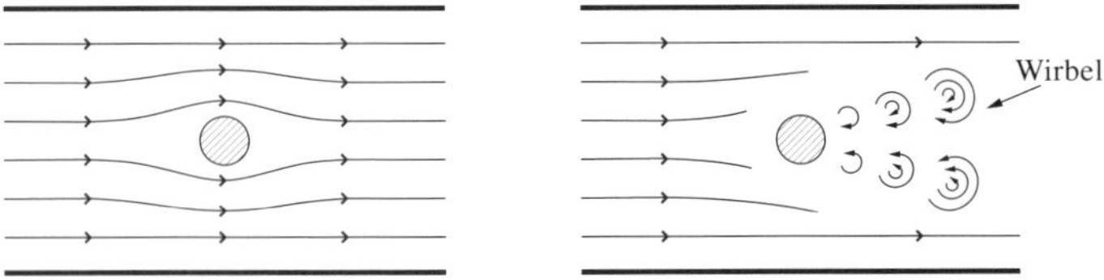

Abb. 2.20 laminar laminar turbulent

wird als **laminare Strömung** bezeichnet, da das Fluid scheinbar in einzelnen Schichten (die durch Markierung einzelner Stromlinien sichtbar gemacht werden können) strömt (vgl. Abb. 2.20).
Im Gegensatz dazu findet man jedoch auch Systeme, in denen die Stromlinien Wirbel bilden, so dass Turbulenzen innerhalb der Strömung entstehen können. Derartige **turbulente Strömungen** (vgl. Abb. 2.20) wird man immer dann finden, wenn Reibungskräfte gegenüber den beschleunigenden Kräften vernachlässigbar sind, so dass Störungen über weite Bereiche der Strömung erhalten bleiben (d.h., die Turbulenzen werden nicht oder kaum durch die Reibungskräfte ausgedämpft).

Innere Reibung
Um das Phänomen der inneren Reibung besser verstehen zu können, betrachten wir innerhalb einer (laminaren) Strömung zwei benachbarte Schichten, die mit unterschiedlicher Geschwindigkeit laminar strömen. Das Geschwindigkeitsgefälle zwischen den Schichten wird eine innere Reibungskraft erzeugen, welche die schnellere Schicht abbremst und die langsamere beschleunigt und dadurch das Geschwindigkeitsgefälle zwischen den Schichten reduziert. Diese Reibungskraft ist proportional zur (gemeinsamen) Berührungsfläche der beiden Schichten: Wird die reibende Berührungsfläche verdoppelt, so muss das Gleiche auch für die wirkende Reibungskraft gelten; daher ist es sinnvoll, lediglich die Reibungskraft pro Einheitsfläche F_R/A zu betrachten. Experimentell findet man (**Newton'sches Reibungsgesetz**)

$$\frac{F_R}{A} = -\eta \cdot \frac{dv}{dz}, \qquad (2.8)$$

wobei η als **dynamische Viskosität** des Fluids bezeichnet wird (Einheit: 1 Pa s) und dv/dz den Geschwindigkeitsunterschied zwischen den benachbarten Schichten angibt. Manchmal wird die dynamische Viskosität η auch auf die Dichte ρ_{Fl} des Fluids normiert, wodurch man die kinematische Viskosität ν (Einheit: 1 m^2 s^{-1}) erhält, welche die Gleichung $\eta = \nu \cdot \rho_{Fl}$ erfüllt (Hinweis: Bei ν handelt es sich um den griechischen Buchstaben Ny und nicht um das Deutsche v).
Analog zu Abschnitt 2.3 kann man $\tau = F_R/A$ als Scherspannung auffassen. Dann bedeutet die Gleichung $\tau = \eta \cdot dv/dz$, dass die Scherung der Geschwindigkeit proportional zur angreifenden Scherspannung τ ist (Newton'scher Ansatz), wobei die Viskosität η nicht von der Geschwindigkeit v abhängt. Fluide, die dies erfüllen, werden daher als **Newton'sche Fluide** bezeichnet. Sie sind uns aus dem Alltag wohlbekannt: So verhalten sich beispielsweise Wasser und Luft **newtonsch**, während Blut, Teig und Polymere **nichtnewtonsche Fluide** darstellen.

Eine eindrucksvolle Vorführung von nichtnewtonschem Verhalten gelingt mit einer Mischung aus Wasser und Stärke: Im richtigen Mengenverhältnis ist es möglich, über diese Mischung zu gehen, ohne dass die Füße einsinken, während man sofort versinkt, sobald man auf der Mischung stehenbleibt. Die Erklärung für dieses Verhalten ist relativ simpel: Wird die Mischung schnell komprimiert (beispielsweise durch einen Schritt), so wird das bewegliche Wasser aus der relativ unbeweglichen Wasser-Stärke-Mischung herausgepresst, wodurch sich die Stärke verdichtet und einen Untergrund bildet, auf dem man gehen kann. Verbleibt man jedoch in Ruhe, so wird auch die Stärke unter den Füßen herausgepresst und man sinkt ein. Ein ähnliches Verhalten kann man auch beobachten, wenn man an einem feinsandigen Strand direkt in Nähe der Wellen spazieren geht.

Bemerkungen:

1. Analog zur Scherspannung könnte man bei Gl. 2.8 auf die Idee kommen, $\eta \cdot \mathrm{d}v/\mathrm{d}z$ als eine Art Schubmodul zu verstehen. Man muss sich jedoch darüber im Klaren sein, dass Gl. 2.8 keine rückstellende Kraft im Sinne von Abschnitt 2.3 darstellt, d.h., die Newton'sche Reibung wird stets zu einer Dämpfung von Bewegungen führen.
2. Die Viskosität zeigt im Allgemeinen eine sehr starke Abhängigkeit von der Temperatur. Häufig kann diese Abhängigkeit mit Hilfe der **Arrhenius-Andrade-Beziehung** $\eta = \eta_0 \cdot e^{E_A/R \cdot T}$ beschrieben werden, wobei E_A und η_0 materialspezifische Konstanten sind und R die Gaskonstante und T die absolute Temperatur (→ Abschnitt 3.3) darstellen.
3. Bei bestimmten Stoffen kann die innere Reibung komplett zum Verschwinden gebracht werden, sobald ihre Temperatur einen kritischen Wert unterschreitet (der selbstverständlich materialspezifisch ist und in der Nähe des Temperaturnullpunktes liegt → Abschnitt 3.3). Dieser Effekt der **Suprafluidität** wurde bisher nur bei bestimmten Helium- und Lithium-Isotopen beobachtet und kann im Rahmen der Quantenmechanik verstanden werden. In Abschnitt 4 werden wir mit der Supraleitung einen analogen Effekt kennenlernen, bei dem der elektrische Widerstand bei tiefen Temperaturen verschwindet.

Stokes'sche Reibung

Betrachten wir nun die Situation, bei der eine Kugel (Radius R) laminar von einem Fluid (dynamische Viskosität η) mit der Geschwindigkeit v umströmt wird, wobei v definiert ist als der Geschwindigkeitsunterschied zwischen der Kugeloberfläche und dem ungestört fließenden Fluid.

George Gabriel Stokes (1819 – 1903) untersuchte diese Situation eingehend und konnte dabei die Reibungskraft

$$F_R = -6\pi \cdot \eta \cdot R \cdot v \qquad (2.9)$$

ableiten, die aufgrund der inneren Reibung an der Kugel angreift. Zu seinen Ehren wird dieses Gesetz heute als **Stokes'sche Reibung** bezeichnet.

Übung: Betrachten Sie eine Kugel (Radius R, Dichte ρ_{Kugel}), die in einem viskosen Fluid (dynamische Viskosität η, Dichte ρ_{Fl}) aufgrund ihrer Gewichtskraft zu Boden sinkt. Zeigen Sie, dass sich die stationäre Fallgeschwindigkeit $v_{\text{stat}} = \dfrac{(\rho_{\text{Kugel}} - \rho_{\text{Fl}}) \cdot V_{\text{Kugel}} \cdot g}{6\pi \cdot \eta \cdot R}$ einstellt, sofern die Kugel laminar vom Fluid umströmt wird.

Lösung: Die Kugel besitzt das Volumen $V_{\text{Kugel}} = \frac{4}{3} \cdot \pi \cdot R^3$ und wird somit aufgrund der Gewichtskraft $F_g = \rho_{\text{Kugel}} \cdot V_{\text{Kugel}} \cdot g$ nach unten beschleunigt. Des Weiteren greifen an der Kugel die Auftriebskraft (→ Abschnitt 2.4) $F_A = -\rho_{\text{Fl}} \cdot V_{\text{Kugel}} \cdot g$ und die Stokes'sche Reibung $F_R = -6\pi \cdot \eta \cdot R \cdot v$ an, so dass insgesamt die resultierende Kraft $F_{\text{res}} = F_g + F_A + F_R = (\rho_{\text{Kugel}} - \rho_{\text{Fl}}) \cdot V_{\text{Kugel}} \cdot g - 6\pi \cdot \eta \cdot R \cdot v$ an der Kugel angreift. Die Fallbewegung ist genau dann stationär, wenn die resultierende Kraft auf die Kugel verschwindet ($F_{\text{res}} = 0$, Aktionsprinzip), wodurch für die stationäre Fallgeschwindigkeit v_{stat} die Behauptung folgt.

Laminare Strömung durch Röhren: Hagen-Poiseuille-Gesetz

Wir werden nun das Geschwindigkeitsfeld $v(\vec{r}, t)$ eines viskosen Fluids berechnen, welches stationär und laminar durch ein kreisförmiges Rohr (Radius R, Länge L) strömt. Bei der Annahme, dass es sich um ein Newton'sches Fluid handelt, kann Gl. 2.8 angewendet werden, um die stationären Geschwindigkeiten der einzelnen Schichten zu berechnen (vgl. Abb. 2.21).

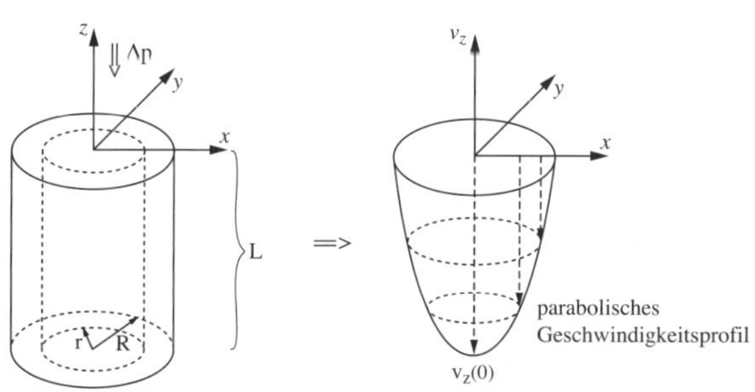

Abb. 2.21

Zunächst stellen wir fest, dass das Rohr Zylindersymmetrie besitzt, und somit muss das Gleiche für das (stationäre) Geschwindigkeitsfeld gelten, d.h. $v(\vec{r}, t) = v(r)$. Wir können daher (zentral) innerhalb des Rohres einen Zylinder mit dem Radius r und der Länge L auswählen und wissen, dass das Geschwindigkeitsfeld auf dessen Mantelfläche $A_M(r) = 2\pi\, r \cdot L$ aufgrund der Zylindersymmetrie des Rohres konstant sein muss (vgl. Abb. 2.21).

Andererseits wissen wir, dass zwischen beiden Stirnflächen des Rohres ein Druckunterschied Δp wirken muss, damit das Fluid überhaupt gegen die innere Reibung eine Strömung durchführen kann. Dieser Druckunterschied greift aber auch an der Stirnfläche des gewählten Zylinders an und erzeugt somit auf das Fluid die Schubkraft $F_S(r) = \Delta p \cdot A_S(r) = \Delta p \cdot \pi\, r^2$. Diese Schubkraft wird das Fluid beschleunigen, und ein stationärer Zustand wird sich genau dann ausbilden, wenn die innere Reibung die Schubkraft gerade kompensiert. Mit diesen Informationen nimmt Gl. 2.8 dann die Form

$$\frac{F_S}{A_M} = -\eta \cdot \frac{dv(r)}{dr} \Rightarrow dv(r) = -\frac{\Delta p \cdot \pi\, r^2}{\eta \cdot 2\pi\, r \cdot L}\, dr = -\frac{\Delta p}{2 \cdot \eta \cdot L} \cdot r \cdot dr \text{ an.}$$

Diese Gleichung kann leicht integriert werden und liefert dann das parabolische Geschwindigkeitsprofil

$$\int dv(r) = -\frac{\Delta p}{2 \cdot \eta \cdot L} \int r \cdot dr \Rightarrow v(r) = -\frac{\Delta p}{4 \cdot \eta \cdot L} \cdot r^2 + C,$$

welches mit zunehmendem Abstand r zum Zentrum quadratisch abfällt. An dieser Stelle wird häufig die Randbedingung gewählt, dass die Geschwindigkeit direkt am Rohr (aufgrund der Reibung) Null ist, d.h. $v(r = R) = 0$, woraus sofort das Geschwindigkeitsprofil

$$v(r) = \frac{\Delta p}{4 \cdot \eta \cdot L} \cdot (R^2 - r^2) \text{ folgt.}$$

Um die Konsequenz dieses Resultats komplett verstehen zu können, werden wir den Massenstrom I_M des Fluids durch das Rohr berechnen. Wenn ρ_{Fl} die Dichte des Fluids ist, so ist die Massenstromdichte durch $j_M(r) = \rho_{Fl} \cdot v(r)$ gegeben, und der Massenstrom kann berechnet werden, indem diese Dichte aufintegriert wird, d.h.

$$I_M = \int_{r=0}^{r=R} j_M(r) \cdot dA = \frac{\rho_{Fl} \cdot \Delta p}{4 \cdot \eta \cdot L} \cdot \int_{r=0}^{r=R} (R^2 - r^2) \cdot (2\pi\, r \cdot dr)$$

$$= \frac{\pi \cdot \rho_{Fl} \cdot \Delta p}{2 \cdot \eta \cdot L} \cdot \int_{r=0}^{r=R} (r \cdot R^2 - r^3) \cdot dr = \frac{\pi \cdot \rho_{Fl} \cdot \Delta p}{2 \cdot \eta \cdot L} \cdot \left[\frac{r^2 \cdot R^2}{2} - \frac{r^4}{4}\right]_{r=0}^{r=R}$$

$$I_M = \frac{\pi \cdot \rho_{Fl} \cdot \Delta p}{2 \cdot \eta \cdot L} \cdot \left[\frac{R^4}{2} - \frac{R^4}{4}\right] = \frac{\pi \cdot \rho_{Fl} \cdot \Delta p \cdot R^4}{8 \cdot \eta \cdot L}.$$

Gesetz von Hagen-Poiseuille

Ein inkompressibles, newtonsches Fluid (Viskosität η, Dichte ρ_{Fl}) ströme stationär und laminar durch ein Rohr (Länge L, Radius R). Dann kann durch das Rohr (aufgrund eines Druckunterschieds Δp) maximal der Massenstrom

$I_M = \frac{\pi \cdot \rho_{Fl} \cdot \Delta p \cdot R^4}{8 \cdot \eta \cdot L}$ transportiert werden.

Bemerkung:

Der Massenstrom hängt mit der vierten Potenz vom Rohrradius ab, d.h., eine Verdopplung von R steigert den Massenstrom um den Faktor 16. Dies zeigt, welch immense Bedeutung dem Radius in der Industrie und auch im menschlichen Körper zuteil wird: Würde sich der Radius eines Blutgefäßes halbieren, so würde der Massenstrom durch dieses Blutgefäß um den Faktor 16 abnehmen, d.h., der Druckunterschied Δp müsste um den Faktor 16 zunehmen, um die Halbierung kompensieren zu können. Somit können bereits geringste Verengungen von Blutgefäßen zu schweren Durchblutungsstörungen führen.

Turbulente Strömung: Bildung von Wirbeln

Zu Beginn dieses Abschnitts wurde gezeigt, dass eine innere Reibung zur Ausbildung von laminaren Strömungen führen kann. Ist hingegen die innere Reibung vernachlässigbar, so können sich Störungen in der Strömung ausbreiten, was zur Ausbildung einer turbulenten Strömung führen kann.

Um die turbulente Strömung besser verstehen zu können, betrachten wir ein kugelförmiges Objekt, welches durch ein newtonsches Fluid laminar umströmt wird. Ferner sei die Geschwindigkeit des Fluids derart gering, dass Reibungskräfte vernachlässigt werden können. Da das umströmte Objekt kugelsymmetrisch ist, muss das Gleiche für den Betrag des Geschwindigkeitsfeldes gelten. Das Fluid wird

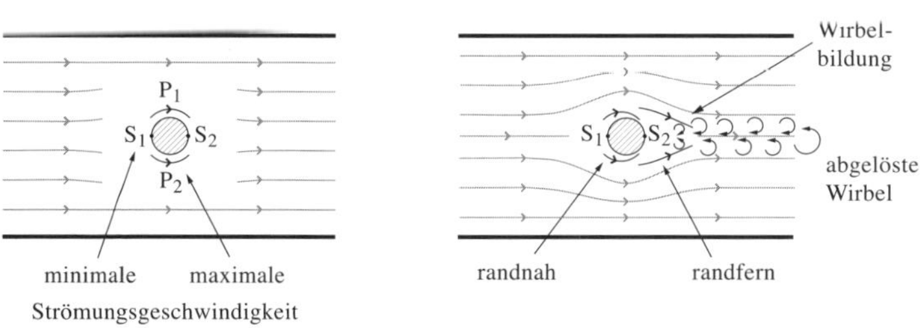

Abb. 2.22

sich somit vor dem Objekt „aufteilen" und es beispielsweise ober- und unterhalb in gleicher Weise umströmen, bevor sich die Strömung hinter dem Objekt wieder vereint (vgl. Abb. 2.22). Somit gibt es zwei Staupunkte S_1 und S_2 (jeweils einen vor und einen hinter dem Objekt), bei denen die Geschwindigkeit des Fluids Null ist.

Da randnahe Schichten (d.h. Schichten, die in der Nähe des Kugelrandes verlaufen) aufgrund der Krümmung des Objekts einen längeren Weg pro Zeiteinheit zurücklegen müssen, folgt automatisch, dass diese Schichten auch mit einer höheren Geschwindigkeit als randferne Schichten strömen. Aus dieser Eigenschaft und der Kugelsymmetrie kann man ferner schließen, dass die Strömungsgeschwindigkeit des Fluids an den Punkten P_1 und P_2 maximal wird.

Nach Voraussetzung können Reibungskräfte vernachlässigt werden, und somit zeigt die Anwendung des Bernoulli'schen Gesetzes, dass an den Staupunkten der hydrostatische Druck auf das Objekt maximal wird (da $v(S_1) = v(S_2) = 0$), während er an den Punkten P_1 und P_2 minimal ist (da $v(P_1) = v(P_2) = \max$). Man kann daher sagen, dass in den randnahen Schichten die Teilchen durch den (negativen) Druckunterschied zwischen S_1 und $P_{1/2}$ beschleunigt werden, während sie zwischen $P_{1/2}$ und S_2 durch einen positiven Druckunterschied wieder auf die ursprüngliche Geschwindigkeit abgebremst werden. Während der Beschleunigung zwischen S_1 nach $P_{1/2}$ kann das Fluid kinetische Energie speichern, die jedoch bei der Bewegung zwischen $P_{1/2}$ und S_2 wieder komplett aufgebraucht wird.

Wenn wir nun die Geschwindigkeit des Fluids immer weiter erhöhen, so wird die Reibungskraft ab einer gewissen Geschwindigkeit nicht mehr vernachlässigbar sein, da die Stokes'sche Reibung nach Gl. 2.9 linear mit der Strömungsgeschwindigkeit zunimmt. Dies wirkt sich insbesondere stark auf die randnahen Schichten in Abb. 2.22 aus, da bei ihnen das Geschwindigkeitsgefälle und somit auch die innere Reibung am stärksten sind. Durch den reibungsbedingten Energieverlust reicht nun die (vom Fluid gespeicherte) kinetische Energie dieser Schichten nicht mehr aus, um bis zum Punkt S_2 zu strömen, d.h., die randnahen Schichten werden bereits vor S_2 zur Ruhe kommen, während dieser Prozess bei randfernen Schichten kaum eine oder keine Wirkung zeigt.

Dadurch wird das bereits vorhandene Geschwindigkeitsgefälle zwischen randnahen und -fernen Schichten weiter verstärkt, und es bildet sich ein Drehmoment zwischen den Schichten, welches zur Ausbildung von Wirbeln hinter dem Objekt (oder anderen Hindernissen) in der Strömung führt. Derartige Strömungen bezeichnet man als turbulent, und aufgrund der Drehimpulserhaltung zeigt sich (→ Abschnitt 1.11), dass sich immer mindestens zwei Wirbel ausbilden, die jeweils einen einander entgegengesetzten Drehsinn besitzen.

Interessanterweise können sich diese Wirbel vom umströmten Objekt ablösen und werden dann durch die Strömung abtransportiert, während hinter dem Objekt neue Wirbel entstehen. Da die Ausbildung der Wirbel Energie kostet (innere Reibung und Rotationsenergie), wird durch die Wirbel ständig Energie aus dem System entfernt, was sich physikalisch durch eine Zunahme der Reibungskraft äußert.
Experimentell zeigt sich, dass sich die Reibungskraft bei einer turbulenten Strömung häufig in der Form $F_t = c_W \cdot \frac{\rho}{2} \cdot v^2$ darstellen lässt, wobei c_W als Widerstandsbeiwert bezeichnet wird, der sowohl von der Geometrie des umströmten Objektes als auch von den Eigenschaften des Fluids abhängt.

Dies zeigt, dass die Reibungskraft einer turbulenten Strömung stärker von der Strömungsgeschwindigkeit abhängt ($\sim v^2$) als die innere Reibung einer laminaren Strömung ($\sim v$), und erklärt auch, warum die Reibung schlagartig zunehmen kann, wenn die Strömung von laminar in turbulent kippt. Interessanterweise bilden sich die Wirbel im Allgemeinen nur in einem kleinen Bereich des Fluids aus, d.h., die Reibung ist im größten (räumlichen) Teil des Fluids vernachlässigbar. Dennoch beeinflusst sie die Eigenschaften der Strömung sehr stark.

Grundlagen der Aerodynamik

Das Beispiel der Stokes'schen Reibung zeigt: Wenn ein Körper symmetrisch umströmt wird, so werden die Kräfte, die aufgrund der Strömung entstehen, den Körper lediglich in Strömungsrichtung beschleunigen. In diesem Abschnitt werden wir zeigen, dass bei asymmetrischer Umströmung Kräfte entstehen können, die auch senkrecht zur Strömungsrichtung wirken.
Betrachten wir dazu einen umströmten Zylinder, der zusätzlich entlang der Symmetrieachse rotiert. Aufgrund von Reibung werden die randnahen Schichten durch den Zylinder eine Beschleunigung erfahren und zusätzlich zur Strömung eine Rotation durchführen. Das effektive Geschwindigkeitsfeld wird dann eine Superposition der geradlinigen und kreisförmigen Strömung sein, was zu einer asymmetrischen

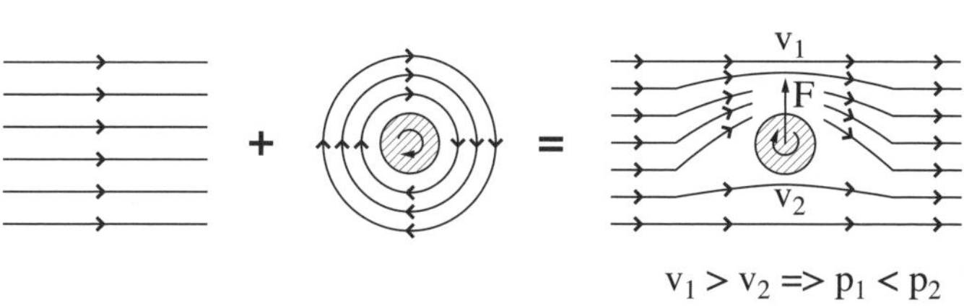

Abb. 2.23

Strömung um den Zylinder herum führt (vgl. Abb. 2.23). Aufgrund der unterschiedlichen Strömungsgeschwindigkeiten folgt aus der Bernoulli'schen Gleichung, dass der Zylinder auf der Seite mit der höheren Geschwindigkeit einen Unterdruck erfährt, welcher eine Kraft auf den Zylinder erzeugt, die eine Komponente senkrecht zur Strömungsrichtung aufweist.

Dieser Effekt wurde von Heinrich Gustav Magnus (1802 – 1870) entdeckt, als er versuchte zu erklären, warum Kanonenkugeln teilweise sehr stark von der ursprünglichen Flugbahn ausgelenkt werden können (**Magnus-Effekt**).

Eine ähnliche Situation findet man an den Tragflächen von Flugzeugen vor, bei der die asymmetrische Strömung durch die Form der Tragflächen erzeugt wird: Im oberen Bereich muss das Fluid im Vergleich zum unteren Bereich einen längeren Weg in gleicher Zeit zurücklegen, d.h., das Fluid umströmt den oberen Teil der Tragflächen schneller als den unteren. Dieser Prozess erzeugt wieder eine aufwärtsgerichtete Kraft, die als Auftriebskraft bezeichnet wird. Jedoch zeigt sich, dass die so erzeugte Auftriebskraft nicht ausreicht, um die Gewichtskraft des Flugzeugs zu kompensieren.

In der Praxis wird dieses Problem durch die Ausbildung einer turbulenten Strömung hinter den Tragflächen gelöst: Sie wird von der Bildung von Wirbeln begleitet, die sich von den Tragflächen ablösen und durch die Strömung abtransportiert werden. Nach dem Satz von Kelvin bildet sich dadurch ebenfalls ein linksdrehender Wirbel um die Tragflächen herum aus, welcher die Strömungsgeschwindigkeit oberhalb (bzw. unterhalb) der Tragflächen weiter erhöht (bzw. erniedrigt) und somit den Auftrieb weiter verstärkt. Da diese Wirbelbildung mit der Anfahrbewegung des Flugzeugs einsetzt, bezeichnet man ihn auch als **Anfahrwirbel**.

Im Allgemeinen wird man beim Flugzeug vier Kräfte beobachten können: die Zugkraft, die das Flugzeug in Flugrichtung beschleunigt, die Reibungskraft, die der Bewegung des Flugszeugs entgegengerichtet ist, die Gewichtskraft, die das Flugzeug zur Erde hin beschleunigt, und die Auftriebskraft, die durch die Umströmung der Tragfläche erzeugt wird und senkrecht zu ihr steht. Die Resultierende dieser Kräfte wird daher die Bewegung des Flugzeugs bestimmen.

Man sollte aber in Erinnerung behalten, dass diese Kräfte im Allgemeinen unterschiedliche Angriffspunkte aufweisen und dass somit während des Fluges Drehmomente auf das Flugzeug wirken, die dessen Stabilität stark beeinflussen können.

Reynoldszahl

Die vorangegangenen Überlegungen haben gezeigt, dass die Kenntnis der Eigenschaften von Strömungen sehr wichtig für die Anwendung in der Praxis ist. Will man beispielsweise die Umströmung eines Flugzeugs studieren, so können diese

Untersuchungen aufgrund der enormen geometrischen Ausmaße selten direkt am Original erfolgen.
Häufig müssen die zu untersuchenden Objekte daher durch Modelle ersetzt werden, die auf die Dimensionen des Messaufbaus verkleinert wurden. Hier muss man sich die Frage stellen, inwiefern die Umströmung des verkleinerten Modells noch Ähnlichkeit mit der ursprünglichen Situation aufweist. Die Strömungsmechanik hat aus diesem Grund mehrere Größen berechnet, die helfen zu entscheiden, ob Strömungen sich unter verschiedenen Bedingungen (Dimensionen der Objekte, Viskosität und Strömungsgeschwindigkeit des gewählten Fluids) ähnlich zueinander verhalten.
Ein Beispiel hierfür stellt die Reynoldszahl Re dar, mit deren Hilfe man entscheiden kann, ob zwei Strömungen bezüglich der Reibung (und somit der Ausbildung von Turbulenzen) vergleichbar sind. Sie ist für ein Fluid (dynamische Viskosität η, Dichte ρ) mit der Strömungsgeschwindigkeit v durch

$$\mathrm{Re} = \frac{\rho \cdot v \cdot L}{\eta} = \frac{v \cdot L}{\nu}$$

gegeben, wobei L die Längenskala der Hindernisse angibt, welche die Strömung stören. Strömt das Fluid beispielsweise durch ein Rohr, so ist L durch den Durchmesser D des Rohrs gegeben.
Durch Einsetzen überzeugt man sich schnell, dass die Reynoldszahl bei Verwendung von SI-Einheiten dimensions- bzw. einheitenlos wird. Des Weiteren kann man leicht zeigen, dass die Reynoldszahl proportional zum Verhältnis der kinetischen Energie zur Reibungsenergie ist, d.h. $\mathrm{Re} \sim E_{\mathrm{kin}} / E_{\mathrm{Reib}}$. Für kleine Reynoldszahlen dominiert die Reibung im System, und es wird sich eine laminare Strömung ausbilden. Mit zunehmender Strömungsgeschwindigkeit wird jedoch auch die kinetische Energie des Fluids und somit auch die Reynoldszahl zunehmen. Übersteigt die Reynoldszahl einen kritischen Wert $\mathrm{Re}_{\mathrm{krit}}$ (was insbesondere von der Geometrie des umströmten Objekts abhängt), so wird die Reibung vernachlässigbar, und die Strömung schlägt von laminar in turbulent um.
Man kann somit an Modellsystemen im Labor $\mathrm{Re}_{\mathrm{krit}}$ für die Strömungen um Objekte unterschiedlicher Geometrie ermitteln und diese Ergebnisse direkt auf die Praxis übertragen. So zeigt sich beispielsweise, dass $\mathrm{Re}_{\mathrm{krit}}$ für Strömungen durch ein Rohr mit kreisförmigem Querschnitt einen Wert von ca. $\mathrm{Re}_{\mathrm{krit}} = 2300$ besitzt.

Übung: Betrachten Sie die Strömung von Wasser (kinetische Viskosität $\nu_W = 10^{-6}$ m^2/s), die mit einer Geschwindigkeit von $v_W = 0{,}1$ m/s erfolgt, durch ein kreisförmiges Rohr mit dem Durchmesser $D_W = 1$ m. Entscheiden Sie anhand der Reynoldszahl: Ist die Strömung laminar oder turbulent?

In einem Laborversuch wollen Sie die Eigenschaften dieser Strömung studieren, indem Sie der Einfachheit halber Luft ($\nu_L = 10^{-5}$ m²/s) anstelle von Wasser strömen lassen. Ferner müssen Sie aus Platzgründen den Rohrdurchmesser auf $D_L = 0{,}1$ m reduzieren. Mit welcher Geschwindigkeit muss die Luft strömen, damit die Strömungen einander bezüglich der Reibung ähnlich sind?

Lösung: Einsetzen der Werte liefert für die Strömung des Wassers eine Reynoldszahl von $\mathrm{Re} = 10^5$, was mehrere Größenordnungen über dem kritischen Wert von 2300 für diese Geometrie liegt. Die Strömung ist somit turbulent. Für die Dimensionierung der Luftströmung liefert Umstellen von

$\mathrm{Re} = \dfrac{v_L \cdot D_L}{\nu_L} \equiv 10^5 \Rightarrow v = 10\ \mathrm{m/s}$. Somit muss die Luft mit einer Geschwindigkeit von 10 m/s durch das Rohr strömen, damit die Strömung im Modell-System (Luft) mit der realen Situation (Wasser) vergleichbar ist.

2.7 Wellen I: Wellenausbreitung in ausgedehnten Körpern

In Abschnitt 1.10 wurde gezeigt, dass Massenpunkte bei Anwesenheit einer rücktreibenden Kraft Schwingungen durchführen können. Hier werden wir zeigen, dass sich diese Schwingungen im Raum ausbreiten können, wenn zwischen benachbarten Massenpunkten eine Kopplung vorliegt.

Eine sich **räumlich ausbreitende Schwingung** wird in der Physik auch als **Welle** bezeichnet, wobei ein klassisches Beispiel durch Wasserwellen gegeben ist. Man sollte sich aber darüber im Klaren sein, dass dies nur ein Spezialfall der Wellenausbreitung ist. Es gibt in der Physik eine Vielzahl von Wellen, die sich in ihrem Ursprung und ihrer (physikalischen) Natur deutlich voneinander unterscheiden können.

> Im Allgemeinen bezeichnet man als **Welle** die **räumliche und zeitliche Veränderung** einer physikalischen Eigenschaft, welche zu einem **Transport von Energie**, aber nicht von Materie führt. Die Veränderung kann zeitlich periodisch sein (z.B. Wasserwellen), muss es aber nicht (z.B. **Solitonen**).

Wenn man von Wellen spricht, so meint man im Allgemeinen die Ausbreitung von Wellen, die zeitlich periodisch erfolgt. Wir werden daher im Folgenden auch nur diese „periodischen" Wellen betrachten.

Welche „Eigenschaft" sich genau verändert, hängt natürlich ganz von der betrachteten Welle ab. Bei Schallwellen sind es beispielsweise Dichteschwankungen des Fluids, die sich durch den Raum ausbreiten. In Abschnitt 6 wird gezeigt, dass man Licht auf die Ausbreitung eines elektromagnetischen Feldes zurückführen kann. Dieses Konzept wurde in der Physik stark verallgemeinert, so dass man heute auch sehr abstrakte Wellen (z.B. Materiewellen → Abschnitt 8; Spin-Wellen) betrachtet.

Generell zeigt sich, dass die Ausbreitung einer (periodischen) Welle zwingend die Energieumwandlung zwischen mindestens zwei Energieformen erfordert. Bei Schallwellen werden beispielsweise ständig kinetische und potenzielle Energie ineinander umgewandelt (siehe unten), während bei elektromagnetischen Wellen die Umwandlung der Energie zwischen einem elektrischen und einem magnetischen Feld erfolgt (→ Abschnitt 6).

Beschreibung der Wellenausbreitung

Da die Wellenausbreitung sowohl eine räumliche als auch eine zeitliche Komponente besitzt, kann man sie auf zwei Arten bestimmen: an einem festen Ort in Abhängigkeit von der Zeit oder zu einem festen Zeitpunkt als Funktion des Ortes. Beginnen wir zunächst mit der Beschreibung zu einem festen Zeitpunkt, bei der man für einen Moment die Zeit „stoppt" und die räumlichen Eigenschaften der „eingefrorenen" Welle untersucht. Aus dem Alltag kennen wir bereits zwei typische Arten räumlicher Wellenausbreitung:

Wirft man einen Stein in einen See, so entstehen kreisförmige Wellenberge und -täler, die sich konzentrisch von ihrer Quelle (dem Einschlagspunkt) aus entfernen. Wellen mit diesen Eigenschaften bezeichnet man als **Kugelwellen**, da sie sich in

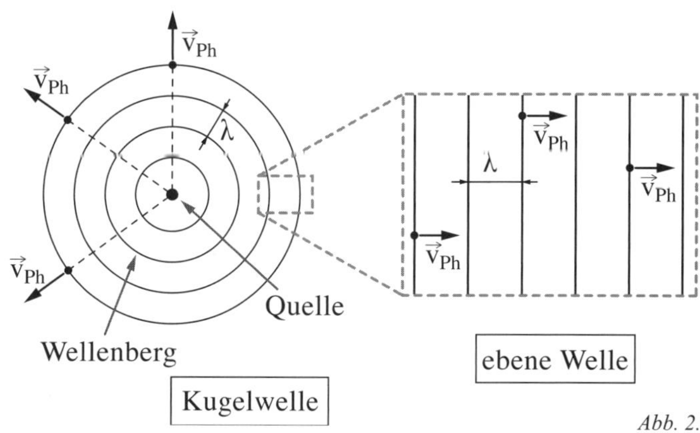

Abb. 2.24

einem dreidimensionalen, homogenen Medium kugelförmig von ihrer Quelle aus entfernen. Ein weiteres Beispiel hierfür ist die Ausbreitung von Schallwellen in Luft.

Zu einem festen Zeitpunkt können wir diese Wellenausbreitung skizzieren, indem wir jeden Punkt, der zu einem Wellenberg gehört, markieren. Bei Kugelwellen führt diese Darstellungsweise zu Kreisen, die konzentrisch um die Quelle herum angeordnet sind (vgl. Abb. 2.24).

Betrachten wir nun die Ausbreitung von Wasserwellen im Meer, so fällt häufig auf, dass die Wellenberge und -täler nahezu gerade Linien bilden (vgl. Abb. 2.24), die sich in guter Näherung geradlinig in eine Richtung ausbreiten. Diese Wellen werden als **ebene Wellen** bezeichnet.

Bei beiden Wellentypen stellt man häufig fest, dass die Wellenberge einen festen Abstand zueinander besitzen, den man als **Wellenlänge** λ bezeichnet. Betrachtet man nun die Wellenausbreitung zu unterschiedlichen Zeiten, so kann man die Bewegung der Wellenberge nachvollziehen und die Geschwindigkeit $\vec{v}_{Ph}$ (genannt **Phasengeschwindigkeit**) messen, mit der sie sich bewegen.

Andererseits kann man die Ausbreitung einer Welle auch untersuchen, indem man ihre zeitliche Veränderung an einem festen Ort misst. Dies kann bei einer Wasserwelle beispielsweise dadurch erfolgen, dass man die Höhe des Wasserstands an einem festen Punkt (z.B. an einem Brückenpfeiler) beobachtet und dies als Funktion der Zeit darstellt. Meistens wird man hierbei feststellen, dass die Welle lokal (d.h. an einem festen Ort) zu einer Schwingung führt, die durch eine Periodendauer T bzw. eine Frequenz $f = 1 / T$ gekennzeichnet ist (vgl. Abb. 2.25 und → Abschnitt 1.10). Da sich die Welle pro Zeiteinheit T um die Strecke λ fortbewegt, kann man die Phasengeschwindigkeit auch durch $v_{Ph} = \lambda / T = \lambda \cdot f$ berechnen, d.h., das Produkt aus Wellenlänge und Frequenz ergibt gerade die Ausbreitungsgeschwindigkeit der Welle (**Dispersionsrelation**).

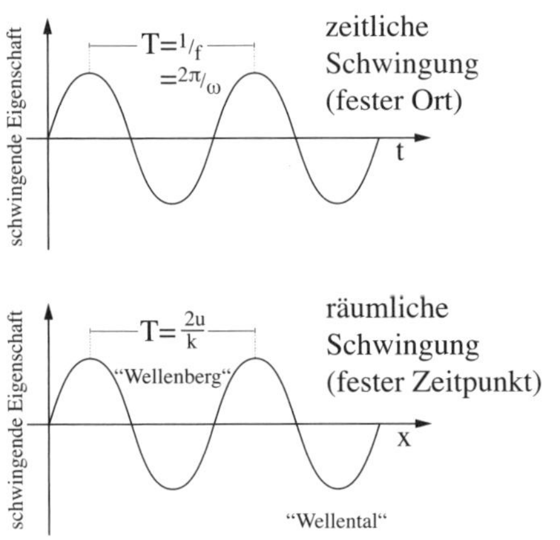

Abb. 2.25

In Abschnitt 1.10 wurden harmonische Schwingungen betrachtet, die eine wichtige Rolle in der Physik spielen. Wenn eine Welle lokal eine harmonische Schwingung erzeugt, dann bezeichnet man sie ebenfalls als **harmonische Welle**.
Sei nun $E(\vec{r}, t)$ die Eigenschaft der harmonischen Welle, welche sich im Raum ausbreitet (bei Schallwellen wäre $E(\vec{r}, t) = \rho_{\text{Fluid}}(\vec{r}, t)$, also eine Veränderung in der Dichte). Häufig können harmonische Wellen durch

$$E(\vec{r}, t) = E_0\,(\vec{r}) \cdot \sin\,(\omega \cdot t + \phi(\vec{r}) + \phi_0) \qquad (2.10)$$

mathematisch hinreichend beschrieben werden, wobei $\omega = 2\pi / T$ wieder die Kreisfrequenz der Schwingung aus Abschnitt 1.2 und 1.10 darstellt.

Die Welle Gl. 2.10 kann als Produkt einer (ortsabhängigen) Amplitude $E_0(\vec{r})$ und einer Sinusschwingung aufgefasst werden. Das Argument in der Sinusfunktion (die sogenannte **Phase**) setzt sich aus drei Komponenten zusammen:

1. Der Anteil $\omega \cdot t$ beschreibt die zeitliche Abhängigkeit der Welle an einem festen Punkt und stellt sicher, dass $\vec{E}(\vec{r}, t + T) = E(\vec{r}, t)$ gilt (was man leicht nachrechnet).
2. Der Term ϕ_0 beschreibt lediglich eine konstante Phasenverschiebung, die auftreten kann, wenn man mehrere Wellen betrachtet. Befindet sich nur eine Welle im System, so kann man ϕ_0 stets durch eine geschickte Wahl des Startzeitpunktes der Zeitmessung zum Verschwinden bringen (beispielsweise durch $t = t' - \phi_0/\omega$).
3. Der Anteil $\phi(\vec{r})$ beschreibt, wie sich die Phase der Welle mit dem Ort $\vec{r}$ verändert und nimmt je nach räumlicher Ausbreitungsart unterschiedliche Formen an. Dies wollen wir an zwei Beispielen illustrieren:

(i) Ebene Wellen sind dadurch gekennzeichnet, dass die Wellenberge gerade Linien bilden. Die Phasengeschwindigkeit $\vec{v}_{\text{Ph}}$ steht senkrecht auf diesen Linien, und daher ist es sinnvoll, die x-Achse unseres Koordinatensystems parallel zu $\vec{v}_{\text{Ph}}$ zu legen (vgl. Abb. 2.24). Dadurch erkennt man sofort, dass die Phase der Sinusfunktion keine Funktion der y-Koordinate sein kann, da andernfalls die Wellenberge nicht parallel zur y-Achse verlaufen könnten. Da das Gleiche für die z-Achse gilt, kann bei der Welle in Abb. 2.24 die Phase nur Funktion der x-Koordinate sein. Somit gilt $\phi(\vec{r}) = \phi(x) = k \cdot x$, wobei der **Wellenvektor** k ein Maß für die räumliche Periodizität der Welle ist. Aus dieser Periodizität folgt ferner
$\phi(x + \lambda) = \phi(x) + 2\pi \rightarrow k \cdot (x + \lambda) = k \cdot x + 2\pi \rightarrow k \cdot \lambda = 2\pi$ bzw. $k = 2\pi / \lambda$. Insgesamt ergibt sich somit für die ebene Welle, die sich in x-Richtung ausbreitet, die Gleichung $E_{\text{eben}}(\vec{r}, t) = E_0(\vec{r}) \cdot \sin(\omega \cdot t + k \cdot x + \phi_0)$.
(ii) Bei Kugelwellen wurde gezeigt, dass die „Wellenberge" konzentrische Kreise um die Quelle herum ausbilden (vgl. Abb. 2.24). Daher ist es hier sinnvoll, Kugelkoordinaten zu verwenden: $\phi(\vec{r}) = \phi(r, \phi, \theta)$. Anhand der Wellenberge erkennt man

wieder, dass die Phase lediglich vom Abstand r zum Ursprung abhängt und daher unabhängig von ϕ und θ ist. Somit folgt analog zur ebenen Welle $\phi(\vec{r}) = k \cdot r$, d.h. $E_{\text{Kugel}}(\vec{r}, t) = E_0(r) \cdot \sin(\omega \cdot t + k \cdot r + \phi_0)$.

Bemerkungen:

1. Die Wellenberge stellen Orte dar, bei denen die Sinusfunktion maximal wird, d.h., bei denen die Phase der Welle den Wert $\pi/2$ annimmt. Dieses Konzept kann man (in Analogie zu den Äquipotentialflächen → Abschnitt 1.7) verallgemeinern, indem man alle Punkte des Raumes gleicher Phase zu **Phasenflächen** zusammenfasst. Die Wellenberge in Abb. 2.24 stellen somit zwar nur einen Spezialfall dieser Phasenflächen dar, dennoch erkennt man in ihnen, dass Kugelwellen kugelförmige Phasenflächen besitzen, während sie bei ebenen Wellen Ebenen senkrecht zur Ausbreitungsrichtung bilden.
2. Experimentell zeigt sich, dass die Schwingung in Richtung der Wellenausbreitung erfolgen kann (**longitudinale Welle**) bzw. senkrecht zu dieser Richtung (**transversale Welle**). Weiter unten werden wir zeigen, dass sich Schallwellen in Festkörpern sowohl longitudinal als auch transversal ausbreiten können, während in Flüssigkeiten und Gasen aufgrund des verschwindenden Schubmoduls lediglich eine longitudinale Wellenausbreitung möglich ist.

Homogene Wellengleichung

In Abschnitt 1.10 wurde mit Hilfe der Newton'schen Bewegungsgleichung gezeigt, dass Massenpunkte, die eine harmonische Schwingung mit Kreisfrequenz ω durchführen können, stets durch eine Differentialgleichung der Form

$$\frac{\mathrm{d}^2}{\mathrm{d}t^2}x(t) + \omega^2 \cdot x(t) = 0 \Rightarrow -\frac{1}{\omega^2}\frac{\mathrm{d}^2}{\mathrm{d}t^2}x(t) = x(t) \tag{2.11}$$

(Harmonischer Oszillator) beschrieben werden. Ein großer Vorteil dieser Beschreibung besteht darin, dass man die Lösung einer Bewegungsgleichung sofort angeben kann, sofern man in der Lage ist, sie auf die Form von Gl. 2.11 zu bringen.

Um eine vergleichbare Beschreibung für ebene, harmonische Wellen zu finden, betrachten wir zunächst den Spezialfall der Wellenausbreitung entlang der x-Achse. Wir stellen fest, dass (aufgrund der zeitlichen Periodizität $\omega = 2\pi/T$) die Welle die Gleichung

$$-\frac{1}{\omega^2}\frac{\partial^2}{\partial t^2}E(x, t) = E(x, t). \tag{2.12}$$

erfüllen muss. Ferner macht es mathematisch keinen Unterschied, ob wir die Periodizität bezüglich des Raumes (Wellenlänge λ) oder der Zeit (Periodendauer ω) betrachten: Für die Welle muss die Differentialgleichung des Harmonischen Oszillators auch bezüglich der x-Koordinate gelten. Um die entsprechende Gleichung zu erhalten, müssen daher alle zeitlichen Größen (t und ω) durch räumliche Größen (x und k) in Gl. 2.12 ersetzt werden:

$$-\frac{1}{k^2}\frac{\partial^2}{\partial x^2}E(x,\,t) = E(x,\,t). \qquad (2.13)$$

Setzt man dies mit Gl. 2.12 gleich, so folgt

$$\frac{1}{k^2}\frac{\partial^2}{\partial x^2}E(x,\,t) = \frac{1}{\omega^2}\frac{\partial^2}{\partial t^2}E(x,\,t) \Rightarrow \frac{\partial^2}{\partial x^2}E(x,\,t) = \frac{1}{v_{\text{Ph}}^2}\frac{\partial^2}{\partial t^2}E(x,\,t),$$

wobei im letzten Schritt

$$\frac{k^2}{\omega^2} = \left(\frac{k}{\omega}\right)^2 = \left(\frac{2\pi}{\lambda}\cdot\frac{T}{2\pi}\right)^2 = \left(\frac{T}{\lambda}\right)^2 = \frac{1}{v_{\text{Ph}}^2}$$

verwendet wurde.

Wellengleichung einer ebenen, harmonischen Welle

Die Differentialgleichung $$\frac{\partial^2}{\partial x^2}E(x,\,t) = \frac{1}{v_{\text{Ph}}^2}\frac{\partial^2}{\partial t^2}E(x,\,t) \qquad (2.14)$$

beschreibt die Ausbreitung einer ebenen, harmonischen Welle $E(x,\,t)$, die sich mit der Geschwindigkeit v_{Ph} entlang der x-Achse bewegt. Für die Geschwindigkeit gilt die Dispersionsrelation $v_{\text{Ph}} = \lambda / T = \lambda \cdot f$.

Beispiel: Schallwellen in elastischen Medien

Betrachten wir einen homogenen, elastischen Festkörper (→ Abschnitt 2.3), der in Form eines Stabes (o.B.d.A.) entlang der x-Achse ausgerichtet sei, so dass seine Querschnittsfläche A parallel zur y-z-Ebene liegt (vgl. Abb. 2.26). Die Dichte des Körpers sei ρ_{FK}, sein Elastizitätsmodul E und seine Länge L.

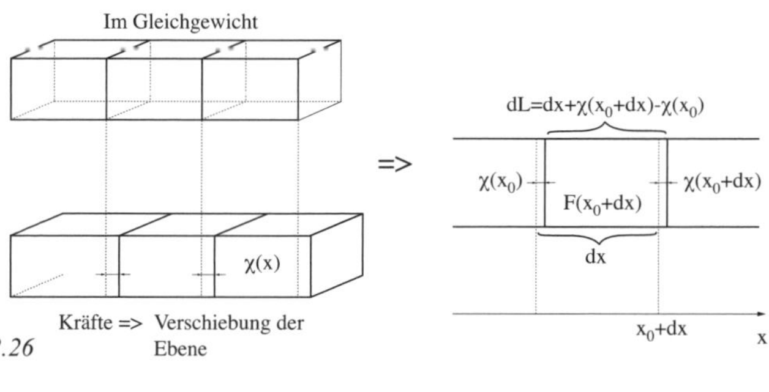

Abb. 2.26

Der Körper sei zunächst kräftefrei, d.h., auf ihn wirken keine Zug-, Schub- oder Normalkräfte. Für seine Beschreibung können wir den Körper in einzelne Schichten parallel zur Querschnittsfläche A zerlegen, wobei zwischen den einzelnen Schichten nur ein infinitesimaler Abstand dx liegen soll (vgl. Abb. 2.26). Wenn auf den Körper nun die Zugkraft F_Z wirkt, so dehnt er sich gemäß dem Hooke'schen Gesetz um ΔL aus, wodurch sich auch die Schichten von ihrer Ruhelage aus entfernen.

Diesen Abstand von der Ruhelage werden wir im Folgenden als $\chi(x)$ bezeichnen. Er wird sowohl von der betrachteten Schicht als auch von der Zugkraft F_Z abhängen (vgl. Abb. 2.26). Betrachten wir nun zwei benachbarte Schichten, die sich im kräftefreien Fall an den Orten x_0 und $x_0 + \mathrm{d}x$ befinden, also den Abstand dx zueinander besitzen. Greift eine Zugkraft von außen an, so werden diese Schichten um die Strecke $\chi(x_0)$ bzw. $\chi(x_0 + \mathrm{d}x)$ von ihrer Ruhelage aus verschoben. Aufgrund dieser Verschiebung beträgt der Abstand zwischen den benachbarten Ebenen nun $\chi(x_0 + \mathrm{d}x) - \chi(x_0) + \mathrm{d}x$, d.h., er weicht um $\mathrm{d}L(x_0) = \chi(x_0 + \mathrm{d}x) - \chi(x_0)$ von dx ab, worauf der Festkörper gemäß dem Hooke'schen Gesetz mit der rücktreibenden Kraft

$$F(x_0) = E \cdot A \cdot \frac{\mathrm{d}L(x_0)}{\mathrm{d}x}$$

antwortet. Da dx eine infinitesimale Größe ist, kann dies mittels

$$\frac{\mathrm{d}L(x_0)}{\mathrm{d}x} = \frac{\chi(x_0 + \mathrm{d}x) - \chi(x_0)}{\mathrm{d}x} = \frac{\partial}{\partial x}\chi(x_0)$$ in

$$F(x_0) = \frac{E \cdot A \cdot \mathrm{d}L(x_0)}{\mathrm{d}x} = E \cdot A \cdot \frac{\partial}{\partial x}\chi(x_0)$$ umgeformt werden.

Die gleiche Berechnung können wir ebenfalls für die Schichten bei $x = x_0 - \mathrm{d}x$ und $x = x_0$ durchführen und erhalten analog $F(x_0 - \mathrm{d}x) = E \cdot A \cdot \frac{\partial}{\partial x}\chi(x_0 - \mathrm{d}x)$ als Kraft, welche die Schichten bei $x = x_0 - \mathrm{d}x$ und $x = x_0$ zusammenzieht. Beide Kräfte greifen (von unterschiedlichen Seiten) an die Schicht bei $x = x_0$ an (vgl. Abb. 2.26), so dass die resultierende Kraft durch

$$\mathrm{d}F(x_0) = F(x_0) - F(x_0 - \mathrm{d}x) = F(x_0) - \left(F(x_0) - \frac{\partial}{\partial x} F(x_0) \cdot \mathrm{d}x\right)$$

$$= \frac{\partial}{\partial x} F(x_0) \cdot \mathrm{d}x = E \cdot A \cdot \frac{\partial^2}{\partial x^2}\chi(x_0) \cdot \mathrm{d}x$$

gegeben ist. Diese Kraft bewirkt eine Beschleunigung der Schicht bei $x = x_0$, die das Volumen $\mathrm{d}V = A \cdot \mathrm{d}x$ und somit die Masse $\mathrm{d}m = \rho_{\mathrm{FK}} \cdot A \cdot \mathrm{d}x$ besitzt. Nach dem Aktionsprinzip folgt daher

$$\mathrm{d}F = \mathrm{d}m \cdot a \Rightarrow E \cdot A \cdot \frac{\partial^2}{\partial x^2}\chi(x_0) \cdot \mathrm{d}x = \rho_{\mathrm{FK}} \cdot A \cdot \frac{\partial^2}{\partial t^2}\chi(x_0) \cdot \mathrm{d}x$$

$$\Rightarrow \frac{\partial^2}{\partial x^2}\chi(x_0) = \frac{\rho_{\mathrm{FK}}}{E}\frac{\partial^2}{\partial t^2}\chi(x_0) \Rightarrow \frac{\partial^2}{\partial x^2}\chi(x_0) = \frac{1}{v_{\mathrm{Ph}}^2}\frac{\partial^2}{\partial t^2}\chi(x_0).$$

Dies ist aber gerade eine Wellengleichung vom Typ Gl. 2.14 und beschreibt damit die ebene Ausbreitung einer Welle mit der Geschwindigkeit

$$\frac{1}{v_{\mathrm{Ph}}^2} = \frac{\rho_{\mathrm{FK}}}{E} \Rightarrow v_{\mathrm{Ph}} = \sqrt{\frac{E}{\rho_{\mathrm{FK}}}}. \qquad (2.15)$$

Zur Herleitung wurde der Körper durch eine Zugkraft F_Z deformiert, d.h., die Schwingung erfolgt parallel zur Ausbreitungsrichtung und stellt somit eine longitudinale Dichtewelle in einem elastischen Medium dar.
Greift eine Scherkraft an den Festkörper an, so zeigt eine analoge Rechnung, dass sich in dieser Situation eine transversale Dichtewelle im Festkörper ausbreiten kann, welche die Ausbreitungsgeschwindigkeit $v_{\mathrm{Ph}} = \sqrt{\mathrm{G}/\rho_{\mathrm{FK}}}$ besitzt. Allgemein kann man sagen:

> Dichtewellen, die sich in elastischen Medien (Festkörpern, Flüssigkeiten, Gasen) ausbreiten, bezeichnet man im Allgemeinen als **Schallwellen**. Entsprechend nennt man die Ausbreitungsgeschwindigkeit $c = v_{\mathrm{Ph}}$ **Schallgeschwindigkeit**. Wenn K_{K} die Kopplungskonstante bezeichnet, mit der benachbarte Teilchen aneinander gekoppelt sind, und ρ die Dichte des Mediums, so ist die Schallgeschwindigkeit häufig durch $c = \sqrt{K_{\mathrm{K}}/\rho}$ gegeben.

Da Flüssigkeiten und Gase nicht formstabil sind ($E \approx 0$, $G \approx 0$), breiten sich longitudinale Wellen in diesen Medien aufgrund einer lokalen Kompression aus, d.h., K_{K} ist hier durch das Kompressionsmodul K gegeben, und für die Schallgeschwindigkeit folgt $c = \sqrt{K/\rho}$. Setzt man hierfür typische Parameter ein, so zeigt sich, dass die Schallgeschwindigkeit in Flüssigkeiten (aufgrund ihres nahezu inkompressiblen Charakters) deutlich höher ist als in Gasen.
Ferner zeigt diese Überlegung, dass eine transversale Wellenausbreitung in Flüssigkeiten und Gasen aufgrund des verschwindenden Schubmoduls $G \approx 0$ unmöglich ist. Im Gegensatz zum Festkörper besitzen die Teilchen in Flüssigkeiten und Gasen keine feste Ruhelage, so dass sich keine rückstellende Kraft aufgrund der Scherung einstellen kann.

> In isotropen Flüssigkeiten und Gasen gibt es nur eine longitudinale Schallgeschwindigkeit $c_{\mathrm{long}} = \sqrt{K/\rho}$, während isotrope Festkörper über eine longitudinale $c_{\mathrm{long}} = \sqrt{E/\rho}$ und eine transversale $c_{\mathrm{trans}} = \sqrt{G/\rho}$ Schallgeschwindigkeit verfügen.

Bemerkungen:

1. In Abschnitt 3.2 wird gezeigt, dass die Dichte von Gasen sehr stark von der Temperatur abhängt; somit muss das Gleiche für die Schallgeschwindigkeit in Gasen gelten. Man kann leicht zeigen, dass die Temperaturabhängigkeit der Schallgeschwindigkeit durch $c_{\text{long}} = c_{\text{long}}(T_0)\sqrt{T/T_0}$ gegeben ist, wobei die Temperatur T in Kelvin gemessen wird (→Abschnitt 3.1), T_0 eine beliebige Referenztemperatur und $c_{\text{long}}(T_0)$ die Schallgeschwindigkeit bei T_0 darstellt.
2. Da Schallwellen Dichteschwankungen sind, ist ihre Ausbreitung stets an ein Medium gebunden. Dies zeigt, dass es im Vakuum (z.B. im Weltraum) keine Schallausbreitung geben kann. Im Gegensatz dazu werden wir in Abschnitt 6 elektromagnetische Wellen kennenlernen, die interessanterweise kein Medium für ihre Ausbreitung benötigen, was Anstoß zu jahrzehntelangen Diskussionen gab.

Doppler-Effekt

Da die Ausbreitung von Schallwellen an ein Medium gebunden ist, muss man sich die Frage stellen, wie sich die Wellenausbreitung verändert, wenn sich das Medium relativ zur Schallquelle (Lautsprecher etc.) oder zum -empfänger (Ohr, Mikrofon etc.) bewegt. Zunächst stellen wir fest:

> Die Schallgeschwindigkeit $c = \sqrt{K_K/\rho}$ ist immer bezüglich eines ruhenden Mediums definiert.

Betrachten wir zunächst folgende Situation: Der Empfänger ruhe im Medium, und die Schallquelle bewege sich (o.B.d.A.) entlang der x-Achse mit der Geschwindigkeit v_Q auf den ruhenden Empfänger zu, während sie eine Schallwelle der Frequenz f_0 aussendet. Pro Zeiteinheit $T = 1/f_0$ bewegt sich dann die Quelle um die Strecke $\Delta x_Q = T \cdot v_Q$ auf den Empfänger zu, während die Welle in der gleichen Zeit die Strecke $\Delta x_W = T \cdot c = \lambda_0$ zurücklegt. Würde die Quelle ruhen, so wäre durch λ_0 die Wellenlänge der Welle gegeben (was durch die 0 im Index angedeutet werden soll). Da sich die Quelle jedoch in die gleiche Richtung wie die Welle bewegt, beträgt der Abstand zwischen den Wellenbergen nicht mehr λ_0, sondern wird um Δx_Q verkürzt, d.h., die Wellenlänge ist durch

$$\lambda = \lambda_0 - \Delta x_Q = T \cdot (c - v_Q)$$

in Ausbreitungsrichtung gegeben.

Durch Einsetzen der Dispersionsrelation folgt hieraus für die Frequenz der Welle

$$f(v_Q) = \frac{f_0}{1 - v_Q/c}.$$

Dies zeigt, dass beim Empfänger eine Frequenz gemessen wird, die für $v_Q > 0$ (Schallquelle nähert sich) höher bzw. für $v_Q < 0$ (Schallquelle entfernt sich) niedriger als die ursprünglich ausgesandte Frequenz f_0 ist.
Ruht nun die Schallquelle im Medium, während sich der Empfänger mit der Geschwindigkeit v_B auf die Quelle zubewegt, so zeigt eine analoge Rechnung, dass diesmal die Frequenz $f(v_Q) = f_0 \cdot (1 + v_B / c)$ am Empfänger gemessen wird. Dies hat hier aber eine andere Ursache als im ersten Fall: Da die Quelle bezüglich des Mediums ruht, breiten sich die Schallwellen ungestört als Kugelwellen aus. Der Empfänger bewegt sich jedoch relativ zum Medium, so dass die Zeit zwischen zwei Wellenbergen zu- ($v_B < 0$) bzw. abnimmt ($v_B > 0$).
Die allgemeine Situation kann dann wie folgt berechnet werden:

Betrachten wir ein Medium mit Schallgeschwindigkeit c. Da c bezüglich eines ruhenden Mediums definiert ist, werden wir im Folgenden das Medium als Ruhesystem verwenden, d.h. alle Geschwindigkeiten relativ zu diesem Medium messen.
In dem Medium sollen sich eine Schallquelle und ein Empfänger mit den Geschwindigkeiten v_Q bzw. v_B aufeinander zubewegen. Wenn die Schallquelle dann eine Welle der Frequenz f_0 aussendet, so misst der Empfänger aufgrund des **Doppler-Effektes** die Frequenz

$$f(v_Q) = f_0 \cdot \frac{1 + v_B / c}{1 - v_Q / c}.$$

Bemerkungen:

1. Der Doppler-Effekt geht auf Berechnungen von Christian Doppler (1803 – 1853) zurück, der versuchte, die Farbunterschiede von Sternen durch Frequenzverschiebungen aufgrund ihrer Relativbewegung zu erklären.Kurioserweise sind seine Berechnungen zwar mathematisch richtig, erklären jedoch nicht den gewünschten Effekt. Später konnte gezeigt werden, dass diese Farbunterschiede in Wirklichkeit auf Unterschiede in der Oberflächentemperatur der Sterne zurückgehen und dass der Doppler-Effekt eine untergeordnete Rolle spielt. In Abschnitt 8 werden wir zeigen, dass der Doppler-Effekt dennoch zu messbaren Verschiebungen führt.
2. Der Doppler-Effekt begegnet uns alltäglich, wenn ein Fahrzeug mit Martinshorn/Sirene an uns vorbeifährt: Kommt das Fahrzeug auf uns zu ($v_Q > 0$), so scheint die Sirene eine höhere Frequenz zu besitzen, als wenn sich das Fahrzeug von uns entfernt ($v_Q < 0$).

3. Die Frequenzverschiebung aufgrund des Doppler-Effekts wird in vielen Bereichen ausgenutzt, in denen Geschwindigkeiten von Objekten bestimmt werden müssen. So erlaubt beispielsweise das Doppler-Radar, die Geschwindigkeit von Flugzeugen oder Schiffen mit hoher Genauigkeit zu bestimmen. Ferner kann unter Einsatz der Doppler-Sonografie die Durchflussgeschwindigkeit von Blut durch Blutgefäße ermittelt werden, wodurch beispielsweise Verengungen oder Verschlüsse von Gefäßen nicht-invasiv ermittelt werden können.

3. Wärmelehre und Statistik

Die Wärmelehre (Thermodynamik) ist ein Teilbereich der Physik, der sich unter anderem mit der Frage beschäftigt, wie Energie zwischen unterschiedlichen Formen umgewandelt werden kann und wie viel Energie dabei für mechanische Arbeit zur Verfügung steht. Die Antworten auf diese Fragen sind essentiell für die Entwicklung und das Design von Wärmekraftmaschinen (also Maschinen, die Wärmeenergie in Arbeit umwandeln können wie z.B. Dampfmaschinen oder Verbrennungsmotoren). Aus diesem Grund besaßen thermodynamische Untersuchungen im 19. Jahrhundert einen hohen Stellenwert.

Ein wichtiges Resultat dieser Forschung ist die Ableitung der kinetischen Gastheorie, die es erstmals erlaubte, thermodynamische Beobachtungen mit mechanischen Prozessen in Verbindung zu bringen. Sie kann daher als Bindeglied zwischen der (makroskopischen) Thermodynamik und der klassischen Mechanik verstanden werden.

3.1 Temperatur und Wärme

In diesem Abschnitt werden wir uns mit einem Grundbegriff der Thermodynamik beschäftigen, der uns bereits aus dem Alltag bekannt ist: die **Temperatur**. Mit Hilfe unseres Tastsinns können wir beispielsweise Körper unterscheiden, die unterschiedliche Temperaturen aufweisen, d.h., wir können zwischen warmen und kalten Körpern unterscheiden.

Ferner wissen wir aus Erfahrung, dass wir die Temperatur eines Körpers erhöhen können, wenn wir beispielsweise Arbeit an ihm verrichten und ihm somit Energie zuführen. Die Temperatur eines Körpers muss daher in Zusammenhang mit einer Energieform stehen, die im Inneren des Körpers gespeichert wird und die ihm daher nicht für makroskopische Bewegungen zur Verfügung steht.

Brown'sche Bewegung und das Konzept der thermischen Energie

Wenn mit der Temperatur daher eine Art innere Energie verbunden ist, so muss man sich die Frage stellen, in welcher Form sie gespeichert wird. Die Antwort auf diese Frage wurde 1827 (eher durch einen glücklichen Zufall) von dem schottischen Botaniker Robert Brown (1773 – 1858) gegeben, der Pollen auf einer Wasseroberfläche mit einem Mikroskop untersuchte und dabei erstaunt feststellen musste, dass die Pollen zufällige und ungerichtete Bewegungen vollführten (vgl.

Abb. 3.1). Ihm zu Ehren wird diese Bewegung heute als **Brown'sche Bewegung** bezeichnet.

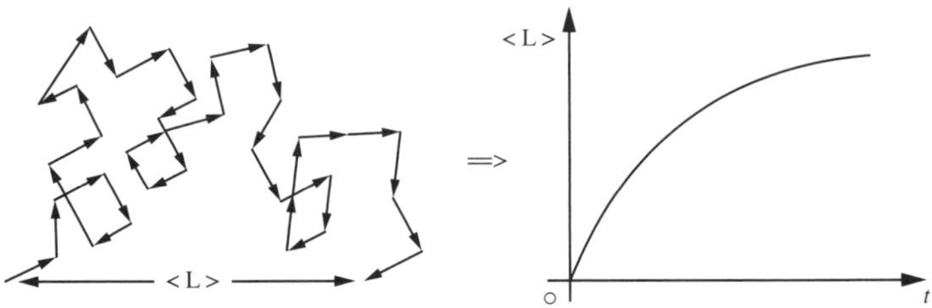

Abb. 3.1

Bemerkenswert ist, dass die Pollen sich, obwohl ihre Bewegung selbst ungerichtet ist (d.h., sie sich in jede Richtung mit der gleichen Wahrscheinlichkeit bewegen), dennoch vom Startpunkt entfernen. Die Statistik zeigt, dass die mittlere Entfernung $< L >$ vom Startpunkt unter diesen Bedingungen (**random walk**) wurzelförmig mit der Beobachtungszeit zunimmt. Die Stärke der Brown'schen Bewegung kann daher bestimmt werden, indem man pro Zeiteinheit die Strecke misst, um die sich eine Polle von ihrem Startpunkt aus verschiebt (vgl. Abb. 3.1).

Interessanterweise stellt man dann fest, dass die Stärke der Brown'schen Bewegung mit der Temperatur der Flüssigkeit zunimmt. Die Temperatur von Materie scheint daher ein Maß für die zufällige Bewegung ihrer Teilchen zu sein:

> Teilchen von Materie führen aufgrund der Temperatur (der Materie) zufällige, ungerichtete Bewegungen durch. Bei Gasen und Flüssigkeiten führt dies zu einem ungerichteten Transport der Teilchen (Diffusion → Abschnitt 3.2), bei Festkörpern zu Schwingungen der Teilchen um ihre Ruhepositionen. Die Temperatur kann daher als Maß für die **mittlere kinetische Energie** (**thermische Energie**) der Teilchen verstanden werden.

Die Brown'sche Bewegung kann somit auf eine Wechselwirkung der Pollen mit den Teilchen der Flüssigkeit zurückgeführt werden: Durch die zufällige Bewegung der Flüssigkeitsteilchen kommt es ständig zu Zusammenstößen mit den Pollen, was zu der von Brown beobachteten, ungerichteten Bewegung führt.

Thermische Ausdehnung von Körpern

Die Überlegungen der vorhergehenden Seiten zeigen deutlich, dass der Begriff Temperatur im Alltag häufig sehr qualitativ verwendet wird. Für eine physikalische Beschreibung ist es daher notwendig, einen Weg zu finden, den Temperaturbegriff quantitativ zu fassen.

Da sich die Temperatur einer direkten Messung entzieht, müssen wir eine messbare Größe finden, die über eine bekannte Gesetzmäßigkeit von der Temperatur abhängt. So kann über den Wert der physikalischen Größe und deren Temperaturabhängigkeit indirekt auf die Temperatur eines Körpers rückgeschlossen werden. Über die Jahre wurden hierfür unterschiedliche Techniken entwickelt. Exemplarisch wollen wir an dieser Stelle auf die Temperaturmessung aufgrund thermischer Längenänderung eingehen.

Thermische Längenänderung von Festkörpern

Sei $L(T_0)$ die Länge eines Festkörpers bei der Temperatur T_0. Wenn sich die Temperatur des Festkörpers von T_0 auf T verändert, stellt man häufig fest, dass sich die Länge des Festkörpers in guter Näherung linear mit der Temperaturdifferenz $\Delta T := T - T_0$ ändert:

$$L(T) = L(T_0) \cdot (1 + \alpha_{th} \cdot \Delta T) \tag{3.1}$$

Die materialspezifische Konstante α_{th} heißt **thermischer Längenausdehnungskoeffizient** (Einheit: 1 / Kelvin = K^{-1}, siehe unten).

Die meisten Stoffe besitzen einen positiven Längenausdehnungskoeffizienten, d.h., fast alle Stoffe zeigen mit steigender Temperatur ($\Delta T > 0$) eine Längenausdehnung ($\Delta L = L(T) - L(T_0) > 0$).

Da die Länge des Festkörpers sich in alle Richtungen gleichzeitig ändert, führt sie im Allgemeinen ebenfalls zu einer Volumenänderung.

Sei $V(T_0)$ das Volumen eines Mediums bei der Temperatur T_0. Dann kann man bei einer Temperaturänderung von T_0 auf T in Analogie zur Längenausdehnung den **thermischen Volumenausdehnungskoeffizienten** γ_{th} (Einheit: 1 / Kelvin = K^{-1}) durch

$$V(T) = V(T_0) \cdot (1 + \gamma_{th} \cdot \Delta T) \tag{3.2}$$

definieren. Für **isotrope** Materialien gilt $\gamma_{th} = 3 \cdot \alpha_{th}$.

Die Aussage $\gamma_{th} = 3 \cdot \alpha_{th}$ wollen wir an einem Beispiel demonstrieren: Betrachten wir dazu einen isotropen, kubischen Festkörper mit der Kantenlänge $L(T)$, dessen Volumen durch $V(T) = L(T)^3$ gegeben ist. Wird nun die Temperatur verändert, so ändert sich dessen Volumen aufgrund der Längenänderung um

$\Delta V = V(T) - V(T_0) = L(T_0)^3 \cdot (1 + \alpha_{th} \cdot \Delta T)^3 - L(T_0)^3 = V(T_0) \cdot [(1 + \alpha_{th} \cdot \Delta T)^3 - 1]$.

Bei den meisten Stoffen ist das Produkt $\alpha_{th} \cdot \Delta T$ bei realisierbaren Temperaturen klein gegen 1, so dass die Näherungsformel aus Abschnitt 1.5 angewendet werden kann:

$\Delta V = V(T_0) \cdot \left[(1 + \alpha_{th} \cdot \Delta T)^3 - 1\right] \approx V(T_0) \cdot (1 + 3 \cdot \alpha_{th} \cdot \Delta T - 1) \equiv V(T_0) \cdot (\gamma_{th} \cdot \Delta T)$.

Der Vergleich der Koeffizienten ergibt dann die Aussage $\gamma_{th} = 3 \cdot \alpha_{th}$.

Für Festkörper und Flüssigkeiten können wir diese Volumenausdehnung sofort qualitativ deuten: In Abschnitt 2.1 wurde gezeigt, dass diese Medien im Allgemeinen dadurch gekennzeichnet sind, dass die Teilchen sich bevorzugt in einem Abstand r_0 zueinander aufhalten, der durch das Minimum der potentiellen Energie zwischen den Teilchen gegeben ist (vgl. Abb. 3.2).

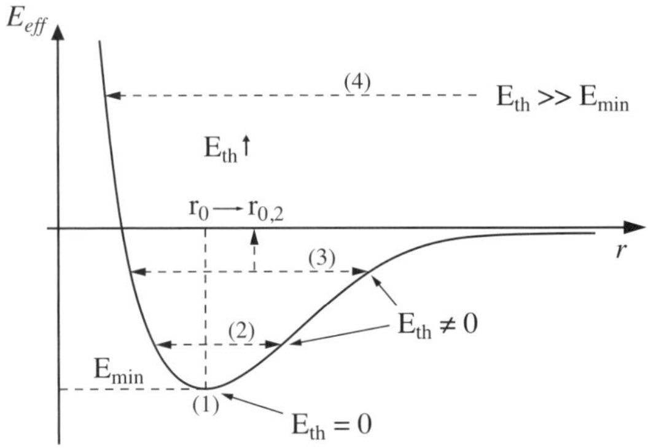

Abb. 3.2

Die Berücksichtigung der Brown'schen Bewegung zeigt jedoch, dass die Teilchen aufgrund thermischer Energie nicht in diesem Abstand ruhen werden, sondern (statistische) Schwingungen um r_0 herum ausführen. Je größer die Temperatur des Mediums ist, desto höher ist auch die thermische Energie, die wir hier als eine Art kinetische Energie auffassen wollen.

Die Gesamtsituation ähnelt dann der der Planetenbewegung aus Abschnitt 1.10 (vgl. Abb. 3.2): Ohne thermische Energie ist die Gesamtenergie der Teilchen durch die potenzielle Energie am Minimum gegeben (Fall 1), und die Teilchen sind in Ruhe. Mit der Temperatur steigt dann aber die thermische Energie, und somit die Gesamtenergie (Fälle 2 und 3), und das Teilchen kann sich in einer Umgebung um r_0

bewegen (gestrichelte Linie in Abb. 3.2). Je höher die Temperatur ist, desto breiter wird auch dieser Bereich. Makroskopisch können wir diese statistischen Bewegungen nicht auflösen, und daher messen wir als mittleren Abstand der Teilchen den Mittelpunkt dieses Intervalls. Da die potentielle Energie jedoch einen asymmetrischen Verlauf besitzt (d.h., sie fällt bei kleinen Abständen r steiler ab als sie bei großen Abständen r ansteigt), verschiebt sich dieser Mittelpunkt (= mittlere Teilchenabstand) bei steigender Temperatur zu größeren Abständen, wodurch zwangsläufig auch das Volumen des Körpers zunimmt.

Bemerkungen:

1. Wasser besitzt die interessante Eigenschaft, dass γ_{th} unterhalb von ca. 4 °C negativ und oberhalb dieser Temperatur positiv ist. Somit verhält sich Wasser oberhalb von 4 °C wie die meisten Stoffe (eine Abnahme der Temperatur bewirkt ebenfalls eine Abnahme des Volumens), während dies unterhalb von 4 °C umschlägt, und das Volumen nun mit fallender Temperatur wieder zunimmt. Da die Dichte invers proportional zum Volumen ist, folgt daraus, dass Wasser seine höchste Dichte bei ca. 4 °C aufweist. Diese Dichteanomalie ist als **Anomalie des Wassers** bekannt und sorgt beispielsweise dafür, dass Eis auf Seen schwimmt. Dies führt dazu, dass Seen im Winter von oben zufrieren, während unterhalb der Eisschicht genügend Flüssigkeit vorhanden bleibt, die ein Überleben der Flora und Fauna sicherstellt.
2. Die thermische Volumenänderung muss immer dann berücksichtigt werden, wenn Stoffe mit unterschiedlichen Ausdehnungskoeffizienten miteinander verbunden werden. Eine Veränderung der Temperatur führt dann zu einer unterschiedlichen Längen- bzw. Volumenänderung der einzelnen Stoffe, so dass an den Kontaktstellen sehr große Kräfte wirken können.
   Dieses Verhalten kann beispielsweise an Glasflaschen beobachtet werden, die wässrige Flüssigkeiten enthalten (Mineralwasser, Sekt, Bier) und die stark gekühlt werden. Die Dichteanomalie des Wassers würde normalerweise zu einer Ausdehnung des Flüssigkeitsvolumens führen. Da die Flüssigkeit aber in einer Glasflasche eingeschlossen ist (deren Volumen sich durch die fallende Temperatur zusätzlich verkleinert), kann diese Volumenvergrößerung nicht stattfinden. Daher übt die Flüssigkeit einen hohen Druck (= Normalspannung → Abschnitt 2.3) auf die Glasflasche aus, der bis zu deren Bruch führen kann.
   Ein anderes Beispiel stellt das thermische Sprengen von Bolzen dar: Hier wird der Bolzen erhitzt und von beiden Seiten fest eingespannt. Beim Abkühlen setzt eine Längenkontraktion des Bolzens ein, die gegen die Lager wirkt und somit eine Normalspannung erzeugt. Liegt diese Spannung oberhalb der Zerreißgrenze des Bolzens, so zerreißt dieser.

Messung der Temperatur über die thermische Ausdehnung

Da sich viele Stoffe nahezu linear mit steigender Temperatur ausdehnen, ist diese Eigenschaft sehr gut für eine Messung der Temperatur geeignet. Man greift hierbei bevorzugt auf Flüssigkeiten zurück, da die Volumenausdehnung bei ihnen viel leichter gemessen werden kann als die Längenausdehnung von Festkörpern.

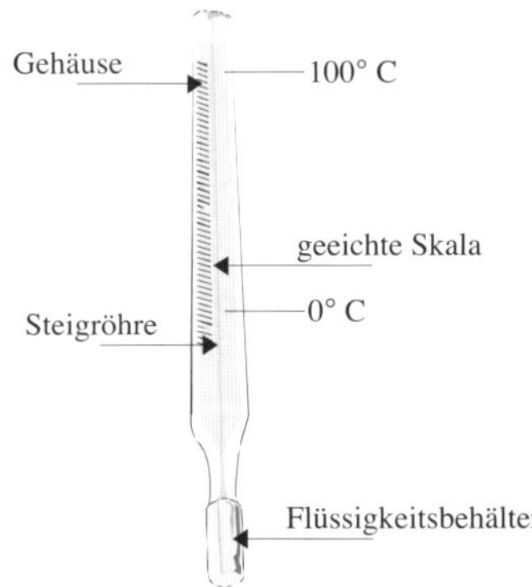

Abb. 3.3

Die meisten Flüssigkeitsthermometer bestehen hauptsächlich aus einer abgeschlossenen Kapillaren, die bis zur Mitte mit einer Flüssigkeit gefüllt ist (vgl. Abb. 3.3). Ändert sich die Temperatur, so zeigen sowohl das Thermometermaterial als auch die Flüssigkeit eine thermische Volumenänderung. Im Allgemeinen ist der Ausdehnungskoeffizient γ_{th} für Flüssigkeiten jedoch größer als der von Festkörpern, so dass sich die Flüssigkeit mit steigender Temperatur stärker ausdehnt als das umgebende Thermometer und man einen Anstieg des Flüssigkeitspegels beobachten kann. Die Höhe dieses Pegels ist somit ein Maß für die Temperatur.

Um die Skala des Thermometers quantitativ in Zusammenhang mit der Temperatur bringen zu können, muss es jedoch erst an (hinreichend reproduzierbaren) Referenzpunkten kalibriert werden. In der Praxis haben sich zwei verschiedene Sätze von Referenzpunkten (= Temperaturskalen) etabliert:

1. Im Jahr 1742 schlug Anders Celsius (1701 – 1744) vor, die Schmelz- und Siedetemperatur von Wasser unter normalem Luftdruck (= 101325 Pa) als Referenzpunkte für eine Temperaturskala zu verwenden, die heute (ihm zu Ehren) als **Celsius-Skala** bekannt ist. Er unterteilte diese Skala gleichmäßig in 100 einzelne Grade, d.h., dem Schmelz- bzw. Siedepunkt wird die Temperatur $T_{Schm} = 0$ °C bzw. $T_{Siede} = 100$ °C zugeordnet.
2. In Amerika wird eine andere Temperaturskala verwendet, die auf Daniel Gabriel Fahrenheit (1686 – 1736) zurückgeht und daher als **Fahrenheit-Skala** bekannt ist. Er wählte als unteren Referenzpunkt (0 °F) die Temperatur einer bestimmten Mischung aus Wasser, Eis und Ammoniumchlorid, welche die Temperatur eines sehr kalten Winters in seiner Heimatstadt Danzig reproduzieren sollte (auf diese Weise wollte er negative Temperaturen vermeiden, die in den meisten anderen Temperaturskalen selbst unter alltäglichen Bedingungen auftreten). Als oberen Referenzpunkt setzte er (in der ursprünglichen Definition der Fahrenheit-Skala)

96 °F mit der normalen Temperatur eines gesunden Menschen gleich. Da für einen heutigen Einsatz diese Definition zu ungenau ist, verwendet man in der aktuellen Fassung der Fahrenheit-Skala ebenfalls den Schmelz- und Siedepunkt von Wasser als Referenzpunkte. Die Kompatibilität zur alten Definition wurde sichergestellt, indem diese Skala in 180 Grade eingeteilt wurde und der Schmelzpunkt von Wasser mit 32 °F gleichgesetzt wurde. Dadurch ergibt sich folgende Umrechnung zwischen der Celsius- und Fahrenheit-Skala: $T_{°C} = (T_{°F} - 32) \cdot 5/9$ bzw. $T_{°F} = T_{°C} \cdot 9/5 + 32$.

Bemerkungen:

1. Für Flüssigkeitsthermometer wird bis heute Quecksilber verwendet, da dessen Volumen über einen sehr weiten Temperaturbereich linear von der Temperatur abhängt. Des Weiteren besitzt Quecksilber einen sehr hohen Volumenausdehnungskoeffizienten und benetzt Glas nicht (d.h., es bildet sich kein dünner Quecksilberfilm an der Glasröhre, welcher das Ablesen der Skala beeinflussen würde). Quecksilber ist jedoch sehr giftig, so dass in naher Zukunft Quecksilberthermometer nicht mehr an Privathaushalte verkauft werden dürfen. Derzeit werden andere flüssige Metalle bzw. Metalllegierungen (z.B. Galinstan) als Quecksilberersatz diskutiert.
2. Werden andere Flüssigkeiten benutzt, so muss eine nichtlineare Volumenänderung auf der Skala des Thermometers ausgeglichen werden, so dass die Grad-Einteilung auf der Ableseskala nicht mehr äquidistant ist.
3. Prinzipiell kann jede Temperaturabhängigkeit einer physikalischen Größe verwendet werden, um die Temperatur zu messen. Beispiele für alternative Messverfahren stellen Widerstandsthermometer oder optische (Infrarot-)Thermometer dar.
4. Die Celsius-Skala war bei Weitem nicht die erste Temperaturskala, für die als Referenzpunkte die Schmelz- und Siedetemperatur von Wasser gewählt wurde. So benutzen beispielsweise die Temperaturskalen von Newton, Réaumur und Delisle die gleichen Referenzpunkte wie die Celsius-Skala und unterscheiden sich lediglich hinsichtlich der Skalen-Einteilung.

Thermische Ausdehnung von Gasen und die Kelvin-Skala

Mit dem Gesetz von Boyle-Mariotte wurde in Abschnitt 2.5 gezeigt, dass das Produkt aus Druck und Volumen für viele Gase konstant ist, sofern die Temperatur ebenfalls konstant ist, d.h. $p \cdot V = const.$ für $T = const.$ Mit Hilfe der thermischen Volumenausdehnung kann nun untersucht werden, wie sich der Druck eines Gases verhält, wenn sich die Temperatur verändert.

Betrachten wir dazu ein Gas, das bei der Temperatur T_0 das Volumen V_0 und den Druck p_0 einnimmt. Wird bei konstantem Druck p_0 die Temperatur von T_0 auf T verändert, so folgt aus Gl. 3.2 für das Volumen $V(T) = V_0 \cdot (1 + \gamma_{th} \cdot \Delta T)$ (was in diesem Zusammenhang als **Gesetz von Gay-Lussac** bekannt ist).

Mit Hilfe von $p \cdot V = const$ kann man diesen Temperatureffekt aber auch so umrechnen, als hätte die Temperaturerhöhung von T_0 auf T bei konstantem Volumen V_0 den Druck von p_0 auf p erhöht. Aus

$$p_0 \cdot V(T) = p_0 \cdot [V_0 \cdot (1 + \gamma_{th} \cdot \Delta T)] = [p_0 \cdot (1 + \gamma_{th} \cdot \Delta T)] \cdot V_0 = p(T) \cdot V_0 \qquad (3.3)$$

folgt also für die thermische Druckerhöhung eines idealen Gases bei konstantem Volumen

$$p(T) = p_0 \cdot (1 + \gamma_{th} \cdot \Delta T). \qquad (3.4)$$

Erstaunlicherweise zeigt sich, dass der Koeffizient γ_{th} für viele Gase den gleichen Wert annimmt, unabhängig davon, ob Gl. 3.2 oder 3.4 verwendet wurde: $\gamma_{th} = 1/273{,}15$ °C. Dies würde aber bedeuten, dass das Volumen bzw. der Druck aller Gase bei einer Temperatur von $T_{NP} = -273{,}15$ °C verschwinden müsste, und legt nahe, diese Temperatur als Nullpunkt einer absoluten Temperaturskala zu verwenden:

> Die **Kelvin-Skala** verwendet die gleiche Grad-Einteilung wie die Celsius-Skala (d.h., Temperaturdifferenzen besitzen in beiden Skalen den gleichen Wert: $\Delta T = 1$ °C $= 1$ K), jedoch sind beide Temperaturskalen um –273,15 °C gegeneinander verschoben: $T_K = T_{°C} + 273{,}15$ bzw. $T_{°C} = T_K - 273{,}15$.

Bei Einsatz der Kelvin-Skala folgen aus Gl. 3.4 und Gl. 3.3 automatisch

$p(T = 0\ \text{K}) = p(T = -273{,}15\ °\text{C}) = 0$, $V(T = 0\ \text{K}) = 0$ und

$p \cdot V = 0$ bei $T = 0$ K.

Andererseits kann Gl. 3.3 ebenfalls in der Form

$$p_0 \cdot V_0 \cdot (1 + \gamma_{rh} \cdot \Delta T) = p_0 \cdot V_0 \cdot (1 - \gamma_{th} \cdot T_0) + p_0 \cdot V_0 \cdot \gamma_{th} \cdot T = C_1 + C_2 \cdot T$$

dargestellt werden, was sich wegen

$p \cdot V = 0$ bei $T = 0$ K sofort zu

$$p \cdot V = const \cdot T_K \qquad (3.5)$$

vereinfacht, sofern die Temperatur in Kelvin gemessen wird. Dies bedeutet, dass das Produkt $p \cdot V$ (Einheit: 1 J, also eine Energie!) linear mit der Temperatur des Gases zunimmt. Gase, die durch die Gl. 3.4 und 3.5 beschrieben werden können, verhalten sich ideal und werden daher (im Sinne der makroskopischen Thermodynamik) als **ideale Gase** bezeichnet.

Wärme und Wärmekapazität

Aus dem Alltag ist bekannt, dass die Temperatur von Körpern stark zunehmen kann, wenn die Stoffe während einer Bewegung aneinander reiben, d.h., wenn Reibungsarbeit verrichtet wird. Diese reibungsbedingte Erhitzung kann zu derart hohen Temperaturen führen, dass Lager oder Motoren thermisch verschleißen, wenn sie nicht ausreichend gekühlt werden bzw. die Reibung durch Zusatz von Schmierstoffen (Motoröl) nicht genügend reduziert wird. Die Zufuhr von mechanischer Energie durch Reibungsarbeit wird somit generell die Temperatur eines Körpers erhöhen.

Darüber hinaus machte der Arzt Julius Robert von Mayer (1814 – 1878) im Jahre 1842 die (für die Thermodynamik essentielle) Beobachtung, dass die Zufuhr der gleichen Menge an mechanischer Energie bei einem Körper im Idealfall stets zum gleichen Temperaturanstieg führt.

Dieses Verhalten können wir dahingehend interpretieren, dass der Körper bei der Reibung mechanische Energie in thermische Energie umwandelt (die somit für die Bewegung verloren geht und zu einer Dämpfung der Bewegung führt), was eine Erhöhung der Temperatur zur Folge hat:

> Den Transport ΔE_{th} von thermischer Energie bezeichnet man in der Physik als **Wärme** bzw. **Wärmemenge** Q (= ΔE_{th}).
> Wird einem Stoff die Wärmemenge Q zugeführt, so nimmt im Allgemeinen dessen Temperatur um ΔT zu. In diesem Zusammenhang definiert man die **Wärmekapazität** C (Einheit: $1\ J \cdot K^{-1}$) eines Stoffes durch $Q = C \cdot \Delta T$.

Die Wärmekapazität stellt somit ein quantitatives Maß für die Energie dar, die einem Körper zugeführt werden muss, um seine Temperatur um 1 K zu erhöhen. Da diese Wärmemenge mit der Menge des betrachteten Körpers zunehmen muss, tabelliert man häufig normierte Wärmekapazitäten:

> Wird die Wärmekapazität C auf die Masse m des Stoffes bezogen, so erhält man die spezifische Wärmekapazität des Stoffes: $c_{spez} = C / m$.
> (Einheit: $1\ J \cdot K^{-1} \cdot kg^{-1}$)

Beispiel: Die spezifische Wärmekapazität von Wasser beträgt bei 14,5 °C $c_{spez,\ Wasser} = 4{,}186\ kJ \cdot K^{-1} \cdot kg^{-1}$, d.h., um 1 kg Wasser von 14,5 °C auf 15,5 °C zu erwärmen, muss man die Wärmemenge $Q = 4{,}186$ kJ zuführen. Historisch gesehen bezeichnet man diese Wärmemenge auch als (große) Kalorie: 1 kcal = 4,186 kJ.

Bemerkung:
In Abschnitt 3.8 wird gezeigt, dass sich bei Zu- oder Abfuhr von Wärme auch der Aggregatzustand eines Stoffes verändern kann. Wird beispielsweise Wasser genügend Wärme (z.B. durch eine Herdplatte) zugeführt, so findet bei Erreichen der Siedetemperatur eine Zustandsänderung des Wassers von flüssig zu gasförmig (Wasserdampf) statt. Experimentell beobachtet man, dass in dieser Situation die Temperatur des Körpers konstant bleibt, obwohl Wärme transportiert wird. Da hier die Wärme zu keiner Temperaturänderung führt, bezeichnet man sie hier als **latente Wärme** (→ Abschnitt 3.8).

Stoffmenge und spezifische molare Wärmekapazität
Zu Beginn des Abschnitts wurde gezeigt, dass die thermische Energie eines Stoffes als mittlere kinetische Energie ihrer Teilchen verstanden werden kann. Dies zeigt, dass jedes Teilchen der Materie einen Teil der thermischen Energie speichert. Somit kann es durchaus sinnvoll sein, die Menge eines Stoffes danach zu messen, aus wie vielen Teilchen er sich zusammensetzt:

Stoffmenge
Man kann die Menge eines Stoffes auch nach der Anzahl der Teilchen messen, aus denen er sich zusammensetzt. Die Stoffmenge n ist dann als das Verhältnis der Teilchenanzahl zur Avogadro-Zahl $N_A = 6{,}022 \cdot 10^{23}$ definiert: $n := N / N_A$ (Einheit: 1 mol). Die Masse eines Stoffes, dessen Stoffmenge 1 mol beträgt, bezeichnet man als molare Masse $M := m / n$. (Einheit: $1 \text{ g} \cdot \text{mol}^{-1}$)

Da die molaren Massen aller chemischen Elemente tabelliert sind, kann man durch Wiegen eines Stoffes sehr bequem dessen Stoffmenge n ermitteln. Des Weiteren spielt die Stoffmenge bei der quantitativen Betrachtung chemischer Reaktionen eine sehr große Rolle (worauf wir hier nicht weiter eingehen wollen).

Beispiel: Die molaren Massen von Sauerstoff- (O) bzw. Wasserstoffatomen (H) werden mit ca. $M_O = 16 \text{ g} \cdot \text{mol}^{-1}$ und $M_H = 1 \text{ g} \cdot \text{mol}^{-1}$ angegeben. Da sich Wasser aus einem Sauerstoff- und zwei Wasserstoffatomen zusammensetzt (2 x H + 1 x O = H_2O), beträgt die molare Masse von Wasser $M_{H_2O} = 18 \text{ g} \cdot \text{mol}^{-1}$. Befindet sich in einem Gefäß 18 g Wasser, so enthält dieses Gefäß ein Mol Wasser bzw.
$N_A = 6{,}022 \cdot 10^{23}$ Wassermoleküle.

Da jedes Teilchen thermische Energie speichert, kann es sinnvoll sein, die Wärmekapazität auf die Stoffmenge zu normieren:

Wird die Wärmekapazität C auf die Stoffmenge n bezogen, so erhält man die **molare Wärmekapazität** $c_{\text{mol}} := C / n$.

(Einheit: $1\ \text{J} \cdot \text{K}^{-1} \cdot \text{mol}^{-1}$)

Kalorimetrie

Die Kalorimetrie ist eine Technik, mit deren Hilfe man Wärmekapazitäten von Stoffen mit hoher Genauigkeit ermitteln kann. Betrachten wir zunächst eine vereinfachte Sicht auf die kalorimetrische Messung, bei der zwei Körper gleicher Masse und unterschiedlicher Temperatur miteinander in Kontakt gebracht werden. Aus Erfahrung wissen wir, dass (sobald der Kontakt hergestellt wurde) ein Transport von Wärme stattfindet, der zu einem Ausgleich der Temperatur führt. Mit Hilfe der Wärmekapazitäten können wir diesen Vorgang quantitativ beschreiben.
Die beiden Körper sollen die Wärmekapazitäten C_1 und C_2 besitzen, von denen wir (der Einfachheit halber) annehmen, dass sie im betrachteten Bereich unabhängig von der Temperatur sind (vgl. Abb. 3.4). Im getrennten Zustand seien die Temperaturen durch T_1 und T_2 mit (o.B.d.A.) $T_1 > T_2$ gegeben. Werden beide Körper in Kontakt gebracht, so findet so lange ein Wärmetransport statt, bis beide Körper die gleiche (Misch-)Temperatur T_{misch} besitzen. Somit kühlt sich der erste Körper um $\Delta T = T_{\text{misch}} - T_1 < 0$ ab, während der zweite Körper um $\Delta T_2 = T_{\text{misch}} - T_2 > 0$ erwärmt wird. Bei diesem Vorgang gibt der wärmere Körper die Wärmemenge $Q_1 = C_1 \cdot \Delta T_1$ ab, während der kältere Körper die Wärmemenge $Q_2 = C_2 \cdot \Delta T_2$ aufnimmt. Wenn keine Energie nach außen verloren geht, so verlangt die Energieerhaltung, dass beide Wärmemengen äquivalent sind, d.h.

$$Q_1 + Q_2 = 0 \Rightarrow C_1 \cdot (T_{\text{misch}} - T_1) + C_2 \cdot (T_{\text{misch}} - T_2) = 0$$

$$\Rightarrow T_{\text{misch}} = \frac{C_1 \cdot T_1 + C_2 \cdot T_2}{C_1 + C_2}.$$

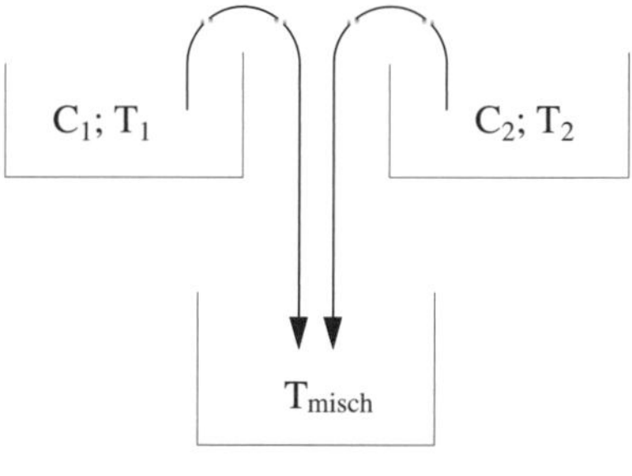

Abb. 3.4

Damit diese Gleichung gilt, muss bei einer realen kalorimetrischen Messung sichergestellt werden, dass während des Transports keinerlei Wärmeverluste auftreten. Ein **Kalorimeter** besteht daher im Allgemeinen aus einem Gefäß, dessen Wände sehr gut thermisch isoliert sind (z.B. eine Thermoskanne). In diesem Gefäß befindet sich des Weiteren häufig eine Flüssigkeit mit der bekannten Wärmekapazität C_1 und der Temperatur T_1.

Die reale Messung erfolgt, indem der Stoff (mit der noch unbekannten Wärmekapazität) außerhalb des Kalorimeters zunächst auf die Temperatur T_2 gebracht und anschließend in das Kalorimeter gegeben wird. Man misst nun die Temperatur der Flüssigkeit solange, bis sich ein stationärer Wert T_{misch} einstellt.

Da die Startbedingungen (C_1, T_1 und T_2) und die Mischtemperatur T_{misch} bekannt sind, kann nun die Gleichung

$$T_{\mathrm{misch}} = \frac{C_1 \cdot T_1 + C_2 \cdot T_2}{C_1 + C_2} \Rightarrow C_2 = C_1 \cdot \frac{T_{\mathrm{misch}} - T_1}{T_2 - T_{\mathrm{misch}}}$$

verwendet werden, um die unbekannte Wärmekapazität C_2 zu bestimmen.

Bemerkung:

Diese Beschreibung ist stark vereinfacht und soll lediglich das Messprinzip erläutern. Bei der praktischen Anwendung der Kalorimetrie muss beispielsweise berücksichtigt werden, dass die Thermoskanne selbst auch Wärme aufnehmen bzw. abgeben kann (also ebenfalls eine Wärmekapazität besitzt) und dass selbst bei der Verwendung von Thermoskannen ein Austausch von Wärme mit der Umgebung nicht ausgeschlossen werden kann. Der erste Effekt erhöht die Wärmekapazität C_1 und der zweite führt dazu, dass die Mischtemperatur im Allgemeinen nicht stationär wird, so dass ein zeitlicher Drift von T_{misch} berücksichtigt werden muss.

3.2 Ideales Gas: kinetische Gastheorie und ideales Gasgesetz

Einerseits wurde im vorangegangenen Abschnitt gezeigt, dass die Temperatur ein Maß für die thermische Energie ist und dass sie eine zufällige Bewegung der Teilchen bewirkt (Brown'sche Bewegung), aus denen sich Materie zusammensetzt. Dies ist eine mikroskopische Sicht auf die Wirkung der thermischen Energie.

Andererseits wurde in Abschnitt 3.1 gezeigt, dass sich eine Änderung der Temperatur (beispielsweise durch thermische Volumenausdehnung) ebenfalls makroskopisch auf den Zustand von Materie auswirken kann, was eine Beobachtung aus der Perspektive der makroskopischen Thermodynamik ist.

In diesem Abschnitt werden wir daher versuchen, Materie weiterhin als ein System von Teilchen aufzufassen, um aus den Teilchenbewegungen auf makroskopisch messbare Eigenschaften (z.B. Druck und Temperatur) schließen zu können.

Thermodynamisches System

Um zwischen mikroskopischen Prozessen und makroskopisch messbaren Größen einen quantitativen Zusammenhang herstellen zu können, müssen wir zunächst definieren, was wir unter Materie in thermodynamischem Sinne verstehen:

> Unter einem **thermodynamischen System** verstehen wir ein System von Massenpunkten (Masse m), die miteinander oder mit ihrer Umgebung in Wechselwirkung stehen. Diese Wechselwirkung kann beispielsweise durch angreifende Kräfte (und die damit verbundene Arbeit) und durch einen Wärmeaustausch mit der Umgebung gegeben sein.
> Ein thermodynamisches System wird **offen** genannt, wenn sowohl Massenpunkte als auch Energie mit der Umgebung ausgetauscht werden können. Es wird als **geschlossen** bezeichnet, wenn die Systemgrenze nur noch durch Energie, aber nicht mehr von Massenpunkten passiert werden kann. In Analogie zu Abschnitt 1.11 bezeichnet man es als **abgeschlossen**, wenn weder Masse- noch Energietransport über die Systemgrenzen hinweg möglich sind.

In Analogie zu Abschnitt 2 fassen wir Materie also weiterhin so auf, dass sie sich aus wiederholenden Bausteinen bzw. Teilchen zusammensetzt. Zusätzlich werden wir aber einen Energietransport (Wärme) mit der Umgebung aufgrund von Wechselwirkungen zulassen.

Um die Definitionen etwas anschaulicher zu gestalten, geben wir ein kurzes Beispiel: Ein **abgeschlossenes System** liegt vor, wenn weder Materie noch Energie mit der Umgebung ausgetauscht werden können, zwei Bedingungen, die beispielsweise bei einer Flüssigkeit in einer Thermoskanne erfüllt sind (abgeschlossenes Gefäß mit Wärmeisolierung). In einem **geschlossenen System** ist hingegen ein Energieaustausch mit der Umgebung erlaubt, was bei einer Wasserflasche gegeben wäre: Sie kann im Kühlschrank gekühlt werden, jedoch kann die Flüssigkeit die Flasche nicht verlassen. Bei einem **offenen System** kann sowohl ein Austausch von Energie als auch von Materie mit der Umgebung stattfinden. Ein Beispiel hierfür ist ein Kochtopf, der sich auf dem Herd befindet: Wasser wird zum Kochen gebracht, indem die Flüssigkeit von außen (durch den Herd) erhitzt wird, während der Wasserdampf den Topf nach oben verlassen kann.

Motivation der statistischen Physik

Aus der Mechanik ist bekannt (→ Abschnitt 1.6), dass die zeitliche Entwicklung eines mechanischen Systems im Prinzip berechnet werden kann, wenn alle notwendigen Informationen (z.B. die wirkenden Kräfte) über das System vorhanden sind. Möchte man die Wirkung von thermischer Energie auf mikroskopische Bewegungen berechnen, so scheitert dies im Allgemeinen an der unüberschaubaren Anzahl von Teilchen, aus denen sich makroskopische Körper zusammensetzen. So beinhaltet beispielsweise ein Gramm Kochsalz bereits mehr als 10^{21} Teilchen, so dass man (als System freier Massenpunkte aufgefasst) mehr als 3×10^{21} Bewegungsgleichungen lösen müsste, die teilweise miteinander gekoppelt sind. Diese Berechnungen sind selbst mit Hochleistungscomputern nicht zu bewältigen, so dass man für eine Beschreibung andere Verfahren einsetzen muss.

An dieser Stelle hilft die Feststellung weiter, dass man zur Berechnung der makroskopischen Eigenschaften weitaus weniger Informationen benötigt, als die Lösungen der Bewegungsgleichungen bereitstellen. Schließlich wird bei der makroskopischen Messung stets über alle Teilchen gemittelt, und somit muss man nicht exakt wissen, welches Teilchen welche Eigenschaft aufweist (z.B. welche Geschwindigkeit oder potentielle Energie), sondern es reicht völlig aus zu wissen, wie viele Teilchen im System (im statistischen Mittel) eine bestimmte Eigenschaft besitzen.

Durch diese neue Fragestellung (z.B. „Welche Geschwindigkeit besitzt Teilchen x?“ versus „Wie viele Teilchen besitzen die Geschwindigkeit v?“) verliert man zwar sehr viele Informationen über das System, dennoch bleiben genügend Informationen erhalten, um makroskopisch messbare Eigenschaften des gesamten Systems berechnen zu können.

Man ersetzt somit die einzelne Wirkung vieler Teilchen durch eine einzige, gemittelte Wirkung, die das gesamte System erzeugt. Der Teilbereich der Physik, der sich mit dem Einsatz statistischer Methoden auf Systeme mit großer Teilchenanzahl beschäftigt, wird als **statistische Physik** bezeichnet.

Ideales Gas und kinetische Gastheorie

Wir werden nun statistische Methoden anwenden, um mikroskopische Eigenschaften eines Systems mit makroskopisch messbaren Größen in Verbindung zu bringen. Diese Rechnung werden wir am Beispiel des idealen Gases vornehmen (auf den Zusammenhang zwischen Druck, Volumen und Temperatur wurde bereits in Abschnitt 3.1 eingegangen):

Modell des idealen Gases (im Sinne der statistischen Physik)

Ein abgeschlossenes thermodynamisches System bestehe aus N Massenpunkten (Masse m), die sich in einem Gefäß mit dem Volumen V befinden und folgende Voraussetzungen erfüllen:

(1) Die Bewegung der Massenpunkte sei zufällig und ungerichtet, d.h., die Wahrscheinlichkeit, dass sich ein Teilchen in eine bestimmte Richtung bewegt, ist unabhängig von der Richtung (isotrop).

(2) Die Massenpunkte sollen des Weiteren bis auf elastische Stöße mit sich selbst oder der Wand des Gefäßes keine weiteren Wechselwirkungen aufweisen.

(3) Ferner sei das System im thermodynamischen Gleichgewicht, d.h., makroskopische Eigenschaften wie Druck und Temperatur seien zeitlich konstant.

Dieses thermodynamische Modell bezeichnet man als **ideales Gas**.

Diese Definition zeigt, dass beim Modell des idealen Gases ein Energieaustausch lediglich durch elastische Stöße zwischen den Teilchen (bzw. mit der Wand) stattfinden kann. Da bei diesen Stößen sowohl die Energie- als auch die Impulserhaltung gilt, wird bei Stößen ein Teil des Teilchenimpulses auf die begrenzende Wand übertragen, was (pro Einheitszeit) zu einer Kraftwirkung an der Wand führt.

Betrachten wir dazu eine Wand, die senkrecht zur x-Achse steht, und einen Massenpunkt (Masse m), der mit der konstanten Geschwindigkeit $\vec{v} = (v_x, v_y, v_z)$ gegen diese Wand prallt (vgl. Abb. 3.5). Zur Beschreibung des Stoßes mit der Wand ist es sinnvoll, die Bewegung $\vec{v}$ in Bewegungen parallel zur x-Achse $\vec{v}_x = (v_x, 0, 0)$ und zur Wand $\vec{v}_{Wand} = (0, v_y, v_z)$ zu zerlegen. Dann ist klar, dass durch den Stoß mit der Wand lediglich $\vec{v}_x$ verändert werden kann, während $\vec{v}_{Wand}$ unverändert bleibt.

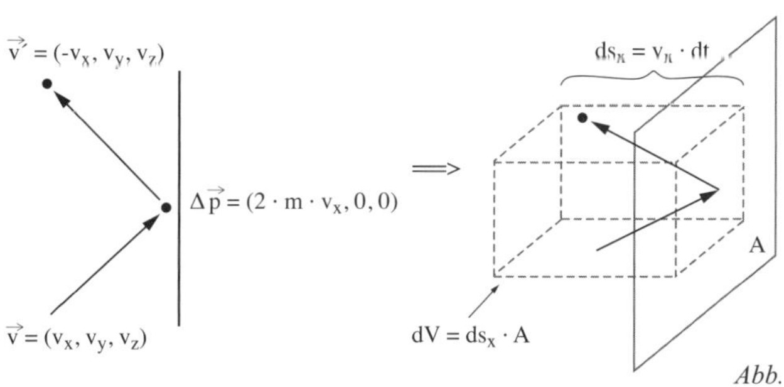

Abb. 3.5

Da m im Verhältnis zur Masse der Wand vernachlässigbar ist, prallt der Massenpunkt an der Wand einfach ab (vergleichbar mit dem Abprallen eines Tennisballs an einer festen Wand → Abschnitt 1.12), so dass nach dem Stoß $\vec{v}'_x = (-v_x, 0, 0) = -\vec{v}_x$ bzw. $\vec{v}' = (-v_x, v_y, v_z)$ gilt. Bei diesem Stoß ändert sich der Impuls des Massenpunktes um $\Delta\vec{p} = \vec{p} - \vec{p}' = (2 \cdot m \cdot v_x, 0, 0)$, und da die Impulserhaltung gilt, muss die Wand gerade diese Impulsänderung aufnehmen.

Betrachten wir nun eine beliebige Fläche A auf der Wand. Wir wollen berechnen, wie groß die Kraft ist, die durch die Stöße auf die Wand übertragen wird. Wenn wir zunächst weiterhin davon ausgehen, dass alle Massenpunkte die gleiche Geschwindigkeitskomponente v_x aufweisen, so werden pro Zeiteinheit dt all die Massenpunkte mit der Wand stoßen, die in der Zeit dt die Strecke $\mathrm{d}s_x = v_x \cdot \mathrm{d}t$ zurücklegen können. Dies sind aber gerade die Massenpunkte, die sich im Volumen $\mathrm{d}V = A \cdot \mathrm{d}s_x$ vor der Fläche A befinden.

Da sich die Massenpunkte gleichmäßig im Volumen verteilen, kann die Anzahl der Massenpunkte $\mathrm{d}N_{ges}$ im infinitesimalen Volumen dV bequem durch $\mathrm{d}N_{ges} = n \cdot \mathrm{d}V = N/V \cdot \mathrm{d}V$ berechnet werden. Des Weiteren führen die Massenpunkte zufällige, ungerichtete Bewegungen durch, so dass sich die Hälfte der Teilchen ($= \mathrm{d}N_{ges}/2$) auf die Fläche A zubewegt, während sich die andere Hälfte von ihr entfernt. Somit können nur $\mathrm{d}N_{ges}/2$ Massenpunkte in der Zeit dt Stöße mit der Wand durchführen, wobei jeder einzelne dabei den Impuls $2 \cdot m \cdot v_x$ überträgt. Pro Zeit dt führt dies insgesamt zum Impulsübertrag $\mathrm{d}p_{ges}$ auf die Wand, also zur Kraft

$$F = \frac{\mathrm{d}p_{ges}}{\mathrm{d}t} = 2 \cdot m \cdot v_x \cdot \frac{\mathrm{d}N_{ges}}{2} \cdot \frac{1}{\mathrm{d}t} = m \cdot v_x \cdot \frac{N}{V} \cdot \frac{A \cdot \mathrm{d}s_x}{\mathrm{d}t} = m \cdot v_x \cdot \frac{N}{V} \cdot A \cdot v_x,$$

bzw. (auf die Einheitsfläche A normiert) zu einem Druck

$$p(v_x) = \frac{F}{A} = m \cdot \frac{N}{V} v_x^2. \tag{3.6}$$

Dies wäre somit der Druck, den das ideale Gas auf die Wand ausüben würde, wenn sich alle Massenpunkte mit der Geschwindigkeit v_x bezüglich der x-Achse bewegen würden.

Die Massenpunkte führen jedoch aufgrund der gespeicherten thermischen Energie Brown'sche Bewegung, d.h. zufällige und ungerichtete Bewegungen, durch, so dass die Geschwindigkeit der Massenpunkte statistisch verteilt sein muss. Dennoch kann das abgeleitete Ergebnis durch folgenden Ansatz direkt verwendet werden:

Gl. 3.6 kann entnommen werden, welchen Druck $p(v_x)$ die Massenpunkte auf die Wand ausüben, wenn alle die Geschwindigkeit v_x aufweisen. Befinden sich beispielsweise zwei Gruppen von Massenpunkten im idealen Gas, die jeweils die Geschwindigkeiten $v_{x,1}$ und $v_{x,2}$ besitzen, so übt jede dieser Gruppen einen Druck von $p(v_{x,1}) = m \cdot N \cdot v_{x,1}^2/V$ bzw. $p(v_{x,2}) = m \cdot N \cdot v_{x,2}^2/V$ auf die Wand aus. Makroskopisch kann man die beiden Gruppen in ihrer Wirkung jedoch nicht unterscheiden, und man misst somit einen Druck, der durch das (gewichtete) Mittel von $p(v_{x,1})$ und $p(v_{x,2})$ gegeben ist.

Diese Überlegung zeigt, dass der makroskopisch messbare Druck p berechnet werden kann, wenn man die mikroskopischen Drücke $p(v_x)$ über alle Massenpunkte des idealen Gases mittelt:

$$p = < p(v_x) > = m \cdot \frac{N}{V} \cdot < v_x^2 > , \tag{3.7}$$

wobei $< v_x^2 > = \frac{1}{N} \sum_{i=1}^{N} v_{x,i}^2$ der quadratische Mittelwert aller Teilchengeschwindigkeiten $v_{x,i}$ ist.

Da die Bewegungen zufällig und ungerichtet sind, muss die mittlere Geschwindigkeit unabhängig von der Richtung sein, d.h., im Mittel gilt $< v_x^2 > = < v_y^2 > = < v_z^2 >$ (Isotropie des idealen Gases). Andererseits gilt für die Absolutgeschwindigkeit eines Massenpunktes $v^2 = v_x^2 + v_y^2 + v_z^2$, so dass im Mittel $< v^2 > = < v_x^2 > + < v_y^2 > + < v_z^2 > = 3 \cdot < v_x^2 >$ folgt. Dies können wir in Gl. 3.7 einsetzen, wodurch die Formulierung unabhängig von der Orientierung des Koordinatensystems wird:

$$p = \frac{1}{3} \cdot m \cdot \frac{N}{V} \cdot < v^2 >. \tag{3.8}$$

Abschließend berücksichtigen wir, dass $\frac{m}{2} \cdot < v^2 >$ nach Definition gerade der Wert für die mittlere kinetische Energie ist, d.h. die kinetische Energie, die einen Massenpunkt des idealen Gases aufgrund der Brown'schen Bewegung im statistischen Mittel besitzt: $p = \frac{2}{3} \cdot \frac{N}{V} \cdot < E_{kin} >$ bzw. $p \cdot V = \frac{2}{3} \cdot N \cdot < E_{kin} >$.

Vergleicht man dies mit Gl. 3.5 ($p \cdot V \propto T$), so zeigt sich, dass $< E_{kin} >$ linear von der Temperatur T abhängt und bei $T = 0$ K Null wird. Es ist daher sinnvoll, die mittlere kinetische Energie eines Massenpunktes in folgender Form aufzuschreiben:

Aufgrund der thermischen Energie führen die Massenpunkte eines idealen Gases zufällige, ungerichtete Bewegungen durch, denen eine kinetische Energie zugeschrieben werden kann. Wird die Temperatur T des idealen Gases in Kelvin gemessen, so ist die **mittlere kinetische Energie** eines Massenpunktes durch

$$< E_{kin} > = \frac{3}{2} \cdot k_B \cdot T \tag{3.9}$$

gegeben, wobei die Proportionalitätskonstante $k_B = 1{,}38 \cdot 10^{-23}\ \mathrm{J \cdot K^{-1}}$ als **Boltzmann-Konstante** bezeichnet wird. Setzt sich das ideale Gas aus N Teilchen zusammen, so steht dem Gas im Mittel die **kinetische Gesamtenergie** $N \cdot < E_{kin} >$ zur Verfügung. Sie ist proportional zum Produkt aus Druck und Volumen

$$p \cdot V = \frac{2}{3} \cdot N \cdot < E_{kin} > = N \cdot k_B \cdot T. \tag{3.10}$$

Mit Hilfe der Stoffmenge lässt sich Gl. 3.10 unabhängig von der Masse m der Massenpunkte formulieren: $p \cdot V = N \cdot k_B \cdot T = n \cdot N_A \cdot k_B \cdot T \Rightarrow$.

Zustandsgleichung des idealen Gases bzw. ideales Gasgesetz
Ein ideales Gas (Stoffmenge n) befinde sich in einem Gefäß mit dem Volumen V. Im thermodynamischen Gleichgewicht ist dann der Druck p, den das ideale Gas auf das Gefäß ausübt, durch

$$p \cdot V = n \cdot R \cdot T \qquad (3.11)$$

gegeben, wobei die Temperatur T des idealen Gases in Kelvin gemessen wird. Die Konstante $R = N_A \cdot k_B = 8{,}31\ \mathrm{J \cdot mol^{-1} \cdot K^{-1}}$ heißt **Gaskonstante** und nimmt für alle idealen Gase (unabhängig von ihrer Zusammensetzung) den gleichen Wert an.

Bemerkungen:

1. Da die Massenpunkte im verwendeten Modell (jeweils) genau drei Freiheitsgrade besitzen, kann Gl. 3.11 auch dahingehend interpretiert werden, dass ein Massenpunkt in jedem seiner Freiheitsgrade (→ Abschnitt 2.2) im Mittel die thermische Energie $\frac{1}{2} \cdot k_B \cdot T$ speichert, so dass in allen drei Freiheitsgraden insgesamt $\frac{3}{2} \cdot k_B \cdot T$ gespeichert werden. Interessanterweise gilt diese Aussage allgemein:

Äquipartitionstheorem bzw. Gleichverteilungssatz
Im thermodynamischen Gleichgewicht speichert ein Teilchen (im Mittel) in jedem seiner Freiheitsgrade die thermische Energie $\frac{1}{2} \cdot k_B \cdot T$. Besitzt das Teilchen somit f Freiheitsgrade, so kann es die thermische Energie $\frac{f}{2} \cdot k_B \cdot T$ speichern.

   Ein Gas, dessen Bausteine sich beispielsweise aus linearen Molekülen zusammensetzen (z.B. Sauerstoff O_2, Stickstoff N_2), kann als starres System zweier Massenpunkte (→ Abschnitt 2.2) aufgefasst werden und besitzt bei Raumtemperatur somit fünf Freiheitsgrade (3 x Translation, 2 x Rotation).

2. Wird Gl. 3.11 nach dem Volumen umgestellt, $V = n \cdot R \cdot T / p$, so zeigt sich, dass $n = 1$ mol eines idealen Gases unter Normbedingungen (Temperatur $T_{\mathrm{Norm}} = 0\ °\mathrm{C} = 273{,}15$ K, Luftdruck $p_{\mathrm{Norm}} = 1013{,}25$ hPa) stets das gleiche Volumen $V_M = R \cdot T_{\mathrm{Norm}}/p_{\mathrm{Norm}} = 22{,}41$ einnimmt. Dieses Volumen V_M wird als **molares Volumen** idealer Gase bezeichnet und ist unabhängig von den Eigenschaften des Stoffes, aus dem sich das ideale Gas zusammensetzt.

3. Kehren wir nochmals zu zwei Voraussetzungen zurück, die an das Modell des idealen Gases gestellt wurden: (1) keine Wechselwirkung zwischen den Massenpunkten und (2) vernachlässigbares Volumen der Massenpunkte.
   Die erste Voraussetzung ist für ein Gas immer dann erfüllt, wenn dessen Temperatur T ausreichend hoch ist: Mit steigender Temperatur speichert das Gas zunehmend thermische Energie. Wenn im System weitere Energieformen (z.B. aufgrund einer anziehenden Wechselwirkung zwischen den Massenpunkten) vorhanden sind, so muss man die Temperatur nur so weit erhöhen, bis diese Energieformen gegenüber der thermischen Energie vernachlässigbar klein sind. In dieser Situation wird die Dynamik durch die Stöße zwischen den Massenpunkten dominiert, und die Wechselwirkungen zwischen ihnen sind vernachlässigbar.
   Die zweite Voraussetzung ist immer dann erfüllt, wenn der Druck p hinreichend klein ist: Wird der Druck verringert, so erhöht sich der Abstand zwischen den Teilchen. Ist der mittlere Teilchenabstand viel größer als die Ausdehnung der Teilchen, so kann das Teilchenvolumen gegenüber dem Volumen (welches das Gas einnimmt) vernachlässigt werden, und somit können die Teilchen als Massenpunkte aufgefasst werden.

> Bei hinreichend hohen Temperaturen und niedrigen Drücken wird sich ein Gas stets ideal verhalten. Bei welchen Bedingungen der Übergang zum idealen Gas stattfindet, hängt von den Eigenschaften des Gases ab.

Boltzmann-Faktor

Betrachten wir zunächst die Brown'sche Bewegung, die ein ideales Federpendel aufgrund der thermischen Energie durchführen würde:

Beispiel Federpendel: In Abschnitt 1.10 wurde gezeigt, dass die mittlere kinetische Energie eines Federpendels seiner mittleren potentiellen Energie entspricht, d.h., es gilt $< E_{kin} > = < E_{pot} >$. Wurde dem Pendel zu Beginn von außen keine Energie zugeführt, so ist die thermische Energie die einzige Energieform, die das Pendel gespeichert hat. Nehmen wir der Einfachheit halber an, dass es sich um eine eindimensionale Pendelbewegung handelt (f = 1), so folgt für das Federpendel mit der Federkonstante k

$$< E_{pot} > = \frac{1}{2} k \cdot < x^2 > \equiv < E_{kin} > = \frac{1}{2} k_B \cdot T,$$

so dass die mittlere quadratische Auslenkung des Pendels durch $< x^2 > \equiv k_B \cdot T/k$ gegeben ist.

Setzen wir übliche Werte ein (Raumtemperatur $T = 300$ K, $k = 1$ mN/m), so folgt $< x^2 > \approx 10^{-18}$ m^2, d.h., das Pendel führt aufgrund der thermischen Energie zufällige Schwingungen durch, wobei die Größenordnung der Amplitude durch $\sqrt{< x_2 >} \approx 10^{-9}$ m = 1 nm gegeben ist.
Wird dieses Pendel durch eine externe Kraft stärker als 1 nm ausgelenkt, so ist die gespeicherte potentielle Energie E_{pot} viel größer als die thermische Energie, und das Pendel vollführt harmonische Schwingungen, deren Kreisfrequenz durch $\omega^2 = k/m$ gegeben ist (→ Abschnitt 1.10). Unterschreitet die anfängliche Auslenkung jedoch 1 nm, so dominiert die thermische Energie, und das Pendel vollführt zufällige Bewegungen, die nur noch statistisch berechenbar sind.
Das Beispiel zeigt, dass das Pendel bestimmte Bewegungen „zufällig“ durchführen kann, solange die dafür (d.h. für diese Bewegung) benötigte Energie ΔE kleiner als die thermische Energie ist, d.h. $\Delta E << k_B \cdot T$ (unter allen möglichen Bewegungen wird das Pendel nur die Bewegung selbstständig durchführen, für die es genügend thermische Energie besitzt).

Für $\Delta E >> k_B \cdot T$ dominiert die Wechselwirkung zwischen den Teilchen die Dynamik des Systems, und die zufälligen Bewegungen aufgrund der thermischen Energie können vernachlässigt werden. Für $\Delta E << k_B \cdot T$ dominiert hingegen die thermische Energie, so dass die Teilchen in erster Linie zufällige, ungerichtete Bewegungen durchführen.

Man kann sich daher allgemein die Frage stellen: Wenn eine bestimmte Bewegung bzw. ein bestimmter Vorgang mit der Energie ΔE verbunden ist, wie groß ist dann die Wahrscheinlichkeit, dass diese Bewegung aufgrund der vorhandenen thermischen Energie beobachtet werden kann?

Betrachten wir zwei Vorgänge, zu deren Realisierung das betrachtete System die Energien E_1 bzw. E_2 besitzen muss. Ferner seien $W(E_1)$ bzw. $W(E_2)$ die Wahrscheinlichkeiten dafür, dass das System in einem Zustand der Energie E_1 bzw. E_2 beobachtet wird. Liegt ein thermodynamisches Gleichgewicht vor, so gilt für die Verhältnisse der Wahrscheinlichkeiten (**Boltzmann-Faktor**)

$$\frac{W(E_1)}{W(E_2)} = e^{-\frac{E_1 - E_2}{k_B \cdot T}} . \qquad (3.12)$$

Beispiel – Barometrische Höhenformel

Wie in Abschnitt 2.5 wollen wir auch hier die Erdatmosphäre als ideales Gas betrachten, das (1) sich aus Massenpunkten (Masse m) zusammensetzt, (2) sich im thermodynamischen Gleichgewicht befindet und (3) dessen Temperatur unabhängig von der betrachteten Höhe ist.

Wenn wir die potentielle Energie eines Massenpunktes bezüglich der Erdoberfläche messen, so nimmt sie in der Höhe h den Wert $E(h) = E_{pot}(h) = m \cdot g \cdot h$ an. In Gl. 3.12 eingesetzt, liefert dies

$$W(h) = W(h=0) \cdot e^{-\frac{m \cdot g \cdot h}{k_B \cdot T}},$$

d.h., die Wahrscheinlichkeit $W(h)$, einen Massenpunkt in der Höhe h (und somit mit der potentiellen Energie $E_{pot}(h) = m \cdot g \cdot h$) vorzufinden, nimmt exponentiell mit dem Faktor $e^{-\frac{m \cdot g \cdot h}{k_B \cdot T}}$ ab.

Wenn wir nun in der Höhe h das Volumen dV aus der Atmosphäre „herausschneiden", so können wir die Anzahl der Teilchen $dN(h)$ ermitteln („zählen"), die sich im Volumen dV befinden. Diese muss jedoch proportional zu $W(h)$ sein, d.h. $dN(h) \propto W(h)$. Andererseits muss (nach Voraussetzung) das ideale Gasgesetz gelten, d.h. $p(h) \cdot dV = dN(h) \cdot k_B \cdot T$. Setzt man hier die Dichte $n(h) = dN(h)/dV$ der Teilchen in der Höhe h ein, so folgt nach Umstellen

$$p(h)/n(h) = k_B \cdot T = const.$$

Da die Temperatur T der Atmosphäre (nach Voraussetzung) konstant ist, muss auch das Verhältnis $p(h)/n(h)$ konstant sein: $p(h)/n(h) = p(0)/n(0)$.

Dies kann in den Exponenten des Boltzmann-Faktors eingesetzt werden und liefert

$$-\frac{m \cdot g \cdot h}{k_B \cdot T} = -\frac{n(h) \cdot m}{p(h)} \cdot g \cdot h = -\frac{\rho(h)}{p(h)} \cdot g \cdot h = -\frac{\rho(0)}{p(0)} \cdot g \cdot h.$$

Wenn wir abschließend berücksichtigen, dass aus $dN(h) \propto W(h)$ und dem idealen Gasgesetz automatisch $p(h) \propto dN(h) \propto W(h)$ folgt, so können wir die barometrische Höhenformel in der Form

$$p(h) = p(h=0) \cdot e^{-\frac{\rho(0)}{p(0)} \cdot g \cdot h}$$

schreiben (→ Abschnitt 2.5).

Diese Berechnung zeigt die thermodynamische Ursache der barometrischen Höhenformel und des exponentiellen Abfalls des Atmosphärendrucks: Aufgrund ihrer Temperatur besitzen die Gasteilchen thermische und somit kinetische Energie. Diese können die Gasteilchen „verwenden", um Bewegungen durchzuführen, die auch teilweise gegen die Schwerkraft gerichtet sind. Wäre $T = 0$ K, so würden die Gasteilchen keine kinetische Energie mehr besitzen und müssten aufgrund der Erdanziehung zu Boden fallen. Dies zeigt ferner, dass die exponentielle Abhängigkeit des Atmosphärendrucks eine Konsequenz des Boltzmann-Faktors ist.

3.3 Zustandsgrößen und thermodynamische Prozesse

In diesem Abschnitt werden wir zunächst einige Messgrößen thermodynamischer Systeme kennenlernen, die lediglich vom aktuellen Zustand des Systems abhängen und somit eine einfache Beschreibung der thermodynamischen Vorgänge erlauben. Anhand dieser Messgrößen werden wir eine vorläufige Definition formulieren, anhand derer entschieden werden kann, wann sich ein System im thermodynamischen Gleichgewicht befindet (die endgültige Definition können wir erst in Abschnitt 3.6 geben). Abschließend werden wir einige spezielle thermodynamische Prozesse untersuchen, mit deren Hilfe sich reale Prozesse an thermodynamischen Systemen in guter Näherung beschreiben lassen.

Zustandsgrößen

In Abschnitt 3.2 wurde gezeigt, dass eine vollständige Beschreibung thermodynamischer Systeme aufgrund der hohen Anzahl an Freiheitsgraden nicht praktikabel ist und man stattdessen die „unzähligen" mikroskopischen Eigenschaften des Systems durch eine geringe Anzahl an makroskopisch messbaren Größen ersetzt. Unter all diesen Größen besitzen einige eine besondere Eigenschaft:

Als **Zustandsgrößen** eines thermodynamischen Systems bezeichnet man alle (makroskopisch messbaren) Eigenschaften, die nur vom aktuellen Zustand (und somit nicht von der Vergangenheit) des thermodynamischen Systems abhängen. Für Zustandsgrößen ist es somit unerheblich, auf welchem Weg, d.h. durch welchen Prozess, das System den aktuellen Zustand erreicht hat. Ein thermodynamisches System befindet sich im **thermodynamischen Gleichgewicht**, wenn alle Zustandsgrößen zeitlich konstant bzw. stationär sind. In diesem Fall können die Zustandsgrößen häufig in Form von **Zustandsgleichungen** in Zusammenhang miteinander gebracht werden. Diesen Gleichungen kann ebenfalls entnommen werden, welche Zustandsgrößen mindestens bekannt sein müssen, damit der Zustand eines thermodynamischen Systems eindeutig aus den Zustandsgrößen ermittelt werden kann.

Beispiel für *ideale Gase:*
Im thermodynamischen Gleichgewicht wurde in Abschnitt 3.2 das Gasgesetz

$$p \cdot V = n \cdot R \cdot T \tag{3.13}$$

abgeleitet. Dieser Ableitung kann man entnehmen, dass die Größen p, V und T lediglich vom aktuellen Zustand und nicht „von der Vergangenheit" des Gases abhängen. Es handelt sich bei ihnen also um Zustandsgrößen des idealen Gases, und Gl. 3.13 stellt eine Zustandsgleichung dar.
Ferner zeigt sich, dass alle weiteren Eigenschaften des idealen Gases berechnet werden können, sobald die Größen p, V und T bekannt sind. So wurde beispielsweise gezeigt, dass die thermische Energie des idealen Gases mit f Freiheitsgraden durch $\frac{f}{2} \cdot n \cdot R \cdot T$ gegeben ist und somit sofort berechnet werden kann, wenn die Temperatur T bekannt ist (→ Abschnitt 3.2).

Im Gegensatz dazu stellt die Wärme Q, die dem Gas zu- oder abgeführt wird, keine Zustandsgröße dar: Die Menge der transportierten thermischen Energie erlaubt (bei Kenntnis der Wärmekapazität) lediglich Rückschlüsse auf die Änderung der Temperatur, jedoch nicht auf deren Absolutwert. In Abschnitt 3.5 werden wir sogar sehen, dass Q sehr stark davon abhängt, welcher thermodynamische Prozess an einem System durchgeführt wird. Somit hängt Q auch davon ab, wie sich der Zustand des Systems verändert hat, und kann somit keine Zustandsgröße sein:

Keine Zustandsgrößen sind die Wärmemenge Q, die ein thermodynamisches System aufnimmt bzw. abgibt, und die Arbeit W, die von einem bzw. an einem System verrichtet wird.

Bemerkung:
Wenn sich ein System im thermodynamischen Gleichgewicht befindet, so sind die Zustandsgrößen automatisch stationär. Die Umkehrung gilt streng genommen nicht für alle Situationen: Bei offenen Systemen kann es vorkommen, dass stetig Teilchen in das System hinein- und hinausströmen, so dass durch den ständigen Teilchen- und Energietransport die Zustandsgrößen zwar stationär sind, das System aber auch vom thermodynamischen Gleichgewicht ferngehalten wird. Diese Situation trifft man häufig bei biologischen Zellen an, und sie stellt ein Beispiel für sogenannte Fließgleichgewichte dar.
Das Beispiel zeigt, dass die angegebene Definition für das thermodynamische Gleichgewicht im Sinne statistischer Physik nicht streng genug formuliert wurde.

Eine hinreichend genaue Definition wird in Abschnitt 3.6 formuliert werden, nachdem der Begriff der Entropie entwickelt wurde.

Zustandsänderung

Mit Hilfe der Zustandsgrößen sind wir in der Lage, verschiedene Zustände eines thermodynamischen Systems sofort zu unterscheiden:

> Ändert sich während eines Prozesses mindestens eine Zustandsgröße, so sagt man, dass sich der **Zustand des thermodynamischen Systems verändert** hat und dass der Prozess zu einer **Zustandsänderung** geführt hat.
> Eine Zustandsänderung heißt **reversibel**, wenn sie derart langsam durchgeführt wird, dass sich das System stets im thermodynamischen Gleichgewicht befindet.

Unter allen möglichen thermodynamischen Prozessen gibt es eine geringe Anzahl von Zustandsänderungen, die sich dadurch auszeichnen, dass mindestens eine Zustandsgröße des thermodynamischen Systems erhalten bleibt. Man unterscheidet unter anderem zwischen:

> Eine Zustandsänderung heißt
> **isotherm**, wenn die Temperatur erhalten bleibt ($T = const.$),
> **isobar**, wenn der Druck erhalten bleibt ($p = const.$),
> **isochor**, wenn das Volumen erhalten bleibt ($V = const.$),
> **adiabatisch**, wenn keine Wärme über die Systemgrenze zu- oder abgeführt wird ($Q = 0$).

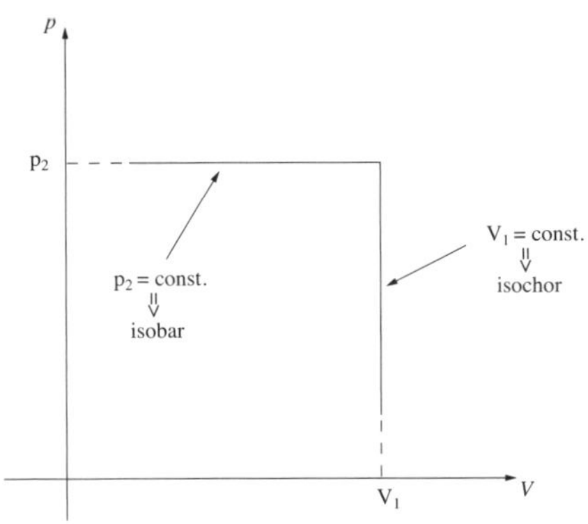

Abb. 3.6 a

Bemerkung:
Dem aufmerksamen Leser wird aufgefallen sein, dass hier adiabatische Prozesse nicht über die Erhaltung einer Zustandsgröße, sondern durch $Q = 0$ definiert wurden. In Abschnitt 3.5 werden wir sehen, dass hieraus die Konstanz einer neuen Zustandsgröße (Entropie) folgt.

In der Thermodynamik ist es üblich, die Zustandsänderung eines thermodynamischen Systems in einem p-V-Diagramm einzuzeichnen. Wir werden diese Vorgehensweise anhand einiger Beispiele verdeutlichen. Hierbei muss man jedoch immer berücksichtigen, dass diesen Diagrammen lediglich Informationen zur Veränderung von Druck und Volumen entnommen werden können. Aussagen über die Temperatur können nur vorgenommen werden, wenn die entsprechende Zustandsgleichung bekannt ist.

Isochore Zustandsänderung

Da bei isochoren Prozessen das Volumen erhalten bleibt, erkennt man diese Zustandsänderung im p-V-Diagramm durch eine gerade Linie, die senkrecht zur V-Achse verläuft (vgl. Abb. 3.6). Wenn dieser Prozess bei einem idealen Gas durchgeführt wird, so führt Umstellen des idealen Gasgesetzes (Zustandsgleichung) auf

$$p(T) = \frac{n \cdot R}{V} \cdot T, \tag{3.14}$$

d.h., der Druck ist lediglich eine Funktion der Temperatur T und nimmt linear mit T zu.

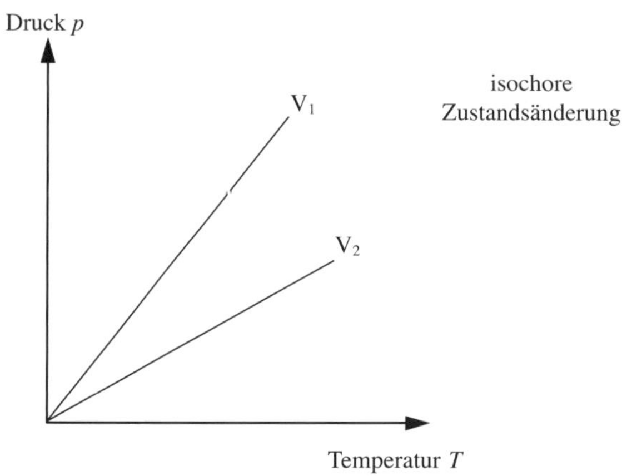

Abb. 3.6 b

Isobare Zustandsänderung

Da bei diesem Prozess der Druck erhalten bleibt, erkennt man diese Zustandsänderung im p-V-Diagramm durch eine gerade Linie, die senkrecht zur p-Achse verläuft (vgl. Abb. 3.6). Umstellen nach dem Druck führt beim idealen Gas (analog zur Isochoren) zu

$$V(T) = \frac{n \cdot R}{p} \cdot T, \tag{3.15}$$

d.h., diesmal hängt das Volumen linear von T ab. Hieraus folgt sofort, dass sich bei isobarer Prozessführung das Volumen des idealen Gases um

$$\mathrm{d}V(T) = \frac{n \cdot R}{p} \cdot \mathrm{d}T \tag{3.16}$$

ändert, wenn sich dessen Temperatur (infinitesimal) um $\mathrm{d}T$ ändert.

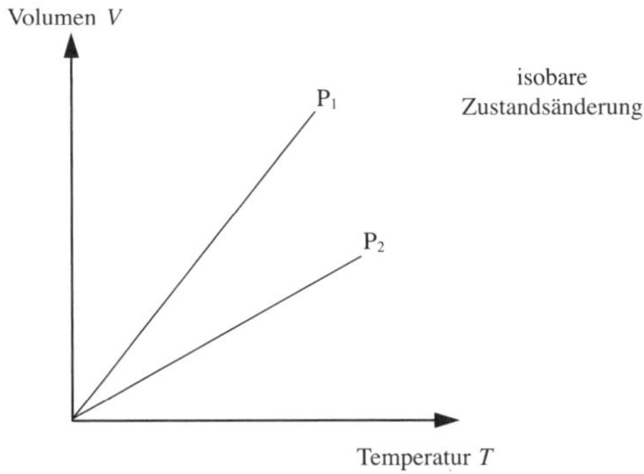

Abb. 3.6 c

Isotherme Zustandsänderung

Da bei der Isothermen die Temperatur konstant ist, muss die Zustandsgleichung bekannt sein, wenn man diesen Prozess in ein p-V-Diagramm eintragen möchte. Nehmen wir als Beispiel das ideale Gas, so führt Umstellen der idealen Gasgleichung nach dem Druck auf den Zusammenhang

$$p(V) = n \cdot R \cdot T \cdot \frac{1}{V}, \tag{3.17}$$

d.h., der Druck ist bei einem isothermen, idealen Gas invers proportional zum Volumen. Die Isothermen sind somit durch Hyperbeln im p-V-Diagramm gegeben (vgl. Abb. 3.7).

Wenn man ein anderes thermodynamisches System betrachtet (z.B. das Van-der-Waals-Gas aus Abschnitt 3.8), so werden im Allgemeinen die Isothermen auch andere Verläufe im p-V-Diagramm aufweisen.

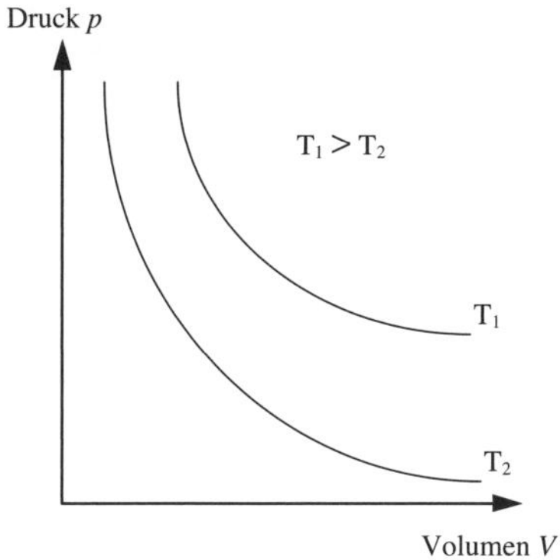

Abb. 3.7

Adiabatische Zustandsänderung

Den Verlauf einer Adiabaten werden wir erst mit den Hilfsmitteln der Abschnitte 3.4 und 3.5 berechnen können. Dort wird gezeigt, dass eine Adiabate an einem idealen Gas durch die Gleichung

$p \cdot V^{\kappa} = const.$

beschrieben wird, wobei der Adiabaten-Koeffizient κ hier nur von den Freiheitsgraden abhängt: $\kappa = (f + 2)/f$. Für ihn gilt stets $\kappa > 1$, so dass Adiabaten im p-V-Diagramm stets steiler verlaufen als Isothermen (vgl. Abb. 3.8).

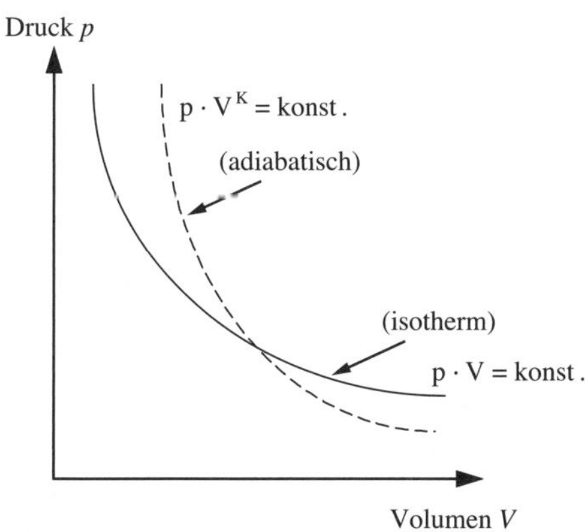

Abb. 3.8

Thermodynamische Ersatzprozesse

In der Natur verlaufen thermodynamische Prozesse selten streng isotherm, isochor etc. Diese (Ersatz-)Prozesse sollen die in Wirklichkeit auftretenden Prozesse in guter Näherung beschreiben und dadurch eine Berechenbarkeit realer Prozesse ermöglichen. Wie reale Prozesse in Ersatzprozesse übersetzt werden, wird in Abschnitt 3.6 am Beispiel der Kreisprozesse gezeigt.

3.4 Zustandsgrößen und der erste Hauptsatz der Thermodynamik

In Abschnitt 3.1 wurde gezeigt, dass mechanische Energie durch Reibung in thermische Energie umgewandelt werden kann. Diese bemerkenswerte Beobachtung von Julius Robert von Mayer (1814 – 1878) versetzt uns in die Lage, auch für thermodynamische Prozesse einen quantitativen Erhaltungssatz für Energie (→ Abschnitt 1.11) formulieren zu können.

Innere Energie

Im Folgenden wollen wir unter dem Begriff **innere Energie** (Formelzeichen U, Einheit: 1 J) die Summe aller Energieformen verstehen, die den Teilchen eines thermodynamischen Systems aufgrund ihrer Relativbewegung oder ihrer relativen Lage zueinander zur Verfügung stehen. Sie ist eine Zustandsgröße.

Betrachten wir beispielsweise das Modell des idealen Gases, so stellen wir fest, dass als Wechselwirkung lediglich Stöße der Massenpunkte untereinander bzw. mit der begrenzenden Wand zugelassen wurden. Aufgrund dieser Wechselwirkungen kann Energie zwar verteilt, aber nicht gespeichert werden. Somit ist die innere Energie eines idealen Gases lediglich durch die kinetische Energie der Massenpunkte (= thermische Energie) gegeben, d.h. $U_{\mathrm{IG}} = \frac{f}{2} \cdot n \cdot R \cdot T.$ (3.18)

In Abschnitt 3.8 werden wir das Modell des Van-der-Waals-Gases kennenlernen, bei dem die Teilchen Kräfte aufeinander ausüben und somit in der Lage sind, auch potentielle Energie zu speichern. Die innere Energie dieses Gases ist daher die Summe von kinetischer und potentieller Energie der Massenpunkte.

In der statistischen Physik können viele unterschiedliche Energieformen zur inneren Energie beitragen. Eine vollständige Aufzählung würde jedoch den Rahmen dieses Buches sprengen. Für die folgenden Diskussionen reicht es völlig aus, zu wissen, dass jedes thermodynamische System mindestens einen Teil der inneren Energie in Form von Gl. 3.18 speichert.

Erster Hauptsatz der Thermodynamik

Wir haben bisher zwei Möglichkeiten gesehen, um die innere Energie eines Systems zu verändern (→ Abschnitt 3.1): Zum einen zeigte sich, dass durch Zufuhr von Wärme im Allgemeinen die Temperatur und somit die innere Energie eines thermodynamischen Systems erhöht werden kann. Auf der anderen Seite wurde am Beispiel der Reibung gezeigt, dass die Temperatur ebenfalls durch das Verrichten von mechanischer Arbeit am thermodynamischen System erhöht werden kann.
Julius Robert von Mayer (1814 – 1878) machte als Erster die revolutionäre Entdeckung, dass im Idealfall bei beiden Prozessen die gleiche Menge an Energie umgesetzt werden muss, wenn die innere Energie um den gleichen Betrag zunehmen soll. Dies kann in Analogie zu Abschnitt 1.11 in Form eines Energieerhaltungssatzes formuliert werden:

1. Hauptsatz der Thermodynamik

Wird einem geschlossenen thermodynamischen System die Wärmemenge $\mathrm{d}Q$ zugeführt, so kann diese Energiezufuhr vom System genutzt werden, um die innere Energie des Systems um $\mathrm{d}U$ zu erhöhen oder um die Arbeit $\mathrm{d}W$ gegen eine äußere Kraft zu verrichten, d.h.

$$\mathrm{d}Q = \mathrm{d}U - \mathrm{d}W \text{ bzw. } \mathrm{d}U = \mathrm{d}Q + \mathrm{d}W. \tag{3.19}$$

Dies zeigt ferner, dass die innere Energie eines thermodynamischen Systems um $\mathrm{d}U$ erhöht werden kann, wenn über die Systemgrenzen die Wärmemenge $\mathrm{d}Q$ zugeführt wird oder wenn am System die Arbeit $\mathrm{d}W$ verrichtet wird.

Dieser Satz zeigt nochmals deutlich auf, dass ein thermodynamisches System Arbeit verrichten kann, dass dies jedoch auf Kosten von innerer Energie oder zugeführter Wärme geht. In der Praxis trifft man häufig den Fall an, dass das System durch Änderung seines Volumens Arbeit gegen eine äußere Kraft verrichtet. In dieser Situation nimmt der erste Hauptsatz (unter Verwendung der Volumenarbeit $\mathrm{d}W = -p \cdot \mathrm{d}V$) die Form

$$\mathrm{d}U = \mathrm{d}Q - p \cdot \mathrm{d}V \tag{3.20}$$

an, wobei jegliche Reibungsverluste vernachlässigt wurden.
Der erste Hauptsatz kann als Energieerhaltungssatz aufgefasst werden und zeigt, dass ein thermodynamisches System nicht beliebig viel Arbeit verrichten kann. Dies kann man auch dahingehend ausdrücken:

Es ist unmöglich, Energie zu zerstören oder aus dem Nichts zu gewinnen.

Diese **alternative Formulierung des ersten Hauptsatzes** drückt nochmals deutlich aus, dass ein thermodynamisches System zunächst höchstens so viel Arbeit verrichten kann, wie ihm aufgrund seiner inneren Energie oder aufgrund zugeführter Wärme zur Verfügung steht.

Nun wird aber jeder Prozess durch Reibung begleitet, d.h., bei jedem nur denkbaren Prozess werden thermodynamische Systeme stets einen Teil ihrer nutzbaren Energie in Reibungsarbeit umwandeln müssen. Dieser Teil steht dem System nicht mehr zum Verrichten anderer Arbeit zur Verfügung, so dass es offensichtlich unmöglich ist, eine Maschine zu konstruieren, die, einmal in Bewegung gesetzt, ihre Bewegung selbstständig aufrechterhält und dabei sogar noch zusätzlich Arbeit verrichten kann. Derartige Maschinen bezeichnet man als **Perpetuum Mobile** (lateinisch für „sich ständig Bewegendes“) und fügt häufig noch das Attribut **erster Art** hinzu, wodurch gekennzeichnet wird, dass dieses Gerät gegen den ersten Hauptsatz der Thermodynamik verstößt. Dies führt zu einer weiteren, alternativen Formulierung des ersten Hauptsatzes:

> Es ist thermodynamisch unmöglich, ein funktionsfähiges **Perpetuum Mobile erster Art** zu konstruieren, d.h. eine Maschine zu bauen, die mehr Energie freisetzt, als ihr vorher zugeführt wurde.

Mit Hilfe des ersten Hauptsatzes können wir somit die Energie berechnen, die ein thermodynamisches System in der Lage ist (in Form von Wärme oder durch Verrichten von Arbeit) abzugeben.

In Abschnitt 3.6 werden wir sehen, dass periodisch arbeitende Maschinen diese obere Grenze jedoch nie erreichen können. Obwohl bestimmte Prozesse also rein energetisch nach dem ersten Hauptsatz möglich wären, wird der zweite Hauptsatz eine zusätzliche Bedingung formulieren, die angibt, wie viel Arbeit tatsächlich von einer periodisch arbeitenden Maschine geleistet werden kann.

3.5 Anwendungen des ersten Hauptsatzes

Thermodynamische Ersatzprozesse am Beispiel des idealen Gases

Isochore Zustandsänderung: Da bei isochoren Prozessen das Volumen des Gases erhalten bleibt ($\mathrm{d}V = 0$), wird während dieser Prozessführung keine Volumenarbeit vom Gas geleistet: $\mathrm{d}V = 0 \rightarrow \mathrm{d}W = 0$. Dies kann in den ersten Hauptsatz eingesetzt werden und zeigt, dass die Zunahme $\mathrm{d}U$ der inneren Energie gerade der zugeführten Wärmemenge $\mathrm{d}Q$ entspricht:

$$\mathrm{d}U = \mathrm{d}Q. \qquad \text{(isochor)}$$

Da die innere Energie des idealen Gases komplett durch die thermische Energie der Gasteilchen gegeben ist, folgt sofort

$$U = \frac{f}{2} \cdot n \cdot R \cdot T \rightarrow \mathrm{d}U = \frac{f}{2} \cdot n \cdot R \cdot \mathrm{d}T \equiv \mathrm{d}Q.$$

Wird die Temperatur des Gases somit beim isochoren Prozess um $\mathrm{d}T$ erhöht, so muss dem idealen Gas hierfür die Wärmemenge $\mathrm{d}Q = \frac{f}{2} \cdot n \cdot R \cdot \mathrm{d}T$ zugeführt werden. Dies kann in die Definition der Wärmekapazität eingesetzt werden und zeigt:

> Die **spezifische molare Wärmekapazität** C_V eines idealen Gases ist **bei konstantem Volumen** durch $C_V = \frac{f}{2} \cdot R$ gegeben, wobei f die Anzahl der Freiheitsgrade der Gasteilchen angibt und der Index V die Konstanz des Volumens andeutet.

Wenn wir daher zwei ideale Gase betrachten, die sich lediglich in der Anzahl der Freiheitsgrade f ihrer Teilchen unterscheiden, so werden wir feststellen, dass dem Gas mit der höheren Anzahl an Freiheitsgraden mehr Wärme zugeführt werden muss, um die gleiche Temperaturerhöhung zu erreichen. Dies ist eine direkte Konsequenz aus dem **Äquipartitionstheorem** (→ Abschnitt 3.2): Die zugeführte Wärme wird gleichmäßig über alle Freiheitsgrade verteilt, und wenn mehr Freiheitsgrade zur Verfügung stehen, wird die gleiche thermische Energie auch über mehr Freiheitsgrade verteilt.

Isobare Zustandsänderung: In Abschnitt 3.3 wurde mit Gl. 3.16 gezeigt, dass bei einer isobaren Temperaturerhöhung um $\mathrm{d}T$ das Volumen des idealen Gases um

$$\mathrm{d}V(T) = \frac{n \cdot R}{p} \cdot \mathrm{d}T$$

zunimmt. Bei diesem Vorgang dehnt sich aber das Gas gegen den (konstanten) äußeren Druck p aus, so dass das Gas hierfür die Volumenarbeit

$$\mathrm{d}W = -p \cdot \mathrm{d}V(T) = -n \cdot R \cdot \mathrm{d}T$$

verrichten muss. In den ersten Hauptsatz eingesetzt, liefert dies

$$\mathrm{d}Q = \mathrm{d}U - \mathrm{d}W = \frac{f}{2} \cdot n \cdot R \cdot \mathrm{d}T + n \cdot R \cdot \mathrm{d}T = \frac{f+2}{2} \cdot n \cdot R \cdot \mathrm{d}T.$$

Somit beträgt die Wärmekapazität des idealen Gases für diesen Prozess:

> Die **spezifische molare Wärmekapazität** C_p eines idealen Gases ist **bei konstantem Druck** durch $C_p = \frac{f+2}{2} \cdot R$ gegeben, wobei f die Anzahl der Freiheitsgrade der Gasteilchen angibt und der Index p die Konstanz des Volumens andeutet. Sie kann auch in der Form $C_p = C_V + R$ geschrieben werden, d.h., die spezifische molare Wärmekapazität eines idealen Gases ist bei isobaren Prozessen höher als bei isochoren.

Die unterschiedlichen Wärmekapazitäten beider Prozesse erklären sich wie folgt: Für isochore Prozesse wurde $\mathrm{d}U = \mathrm{d}Q$ abgeleitet, d.h., die zugeführte Wärme wird direkt in innere Energie umgesetzt. Bei isobaren Prozessen muss jedoch vom Gas zusätzlich eine Volumenarbeit verrichtet werden, so dass nur ein Teil der zugeführten Wärme in innere Energie umgewandelt werden kann. Dadurch fällt der Temperaturanstieg geringer aus als beim isochoren Prozess.

Isotherme Zustandsänderung: Bei Isothermen ist die Temperatur konstant ($\mathrm{d}T = 0$), und somit folgt für die innere Energie

$$\mathrm{d}U = \frac{f}{2} \cdot n \cdot R \cdot \mathrm{d}T = 0,$$

so dass der erste Hauptsatz die Form

$$\mathrm{d}Q = -\,\mathrm{d}W = p \cdot \mathrm{d}V \tag{3.21}$$

annimmt. Diese Gleichung besagt einfach, dass die Energie, die dem System durch Verrichten der Volumenarbeit zu- bzw. abgeführt wird, durch einen Wärmetransport exakt ausgeglichen werden muss, um die Temperatur des idealen Gases konstant zu halten. Bei isothermer Prozessführung wird die mit der Kompression begleitete Temperaturerhöhung durch Abgabe von Wärme also komplett kompensiert. Häufig wird das ideale Gas hierfür in einen Thermostaten eingebracht, der gerade so viel Wärme aufnehmen bzw. abgeben kann, dass die Temperatur des Gases konstant bleibt.
Ferner wurde in Abschnitt 3.3 mit Gl. 3.17 gezeigt, dass der Druck als Funktion des Volumens aufgefasst werden kann:

$$p(V) = n \cdot R \cdot T \cdot \frac{1}{V}.$$

Mit Hilfe dieser und Gl. 3.21 kann leicht die Wärmemenge berechnet werden, die für eine Konstanz der Temperatur notwendig ist. Wenn sich während des Prozesses das Volumen von V_{Anf} auf V_{Ende} verändert, so folgt für die Wärme

$$\mathrm{d}Q = p \cdot \mathrm{d}V = n \cdot R \cdot T \cdot \frac{\mathrm{d}V}{V} \tag{3.22}$$

$$\rightarrow Q = n \cdot R \cdot T \cdot \int_{V_{\mathrm{Anf}}}^{V_{\mathrm{Ende}}} \frac{\mathrm{d}V}{V} = n \cdot R \cdot T \cdot (\log V_{\mathrm{Ende}} - \log V_{\mathrm{Anf}}) = n \cdot R \cdot T \cdot \log \frac{V_{\mathrm{Ende}}}{V_{\mathrm{Anf}}}.$$

Bei einer Expansion des Gases ist $V_{\mathrm{Ende}} > V_{\mathrm{Anf}}$, und somit folgt $Q > 0$, d.h., dem Gas muss Wärme zugeführt werden, damit es isotherm expandieren kann.

Adiabatische Zustandsänderung: Zum Schluss betrachten wir die Adiabate, die dadurch gekennzeichnet ist, dass dem System keine Wärme zugeführt wird ($\mathrm{d}Q = 0$), wodurch der erste Hauptsatz die Form

$$\mathrm{d}U = \mathrm{d}W = -\,p \cdot \mathrm{d}V \tag{3.23}$$

annimmt. Wenn wir nun berücksichtigen, dass die innere Energie des idealen Gases auch in der Form

$$U = C_V \cdot T \rightarrow \mathrm{d}U = C_V \cdot \mathrm{d}T \tag{3.24}$$

aufgeschrieben werden kann, folgt durch Einsetzen des idealen Gasgesetzes und Gl. 3.24 in Gl. 3.23

$$C_V \cdot \frac{\mathrm{d}T}{T} = -n \cdot R \cdot \frac{\mathrm{d}V}{V} \rightarrow \log T = -\frac{n \cdot R}{C_V} \cdot \log V + const.$$

$$\rightarrow \log T + \log V^{n \cdot R/C_V} = const. \rightarrow \log(T \cdot V^{n \cdot R/C_V}) = const.$$

$$\rightarrow T \cdot V^{n \cdot R/C_V} = const.$$

Durch die Einführung des Adiabaten-Koeffizienten $\kappa = \dfrac{C_p}{C_V} = \dfrac{f+2}{f}$ kann diese Gleichung in der Form $T \cdot V^{\kappa-1} = const.$ geschrieben werden (da $\kappa - 1 = (C_p - C_V)/\,C_V = n \cdot R/C_V!$). Erneutes Anwenden der Zustandsgleichung führt auf die Gleichung $p \cdot V^{\kappa} = const.$

> Die adiabatische Zustandsänderung eines idealen Gases ist durch die Zustandsgleichungen $p \cdot V^{\kappa} = const.$, $T \cdot V^{\kappa-1} = const.$ und $p^{1-\kappa} \cdot T^{\kappa} = const.$ gekennzeichnet, wobei der **Adiabaten-Koeffizient** $\kappa = (f+2)/f$ lediglich von der Anzahl der Freiheitsgrade f des idealen Gases abhängt.

Wärmekapazität idealer Festkörper: Dulong-Petit-Gesetz

In Abschnitt 2.1 wurde gezeigt, dass den Teilchen, aus denen sich Festkörper zusammensetzen, eine Ruheposition zugeschrieben werden kann. Dies führt dazu, dass die Teilchen sich nicht frei im Festkörper bewegen können.

Des Weiteren wurde in Abschnitt 2.3 gezeigt, dass diese Teilchen (im Allgemeinen) zwar von ihrer Ruheposition aus in alle drei Dimensionen ausgelenkt werden können, dass aber (aufgrund von anziehenden Wechselwirkungen) sofort eine rücktreibende Kraft entsteht, welche die Teilchen wieder in Richtung ihrer Ruheposition beschleunigt. In Abschnitt 1.10 wurde ferner gezeigt, dass die Teilchen in einer derartigen Situation Schwingungen um ihre Ruhepositionen ausführen können, so dass bei Festkörpern die thermische Energie aufgrund von Teilchenschwingungen gespeichert wird.

Die innere Energie U_{FK} eines derartigen thermodynamischen Systems besitzt aber zwei Anteile: (1) die kinetische Energie E_{kin} und (2) die potentielle Energie E_{pot} der Teilchenschwingung. Wir können daher in Näherung sagen, dass die innere Energie des Festkörpers durch die gemittelte kinetische und potentielle Energie aller Teilchen gegeben ist:

$$U_{FK} = \langle E_{kin,ges} \rangle + \langle E_{pot,ges} \rangle.$$

Im Allgemeinen sind diese Schwingungen derart klein, dass sie in guter Näherung durch das Modell des Harmonischen Oszillators approximiert werden können (d.h., die rückstellende Kraft wächst linear mit dem Abstand zur Ruheposition). In dieser Situation wurde in Abschnitt 1.10 gezeigt, dass die kinetische und die potentielle Energie im Mittel denselben Wert besitzen:

$< E_{\mathrm{kin,ges}} > = < E_{\mathrm{pot,ges}} > \rightarrow U_{\mathrm{FK}} = 2 \cdot < E_{\mathrm{kin,ges}} >$.

Da die Teilchen in drei Dimensionen ausgelenkt werden können, besitzen sie auch drei Translationsfreiheitsgrade, so dass diese Gleichung unter Verwendung des Äquipartitionstheorems in

$$U_{\mathrm{FK}} = 2 \cdot < E_{\mathrm{kin,ges}} > = 2 \cdot N \cdot \frac{3}{2} \cdot k_{\mathrm{B}} \cdot T = 3 \cdot n \cdot R \cdot T$$

umgeformt werden kann. Diese innere Energie hängt ebenfalls linear von der Temperatur ab, so dass aus

$$\mathrm{d}U_{\mathrm{FK}} = 3 \cdot n \cdot R \cdot \mathrm{d}T$$

für die Wärmekapazität automatisch folgt:

Dulong-Petit-Gesetz

Die spezifische molare Wärmekapazität der meisten Festkörper beträgt bei Raumtemperatur in guter Näherung $c_{\mathrm{mol}} = 3 \cdot R$.

3.6 Entropie und zweiter Hauptsatz der Thermodynamik

Nach dem ersten Hauptsatz der Thermodynamik sind zunächst alle Prozesse eines thermodynamischen Systems erlaubt, welche die Energieerhaltung $\mathrm{d}U = \mathrm{d}Q + \mathrm{d}W$ erfüllen. Anhand dieser Gesetzmäßigkeit lässt sich jedoch nicht entscheiden, welche von den energetisch möglichen Prozessen **spontan** bzw. **selbstständig** stattfinden können. Diese Aussage wollen wir an einem Beispiel illustrieren:

Betrachten wir dazu zwei Körper, die unterschiedliche Temperaturen besitzen sollen. Aus Erfahrung wissen wir, dass sich die Temperaturen beider Körper einander angleichen, sobald wir sie in Kontakt zueinander gebracht haben (→ Abschnitt 3.1, Kalorimetrie). Der erste Hauptsatz kann nun verwendet werden, um die transportierte Wärme und somit die Änderung der inneren Energien beider Körper zu berechnen. Generell zeigt sich aber in der Praxis, dass dieser Wärmetransport spontan nur vom wärmeren zum kälteren Körper verläuft.

Genau hier liegt aber das eigentliche Problem. Prinzipiell steht die Umkehrung dieses Prozesses, d.h. ein Wärmetransport vom kälteren zum wärmeren Körper, nicht im Widerspruch zum ersten Hauptsatz. Man kann sich daher auch vorstellen, dass dem kälteren Körper Wärme entnommen und dem wärmeren Körper zugeführt wird, so dass die Temperatur (gemäß des ersten Hauptsatzes) des kälteren Körpers weiter abnimmt, während der wärmere Körper weiter aufgeheizt wird. Die Erfahrung zeigt hingegen, dass derartige Prozesse in der Natur nie selbstständig ablaufen.

Das Beispiel macht deutlich, dass wir neben der Energieerhaltung einen Indikator benötigen, dem wir entnehmen können, ob ein thermodynamischer Prozess spontan stattfinden kann oder ob das Gegenteil gilt. In der Mechanik sind wir diesem Problem bereits begegnet und haben in der potentiellen Energie diesen Indikator gefunden: In Abschnitt 1.8 wurde gezeigt, dass ein Massenpunkt potentielle Energie freisetzen kann, um beispielsweise gegen eine äußere Kraft Arbeit zu verrichten. Er wird daher Bewegungen genau dann selbstständig durchführen können, wenn sie mit einer Verringerung seiner potentiellen Energie verbunden sind.

Dieses Ergebnis lässt sich jedoch nicht direkt auf thermodynamische Systeme übertragen, da das **Äquivalent** zur **potentiellen Energie** eines Massenpunktes beim thermodynamischen System durch dessen **innere Energie** gegeben ist. Sie setzt sich jedoch (mindestens) aus einem thermischen und einem potentiellen Anteil zusammen, so dass es nicht ausreichen kann, lediglich den potentiellen Anteil der inneren Energie zu betrachten. Wir müssen daher eine neue thermodynamische Größe einführen, anhand derer wir entscheiden können, ob ein thermodynamischer Prozess selbstständig abläuft oder von außen angetrieben werden muss.

Entropie

Einem thermodynamischen System (Temperatur T) wird bei einem reversiblen Prozess die (infinitesimale) Wärmemenge $\mathrm{d}Q_{\mathrm{rev}}$ zugeführt. Dann definieren wir durch

$$\mathrm{d}S := \frac{\mathrm{d}Q_{\mathrm{rev}}}{T} \tag{3.25}$$

eine neue thermodynamische Größe S, die als **reduzierte Wärme(menge)** bzw. **Entropie** bezeichnet wird (Einheit: $1\ \mathrm{J} \cdot \mathrm{K}^{-1}$). Sie ist eine Zustandsgröße.

Der Index „rev“ deutet nochmals an, dass diese Definition zunächst nur für reversible Prozesse gilt. In der statistischen Physik wird gezeigt, dass die Entropie eine Zustandsgröße thermodynamischer Systeme ist, was bei Weitem nicht offensichtlich ist. Wir wollen die Anwendung dieses abstrakten Begriffes deshalb anhand eines Beispiels verdeutlichen:

Dazu betrachten wir wieder ein kalorimetrisches Experiment (→ Abschnitt 3.1), bei dem zwei Körper mit unterschiedlichen Temperaturen T_1 und T_2 (mit $T_1 > T_2$; o.B.d.A.) in Wärmekontakt zueinander gebracht werden. Zur Vereinfachung setzen wir voraus, dass beide Körper die gleiche Wärmekapazität C besitzen und die Wärmeleitung dermaßen langsam verläuft, dass beide Körper sich stets im thermodynamischen Gleichgewicht befinden.

Pro Zeiteinheit dt wird dann aufgrund des Wärmetransportes die Wärmemenge dQ vom wärmeren Körper (T_1) abgegeben und vom kälteren Körper (T_2) aufgenommen, d.h., die Entropie des wärmeren Körpers nimmt um $\mathrm{d}S_1 = -\frac{\mathrm{d}Q}{T_1}$ ab, während sie beim kälteren Körper um $\mathrm{d}S_2 = \frac{\mathrm{d}Q}{T_2}$ zunimmt (das Minuszeichen bei dS_1 folgt aus der Tatsache, dass der Körper Wärme abgibt und somit negativ in Gl. 3.25 gezählt werden muss, d.h. $\mathrm{d}Q_{\mathrm{rev}} = -\mathrm{d}Q$).

Durch den Wärmetransport ändert sich die Temperatur beider Körper, wobei diese Veränderung mit Hilfe der Wärmekapazität leicht berechnet werden kann:

$\mathrm{d}T_1 = -\mathrm{d}Q/C$ und $\mathrm{d}T_2 = \mathrm{d}Q/C$.

In Abschnitt 3.1 wurde gezeigt, dass der Prozess endet, sobald beide Körper die gleiche Temperatur, die Mischtemperatur T_{misch}, aufweisen

$$T_{\mathrm{misch}} = \frac{C_1 \cdot T_1 + C_2 \cdot T_2}{C_1 + C_2} = \frac{T_1 + T_2}{2} \text{ (da nach Annahme } C_1 = C_2 = C\text{).}$$

Mit diesen Informationen kann daher die Änderung der Entropie beider Körper berechnet werden:

$$\mathrm{d}S_1 = -\frac{\mathrm{d}Q}{T_1} = C \cdot \frac{\mathrm{d}T_1}{T_1} \rightarrow \Delta S_1 = S_1(T_{\mathrm{misch}}) - S_1(T_1) = C \cdot \int_{T_1}^{T_{\mathrm{misch}}} \frac{\mathrm{d}T}{T} \tag{3.26}$$

$$\rightarrow \Delta S_1 = C \cdot \log \frac{T_{\mathrm{misch}}}{T_1} < 0 \text{ (da } T_{\mathrm{misch}} < T_1 \text{ und somit } \log \frac{T_{\mathrm{misch}}}{T_1} < 0\text{)}$$

und analog

$$\Delta S_2 = S_2(T_{\mathrm{misch}}) - S_2(T_2) = C \cdot \int_{T_2}^{T_{\mathrm{misch}}} \frac{\mathrm{d}T}{T} \tag{3.27}$$

$$\rightarrow \Delta S_2 = C \cdot \log \frac{T_{\mathrm{misch}}}{T_2} > 0.$$

Der wärmere Körper (T_1) gibt somit Wärme ab und reduziert damit auch seine Entropie, während der kältere Körper (T_2) erwärmt wird, wodurch dessen Entropie ansteigt. Interessanterweise nimmt jedoch die Entropie des gesamten Systems (d.h. der Summe beider Körper) zu: Für die Summe der Entropieänderungen $\Delta S_{\mathrm{gesamt}} = \Delta S_1 + \Delta S_2$ folgt

$$\Delta S_{\mathrm{gesamt}} = C \cdot \left(\log \frac{T_{\mathrm{misch}}}{T_1} + \log \frac{T_{\mathrm{misch}}}{T_2}\right) = \mathrm{C} \cdot \log \frac{T^2_{\mathrm{misch}}}{T_1 \cdot T_2} > 0.$$

Dies sieht man ein, wenn man berücksichtigt, dass

$$\frac{T^2_{\text{misch}}}{T_1 \cdot T_2} = \frac{(T_1 + T_2)^2}{4 \cdot T_1 \cdot T_2} = \frac{T_1^2 + 2 \cdot T_1 \cdot T_2 + T_2^2}{4 \cdot T_1 \cdot T_2} > 1$$

aus der Überlegung

$$T_1^2 + 2 \cdot T_1 \cdot T_2 + T_2^2 > 4 \cdot T_1 \cdot T_2 \rightarrow T_1^2 - 2 \cdot T_1 \cdot T_2 + T_2^2 > 0 \rightarrow (T_1 - T_2)^2 > 0$$

folgt. Die Entropie des kälteren Körpers nimmt somit stärker zu, als die des wärmeren abnimmt, so dass die Entropie des gesamten Systems bei diesem Prozess zunimmt: $\Delta S_{\text{gesamt}} > 0$.

Spontane, reversible und irreversible Prozesse

Diesem Beispiel können wir gleich mehrere Aussagen über die Entropie entnehmen, die allgemeine Gültigkeit besitzen.

Da in dem Beispiel ein Prozess beobachtet wurde, der stets selbstständig abläuft, können wir sofort schlussfolgern:

1. Der Prozess wird **spontan** bzw. **selbstständig** ablaufen, wenn dabei die Entropie des Systems zunimmt: $\Delta S > 0$.

Nun kann man sich die Frage stellen, was passiert, wenn wir den betrachteten Prozess umkehren, d.h. einfach rückwärts ablaufen lassen. Physikalisch würde dies bedeuten, dass wir zunächst zwei identische Körper gleicher Temperatur haben, von denen der eine ständig Wärme abgibt, die der andere dann aufnimmt. Dieser Wärmetransport wird somit zu einer stetigen Temperaturabnahme des einen und zu einer Temperaturzunahme des anderen Körpers führen, wodurch der Temperaturunterschied immer weiter zunehmen wird.

Mathematisch bedeutet die Umkehrung der Prozessrichtung lediglich eine Umkehrung der Integrationsgrenzen in den Gleichungen 3.26 und 3.27, was einfach zu einem Vorzeichenwechsel führt (siehe Grundregeln der Integration). Da sich alle Vorzeichen in der Berechnung umkehren, gilt das Gleiche für die Entropie, und somit folgt, dass ein Prozess, der Wärme von einem kalten zu einem warmen Körper transportiert, von einer Abnahme der gesamten Entropie ($\Delta S_{\text{gesamt}} < 0$) begleitet wird.

Aus 1. folgt automatisch, dass dieser Prozess nicht selbstständig ablaufen kann, sondern dass ein derartiger Wärmetransport von einer äußeren, treibenden Kraft bewirkt werden muss. Dies zeigt aber auch, dass der ursprüngliche Prozess irreversibel ist, d.h.:

> 2. Nimmt während eines Prozesses die Entropie des Systems zu ($\Delta S > 0$), so ist der Prozess **irreversibel** bzw. **unumkehrbar**. Diese Prozesse sind dadurch gekennzeichnet, dass sie sich nicht selbstständig umkehren können. Daraus folgt, dass alle spontan verlaufenden Prozesse irreversibel sind.

Dies ist eine Konsequenz von 1.: Wenn ein Prozess zur Erhöhung der Entropie führt ($\Delta S > 0$), so folgt aus den Überlegungen, dass die Umkehrung dieses Prozesses mit einer Abnahme der Entropie verbunden ist, d.h. $\Delta S_{\text{rück}} = -\Delta S < 0$. Somit kann sich der Prozess nicht selbstständig umkehren, ist also irreversibel.
Prozesse (die die Entropie des Systems verändern) werden somit spontan immer in die Richtung verlaufen, für die $\Delta S > 0$ gilt. Sie verlaufen somit bevorzugt in Richtung der Entropiezunahme und besitzen daher eine Art „Vorzugsrichtung".
Wenn wir nun einen Prozess betrachten, der die Entropie nicht verändert ($\Delta S = 0$), so fehlt diese Vorzugsrichtung, und der Prozess kann spontan in beide Richtungen (d.h. Hin- und Rückrichtung) verlaufen. Dieser Prozess ist somit zu jedem Zeitpunkt umkehrbar, d.h. reversibel:

> 3. Bleibt die Entropie während eines Prozesses konstant, so liegt ein **reversibler** Prozess vor. In dieser Situation hat der Prozess aufgrund von $\Delta S = 0$ keine bevorzugte „Ausführungsrichtung", d.h., er kann selbstständig in beide Richtungen verlaufen.

Dennoch zeigt das Beispiel, dass sich die Entropie eines Teilsystems durchaus spontan verringern kann: Durch den Wärmetransport wurde die Entropie des wärmeren Körpers verringert, während die des kälteren Körpers erhöht wurde. Die gesamte Entropie, d.h. die des gesamten Systems, nimmt bei diesem Prozess jedoch zu. Daraus folgt, dass in einem Teilsystem die Entropie spontan verringert werden kann, solange die Entropie des gesamten Systems diese Abnahme mindestens ausgleicht.

> 4. Die Entropie eines Teilsystems kann nur dann abnehmen, wenn das restliche System diese Entropieabnahme mindestens ausgleicht.

Dies zeigt, dass man stark darauf achten muss, über welche Entropie man spricht, d.h., ob zur Berechnung der Entropieänderung nur ein Teil des Systems oder das gesamte System betrachtet wird.

Nehmen wir als Beispiel die isotherme Zustandsänderung eines idealen Gases (→ Abschnitt 3.5): Wenn sich bei einem Prozess das Volumen von V_{Anf} auf V_{Ende} verändert, so wurde gezeigt, dass hierfür die Wärmemenge

$$Q_{\text{IG}} = n \cdot R \cdot T \cdot \log \frac{V_{\text{Ende}}}{V_{\text{Anf}}}$$

über die Grenze des idealen Gases transportiert werden muss. Diese Wärme ist positiv (d.h. wird vom Gas aufgenommen), wenn $V_{\text{Ende}} > V_{\text{Anf}}$ gilt, und wird negativ, wenn das Gas unter Abgabe von Wärme komprimiert wird ($V_{\text{Ende}} < V_{\text{Anf}}$).
Damit der Prozess isotherm verlaufen kann, muss ein Wärmereservoir (Thermostat) existieren, der diese Wärme aufnimmt bzw. abgibt und dadurch das Gas auf konstanter Temperatur hält. (Achtung: Ein häufig gemachter Fehler zu Beginn des Physikstudiums besteht darin, aus $dT = 0$ und $dQ = C \cdot dT$ (→ Abschnitt 3.1) zu schließen, dass bei diesem Prozess keine Wärme transportiert wird. Die Überlegungen zeigen aber, dass bei isothermen Prozessen ein Wärmetransport zwingend erforderlich ist. Man muss daher stets berücksichtigen, welche Prozesse im System existieren, die einen solchen Wärmetransport erzeugen können.)
Im Idealfall kompensieren sich die Wärmemengen von Thermostat und idealem Gas komplett, d.h., wenn das ideale Gas die Wärmemenge Q_{IG} abgibt (bzw. aufnimmt), so nimmt der Thermostat gerade Q_{IG} auf (bzw. gibt sie ab). Da im Idealfall beide Teilsysteme die gleiche Temperatur besitzen, gilt für die Entropieänderung des gesamten Systems

$$\Delta S = \frac{Q_{\text{IG}}}{T} - \frac{Q_{\text{IG}}}{T} = 0, \qquad (3.28)$$

d.h., das Gesamtsystem aus Thermostat und idealem Gas verhält sich im Idealfall reversibel, wobei die Teilsysteme die Entropieänderungen gerade kompensieren.
Im Allgemeinen wird sich das System jedoch nicht ideal verhalten. Von den vielen Quellen, die das ideale Verhalten stören können, wollen wir hier nur die Reibung betrachten, die sich als zusätzliche Wärmequelle $Q_{\text{Reib}} > 0$ im System bemerkbar macht. Diese zusätzliche (Reibungs-)Wärme würde normalerweise eine Erwärmung des idealen Gases verursachen und muss daher beim isothermen Prozess ebenfalls vom Thermostat aufgenommen werden, um eine konstante Temperatur garantieren zu können. Daher lautet die Entropiebilanz in Gl. 3.28 nun

$$\Delta S = \frac{Q_{\text{IG}}}{T} + \frac{Q_{\text{Reib}}}{T} - \frac{Q_{\text{IG}}}{T} > 0,$$

d.h., die Anwesenheit von Reibung führt zu einer Zunahme der Entropie im Vergleich zur idealen Prozessführung. Diese Aussage gilt jedoch für alle Abweichungen vom idealen Verhalten (beispielsweise durch Reibung, Wärmeleitungsverluste, irreversible Prozessführung etc.).

Im Allgemeinen werden sich die Wärmemengen daher aus einem idealen (reversiblen) und einem nicht-idealen (irreversiblen) Anteil zusammensetzen, die beide bei der Berechnung der Entropie in Gl. 3.25 berücksichtigt werden müssen. Da man häufig nur den reversiblen Anteil exakt berechnen kann, muss Gl. 3.25 in der Form

$$\mathrm{d}S \geq \frac{\mathrm{d}Q}{T}$$

geschrieben werden, wobei das Gleichheitszeichen nur gilt, wenn ein reversibler Prozess vorliegt.

Zweiter Hauptsatz der Thermodynamik

Die Überlegungen können wie folgt zusammengefasst werden:

> Ein thermodynamisches System wird nur die Prozesse selbstständig durchführen, die mit einer Erhöhung der Entropie des gesamten Systems verbunden sind. Es ist daher nicht möglich, eine Maschine zu bauen, die ihrer Umgebung selbstständig Wärmeenergie entnimmt, um diese Energie in Form von Arbeit zur Verfügung zu stellen.

Eine derartige Maschine wäre beispielsweise durch ein Schiff gegeben, das dem Meer Wärmeenergie entzieht und diese Energie zur eigenen Fortbewegung nutzt. Da dieser Prozess nicht den ersten, sondern den zweiten Hauptsatz der Thermodynamik verletzt, nennt man sie **Perpetuum Mobile zweiter Art**. Man kann daher auch formulieren:

> Es ist unmöglich, ein Perpetuum Mobile zweiter Art zu konstruieren.

Isentrope bzw. adiabatische Zustandsänderungen

Nun kann man sich die berechtigte Frage stellen, ob es überhaupt isentrope Zustandsänderungen gibt, d.h. Prozesse, bei deren Ausführung sich die Entropie des thermodynamischen Systems nicht verändert: $\Delta S = 0$.

Aus der Definition der Entropie in Gl. 3.25 folgt sofort, dass jeder reversible Prozess, bei dem keine Wärme transferiert wird ($\mathrm{d}Q = 0$), automatisch isentrop ist, was aber gerade durch die reversibel ausgeführten adiabatischen Prozesse erfüllt ist (→ Abschnitt 3.4). Daraus folgt:

> Bei den in Abschnitt 3.4 vorgestellten adiabatischen Zustandsänderungen ist die Entropie die Zustandsgröße des Systems, die während der reversiblen Prozessführung konstant bleibt.

Kreisprozesse

Wir wollen unsere Überlegungen nun auf periodisch arbeitende Maschinen anwenden, d.h. auf Maschinen, die (um eine Aufgabe zu bewältigen) immer wieder einen bestimmten Zyklus durchlaufen. Beispiele hierfür sind **Wärmekraftmaschinen** (z.B. Benzin- und Diesel-Motor) und **Wärmepumpen** (z.B. geothermische Wärmegewinnung, Kühlschrank).

Da bei diesen Maschinen stets die gleiche Abfolge thermodynamischer Prozesse nacheinander stattfindet (Zyklus), bilden die Zustandsänderungen dieser Maschinen geschlossene Kurven im p-V-Diagramm, weshalb diese Prozesse auch als Kreisprozesse bezeichnet werden (vgl. Abb. 3.9). Da die Zustandsgrößen nur vom aktuellen Zustand des Systems abhängen, folgt sofort, dass sie sich nach einem kompletten Umlauf des Kreisprozesses nicht verändern. Dies unterstreicht nochmals, warum die Zustandsgrößen in der Thermodynamik einen derart hohen Stellenwert einnehmen.

Ein Kreisprozess wird im Allgemeinen eine Fläche im p-V-Diagramm umranden, wobei die eingeschlossene Fläche durch das Konturintegral $\oint_{\mathrm{KP}} p \cdot \mathrm{d}V$ gegeben ist.

Nach Abschnitt 2.3 ist aber $\mathrm{d}W = -p \cdot \mathrm{d}V$ gerade die Volumenarbeit, die man leisten muss, um eine Volumenänderung $\mathrm{d}V$ gegen den äußeren Druck p durchzuführen. Daraus folgt:

> Das Integral $W_{\mathrm{KP}} = \oint_{\mathrm{KP}} p \cdot \mathrm{d}V$ gibt gerade die **Volumenarbeit** an, die **während des Kreisprozesses** verrichtet wird. Anschaulich gesprochen entspricht dieses Integral gerade der (durch den Kreisprozess) eingeschlossenen Fläche im p-V-Diagramm.

Carnot-Prozess

Wir wollen nun exemplarisch den Spezialfall des Carnot'schen Kreisprozesses betrachten, bei dem folgende Zustandsänderungen an einem idealen Gas durchgeführt werden (vgl. Abb. 3.9):

Wir starten bei der Temperatur T_{H} und führen unter Wärmezufuhr Q_{H} eine isotherme Expansion des Gases von $V_{\mathrm{H},1}$ nach $V_{\mathrm{H},2}$ ($> V_{\mathrm{H},1}$) durch. Bei Erreichen von $V_{\mathrm{H},2}$ wird die Wärmezufuhr gestoppt, und das Gas expandiert weiter, ohne dass Wärme zu- oder abgeführt wird. Bei dieser adiabatischen Expansion nimmt das Volumen von $V_{\mathrm{H},2}$ auf $V_{\mathrm{L},2}$ ($> V_{\mathrm{H},2}$) zu, wobei gemäß $p \cdot T^{\kappa-1} = const.$ (→ Abschnitt 3.5) die Temperatur des Gases von T_{H} auf T_{L} ($< T_{\mathrm{H}}$) abnimmt. Anschließend wird das ideale Gas

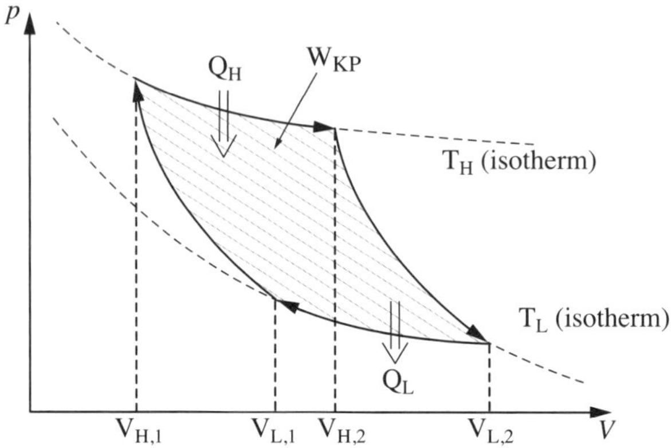

Abb. 3.9

von außen isotherm bei T_L von $V_{L,2}$ auf $V_{L,1}$ ($< V_{L,2}$) komprimiert. Die dabei entstehende Wärme Q_L muss abgeführt werden, da sie ansonsten zu einer Temperaturerhöhung führen würde. Sobald $V_{L,1}$ erreicht wurde, wird die Wärmeabfuhr wieder gestoppt, und das Gas wird adiabatisch auf das Anfangsvolumen $V_{H,1}$ ($< V_{L,1}$) und die Anfangstemperatur T_H komprimiert. Dadurch nimmt das ideale Gas wieder den ursprünglichen Zustand an, und der Zyklus ist komplett.

Dem idealen Gas wird während der Isothermen (T_L und T_H) Wärme zu- bzw. abgeführt. Diese Wärmemengen können (bei reversibler Prozessführung, d.h. ohne Reibung) mit Hilfe von Gl. 3.22 (→ Abschnitt 3.5) berechnet werden:

$$Q_H = n \cdot R \cdot T_H \cdot \log\frac{V_{H,2}}{V_{H,1}} > 0 \qquad \text{da } V_{H,2} > V_{H,1}$$

und

$$Q_L = n \cdot R \cdot T_L \cdot \log\frac{V_{L,2}}{V_{L,1}} < 0 \qquad \text{da } V_{L,2} > V_{L,1}.$$

Die Vorzeichen zeigen, dass das ideale Gas bei der Isothermen mit T_H tatsächlich Wärme aufnimmt ($Q_H > 0$), während es bei T_L Wärme abgibt ($Q_L < 0$). Da während der adiabatischen Prozesse kein Wärmetransport stattfindet, wird bei einem Carnot-Zyklus insgesamt die Wärmemenge

$$Q_{ges} = Q_H + Q_L = n \cdot R \cdot \left(T_H \cdot \log\frac{V_{H,2}}{V_{H,1}} + T_L \cdot \log\frac{V_{L,1}}{V_{L,2}}\right) \tag{3.29}$$

transportiert.

Dieser Wärme sieht man nicht direkt an, ob sie dem idealen Gas zu- ($Q_{\text{ges}} > 0$) oder abgeführt ($Q_{\text{ges}} < 0$) wird. Dieses Problem kann jedoch gelöst werden, indem man die adiabatischen Prozesse betrachtet: Bei der adiabatischen Expansion des Gases vergrößert sich dessen Volumen von $V_{\text{H,2}}$ auf $V_{\text{L,2}}$ (was mit einer Abnahme der Temperatur von T_{H} auf T_{L} einhergeht), während bei der adiabatischen Kompression das Volumen von $V_{\text{L,1}}$ auf $V_{\text{H,1}}$ verringert wird (wodurch sich die Temperatur von T_{L} auf T_{H} erhöht), vgl. Abb. 3.9. In Abschnitt 3.5 wurde jedoch gezeigt, dass an jedem Punkt der Adiabate die Gleichung $T \cdot V^{\kappa-1} = const.$ gilt. Daraus folgen sofort die Gleichungen $T_H \cdot V_{H,2}^{\kappa-1} = T_L \cdot V_{L,2}^{\kappa-1}$ (Expansion) und $T_L \cdot V_{L,1}^{\kappa-1} = T_H \cdot V_{H,1}^{\kappa-1}$ (Kompression). Diese beiden Gleichungen können durcheinander dividiert werden

$$\frac{T_H \cdot V_{H,2}^{\kappa-1}}{T_H \cdot V_{H,1}^{\kappa-1}} = \frac{T_L \cdot V_{L,2}^{\kappa-1}}{T_L \cdot V_{L,1}^{\kappa-1}} \rightarrow \frac{V_{H,2}}{V_{H,1}} = \frac{V_{L,2}}{V_{L,1}},$$

so dass Gl. 3.29 in der Form (3.30)

$$Q_{\text{ges}} = n \cdot R \cdot \left(T_{\text{H}} \cdot \log\frac{V_{\text{H,2}}}{V_{\text{H,1}}} - T_{\text{L}} \cdot \log\frac{V_{\text{H,2}}}{V_{\text{H,1}}}\right) = n \cdot R \cdot \log\frac{V_{\text{H,2}}}{V_{\text{H,1}}} \cdot (T_{\text{H}} - T_{\text{L}})$$

geschrieben werden kann. Aus $T_{\text{H}} > T_{\text{L}}$ folgt sofort, dass beim Carnot-Prozess dem idealen Gas die Wärmemenge Q_{ges} zugeführt wird.
Andererseits folgt aus dem ersten Hauptsatz der Thermodynamik

$$\mathrm{d}Q = \mathrm{d}U + p \cdot \mathrm{d}V \rightarrow \oint_{\text{KP}} \mathrm{d}Q = \oint_{\text{KP}} \mathrm{d}U + \oint_{\text{KP}} p \cdot \mathrm{d}V \rightarrow Q_{\text{ges}} = W_{\text{KP}}, \tag{3.31}$$

d.h., Q_{ges} entspricht der eingeschlossenen Fläche im p-V-Diagramm und somit der resultierenden Arbeit, die das ideale Gas während des Carnot-Prozesses verrichtet hat.
Durch den Carnot-Prozess ist ein ideales Gas somit in der Lage, Wärmeenergie in mechanische Energie umzuwandeln, wodurch es sich wie eine Wärmekraftmaschine verhält. Wenn wir die Effektivität dieses Umwandlungsprozesses berechnen wollen, so müssen wir Folgendes beachten:
Bei Kreisprozessen wird es stets zu einer Aufnahme und Abgabe von mechanischer Energie und Wärmeenergie kommen. Technisch sind wir bei Wärmekraftmaschinen häufig in der Lage, dem Prozess abgegebene mechanische Energie wieder zuzuführen. Dies geschieht beispielsweise, indem man mehrere Kraftmaschinen parallel nebeneinander laufen lässt, wobei ihre Zyklen jedoch zeitlich gegeneinander verschoben sind. Dadurch kann die mechanische Energie, die ein Prozess abgibt, vom anderen aufgenommen werden (Mehrzylinder-Motor). Im Gegensatz dazu geht einmal abgegebene Wärme meist vollständig verloren, d.h., sie kann dem Prozess im Allgemeinen nicht wieder zugeführt werden.

Wenn man daher die Effektivität einer Wärmekraftmaschine berechnen will, so muss man sich fragen, wie viel Wärme man in die Maschine einbringen musste, um die mechanische Arbeit W_{KP} effektiv durch die Maschine verrichten lassen zu können. Somit folgt:

> Der **Wirkungsgrad η einer Wärmekraftmaschine** ist durch das Verhältnis von effektiv geleisteter Arbeit W_{KP} und der zugeführten Wärme Q_{zu} gegeben: $\eta = W_{KP} / Q_{zu}$.

Die Arbeit W_{KP} ist beim Carnot-Prozess gerade durch Gl. 3.30 gegeben. Andererseits wird dem idealen Gas hier nur während der isothermen Expansion Wärme zugeführt, so dass Q_{zu} durch Q_H gegeben ist:

> Der **Wirkungsgrad η_{Carnot} des Carnot-Prozesses** ist durch
>
> $$\eta_{Carnot} = \frac{W_{KP}}{Q_{ZU}} = \frac{n \cdot R \cdot \log \frac{V_{H,2}}{V_{H,1}} \cdot (T_H - T_L)}{n \cdot R \cdot \log \frac{V_{H,2}}{V_{H,1}} \cdot T_H} = 1 - \frac{T_L}{T_H} < 100\% \qquad (3.31)$$
>
> gegeben.

Bemerkungen:

1. Die Berechnungen zeigen, dass eine periodisch arbeitende Wärmekraftmaschine immer nur einen Teil der zugeführten Wärme in Arbeit umsetzen kann. Bei jedem Kreisprozess muss an einer bestimmten Stelle Wärme aus dem System abgeführt werden. Diese Wärme geht meist komplett verloren und senkt dadurch den Wirkungsgrad der Maschine.
2. Da lediglich bei den Isothermen Wärme zu- bzw. abgeführt wird, kann die Entropieänderung während des Carnot-Prozesses leicht zu

$$\Delta S = \frac{Q_H}{T_H} + \frac{Q_L}{T_L} = n \cdot R \cdot \log \frac{V_{H,2}}{V_{H,1}} - n \cdot R \cdot \log \frac{V_{H,2}}{V_{H,1}} = 0$$

berechnet werden. Bei einem reversiblen Umlauf ändert sich der Wert der Entropie also nicht (was wir von einer Zustandsgröße auch erwarten würden).

Maximaler Wirkungsgrad von Wärmekraftmaschinen

Bei der Berechnung des Wirkungsgrades des Carnot-Prozesses wurde eine reversible Prozessführung angenommen, d.h., das ideale Gas befindet sich zu jedem Zeitpunkt im Gleichgewicht, und es existieren keine Energieverluste, d.h. insbesondere keine Reibungsverluste. In der Realität können diese Annahmen jedoch nur in Näherung erfüllt werden.

So wissen wir aus Erfahrung, dass jede Bewegung durch Reibung begleitet wird, und somit muss die dabei entstehende Reibungswärme explizit in den Berechnungen berücksichtigt werden.

Der erste Hauptsatz lehrt uns, dass Reibungsverluste automatisch die (mechanisch) verfügbare Energie verringern. Daraus folgt, dass bei der Umwandlung von Wärme in mechanische Arbeit nicht W_{KP}, sondern nur $W_{KP'} < W_{KP}$ vom Carnot-Prozess zur Verfügung gestellt werden kann. Somit wird eine reale Carnot-Maschine immer einen Wirkungsgrad besitzen, der kleiner ist als der Wert aus Gl. 3.31. Interessanterweise gilt diese Aussage für **alle Wärmekraftmaschinen**, unabhängig vom Kreisprozess, den sie durchlaufen:

Alternative Formulierung des zweiten Hauptsatzes

Es gibt keine periodisch arbeitende Wärmekraftmaschine, die einen Wirkungsgrad besitzt, der höher ist als der des Carnot-Prozesses. Für den Wirkungsgrad aller Wärmekraftmaschinen gilt also $\eta_{\mathrm{WKM}} \leq \eta_{\mathrm{Carnot}}$.

Der Carnot-Prozess erlaubt uns somit, eine Obergrenze für den Wirkungsgrad zu berechnen, mit dem periodisch arbeitende reale Wärmekraftmaschinen überhaupt erst Wärme in mechanische Arbeit umwandeln können. Diese Aussage ist jedoch nur eine von vielen möglichen, alternativen Formulierungen des zweiten Hauptsatzes.

Bemerkung:

Diese obere Grenze für den Wirkungsgrad η_{Carnot} nimmt nach Gl. 3.31 zu, wenn T_{L} abgesenkt und T_{H} erhöht wird, d.h., wenn der (während des Kreisprozesses durchlaufene) Temperaturbereich vergrößert wird. Dies erklärt, warum Verbrennungsmotoren ($T_{\mathrm{H}} \approx 2000$ K) deutlich effektiver arbeiten als Dampfmaschinen ($T_{\mathrm{H}} \approx 400$ K).

Wärmepumpen

Rein hypothetisch können wir den Carnot-Prozess auch rückwärts ablaufen lassen. Wir erhalten dadurch eine Maschine, der mechanische Arbeit zugeführt wird und die

Wärme von einem Körper niedrigerer Temperatur zu einem Körper höherer Temperatur transportiert, d.h. eine **Wärmepumpe**. Geht es vorrangig darum, einem Körper Wärme zu entziehen, spricht man von einer **Kältemaschine** (Kühlschrank), da mit der Wärmeabfuhr auch automatisch die Temperatur abnimmt. Andererseits können derartige Wärmepumpen auch genutzt werden, um Körper zu erwärmen (**Heizung**).

3.7 Thermodynamische Transportprozesse

In diesem Abschnitt wollen wir uns mit der Frage beschäftigen, welche Transportprozesse einen thermodynamischen Ursprung aufweisen. Wir werden zuerst den Transport von Teilchen aufgrund von thermischer Energie betrachten, um anschließend verschiedene Mechanismen des Wärmetransportes kennenzulernen.

Geschwindigkeitsverteilung in einem idealen Gas

Bereits in Abschnitt 3.2 wurde angemerkt, dass die Teilchen eines idealen Gases aufgrund der ungerichteten und zufälligen Natur der Brown'schen Bewegung eine Geschwindigkeitsverteilung aufweisen, die nur noch statistisch beschrieben werden kann. Hier wollen wir nun klären, wie die Teilchengeschwindigkeiten im idealen Gas tatsächlich verteilt sind (d.h. wie viele Teilchen eine bestimmte Geschwindigkeit aufweisen), sofern sich das Gas im thermodynamischen Gleichgewicht befindet. Im Allgemeinen werden sich die Massenpunkte des idealen Gases in drei Dimensionen ($f = 3$) bewegen. Wir betrachten daher zunächst nur die Bewegung in einer Dimension und verallgemeinern dann auf den dreidimensionalen Fall.

Betrachten wir ein Teilchen (Masse m), welches sich bezüglich (o.B.d.A.) der x-Achse mit der Geschwindigkeit v_x bewegt, dann ist die kinetische Energie dieser Bewegung durch $E_{kin,x} = 1/2 \cdot m \cdot v_x^2$ gegeben. Der Nullpunkt dieser Energieform ist offensichtlich für $v_x = 0$ gegeben, so dass wir den Boltzmann-Faktor Gl. 3.12 (→ Abschnitt 3.2) bezüglich ruhender Teilchen ausdrücken wollen:

$$W(v_x) = W(v_x = 0) \cdot e^{-\frac{m \cdot v_x^2}{2 \cdot k_B \cdot T}}.$$

Wenn somit $N(v_x = 0)$ die Anzahl der Gasteilchen ist, die bezüglich der x-Achse ruhen ($v_x = 0$), so ist durch

$$N(v_x) = N(v_x = 0) \cdot e^{-\frac{m \cdot v_x^2}{2 \cdot k_B \cdot T}} \tag{3.32}$$

die Anzahl der Teilchen gegeben, die sich bezüglich der x-Achse mit der Geschwindigkeit v_x bewegen.

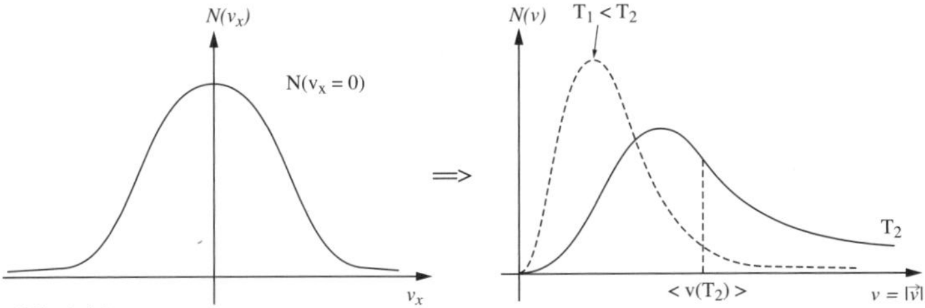

Abb. 3.10

Diese Funktion ist in Abb. 3.10 dargestellt und hat die interessante Eigenschaft, dass die meisten Teilchen bei $v_x = 0$ vorgefunden werden. Je mehr v_x von Null abweicht, desto weniger Teilchen mit dieser Geschwindigkeit finden wir vor. Des Weiteren ist die Verteilung symmetrisch, d.h., die Teilchen bewegen sich mit der gleichen Wahrscheinlichkeit in beide Richtungen bezüglich der *x*-Achse. Die mittlere Geschwindigkeit $< v_x >$ entlang der *x*-Achse ist somit Null, wie wir es auch für eine Brown'sche Bewegung erwarten:

$$< v_x > = \frac{1}{N} \cdot \int_{v_x = -\infty}^{v_x = \infty} N(v_x) \cdot v_x \cdot \mathrm{d}v_x = 0.$$

Da das Gas isotrop ist, gelten diese Ergebnisse auch für die *y*- und *z*-Achse:

$$N(v_y) = N(v_y = 0) \cdot e^{-\frac{m \cdot v_y^2}{2 \cdot k_B \cdot T}},\ N(v_z) = N(v_z = 0) \cdot e^{-\frac{m \cdot v_z^2}{2 \cdot k_B \cdot T}} \text{ und } < v_y > = < v_z > = 0.$$

Wenn wir nun die Bewegung in allen drei Dimensionen studieren, stellen wir als Erstes fest, dass die mittlere Geschwindigkeit $< v >$ ungleich Null sein muss: Die Gleichung $< v_x > = 0$ folgt aus der Tatsache, dass $N(v_x)$ symmetrisch um $v_x = 0$ verteilt ist (vgl. Abb. 3.10). Für die Verteilung $N(v)$ des Betrages der Geschwindigkeit kann dies nicht mehr gelten, da v definitionsgemäß nicht negativ werden kann, und somit folgt aus $v \geq 0$ automatisch, dass $< v >$ größer als Null sein muss.

Genaue Rechnungen zeigen, dass die mittlere Geschwindigkeit $< v >$ der Teilchen durch

$$< v > = \sqrt{\frac{8 \cdot k_B \cdot T}{\pi \cdot m}}$$

gegeben ist. Sie nimmt wurzelförmig mit zunehmender Masse ab und mit der Temperatur *T* zu.

Teilchentransport: Diffusion

Die vorangegangenen Überlegungen haben gezeigt, dass die thermische Energie dazu führt, dass Teilchen ständig ungerichtete Bewegungen durchführen. In Gasen können die Teilchen als frei angenommen werden, so dass die zufälligen Bewegungen zu einem Teilchentransport führen.

Wenn wir einen beliebigen Bereich (Volumen dV) aus dem Gas herausnehmen, so führt dieser Teilchentransport zu einem Teilchenstrom, der Teilchen sowohl in dV hinein- als auch hinaustransportiert (vgl. Abb. 3.11).

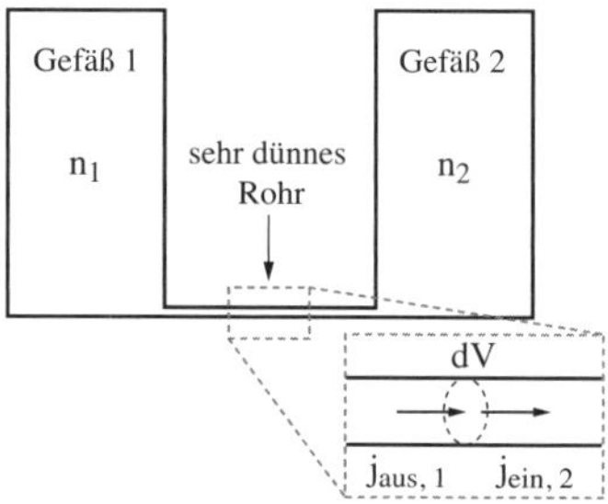

Abb. 3.11

Betrachten wir zunächst nur den Transport, der aus dV herausführt, so wird dieser Teilchenstrom von der Teilchendichte in dV abhängen: Je mehr Teilchen sich in dV befinden, desto mehr Teilchen können auch aus dV heraustransportiert werden. Der Strom aus dV heraus wird somit mit steigender Teilchenzahldichte ebenfalls zunehmen.

Zur Berechnung des Gleichgewichtszustandes betrachten wir zwei Gefäße, die lediglich über ein sehr dünnes Rohr miteinander verbunden sind (vgl. Abb. 3.11). Bis auf eine unterschiedliche Teilchendichte sollen alle weiteren Eigenschaften (z.B. Gasart, Temperatur etc.) bei beiden Gefäßen gleich sein, und es sollen keine äußeren Kräfte auf die Gasteilchen wirken. O.B.d.A. nehmen wir ferner an, dass die Teilchendichte n_1 in Gefäß 1 höher ist als n_2 in Gefäß 2 .

Wenn wir beide Gefäße als separate Gasvolumina auffassen, in die Teilchen hinein- und aus denen Teilchen hinausströmen können, so muss der Teilchenausstrom $j_{\text{aus},1}$ von Gefäß 1 dem Teilcheneinstrom $j_{\text{ein},2}$ von Gefäß 2 (und umgekehrt) entsprechen: $j_{\text{aus},1} = j_{\text{ein},2}$ und $j_{\text{aus},2} = j_{\text{ein},1}$. Da nach Voraussetzung die Teilchendichte in Gefäß 1 größer ist (als die in Gefäß 2), strömen mehr Teilchen aus dem Gefäß 1 heraus als hinein (= Teilchenausstrom von Gefäß 2): $n_1 > n_2 \rightarrow j_{\text{ein},1} = j_{\text{aus},2} < j_{\text{aus},1}$. Die Überlagerung beider Strömungen führt zum Nettostrom von Teilchen, der aus dem Gefäß 1 heraus und in Gefäß 2 hineinführt, also von Orten hoher Teilchendichte zu Orten niedriger Teilchendichte. Da bei diesem Prozess Teilchen von Gefäß 1 in Gefäß 2 transportiert werden, nimmt die Teilchendichte in Gefäß 1 ab, während sie in Gefäß 2 zunimmt.

Dieser Prozess wird als **Diffusion** bezeichnet und kann immer dann auftreten, wenn sich die Konzentration beweglicher Teilchen räumlich verändert, d.h., wenn ein Konzentrationsgefälle vorliegt.

Ein stationärer Zustand kann nur dann vorliegen, wenn die Teilchendichte räumlich homogen ist, da dann die Teilchenströme in alle Richtungen gleich sind und der Nettostrom Null wird. In Abwesenheit äußerer Kräfte führt die Diffusion somit zu einem Ausgleich von Konzentrationsgefällen.

Diffusion in Gasen ist uns aus dem Alltag bekannt: Wenn in der Küche gekocht wird, kann man dies unter Umständen in der ganzen Wohnung riechen, da Raumluft eine relativ geringe Dichte aufweist und Duftstoffe einfach durch die Luft diffundieren können.

In Flüssigkeiten kann ebenfalls Diffusion beobachtet werden, die aber aufgrund der deutlich höheren Dichte von Flüssigkeiten im Vergleich zu Gasen im Allgemeinen viel langsamer verläuft. Durch die hohe Dichte kommt es während der Diffusion häufig zu Stößen mit den Teilchen der Flüssigkeit, so dass die diffundierenden Teilchen häufig abgelenkt werden und das Konzentrationsgefälle viel langsamer ausgleichen. Diesen Effekt kennt man beispielsweise von Zucker, der in Wasser gelöst wird: Die Diffusion erfolgt hier derart langsam, dass man die Lösung für eine gleichmäßige Zuckerverteilung umrühren muss. Das reine Lösen des Zuckers reicht erfahrungsgemäß nicht aus, um Lösungen gleichmäßig zu süßen.
Die Diffusion spielt auch **in Festkörpern** eine sehr große Rolle. Sie verläuft hier im Allgemeinen nochmals langsamer als in Flüssigkeiten, da Festkörper hohe Dichten aufweisen und durch die relativ starre Lokalisierung der Festkörperteilchen eine Diffusion weiter erschwert wird (Flüssigkeitsteilchen können im Allgemeinen „Platz machen“, um die Diffusion zu ermöglichen, während dies bei Festkörpern nicht so einfach möglich ist).

Teilchentransport: Osmose

Hier betrachten wir einen Spezialfall der Diffusion, der immer dann auftreten kann, wenn eine Barriere nur für eine Teilchensorte passierbar ist. Da die Barriere nur für

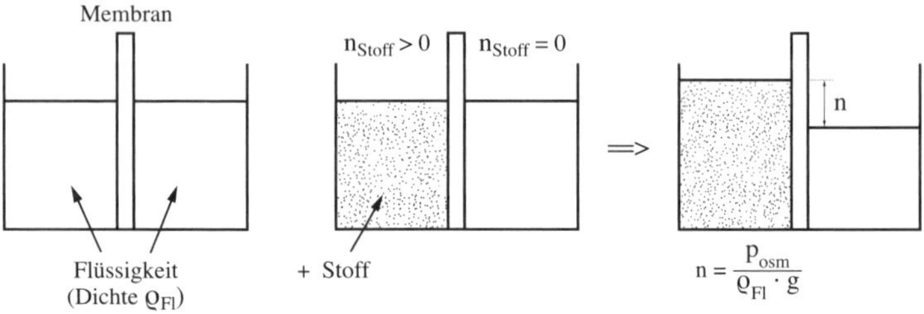

Abb. 3.12

bestimmte Teilchen passierbar ist, bezeichnet man sie auch als semipermeable (halbdurchlässige) Membran.

Betrachten wir dazu das System in Abb. 3.12, bei dem ein Gefäß (das eine Flüssigkeit enthält) in der Mitte durch eine semipermeable Membran geteilt wurde. Wenn die Membran für die Flüssigkeit durchlässig ist, so wird der Flüssigkeitsstand auf beiden Seiten des Gefäßes die gleiche Höhe einnehmen (hydrostatischer Druck → Abschnitt 2.4).

Diese Situation verändert sich, sobald wir auf einer Seite einen Stoff hinzugeben, der zwar in der Flüssigkeit gelöst werden kann, für den die Membran jedoch nicht durchlässig ist. Dann wird dieser Stoff auf einer Seite der Membran eine hohe Konzentration aufweisen, während seine Konzentration auf der anderen Seite Null ist (da er die Barriere nicht passieren kann). Die Diffusion kann in diesem Fall nicht direkt zu einem Ausgleich dieses Konzentrationsgefälles führen, da es für den Stoff unmöglich ist, durch die Membran zu diffundieren.

Stattdessen beobachtet man, dass Teilchen der Flüssigkeit durch die Membran diffundieren und so die Konzentration des gelösten Stoffes herabsetzen, indem sie ihn verdünnen. Man kann sich dieses Verhalten erklären, wenn man berücksichtigt, dass Unterschiede in der Teilchendichte die treibende Kraft für die Diffusion sind. Wenn der Stoff in der Flüssigkeit gelöst wird, werden die gelösten Teilchen Flüssigkeitsteilchen verdrängen, und die Teilchendichte der Flüssigkeit wird somit herabgesetzt. Folglich herrscht ein Konzentrationsgefälle an Flüssigkeitsteilchen, das zum Teil durch Diffusion durch die Membran (**Osmose**) ausgeglichen werden kann.

Da durch die Osmose Flüssigkeit durch die Membran transportiert wird, muss der Flüssigkeitsstand auf einer Seite ab- und auf der anderen Seite zunehmen. Aufgrund der Unterschiede im Flüssigkeitsstand entsteht zwischen beiden Seiten der Membran ein hydrostatischer Druckunterschied (→ Abschnitt 2.4), der **osmotischer**

Druck p_{osm} genannt wird. Experimentell zeigt sich, dass für den osmotischen Druck ein Gesetz gilt, welches dem idealen Gasgesetz sehr ähnlich ist (das **van't Hoff'sche Gesetz**):

$p_{osm} \cdot V = n \cdot R \cdot T.$

In dieser Gleichung bezeichnet n die Stoffmenge des Stoffes, der in der Flüssigkeit mit dem Volumen V bei der Temperatur T gelöst wurde.

Beispiele für Osmose findet man überall. Um die Aufnahme von Wasser beim Kochen von Gemüse (und somit eine Verwässerung des Geschmacks) zu verhindern, gibt man häufig ein wenig Salz hinzu. Andererseits ist Osmose ebenfalls dafür verantwortlich, wenn reife Früchte platzen, sobald sie mit (Regen-)Wasser benetzt werden (die Wasseraufnahme ins Innere der Frucht führt zu einem Ansteigen des osmotischen Drucks).

Wärmetransport

Das Beispiel der Diffusion hat gezeigt, dass die Brown'sche Bewegung zu einem mikroskopischen Teilchentransport führen kann. Mit den Teilchen wird aber auch deren kinetische Energie transportiert, so dass ein Teilchentransport im Allgemeinen auch zu einem Transport an thermischer Energie, d.h. einem Wärmetransport, führen wird. Dies stellt nur eine der drei typischen Formen des Wärmetransportes dar: Konvektion, Wärmeleitung und Wärmestrahlung.

Wärmetransport durch Konvektion

Diesen Transportmechanismus kann man immer in Medien finden, in denen sich die Teilchen frei bewegen können, d.h. bei Gasen bzw. Flüssigkeiten. Dieser Begriff bezieht sich somit auf einen Wärmetransport, der in Begleitung der Strömung eines Fluids auftritt.

Betrachten wir dazu einen Behälter, der mit Wasser gefüllt ist und von unten erwärmt wird. Durch die Erwärmung steigt die Temperatur des Wassers, so dass die Dichte

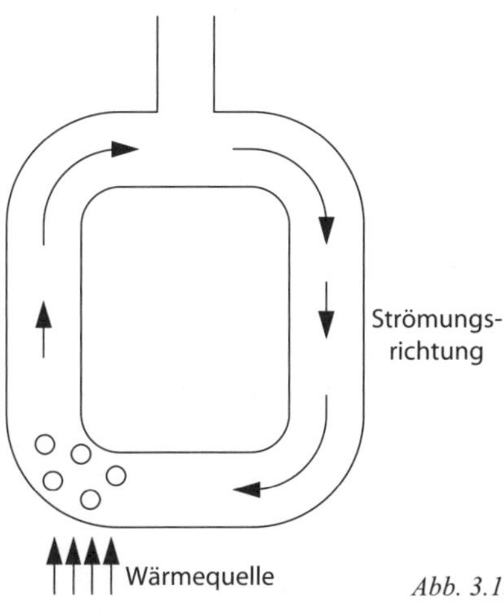

Abb. 3.13

des Wassers am Boden abnimmt (thermische Volumenausdehnung). Diese Dichteänderung erzeugt eine Auftriebskraft (→ Abschnitt 2.4) und führt dazu, dass das wärmere bzw. leichtere Wasser nach oben steigt, während das kältere Wasser zu Boden sinkt. Dadurch erwärmt sich auch der obere Bereich des Behälters, d.h., innerhalb der Flüssigkeit findet aufgrund der Strömung ein Wärmetransport statt (**Konvektion**).

Die Konvektion ist ferner dadurch gekennzeichnet, dass die heißeren Bereiche des Mediums aufgrund der Auftriebskraft nach oben steigen, während die kälteren nach unten sinken, was bedeutet, dass der durch die Konvektion hervorgerufene Stofftransport somit zur Bildung von Wirbeln führen kann. Diese Wirbel können stationäre Strömungen ausbilden, die in sogenannten **Konvektionszellen** stabil nebeneinander existieren können. Diese spezielle Strömung wird dann als **(Rayleigh-) Bénard-Konvektion** bezeichnet.

Dass der Wärmetransport in dem genannten Beispiel tatsächlich durch Konvektion (und nicht durch andere Transportmechanismen) verursacht wird, kann man sofort überprüfen, indem man die Flüssigkeit von oben erwärmt: Da das (oben) erwärmte Wasser eine geringere Dichte aufweist als die darunter gelegenen Schichten, kann das warme Wasser nicht nach unten strömen, so dass keine Strömung und somit keine Konvektion innerhalb der Flüssigkeit stattfinden kann. Das Resultat ist, dass sich die Flüssigkeit im unteren Bereich des Gefäßes kaum erwärmt.

Die Konvektion besitzt einen hohen Stellenwert bei der Umverteilung thermischer Energie auf der Erde. In der Erdatmosphäre äußert sie sich beispielsweise in der Ausbildung von Bereichen mit erhöhtem bzw. verringertem Luftdruck (Hoch- bzw. Tiefdruckgebiete). Dieser Druckunterschied führt zu einer Strömung der Luft, der sich als Wind äußert.

Ein anderes wichtiges Beispiel stellt der Golfstrom dar: Dieser Strom transportiert Meereswasser, das in der Karibik erwärmt wurde, bis nach Irland und führt somit zu einer Erwärmung Nordeuropas. Ohne den Golfstrom würden die Winter in Nordeuropa bei Weitem nicht so mild ausfallen, wie sie es derzeit tun.

Wärmetransport durch Wärmeleitung

Im Gegensatz zur Konvektion bezieht sich Wärmeleitung auf einen Wärmetransport, der nicht mit einem Teilchentransport aufgrund makroskopischer Strömungen einhergeht, sondern der vielmehr auf die Wechselwirkungen der Teilchen untereinander (z.B. Stöße oder lokale elastische Verformungen des Mediums) bzw. auf Diffusion zurückgeführt werden kann.

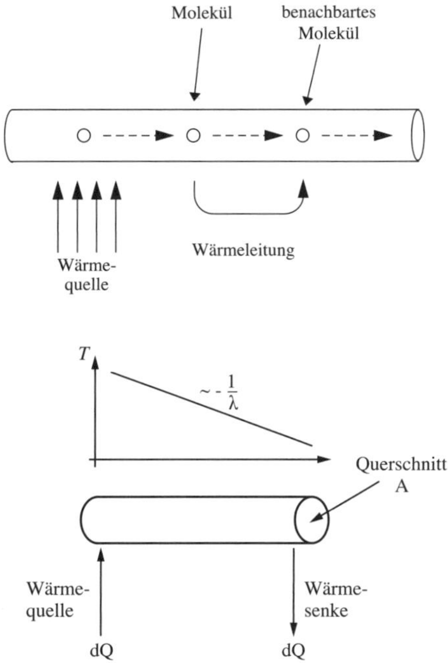

Abb. 3.14

Wärmeleitung in Festkörpern: Da sich die Teilchen in Festkörpern nicht frei bewegen können, führt die thermische Energie lediglich zu Schwingungen um ihre Ruhelage. Wenn die Teilchen eine Kopplung zu ihren Nachbarn aufweisen (z.B. durch ein Elastizitäts- oder Schubmodul → Abschnitt 2.3), so kann thermische Energie durch diese Wechselwirkung auf benachbarte Teilchen übertragen und somit transportiert werden (vgl. Abb. 3.14). Dies ist in etwa vergleichbar mit der Ausbreitung von Schallwellen, wie es in Abschnitt 2.7 skizziert wurde.

Betrachten wir einen Stab mit der Querschnittsfläche A, dem von einer Seite Wärme zugeführt und von der anderen Seite abgeführt wird. Dann wird sich aufgrund des Wärmetransportes im Stab ein Temperaturgefälle von der wärmeren zur kälteren Seite des Stabes ausbilden. Betrachten wir eine beliebige Schicht innerhalb des Stabes bei x, so können wir messen, (1) wie viel Wärme $\mathrm{d}Q$ pro Zeiteinheit $\mathrm{d}t$ durch diese Schicht hindurchtransportiert wird und (2) welchen Temperaturunterschied $\mathrm{d}T$

dieser Wärmetransport zu den (um dx infinitesimal) benachbarten Schichten hervorruft. Wir können dann die **thermische Leitfähigkeit** bzw. **Wärmeleitfähigkeit** $\lambda(x)$ (Einheit: 1 W · m^{-1} · K^{-1}) des Stabes an der Stelle x durch

$$\frac{\mathrm{d}}{\mathrm{d}t}Q(x) = -\lambda(x) \cdot A(x) \cdot \frac{\mathrm{d}}{\mathrm{d}x}T(x) \tag{3.33}$$

definieren. Sie ist (ihrer Definition entsprechend) ein Maß dafür, welche Wärmeleistung (= Wärmemenge dQ pro Zeiteinheit dt) notwendig ist, um auf einen Meter eine Temperaturdifferenz von 1 K zu erzeugen.

Die Wärmeleitfähigkeit λ eines Stoffes lässt sich leicht messen: Dazu führen wir einem entsprechenden homogenen Körper mit konstantem Querschnitt auf der einen Seite genau so viel Wärme zu, wie wir auf der anderen Seite abführen. Dann wird sich nach hinreichend langer Wartezeit ein stationärer Zustand ausbilden, der dadurch gekennzeichnet ist, dass die konstante Wärmeleistung $P_Q = \mathrm{d}Q/\mathrm{d}t$ durch den Stab hindurchfließt. Somit folgt aus Gl. 3.3 (mit der Integrationskonstanten C)

$$-\lambda \cdot A \cdot \frac{\mathrm{d}}{\mathrm{d}x}T(x) = P_Q \Rightarrow -\lambda \cdot A \cdot T(x) = P_Q \cdot x + C \Rightarrow T(x) = -\frac{P_Q \cdot x + C}{\lambda \cdot A},$$

d.h., die Temperatur fällt entlang des Stabes linear mit $-P_Q/(\lambda \cdot A)$ ab. Misst man dieses Temperaturgefälle, so kann man bei Kenntnis von P_Q und A sofort auf die Wärmeleitfähigkeit λ rückschließen.

Verfügt der Festkörper über freie Elektronen (dies ist z.B. bei Metallen der Fall), so kann ein großer Teil der Wärme durch die Bewegung der Elektronen innerhalb des Festkörpers transportiert werden. Dies kann beispielsweise aus den Experimenten von Gustav Heinrich Wiedemann (1826 – 1899) und Rudolph Franz (1826 – 1902) geschlossen werden, die 1853 zeigten, dass das Verhältnis aus thermischer und elektrischer Leitfähigkeit (→ Abschnitt 4.) bei gleicher Temperatur für alle Metalle nahezu den gleichen Wert annimmt. Ludvig Lorenz (1829 – 1891) brachte dieses Gesetz in seine heutige Form:

Wiedemann-Franz'sches Gesetz

Bei einem Metall ist das Verhältnis aus Wärmeleitfähigkeit λ und elektrischer Leitfähigkeit σ durch $\lambda/\sigma = L \cdot T$ gegeben, wobei $L = 2{,}44 \cdot 10 - 8$ W · Ω · K^{-2} die Lorenz-Zahl ist.

Wärmeleitung in Flüssigkeiten und Gasen: Da bei Flüssigkeiten und Gasen das Schub- und Elastizitätsmodul im Allgemeinen vernachlässigbar ist, zeigen benachbarte Teilchen in diesen Medien eine viel schwächere Kopplung als in Festkörpern. Die Folge ist, dass Fluide häufig eine Wärmeleitung aufweisen, die schwächer als die

von Festkörpern ist. Die freie Beweglichkeit der Fluidteilchen führt ferner dazu, dass die Wärmeleitung in diesen Fluiden häufig in Verbindung mit Konvektion auftritt. Wie beim Festkörper muss ebenfalls zwischen Fluiden unterschieden werden, die den elektrischen Strom leiten (→ Abschnitt 4.4) und solchen, die dies nicht können. Bei nichtleitenden Fluiden kann Wärme lediglich durch Stöße benachbarter Teilchen bzw. durch Diffusion transportiert werden. Die Stoßrate bzw. Stoßhäufigkeit nimmt mit fallender Teilchendichte ebenfalls ab, so dass Flüssigkeiten im Allgemeinen eine höhere Wärmeleitfähigkeit aufweisen als Gase. Zudem besitzen Gase die Eigenschaft, dass bei Unterschreiten einer gewissen Teilchendichte die Wärmeleitung aufgrund von Stößen gegenüber der Diffusion der Gasteilchen vernachlässigbar wird (dies wird spätestens dann der Fall sein, wenn das Gas derart verdünnt ist, dass sich die Gasteilchen durch das ganze Volumen bewegen können, ohne mit anderen Gasteilchen zu stoßen). In dieser Situation nimmt die Diffusionsgeschwindigkeit mit fallender Teilchenmasse zu, so dass Gase aus leichten Teilchen (beispielsweise Wasserstoff oder Helium) die Wärme häufig besser leiten als Gase, die sich aus schweren Teilchen (beispielsweise Kohlendioxid, Xenon) zusammensetzen.
Bei Fluiden, die den elektrischen Strom leiten können, leisten die frei beweglichen Elektronen einen erheblichen Beitrag zur Wärmeleitung dieser Medien. Hier ist die Wärmeleitfähigkeit häufig größer als bei nichtleitenden Fluiden.

Wärmetransport durch Wärmestrahlung

Bei den bisher betrachteten Prozessen der Konvektion und Wärmeleitung ist der Wärmetransport an ein Medium gebunden, d.h., fehlt dieses Medium (beispielsweise im Vakuum), so können diese Prozesse nicht stattfinden.
In den Abschnitten 6 und 8 werden wir jedoch sehen, dass selbst im Vakuum ein Energietransport durch elektromagnetische Wellen (z.B. Licht) möglich ist. Tatsächlich findet man, dass auch Wärme durch elektromagnetische Wellen transportiert werden kann, was als **Wärmestrahlung** bezeichnet wird.

3.8 Aggregatzustände und Phasenübergänge

In Abschnitt 2.1 wurde gezeigt, dass Materie in den Aggregatzuständen **fest, flüssig** und **gasförmig** vorkommen kann, wobei der konkrete Zustand stark von den Wechselwirkungen zwischen den Teilchen abhängt. So halten sich die Teilchen von Festkörpern an festen Positionen auf und können bestenfalls um ihre Ruhelagen schwingen, während sich die Bausteine bei Flüssigkeiten und Gasen relativ frei bewegen können.

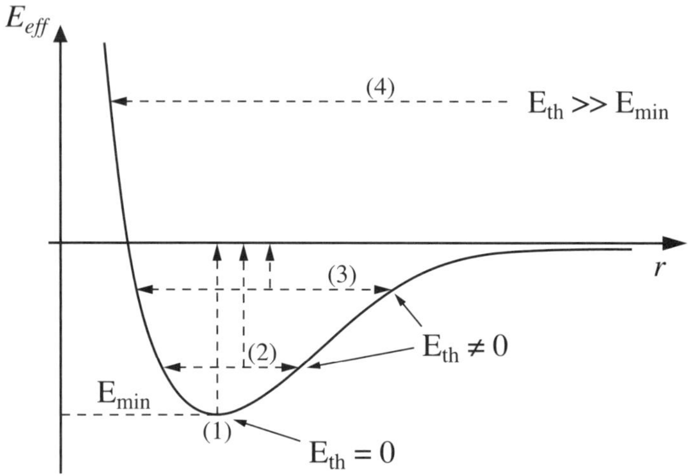

Abb. 3.15

Ferner wurde in Abschnitt 3.1 gezeigt, dass die mittlere kinetische Energie der Teilchen erhöht wird, wenn man der Materie Wärme zuführt. Betrachten wir zunächst einen Festkörper, so werden die Teilchen bei der Zufuhr von thermischer Energie immer stärker um ihre Ruhelage schwingen (vgl. (1) bis (3) in Abb. 3.15), was zunächst nur zu einer thermischen Volumenausdehnung führt (→ Abschnitt 3.1).

Wird die thermische Energie der Teilchen größer als ihre Bindungsenergie (Fall (4) in Abb. 3.15), so bricht diese Bindung zusammen, und der **Festkörper** führt einen **Phasenübergang** zur **Flüssigkeit** durch. Durch weitere Wärmezufuhr kann den Teilchen derart viel thermische Energie zugeführt werden, dass Stöße gegen die anziehenden Wechselwirkungen im System dominieren. Nun werden die Teilchen versuchen, einen möglichst großen Abstand zu den Nachbarn einzunehmen, und somit liegt ein Phasenübergang zum **Gas** vor.

Diese Überlegung zeigt, dass jeder Stoff in nahezu jedem Aggregatzustand vorliegen kann, wenn man die Rahmenbedingungen (z.B. Druck und Temperatur) entsprechend wählt. Es gibt nur wenige Ausnahmen von dieser Aussage: So kann Helium beispielsweise bestenfalls verflüssigt werden, nimmt aber nie einen festen Zustand an. Dieses Verhalten kann klassisch nicht gedeutet werden, wird aber in der Quantenmechanik mit Hilfe der sogenannten Nullpunktschwingung erklärt.

Phasenübergänge

> Liegt ein Stoff in mehreren Aggregatzuständen vor (z.B. Eiswürfel in Wasser), so bezeichnet man sie als **Phasen** des Stoffes. Findet eine Umwandlung zwischen verschiedenen Phasen statt (z.B. Schmelzen von Eiswürfeln in flüssiges Wasser), so spricht man hier von einem **Phasenübergang**.

Aus dem Alltag sind Phasenübergänge zwischen Festkörpern und Flüssigkeiten als **Schmelzen** und **Erstarren** bzw. **Gefrieren** bekannt, während die Übergänge zwischen Flüssigkeiten und Gasen als **Verdampfen** und **Kondensieren** bezeichnet werden. Seltener trifft man das **Sublimieren** an, d.h. den direkten Übergang eines Festkörpers in ein Gas, und das **Resublimieren** (direkter Übergang vom Gas in den Festkörper). Diese Phasenübergänge sind in Abb. 3.16 zusammengefasst.

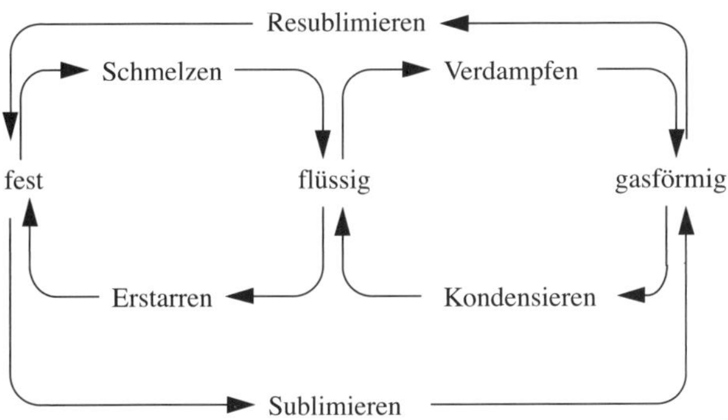

Abb. 3.16

Latente Wärme

Die Überlegungen haben gezeigt, dass die Zu- und Abfuhr von Wärme bei Phasenübergängen im Allgemeinen eine wichtige Rolle spielen. Aus Erfahrung wissen wir, dass während des Phasenübergangs häufig ein **Koexistenzbereich** verschiedener Phasen vorliegt: Schmilzt man beispielsweise Eiswürfel in einem Glas, so bildet sich hierbei flüssiges Wasser, welches die Eiswürfel umgibt. Durch weitere Zufuhr von Wärme wird die feste Phase des Wassers zunehmend gegen flüssiges Wasser ausgetauscht, so dass über einen gewissen Zeitraum beide Phasen im Glas **koexistieren**. Einen schlagartigen Phasenübergang ohne Koexistenz beobachtet man in der Natur selten.

Interessanterweise zeigt sich, dass während des Phasenübergangs, d.h. im Koexistenzbereich, eine Zu- bzw. Abfuhr von Wärme keine Änderung der Temperatur bewirkt. Diese **Temperaturkonstanz** bei Phasenübergängen wird beispielsweise beim Kochen von Eiern ausgenutzt, wo durch das siedende Wasser sichergestellt wird, dass sich die Eier in einer Umgebung der Temperatur 100 °C befinden. Früher wurde diese Eigenschaft auch ausgenutzt, um reproduzierbare Temperaturskalen zu kalibrieren (→ Abschnitt 3.1).

Da die Temperatur während des Phasenübergangs konstant ist, wird die zugeführte Wärme nicht zur Erhöhung der mittleren kinetischen Energie der Teilchen, sondern zur Verrichtung von Arbeit verwendet: Zum einen muss der Abstand zwischen den Teilchen erhöht werden, d.h., es muss Arbeit gegen das anziehende Potential der Teilchen verrichtet werden. Zum anderen kann sich bei Phasenübergängen das Volumen des Stoffes sehr stark verändern. Wenn der Stoff nun unter einem äußeren Druck steht, so muss bei diesem Prozess Volumenarbeit gegen den äußeren Druck verrichtet werden.

Beim Schmelzen, Verdampfen und Sublimieren muss der Materie somit während des Phasenübergangs in erster Linie Wärme zugeführt werden, damit die Teilchen Arbeit gegen anziehende Kräfte bzw. Volumenarbeit verrichten können. Bei der „Rückrichtung", d.h. dem Resublimieren, Kondensieren und Erstarren, wird diese gespeicherte Arbeit wieder freigesetzt und muss somit als Wärme der Materie abgeführt werden.

Wenn wir daher die Temperatur eines Stoffes in Abhängigkeit von der zugeführten Wärme Q_{zu} auftragen, so erhalten wir häufig einen Verlauf, wie er in Abb. 3.17 qualitativ skizziert wurde. Auffällig ist, dass die geradlinige Zunahme der Temperatur unter Wärmezufuhr immer wieder von Bereichen konstanter Temperatur unterbro-

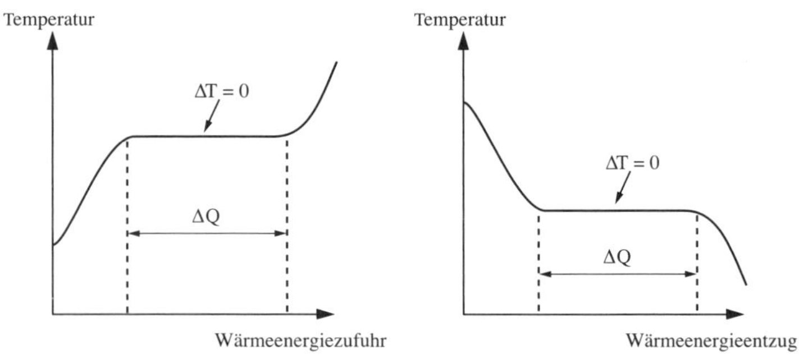

Abb. 3.17

chen wird. Offensichtlich stellen diese Plateaus gerade die Temperaturbereiche dar, in denen die Phasenübergänge stattfinden.
Da die Zufuhr von Wärme in diesen Bereichen zu keinem messbaren Temperaturanstieg führt, bezeichnet man sie als **latente Wärme**. Jedem Phasenübergang kann man eine latente Wärme zuordnen und erhält auf diese Weise z.B. die **Schmelz-** und **Verdampfungswärme** eines Stoffes. Ihre Messung kann erfolgen, indem man die „Länge" des Intervalls ΔQ mit konstanter Temperatur in Abb. 3.17 ermittelt.
Wie die Wärmekapazität ist auch die latente Wärme eine extensive Größe, d.h., sie nimmt proportional zur Stoffmenge bzw. Masse zu. Somit werden im Allgemeinen (in Analogie zu den spezifischen Wärmekapazitäten) die latenten Wärmen auf die Masse bzw. Stoffmenge normiert.

Phasenübergänge am Beispiel des Van-der-Waals-Gases
In Abschnitt 3.2 wurde das Modell des idealen Gases eingeführt, welches das Verhalten von Gasen in guter Näherung beschreibt, sofern:
(1) das Gas genügend stark verdünnt ist (so dass das Volumen der Gasteilchen gegenüber dem Gasvolumen vernachlässigbar klein ist) und
(2) alle Wechselwirkungen der Gasteilchen gegenüber ihrer thermischen Energie vernachlässigbar klein sind.

Im Allgemeinen wird ein reales Gas diese Voraussetzungen nicht erfüllen, da man weder das Volumen der Gasteilchen (z.B. bei starker Kompression des Gases) noch deren Wechselwirkungen untereinander vernachlässigen kann. Einen eleganten Ansatz zur Implementierung dieser (Teilchen-)Eigenschaften in das Modell des idealen Gases wurde von Johannes Diderik van der Waals (1837 – 1923) im Rahmen seiner Promotion gefunden:

1. Er argumentierte, dass sich eine attraktive Wechselwirkung zwischen den Teilchen unterschiedlich auswirkt: Teilchen, die sich innerhalb des Gases befinden, werden im Mittel von allen Seiten gleich stark durch die Kraft angezogen, so dass im Mittel die resultierende Kraft auf diese Teilchen verschwindet. Am Rand des Gases ist diese Symmetrie jedoch gebrochen, da aus Bereichen außerhalb des Gases keine Kraft an den Teilchen angreifen wird. Somit wird auf Teilchen am Rand des Gases eine resultierende Kraft wirken, die ins Innere des Gases gerichtet ist (dies ist in Analogie zur Oberflächenspannung aus Abschnitt 2.4 zu verstehen). Diese nach innen gerichtete Nettokraft überlagert sich additiv zu einem bereits vorhandenen äußeren Druck p, und das Gas verhält sich daher so, als stünde es unter einem Druck, der gegenüber dem äußeren Druck etwas erhöht ist. Diese scheinbare Druckerhöhung bezeichnet man als **Binnendruck** p_{Binnen}.

Rechnerisch beinhaltet sie alle Anteile, die durch anziehende Wechselwirkungen zwischen den Teilchen erzeugt werden. Van der Waals' Hypothese bestand darin, anzunehmen, dass das ideale Gasgesetz weiterhin verwendet werden kann, wenn man in Gl. 3.11 den äußeren Druck p gegen den effektiv wirkenden Druck $p + p_{\text{Binnen}}$ ersetzt.

2. Mit einem ähnlichen Ansatz führte van der Waals ebenfalls das Volumen der Gasteilchen in das ideale Gasgesetz ein. Hierfür bemerkte er, dass ein nicht-verschwindendes Teilchenvolumen das Gesamtvolumen V des Gases um V_{Ko} reduziert, da aufgrund ihrer geometrischen Ausdehnung nun weniger Raum für die Bewegung der Gasteilchen zur Verfügung steht. Das Volumen V_{Ko} wird als **Kovolumen** bezeichnet und ist proportional zum Teilchenvolumen. In Analogie zum Binnendruck kann dies im idealen Gasgesetz berücksichtigt werden, indem man das Gasvolumen V durch das effektiv (zur Verfügung stehende) Volumen $V - V_{\text{Ko}}$ in Gl. 3.11 ersetzt.

Werden diese beiden Korrekturen am idealen Gasgesetz vorgenommen, so erhält man das **Gasgesetz des Van-der-Waals-Gases**

$$p \cdot V = n \cdot R \cdot T \rightarrow (p + p_{\text{Binnen}}) \cdot (V - V_{\text{Ko}}) = n \cdot R \cdot T. \tag{3.34}$$

Isothermen des Van-der-Waals-Gases (d.h. der Verlauf von Gl. 3.34 im p-V-Diagramm für verschiedene Temperaturen) sind exemplarisch in Abb. 3.18 gegeben,

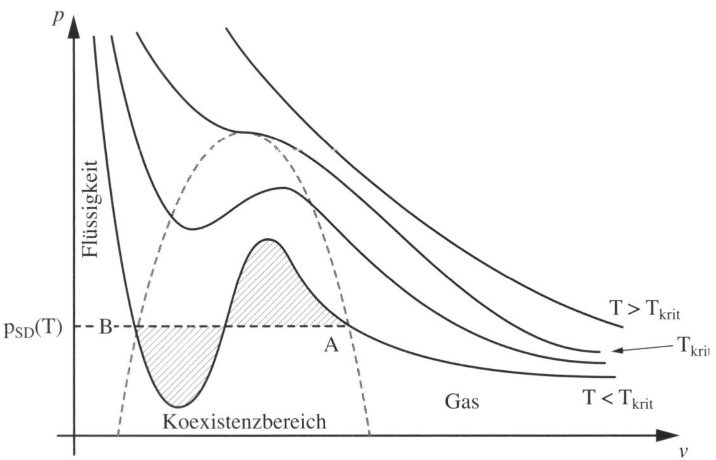

Abb. 3.18

und man erkennt sofort, dass das Gas in Abhängigkeit von der Temperatur zwei unterschiedliche Verläufe aufweist:

1. Für Temperaturen $T > T_{krit}$ zeigen die Isothermen des Van-der-Waals-Gases qualitativ den gleichen Verlauf wie die des idealen Gases. Bei diesen Temperaturen ist die thermische Energie der Gasteilchen also derart hoch, dass der Einfluss attraktiver Kräfte und somit des Binnendrucks vernachlässigt werden kann.
2. Für Temperaturen $T < T_{krit}$ finden wir jedoch ein Verhalten, das qualitativ stark vom idealen Gas abweicht, da beispielsweise eine Kompression (Volumenerniedrigung) nicht mehr zu einer monotonen Zunahme des Drucks führt (wie wir es für ein Gas erwarten würden). Vielmehr existiert ein Bereich in der Mitte der Isothermen, in welchem der Druck bei Kompression zunächst abnimmt, bevor er sehr steil ansteigt. Experimentell wird dieses Verhalten jedoch nicht beobachtet. D.h., befindet sich das Van-der-Waals-Gas in diesem Bereich, so misst man einen Gasdruck, der unabhängig von der Kompression (siehe gestrichelte Linie in Abb. 3.18) ist und erst bei Erreichen von Punkt B schlagartig ansteigt. Interessanterweise zeigt sich, dass wir am Punkt A zu 100% eine Gasphase im Volumen vorfinden, während am Punkt B das Volumen zu 100% durch eine Flüssigkeit ausgefüllt wird. Das bedeutet, dass im Bereich zwischen diesen Punkten eine Kondensation des Gases aufgrund der Kompression stattfindet, d.h. ein Phasenübergang vom gasförmigen (Punkt A) in den flüssigen Zustand (Punkt B). Entlang der Linie A-B liegt daher eine Koexistenz beider Phasen vor, wobei der Volumenanteil der jeweiligen Phase von den Randbedingungen (p, V, T) abhängt. Diese Koexistenz beider Phasen werden wir im nächsten Unterabschnitt ausführlich diskutieren.

In der statistischen Physik wird gezeigt, dass für eine gegebene Isotherme die Punkte A und B dadurch bestimmt werden können, dass die eingeschlossenen Flächen in p-V-Diagrammen den gleichen Flächeninhalt besitzen (**Maxwell-Konstruktion**). Man kann daher zu jeder Isothermen den Bereich bestimmen, in dem eine Koexistenz von gasförmiger und flüssiger Phase vorliegt, was im p-V-Diagramm zu einer Art Parabel führt (siehe gestrichelte Linie in Abb. 3.18). Dies zeigt, dass der Koexistenzbereich mit zunehmender Temperatur immer kleiner wird, bis er bei Erreichen von $T = T_{krit}$ gänzlich verschwindet. Übersteigt die Temperatur diesen kritischen Wert, so findet keine Kondensation des Gases mehr statt, und man beobachtet unabhängig von den Randbedingungen nur noch eine Gasphase. In dieser Situation besitzen die Gasteilchen eine derart hohe thermische Energie, dass sich das Van-der-Waals-Gas effektiv wie ein ideales Gas verhält.

Gleichgewicht von flüssiger Phase und Gasphase: Sättigungsdampfdruck

Das Beispiel des Van-der-Waals-Gases zeigt, dass die gasförmige und flüssige Phase unter bestimmten Randbedingungen koexistieren können. Dies setzt allerdings voraus, dass beide Phasen im Gleichgewicht zueinander stehen (ohne Gleichgewicht würde sich schließlich kein stabiler bzw. stationärer Zustand ausbilden).

Betrachten wir zum Verständnis dieses Phasengleichgewichts eine Flüssigkeit, die einen abgeschlossenen und ansonsten völlig leeren Behälter teilweise ausfüllt. Experimentell wird man dann feststellen, dass sofort ein Teil der Flüssigkeit in die gasförmige Phase umgewandelt wird und sich somit über der Flüssigkeit eine Gasphase mit dem Druck p ausbilden wird. Solange beide Phasen nicht im Gleichgewicht sind, wird zunehmend Flüssigkeit verdampfen und der Dampfdruck p der Gasphase zunehmen, bis der Gleichgewichtsdampfdruck $p = p_{SD}(T)$ erreicht wird (der in dieser Situation als **Sättigungsdampfdruck** bezeichnet wird).

Wie ist dieser Sättigungsdampfdruck nun zu verstehen? In Abschnitt 3.1 wurde gezeigt, dass die Flüssigkeitsteilchen aufgrund ihrer thermischen Energie zufällige Bewegungen ausführen (Brown'sche Bewegung). Somit besteht immer eine Wahrscheinlichkeit (Boltzmann-Faktor → Abschnitt 3.2) dafür, dass Flüssigkeitsteilchen aufgrund ihrer Bewegung die Flüssigkeit zufällig verlassen können und somit in die Gasphase übergehen. Andererseits können die Teilchen der Gasphase ebenfalls durch Brown'sche Bewegung rein zufällig wieder in die Flüssigkeit eintauchen, so dass sie von der gasförmigen Phase in die flüssige zurückwechseln.

Somit gibt es zu jedem Zeitpunkt Ströme, die Teilchen aus der Flüssigkeit in die Gasphase bzw. aus der Gasphase wieder zurück in die Flüssigkeit transportieren. Da die Flüssigkeit eine sehr viel höhere Dichte als das Gas besitzt, ist der Teilchenstrom in die Gasphase hinein nahezu unabhängig von der Dichte der Gasphase, während der Rückstrom stark von dieser Dichte abhängen wird. Daraus folgt, dass der Einstrom von Teilchen in die Gasphase relativ konstant ist, während der Rückstrom mit zunehmender Dichte der Gasteilchen (und somit zunehmendem Dampfdruck, siehe ideales Gasgesetz) ebenfalls zunehmen wird. Bei einem bestimmten Dampfdruck sind beide Teilchenströme gleich groß, so dass der resultierende Teilchenstrom gleich Null ist und beide Phasen im Gleichgewicht zueinander stehen.

Wird nun die Temperatur T der Flüssigkeit erhöht, nimmt ebenfalls die Wahrscheinlichkeit zu, dass Teilchen die Flüssigkeit verlassen (siehe Boltzmann-Faktor → Abschnitt 3.2), so dass auch der Teilchenstrom in die Gasphase zunimmt. Um diesen erhöhten Teilcheneinstrom kompensieren zu können, muss sich der Sättigungsdampfdruck $p_{SD}(T)$ zu höheren Werten verschieben, so dass $p_{SD}(T)$ im Allgemeinen bei einer Temperaturerhöhung zunimmt.

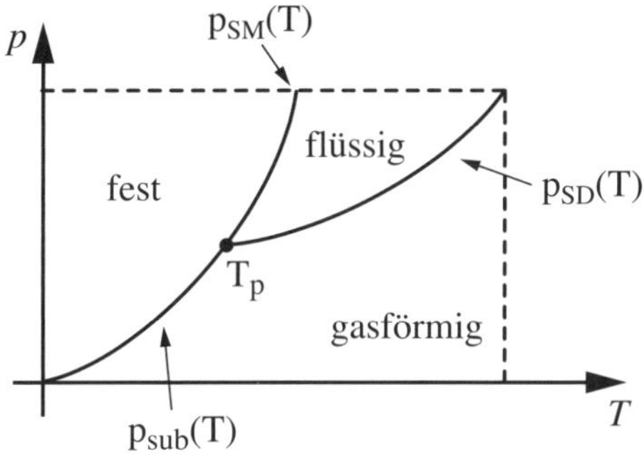

Abb. 3.19a

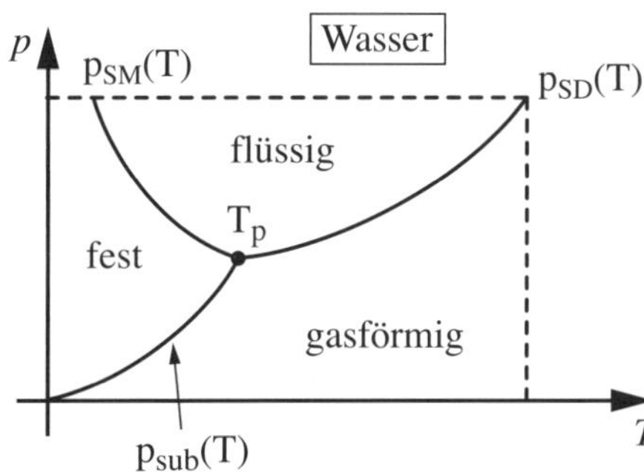

Abb. 3.19b

Durch dieses einfache Experiment kann man daher den Sättigungsdampfdruck in Abhängigkeit von der Temperatur ermitteln und diese Information durch die Kurve $p_{SD}(T)$ in ein p-T-Diagramm übertragen (vgl. Abb. 3.19). Diese Kurve wird im Allgemeinen eine positive Steigung aufweisen, da wir bereits festgestellt hatten, dass eine Temperaturzunahme $p_{SD}(T)$ ebenfalls zu höheren Werten verschiebt. Durch $p_{SD}(T)$ wird das p-T-Diagramm bei gegebener Temperatur T_0 also in drei Bereiche aufgeteilt:

1. Entspricht der Druck p gerade dem Sättigungsdampfdruck (d.h. $p = p_{SD}(T_0)$), so herrscht ein Gleichgewicht zwischen der Flüssigkeits- und der Gasphase, und beide Phasen koexistieren nebeneinander.
2. Wird der Druck erhöht (d.h. $p > p_{SD}(T_0)$), so verschiebt man das Gleichgewicht in Richtung der Flüssigkeitsphase, und die Gasphase beginnt zu kondensieren (**Kondensation**).

3. Ist der äußere Druck kleiner als der Sättigungsdampfdruck (d.h. $p < p_{SD}(T_0)$), so verschiebt man das Gleichgewicht in Richtung der Gasphase, und die Flüssigkeit beginnt, Gasblasen zu bilden (**Sieden**).

Mit Hilfe dieser Informationen können wir das Verhalten des Van-der-Waals-Gases im Koexistenzbereich beider Phasen verstehen: Das Gas soll sich dazu in einem abgeschlossenen Gefäß befinden, dessen Temperatur durch einen Thermostaten konstant gehalten wird. Wenn wir dann den Druck als Funktion des verfügbaren Volumens auftragen, erhalten wir wieder eine Isotherme im p-V-Diagramm, wie dies in Abb. 3.18 dargestellt wurde.
Wir starten unsere Diskussion bei einem Volumen, bei dem der Stoff vollständig in gasförmigem Zustand vorliegt ($V > V_A$), so dass der Druck unterhalb des Sättigungsdampfdrucks liegt. Wird das Volumen verringert, so erhöht sich durch die Kompression der Druck so lange, bis der Sättigungsdampfdruck erreicht wird (Punkt A in Abb. 3.18).
Führt man die Kompression so langsam durch, dass sich beide Phasen ständig im Gleichgewicht befinden (reversible Prozessführung), so wird in diesem Bereich eine Kompression des Gases zu keiner messbaren Druckerhöhung führen: Sobald der Druck über den Sättigungsdampfdruck hinaus erhöht wird, verschiebt sich das Gleichgewicht zugunsten der Kondensation. Hierdurch kondensiert (ein kleiner Teil) der Gasphase, wodurch der Druck wieder geringfügig abnimmt. Die Kondensation endet, sobald der Mechanismus den Sättigungsdampfdruck wieder hergestellt hat, was im Gleichgewicht den konstanten Druck im Koexistenzbereich erklärt.
Wird das Gas nun immer weiter komprimiert, so wird man irgendwann ein Volumen erreichen, bei dem das gesamte Gas kondensiert ist und somit nur noch in flüssiger Form vorliegt (Punkt B in Abb. 3.18). Eine weitere Kompression wird dann wieder zu einem Druckanstieg führen, da nun kein Gas mehr vorhanden ist, das durch Kondensation den Druckanstieg kompensieren könnte.
Diese Diskussion zeigt, dass im p-T-Diagramm (Abb. 3.19) die Kurve des Sättigungsdampfdrucks $p_{SD}(T)$ gerade die flüssige von der gasförmigen Phase separiert: Für Drücke oberhalb von $p_{SD}(T)$ liegt der Stoff in kondensierter Form vor (Flüssigkeit), während unterhalb von $p_{SD}(T)$ eine gasförmige Phase vorgefunden wird. Liegt der Druck direkt auf der Kurve $p_{SD}(T)$, so können beide Phasen koexistieren.

Temperaturverlauf des Sättigungsdampfdrucks:
Clausius-Clapeyron-Gleichung

Interessanterweise zeigt sich, dass aus dem Verlauf von $p_{SD}(T)$ die latente Wärme Q_{VD} bestimmt werden kann, die zur Verdampfung notwendig ist:

Clausius-Clapeyron-Gleichung

Zwischen der molaren Verdampfungswärme Q_{VD} und dem Sättigungsdampfdruck $p_{SD}(T)$ besteht der Zusammenhang

$$Q_{VD} = T \cdot (V_{Dampf} - V_{Fl}) \cdot \frac{d}{dt} p_{SD}(T), \tag{3.35}$$

wobei V_{Dampf} (bzw. V_{Fl}) das Molvolumen der Dampfphase (bzw. der flüssigen Phase) darstellt.

Beispiel: Ein Liter flüssiges bzw. festes Wasser enthält ca. 55 mol an H_2O Molekülen, so dass das Molvolumen von Wasser in der flüssigen Phase durch $V_{FL} \approx 0{,}018$ l gegeben ist. Wasserdampf verhält sich hingegen in guter Näherung wie ein ideales Gas, d.h., 1 mol Wasserdampf nimmt unter Normbedingungen ein Volumen von $V_{Dampf} = 22{,}4$ l ein. In dieser Situation kann der Term V_{Fl} in Gl. 3.35 vernachlässigt werden, und man kann das ideale Gasgesetz in Gl. 3.35 einsetzen, was auf die Differentialgleichung

$$Q_{VD} = T \cdot \left(\frac{R \cdot T}{p_{SD}(T)} \right) \cdot \frac{d}{dt} p_{SD}(T) \rightarrow \frac{Q_{VD}}{R \cdot T^2} \cdot dT = \frac{dp_{SD}(T)}{p_{SD}(T)}$$

führt. Dies kann leicht durch Integration beider Seiten in das **van't Hoff'sche Gesetz**

$$p_{SD}(T) \propto e^{-\frac{Q_{VD}}{R \cdot T}}$$

umformuliert werden und zeigt, dass der Sättigungsdampfdruck mit exp(– 1/T) anwächst. Dadurch ist es leicht möglich, aus der Krümmung von $p_{SD}(T)$ die molare Verdampfungswärme Q_{VD} zu ermitteln.

Verflüssigung von Gasen

Die Diskussion zum Sättigungsdampfdruck hat gezeigt, dass ein Gas kondensiert bzw. verflüssigt wird, sobald der Gasdruck oberhalb des Sättigungsdampfdrucks liegt, was im vorangegangenen Unterabschnitt durch Kompression des Gases erreicht wurde.

Da der Sättigungsdampfdruck $p_{SD}(T)$ im Allgemeinen mit fallender Temperatur abnimmt, kann man eine Kondensation ebenfalls erreichen, indem man die Gastemperatur stark absenkt. Als ersten Ansatz könnte man versuchen, die Gastemperatur abzusenken, indem man dem Gas durch eine Wärmepumpe Wärme entzieht. Es zeigt sich jedoch, dass dieses Verfahren einen zu geringen Wirkungsgrad aufweist, um praktikabel Gase für einen industriellen Einsatz verflüssigen zu können.

Effektiver kann die Temperatur abgesenkt werden, wenn man reale Gase adiabatisch gegen einen Unterdruck expandieren lässt (**Linde-Verfahren**):

> Lässt man ein reales Gas adiabatisch gegen einen Unterdruck expandieren, so nimmt die Gastemperatur ab, sofern sie vor der Expansion bereits kleiner als die (materialspezifische) **Inversionstemperatur** T_{inv} war. Ist die ursprüngliche Temperatur hingegen größer als T_{inv}, so wird das reale Gas bei der adiabatischen Expansion erwärmt (**Joule-Thomson-Effekt**).

Die Abkühlung des realen Gases kann man qualitativ verstehen, wenn man berücksichtigt, dass sich bei der Expansion die Dichte des realen Gases erhöht, so dass der Teilchenabstand gegen die attraktive Anziehung (Binnendruck) erhöht werden

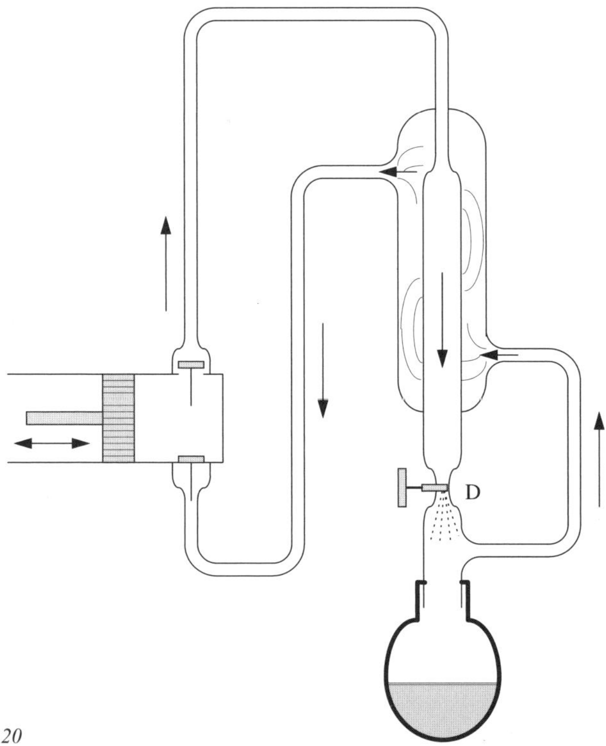

Abb. 3.20

muss. Da das Gas aber gegen einen Wärmetransport isoliert wurde ($\mathrm{d}Q = 0$), folgt aus dem ersten Hauptsatz, dass die Energie für diese Arbeit aus der thermischen Energie gewonnen werden muss, so dass die Temperatur des Gases abnimmt. Die Erwärmung kann mit der gleichen Argumentation begründet werden, wenn man berücksichtigt, dass oberhalb von T_{inv} die abstoßenden Kräfte zwischen den Gasteilchen dominieren und die Teilchen somit Energie freisetzen, wenn ihr Relativabstand vergrößert wird.

Die Inversionstemperatur T_{inv} von Luft (genauer von Stickstoff und Sauerstoff) liegt weit über der Raumtemperatur, so dass diese Gase durch das Linde-Verfahren problemlos verflüssigt werden können. Bei anderen Gasen kann sie jedoch weit unterhalb der Raumtemperatur liegen (z.B. T_{inv}(Helium) $\approx$ 30 K und T_{inv}(Wasserstoff) $\approx$ 200 K), so dass diese Gase zunächst unter die Inversionstemperatur abgekühlt werden müssen, bevor sie durch das Linde-Verfahren verflüssigt werden können. Dies kann beispielsweise dadurch geschehen, dass man verflüssigte Luft zum Vorkühlen dieser Gase einsetzt (**Gegenstrom-Wärmetauscher**), um sie anschließend selbst zu verflüssigen (vgl. Abb. 3.20).

Schmelzgleichgewicht

Auch beim Schmelzen von Festkörpern findet man einen Koexistenzbereich von fester und flüssiger Phase, welcher analog zur Koexistenz flüssig-gasförmig verstanden werden kann. Ähnliche Überlegungen führen wieder auf eine Art Clausius-Clapeyron-Gleichung

$$Q_{\text{SM}} = \mathrm{T} \cdot (V_{\text{Fl}} - V_{\text{FK}}) \cdot \frac{\mathrm{d}}{\mathrm{d}T} p_{\text{SM}}(T) \rightarrow \frac{Q_{\text{SM}}}{V_{\text{Fl}} - V_{\text{FK}}} = T \cdot \frac{\mathrm{d}}{\mathrm{d}T} p_{\text{SM}}(T), \tag{3.36}$$

in der nun die molare Schmelzwärme Q_{SM} mit den molaren Volumina des Festkörpers V_{FK}, der Flüssigkeit V_{Fl} und der Schmelzdruckkurve $p_{\text{SM}}(T)$ verknüpft wird. Da sich die beiden Volumina im Allgemeinen kaum voneinander unterscheiden, zeigt die umgestellte Fassung dieser Gleichung, dass die Schmelzdruckkurve $p_{\text{SM}}(T)$ viel steiler als $p_{\text{SD}}(T)$ verläuft (vgl. Abb. 3.19).

Analoge Überlegungen wie beim Sättigungsdampfdruck zeigen, dass bei Drücken oberhalb von $p_{\text{SM}}(T)$ die Materie einen Festkörper bildet, während sie für Drücke unterhalb von $p_{\text{SM}}(T)$ in flüssiger Form vorliegt. Entlang von $p_{\text{SM}}(T)$ ist eine Koexistenz von fester und flüssiger Phase möglich. Anhand dieses Phasendiagramms kann man somit sofort entscheiden, in welchem Aggregatzustand die Materie vorliegt.

Ferner kann man dieser Abbildung entnehmen, dass über einen sehr weiten Druckbereich der Phasenübergang fest-flüssig bei nahezu der gleichen Schmelztemperatur stattfindet, d.h., die Schmelztemperatur zeigt eine geringere Abhängigkeit vom Druck als die Siedetemperatur.

Im Allgemeinen ist das Volumen der festen Phase geringer als das der flüssigen Phase, was zu einer positiven Steigung von $p_{SM}(T)$ führt (vgl. Gl. 3.36). Einige Stoffe zeigen interessanterweise jedoch das entgegengesetzte Verhalten. So wurde bereits in Abschnitt 3.1 gezeigt, dass das Volumen von Wasser beim Schmelzen abnimmt, so dass eine negative Steigung von $p_{SM}(T)$ folgt (vgl. Abb. 3.19b).

Tripelpunkt

Da die Schmelzdruckkurve $p_{SM}(T)$ im Allgemeinen viel steiler verläuft als die Kurve des Sättigungsdampfdrucks $p_{SD}(T)$, müssen sich beide Kurven in einem Punkt, dem **Tripelpunkt** T_p, treffen. Dieser Punkt zeichnet sich durch die interessante Eigenschaft aus, dass hier alle drei Phasen im Gleichgewicht zueinander stehen, d.h., alle drei Aggregatzustände koexistieren hier nebeneinander.

4. Elektrostatik und elektrischer Strom

In den folgenden Abschnitten werden wir uns (nach der Gravitation) mit der zweiten der vier fundamentalen Wechselwirkungen, der **elektromagnetischen Wechselwirkung**, beschäftigen, die in der Physik im Rahmen der **Elektrodynamik** studiert wird. Wir werden zeigen, dass sich diese Wechselwirkung in zwei voneinander völlig verschiedenen Formen ausdrücken kann (**Elektrizität** und **Magnetismus** → Abschnitt 4 und 5). Die Erkenntnis, dass man diese Phänomene durch die gleiche Wechselwirkung beschreiben kann (Vereinheitlichung der **elektrischen** und **magnetischen** zur **elektromagnetischen Wechselwirkung**) stellte in der theoretischen Physik einen sehr großen Durchbruch dar.

4.1 Elektrostatik

Als Ursprung der Elektrizität kann man die Beobachtung sehen, dass bestimmte Körper sich gegenseitig anziehen oder abstoßen, nachdem an ihnen gerieben wurde. Die genaue physikalische Ursache für diese Wechselwirkung (und insbesondere, was beim Reiben der Körper geschieht) konnte zunächst nicht erklärt werden, und somit musste man sich mit der empirischen Feststellung begnügen, dass manche Körper **durch Reibung aufgeladen** werden können. Da dieses Phänomen insbesondere bei der Reibung an Bernstein (griechisch: elektron) beobachtet wurde, schrieb man die entstandene Kraft einer sogenannten **elektrischen Ladung** zu. In der **Elektrostatik** werden daher alle Phänomene studiert, die mit **ruhenden elektrischen Ladungen** verbunden sind.

Elektrische Ladungen: Coulomb-Kraft

Wie bereits beschrieben, erfahren elektrisch geladene Körper eine Kraft, die als elektrostatische Wechselwirkung bezeichnet wird und die entweder anziehend oder abstoßend wirkt. Dabei zeigt sich, dass zur Beschreibung der Kraft lediglich zwei Arten von Ladungen benötigt werden, die sogenannten **positiven** (+) und **negativen** (–) Ladungen. Experimentell zeigt sich ferner, dass gleich geladene Körper (+ vs. + bzw. – vs. –) sich gegenseitig abstoßen, während Ladungen, die sich im Vorzeichen unterscheiden (+ vs. –), sich gegenseitig anziehen.

Ladungen mit gleichen Vorzeichen (gleichartige Ladungen) stoßen sich gegenseitig ab, während sich Ladungen mit ungleichen Vorzeichen anziehen (vgl. Abb. 4.1).

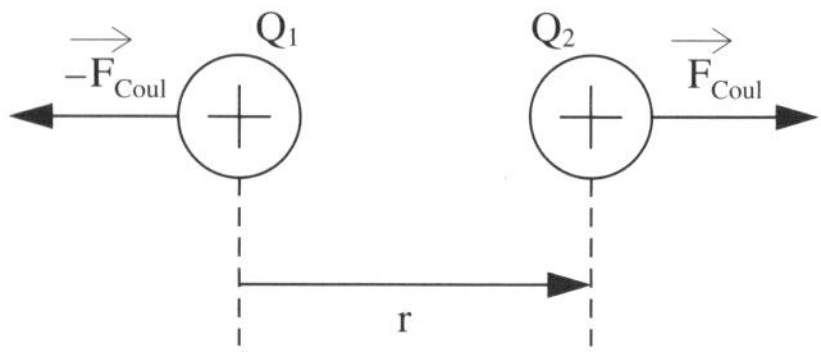

Abb. 4.1 a

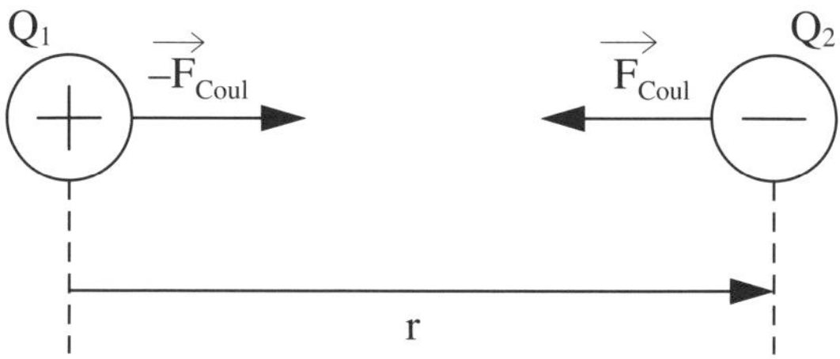

Abb. 4.1 b

Misst man nun quantitativ die elektrostatische Kraft (z.B. durch die Auslenkung einer Feder, Hooke'sches Gesetz → Abschnitt 2.3), die zwischen zwei geladenen, punktförmigen Körpern wirkt (**Punktladungen**), so erhält man erstaunlicherweise ein Kraftgesetz mit der gleichen Abstandsabhängigkeit, wie sie die Newton'sche Gravitationskraft aufweist. Diese Experimente wurden Ende des 18. Jahrhunderts durch Charles Augustin de Coulomb (1736 – 1806) durchgeführt und führten auf die:

Coulomb-Kraft bzw. das Coulomb'sche Gesetz

Zwischen zwei elektrischen Punktladungen Q_1 und Q_2, die sich im Vakuum im Abstand $\vec{r}$ zueinander befinden, wirkt die Coulomb-Kraft

$$\vec{F}_{\text{Coul}}(\vec{r}) = \frac{1}{4\pi\varepsilon_0} \frac{Q_1 \cdot Q_2}{r^2} \cdot \vec{e}_r, \tag{4.1}$$

wobei $r = |\vec{r}|$ der Betrag des Abstandsvektors $\vec{r}$ ist und $\vec{e}_r = \vec{r}/r$ dessen Richtungsvektor darstellt (vgl. Abb. 4.1).

Wird die Ladung in Coulomb ($[Q] = 1$ C) gemessen, so nimmt die **(Vakuum-) Dielektrizitätskonstante** ε_0 den Wert $\varepsilon_0 = 8{,}85\ 10^{-12}\ \text{C} \cdot \text{V}^{-1} \cdot \text{m}^{-1}$ an.

Im Gegensatz zur Gravitationskraft besitzt Gl. 4.1 kein Minuszeichen, denn zwischen zwei gleichartigen Ladungen wirkt (aufgrund von $Q_1 \cdot Q_2 > 0$) eine abstoßende Coulomb-Kraft ($\vec{F}_{\text{Coul}} > 0$), während sich Ladungen unterschiedlichen Vorzeichens ($Q_1 \cdot Q_2 < 0$) gegenseitig anziehen ($\vec{F}_{\text{Coul}} < 0$).

Bemerkung:
In Gl. 4.1 wurde mit $1/(4\pi\varepsilon_0)$ ein verhältnismäßig komplizierter Vorfaktor bei der Formulierung der Coulomb-Kraft $\vec{F}_{\text{Coul}}$ gewählt. Im weiteren Verlauf des Buches werden wir sehen, dass durch diese spezielle Wahl des Vorfaktors viele Gleichungen der Elektrostatik und somit der gesamten Elektrodynamik einfacher werden.

Ladungen im elektrischen Feld
Wie bei der Gravitationskraft finden wir bei der Coulomb-Kraft die interessante Situation vor, dass die Ladungen multiplikativ in Gl. 4.1 eingehen, so dass man die Coulomb-Kraft auch in der Form

$$\vec{F}_{\text{Coul}}(\vec{r}) = \left(\frac{1}{4\pi\varepsilon_0}\frac{\vec{e}_r}{r^2}\cdot Q_1\right)\cdot Q_2 = \vec{E}_1(\vec{r})\cdot Q_2 \text{ mit } \vec{E}_1(\vec{r}) = \frac{1}{4\pi\varepsilon_0}\frac{\vec{e}_r}{r^2}\cdot Q_1 \tag{4.2}$$

als Produkt einer ortsabhängigen Funktion $\vec{E}_1(\vec{r})$ mit der Ladung Q_2 verstehen kann. Man ersetzt somit die Wechselwirkung der beiden Ladungen durch die Wechselwirkung der Ladung Q_2 mit einem Feld, das in ihrer Umgebung die Ladung Q_1 erzeugt und als **elektrisches Feld** bezeichnet wird.

> Jede Punktladung Q erzeugt in ihrer Umgebung ein **elektrisches Feld** $\vec{E}(\vec{r})$, welches im Abstand $\vec{r}$ durch
>
> $$\vec{E}(\vec{r}) = \frac{1}{4\pi\varepsilon_0}\frac{\vec{e}_r}{r^2}\cdot Q \tag{4.3}$$
>
> gegeben ist.
> (Einheit: 1 Volt/Meter = 1 V/m, siehe unten)

Gl. 4.2 kann man entnehmen, dass wir die Wirkung des elektrischen Feldes (in Abhängigkeit vom Ort $\vec{r}$) leicht messen können, indem wir eine sehr kleine Probeladung q an den Ort $\vec{r}$ bringen und dort die Coulomb-Kraft

$$\vec{F}_{\text{Coul}}(\vec{r}) = \vec{E}(\vec{r})\cdot q \rightarrow \vec{E}(\vec{r}) = \vec{F}_{\text{Coul}}(\vec{r})/q \tag{4.4}$$

bestimmen, die auf die Probeladung q wirkt. Mit Hilfe dieser Messung kann man an jeden Punkt $\vec{r}$ einen Vektor einzeichnen, der in Betrag und Richtung dem elektrischen Feld an dieser Stelle entspricht. Macht man diese Darstellung sehr fein, so erhält man (in Analogie zum Geschwindigkeitsfeld $\vec{v}(\vec{r})$ aus Abschnitt 2.6) die **Feldlinien** des elektrischen Feldes, deren Verlauf in Abb. 4.2 exemplarisch für eine positive (a) und eine negative Ladung (b) dargestellt ist. Offensichtlich verlaufen die Feldlinien des elektrischen Feldes stets von positiven zu negativen Ladungen.

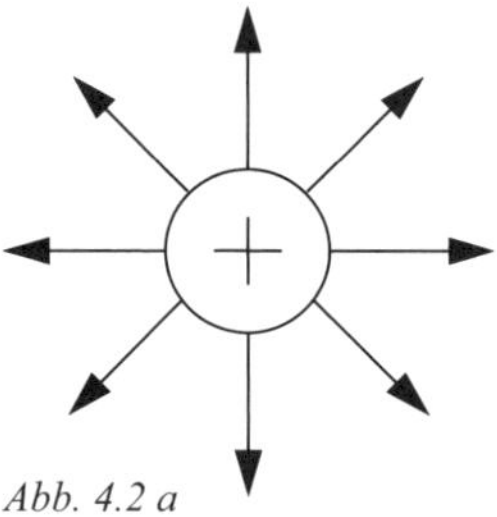

Abb. 4.2 a

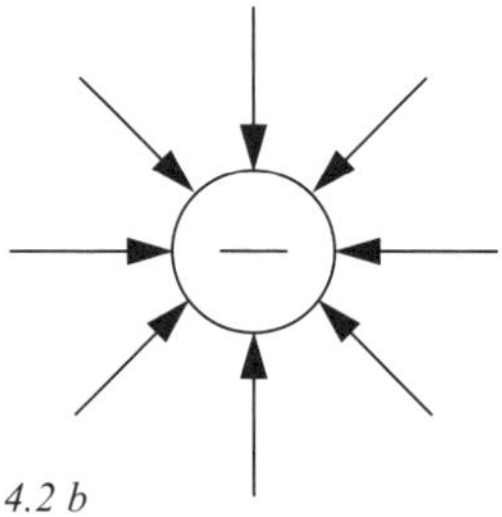

Abb. 4.2 b

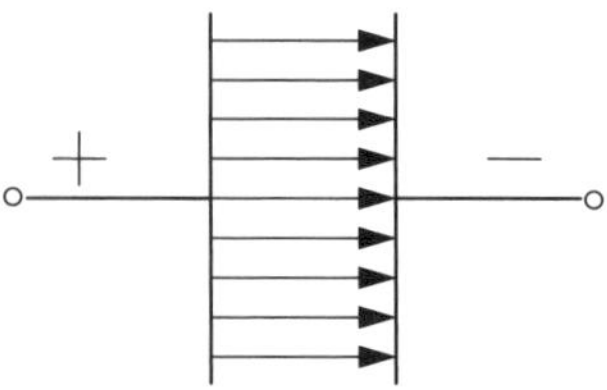

Abb. 4.2 c

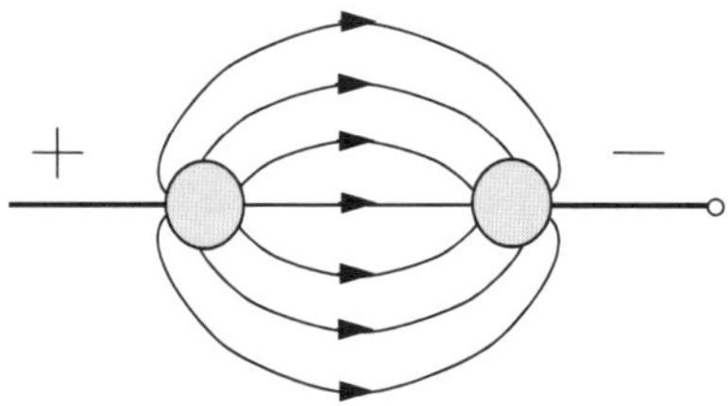

Abb. 4.2 d

Interessanterweise zeigt sich, dass Gl. 4.4 für beliebige elektrische Felder gilt, d.h.:

> Befindet sich eine Punktladung Q in einem beliebigen elektrischen Feld $\vec{E}(\vec{r})$, so wirkt am Ort $\vec{r}$ die Coulomb-Kraft
> $$\vec{F}_{\text{Coul}}(\vec{r}) = Q \cdot \vec{E}(\vec{r}) \tag{4.5}$$
> auf die Ladung.

Das elektrische Feld ist somit ein „Hilfsmittel“, das uns sofort die Berechnung der Coulomb-Kraft erlaubt, die auf eine Ladung im elektrischen Feld wirkt. Ferner kann man an den Feldlinien von $\vec{E}(\vec{r})$ sofort erkennen, ob ein elektrisches Feld und somit die Coulomb-Kraft räumlich **homogen** (Abb. 4.2c) oder **inhomogen** (Abb. 4.2d) sind.

Der Millikan-Versuch und die Elementarladung

In Abschnitt 4.2 wird gezeigt, dass sich mit Hilfe von Kondensatoren homogene elektrische Felder erzeugen lassen (vgl. Abb. 4.2c). Man kann daher auf die Idee kommen, die Aufladung von Körpern mit dem folgenden Verfahren zu bestimmen:

Übung:

Eine Punktladung (Masse m, Ladung Q) befinde sich im Vakuum in einem homogenen elektrischen Feld $\vec{E} = E \cdot \vec{e}_z$, das entgegengesetzt zur Schwerebeschleunigung $\vec{g} = -g \cdot \vec{e}_z$ ausgerichtet ist. Zeigen Sie, dass im Gleichgewicht die Ladung Q des Massenpunktes durch

$$Q = m \cdot g/E \tag{4.6}$$

berechnet werden kann.

Lösung:

Es wirken nur zwei Kräfte auf die Punktladung: die Gewichtskraft $\vec{F}_g = -m \cdot g \cdot \vec{e}_z$, die den Massenpunkt zum Erdboden hin beschleunigt, und die Coulomb-Kraft $\vec{F}_{Coul} = E \cdot Q \cdot \vec{e}_z$, die aufgrund des homogenen elektrischen Feldes $\vec{E} = E \cdot \vec{e}_z$ am Massenpunkt angreift.

Im Gleichgewicht muss die Resultierende beider Kräfte verschwinden, d.h.

$\vec{F}_{res} = \vec{F}_{Coul} + \vec{F}_g = (E \cdot Q - m \cdot g) \cdot \vec{e}_z = 0 \rightarrow Q = m \cdot g / E.$

Diese Überlegung zeigt, dass es zumindest hypothetisch möglich ist, unter Einsatz von Gl. 4.6 die Ladung eines kleinen, punktförmigen Körpers zu bestimmen. Diese Messidee wurde 1910 durch einen Versuch von Robert Andrews Millikan (1868 – 1953) realisiert, bei dem dieser sehr kleine, geladene Öltröpfchen (Durchmesser << 1 μm) in einem Kondensator zum Schweben brachte und mit Hilfe von Gl. 4.6 auf deren Ladung schließen konnte.

Das revolutionäre Resultat dieses Versuchs bestand in der Feststellung, dass Ladungen nicht beliebige Zahlenwerte annehmen können. Vielmehr zeigte sich, dass die Ladung Q stets quantisiert ist, d.h., dass es eine kleinste, frei existierende Ladungseinheit gibt (die sogenannte **Elementarladung**) und dass alle Ladungen Q ein ganzzahliges Vielfaches dieser Elementarladung sind:

> Die Ladung ist eine **quantisierte** Eigenschaft, d.h., der kleinste Wert, den die Ladung Q eines beliebigen Körpers annehmen kann, ist durch die Elementarladung $e = 1{,}602\ 10^{-19}$ C gegeben. Daraus folgt, dass die Ladung Q eines Körpers stets ein ganzzahliges Vielfaches n der Elementarladung ist: $Q = n \cdot e$.

Die Quantisierung der Ladung ist eine bemerkenswerte Eigenschaft, für deren Entdeckung Millikan unter anderem 1923 den Nobelpreis für Physik bekam. Von allen physikalischen Größen, die wir bisher diskutiert haben, ist die Ladung die erste nicht-kontinuierliche bzw. quantisierte Größe.

Als Träger der Elementarladung konnte das Elektron durch Experimente von William Thompson (1824 – 1907, 1. Baron Kelvin, häufig als Lord Kelvin bezeichnet) identifiziert werden: $Q_e = -e = -1{,}602\ 10^{-19}$ C. Ferner konnte gezeigt werden, dass die Aufladung eines Körpers im Normalfall dadurch geschieht, dass dem Körper Elektronen zu- (negative Aufladung) oder abgeführt werden (positive Aufladung). Eine Aufladung geht somit nicht mit der Erzeugung neuer Ladungsträger, sondern mit einer Umverteilung bereits vorhandener Ladungsträger einher, so dass elektrisch neutrale Körper (d.h. Körper, die keine messbare Ladung besitzen) in ihrem Inneren die gleiche Anzahl an negativen wie positiven Elementarladungen besitzen müssen.

In Abschnitt 8 wird gezeigt, dass sich Atome aus einem positiv geladenen Atomkern und negativ geladenen Elektronen zusammensetzen. Ernest Rutherford (1871 – 1937) konnte ferner zeigen, dass die positive Ladung des Atomkerns durch Protonen verursacht wird, die als positiv geladenes Pendant zum Elektron verstanden werden können: $Q_p = +e = +1{,}602\ 10^{-19}$ C. Da in einem Atom normalerweise die gleiche Anzahl an Elektronen und Protonen vorhanden sind, erscheinen die Atome (und somit die von ihnen gebildete Materie) elektrisch neutral.

Entfernt man daher ein Elektron aus dem Atom (**Ionisierung**), so muss es die Ladung eines Protons $+e = 1{,}602\ 10^{-19}$ C aufweisen. Überträgt man daher zunehmend Elektronen von einem Körper auf den anderen (beispielsweise durch Reibung), so führt diese Ladungstrennung zu einem Überschuss an Elektronen auf der einen Seite (negative Aufladung), während auf der anderen Seite die positiv geladenen „**Atomrümpfe**“ zurückbleiben und eine positive Aufladung bewirken. In Abschnitt 4.2 werden wir sehen, dass diese Ladungstrennung sofort rückgängig gemacht werden kann, sobald die unterschiedlich geladenen Körper durch einen elektrischen Leiter in Kontakt zueinander gebracht werden, so dass sich die überschüssigen Ladungen auf beiden Seiten ausgleichen können.

Interessanterweise zeigt sich, dass die elektrische Ladung eines Körpers unabhängig von dessen Bewegungszustand ist: In Abschnitt 3.2 wurde gezeigt, dass die Temperatur ein Maß für die mittlere kinetische Energie und damit für die mittlere Teilchengeschwindigkeit ist. Hinge die Ladung von der Geschwindigkeit ab, so müsste eine Änderung der Temperatur (die eine Änderung der Teilchengeschwindigkeit bewirkt) ebenfalls zu einer Änderung der Ladung führen, was bisher experimentell nicht beobachtet wurde.

Dies stellt einen Spezialfall von der Erhaltung der Ladung dar:

> Die Gesamtladung eines abgeschlossenen Systems ist konstant, d.h., es kann weder Ladung aus dem Nichts erzeugt werden noch kann Ladung komplett vernichtet werden. Die Aufladung von Körpern ist immer das Resultat einer Ladungstrennung.

Bemerkungen:

1. Seit ihrer Entdeckung geht man der Frage nach, ob sich die Elementarladungen von Elektron und Proton wirklich vollständig kompensieren ($Q_p + Q_e = 0$?) oder ob in ihren Ladungen doch ein minimaler Unterschied besteht. Bisherige Experimente deuten darauf hin, dass sich beide Ladungen (wenn überhaupt) um weniger als $|Q_p + Q_e| < 10^{-38}$ C voneinander unterscheiden.
2. Man muss stets bedenken, dass die Elementarladung die kleinste **freie** Ladung in der Natur ist. So zeigen Experimente beispielsweise, dass sich Protonen aus noch kleineren **Elementarteilchen**, den **Quarks**, zusammensetzen, die entweder die Ladung +2/3 *e* oder –1/3 *e* aufweisen. Quarks tragen somit Ladungen, die kein ganzzahliges Vielfaches der Elementarladung *e* sind. Dennoch steht diese Beobachtung nicht im Widerspruch zum Millikan-Versuch: Quarks sind keine freien Ladungsträger, d.h., sie treten nie isoliert voneinander auf, sondern bilden stets Strukturen, deren Gesamtladung wieder ein ganzzahliges Vielfaches der Elementarladung ist.
3. Aufgrund ihrer mathematischen Ähnlichkeit können die Stärke von Gravitationskraft und elektrostatischer Kraft direkt miteinander verglichen werden. Betrachten wir dazu ein Elektron (Masse $m_e = 9{,}11\ 10^{-31}$ kg, Ladung $Q_p = -e$) und ein Proton (Masse $m_p = 1{,}67\ 10^{-27}$ kg, Ladung $Q_p = +e$), die sich im Abstand r zueinander befinden:

$$\frac{F_{\text{Coul}}}{F_{\text{Grav}}} = -\frac{1}{4\pi\varepsilon_0}\frac{1}{G}\frac{Q_e \cdot Q_p}{m_e \cdot m_p} = \frac{1}{4\pi\varepsilon_0 G}\frac{e^2}{m_e \cdot m_p} \approx 2 \cdot 10^{39}. \tag{4.7}$$

Da beide Kraftgesetze die gleiche Abstandsabhängigkeit besitzen, ist ihr Verhältnis unabhängig von r. Gl. 4.7 zeigt, dass die Coulomb-Kraft mehr als 39 Größenordnungen stärker ist als die Gravitationskraft. Da die Bewegung von astronomischen Objekten (Planeten, Sterne etc.) dennoch sehr gut durch die Gravitationskraft beschrieben werden kann, müssen nahezu alle Körper in unserem Universum elektrisch neutral sein. Auf astronomischen Skalen ist daher eine Aufladung ein eher seltenes Phänomen.

Elektrisches Potential und Spannung

In Abschnitt 1.7 wurde gezeigt, dass die Newton'sche Gravitationskraft konservativ ist, d.h., dass die Arbeit, die bei einer Bewegung gegen die Gravitation verrichtet werden muss, nicht vom explizit gewählten Weg, sondern lediglich vom Start- und Endpunkt der Bewegung abhängt.

Ferner wurde gezeigt, dass zu jeder konservativen Kraft eine skalare Funktion $\Phi(\vec{r})$ (**Potential**) existiert, mit deren Hilfe das konservative Kraftfeld durch

$$\vec{F}(\vec{r}) = -\left(\frac{\partial}{\partial x}\Phi(\vec{r}), \frac{\partial}{\partial y}\Phi(\vec{r}), \frac{\partial}{\partial z}\Phi(\vec{r})\right)$$

berechnet werden kann. Ein Vorteil bei der Verwendung des Potentials besteht darin, dass durch

$$W = \Phi(\vec{r}_{P_1}) - \Phi(\vec{r}_{P_2})$$

sofort die Arbeit gegeben ist, die bei einer Bewegung von P_1 nach P_2 gegen die konservative Kraft $\vec{F}(\vec{r})$ verrichtet werden muss.

Da aber die Newton'sche und Coulomb'sche Kraft die gleiche mathematische Struktur aufweisen, müssen die gleichen Aussagen ebenfalls im elektrostatischen Fall gelten. Somit kann das (→ Abschnitt 1.7) abgeleitete Potential der Gravitationskraft direkt auf die Coulomb-Kraft übertragen werden, wenn man die Massen (m_1 und m_2) gegen die Ladungen (Q_1 und Q_2) und die Vorfaktoren gegeneinander austauscht:

$$\Phi_{\text{Grav}}(\vec{r}) = -G \cdot \frac{m_1 \cdot m_2}{r} \rightarrow \Phi_{\text{Coul}}(\vec{r}) = \frac{1}{4\pi\varepsilon_0} \cdot \frac{Q_1 \cdot Q_2}{r}$$

(wobei r den Abstand zwischen den Ladungen Q_1 und Q_2 darstellt). Daraus folgt automatisch, dass die Ladung Q_2 im elektrischen Feld

$$\vec{E}_1(\vec{r}) = \frac{1}{4\pi\varepsilon_0}\frac{\vec{e}_r}{r^2} \cdot Q_1$$

der Ladung Q_1 die potentielle Energie

$$E_{\text{pot}}(\vec{r}) \equiv \Phi_{\text{Coul}}(\vec{r}) = \frac{1}{4\pi\varepsilon_0} \cdot \frac{Q_1 \cdot Q_2}{r} \equiv V(\vec{r}) \cdot Q_2 \quad (4.8)$$

besitzt, die (in Analogie zur Definition des elektrischen Feldes) in das Produkt aus Q_2 und der skalaren Funktion (**elektrisches Potential**)

$$V(\vec{r}) = \frac{1}{4\pi\varepsilon_0} \cdot \frac{Q_1}{r} \quad (4.9)$$

zerlegt werden kann.

Diese Aufteilung der potentiellen Energie hat praktische Vorteile: Wird die Ladung Q_2 in dem elektrischen Feld $\vec{E}_1(\vec{r})$ bewegt, so muss für diese Bewegung im Allgemeinen die Arbeit W_S verrichtet werden, die leicht aus der Änderung der potentiellen Energie in Gl. 4.8 berechnet werden kann:

$$W_S = \int_{P_1}^{P_2} \vec{F}_{Coul}(\vec{r}) \cdot d\vec{r} = -(E_{pot}(\vec{r}_{P_2}) - E_{pot}(\vec{r}_{P_1})) = -\Delta E_{pot}$$

(→ Abschnitt 1.7). Andererseits führt die Zerlegung von Gl. 4.8 aber auf $W_S = -\Delta E_{pot} = -\Delta V \cdot Q_2$, wobei $\Delta V = V(\vec{r}_{P_2}) - V(\vec{r}_{P_1})$ gerade die Änderung des elektrischen Potentials $V(r)$ ist.

Die zu verrichtende Arbeit W_S bzw. die Änderung der potentiellen Energie ist somit durch das Produkt aus Potentialdifferenz $U = \Delta V$ (**Spannung** $\boldsymbol{U}$) und der Ladung Q_2 gegeben. Obwohl diese Aussage für den Spezialfall der Punktladung abgeleitet wurde, gilt sie für beliebige ruhende Ladungsverteilungen:

Sei $\vec{E}(\vec{r})$ ein statisches elektrisches Feld. Dann gibt es eine skalare Funktion $V(\vec{r})$ (das **elektrische Potential**), welche die Gleichung

$$\vec{E}(\vec{r}) = -\left(\frac{\partial}{\partial x} V(\vec{r}), \frac{\partial}{\partial y} V(\vec{r}), \frac{\partial}{\partial z} V(\vec{r})\right) \tag{4.10}$$

erfüllt (→ Abschnitt 1.7).

Wird nun eine Punktladung Q in dieses System eingebracht, so besitzt die Punktladung aufgrund der Coulomb-Kraft $\vec{F}_{Coul}(\vec{r}) = \vec{E}(\vec{r}) \cdot \vec{Q}$ eine potentielle Energie, die proportional zum elektrischen Potential ist:

$$E_{pot}(\vec{r}) = V(\vec{r}) \cdot Q. \tag{4.11}$$

Wird diese Ladung von P_1 nach P_2 bewegt, so muss hierfür die Arbeit $W_S = -\Delta E_{pot} = -\Delta V \cdot Q_2$ verrichtet werden. Man bezeichnet die Potentialdifferenz

$$U = \Delta V = V(\vec{r}_{P_2}) - V(\vec{r}_{P_1}) \tag{4.12}$$

als **Spannung** $\boldsymbol{U}$, die zwischen den Punkten P_1 und P_2 anliegt.

(Einheit: 1 Volt = 1 V)

Wenn daher eine Ladung Q eine Spannung U durchläuft, so muss hierfür die Arbeit $W_S = -U \cdot Q$ verrichtet werden. Für negative Ladungen ($Q < 0$) ist diese Arbeit positiv, d.h., die Bewegung verläuft in Richtung der Coulomb-Kraft und wird daher spontan (unter Verringerung der potentiellen Energie $\Delta E_{pot} = -W_S = U \cdot Q < 0$) ausgeführt. Dies zeigt, dass Elektronen ($Q_e = -e < 0$) im Vakuum durch elektrische Felder beschleunigt werden können, wobei eine Umwandlung von potentieller in kinetische Energie stattfindet, so dass das Elektron nach Durchlaufen der Spannung U die kinetische Energie

$$\Delta E_{kin} = -\Delta E_{pot} \rightarrow \frac{m_e}{2} v^2 = \frac{m_e}{2} v_0^2 + e \cdot U$$

besitzt, wobei v_0 die Anfangsgeschwindigkeit des Elektrons bezeichnet. War das Elektron zu Beginn in Ruhe ($v_0 = 0$), so wurde es durch die Spannung U auf die Geschwindigkeit

$$v = \sqrt{2 \cdot e \cdot U/m_e} \tag{4.13}$$

beschleunigt.

Beliebige Verteilung ruhender Ladungen

Gl. 4.10 zeigt, dass zwischen dem elektrischen Potential $V(\vec{r})$ und dem elektrischen Feld $\vec{E}(\vec{r})$ dieselbe Beziehung besteht, die wir bereits zwischen Stammfunktion und Ableitung (→ Abschnitt 1.4) vorgefunden haben. Wenn daher $V(\vec{r})$ für ein Problem bekannt ist, so kann das zugehörige elektrische Feld leicht (unter Verwendung von Gl. 4.10) berechnet werden, d.h., alle Informationen von $\vec{E}(\vec{r})$ sind ebenfalls in $V(\vec{r})$ enthalten. Im Allgemeinen ist es jedoch „handlicher", mit dem elektrischen Potential zu arbeiten, da es im Gegensatz zum (vektorwertigen) elektrischen Feld lediglich eine skalare Größe ist, d.h. nur eine Komponente aufweist.
Des Weiteren gilt für die Coulomb-Kraft und somit für das elektrische Feld das Superpositionsprinzip: Für eine beliebige Ladungsverteilung kann das resultierende elektrische Feld durch die Summe der einzelnen elektrischen Felder ersetzt werden. Da das Potential als Stammfunktion des elektrischen Feldes aufgefasst werden kann, muss $V(\vec{r})$ dieses Prinzip ebenfalls erfüllen. Wenn wir eine beliebige Verteilung von Punktladungen betrachten, so ist das elektrische Potential des gesamten Systems also einfach durch die Summe der Potentiale aller Punktladungen gegeben.

Beispiel: Betrachten wir die Situation, bei der n Ladungen Q_1 bis Q_n an den Orten $\vec{r}_1$ bis $\vec{r}_n$ ruhen. Das gesamte elektrische Potential $V_{res}(\vec{r})$ am Ort $\vec{r}$ lässt sich dann als Summe der einzelnen Punktladungspotentiale Gl. 4.9

$$V_{res}(\vec{r}) = \sum_{i=1}^{n} V_i(\vec{r}) \text{ mit } V_i(\vec{r}) = \frac{1}{4\pi\varepsilon_0} \frac{Q_i}{\Delta r_i} \tag{4.14}$$

berechnen, wobei $\Delta \vec{r}_i = \vec{r} - \vec{r}_i$ der Abstand der Ladung vom Ort $\vec{r}$ ist. Aus diesem Potential kann dann sofort das resultierende elektrische Feld durch

$$\vec{E}_{res}(\vec{r}) = -\left(\frac{\partial}{\partial x} V_{res}(\vec{r}), \frac{\partial}{\partial y} V_{res}(\vec{r}), \frac{\partial}{\partial z} V_{res}(\vec{r})\right)$$

berechnet werden.

Elektrische Dipole im elektrischen Feld

Ein **elektrischer Dipol** ist eine Ladungsverteilung zweier (bis auf das Vorzeichen) identischer Ladungen $Q_1 = -Q$ und $Q_2 = +Q$, die sich im (festen) Abstand d zueinander befinden (vgl. Abb. 4.3). Viele Eigenschaften des Dipols können durch das **Dipolmoment** $\vec{p}_{el} = Q \cdot \vec{d}$ ausgedrückt werden (Einheit: 1 C · m), wobei $\vec{p}_{el}$ stets von der negativen zur positiven Ladung zeigt.

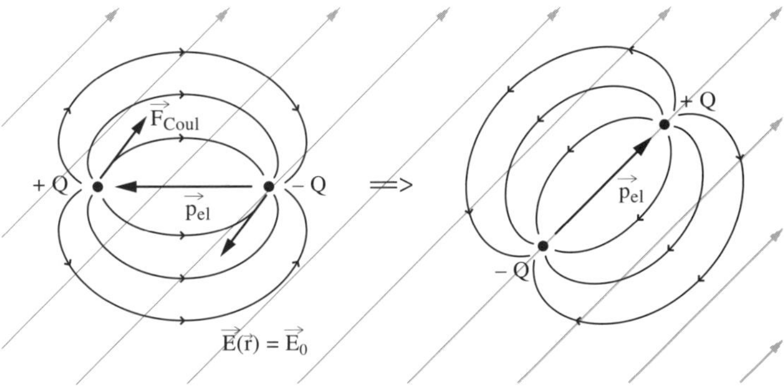

Abb. 4.3 a *Abb. 4.3 b*

Das elektrische Feld $\vec{E}(\vec{r})$ des Dipols ist in Abb. 4.3a abgebildet und kann bei hinreichend großem Abstand von den Ladungen ($d << r$) in guter Näherung durch das elektrische Potential

$$V_{DP}(\vec{r}) = \frac{1}{4\pi\varepsilon_0} \frac{\vec{p}_{el} \cdot \vec{r}}{r^3}$$

beschrieben werden (wobei als Ursprung des Koordinatensystems der Mittelpunkt beider Ladungen gewählt wurde).

Wird ein elektrischer Dipol in ein äußeres, homogenes elektrisches Feld $\vec{E}(\vec{r})$ gebracht, so werden im Allgemeinen an beiden Ladungen Kräfte angreifen, die derart gerichtet sind, dass ein Drehmoment auf den Dipol entsteht, vgl. Abb. 4.3b. Mit Hilfe des Dipolmomentes $\vec{p}_{el}$ lässt sich diese Bewegung bequem berechnen:

> Wird ein elektrischer Dipol $\vec{p}_{el}$ in ein äußeres, homogenes elektrisches Feld $\vec{E}(\vec{r}) = \vec{E}_0 = const.$ eingebracht, so gelten folgende Aussagen:
> (1) Am Dipol greift das Drehmoment $\vec{D} = \vec{p}_{el} \times \vec{E}_0$ an.
> (2) Aufgrund des Drehmomentes kann dem Dipol die potentielle Energie (bezüglich der Drehung) $E_{pot} = -\vec{p}_{el} \cdot \vec{E}_0 = -p_{el} \cdot E_0 \cdot \cos\varphi$ zugeordnet werden, wobei φ der Winkel ist, der vom Dipolmoment und dem elektrischen Feld eingeschlossen wird.
> (3) Das Drehmoment bewirkt daher eine Drehung des Dipols um seinen Mittelpunkt, die erst stoppt, wenn der Dipol seine potentielle Energie minimiert hat, d.h., wenn das Dipolmoment parallel zum elektrischen Feld ausgerichtet ist ($\varphi = 0$).

Bemerkung:
Die potentielle Energie des Dipols nimmt nach (3) ein Minimum an, wenn Dipolmoment und elektrisches Feld in die gleiche Richtung zeigen. Hier muss aber berücksichtigt werden, dass das Dipolmoment definitionsgemäß stets von der negativen zur positiven Ladung zeigt. Somit ist das vom Dipol erzeugte elektrische Feld dem äußeren Feld stets entgegengerichtet, so dass der Dipol (Superpositionsprinzip) durch seine Ausrichtung das äußere elektrische Feld abschwächt. Dieser Effekt der **Polarisation** wird ausführlich in Abschnitt 4.3 behandelt.

4.2 Elektrische Flüsse um Ladungsverteilungen

In diesem Abschnitt werden wir sehen, dass der Fluss des elektrischen Feldes durch eine beliebige, geschlossene Oberfläche lediglich von der eingeschlossenen Ladung abhängt (Gauß'scher Integralsatz). Dieses bemerkenswerte Resultat erlaubt uns, das durch symmetrische Ladungsverteilungen erzeugte elektrische Feld auf einfache Weise zu berechnen. Abschließend werden wir diese Ergebnisse auf Kondensatoren anwenden und zeigen, dass die im Kondensator gespeicherte Ladung proportional zur angelegten Spannung ist.

Elektrischer (Kraft-)Fluss und Gauß'scher Integralsatz
Für viele Überlegungen ist es sinnvoll, den Fluss des elektrischen Feldes durch eine Oberfläche zu messen. Betrachten wir dazu zunächst die vereinfachte Situation, bei der ein homogenes elektrisches Feld $\vec{E}(\vec{r}) = \vec{E}_0$ durch eine beliebige Fläche A (vgl. Abb. 4.4a) fließt.

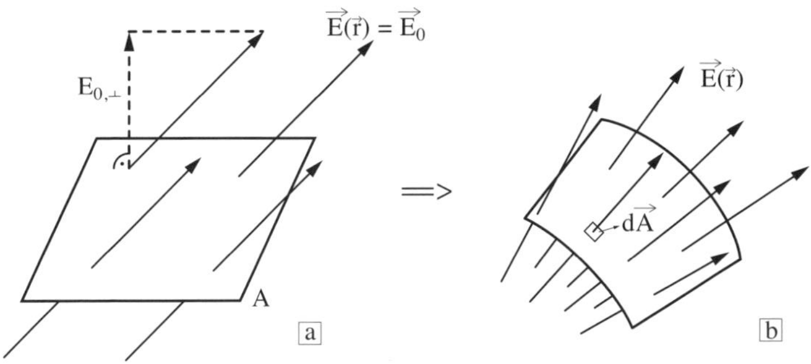

Abb. 4.4

Für den elektrischen Fluss Ψ_{el} durch die Fläche A ist aber offensichtlich nur der Anteil von $\vec{E}(\vec{r})$ interessant, der senkrecht zur Fläche A steht: Steht $\vec{E}(\vec{r})$ senkrecht zu A, so muss der elektrische Fluss maximal werden ($\Psi_{el} = E_0 \cdot A$), während im Fall von $\vec{E}(\vec{r}) \parallel$ A keine Feldlinien durch die Fläche hindurchtreten, und somit der Fluss verschwinden muss ($\Psi_{el} = 0$). Wir würden daher den elektrischen Fluss in dieser Situation durch

$$\Psi_{el} = E_{0,\perp} \cdot A \tag{4.15}$$

definieren, wobei $E_{0,\perp}$ der Betrag des Anteils von $\vec{E}(\vec{r}) = \vec{E}_0$ ist, der senkrecht auf der Fläche A steht. Dieses Verhalten erinnert stark an das Skalarprodukt aus Abschnitt 1.1, was folgende Überlegung motiviert:

> Wird im Folgenden eine Fläche A vektoriell aufgefasst, so besitzt der Vektor $\vec{A}$ die folgenden Eigenschaften:
> (1) Der Betrag $A = |\vec{A}|$ entspricht dem Flächeninhalt der Fläche A.
> (2) Der Einheitsvektor $\vec{e}_A = \vec{A}/A$ entspricht dem Einheitsvektor, der senkrecht auf der Fläche A steht und bei gekrümmten Flächen nach außen zeigt.

Wenn wir daher den elektrischen Fluss durch eine beliebige Fläche berechnen wollen, so können wir die Fläche einfach in infinitesimal kleine Flächenstücke $d\vec{A}$ zerlegen (vgl. Abb. 4.4b), für jedes dieser Flächenstücke den elektrischen Fluss $d\Psi_{el}(\vec{r}) = \vec{E}(\vec{r}) \cdot d\vec{A}$ berechnen und anschließend diesen Fluss über alle Flächenstücke aufsummieren (was bei infinitesimalen Größen die Integration über die Fläche A bedeutet):

Elektrischer (Kraft-)Fluss
Fließt ein elektrisches Feld $\vec{E}(\vec{r})$ durch eine Oberfläche A, so kann der damit verbundene elektrische (Kraft-)Fluss durch

$$\Psi_{el} = \int_S d\Psi_{el}(\vec{r}) = \int_S \vec{E}(\vec{r}) \cdot d\vec{A} \tag{4.16}$$

berechnet werden, wobei die infinitesimale Fläche $d\vec{A}$ über ganz A abintegriert wird (vgl. Abb. 4.4b).

(Einheit: 1 V · m)

Übung:
Betrachten Sie eine Punktladung Q. Zeigen Sie, dass der elektrische Fluss durch eine Kugeloberfläche, in deren Mittelpunkt sich die Ladung Q befindet, durch $\Psi_{el} = Q/\varepsilon_0$ gegeben ist.

Lösung:
Wenn sich Q im Koordinatenursprung befindet, so ist das elektrische Feld dieser Ladung durch

$$E(\vec{r}) = \frac{1}{4\pi\varepsilon_0} \frac{\vec{e}_r}{r^2} \cdot Q \tag{4.17}$$

gegeben. Zur Berechnung von Ψ_{el} legen wir eine Kugeloberfläche mit dem Radius R um diese Ladung herum. Abb. 4.5 kann man jedoch entnehmen, dass aufgrund der Kugelsymmetrie von Gl. 4.17 $\vec{E}(\vec{r})$ stets senkrecht auf der Kugeloberfläche steht, d.h., für das Skalarprodukt folgt

$d\Psi_{el}(\vec{r}) = \vec{E}(\vec{r}) \cdot d\vec{A} = E(\vec{r}) \cdot dA$. (da $\vec{E}(\vec{r}) \parallel d\vec{A}$)

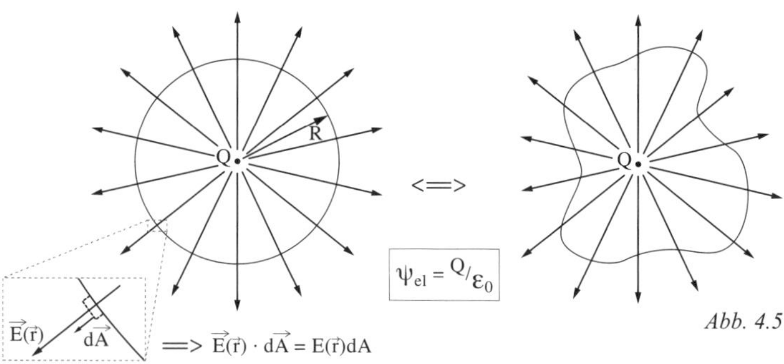

Abb. 4.5

Des Weiteren folgt aus der Kugelsymmetrie, dass der Betrag von $\vec{E}(\vec{r})$ auf der Kugeloberfläche konstant ist ($E(\vec{r}) = E(R)$), so dass für den Fluss

$$\Psi_{el} = \oint_S \vec{E}(\vec{r}) \cdot d\vec{A} = \oint_S E(\vec{r}) \cdot dA = \oint_S E(R) \cdot dA = E(R) \cdot \oint_S dA \tag{4.18}$$

folgt. Nach Abschnitt 1.4 gibt das Integral $\oint_S dA = A_S$ aber gerade den Flächeninhalt der Kugeloberfläche an, welcher durch $A_S = 4\pi \cdot R^2$ gegeben ist. Werden alle diese Informationen in Gl. 4.18 eingesetzt, so folgt mit

$$\Psi_{el} = E(R) \cdot \oint_S dA = \frac{1}{4\pi\varepsilon_0} \frac{Q}{R^2} \cdot 4\pi \cdot R^2 = Q/\varepsilon_0$$

die Aussage.

Dieses Beispiel zeigt, dass der elektrische Fluss durch die **geschlossene Oberfläche** unabhängig von der gewählten Kugeloberfläche stets den Wert $\Psi_{el} = Q/\varepsilon_0$ annimmt. Interessanterweise gilt diese Aussage allgemein:

Gauß'scher Satz der Elektrostatik

Betrachten wir eine **beliebige geschlossene** Oberfläche S, so hängt der elektrische Fluss

$$\Psi_{el} = \oint_S \vec{E}(\vec{r}) \cdot d\vec{A} = Q_{ein}/\varepsilon_0 \tag{4.19}$$

lediglich von der Anzahl der eingeschlossenen Ladungsträger Q_{ein} ab. Dies ist ein überraschendes Resultat, da Ψ_{el} somit weder von der genauen Ladungsverteilung noch von der Wahl bzw. der Form der Oberfläche S abhängt.

Dieses Resultat ist wirklich bemerkenswert und kann erst im Rahmen der Differentialgeometrie vollständig bewiesen werden. Es besagt anschaulich, dass alle Feldlinien, die von außen durch die geschlossene Oberfläche eintreten, automatisch an einer anderen Stelle wieder austreten müssen. Dadurch heben sich diese Feldlinien im elektrischen Fluss gegenseitig auf:

Lediglich eingeschlossene Ladungen erzeugen Feldlinien, die einen Beitrag zum elektrischen Fluss liefern.

Ferner folgt aus der Verknüpfung von $\vec{E}(\vec{r})$ und Q_{ein} in Gl. 4.19:

Ladungen sind die Quellen und Senken des elektrischen Feldes bzw., im elektrostatischen Fall ist das elektrische Feld wirbelfrei.

Beispielrechnungen

Wenn das betrachtete System eine gewisse Symmetrie aufweist, so kann mit Hilfe des Gauß'schen Satzes sofort der Verlauf des elektrischen Feldes berechnet werden.

Beispiel – Geladene Hohlkugel:

Betrachten wir die Situation, bei der eine Hohlkugel (Radius R_0) mit der Ladung Q aufgeladen wurde. Da dieses System ebenfalls Kugelsymmetrie aufweist, ist es sinnvoll, den Mittelpunkt der Hohlkugel in den Koordinatenursprung zu legen und zur Berechnung von Ψ_{el} wieder eine Kugeloberfläche mit dem Radius R um diese Kugel herum zu legen. Aufgrund der Kugelsymmetrie folgt analog zur vorherigen Übung

$$\Psi_{el} = \oint_S \vec{E}(\vec{r}) \cdot d\vec{A} = \oint_S E(\vec{r}) \cdot dA = \oint_S E(R) \cdot dA = E(R) \cdot 4\pi \cdot R^2 \equiv Q_{ein}/\varepsilon_0.$$

Für $R \geq R_0$ wird die gesamte Ladung eingeschlossen, und für das elektrische Feld folgt

$$E(R) \cdot 4\pi \cdot R^2 = Q/\varepsilon_0 \rightarrow E(R) = \frac{1}{4\pi \cdot \varepsilon_0} \frac{Q}{R^2}, \qquad \text{(für } R \geq R_0\text{)}$$

d.h., die Hohlkugel verhält sich für $R \geq R_0$ so, als ob sich eine Punktladung Q im Koordinatenursprung befände.

Andererseits wird für $R < R_0$ keine Ladung durch die Oberfläche S eingeschlossen, so dass im Inneren der Hohlkugel das elektrische Feld verschwindet:

$$E(R) = 0. \qquad \text{(für } R < R_0\text{)}$$

Beispiel – Unendlich ausgedehnte Platte:

Betrachten wir nun eine unendlich ausgedehnte, planare Platte, die pro Einheitsfläche ΔA die Ladung ΔQ (also die Flächenladungsdichte $\sigma = \Delta Q/\Delta A$) besitzt. Wenn wir das Koordinatensystem so drehen, dass die Platte in der x-y-Ebene verläuft, so können wir das System entlang dieser Ebene verschieben, ohne etwas zu verändern (unendlich ausgedehnte Platte). Daraus folgt, dass das elektrische Feld unabhängig von der x- und y-Koordinate sein muss. Ferner besitzt das System Spiegelsymmetrie, d.h., wir können die Platte „umdrehen", ohne etwas am System zu verändern. Aus dieser Symmetrie folgt $E(z) = E(-z)$.

Abschließend stellen wir fest, dass wir die Platte beliebig um die z-Achse drehen können, ohne dass sich das System verändern würde. Somit kann das elektrische Feld lediglich eine z-Komponente besitzen, da sich andernfalls bei einer Drehung um die z-Achse die x- und y-Komponenten verändern würden, was aber im Widerspruch zur Konstanz bei einer Rotation um die z-Achse steht.

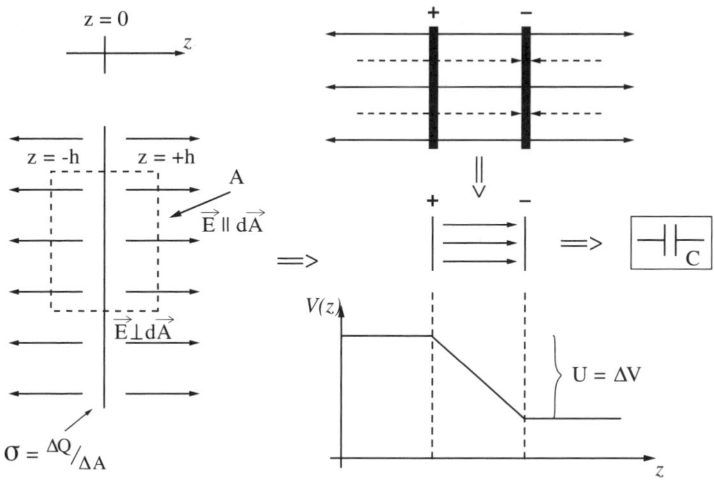

Abb. 4.6

Die günstigste Wahl zur Anwendung des Gauß'schen Satzes stellt somit die Integration über einen Quader dar, der von $z = -h$ bis h verläuft und bezüglich der x-y-Ebene die Fläche A besitzt (vgl. Abb. 4.6). In dieser Situation tragen lediglich die Flächen bei $z = -h$ und $z = +h$ zum elektrischen Fluss bei, da alle anderen Flächen des Quaders parallel zum elektrischen Feld verlaufen und somit keinen Fluss erzeugen können. Die Anwendung von Gl. 4.19 führt somit auf

$$\Psi_{el} = \oint_S \vec{E}(\vec{r}) \cdot d\vec{A} = E(z = +h) \cdot A + E(z = -h) \cdot A = E(+h) \cdot 2 \cdot A \equiv Q/\varepsilon_0$$

$$\rightarrow E(z = +h) = \frac{Q}{2 \cdot A \cdot \varepsilon_0} = \frac{\sigma}{2 \cdot \varepsilon_0}.$$

Das elektrische Feld hängt somit nur von der Flächenladungsdichte σ ab und ist erstaunlicherweise unabhängig vom Abstand zur Platte. Wird nun eine Ladung Q' in die Nähe der Oberfläche gebracht, so folgt aus $\vec{F}(\vec{r}) = \vec{E}(\vec{r}) \cdot Q'$, dass die Kraft, welche die Platte auf Q' ausübt, ebenfalls unabhängig vom Abstand z zur Platte ist.

Kondensator

Das letzte Beispiel hat gezeigt, dass eine unendlich ausgedehnte Platte ein homogenes elektrisches Feld erzeugt, dessen Feldstärke durch $E = Q/(2 \cdot A \cdot \varepsilon_0)$ gegeben ist. Wenn wir nun eine parallele Anordnung von zwei identischen Platten (Fläche A)

betrachten, die sich im Abstand d zueinander befinden und jeweils die Ladung $Q_1 = -Q$ bzw. $Q_2 = +Q$ tragen, so können wir dieses Ergebnis direkt verwenden, solange der Abstand d sehr viel kleiner als die geometrische Ausdehnung der Platten ist, d.h. $d << \sqrt{A}$: In dieser Situation erscheinen die Platten auf der Längenskala d als unendlich ausgedehnt, und wir können damit das elektrische Feld des Systems als Superposition der Felder beider Platten darstellen (vgl. Abb. 4.6b). Die Abbildung zeigt, dass näherungsweise lediglich zwischen den Platten ein elektrisches Feld existiert, welches homogen verläuft und dessen Feldstärke durch $E = Q/(A \cdot \varepsilon_0)$ gegeben ist.

Übung:
Zeigen Sie, dass der Potentialunterschied bzw. die Spannung U zwischen den Platten durch $U = \frac{Q}{A \cdot \varepsilon_0} \cdot d = E \cdot d$ gegeben ist. (4.20)

Lösung:
Wie in Abb. 4.6b skizziert, ist das elektrische Feld des Plattenkondensators durch $\vec{E} = (E, 0, 0)$ mit $E = Q/(A \cdot \varepsilon_0)$ gegeben und somit im Bereich $x = 0$ bis d eine Konstante. Da das elektrische Feld als Ableitung des elektrischen Potentials $V(\vec{r})$ dargestellt werden kann, muss $V(\vec{r})$ eine Funktion sein, die linear von x abhängt, d.h. $V(\vec{r}) = -E \cdot x$. Die Potentialdifferenz zwischen beiden Platten ist somit durch
$U = \Delta V = V(x = 0) - V(x = d) = E \cdot d = Q \cdot d/(A \cdot \varepsilon_0)$ gegeben.

Die Berechnung zeigt, dass die auf den Platten gespeicherte Ladung Q proportional zu der zwischen den Platten anliegenden Spannung U ist. Wenn die Platten den elektrischen Strom leiten (→ Abschnitt 4.4), so gilt sogar die Umkehrung: Wird eine Spannung an die Platten angelegt, so werden so lange Ladungsträger fließen, bis die Platten die Ladung $\pm Q$ aufweisen. Eine derartige Anordnung ist somit in der Lage, Ladungen zu speichern, und wird als **Kondensator** bezeichnet.

Beim **Kondensator** führt das Anlegen einer Spannung U an die Kondensatorflächen zum Speichern der Ladung Q im Kondensator. Bei einem idealen Kondensator ist die gespeicherte Ladung proportional zur angelegten Spannung
$Q = C \cdot U$,
wobei die Proportionalitätskonstante C als **Kapazität** (Einheit: 1 Farad = 1 F = 1 C · V^{-1}) des Kondensators bezeichnet wird und von den Eigenschaften des Kondensators (z.B. seiner Geometrie etc.) abhängt.

Ferner zeigt die Rechnung im Speziellen:

Ein **Plattenkondensator**, dessen Oberflächen (Flächeninhalt A, Abstand $d << \sqrt{A}$) durch die Spannung U die Ladungen $\pm Q$ tragen, erzeugt in seinem Inneren ein homogenes elektrisches Feld, dessen Feldstärke durch $E = \frac{U}{d} = \frac{Q}{A \cdot \varepsilon_0}$ gegeben ist. Seine Kapazität C ist daher $C = \frac{Q}{U} = \varepsilon_0 \cdot \frac{A}{d}$, sofern sich zwischen den Platten keine Materie befindet.

Die Kapazität ist eine sehr praktische Größe, die es erlaubt, einen Kondensator einfach durch seine Funktion (Ladungen zu speichern) zu beschreiben. Man muss daher nicht mehr genau wissen, wie der Kondensator explizit realisiert wurde, sondern die Kenntnis seiner Kapazität reicht für Berechnungen völlig aus.
Zur Beschreibung von Kondensatoren greift man daher häufig auf das in Abb. 4.6 skizzierte Symbol zurück, auch wenn es sich nicht um einen Plattenkondensator handelt. Die beiden parallelen Linien des Kondensatorsymbols stehen stellvertretend für die beiden Kondensatorflächen, die durch die Spannung U auf die Ladung Q aufgeladen werden.

Unter Verwendung der Kapazität kann ferner leicht berechnet werden, wie sich Systeme von Kondensatoren verhalten:

Werden mehrere Kondensatoren mit den Kapazitäten C_1 bis C_n **parallel** zueinander **geschaltet** (d.h., an den Kondensatorflächen liegt die gleiche Spannung U an, vgl. Abb. 4.7a), so ist die Kapazität des gesamten Systems durch die Summe der einzelnen Kapazitäten gegeben: $C_{ges} = \sum_{i=1}^{n} C_i$.
Werden sie jedoch **hintereinander** geschaltet (vgl. Abb. 4.7b), so addieren sich die inversen Kapazitäten:
$C_{ges}^{-1} = \sum_{i=1}^{n} C_i^{-1}$, z.B. für $n = 2$: $C_{ges}^{-1} = C_1^{-1} + C_2^{-1} \rightarrow C_{ges} = \frac{C_1 \cdot C_2}{C_1 + C_2}$.

Dies zeigt nochmals, wie praktisch die Abstraktion eines Kondensators durch dessen Kapazität ist: Obwohl Kondensatornetzwerke einen sehr komplizierten Aufbau besitzen können, lässt sich die Gesamtkapazität des Netzwerkes leicht durch sukzessive Anwendung dieser Regeln berechnen. Das komplexe Netzwerk kann daher ohne Probleme durch einen einfachen Kondensator ersetzt werden, solange er die gleiche Kapazität aufweist.

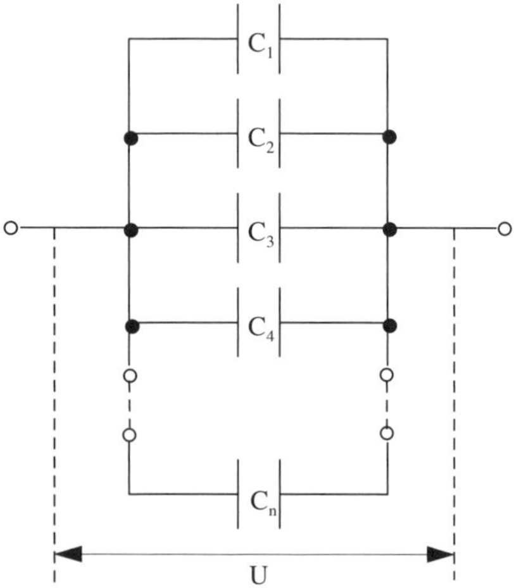

Abb. 4.7 a und b

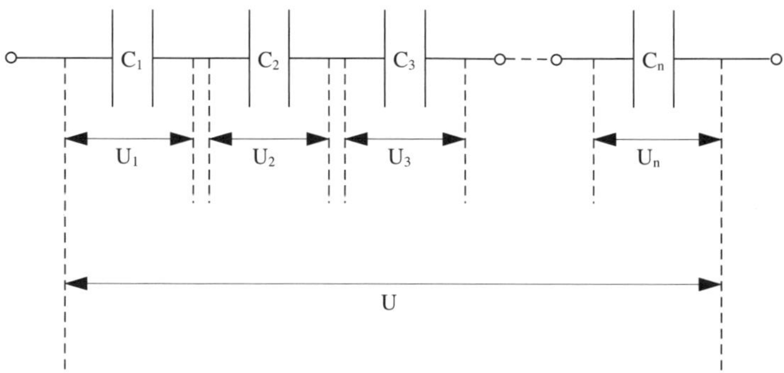

Elektrische Feldenergie eines Kondensators

Betrachten wir nochmals einen Kondensator mit der Kapazität C und der Ladung Q, so dass nach Gl. 4.20 die Spannung zwischen den Platten durch $U = Q/C$ gegeben ist. Wird dieser Kondensator um dQ weiter aufgeladen, so muss man hierfür die Ladungsmenge dQ auf der einen Platte entnehmen und gegen den Potentialunterschied U auf die andere Kondensatorplatte transportieren. Da dieser Transport gegen die Spannung U durchgeführt wird, muss für diesen Prozess die Arbeit

$$\mathrm{d}W = -U \cdot \mathrm{d}Q = -\frac{Q}{C} \cdot \mathrm{d}Q$$

verrichtet werden. Um den Kondensator von $Q = 0$ bis $Q = Q_0$ aufzuladen, muss somit insgesamt die Arbeit

$$W = \int \mathrm{d}W = -\frac{1}{C} \cdot \int_{Q=0}^{Q=Q_0} Q \cdot \mathrm{d}Q = -\frac{1}{2 \cdot C} \cdot Q_0^2$$

verrichtet werden. Diese Arbeit geht jedoch nicht verloren, sondern steht dem System als potentielle Energie zur Verfügung. Schließen wir z.B. die Kondensatorplatten durch einen Leiter kurz, so setzt augenblicklich ein Ladungstransport ein, der die Ladungstrennung aufhebt und somit zu einer Entladung des Kondensators führt.

> Ein Kondensator (Kapazität C), der die Ladung $Q = C \cdot U$ trägt, speichert in seinem Inneren die elektrische Energie
>
> $$E_{\mathrm{el}} = \frac{1}{2 \cdot C} \cdot Q^2 = \frac{1}{2} CU^2.$$

4.3 Materie in elektrischen Feldern

In diesem Abschnitt werden wir das Verhalten von Materie betrachten, die in ein äußeres elektrisches Feld eingebracht wird. Hierbei sind die Mechanismen von Influenz und Polarisation zu unterscheiden, die zwar die gleiche physikalische Ursache haben, sich jedoch in ihren Auswirkungen unterscheiden. Zunächst müssen wir jedoch zwei Grundtypen von Materie unterscheiden.

Leiter und Isolatoren: Influenz versus dielektrische Polarisation

Wird Materie in ein äußeres elektrisches Feld $\vec{E}(\vec{r})$ eingebracht, so wird die Coulomb-Kraft an den (in der Materie enthaltenen) Ladungsträgern angreifen. Hier kann man grob zwei unterschiedliche Verhaltensweisen der Ladungsträger unterscheiden:

1. **Elektrische Leiter** zeichnen sich dadurch aus, dass sie in ihrem Inneren über **frei bewegliche Ladungsträger** verfügen. Daher wird die angreifende Kraft stets zu einer Umverteilung der Ladungsträger im Leiter führen, was als **Influenz** bezeichnet wird. Ein typisches Beispiel für elektrische Leiter stellen Metalle dar, die pro m^3 über ca. 10^{28} frei bewegliche Elektronen verfügen (→ Abschnitt 4.4).
2. Im Gegensatz dazu existieren in **Isolatoren** keine frei beweglichen Ladungsträger. Durch eine angreifende Kraft können die Ladungsträger in dieser Situation somit lediglich aus ihrer Ruhelage „ausgelenkt" werden (**dielektrische Polarisation**).

Im Allgemeinen wird die **Influenz** bei Leitern dazu führen, dass sich die frei beweglichen Ladungsträger an dessen Oberfläche ansammeln. Dieser Vorgang wird jedoch zu einer Ladungstrennung im Leiter führen, da die Wirkung der Coulomb-Kraft (anziehend oder abstoßend) vom Typ der Ladung abhängt. Diese Ladungstrennung wird ein elektrisches Feld erzeugen, welches dem äußeren Feld entgegengesetzt ist und somit zu dessen Abschwächung innerhalb des Leiters führt.

Im Idealfall wird die Ladungstrennung so lange fortgeführt, bis sich beide Felder gegenseitig aufheben, so dass elektrische Leiter in ihrem Inneren stets frei von elektrischen Feldern sind. Interessanterweise gilt das Gleiche auch für Bereiche im Raum, die vollständig durch einen Leiter umrandet werden (**Faraday'scher Käfig**). So bildet beispielsweise die metallische Karosserie eines Autos einen Faraday'schen Käfig, was sofort erklärt, warum sich alle Antennen außerhalb des Fahrzeugs befinden und ihre Signale durch Leitungen ins Innere transportieren. Dies zeigt ebenfalls, dass Faraday'sche Käfige verwendet werden können, um bestimmte Bereiche gegen elektrische Störfelder abzuschirmen.

Dielektrika im elektrischen Feld: dielektrische Polarisation

Das Verhalten von Materie in elektrischen Feldern kann sehr präzise untersucht werden, wenn die entsprechende Substanz in einen Kondensator bekannter Kapazität gebracht wird.

Betrachten wir dazu die Situation, bei der ein Plattenkondensator mit der Kapazität C durch die Spannung U auf die Ladung $Q = C \cdot U$ aufgeladen wurde. Anschließend

isolieren wir die Kondensatorplatten, so dass ein Abfluss von Ladungsträgern von den Kondensatorplatten unmöglich wird.
Bringt man nun einen Isolator zwischen die Kondensatorplatten ein (welcher in diesem Zusammenhang auch als Dielektrikum bezeichnet wird), so beobachtet man häufig, dass die Spannung an den Kondensatorplatten von U auf U' absinkt. Dieses Verhalten ist vollständig reversibel, d.h., wird der Stoff aus dem Inneren des Kondensators entfernt, so messen wir wieder die ursprüngliche Spannung U. Die Absenkung der Spannung kann somit nicht auf einen Ausgleich der Ladungstrennung zurückgeführt werden, da dieser Prozess irreversibel ist und sich nicht spontan umkehrt. Da somit die Ladung auf den Kondensatorplatten zu jedem Zeitpunkt erhalten bleiben muss (isolierte Platten), folgt aus der Relation $Q = C \cdot U$, dass sich durch Einbringen des Dielektrikums die Kapazität des Kondensators um U / U' erhöht haben muss:
$Q = C \cdot U = const. \rightarrow C \cdot U = C' \cdot U' \rightarrow C' = C \cdot U / U' = \varepsilon \cdot C.$

Füllt man den Raum zwischen den Kondensatorplatten **vollständig** mit einem **Dielektrikum** mit der **Dielektrizitätskonstante** ε aus, so nimmt die Kapazität des Kondensators um den Faktor ε zu, d.h. $C' = \varepsilon \cdot C$
(C Kapazität ohne Dielektrikum, C' Kapazität mit Dielektrikum).

Da die Kapazität des Kondensators um den Faktor ε zunimmt, erhöht sich die Fähigkeit, Ladungen (bei gleicher Spannung) zu speichern, ebenfalls um den Faktor ε. Dielektrika besitzen daher einen hohen Stellenwert in der Elektrotechnik, da durch ihren Einsatz die Größe von Kondensatoren reduziert werden kann, ohne dass dabei deren Speicherfähigkeit reduziert wird.
Andererseits lässt sich leicht zeigen, dass durch Hinzufügen des Dielektrikums nicht nur die Spannung, sondern auch die elektrische Feldstärke um den Faktor ε abnimmt. Das Dielektrikum erhöht somit die Kapazität des Kondensators, indem es das elektrische Feld in seinem Inneren abschwächt. Hierfür muss es in seinem Inneren selbst ein elektrisches Feld erzeugen, welches dem äußeren Feld (des Kondensators) entgegengerichtet ist:

Ein Dielektrikum reagiert auf ein äußeres elektrisches Feld mit der Ausbildung eines eigenen elektrischen Feldes, welches dem äußeren Feld entgegengerichtet ist. Das äußere Feld polarisiert das Dielektrikum also derart, dass es mit einem Gegenfeld antwortet.

Diese Eigenschaft von Dielektrika kann unter anderem durch zwei verschiedene Mechanismen erklärt werden:

(1) **Induzierte Polarisation** tritt auf, wenn sich die Ladungen im Dielektrikum nicht frei bewegen können. In dieser Situation führt die Kraft (die durch das äußere elektrische Feld bewirkt wird) lediglich zu einer Verschiebung der Ladungsträger aus ihrer Ruheposition. Aufgrund ihres unterschiedlichen Vorzeichens werden positive Ladungsträger aber in eine entgegengesetzte Richtung ausgelenkt als negative Ladungen. Somit kommt es zu einer lokalen Ladungstrennung und zur Ausbildung von (räumlich fixierten) Dipolen innerhalb des Dielektrikums, deren elektrische Felder dem äußeren Feld entgegengerichtet sind und es somit abschwächen. Da sie ferner durch das äußere Feld erzeugt werden, bezeichnet man sie auch als **induzierte Dipole** bzw. **induzierte Dipolmomente**.

(2) **Orientierungspolarisation** tritt auf, wenn das Dielektrikum über bewegliche Dipole verfügt. In Abschnitt 4.1 wurde gezeigt, dass sich diese (bereits vorhandenen) Dipole parallel zum äußeren elektrischen Feld ausrichten und somit ebenfalls zu einer Abschwächung des äußeren Feldes führen.

Beispiel:
Das klassische Beispiel für Orientierungspolarisation stellt Wasser dar, dessen Moleküle aufgrund der Verschiebung von Bindungselektronen über ein sehr hohes Dipolmoment verfügen. Liegt Wasser in flüssigem Zustand vor, so können sich diese Dipole beliebig ausrichten, was in statischen elektrischen Feldern zur (sehr hohen) Dielektrizitätskonstante von $\varepsilon_{\text{Wasser}} \approx 87$ bei $T = 0$ °C führt. Friert das Wasser ein, so können sich die Dipole nicht mehr umorientieren, und die Dielektrizitätskonstante fällt von $\varepsilon_{\text{Wasser}} \approx 87$ auf $\varepsilon_{\text{Eis}} \approx 3$ ab.

Coulomb-Kraft in einem Dielektrikum

Abschließend betrachten wir den Fall, dass zwei Punktladungen Q_1 und Q_2 innerhalb eines Dielektrikums mit der Dielektrizitätskonstante ε miteinander wechselwirken. Die Kraft, die zwischen beiden Ladungen angreift, kann man (analog zu Abschnitt 4.1) wieder durch das Produkt von Q_2 mit dem elektrischen Feld $\vec{E}_1(\vec{r})$ der Ladung Q_1 ersetzen:

$$\vec{F}_{\text{Coul}}(\vec{r}) = \vec{E}_{1,\text{Diel}}(\vec{r}) \cdot Q_2.$$

Im Vakuum wäre $\vec{E}_1(\vec{r})$ durch

$$\vec{E}_{1,\text{Vak}}(\vec{r}) = \frac{1}{4\pi\varepsilon_0} \frac{\vec{e}_{\text{r}}}{r^2} \cdot Q_1$$

gegeben. Da beide Ladungen jedoch von einem Dielektrikum umgeben sind, wird dieses Feld um den Faktor ε verringert, d.h.

$$\vec{E}_{1,\mathrm{Diel}}(\vec{r}) = \frac{1}{\varepsilon} \cdot \vec{E}_{1,\mathrm{Vak}}(\vec{r}) \rightarrow \vec{F}_{1,\mathrm{Diel}}(\vec{r}) = \frac{1}{4\pi\varepsilon_0\varepsilon} \frac{Q_1 \cdot Q_2}{r^2} \vec{e}_{\mathrm{r}}.$$

Coulomb-Kraft im Dielektrikum

Zwischen zwei elektrischen Punktladungen Q_1 und Q_2, die sich in einem Dielektrikum (Dielektrizitätskonstante ε) im Abstand $\vec{r}$ zueinander befinden, wirkt die Coulomb-Kraft

$$\vec{F}_{\mathrm{Coul}}(\vec{r}) = \frac{1}{4\pi\varepsilon_0\varepsilon} \frac{Q_1 \cdot Q_2}{r^2} \vec{e}_{\mathrm{r}},$$

wobei $r = |\vec{r}|$ den Betrag des Abstandsvektors $\vec{r}$ und $\vec{e}_{\mathrm{r}} = \vec{r}/r$ dessen Richtungsvektor darstellen.

Ein Vergleich mit Gl. 4.1 zeigt, dass durch das Dielektrikum die Coulomb-Kraft (im Vergleich zum Vakuum) um den Faktor ε reduziert wird. Dies kann dramatische Auswirkungen haben, wenn Atome aufgrund einer elektrostatischen Anziehung aneinander gebunden sind (ionische Bindung), wie dies beispielsweise bei Kochsalz (Natriumchlorid, NaCl) der Fall ist. Im Vakuum sind die Bindungskräfte derart groß, dass der NaCl-Kristall stabil ist. Wird er jedoch in Wasser gegeben, so verringert sich die Coulomb-Kraft zwischen den Atomen um fast zwei Größenordnungen ($\varepsilon_{\mathrm{Wasser}} \approx 87$), so dass der NaCl-Kristall instabil wird und sich im Wasser auflöst.

4.4 Elektrischer Strom

Im vorangegangenen Abschnitt wurde gezeigt, dass elektrische Leiter über frei bewegliche Ladungsträger verfügen. Fällt über dem Leiter eine Spannung U (Potentialunterschied) ab, so können die Ladungsträger ihre potentielle Energie um $\Delta E_{\mathrm{pot}} = U \cdot Q$ verringern, wenn sie sich innerhalb des Leiters mit der Spannung U (für $Q < 0$, z.B. Elektronen) bzw. gegen diese (für $Q > 0$) bewegen (→ Abschnitt 4.1). Das Anlegen einer Spannung an einen Leiter wird somit eine Umverteilung der Ladungsträger bewirken, die in einen stationären Transport von Ladung übergehen kann, wenn an den Enden des Leiters Ladungsträger ständig zu- bzw. abgeführt werden. Diesen Ladungstransport bezeichnet man in Analogie zur Strömung von Teilchen (→ Abschnitt 2.6) als elektrischen Strom.

In diesem Abschnitt wollen wir einige Phänomene betrachten, die mit einem stationären elektrischen Strom verbunden sind, d.h., wir werden uns hier (bis auf sehr wenige Ausnahmen) auf Gleichstrom beschränken und Ein- bzw. Ausschaltvorgänge vernachlässigen, während Wechselstromeffekte in Abschnitt 6 diskutiert werden.

Elektrische Stromstärke

Betrachten wir zunächst einen Kondensator (Kapazität C), dem auf der einen Kondensatorplatte n Elektronen entnommen und auf die andere Platte transportiert wurden, so dass die Platten auf $Q_1 = -n \cdot e$ bzw. $Q_2 = +n \cdot e$ aufgeladen sind. Wenn beide Platten elektrisch voneinander isoliert sind, so kann kein Ladungsausgleich stattfinden, und zwischen den Platten entsteht der Potentialunterschied $U = Q / C$.

Werden beide Platten jedoch durch einen elektrischen Leiter verbunden, so wird ein Transport der Elektronen durch den Leiter einsetzen. Die treibende Kraft für diesen Prozess findet man in der abstoßenden Kraft der Elektronen untereinander (die zu einer Beschleunigung der Elektronen weg von der negativ geladenen Platte führt) und der Anziehung, welche die (verbleibenden) positiven Ladungen der anderen Platte auf die Elektronen ausüben.

In dieser Situation kann man somit die negativ geladene Kondensatorplatte als **Quelle** und die positiv geladene als **Senke** des Stromes von Elektronen betrachten, welcher durch den Leiter hindurch „fließt". Dies zeigt, dass ein elektrischer Strom im Allgemeinen Ladungsträger durch einen Leiter von bzw. zu einem Körper transportiert, was folglich zu einer Änderung seiner Aufladung führt. Wir können daher (in Analogie zu Abschnitt 2.6) die Stärke des elektrischen Stromes durch die zeitliche Änderung der Aufladung Q auffassen:

> Werden durch einen elektrischen Leiter Ladungsträger auf einem Körper gespeichert bzw. von diesem entfernt, so wird sich die Aufladung des Körpers pro Zeiteinheit dt im Allgemeinen um dQ verändern. Als Stromstärke I des elektrischen Stromes durch den Leiter definieren wir daher die zeitliche Änderung der Aufladung, d.h.
>
> $$I := \frac{\mathrm{d}Q}{\mathrm{d}t}.$$
>
> (Einheit: 1 Ampere = 1 A = 1 C · s^{-1})

Transportmechanismus in elektrischen Leitern: Stromrichtungen

Im vorherigen Beispiel wurde als treibende Kraft für den Transport der Elektronen die Coulomb-Kraft identifiziert, die durch die Wechselwirkung der Elektronen mit dem elektrischen Feld des Kondensators entsteht.

Wenn wir daher den Transport von (im Allgemeinen beliebig geladenen) Ladungsträgern durch Angreifen der Coulomb-Kraft verstehen, so werden positive Ladungen durch die Kraft stets in Richtung der Feldlinien transportiert, während negative Ladungen einen Transport in die entgegengesetzte Richtung (also gegen die Feldlinien) erfahren.

Obwohl die Strömungen beider Ladungstypen somit in unterschiedliche Richtungen zeigen, haben sie dennoch die gleiche Wirkung: Die Änderung der Ladung eines Körpers um $\mathrm{d}Q > 0$ kann sowohl durch den Transport der (positiven) Ladungsmenge $\mathrm{d}Q$ zum Körper (also mit den Feldlinien) als auch durch einen Abtransport der (negativen) Ladungsmenge $-\mathrm{d}Q$ vom Körper (d.h. gegen die Feldlinien) verstanden werden. Dies zeigt:

> Ein elektrischer Strom kann einsetzen, wenn (1) freie Ladungsträger und (2) ein elektrisches Feld vorhanden sind. In dem elektrischen Feld erfahren beide Ladungsträger eine Wechselwirkung, welche die positiven Ladungen in Richtung der Feldlinien beschleunigt, während negative Ladungen entgegengesetzt dazu transportiert werden. Der Teilchentransport verläuft also für beide Prozesse in die entgegengesetzte Richtung.
>
> Der Ladungstransport erfolgt (aufgrund der sich unterscheidenden Vorzeichen) dennoch bei beiden Prozessen in die gleiche Richtung.
>
> Daraus folgt auch, dass der von den negativen und positiven Ladungen (jeweils) erzeugte Strom das gleiche Vorzeichen besitzt, obwohl deren Teilchentransport entgegengesetzt zueinander verläuft.

In der Vergangenheit ging man davon aus, dass der elektrische Strom durch positive Ladungsträger hervorgerufen wird. Da ihre Bewegung stets in Feldrichtung erfolgt, definierte man damals als **technische Stromrichtung** eine Bewegung, bei der sich das elektrische Potential verringert (anders formuliert: vom positiven zum negativen Pol einer Spannungsquelle verläuft). Wenn daher in Schaltplänen (siehe unten) eine Stromrichtung eingezeichnet wurde, so zeigte sie immer die Richtung an, in die sich positive Ladungsträger bewegen würden.

Durch Experimente konnte später jedoch nachgewiesen werden, dass bei metallischen Leitern die Ladung durch Elektronen transportiert wird. Dieser Teilchenstrom ist (aufgrund des negativen Vorzeichens der Ladung) der technischen Stromrichtung somit definitionsgemäß genau entgegengesetzt und wird als **physikalische Stromrichtung** bezeichnet. Dennoch haben diese Überlegungen gezeigt, dass beide Beschreibungen physikalisch äquivalent sind, da die Richtung des effektiven Ladungstransportes bei beiden Prozessen gleich ist.

Bemerkung:
Im Allgemeinen sind Elektronen stets am elektrischen Strom beteiligt. In idealen Metallen sind sie die einzigen frei beweglichen Ladungsträger. In Flüssigkeiten und Gasen können weitere positiv und negativ geladene Ladungsträger jedoch einen zusätzlichen Anteil zum Strom beitragen. Löst man beispielsweise Kochsalz in Wasser, so enthält die Lösung positiv geladene Natrium- und negativ geladene Chlorionen, die beide elektrischen Strom leiten können. Dies erklärt, warum sich destilliertes Wasser nahezu als Isolator verhält, während es nach dem Hinzufügen von Salzen Strom sehr gut leiten kann.

Ideale Strom- und Spannungsquellen
Diese Überlegungen haben gezeigt, dass sich ein stationärer elektrischer Strom (zeitlich konstante Stromstärke) nur dann ausbilden kann, wenn dem Leiter auf der einen Seite genau so viele Ladungsträger zugeführt werden, wie auf der anderen Seite abgeführt werden. Man benötigt daher Geräte, die genügend Ladungsträger liefern bzw. aufnehmen können. In der Praxis unterscheidet man hierbei zwei Formen von Quellen:

1. **Ideale Spannungsquellen** zeichnen sich dadurch aus, dass der Potentialunterschied U an ihren Anschlüssen (**Polen**) unabhängig davon ist, wie groß die der Spannungsquelle entnommene Stromstärke ist. Das klassische Beispiel hierfür ist durch Batterien gegeben, die (sofern der entnommene Strom einen kritischen Wert nicht übersteigt) sich näherungsweise wie ideale Spannungsquellen verhalten.
2. Im Gegensatz dazu stellt eine **ideale Stromquelle** einen elektrischen Strom I zwischen ihren Anschlüssen zur Verfügung, der unabhängig von der weiteren elektrischen Beschaltung der Stromquelle ist (sogenannter eingeprägter Strom).

Bei vielen Strom- bzw. Spannungsquellen kann der eingeprägte Strom I bzw. der Potentialunterschied U gezielt eingestellt werden (geregelte Strom- bzw. Spannungsquellen), d.h., man gibt einmal die gewünschten Werte für I bzw. U vor, und danach „sorgen" die Quellen für eine konstante Spannung bzw. Stromstärke.

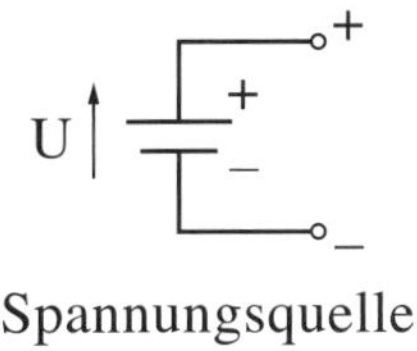

Abb. 4.8 a

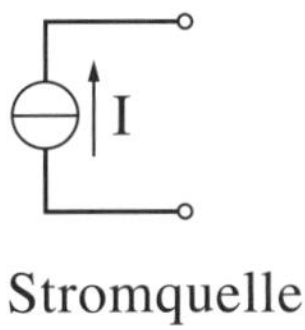

Abb. 4.8 b

Auch hier kann zur Vereinfachung der Berechnung die ideale Spannungsquelle durch ihre Spannung *U* bzw. die ideale Stromquelle durch ihre eingeprägte Stromstärke *I* ersetzt werden. Es ist üblich, hierfür die in Abb. 4.8a dargestellten Symbole zu verwenden. Bei der Spannungsquelle wird der Pol mit dem höheren elektrischen Potential durch ein Plus gekennzeichnet, während bei der Stromquelle die technische Stromrichtung durch einen Pfeil gekennzeichnet wird (vgl. Abb. 4.8a).

Ideale und ohmsche Leiter

Im Idealfall setzt ein elektrischer Leiter dem elektrischen Strom keinen Widerstand entgegen, d.h., dass sich in ihm die Ladungsträger frei von Störungen bewegen können. Daraus folgt, dass zum Verschieben von Ladungsträgern in idealen Leitern keine Arbeit verrichtet werden muss und dass somit jeder Punkt innerhalb des idealen Leiters das gleiche elektrische Potential besitzen muss. Ideale Leiter können somit als Äquipotentialflächen des elektrischen Feldes aufgefasst werden.

Im Allgemeinen wird es in elektrischen Leitern jedoch zu Störungen des Ladungstransportes kommen (z.B. durch Stöße der Ladungsträger untereinander oder mit Teilchen des Leiters), und der Leiter wird dem elektrischen Strom einen Widerstand entgegensetzen. Gegen diesen Widerstand muss zur Aufrechterhaltung des elektrischen Stromes Arbeit verrichtet werden, was sich physikalisch als Abfall der potentiellen Energie der Ladungsträger, d.h. als Spannungsabfall (→ Abschnitt 4.1), äußert:

Damit ein elektrischer Strom I durch einen Körper fließt, muss eine gewisse Potentialdifferenz bzw. Spannung $U = \Delta V$ an diesem Körper angelegt werden. Viele Körper verhalten sich **ohmsch**, d.h., der Spannungsabfall U_R und die Stromstärke sind zueinander proportional

$$I := \frac{1}{R} \cdot U_R \text{ bzw. } U_R = R \cdot I, \tag{4.21}$$

wobei die Proportionalitätskonstante R als **Ohm'scher Widerstand** (Einheit: 1 Ohm = 1 Ω = 1 V · A^{-1}) bezeichnet wird (vgl. Abb. 4.8b).

Der Ohm'sche Widerstand R ist somit ein Maß dafür, wie stark ein Medium den Stromfluss behindert, d.h., wie viel Energie aufgewendet werden muss, um den Stromfluss durch das Medium zu erreichen: Fließt ein Strom I durch einen Ohm'schen Widerstand R, so führt dies zu einem Abfall der Spannung um $U = R \cdot I$. Pro Zeiteinheit dt wird daher durch den Strom die Ladung $\mathrm{d}Q = I \cdot \mathrm{d}t$ durch den Widerstand transportiert, so dass für den Ladungstransport die Arbeit $\mathrm{d}W_{el} = U \cdot I \cdot \mathrm{d}t$ am Widerstand verrichtet werden muss. Diese Arbeit wird jedoch im Allgemeinen (durch Stoßprozesse) komplett in Wärme umgewandelt und steht dem System somit als elektrische Energie nicht mehr zur Verfügung:

Elektrische Arbeit und Leistung

Fließt ein elektrischer Strom I entlang einer Spannung U, so muss hierfür pro Zeiteinheit dt die **Arbeit** $\mathrm{d}W_{el} = U \cdot I \cdot \mathrm{d}t$, also die **elektrische Leistung**

$$P_{el} = \frac{\mathrm{d}}{\mathrm{d}t} W_{el} = U \cdot I,$$

zum Transport der Ladungsträger geleistet werden.

Bei einem Ohm'schen Widerstand R entsteht der Spannungsabfall $U = R \cdot I$ durch Störungen des Ladungstransportes. Somit wird die verrichtete Arbeit komplett in (Joule'sche) Wärme umgewandelt, d.h., ein Ohm'scher Widerstand verringert die elektrische Leistung eines Systems um $P_{el,ohm} = U \cdot I = R \cdot I^2 = U^2/R$.

Bemerkungen:

1. Der Spannungsabfall über Widerständen kann analog zur Strömung von Fluiden verstanden werden, bei der ein Strömungswiderstand zu einer Verringerung der potentiellen Energie des Fluids, d.h. einem Druckabfall, führt (→ Abschnitt 2.6).

2. Im Jahr 1911 machte Heike Kamerlingh Onnes (1853 – 1926) die Beobachtung, dass der Widerstand einiger Metalle sprunghaft gegen Null geht, sobald die Leitertemperatur einen kritischen Wert unterschreitet, welcher häufig in der Nähe des absoluten Temperaturnullpunktes liegt (→ Abschnitt 3.1). Da aus $R = 0$ automatisch $U = 0$ folgt, bedeutet dieses Verhalten, dass man zur Aufrechterhaltung eines elektrischen Stromes keine Arbeit mehr verrichten muss (**Supraleitung**). Ein einmal eingeprägter Strom kann daher zumindest hypothetisch beliebig lang durch einen geschlossenen Supraleiter fließen. Heute sind viele supraleitende Materialien bekannt, wobei derzeit die höchsten Übergangstemperaturen durch keramische Verbindungen erreicht werden.

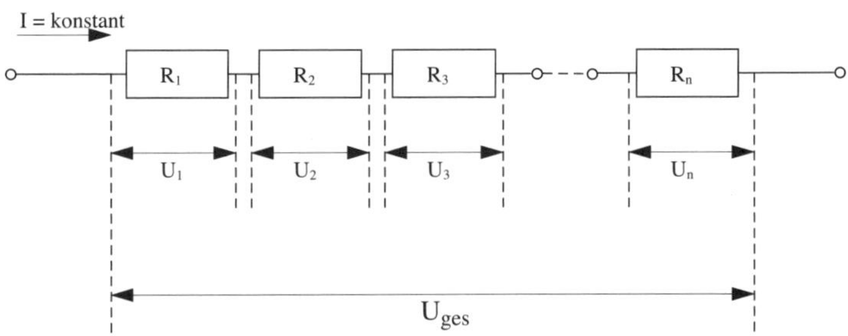

Abb. 4.9 a

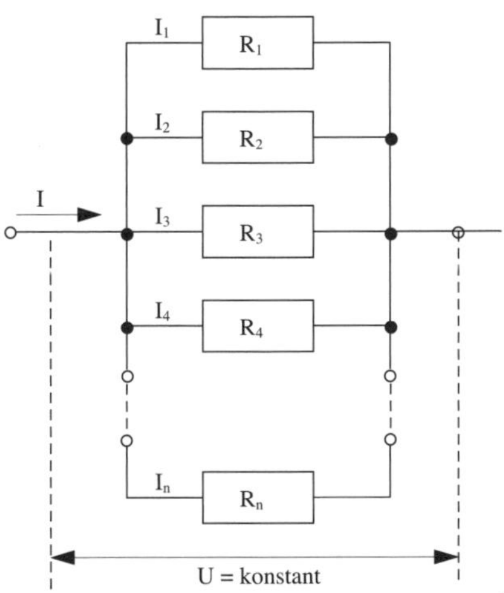

Abb. 4.9 b

3. Für die Verknüpfung mehrerer Ohm'scher Widerstände gelten die folgenden Aussagen:

> Werden mehrere Ohm'sche Widerstände R_1 bis R_n **nacheinander (in Reihe)** geschaltet (vgl. Abb. 4.9a), so bilden sie zusammen einen Ohm'schen Widerstand R_{ges}, der durch die Summe aller Widerstände gegeben ist: $R_{ges} = \sum_{i=1}^{n} R_i$.
>
> Werden die beiden Widerstände jedoch **parallel** zueinander **geschaltet** (vgl. Abb. 4.9b), so bilden sie einen Ohm'schen Widerstand R_{ges}, dessen Kehrwert durch die Summe der einzelnen Widerstandskehrwerte gegeben ist:
>
> $R_{ges}^{-1} = \sum_{i=1}^{n} R_i^{-1}$, z.B. für $n = 2$: $R_{ges}^{-1} = R_1^{-1} + R_2^{-1} \rightarrow R_{ges} = \frac{R_1 \cdot R_2}{R_1 + R_2}$.

Wir werden diese Aussagen am Ende dieses Abschnitts ableiten und dort auch die Vereinfachung von Widerstandsnetzwerken aufzeigen. Diese sind sehr nützlich, da sie es erlauben, beliebige Widerstandsnetzwerke durch einen einzelnen effektiven Widerstand zu ersetzen, was bei komplizierten Netzwerken zu einer erheblichen Vereinfachung führt. Analog zum Kondensator kann das Verhalten eines Ohm'schen Widerstandes sofort berechnet werden, sobald dessen Widerstandswert R bekannt ist (unabhängig von Form, Material etc.).

4. Für elektrische Leiter mit konstantem Querschnitt zeigt sich häufig, dass ihr Ohm'scher Widerstand proportional zur Leiterlänge l und invers proportional zur Querschnittsfläche A ist, d.h. $R = \frac{1}{\sigma_{el}} \cdot \frac{l}{A}$. Die (materialspezifische) Konstante σ_{el} bezeichnet man als **elektrische Leitfähigkeit** (Einheit: $1/(\text{m} \cdot \Omega)$). Metallische Leiter besitzen sehr hohe Leitfähigkeiten ($\sigma_{el} > 10^6/(\text{m} \cdot \Omega)$), was ihren geringen Ohm'schen Widerstand erklärt. Ebenfalls wird in der Praxis häufig der **spezifische Widerstand** verwendet, der durch $\rho_{el} = 1/\sigma_{el}$ (Einheit: $1\ \text{m} \cdot \Omega$) definiert ist.

Elektrische Schaltbilder

Diese einfachen Überlegungen zeigen bereits, dass ein elektrischer Strom stets eng mit Potentialunterschieden bzw. Spannungen verknüpft ist. Will man daher die elektrischen Ströme in einem physikalischen System berechnen, muss man mindestens den folgenden Fragen nachgehen:

1. Wie können sich die Ströme überhaupt im System ausbreiten, d.h., an welchen Orten des Raumes, wo im System können elektrische Ströme fließen?

2. Wie stark wird der Stromtransport durch Teile des Systems behindert, d.h., wie viel Energie muss man aufwenden, um einen gewissen elektrischen Strom realisieren zu können?

Um diese Fragen beantworten zu können, ersetzt man zweckmäßigerweise das physikalische System durch ein vereinfachtes Schemabild (das sogenannte **elektrische Schaltbild** bzw. den **elektrischen Schaltplan**), welches lediglich die elektrischen Eigenschaften des Systems widerspiegelt. Da ein Schaltbild somit die Geometrie des Systems nicht unbedingt widerspiegeln muss (aber durchaus kann), können die elektrischen Eigenschaften des Systems häufig viel einfacher beschrieben werden, als wenn man die gleichen Überlegungen direkt am System durchführen würde.
Ein Schaltbild wird somit immer aus zwei Komponenten bestehen: (1) aus Objekten, die entweder einen Spannungsunterschied bzw. einen elektrischen Strom erzeugen (z.B. Spannungs- und Stromquellen, aber auch elektrische Widerstände etc.), und (2) aus elektrischen Leitern, welche die unterschiedlichen Objekte miteinander verbinden und einen Stromfluss zwischen den Objekten erlauben. Im Allgemeinen wird man daher eine Situation vorfinden, wie sie in Abb. 4.9b skizziert wurde. Die Leiter werden in elektrischen Schaltbildern als Linien dargestellt, welche die unterschiedlichen Objekte miteinander verbinden. Dabei muss man Folgendes berücksichtigen:

> Leiter werden in elektrischen Schaltbildern stets als ideal aufgefasst: Da sie sich wie elektrische Äquipotentialflächen verhalten, verbinden ihre Enden stets Orte gleichen elektrischen Potentials miteinander.

Knoten und Maschen: Kirchhoff'sche Regeln
Bei Schaltbildern kann man häufig zwei unterschiedliche Verläufe von Stromflüssen identifizieren:
Zum einen können sich verschiedene elektrische Ströme an Punkten treffen, bei denen die Leiter einen **Knoten** bilden (vgl. Abb. 4.10). In einer elektrischen Schaltung müssen alle Knoten stets folgendes Gesetz erfüllen:

> 1. Kirchhoff'sche Regel bzw. **Knotensatz**: Summiert man alle Ströme I_i, die in einen Knoten hinein- ($I_i > 0$) bzw. aus ihm hinausfließen ($I_i < 0$), so muss die Summe dieser Ströme verschwinden: $\sum_{\text{Masche}} I_i = 0$.

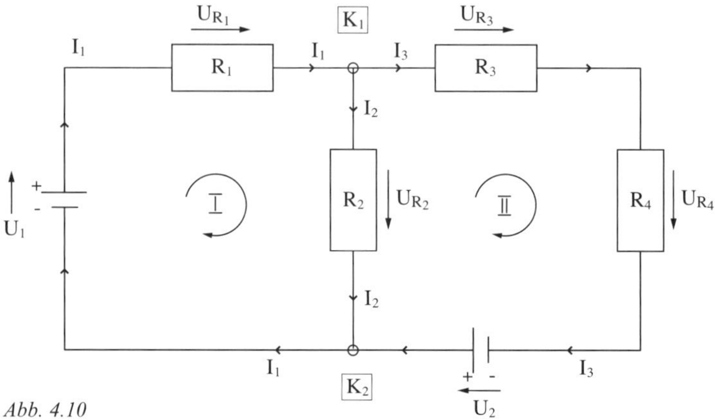

Abb. 4.10

Dieses Gesetz kann auf die Erhaltung der Ladungsträger (→ Abschnitt 4.1) zurückgeführt werden: Da Ladungsträger weder erzeugt noch vernichtet werden können, muss aus einem Knoten exakt die gleiche Menge an Ladungsträgern hinausfließen, wie in ihn hineinfließen.

Zum anderen kann der Stromfluss entlang einer **Masche** erfolgen, d.h., wir können, wie in Abb. 4.10 skizziert, einen Strom betrachten, der im Kreis verläuft (Kreisstrom). In einer Masche werden die Ladungsträger immer auf Generatoren eines elektrischen Potentials (z.B. Spannungsquellen) oder auf elektrische Verbraucher (z.B. Widerstände) stoßen, die stets eine Veränderung der potentiellen Energie der Ladungsträger verursachen. Aus der Energieerhaltung folgt sofort, dass sich die Spannungsabfälle, die über Generatoren und Verbrauchern entstehen, kompensieren müssen:

> 2. Kirchhoff'sche Regel bzw. **Maschensatz**: Summiert man entlang einer Masche alle Spannungsabfälle U_i auf, so muss diese Summe verschwinden: $\sum_{\text{Generator}} U_i = \sum_{\text{Verbraucher}} U_i$.

Bei der Berechnung dieser Summen muss darauf geachtet werden, dass die Spannungsabfälle vorzeichenrichtig aufsummiert werden:

> „Läuft“ man während der Umrundung in Richtung des Spannungsabfalls, so wird dieser Abfall positiv und andernfalls negativ gezählt.

Übung:
Stellen Sie die Knoten- und Maschensätze für die in Abb. 4.10 skizzierte Schaltung auf.

Lösung:
In den Knoten K_1 fließt der Strom I_1 ein und die Ströme I_2 und I_3 heraus. Somit folgt $I_1 - I_2 - I_3 = 0 \rightarrow I_1 = I_2 + I_3$. Beim Knoten K_2 liegt genau die umgekehrte Situation vor, was auf die gleiche Gleichung führt.
Beim eingezeichneten Orientierungssinn der Masche I „läuft" man während der Umrundung in Richtung aller Spannungsabfälle. Somit folgt
$U_1 = U_{R1} + U_{R2} = R_1 \cdot I_1 + R_2 \cdot I_2$. In der Masche II läuft man (mit Ausnahme von U_{R2}) ebenfalls in Richtung aller Spannungsabfälle, d.h.
$U_2 = -U_{R2} + U_{R3} + U_{R4} = -R_2 \cdot I_2 + (R_3 + R_4) \cdot I_3$.

Netzwerke Ohm'scher Widerstände
Übung:
Beweisen Sie die Vereinfachungsregeln für parallel und seriell geschaltete Widerstände (vgl. Abb. 4.9).

Lösung:
Beginnen wir mit der Reihenschaltung (vgl. Abb. 4.9a). Da die Schaltung keinerlei Knoten aufweist, muss durch alle Widerstände der gleiche Strom I fließen (Knotensatz), so dass an den Widerständen jeweils die Spannung $U_i = I \cdot R_i$ abfällt. Aus dem Maschensatz folgt ferner, dass der Strom mit dem Spannungsabfall

$U_{ges} = \sum_{i=1}^{n} U_i = I \cdot \sum_{i=1}^{n} R_i$ verbunden ist, so dass der Gesamtwiderstand durch

$R_{ges} = \frac{U_{ges}}{I} = \sum_{i=1}^{n} R_i$ gegeben ist.

Bei der Parallelschaltung (vgl. Abb. 4.9b) folgt aus dem Maschensatz, dass über allen Widerständen die gleiche Spannung $U = I_i \cdot R_i$ abfallen muss. Andererseits folgt aus dem Knotensatz, dass die Summe aller Ströme I_i dem Strom entsprechen muss, der von links in die Schaltung hinein- und rechts wieder aus ihr hinausfließt:

$$I = \sum_{i=1}^{n} I_i = \sum_{i=1}^{n} \frac{U}{R_i} = U \cdot \sum_{i=1}^{n} \frac{1}{R_i}.$$

Hieraus folgt sofort die Behauptung

$$\frac{1}{R_{ges}} \equiv \frac{I}{U} = \sum_{i=1}^{n} \frac{1}{R_i}.$$

5. Magnetismus

5.1 Statische magnetische Felder

Bereits im Altertum beobachtete man, dass zwischen bestimmten Erzen Kräfte wirken, deren Ursache man zunächst nicht finden konnte. Ein Beispiel hierfür sind Erze, die in der Nähe der Stadt Magnesia in Kleinasien gefunden wurden und die man daher als Magnete bezeichnete.
Hans Christian Ørsted (1777 – 1851) und André Marie Ampère (1775 – 1836) gelang 1820 der experimentelle Nachweis, dass magnetische Effekte auch durch bewegte Ladungen erzeugt werden können und dass Elektrizität und Magnetismus somit untrennbar miteinander verbunden sind. In Analogie zum elektrischen Feld der Elektrostatik wurde ein magnetisches Feld eingeführt, mit dessen Hilfe sich die magnetischen Wechselwirkungen beschreiben lassen.
Eine umfassende Beschreibung der physikalischen Grundlagen des Magnetismus wurde jedoch erst mit der Entwicklung der Quantenmechanik und der modernen Festkörperphysik möglich. Dennoch sind bis heute nicht alle Bereiche des Magnetismus abschließend geklärt. Die Eigenschaften von magnetischen Teilchen können sich drastisch verändern, wenn man deren geometrische Abmessungen auf die nm-Skala verkleinert. Dieser Effekt wird beispielsweise in der modernen Nanotechnologie ausgenutzt, um Materialien mit besonderen magnetischen Eigenschaften herzustellen und sie an entsprechende Anwendungen gezielt anpassen zu können.

Eigenschaften von Magneten und der Begriff des magnetischen Feldes

Streut man Eisenspäne auf eine Glasoberfläche, unter der sich ein Magnet befindet, so beobachtet man, dass sich die Eisenspäne bevorzugt an den Polen des Magneten ansammeln, d.h., an diesen Stellen scheint die magnetische Kraft auf die Späne maximal zu werden. Außerdem stellt man fest, dass die Späne sich in Linien anordnen, die von einem Pol zum anderen reichen, was beweist, dass die magnetische Wechselwirkung nicht auf die direkte Umgebung zum Magneten beschränkt ist, sondern auch den Raum um den Magneten herum ausfüllt. Diese (qualitativen) Beobachtungen sind unabhängig vom umgebenden Medium und müssen daher eine Eigenschaft des Magneten unter der Glasoberfläche sein. Somit ist es sinnvoll, in Analogie zum elektrischen Feld der Elektrostatik ein magnetisches Feld einzuführen, welches die magnetische Wechselwirkung im Raum beschreibt.
Qualitativ können die magnetischen Feldlinien mit Hilfe der Eisenspäne sichtbar gemacht werden, wenn man deren Muster als Feldlinien interpretiert. Dies führt

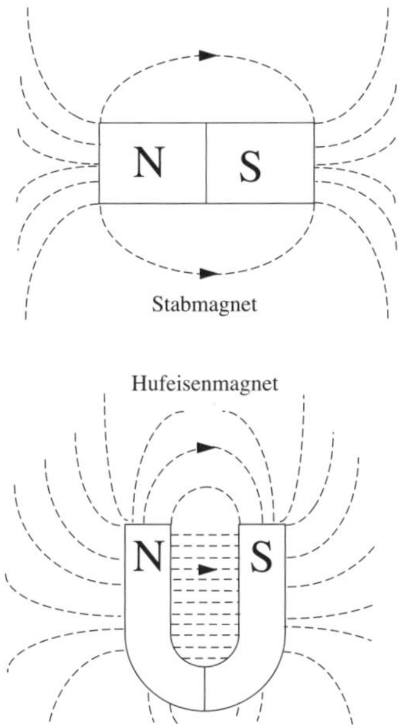

Abb. 5.1

beispielsweise auf die Feldverteilungen, wie sie in Abb. 5.1 für einen Stabmagneten und einen Hufeisenmagneten abgebildet sind.

Des Weiteren beobachtet man, dass es (wie bei der Coulomb-Kraft, → Abschnitt 4.1) lediglich zwei Arten von magnetischen Polen gibt: Pole gleicher Art stoßen sich ab, während Pole unterschiedlicher Art sich gegenseitig anziehen.

Wird ein Magnet im Magnetfeld der Erde drehbar gelagert, so richtet sich ein Pol des Magneten stets nach Norden aus, während der andere stets nach Süden zeigt. Daher ist es durchaus üblich, die Pole eines Magneten als Nord- bzw. Südpol zu bezeichnen, was in Abb. 5.1 durch die Buchstaben N und S abgekürzt wurde. Andererseits zeigen diese Experimente, dass sich die Erde ebenfalls wie ein großer Magnet verhält, dessen Nordpol kurioserweise mit dem Südpol der Erde (und umgekehrt) zusammenfällt (vgl. Abb. 5.2).

Da jeder Magnet stets zwei unterschiedliche Pole besitzt, könnte man (analog zu den elektrischen Ladungen) auf den Gedanken kommen, die Pole als Träger einer „magnetischen Ladung“ aufzufassen. Dabei würde wieder das Vorzeichen der Ladungen anzeigen, ob eine Wechselwirkung attraktiv (anziehend, N vs. S) oder repulsiv (abstoßend, N vs. N oder S vs. S) ist.

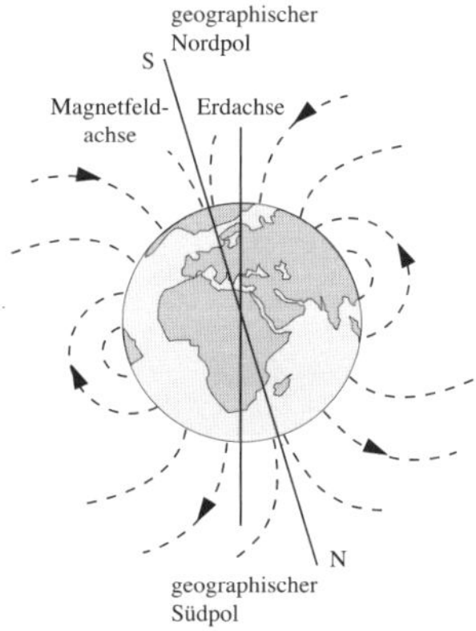

Abb. 5.2

Diese Sicht konnte jedoch bislang experimentell nicht bestätigt werden: Wäre das Modell einzelner magnetischer Ladungen korrekt, so müsste man durch Spalten von Magneten isolierte magnetische Ladungen erzeugen können, was bis heute nicht gelungen ist. Vielmehr stellt man fest, dass das Spalten eines Magneten zwei einzelne Magneten erzeugt, die jeweils über Nord- und Südpol verfügen. Die Teilung des Magneten führt somit nicht zu einer Trennung „magnetischer Ladungen“, sondern zur Verdopplung der Anzahl der magnetischen Pole. Diese Prozedur ließe sich theoretisch beliebig fortführen, würde jedoch niemals zur Bildung von isolierten magnetischen Ladungen führen. Eine Ladungstrennung, wie sie in der Elektrostatik sehr einfach realisierbar ist, gelang beim Magnetismus also bisher nicht. Daraus folgt:

> Es existieren keine magnetischen Monopole, d.h., es ist **unmöglich, isolierte magnetische Ladungen** zu erzeugen.

Ohne magnetische Monopole, die als Quellen bzw. Senken des magnetischen Feldes fungieren würden, folgt automatisch:

> Die **Feldlinien** des **magnetischen Feldes** sind immer **geschlossen**. Dies ist der große Unterschied zum elektrischen Feld, dessen Feldlinien nicht geschlossen sein müssen, d.h., welches wirbelfrei sein kann (→ Abschnitt 4.2).
> Ferner gilt die Konvention, dass die Feldlinien außerhalb des Magneten vom Nord- zum Südpol verlaufen, während sie innerhalb entgegengesetzt orientiert sind (vgl. Abb. 5.1).

Elektromagnetismus: Die Experimente von Ørsted und Ampère

Bisher haben wir die Eigenschaften von Permanent-Magneten untersucht, d.h. von Körpern, die stets ein magnetisches Feld erzeugen. Im Jahr 1820 konnte Hans Christian Ørsted (1777 – 1851) erstmals zeigen, dass sich Magnetfelder aber auch durch Ströme erzeugen lassen: Mit Hilfe einer Kompassnadel untersuchte er das magnetische Feld, welches durch einen stromdurchflossenen elektrischen Leiter hervorgerufen wird. Sein Leiter war in Nord-Süd-Richtung orientiert. Überraschenderweise wurde die Kompassnadel unterhalb und oberhalb des Leiters in Ost-West-Richtung ausgelenkt, sobald ein Strom durch den Leiter floss. Ohne Stromdurchfluss richtete sich die Kompassnadel wieder nach Norden aus, woraus Ørsted die Schlussfolgerung zog, dass Strom eine Quelle für magnetische Felder ist.

André Marie Ampère (1775 – 1836) erfuhr im September 1820 von Ørsteds Entdeckung und konnte bereits eine Woche später eine erste Quantifizierung dieses Effekts vornehmen. Er untersuchte die Kraft, die auf zwei parallel ausgerichtete Drähte der Länge L wirkt, wenn sie einen Abstand d zueinander haben und jeweils durch einen Strom der Stärke I_1 bzw. I_2 durchflossen werden (vgl. Abb. 5.3).

Für lange Drähte (d.h. $L >> d$) zeigt sich, dass die Kraft gemäß

$$\frac{F_L}{L} = \frac{\mu_0}{2\pi} \frac{I_1 I_2}{d} \tag{5.1}$$

proportional mit den Strömen I_1 bzw. I_2 (durch Leiter 1 bzw. 2) zunimmt. Der Vorfaktor μ_0 wird als **magnetische Permeabilitätskonstante** bezeichnet und nimmt im SI-System den Wert $\mu_0 = 4\,\pi\,10^{-7}\,\mathrm{VsA^{-1}m^{-1}}$ an.

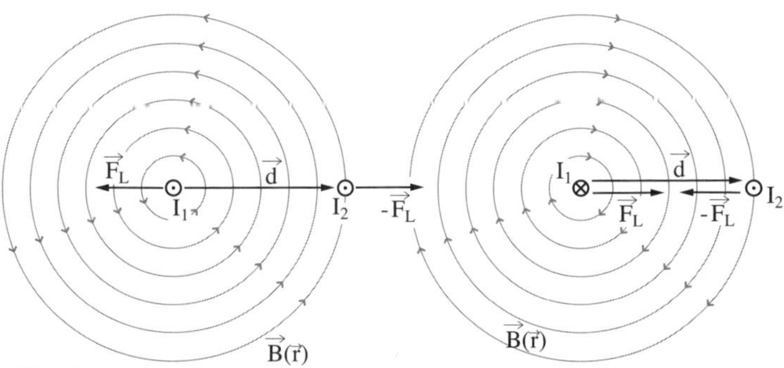

Abb. 5.3

Interessanterweise geht als geometrische Größe lediglich der Leiterabstand d in Gl. 5.1 ein, d.h., die genaue Position der Leiter zueinander ist für die Kraft unerheblich. Ferner zeigt das Vorzeichen von Gl. 5.1, dass sich Leiter mit gleicher Stromrichtung anziehen ($I_1 \cdot I_2 > 0$), während sie sich abstoßen, wenn der Strom in entgegengesetzte Richtung fließt.

Magnetische Flussdichte und das Ampère'sche Durchflutungsgesetz

Die Analogie zwischen Gl. 5.1 und dem Coulomb'schen Gesetz (→ Abschnitt 4.1) ist offensichtlich. Man kann daher auch hier die Wechselwirkung beider Drähte gemäß $\frac{F_\mathrm{L}}{L} = \left(\frac{\mu_0}{2\pi}\frac{I_1}{d}\right) \cdot I_2 = B_1(d) \cdot I_2$ mit $B_1(d) = \frac{\mu_0}{2\pi}\frac{I_1}{d}$ durch die Wechselwirkung eines Drahtes (mit Stromstärke I_2) mit dem magnetischen Feld $B_1(d)$ ersetzen, welches (durch den Stromfluss I_1) vom anderen Draht erzeugt wird. Da in Gl. 5.1 jedoch das Produkt der Stromstärken eingeht, kann man die Kraft natürlich auch als Wechselwirkung von I_1 mit dem magnetischen Feld $B_2(d)$ auffassen, welches durch den Strom I_2 erzeugt wird:

$F_\mathrm{L}/L = B_1(d) \cdot I_2 = B_2(d) \cdot I_1$.

Dies zeigt, dass das magnetische Feld eines unendlich langen, geraden Leiters nur von der Stromstärke I und dem Abstand d zum Leiter abhängt und durch

$$B\,(d) = \frac{\mu_0}{2\pi}\frac{I}{d} \tag{5.2}$$

beschrieben wird. Die Größe B wird als **magnetische Flussdichte** bezeichnet und ist die physikalische Größe, mit deren Hilfe sich magnetische Wechselwirkungen beschreiben lassen.

Im Allgemeinen ist die magnetische Flussdichte (wie alle physikalischen Felder) eine vektorielle Größe $\vec{B}(\vec{r})$. Somit gibt Gl. 5.2 zwar den Betrag der Flussdichte im Abstand d an, nicht aber deren Richtung. Dennoch kann man leicht nachmessen (beispielsweise unter Einsatz eines kleinen Mess-Magneten), dass ein unendlich ausgedehnter gerader Leiter wirklich den in Abb. 5.3 skizzierten Feldverlauf aufweist (was man sich auch leicht klarmachen kann, wenn man berücksichtigt, dass die Feldlinien geschlossen sind und in dieser Situation Zylindersymmetrie aufweisen müssen). Man kann daher (in Analogie zur Arbeit) die magnetische Flussdichte entlang eines geschlossenen Weges S aufsummieren, d.h. das geschlossene Linien-Integral (**magnetische Spannung**)

$$U_\mathrm{M}(S) = \oint_\mathrm{S} \vec{B}(\vec{r}) \cdot \mathrm{d}\vec{r} \tag{5.3}$$

berechnen, wobei der Vektor $\vec{r} = \vec{r}(s)$ wieder den geschlossenen Integrationsweg S im Raum parametrisiert (→ Abschnitt 1.7).

Betrachten wir hierfür beispielsweise die magnetische Flussdichte eines unendlich langen, geraden Drahtes, bei dem die Feldlinien konzentrische Kreise um den Leitermittelpunkt bilden. Wählt man als Integrationsweg ebenfalls einen konzentrischen Kreis mit Abstand *d* zum Leiter, so zerfällt Gl. 5.3 in das Produkt aus *B*(*d*) und den Umfang des Integrationsweges, d.h. in

$$\oint_S \vec{B}(\vec{r}) \cdot \mathrm{d}\vec{r} = B(d) \cdot 2\pi \cdot d = \mu_0 I,$$

wobei das rechte Gleichheitszeichen durch Einsetzen von Gl. 5.2 folgt. Die magnetische Spannung U_M hängt in diesem Fall nur vom Strom *I* ab, der durch den geschlossenen Integrationsweg *S* fließt. Interessanterweise gilt diese Aussage generell:

Ampère'sches Durchflutungsgesetz
Umschließt ein Integrationsweg eine Stromverteilung *N*-mal, so ist die **magnetische Spannung** (Einheit: 1 A) proportional zum eingeschlossenen Strom, d.h., es gilt

$$U_\mathrm{M} = \oint_S \vec{B}(\vec{r}) \cdot \mathrm{d}\vec{r} = \mu_0 \cdot I \cdot N. \qquad (5.4)$$

U_M ist somit unabhängig vom konkreten Integrationsweg oder der exakten Stromverteilung im Leiter.

Bemerkungen:
1. Die Einheit der magnetischen Spannung U_M (1 Ampère) deutet bereits an, dass U_M nicht mit der in Abschnitt 4.1 definierten elektrischen Spannung *U* verwechselt werden darf.
2. Diese (integrale Formulierung) des Ampère'schen Durchflutungsgesetzes zeigt, dass Elektrizität und Magnetismus untrennbar miteinander verbunden sind, und kann als Geburtsstunde des Elektromagnetismus gewertet werden.

Anwendung: magnetische Flussdichte innerhalb ausgedehnter Leiter
Besitzt der betrachtete Leiter einen endlichen Durchmesser *R*, so kann das Ampère-Gesetz verwendet werden, um die magnetische Flussdichte im Inneren des Leiters zu berechnen. Wir wählen als Integrationsweg wieder einen Kreis um den Mittelpunkt des Leiters (vgl. Abb. 5.4) und müssen für $r < R$ berücksichtigen, dass nicht der gesamte Strom *I* vom Integrationsweg eingeschlossen wird, sondern nur der Anteil r^2/R^2. Dies folgt sofort, wenn man berücksichtigt, dass sich der Strom homogen über die Querschnittsfläche $\pi \cdot R^2$ des Leiters verteilt. Der Integrationsweg um-

schließt jedoch nur die Fläche $\pi \cdot r^2$, woraus folgt, dass lediglich der Strom $I \cdot r^2/R^2$ eingeschlossen wird. Das Ampère-Gesetz liefert daher:

$$B(r) = \frac{\mu_0 I}{2\pi} \frac{r}{R^2} \, .$$

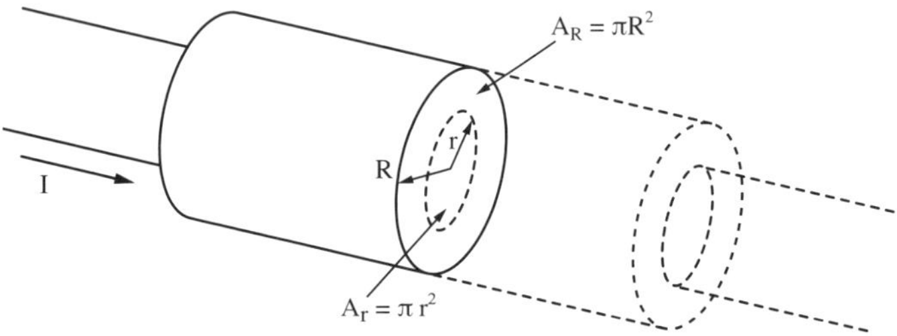

Abb. 5.4

Übung:
Berechnen Sie mit Hilfe des Ampère-Gesetzes die magnetische Flussdichte im Inneren eines Hohlleiters.

Lösung:
Da innerhalb des Hohlleiters kein Stromfluss existiert, der durch einen Integrationsweg umschlossen werden könnte, folgt aus dem Ampère'schen Gesetz sofort $B = 0$.

Biot-Savart-Gesetz

Mittels der Gl. 5.4 kann die magnetische Flussdichte für viele Systeme berechnet werden, sofern sie eine entsprechende Symmetrie aufweisen. Durch das Skalarprodukt verliert man jedoch häufig die Information über die Richtung der magnetischen Flussdichte.

Möchte man die magnetische Flussdichte vektoriell ausrechnen oder beliebige Stromverteilungen beschreiben, so muss man auf das Biot-Savart-Gesetz zurückgreifen, welches Jean-Baptiste Biot

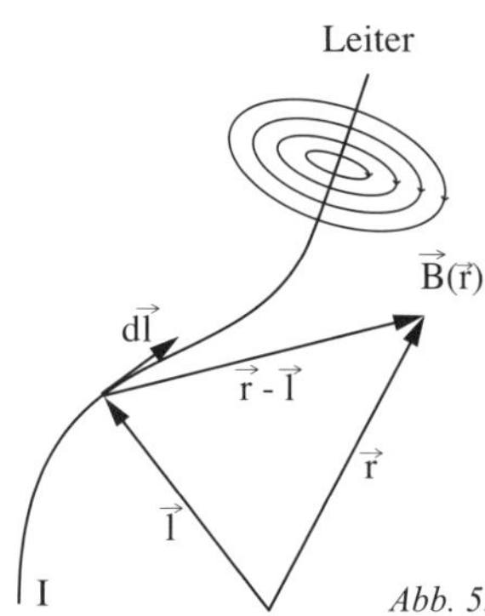

Abb. 5.5

(1774–1862) und Felix Savart (1791–1841) bereits einen Monat nach der Veröffentlichung von Ampères Beobachtungen formulierten.
Ausgangspunkt hierfür ist die Idee, dass man allgemeine Stromverteilungen in infinitesimal kleine Stücke zerlegen kann und dass jedes dieser infinitesimalen Leiterstücke eine konzentrisch verlaufende Flussdichte um sich herum erzeugt (vgl. Abb. 5.5). Die gesamte Flussdichte erhält man durch Integration über die gesamte Stromverteilung. Beschränkt man sich auf (unendlich) dünne Drähte, so erhält man das

Biot-Savart-Gesetz im Grenzfall dünner Drähte
Ein dünner Draht, der vom Strom I durchflossen wird, sei durch die Kurve $\vec{l}$ parametrisiert (vgl. Abb. 5.5). Dann ist die **magnetische Flussdichte** (Einheit: 1 Tesla = 1 T = 1 A/m) im Punkt $\vec{r}$ durch

$$\vec{B}(\vec{r}) = -\frac{\mu_0 I}{4\pi} \int \frac{(\vec{r}-\vec{l}) \times \mathrm{d}\vec{l}}{|\vec{r}-\vec{l}|^3} \qquad (5.5)$$

gegeben.

Eine Ableitung von Gl. 5.5 erfordert einige Ergebnisse der Vektoranalysis, die den Rahmen dieses Buches eindeutig sprengen würden.

Anwendung: Kreisförmige und unendlich lange, gerade Leiter
Wir betrachten zunächst einen geraden Leiter, dessen Länge als unendlich angenommen wird. Den Leiter legen wir (o. B. d. A.) entlang der x-Achse, so dass die Bahn des Leiters durch $\vec{l} = (l, 0, 0)$ parametrisiert wird (mit Bahnparameter $l \in\ ]-\infty, \infty[$). Die magnetische Flussdichte soll im Abstand d zum Leiter berechnet werden, so dass wir $\vec{r} = (0, d, 0)$ als Aufpunkt für Gl. 5.5 wählen können.
Für die Anwendung von Gl. 5.5 benötigen wir $\mathrm{d}\vec{l}$ und den Abstand $\vec{r} - \vec{l}$: $\mathrm{d}\vec{l}$ folgt nach Differenzieren von $\vec{l}$ zu $\mathrm{d}\vec{l} = (\mathrm{d}l, 0, 0)$, und $\vec{r} - \vec{l}$ ist durch $\vec{r} - \vec{l} = (-l, d, 0)$ gegeben. Somit ist $|\vec{r}-\vec{l}| = \sqrt{d^2 + l^2}$, und das Kreuzprodukt $(\vec{r}-\vec{l}) \times \mathrm{d}\vec{l}$ besitzt nur eine z-Komponente, d.h. $(\vec{r}-\vec{l}) \times \mathrm{d}\vec{l} = -d \cdot \mathrm{d}l \cdot \vec{e}_z$. Das Biot-Savart-Gesetz liefert somit

$$\vec{B}(d) = -\frac{\mu_0 I}{4\pi} \int \frac{(\vec{r}-\vec{l}) \times \mathrm{d}\vec{l}}{r^3} = \vec{e}_z \frac{\mu_0 I}{4\pi} \int_{-\infty}^{\infty} \frac{d \cdot \mathrm{d}l}{(d^2+l^2)^{3/2}},$$

wobei die Integration sofort mit Hilfe einer geeigneten Integrationstabelle ausgeführt werden kann:

$$\vec{B}(d) = \vec{e}_z \cdot \frac{\mu_0 I}{4\pi} \cdot \left[\frac{d \cdot l}{d^2(d^2+l^2)^{1/2}}\right]_{l=-\infty}^{l=\infty} = \vec{e}_z \frac{\mu_0 I}{4\pi d}[1+1] = \vec{e}_z \cdot \frac{\mu_0 I}{2\pi d}.$$

Auf die gleiche Art kann man auch die magnetische Flussdichte berechnen, die eine **kreisförmige Leiterschleife** (Radius R) auf ihrer Symmetrieachse erzeugt. Hierzu muss lediglich die Parametrisierung der Leiterbahn durch $\vec{l} = R \cdot (\cos\varphi, \sin\varphi, 0)$ mit $\varphi \in [0, 2 \cdot \pi[$ ersetzt werden, was einer Leiterschleife entspricht, die in der x-y-Ebene verläuft und bei der die Symmetrieachse durch die z-Achse gegeben ist. Dann kann durch die Rechnung leicht gezeigt werden, dass die Leiterschleife die magnetische Flussdichte

$$\vec{B}(z) = \vec{e}_z \cdot \frac{\mu_0 I R^2}{2(R^2 + z^2)^{3/2}} \tag{5.6}$$

erzeugt.

Magnetische Flussdichte stromdurchflossener Spulen

Das Ampère'sche Gesetz zeigt, dass sich die magnetische Flussdichte vervielfachen lässt, indem man den durch U_M umschlossenen Strom vervielfacht. Dies kann z.B. dadurch realisiert werden, dass der Leiter zu einer kreisförmigen Leiterschleife gebogen wird, so dass mehrere Leiterschleifen desselben Leiters nacheinander im gleichen Integrationsvolumen platziert werden. Solche Anordnungen bezeichnet man als Spulen, deren magnetische Flussdichte sich oft in guter Näherung durch die Gesetze von Ampère und Biot-Savart berechnen lässt.

Beispiel Zylinder-Spule:

Das Ergebnis der Leiterschleife (vgl. Gl. 5.6) lässt sich (durch Integration der einzelnen Beiträge zur magnetischen Flussdichte) direkt auf die Zylinder-Spule (Länge L, Radius R) übertragen:

$$\vec{B}(z) = \vec{e}_z \frac{\mu_0 I N}{2L} \left[\frac{z + L/2}{(R^2 + (z + L/2)^2)^{1/2}} - \frac{z - L/2}{(R^2 + (z - L/2)^2)^{1/2}} \right]. \tag{5.7}$$

Für lange Spulen (d.h. für $L >> R$) gilt daher im Mittelpunkt

$$\vec{B}(z = 0) = \vec{e}_z \frac{\mu_0 I N}{2L} \left[2 \cdot \frac{L/2}{(R^2 + (L/2)^2)^{1/2}} \right] \approx \vec{e}_z \cdot \frac{\mu_0 I N}{L}, \tag{5.8}$$

d.h., die magnetische Flussdichte im Mittelpunkt einer langen Spule ist proportional zur Anzahl der Windungen N pro Spulenlänge L.

Bemerkung: In der Praxis können Zylinderspulen mit $N > 1000$ Windungen konstruiert werden. Derartige Spulen erzeugen nach Gl. 5.7 eine Flussdichte, deren Feldstärke gegenüber der einer einzelnen Leiterschleife N-fach verstärkt ist. Durch den Einsatz von Spulen können daher sehr starke Magnetfelder erzeugt werden.

Beispiel Helmholtz-Spule:
Werden zwei identische Spulen (Windungszahl N, Radius R) parallel im Abstand $d = R$ angeordnet, so nennt man diese Anordnung Helmholtz-Spule. Die Anwendung von Gl. 5.6 auf diese Geometrie liefert

$$\vec{B}(z) \approx \vec{e}_z \frac{\mu_0 I}{(5/4)^3 R} \left[1 - \frac{144}{125} \left(\frac{z}{R} \right)^4 \right] \tag{5.9}$$

für die magnetische Flussdichte entlang der Symmetrieachse.
In Gl. 5.9 geht das Verhältnis z/R, d.h. der prozentuale Abstand vom Mittelpunkt der Helmholtz-Spule, mit der vierten Potenz ein. Betrachtet man z.B. die magnetische Flussdichte bei $z = 0.1\,R$, so ändert sich deren Feldstärke um weniger als 0,2 %, was zeigt, dass die Flussdichte innerhalb der Helmholtz-Spule über weite Bereiche nahezu homogen verläuft.

5.2 Kräfte in magnetischen Feldern

In diesem Abschnitt werden wir uns mit den Kräften beschäftigen, die in magnetischen Feldern auf Ladungsträger wirken. Wir werden sehen, dass die **Lorentz-Kraft** stets senkrecht zur magnetischen Flussdichte ausgerichtet ist und somit im Gegensatz zur Coulomb-Kraft steht, die in der Elektrostatik immer parallel zum elektrischen Feld orientiert ist. Auf den ersten Blick unterscheiden sich beide Kräfte also stark in ihrem Verhalten. Dennoch kann mit Hilfe der speziellen Relativitätstheorie (→ Grundzüge in Abschnitt 8) gezeigt werden, dass eigentlich beide Kräfte den gleichen physikalischen Ursprung haben und die gemessene Ausprägung beider Kräfte lediglich von der Relativbewegung des Beobachters abhängt.

Lorentz-Kraft

In Abschnitt 5.1 wurde gezeigt, dass ein (unendlich ausgedehnter) gerader Leiter, der vom Strom I_1 durchflossen wird, im Abstand d eine magnetische Flussdichte mit dem Betrag

$$B(d) = \frac{\mu_0}{2\pi} \frac{I_1}{d} \tag{5.10}$$

erzeugt. Wird nun ein zweiter, stromdurchflossener Leiter (Stromstärke I_2) parallel zum ersten im Abstand d platziert, so wurde ferner gezeigt, dass nun an diesem zweiten Leiter pro Einheitslänge L die Kraft

$$\frac{F_L}{L} = B(d) \cdot I_2 \tag{5.11}$$

angreift. Da als einzige Eigenschaft des zweiten Leiters dessen Stromstärke I_2 in Gl. 5.11 eingeht, schließen wir, dass die physikalische Ursache für diese Kraft in der Bewegung der Ladungsträger senkrecht zur magnetischen Flussdichte zu suchen ist:

Lorentz-Kraft

Eine elektrische Ladung Q bewege sich am Ort $\vec{r}$ mit der Geschwindigkeit $\vec{v}$ durch die magnetische Flussdichte $\vec{B}(\vec{r})$. Dann wirkt am Ort $\vec{r}$ auf den Ladungsträger die **Lorentz-Kraft**

$$\vec{F}_{\mathrm{Lor}}(\vec{r}) = Q \cdot [\vec{v} \times \vec{B}(\vec{r})]. \tag{5.12}$$

Die Lorentz-Kraft wirkt somit stets senkrecht zu der Ebene, die durch die Vektoren $\vec{v}$ und $\vec{B}(\vec{r})$ aufgespannt wird. Ihr Betrag wird maximal, wenn $\vec{v}$ und $\vec{B}(\vec{r})$ senkrecht aufeinander stehen, d.h.

$$\vec{v} \perp \vec{B}(\vec{r}) \rightarrow F_{\mathrm{Lor}}(\vec{r}) = |\vec{F}_{\mathrm{Lor}}(\vec{r})| = Q \cdot v \cdot B(\vec{r}),$$

und Null, wenn die Bewegung entlang der Feldlinien erfolgt:

$$\vec{v} \parallel \vec{B}(\vec{r}) \rightarrow F_{\mathrm{Lor}}(\vec{r}) = 0.$$

Übung:

Wenden sie Gl. 5.12 auf das System zweier unendlich langer, gerader Leiter (konstante Stromstärken I_1 und I_2) an, die parallel zueinander ausgerichtet sind (vgl. Abb. 5.3) und leiten Sie dadurch Gl. 5.11 ab.

Lösung:

Der Betrag der magnetischen Flussdichte $B(d)$, welche vom ersten Leiter (Stromstärke I_1) erzeugt wird, ist bereits durch Gl. 5.10 gegeben. In Abschnitt 5.1 wurde darüber hinaus gezeigt, dass in dieser Geometrie die magnetische Flussdichte stets senkrecht zum erzeugenden Leiter steht. Da beide Leiter parallel zueinander ausgerichtet sind, muss $\vec{B}(\vec{r})$ ebenfalls senkrecht zum zweiten Leiter und somit zu dessen Strom I_2 ausgerichtet sein:

$$F_{\mathrm{Lor}}(d) = |\vec{F}(d)| = Q \cdot v \cdot B(d). \tag{5.13}$$

Da die Stromstärke I_2 zeitlich konstant ist, strömt pro Zeiteinheit Δt die Ladungsmenge $Q = I_2\,\Delta t$ durch den Leiter, wobei die Ladungsträger in dieser Zeit (aufgrund ihrer Geschwindigkeit v) die Strecke $L = v\,\Delta t$ zurücklegen. Beides kann in Gl. 5.13 eingesetzt werden und führt auf

$$F_{\mathrm{Lor}}(d) = Q \cdot v \cdot B(d) = I_2 \cdot \Delta t \cdot \frac{L}{\Delta t} \cdot B(d) = I_2 \cdot L \cdot B(d),$$

woraus nach Umstellen Gl. 5.11 folgt.

Da die Lorentz-Kraft nach Gl. 5.12 stets senkrecht zur Geschwindigkeit wirkt ($\vec{v} \perp \vec{F}_{\text{Lor}}(\vec{r})$), kann diese Kraft lediglich die Richtung, aber nicht den Betrag der Geschwindigkeit verändern (Normal-Beschleunigung, → Abschnitt 1.2).

Übung:
Betrachten Sie eine homogene magnetische Flussdichte $\vec{B}(\vec{r}) = B_0 \cdot \vec{e}_z$, die lediglich eine Komponente in z-Richtung besitzt. Zeigen Sie, dass ein geladenes Teilchen (Masse m, Ladung Q), dessen Anfangsgeschwindigkeit durch $\vec{v}(t = 0) = v_0 \cdot \vec{e}_x$ gegeben ist, sich in diesem System auf einer Kreisbahn mit Radius $R = \dfrac{v_0 \cdot m}{Q \cdot B_0}$ bewegt.

Lösung:
Da die Flussdichte parallel zur z-Achse verläuft, muss die Lorentz-Kraft (vgl. Gl. 5.12) stets senkrecht zur z-Achse stehen und kann somit keine Beschleunigung in z-Richtung bewirken. Die z-Komponente der Teilchengeschwindigkeit bleibt daher konstant und somit (nach Voraussetzung) Null, so dass die Bewegung des Teilchens komplett in der x-y-Ebene verlaufen muss. Wir können für die Geschwindigkeit daher

$$\vec{v}(t) = v_x(t) \cdot \vec{e}_x + v_y(t) \cdot \vec{e}_y \tag{5.14}$$

ansetzen. In Gl. 5.12 eingesetzt, führt dies auf

$$\begin{aligned}\vec{F}_{\text{Lor}}(t) &= Q \cdot [\vec{v}(t) \times \vec{B}] = Q \cdot B_0 \cdot [(v_x(t) \cdot \vec{e}_x + v_y(t) \cdot \vec{e}_y) \times \vec{e}_z] \\ &= Q \cdot B_0 \cdot [v_x(t) \cdot (\vec{e}_x \times \vec{e}_z) + v_y(t) \cdot (\vec{e}_y \times \vec{e}_z)].\end{aligned}$$

Die Kreuzprodukte können mit Hilfe der Rechten-Hand-Regel (→ Abschnitt 1.1) leicht ausgewertet werden ($\vec{e}_x \times \vec{e}_z = -\vec{e}_y$ und $\vec{e}_y \times \vec{e}_z = \vec{e}_x$) und führen auf

$$\vec{F}_{\text{Lor}}(t) = Q \cdot B_0 \cdot [-v_x(t) \cdot \vec{e}_y + v_y(t) \cdot \vec{e}_x].$$

Diese Lorentz-Kraft greift am Teilchen an und führt auf die Bewegungsgleichung (→Newton'sche Axiome, Abschnitt 1.5)

$$Q \cdot B_0 \cdot [-v_x(t) \cdot \vec{e}_y + v_y(t) \cdot \vec{e}_x] = \vec{F}_{\text{Lor}}(t) \equiv m \cdot \frac{\mathrm{d}}{\mathrm{d}t} \vec{v}(t)$$

bzw. in Komponenten

$$Q \cdot B_0 \cdot (v_y(t), -v_x(t), 0) = m \cdot \frac{\mathrm{d}}{\mathrm{d}t} (v_x(t), v_y(t), 0). \tag{5.15}$$

Da Gl. 5.15 in jeder einzelnen Komponente erfüllt sein muss, führt dies mit der Abkürzung $\omega = Q \cdot B_0 / m$ (**Zyklotronfrequenz**) auf

$$\omega \cdot v_y(t) = \frac{\mathrm{d}}{\mathrm{d}t} v_x(t) \text{ und } -\omega \cdot v_x(t) = \frac{\mathrm{d}}{\mathrm{d}t} v_y(t). \tag{5.16}$$

Bevor man mit der Berechnung fortfahren kann, müssen diese gekoppelten Gleichungen voneinander entkoppelt werden. Hierfür kann ausgenutzt werden, dass $v_x(t)$ durch Ableiten von $v_y(t)$ berechnet werden kann, d.h.

$$\omega \cdot v_y(t) = \frac{d}{dt}\, v_x(t) = \frac{d}{dt}\left(-\frac{1}{\omega} \cdot \frac{d}{dt}\, v_y(t)\right) = -\frac{1}{\omega}\frac{d^2}{dt^2}\, v_y(t),$$

was auf die Gleichung des harmonischen Oszillators (→ Abschnitt 1.10)

$$\rightarrow \omega^2 \cdot v_y(t) + \frac{d^2}{dt^2}\, v_y(t) = 0$$

führt. Somit besitzt $v_y(t)$ die allgemeine Lösung
$v_y(t) = A \cdot \sin(\omega \cdot t) + B \cdot \cos(\omega \cdot t)$.
Aus der Anfangsbedingung $\vec{v}(t = 0) = v_0 \cdot \vec{e}_x$ folgt $v_y(t = 0) = 0$, was auf
$v_y(t = 0) = B \rightarrow B = 0$ und $v_y(t) = A \cdot \sin(\omega \cdot t)$ (5.17)
führt. Dies kann wiederum in die rechte Gleichung von Gl. 5.16 eingesetzt werden und führt für die x-Komponente der Teilchengeschwindigkeit auf

$$v_x(t) = -\frac{1}{\omega} \cdot \frac{d}{dt}\, v_y(t) = -\frac{A \cdot \omega}{\omega} \cdot \cos(\omega \cdot t) = -A \cdot \cos(\omega \cdot t).$$

Durch Einsetzen der Anfangsgeschwindigkeit $v_x(t = 0) = v_0$ kann in dieser Gleichung die Unbekannte A ersetzt werden, d.h.
$v_x(t = 0) = -A \equiv v_0 \rightarrow v_x(t) = v_0 \cdot \cos(\omega \cdot t)$ und $v_y(t) = -v_0 \cdot \sin(\omega \cdot t)$.
Die Bahnkurve der Teilchenbewegung kann dann berechnet werden, indem die Geschwindigkeiten v_x und v_y aufintegriert werden:

$$x(t) - x(t = 0) = \int_{t'=0}^{t} v_x(t') \cdot dt' = \frac{v_0}{\omega} \cdot \sin(\omega \cdot t) \text{ und analog}$$

$$y(t) - y(t = 0) = \int_{t'=0}^{t} v_y(t') \cdot dt' = \frac{v_0}{\omega} \cdot \cos(\omega \cdot t).$$

Somit ist die Bahnkurve durch $\vec{r}(t) = \frac{v_0}{\omega}\,(\sin(\omega \cdot t), \cos(\omega \cdot t), 0) + \vec{r}_0(t)$ gegeben,

d.h., die Ladung durchläuft eine Kreisbahn (→ Abschnitt 1.2) mit

Radius $R = \frac{v_0}{\omega} = \frac{v_0 \cdot m}{Q \cdot B_0}$ (**Zyklotronradius**). (5.18)

Bemerkungen:

1. Man kann Gl. 5.18 auch schneller erhalten, wenn man sich überlegt, dass die Kreisbahn nur dann stabil sein kann, wenn die Lorentz-Kraft und die Zentrifugalkraft sich gegenseitig kompensieren. Aus dem Kräftegleichgewicht folgt dann sofort Gl. 5.18:

$$F_{Lor} = F_{ZF} \rightarrow Q \cdot v_0 \cdot B_0 = m \cdot v_0^2 / R \rightarrow R = \frac{m \cdot v_0}{Q \cdot B_0}.$$

2. Die Berechnung zeigt, dass **geladene Teilchen** sich in einer **homogenen magnetischen Flussdichte** auf **Kreisbahnen** bewegen, deren Radius insbesondere vom Verhältnis m/Q (**spezifische Ladung**) abhängt. Wenn daher v_0 und B_0 bekannt sind, kann anhand des Bahnradius sofort auf die spezifische Ladung des Teilchens geschlossen werden. Diese Eigenschaft wird beispielsweise in der Massenspektroskopie genutzt, um die Massenverteilung geladener Teilchen mit hoher Genauigkeit zu bestimmen. Auch die Teilchenphysik nutzt diese Eigenschaft, so dass aus den Bahnkurven von Fragmenten (d.h. von Teilchen, die durch Zusammenstöße von Teilchen entstanden sind) auf die Teilchensorte des Fragments geschlossen werden kann (→ Abschnitt 8).
3. Da die Ladung Q direkt in die Winkelgeschwindigkeit $\omega = Q \cdot B_0 / m$ der Kreisbewegung eingeht, besitzen positive und negative Ladungen unterschiedliche Drehrichtungen in einer magnetischen Flussdichte. Somit kann man aus der Orientierung der Kreisbewegung sofort auf das Vorzeichen der Ladung schließen.
4. Wenn wir nun berücksichtigen, dass neben der magnetischen Flussdichte $\vec{B}(\vec{r})$ ebenfalls ein elektrisches Feld $\vec{E}(\vec{r})$ im System anwesend sein kann, so wirkt im allgemeinen Fall die Kraft
$$\vec{F}_{Lor}(\vec{r}) = Q \cdot [\vec{E} + \vec{v} \times \vec{B}(\vec{r})] \tag{5.19}$$
auf die Ladung. Historisch wurde dieser Zusammenhang erstmals von Hendrik Antoon Lorentz (1853 – 1928) formuliert und enthält den Spezialfall von Gl. 5.12 ($\vec{E}(\vec{r}) = 0$). Wir wollen unter der **Lorentz-Kraft** im Folgenden stets die „ursprüngliche“, verallgemeinerte Version Gl. 5.19 verstehen.

Magnetisches Dipolmoment

Gl. 5.12 zeigt, dass an bewegte Ladungsträger stets die Lorentz-Kraft angreift, sofern deren Geschwindigkeit nicht parallel zur magnetischen Flussdichte verläuft. Wir wollen diesen Sachverhalt am Beispiel einer Leiterschleife betrachten, deren eingeschlossene Fläche einen beliebigen Winkel mit einer homogenen magnetischen Flussdichte einschließt (vgl. Abb. 5.6).
Der Abbildung kann entnommen werden, dass die Lorentz-Kraft im Allgemeinen an entgegengesetzten

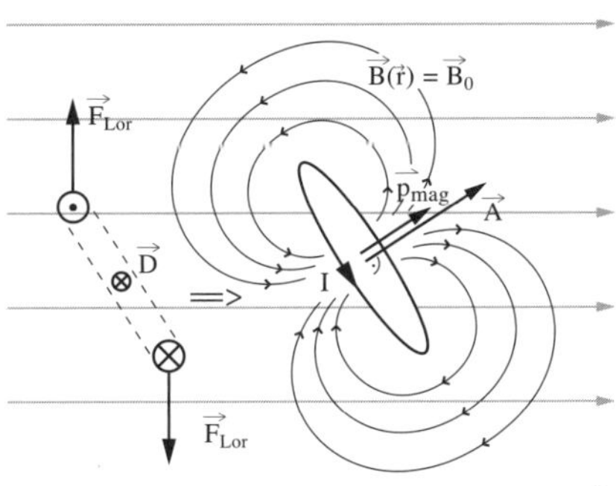

Abb. 5.6

Seiten der Schleife ebenfalls in entgegengesetzte Richtungen wirkt, was auf die Umkehrung der Stromrichtung (symbolisiert durch Kreuz und Punkt in Abb. 5.6) zurückgeführt werden kann. Da die unterschiedlichen Lorentz-Kräfte ebenfalls an unterschiedlichen Punkten der Leiterschleife angreifen, entsteht ein Drehmoment (→Abschnitt 2.3), welches im Allgemeinen eine Rotation der Leiterschleife bewirken wird.

Interessanterweise lässt sich diese Situation quantitativ leicht beschreiben, nachdem das magnetische Dipolmoment eines Stromes definiert wurde:

> Wir betrachten eine ebene Fläche A, deren Rand N-mal von einem Strom der Stärke I umflossen wird (vgl. Abb. 5.6). Wenn $\vec{A}$ der Vektor ist, dessen Betrag dem Flächeninhalt von A entspricht und dessen Richtung (gemäß der Rechten-Hand-Regel) senkrecht auf der ebenen Fläche steht, dann ist durch
> $\vec{p}_{mag} := N \cdot I \cdot \vec{A}$
> das **magnetische Dipolmoment** (Einheit: $1\ A \cdot m^2$) des Stromes I definiert.

Bemerkung:

Die Orientierung von $\vec{A}$ (und somit $\vec{p}_{mag}$) ist daher durch die Richtung gegeben, welche die Rechte-Hand-Regel nach Anwendung auf den Strom ergibt: Bildet man eine Faust und orientiert die Finger parallel und in Richtung des Stromflusses, dann ist die Orientierung von $\vec{A}$ durch die Richtung gegeben, in die der gestreckte Daumen zeigt.

Mit Hilfe des magnetischen Dipolmomentes lässt sich das Verhalten einer Leiterschleife in einer homogenen magnetischen Flussdichte leicht berechnen:

> Wird ein magnetischer Dipol $\vec{p}_{mag}$ in eine homogene magnetische Flussdichte $\vec{B}(\vec{r}) = \vec{B}_0 = const.$ eingebracht, so gelten folgende Aussagen:
> (1) Am Dipol greift das Drehmoment $\vec{D} = \vec{p}_{mag} \times \vec{B}_0$ an.
> (2) Aufgrund des Drehmomentes kann dem Dipol die potentielle Energie $E_{pot} = -\vec{p}_{mag} \cdot \vec{B}_0 = -p_{mag} \cdot B_0 \cdot \cos\varphi$ (bezüglich Drehung) zugeordnet werden, wobei φ der Winkel ist, der vom Dipolmoment und der magnetischen Flussdichte eingeschlossen wird.
> (3) Das Drehmoment bewirkt somit eine Drehung des Dipols um seinen Mittelpunkt, die erst stoppt, wenn der Dipol seine potentielle Energie minimiert hat, d.h., wenn das Dipolmoment parallel zur magnetischen Flussdichte ausgerichtet ist ($\varphi = 0$).

Bemerkung:
Diese Gesetzmäßigkeiten sind völlig analog zum elektrischen Dipolmoment zu verstehen. Man kann sie sich daher leicht merken.

Übung:
Durch eine Spule mit $N = 1000$ Windungen und dem Durchmesser $d = 0{,}5$ m fließe ein Strom von $I = 1$ A. Berechnen Sie den Betrag des Dipolmomentes, das von der Spule erzeugt wird. Berechnen Sie ferner, welches Drehmoment auf die Spule ausgeübt wird, wenn sie sich in einer homogenen magnetischen Flussdichte der Stärke $B_0 = 1$ T befindet, wobei die Querschnittsfläche der Spule die magnetischen Feldlinien im Winkel $\pi/4 = 45°$ schneidet.

Lösung:
Die Spule besitzt die Querschnittsfläche $A = \pi \cdot d^2/4 = 0{,}19\ \text{m}^2$. Diese Fläche wird durch den Strom I insgesamt N-mal umrundet, so dass der Betrag des Dipolmomentes durch $p_{\text{mag}} = N \cdot I \cdot A = 190\ \text{A} \cdot \text{m}^2$ gegeben ist. Da die Querschnittsfläche die Feldlinien im Winkel $\varphi = \pi/4$ schneidet, kann der Betrag des Drehmomentes leicht zu $\vec{D} = \vec{p}_{\text{mag}} \times \vec{B}_0 \rightarrow M = p_{\text{mag}} \cdot B_0 \sin \varphi = 134{,}35$ N berechnet werden.

5.3 Materie in magnetischen Feldern

In diesem Abschnitt werden wir untersuchen, wie sich Materie verhält, wenn sie in eine (von außen erzeugte) homogene magnetische Flussdichte $B_{\text{außen}}$ gebracht wird. Dies kann beispielsweise dadurch geschehen, dass man die Materie in eine Spule mit bekannter Flussdichte einbringt und anschließend die magnetische Flussdichte B_{Mat} ermittelt, welche die Materie durchsetzt. Bei isotropen Körpern wird man feststellen, dass sich der Betrag der Flussdichte durch Einbringen der Materie um den Faktor μ verändert.

Bringt man Materie in eine homogene magnetische Flussdichte $B_{\text{außen}}$, so wird sich die Flussdichte durch die Materie im Allgemeinen um den Faktor μ verändern: $B_{\text{Mat}} = \mu \cdot B_{\text{außen}}$.
Der Proportionalitätsfaktor μ wird als **relative magnetische Permeabilität** bezeichnet. Da sie bei vielen Stoffen nur gering von 1 abweicht, benutzt man stattdessen häufig die **magnetische Suszeptibilität** $\chi = \mu - 1$.

Analog zum elektrischen Feld werden wir sehen, dass in bestimmten Stoffen magnetische Dipole induziert werden können, was zu einer Abschwächung der magnetischen Flussdichte in diesen Stoffen führt. Sie sind durch $\mu < 1$ bzw. $\chi < 0$ gekennzeichnet und werden als **Diamagnete** bezeichnet.
Im Gegensatz dazu gibt es jedoch auch Stoffe, die über permanente magnetische Dipole verfügen und durch deren Ausrichtung eine äußere Flussdichte verstärkt werden kann ($\chi > 0$). Diese Stoffe bezeichnet man als **Paramagnete** (sofern μ nur geringfügig größer als 1 ist) bzw. als **Ferromagnete** (sofern μ deutlich größer als 1 ist).
Durch die äußere magnetische Flussdichte $B_{\text{außen}}$ wird in der Materie daher im Allgemeinen ein magnetisches Feld M erzeugt (**Magnetisierung**), dessen Stärke durch $M = (B_{\text{Mat}} - B_{\text{außen}}) / \mu_0 = \chi / \mu_0 \cdot B_{\text{außen}}$ gegeben ist (wobei die Normierung auf μ_0 hier lediglich die Kompatibilität mit der restlichen physikalischen Literatur sicherstellt).

Diamagnetismus

Diese Form des Magnetismus beobachtet man immer bei Stoffen, die über keine permanenten magnetischen Dipolmomente verfügen. Jedoch ist es (aufgrund quantenmechanischer Effekte) möglich, in jeder Materie **magnetische Dipolmomente zu induzieren**. Gemäß der Lenz'schen Regel (→ Abschnitt 6.1) sind diese Dipolmomente ihrer Ursache jedoch immer entgegengerichtet, so dass (analog zum Dielektrikum) die magnetische Flussdichte durch die umgekehrt orientierten Dipolmomente abgeschwächt wird.
Experimentell findet man außerdem, dass an Diamagneten, die in eine inhomogene magnetische Flussdichte eingebracht wurden, eine Kraft angreift, die stets in die Richtung der niedrigeren Feldstärke weist. Sind die eingebrachten Diamagnete beweglich, so werden sie sich stets in die Richtung geringerer Feldstärke bewegen.

Bemerkung:
In Abschnitt 4.3 wurden Supraleiter vorgestellt, die einem elektrischen Strom keinerlei Widerstand entgegensetzen (deren Ohm'scher Widerstand also verschwindet). Interessanterweise zeigt sich, dass Supraleiter ideale Diamagnete sind, d.h., ihre magnetische Suszeptibilität χ nimmt den kleinstmöglichen Wert von $\chi = -1$ an. Da die Feldlinien der magnetischen Flussdichte stets geschlossen sind, bedeutet dies automatisch, dass Supraleiter die magnetischen Flussdichten komplett aus ihrem Inneren verdrängen (**Meißner-Ochsenfeld-Effekt**).
Die Verdrängung der Feldlinien kostet jedoch Energie, so dass oberhalb einer kritischen Feldstärke der Supraleiter nicht mehr in der Lage ist, das diamagnetische

Verhalten aufrechtzuerhalten. Bei Erreichen dieser kritischen Feldstärke bricht die Supraleitung zusammen, selbst wenn die Temperatur des Leiters unterhalb der kritischen Temperatur liegt.
Experimentell kann man hier zwei Typen von Supraleitern unterscheiden. Bei **Typ I** geht die Supraleitung sofort (d.h. schlagartig) verloren, sobald die kritische Feldstärke erreicht wird. Bei Supraleitern des **Typs II** hingegen nimmt der elektrische Widerstand oberhalb der kritischen Feldstärke mit dieser ständig zu, bis die Supraleitung bei Erreichen einer zweiten kritischen Feldstärke gänzlich verloren geht. Dieses Verhalten führt man darauf zurück, dass die Feldlinien den Supraleiter beim Typ II in bestimmten Bereichen durchdringen können (diese werden dann normalleitend und erzeugen einen gewissen elektrischen Widerstand), während der restliche Bereich feldfrei (und somit supraleitend) bleibt. Mit zunehmender Feldstärke nimmt die Größe der supraleitenden Bereiche ab, bis irgendwann der komplette Supraleiter normalleitend wird.

Paramagnetismus

Im Gegensatz zu Diamagneten besitzen Paramagnete stets **permanente magnetische Dipolmomente**, die sich in einer äußeren magnetischen Flussdichte ausrichten können und die magnetische Flussdichte dadurch verstärken. Man kann jedoch zeigen, dass die einzelnen permanenten magnetischen Dipolmomente unabhängig voneinander ausgerichtet sind und ein Paramagnet somit im Allgemeinen über keine magnetische Ordnung verfügt.
Folglich sind die permanenten magnetischen Dipolmomente nicht in der Lage, ihre Orientierung bzw. ihre räumliche Ausrichtung im feldfreien Zustand (gegen die thermische Energie) aufrechtzuerhalten. Daraus folgt, dass Paramagnete ohne äußere magnetische Flussdichte kein makroskopisches magnetisches Dipolmoment ausbilden können, d.h., Paramagnete können nur dann eine magnetische Flussdichte erzeugen, wenn diese durch eine äußere Flussdichte induziert wird.
Andererseits wurde in Abschnitt 5.2 gezeigt, dass einem magnetischen Dipolmoment aufgrund seiner Orientierung (in einer Flussdichte) eine potentielle Energie zugeschrieben werden kann. Ferner zeigt die Diskussion des Boltzmann-Faktors (→ Abschnitt 3.2), dass die Orientierung des magnetischen Dipolmomentes nur dann stabil sein kann, wenn die Änderung seiner potentiellen Energie gegenüber der thermischen Energie $E_{th} \approx k_B \cdot T$ die Größe $\Delta E_{pot,max} = 2 \cdot p_{mag} \cdot B_{außen}$ hat. Wird somit die Temperatur des Paramagneten erhöht, so erhöht sich auch die thermische Energie der magnetischen Dipole, und mit steigender Temperatur wird eine stabile Aus-

richtung der magnetischen Dipolmomente zunehmend gestört. Die Folge ist, dass die magnetische Suszeptibilität von Paramagneten im Allgemeinen mit steigender Temperatur gleichmäßig abnimmt.
Experimentell findet man (analog zu Diamagneten), dass an Paramagneten, die in eine inhomogene magnetische Flussdichte eingebracht wurden, eine Kraft angreift, die stets in die Richtung einer höheren Feldstärke zeigt.

Ferromagnetismus

Bei einigen Stoffen kann es zu Wechselwirkungen, insbesondere zur sogenannten **Austauschwechselwirkung**, zwischen benachbarten permanenten Dipolmomenten kommen. Diese kann so stark sein, dass sich die Dipole nur noch gemeinsam, also kollektiv, ausrichten können. Durch diesen **kollektiven Effekt** können solche Stoffe eine magnetische Flussdichte teilweise drastisch verstärken, so dass man experimentell durchaus relative magnetische Permeabilitäten von 10^5 beobachten kann (dies entspricht einer Verstärkung der magnetischen Flussdichte um den Faktor 100'000!).
Da derartiges Verhalten zunächst nur bei den Stoffen der Eisengruppe (Eisen, Kobalt und Nickel) beobachtet wurde, wird diese Form des Magnetismus als **Ferromagnetismus** bezeichnet (von lat. ferrum = Eisen).
Interessanterweise zeigt sich, dass die Kopplung der einzelnen magnetischen Dipolmomente dazu führt, dass sich benachbarte Dipole bevorzugt parallel zueinander ausrichten. Somit findet man bei Ferromagneten selbst in Abwesenheit einer äußeren magnetischen Flussdichte stets Bereiche, in denen die Dipolmomente die gleiche Richtung aufweisen. Da diese Eigenschaft im Jahr 1907 erstmals von Pierre-Ernest Weiß (1865 – 1940) beobachtet wurde, nennt man diese Bezirke gleicher Dipolorientierung **Weiß'sche Bezirke**.
Im Allgemeinen enthält ein Weiß'scher Bezirk viele magnetische Dipolmomente, die jeweils eine magnetische Flussdichte erzeugen. Diese Flussdichten überlagern sich (aufgrund der parallelen Orientierung) additiv zu einer makroskopisch messbaren Magnetisierung des Bezirks.
Ferner muss zur Veränderung dieser Magnetisierung die Orientierung vieler magnetischer Dipole verändert werden. Dies zeigt, dass die Energie, die zur Umorientierung eines kompletten Weiß'schen Bezirkes notwendig ist, deutlich größer sein muss als die einzelner, isoliert wirkender Dipolmomente (z.B. in einem Paramagneten). Da diese Energie im Allgemeinen auch deutlich größer als die thermische Energie ist, zeigt sich experimentell, dass die Magnetisierung der Weiß'schen Bezirke unterhalb einer kritischen Temperatur (des Ferromagneten) stabil ist. Ein Weiß'scher Bezirk kann somit auch im feldfreien Zustand eine makro-

skopisch messbare Magnetisierung (magnetische Flussdichte) erzeugen (**Permanentmagnet**).
Im Allgemeinen besitzt ein Ferromagnet viele Weiß'sche Bezirke, wobei sich die Orientierung der magnetischen Flussdichten benachbarter Bezirke deutlich unterscheiden kann. Die Grenzfläche zwischen zwei Weiß'schen Bezirken bezeichnet man als **Bloch-Wand**.
Die Magnetisierung des gesamten Ferromagneten ist in Näherung durch die Superposition der Magnetisierungen der Weiß'schen Bezirke gegeben. Die Orientierung der Bezirke hat somit einen großen Einfluss auf die Magnetisierung des gesamten Ferromagneten. Sind die Weiß'schen Bezirke beispielsweise statistisch verteilt (vgl. Abb. 5.7a), so kompensieren sie sich in ihrer Wirkung gegenseitig, so dass keine Magnetisierung des Ferromagneten verbleibt.
Wird der Ferromagnet allerdings in eine magnetische Flussdichte eingebracht, so kann es für die Weiß'schen Bezirke bei Erreichen einer hinreichend starken Feldstärke energetisch günstiger sein, ihre Orientierung den Feldlinien anzupassen. Dies bedeutet jedoch nicht, wie man vielleicht annehmen würde, dass gesamte Bezirke ihre Orientierung verändern. Vielmehr stellt man fest, dass durch Verschieben der Bloch-Wände diejenigen Bezirke ihr Volumen vergrößern, die bereits in Richtung der äußeren magnetischen Flussdichte orientiert sind, während die anderen Bezirke an Volumen verlieren. Durch diesen Vorgang kann es teilweise schlagartig zu einer Umorientierung der Bezirke kommen, was als **Barkhausen-Sprung** bezeichnet wird (siehe auch **Barkhausen-Effekt**).
Da die Dipolmomente durch diesen Prozess zunehmend parallel zueinander ausgerichtet werden (sich also eine magnetische Ordnung im Ferromagneten einstellt), entsteht eine makroskopisch messbare Magnetisierung (vgl. Abb. 5.7).

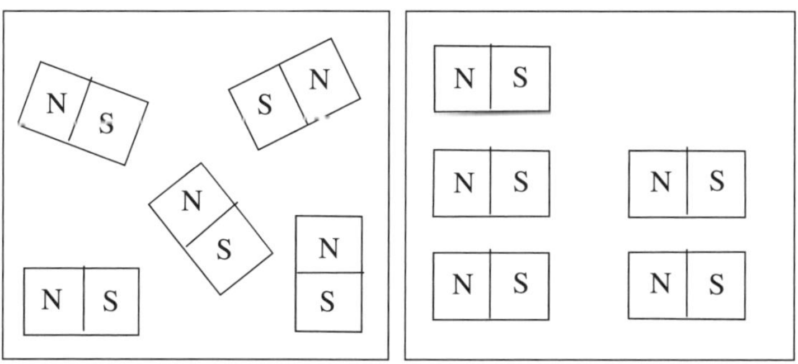

Abb. 5.7 a und b

Magnetisierungskurve eines Ferromagneten

Wir wollen nun diskutieren, wie die Magnetisierung eines Ferromagneten von der äußeren Flussdichte abhängt, wobei wir zu Beginn davon ausgehen, dass die magnetische Flussdichte Null ist und die Weiß'schen Bezirke statistisch verteilt sind, so dass die Magnetisierung des Ferromagneten ebenfalls Null ist.

Wird nun die äußere Flussdichte erhöht, so werden zunehmend Weiß'sche Bezirke in ihre Richtung orientiert, so dass die Magnetisierung des Ferromagneten ansteigt, vgl. Kurve 1 in Abb. 5.8a. Bei Erreichen einer gewissen Feldstärke sind nahezu alle Bezirke ausgerichtet, so dass die Zunahme der Magnetisierung stetig abfällt, bis sie schließlich nahezu horizontal verläuft und Sättigung aufweist (vgl. Punkt A).

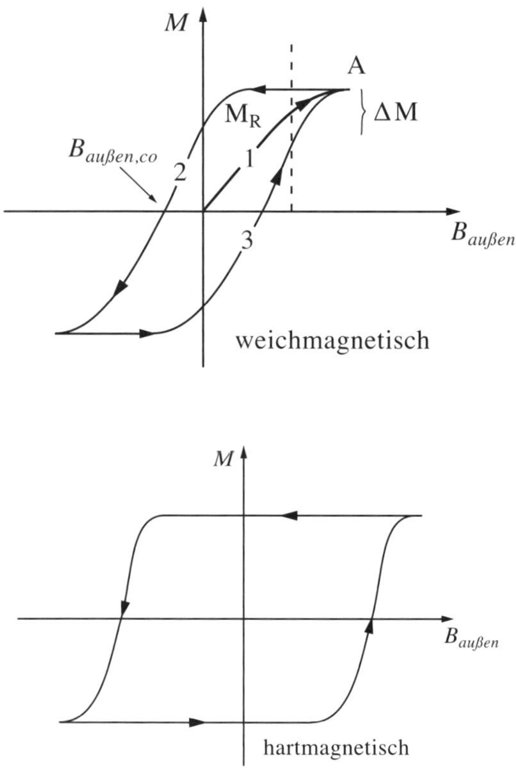

Abb. 5.8 a und b

Wird nun die äußere Feldstärke wieder reduziert, so erweist sich die Orientierung der Weiß'schen Bezirke (aufgrund der mit der Umorientierung verbundenen hohen Energie) als relativ stabil gegenüber thermischen Einflüssen. Dies hat zur Folge, dass die Magnetisierung hier (Kurve 2 in Abb. 5.8a) bei gleichen Flussdichten $B_{\text{außen}}$ eine größere Feldstärke aufweist als bei Kurve 1 (vgl. gestrichelte Linie).

Selbst wenn die äußere magnetische Flussdichte vollständig abgeschaltet wird, stellt man häufig eine Restmagnetisierung M_R des Ferromagneten fest, die als **Remanenz** bezeichnet wird. Aufgrund der Ausbildung stabiler Weiß'scher Bezirke ist ein Ferromagnet somit selbst im feldfreien Zustand in der Lage, eine stabile Magnetisierung zu erzeugen.

Um die Magnetisierung des Ferromagneten vollständig zum Verschwinden zu bringen, muss daher im Allgemeinen eine magnetische Flussdichte erzeugt werden, die der Magnetisierung entgegengerichtet ist. Die hierfür notwendige Feldstärke wird als magnetische Koerzitivfeldstärke $B_{\text{außen,co}}$ bezeichnet.

Eine weitere Verringerung der magnetischen Flussdichte ($B_{\text{außen}} < B_{\text{außen,co}}$) wird wieder zu einer Ausrichtung der Weiß'schen Bezirke und somit zu einer Magnetisierung führen, die hier aber entgegengesetzt zur Anfangsmagnetisierung orientiert ist. Hier findet man qualitativ wieder das gleiche Verhalten wie zuvor, nur dass sich nun alle Richtungen umgekehrt haben.

Man kann die Magnetisierungskurve daher, wie in Abb. 5.8a dargestellt, zyklisch durchlaufen und stellt häufig fest, dass Hin- und Rückrichtung (Kurve 2 und 3) nicht den gleichen Verlauf der Magnetisierung aufweisen. Ein derartiges Verhalten bezeichnet man als **Hysterese**, in dieser Situation eine Konsequenz der Tatsache, dass zum Verschieben der Blochwände Arbeit verrichtet werden muss. Man kann sogar zeigen, dass die hierfür notwendige Arbeit (in Analogie zum *p*-*V*-Diagramm, → Abschnitt 3.6) proportional zur eingeschlossenen Fläche im M-$B_{\text{außen}}$-Diagramm ist. Können die Bloch-Wände leicht verschoben werden, d.h. die Weiß'schen Bezirke leicht umorientiert werden, so ist auch die Hysterese klein, und es liegt ein **weichmagnetischer Werkstoff** vor. Benötigt man jedoch viel Energie zur Verschiebung der Bloch-Wände, so wird die Magnetisierungskurve eine starke Hysterese aufweisen, und es liegt ein **hartmagnetischer Werkstoff** vor (vgl. Abb. 5.8b).

Instabilität von Weiß'schen Bezirken

Zu Beginn der Überlegung wurde gezeigt, dass eine **Austauschwechselwirkung** sicherstellt, dass die magnetischen Dipolmomente in einem Weiß'schen Bezirk die gleiche Orientierung aufweisen und einzelne Dipole sich somit nicht isoliert (wie z.B. bei Paramagneten) umorientieren lassen. Folglich kann die Stabilität der Weiß'schen Bezirke auf mindestens zwei Arten angegriffen werden:

1. Erhöht man die Temperatur des Ferromagneten, so wird irgendwann eine kritische Temperatur (**Curie-Temperatur** T_{Curie}) erreicht, bei der die thermische Energie die gleiche Größenordnung wie die Austauschwechselwirkung besitzt. Hier ist es für benachbarte magnetische Dipole energetisch nicht mehr von Vorteil, sich parallel zueinander auszurichten, so dass die magnetische Ordnung im Weiß'schen Bezirk zusammenbricht.

   Bei den meisten ferromagnetischen Stoffen beobachtet man experimentell, dass oberhalb der Curie-Temperatur die Temperaturabhängigkeit ihrer magnetischen Suszeptibilität $\chi(T)$ in guter Näherung durch

   $$\chi(T) = \frac{\theta_{Curie}}{T - T_{Curie}} \qquad \textbf{(Curie-Weiß-Gesetz)}$$

   beschrieben werden kann, wobei θ_{Curie} die Curie-Konstante und T_{Curie} die Curie-Temperatur des Ferromagneten darstellen (beide Eigenschaften sind selbstverständlich materialspezifisch).

   Die Curie-Temperatur T_{Curie} kann hierbei als Übergangstemperatur interpretiert werden: Unterhalb der Curie-Temperatur zeigt das Material Ferromagnetismus, während sich oberhalb von T_{Curie} in den Weiß'schen Bezirken keine magnetische Ordnung mehr ausbilden kann (aufgrund der Dominanz der thermischen Energie), so dass sich die permanenten magnetischen Dipole unabhängig voneinander ausrichten und das Material Paramagnetismus zeigt.
2. Andererseits ist die Energie, die zur kompletten Umorientierung eines Weiß'schen Bezirkes benötigt wird, proportional zur Anzahl der Dipole, die im Weiß'schen Bezirk enthalten sind. Wird dessen Volumen daher reduziert, so wird dabei auch die Anzahl der enthaltenen magnetischen Dipole und damit die (zur Umorientierung notwendige) Energie verringert. Dies zeigt, dass die Weiß'schen Bezirke bei gegebener Temperatur nur dann eine stabile Magnetisierung aufweisen können, wenn deren Volumen einen bestimmten kritischen Wert nicht unterschreitet.

   Interessanterweise zeigt sich, dass dies tatsächlich ein dreidimensionaler Effekt ist: Man kann sich beispielsweise einen stabilen Bezirk nehmen und ihn verformen, ohne dass sich das Volumen des Bezirks verändert. Dennoch findet man, dass die Magnetisierung des Bezirks instabil wird, sobald eine Kantenlänge des Bezirks einen kritischen Wert unterschreitet.

   Die Instabilität der Magnetisierung ist in dieser Situation jedoch darauf zurückzuführen, dass die Energie für die Umorientierung die gleiche Größenordnung wie die thermische Energie erreicht. Dieses Verhalten kann daher auch weit unterhalb der Curie-Temperatur auftreten, d.h., die magnetische Ordnung innerhalb der Weiß'schen Bezirke bleibt zwar erhalten, jedoch ist die resultierende Magnetisierung nicht stabil ausgerichtet. Im feldfreien Fall ist die Orientierung dieser Magnetisierung daher isotrop verteilt, so dass makroskopisch keine Magnetisierung gemessen werden kann.

Wird ein derartiger Weiß'scher Bezirk jedoch in eine äußere magnetische Flussdichte eingebracht, so kann sich dessen Magnetisierung parallel zur Flussdichte ausrichten und sie somit verstärken. Derartige Strukturen zeigen daher annähernd paramagnetisches Verhalten. Da die magnetische Suszeptibilität ähnlich hohe Werte wie beim Ferromagneten erreichen kann, bezeichnet man dieses Verhalten als **Superparamagnetismus**.

Technisch wird dies beispielsweise bei der Magnetresonanztomographie (MRT) ausgenutzt, bei der superparamagnetische Partikel als Kontrastmittel hinzugefügt werden.

6. Elektromagnetische Schwingungen und Wechselfelder

In diesem Abschnitt werden wir das Verhalten von zeitlich veränderlichen elektrischen und magnetischen Feldern (Wechselfelder) sowohl im Vakuum als auch in Materie untersuchen. Wir werden zuerst sehen, dass eine sich zeitlich verändernde magnetische Flussdichte in elektrischen Leitern eine Spannung induzieren kann, was Michael Faraday (1791 – 1867) im Jahr 1831 erstmals beobachtete.
Zwischen elektrischen und magnetischen Effekten besteht also ein enger Zusammenhang, was darauf zurückgeführt werden kann, dass elektrische und magnetische Felder sich ineinander umwandeln lassen. Dies wurde in mathematisch geschlossener Form erstmals durch James Clerk Maxwell (1831 – 1879) abgeleitet, der ein System von vier Differentialgleichungen entwickelte, mit deren Hilfe sich (bei Zunahme der Lorentz-Kraft) alle elektrodynamischen Effekte berechnen lassen.
Mit Hilfe dieser heute als **Maxwell'sche Gleichungen** bezeichneten Differentialgleichungen konnte Maxwell 1864 zeigen, dass die Kopplung von elektrischem Feld und magnetischer Flussdichte eine Ausbreitung elektromagnetischer Wellen im Vakuum ermöglicht. Ferner zeigte er, dass sich elektromagnetische Wellen mit einer Geschwindigkeit ausbreiten, die der Lichtgeschwindigkeit entspricht. Aus dieser Berechnung zog er schließlich den Schluss, dass Licht eine Form elektromagnetischer Wellen ist.

6.1 Effekte in zeitlich veränderlichen magnetischen Feldern

Magnetische Induktion

Am Beispiel der Lorentz-Kraft wurde gezeigt, dass an einen Leiter (der von einem elektrischen Strom durchflossen wird und sich in einer magnetischen Flussdichte befindet) eine Kraft angreifen kann, die auf die Wechselwirkung der transportierten Ladungsträger (also den elektrischen Strom) mit der Flussdichte zurückführbar ist. Dies wirft die Frage auf, ob dieser Prozess sich auch umkehren lässt.
Betrachten wir dazu einen idealen Leiter der Länge L, der entlang der x-Achse ausgerichtet ist und sich in einer homogenen magnetischen Flussdichte $\vec{B}(\vec{r}) = B_0 \cdot \vec{e}_z$ befindet (vgl. Abb. 6.1).
Verschieben wir den Leiter nun mit konstanter Geschwindigkeit $\vec{v} = v \cdot \vec{e}_y$ entlang der y-Achse, so werden auch die freien Ladungsträger im Leiter mit der gleichen Geschwindigkeit bezüglich der y-Achse durch die Flussdichte bewegt.

An ihnen greift daher die Lorentz-Kraft

$$\vec{F}_{Lor} = Q \cdot [\vec{v} \times \vec{B}(\vec{r})] = Q \cdot [v \cdot \vec{e}_y \times B_0 \cdot \vec{e}_z] = Q \cdot v \cdot B_0 \cdot [\vec{e}_y \times \vec{e}_z] = Q \cdot v \cdot B_0 \cdot \vec{e}_x \quad (6.1)$$

an, die bei der gewählten Geometrie komplett in x-Richtung wirkt.

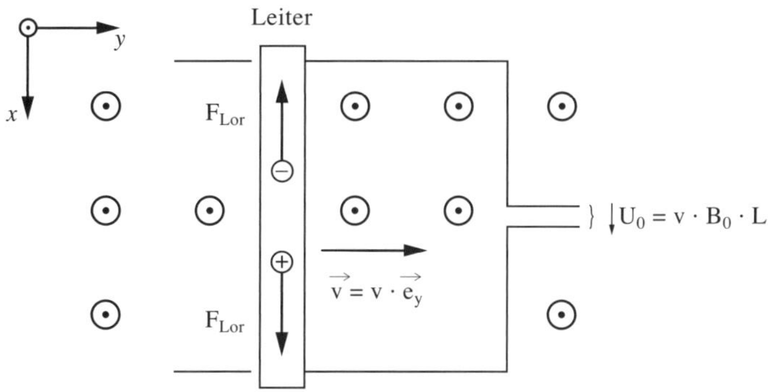

Abb. 6.1

Da der ideale Leiter ebenfalls in dieser Richtung verläuft (vgl. Abb. 6.1), bewirkt die Lorentz-Kraft einen Transport der Ladungsträger innerhalb des Leiters. Dieser Ladungstransport ist (aufgrund der Linearität von Q in Gl. 6.1) für Ladungen ungleichen Vorzeichens in entgegengesetzter Richtung orientiert, d.h., er führt zu einer Ladungstrennung und somit zum Aufbau eines elektrischen Feldes $\vec{E}(\vec{r}) = E_0 \cdot \vec{e}_x$ im Leiter.

Ein Gleichgewicht liegt somit genau dann vor, wenn sich der elektrostatische und der magnetische Anteil in der Lorentz-Kraft (Gl. 5.12) gegenseitig kompensieren, so dass keine resultierende Kraft und somit keine Beschleunigung mehr an die Elektronen angreift:

$$\vec{F}_{Lor} = Q \cdot [\vec{E} + \vec{v} \times \vec{B}(\vec{r})] = Q \cdot [E_0 \cdot \vec{e}_x + v \cdot B_0 \cdot \vec{e}_x] = 0 \rightarrow E_0 = -v \cdot B_0.$$

Dies zeigt, dass sich im Gleichgewicht im bewegten Leiter ein elektrisches Feld ausbildet, welches homogen entlang der x-Achse verläuft und dessen Potential somit (analog zum Kondensator) durch

$$V(\vec{r}) = \begin{cases} v \cdot B_0 \cdot x & \text{im Leiter} \\ 0 & \text{sonst} \end{cases}$$

gegeben ist. An den Leiterenden erzeugt die Bewegung durch die magnetische Flussdichte somit eine Potentialdifferenz von

$$U = V(x = L) - V(x = 0) = v \cdot B_0 \cdot L,$$

die durch ruhende Leiter einem Verbraucher (z.B. einem Ohm'schen Widerstand) zugeführt werden kann, so dass durch den damit verbundenen Stromfluss tatsächlich (elektrische) Arbeit verrichtet werden kann. Dieses Beispiel zeigt eindrucksvoll, dass der Mechanismus der Lorentz-Kraft verwendet werden kann, um (mit Hilfe einer magnetischen Flussdichte) mechanische in elektrische Energie umzuwandeln. Interessanterweise zeigt sich aber, dass auch eine Änderung der Flussdichte eine Spannung im Leiter induzieren kann. Bevor wir diese Beobachtung in einer Gesetzmäßigkeit formulieren können, müssen wir zunächst (analog zum elektrischen Feld) den magnetischen Fluss durch eine Fläche definieren:

Magnetischer (Kraft-)Fluss

Fließt durch eine Oberfläche A eine magnetische Flussdichte $\vec{B}(\vec{r})$, so ist der damit verbundene magnetische (Kraft-)Fluss Ψ_{mag}
(Einheit: 1 Weber = 1 Wb = 1 T · m²) durch

$$\Psi_{mag} = \int_A d\Psi_{mag}(\vec{r}) = \int_A \vec{B}(\vec{r}) \cdot d\vec{A} \qquad (6.2)$$

gegeben, wobei die infinitesimale Fläche $d\vec{A}$ über die gesamte Oberfläche A abintegriert wird (vgl. Abb. 6.2).

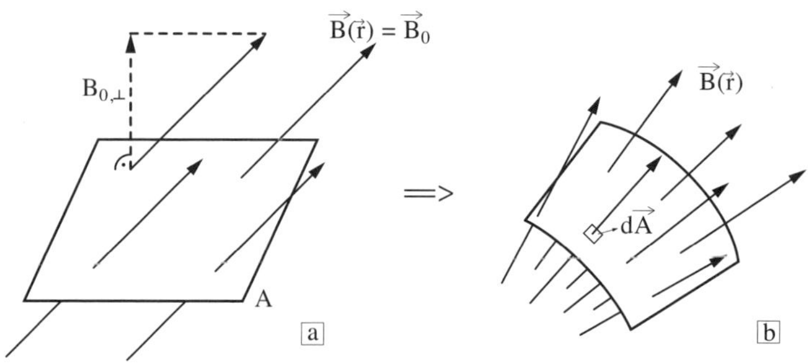

Abb. 6.2

Bemerkung:

Da magnetische Feldlinien immer geschlossen sind (→ Abschnitt 5.1), beträgt der magnetische Fluss durch eine geschlossene Oberfläche stets Null. Jedes Mal, wenn eine Feldlinie durch die Oberfläche eindringt, muss sie also an einer anderen Stelle der Oberfläche wieder austreten. Dies zeigt nochmals, dass es keine magnetischen Monopole gibt.

Befindet sich eine Leiterschleife in einer magnetischen Flussdichte $\vec{B}(\vec{r})$ (vgl. Abb. 6.3), so können wir mit Hilfe von Gl. 6.2 jederzeit den magnetischen Fluss Ψ_{mag} berechnen, der durch die (von der Leiterschleife eingeschlossene) Fläche hindurchtritt. Experimentell zeigt sich bemerkenswerterweise, dass jede zeitliche Änderung von Ψ_{mag} eine Spannung U_{ind} an den Enden der Leiterschleife induziert:

Faraday'sches Induktionsgesetz

Eine Leiterschleife befinde sich in einer magnetischen Flussdichte $\vec{B}(\vec{r})$. Sei A die Fläche, die durch die Leiterschleife umrandet wird und Ψ_{mag} der magnetische Fluss durch diese Fläche, so induziert eine Änderung von Ψ_{mag} die Spannung (vgl. Abb. 6.3)

$$U_{ind}(t) = -\frac{d}{dt}\Psi_{mag}(t) \quad (6.3)$$

an den Enden der Leiterschleife.

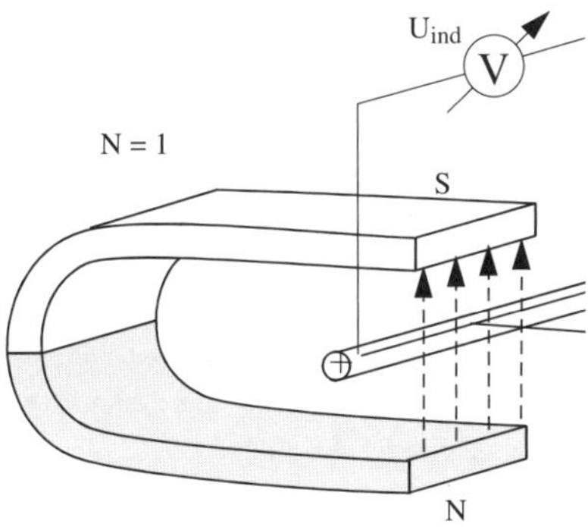

Abb. 6.3 a und b

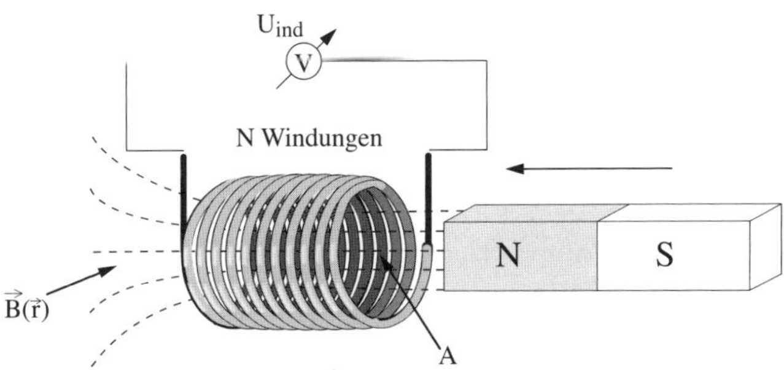

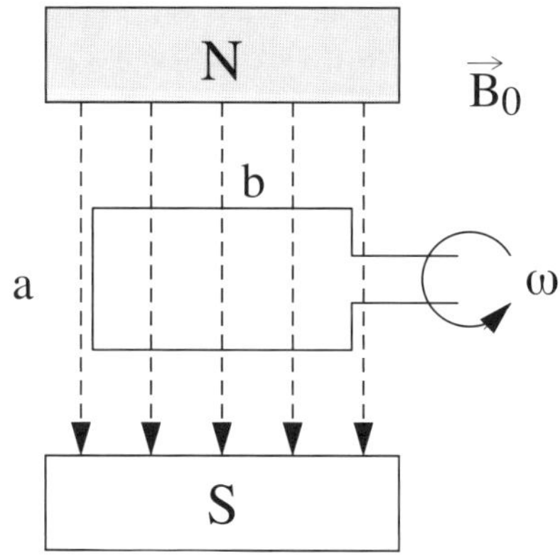

Abb. 6.4

Bemerkung:
Wird die gleiche Fläche N-mal durch die Leiterschleife umrandet (Spule), so wird der magnetische Fluss ebenfalls N-fach gezählt, d.h. $\Psi_{mag} = N \cdot \int_A \vec{B}(\vec{r}) \cdot d\vec{A}$.

Übung:
Betrachten Sie die Spule aus Abb. 6.4 (N Windungen), die mit der konstanten Winkelgeschwindigkeit ω um eine Achse rotiere, die senkrecht zur (homogen angenommenen) magnetischen Flussdichte $\vec{B}(\vec{r}) = B_0 \cdot \vec{e}_z$ steht. Zum Zeitpunkt $t = 0$ stehe die Querschnittsfläche der Spule senkrecht auf der Flussdichte. Zeigen Sie, dass die Induktionsspannung durch $U_{ind} = N \cdot B_0 \cdot A \cdot \omega \cdot \sin(\omega \cdot t)$ gegeben ist.

Lösung:
Zunächst stellen wir fest, dass der konstante Term $\vec{B}(\vec{r}) = B_0 \cdot \vec{e}_z$ vor das Integral gezogen werden kann:

$$\Psi_{mag} = N \cdot \int_A \vec{B}(\vec{r}) \cdot d\vec{A} = N \cdot B_0 \cdot \vec{e}_z \cdot \int_A d\vec{A} = N \cdot B_0 \cdot \vec{e}_z \cdot \vec{A}.$$

Hierbei ist $\vec{A}$ der Vektor, dessen Betrag mit dem Flächeninhalt $A = a \cdot b$ übereinstimmt und dessen Richtung der Normalen der Spulen-Querschnittsfläche entspricht. Das Skalarprodukt $\vec{e}_z \cdot \vec{A}$ kann gemäß Abschnitt 1.1 durch

$$\Psi_{mag} = N \cdot B_0 \cdot \vec{e}_z \cdot \vec{A} = N \cdot B_0 \cdot A \cdot \cos \phi(t)$$

ersetzt werden, wobei $\cos \phi(t)$ der Winkel ist, den die Feldlinien mit der Spulen-Querschnittsfläche einschließen. Da die Spulenrotation mit konstanter Winkelgeschwindigkeit ω erfolgt (also eine periodische Funktion mit Periodendauer $T = 2\pi/\omega$ ist), muss $\phi(t)$ die Gleichung $\phi(t) = \omega \cdot t$ erfüllen, so dass für den magnetischen Fluss durch die Spule

$$\Psi_{mag} = N \cdot B_0 \cdot \vec{e}_z \cdot \vec{A} = N \cdot B_0 \cdot A \cdot \cos(\omega \cdot t)$$

gilt. Diese Gleichung kann sofort in Gl. 6.3 eingesetzt werden und liefert:

$$U_{ind} = -\frac{d}{dt}\Psi_{mag} = N \cdot B_0 \cdot A \cdot \omega \cdot \sin(\omega \cdot t).$$

Der Zusammenhang zwischen der Induktionsspannung U_{ind} und der Spulenrotation ist nochmals in Abb. 6.5 dargestellt.

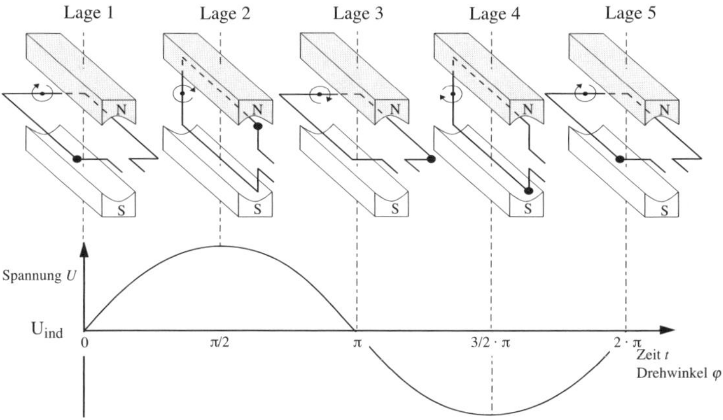

Abb. 6.5

Bemerkungen:

1. Das in Abb. 6.4 dargestellte Gerät ist in der Lage, mechanische in elektrische Energie umzuwandeln, und gehört somit zur Gruppe der elektrischen Generatoren. Das hierfür benötigte Magnetfeld wird in der Praxis häufig durch einen Elektromagneten (**Stator**) erzeugt, in dem die Induktionsspule rotiert (**Rotor**, vgl. Abb. 6.6). Die elektrische Energie wird dabei an den Enden des Rotors über sogenannte Bürsten als Spannung zur Verfügung gestellt und kann somit leicht einem elektrischen Schaltkreis zugeführt werden. Da die Richtung der Spannung (und somit des Stroms im Schaltkreis) periodisch ihre Orientierung ändert, bezeichnet man dies als **Wechselspannung** bzw. **Wechselstrom** (→ Abschnitt 6.2).
2. Dieses Prinzip kann auch umgekehrt werden: Dazu führt man einer Spule in der Geometrie von Abb. 6.5 einen Strom zu, der zur Ausbildung eines magnetischen

Dipolmomentes führt. Dieses Dipolmoment wird mit der äußeren Flussdichte in Wechselwirkung treten, so dass im Allgemeinen ein Drehmoment an der Spule angreift (→ Abschnitt 5.2).

Normalerweise stoppt die Drehbewegung der Spule, sobald Dipolmoment und Flussdichte parallel zueinander ausgerichtet sind. Wird der Stromfluss aber im richtigen Zeitpunkt umgekehrt, so dreht sich die Orientierung des Dipolmomentes ebenfalls um. Dadurch stehen Dipolmoment und Flussdichte sich wieder antiparallel gegenüber, und die Spule muss ihre Drehbewegung fortsetzen. Zweckmäßigerweise wählt man hierfür einen Strom, der sinusförmig von der Zeit abhängt, da dies eine periodische Umpolung des Stromflusses sicherstellt.

Dies zeigt, dass es durch Umkehrung des Generator-Prinzips möglich ist, elektrische in mechanische Energie umzuwandeln, was beispielsweise bei **Elektromotoren** ausgenutzt wird.

3. Die Existenz einer Induktionsspannung zeigt, dass zwischen den Enden der Induktionsspule ein elektrischer Potentialunterschied vorhanden ist. Nach Abschnitt 4.1 ist dieses Potential aber immer mit einem elektrischen Feld verbunden, was Folgendes zeigt:

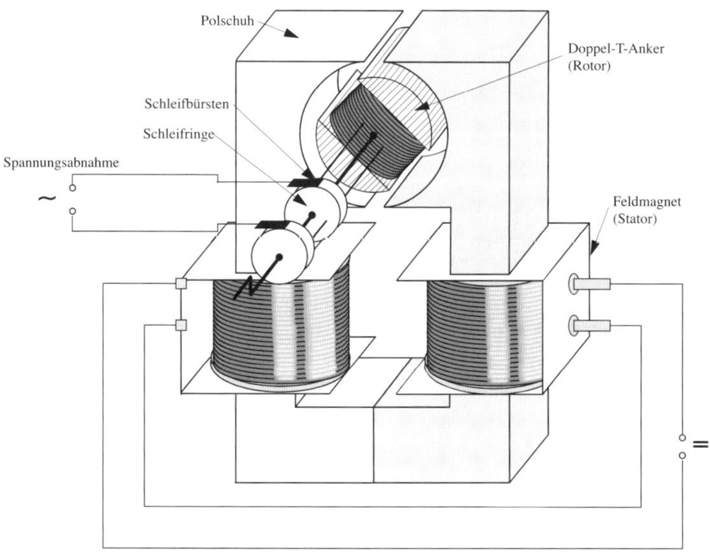

Abb. 6.6

Eine zeitliche Änderung der magnetischen Flussdichte erzeugt ein elektrisches Feld, dessen Feldlinien geschlossen sind und senkrecht zur magnetischen Flussdichte stehen (vgl. Abb. 6.7).

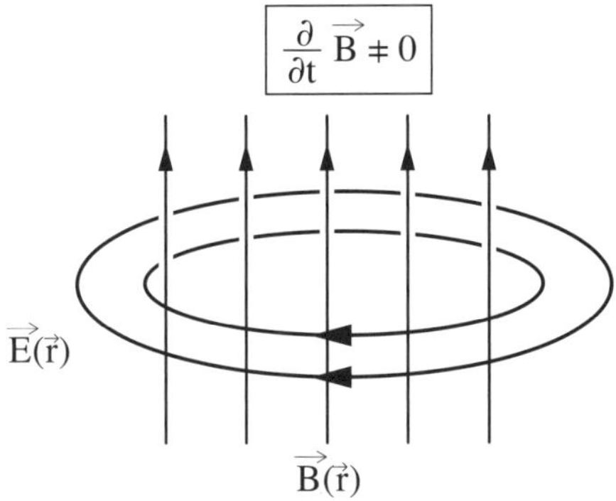

Abb. 6.7

Wird ein geschlossener Leiter in dieses elektrische Feld gebracht, so werden die frei beweglichen Ladungsträger durch das Feld beschleunigt, und ein Kreisstrom (**Wirbelstrom**) setzt ein, der die elektrische Feldenergie in Wärme umwandelt. In ausgedehnten Leitern können diese (magnetisch induzierten) Wirbelströme zu einer starken Erwärmung des Leiters führen, was man sich beispielsweise beim Induktionsherd zunutze macht. Hier wird die zeitliche Änderung der magnetischen Flussdichte durch eine Spule im Herd erzeugt, die mit einem Wechselstrom betrieben wird und somit eine sich zeitlich verändernde magnetische Flussdichte verursacht. Diese Flussdichte dringt durch den Metallboden der Töpfe und Pfannen und erzeugt dort starke Wirbelströme.

4. Aus Abschnitt 4.1 und Punkt 3 folgt:

Es gibt zwei Quellen für elektrische Felder: (1) **ruhende Ladungen** erzeugen elektrische Felder, die **konservativ** und **wirbelfrei** sind (vgl. Abb. 4.2a/b), während (2) eine **zeitliche Änderung** der **magnetischen Flussdichte** ein **nicht-konservatives** elektrisches Feld mit geschlossenen Feldlinien erzeugt (vgl. Abb. 6.7).

Lenz'sche Regel und Induktivität einer Spule

Das Minuszeichen in Gl. 6.3 hat einen profunden, physikalischen Grund

> **Lenz'sche Regel**
> Wird durch die Veränderung des magnetischen Flusses Ψ_{mag} an den Enden einer Leiterschleife eine Spannung U_{ind} induziert, so wirkt diese Spannung ihrer Ursache immer entgegen.
> Das bedeutet: Ist die Leiterschleife geschlossen, so wird eine induzierte Spannung U_{ind} immer durch einen Stromfluss I_{ind} begleitet. Man kann sich die Leiterschleife daher als stromdurchflossene Spule vorstellen, die selbst eine magnetische Flussdichte $\vec{B}_{ind}(\vec{r})$ erzeugt. Die Lenz'sche Regel besagt dann, dass diese „induzierte" magnetische Flussdichte $\vec{B}_{ind}(\vec{r})$ der ursprünglichen Flussdichte stets entgegengerichtet ist.

Praktisch bedeutet dies, dass Spulen all jenen Prozessen einen Widerstand entgegensetzen, die zu einer Veränderung ihres Stromflusses führen würden. Erhöhen wir beispielsweise den Strom, so wird hierdurch automatisch auch die (von der Spule erzeugte) magnetische Flussdichte und somit der magnetische Fluss durch die Querschnittsfläche der Spule erhöht. Diese Änderung der magnetischen Flussdichte induziert daher eine Spannung, die (gemäß der Lenz'schen Regel) gegen die Stromerhöhung wirkt.

Je größer diese induzierte Spannung ist, desto größer ist daher auch der Widerstand der Spule. Somit ist es sinnvoll, folgende Größe zu definieren:

> Verändert sich die Stromstärke I, mit der ein elektrischer Strom eine Spule durchfließt, so verändert sich auch der magnetische Fluss Ψ_{mag} durch die Querschnittsfläche der Spule. Dies erzeugt an den Leiterenden der Spule (Faraday'sches Gesetz) eine Induktionsspannung U_{ind}, die proportional zur Änderung der Stromstärke ist. Die Proportionalitätskonstante
>
> $$U_{ind} = -L \cdot \frac{d}{dt} I \qquad (6.4)$$
>
> bezeichnet man als **Induktivität** L der Spule.

Bemerkungen:

1. Diese Gesetzmäßigkeit wurde im Jahr 1833 von Heinrich Lenz (1804 – 1865) abgeleitet und kann als Spezialfall der Energieerhaltung angesehen werden: Wäre der induzierte Wirbelstrom der Ursache nicht entgegengerichtet, so würde er zu

einer Verstärkung der äußeren Flussdichte führen, die ihrerseits wieder die Wirbelstromstärke erhöht usw.
2. Aus Gl. 6.3 und 6.4 kann man sofort auf $\Psi_{mag}(t) = L \cdot I(t)$ schließen.
3. Wird Materie in den Spulenkörper eingebracht, so verändert sich hierdurch die magnetische Flussdichte (→ Abschnitt 5.3) und daher auch die Induktivität (analog zu den Überlegungen zur Kapazität, Abschnitt 4.3).

Übung:
In Abschnitt 5.1 wurde mit Gl. 5.8 gezeigt, dass die magnetische Flussdichte im Mittelpunkt in einer sehr langen Zylinder-Spule (Länge l, Radius R, $l >> R$) durch $\vec{B}(0) = \vec{e}_z \cdot \frac{\mu_0 I N}{l}$ gegeben ist. Zeigen Sie, dass die Induktivität dieser Spule durch $L = \mu_0 \cdot N^2 \cdot V/l^2$ gegeben ist, wenn Sie in Näherung annehmen, dass die Flussdichte $\vec{B}(0)$ das Volumen V der Spule homogen ausfüllt.

Lösung:
Da wir annehmen, dass die magnetische Flussdichte homogen ist und senkrecht auf der Querschnittsfläche A der Spule steht, folgt für den magnetischen Fluss

$$\Psi_{mag} = N \cdot \int_A \vec{B}(\vec{r}) \cdot d\vec{A} = N \cdot B(0) \cdot A = N \cdot \frac{\mu_0 I N}{l} \cdot A = \frac{\mu_0 N^2 \cdot V}{l^2} \cdot I$$

(mit dem Volumen $V = l \cdot A$). Ein Vergleich mit $\Psi_{mag}(t) = L \cdot I(t)$ liefert sofort die Behauptung.

Wirkung der Induktivität und die magnetische Feldenergie
Übung:
Betrachten Sie eine Spule (Induktivität L), die in Reihe mit einer Spannungsquelle U_0 und einem Ohm'schen Widerstand R geschaltet ist (vgl. Abb. 6.8). Zum Zeitpunkt $t = 0$ werde der Schalter S geschlossen, so dass ein Stromfluss einsetzen kann. Zeigen Sie, dass die Stromstärke dann durch

$$I(t) = \frac{U_0}{R} \cdot \left[1 - \exp\left(-\frac{R}{L} \cdot t\right)\right] \quad (6.5)$$

gegeben ist.

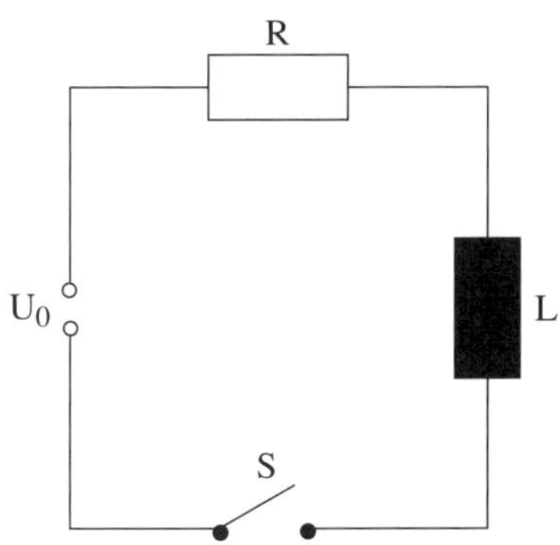

Abb. 6.8

Lösung:
Da im System keine Knoten vorhanden sind, folgt daraus, dass durch Widerstand und Spule der gleiche Strom $I(t)$ fließt (Knotensatz). Ferner muss der Spannungsabfall U_R über dem Widerstand der Summe aus U_0 und der Induktionsspannung entsprechen (Maschensatz), d.h.

$$U_R = U_0 + U_{ind} \rightarrow R \cdot I(t) = U_0 - L \cdot \frac{d}{dt} I(t). \qquad (6.5)$$

Zur Lösung differenzieren wir Gl. 6.5 erneut nach der Zeit (was dazu führt, dass der konstante Faktor U_0 verschwindet):

$$R \cdot \frac{d}{dt} I(t) = -L \cdot \frac{d^2}{dt^2} I(t) \rightarrow R \cdot Y(t) = -L \cdot \frac{d}{dt} Y(t) \rightarrow \frac{R}{L} \cdot dt = -\frac{dY(t)}{Y(t)}$$

$$\rightarrow -\frac{R}{L} \cdot \int_0^t dt = \int_{Y(0)}^{Y(t)} \frac{dY(t)}{Y(t)} \rightarrow -\frac{R}{L} \cdot t = \log \frac{Y(t)}{Y(0)} \rightarrow Y(t) = Y(0) \cdot \exp\left(-\frac{R}{L} \cdot t\right)$$

(wobei zur Vereinfachung die Größe $Y(t) = \frac{d}{dt} I(t)$ eingeführt wurde).

Nochmalige Integration liefert dann den Verlauf der Stromstärke:

$$Y(t) = \frac{d}{dt} I(t) \rightarrow I(t) - I(0) = \int_0^t Y(t) \cdot dt \rightarrow I(t) = -\frac{L}{R} \cdot Y(0) \cdot \left[\exp\left(-\frac{R}{L} \cdot t\right)\right]_0^t$$

$$\rightarrow I(t) = \frac{L}{R} \cdot Y(0) \cdot \left[1 - \exp\left(-\frac{R}{L} \cdot t\right)\right],$$

wobei $I(0) = 0$ verwendet wurde. Ferner kann die Anfangsbedingung $Y(0)$ aus Gl. 6.5 durch Einsetzen von $I(0) = 0$ berechnet werden:

$U_0 = R \cdot I(0) + L \cdot \frac{d}{dt} I(0) \rightarrow U_0 = L \cdot Y(0)$, woraus die Behauptung folgt.

Der zeitliche Verlauf des Einschaltvorgangs ist in Abb. 6.9 dargestellt, und man erkennt deutlich, dass die Stromstärke ihren stationären Wert von $I_{stat} = U_0 / R$ nicht sofort annimmt, sondern sich ihm exponentiell annähert. Je größer die Induktivität ist, desto länger dauert dieser Prozess und desto stärker widersetzt sich die Spule also einer Änderung von I. Vereinfacht ausgedrückt hält die Induktivität den ursprünglichen Stromfluss aufrecht. Je höher sie ist, desto träger verhält sich die Spule bezüglich der Änderungen des Stromflusses.

Würde man den Schalter S nun wieder öffnen, so würde der Stromfluss schlagartig stoppen ($I(t) \rightarrow 0$), so dass die zeitliche Änderung der Stromstärke sehr groß wäre. Nach Gl. 6.4 kann die Induktionsspannung an der Spule ebenfalls sehr hoch sein, deutlich höher als die ursprünglich angelegte Spannung U_0. Diese Spannungsspitze kann beispielsweise zu einem Funkenschlag am Schalter oder zu einer Beschädi-

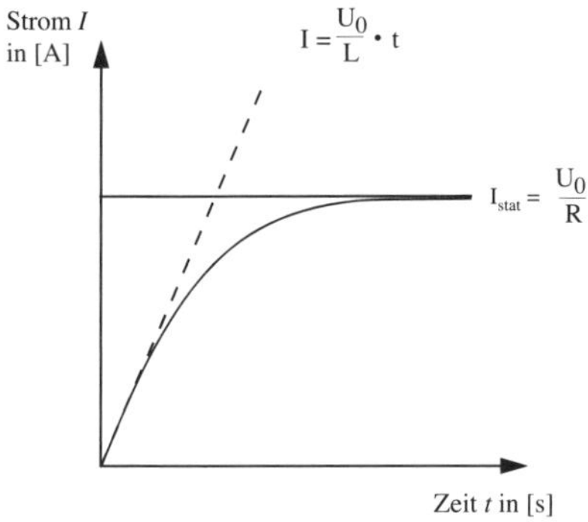

Abb. 6.9

gung von Bauteilen im Schaltkreis führen. Schaltungen, die Spulen enthalten, müssen daher immer gegen derartige Spannungsspitzen abgesichert werden.

Da die Spule einer Änderung des Stromflusses einen Widerstand entgegensetzt, muss Arbeit verrichtet werden, wenn der Strom durch die Spule von $I = 0$ auf I_{stat} erhöht wird (→Abschnitt 1.7):

Verändert sich der Strom, der durch eine Spule (Induktivität L) fließt, pro Zeiteinheit dt um dI, so erzeugt die Spule die Induktionsspannung

$$U_{ind} = -L \cdot \frac{d}{dt} I(t),$$

welche der Änderung um dI entgegengesetzt ist. Daher muss die Arbeit

$$dW_{el} = U_{ind} \cdot I(t) \cdot dt = -L \cdot I(t) \cdot dI(t) \quad (6.6)$$

verrichtet werden (→ Abschnitt 4.3), damit der Strom gegen die Induktionsspannung fließen kann. Integration von Gl. 6.6 führt dann zur Arbeit $W_{el} = -\frac{L}{2} \cdot I^2_{stat}$, die verrichtet werden muss, um den Strom durch die Spule von $I = 0$ auf I_{stat} zu erhöhen. Wie beim Kondensator geht diese Arbeit jedoch nicht verloren, sondern wird in der von der Spule erzeugten magnetischen Flussdichte gespeichert. Wir können der Spule daher folgende potentielle Energie zuschreiben:

> Ein Spule mit Induktivität L, die von einem Strom mit der Stromstärke I durchflossen wird, speichert in ihrer magnetischen Flussdichte die potentielle Energie
> $E_{mag} = \frac{L}{2} \cdot I^2.$

Anwendung – Transformator

Da die Feldlinien der magnetischen Flussdichte immer geschlossen sind, eröffnet sich eine Möglichkeit, magnetische Energie zwischen zwei Spulen zu transportieren, was exemplarisch beim **Transformator** in Abb. 6.10 wiedergegeben wurde. Er besteht aus zwei Spulen (**Primär-** und **Sekundärspule**) mit Windungszahlen N_P bzw. N_S , die über einen Ring (**Kern**) mit hoher magnetischer Permeabilität (z.B. Eisen) miteinander verbunden sind, so dass die magnetischen Feldlinien fast ausschließlich innerhalb des Rings verlaufen.

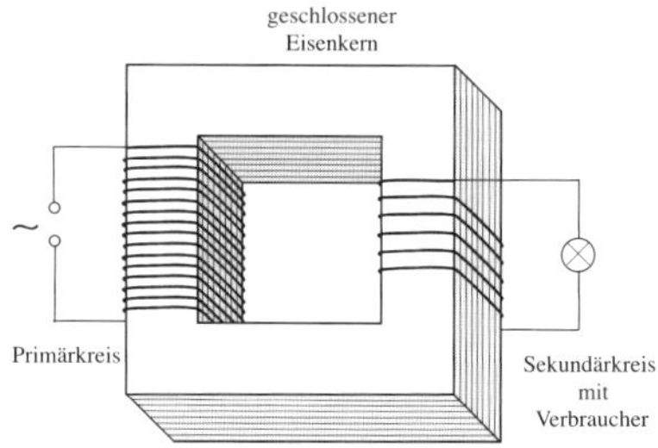

Abb. 6.10

Wird nun eine Wechselspannung (Amplitude U_P) an der Primärspule angelegt, so erzeugt dies eine zeitlich veränderliche magnetische Flussdichte, die durch den Kern auf die Sekundärspule übertragen wird und dort eine Wechselspannung mit Amplitude U_S erzeugt. Da die Feldlinien geschlossen sind, besitzen beide Spulen den gleichen magnetischen Fluss $\Psi_{mag,1} = \Psi_{mag,2}$, und man kann leicht folgende Aussagen ableiten:

> Ist die Sekundärspule unbelastet (d.h. nicht weiter beschaltet), so gilt für das Verhältnis der Spannungsamplituden
> $U_S / U_P = N_S / N_P$.
> Wird die Sekundärspule hingegen durch einen Ohm'schen Widerstand belastet, so gilt für das Verhältnis der Amplituden der Stromstärke
> $I_S / I_P = N_P / N_S$.

Bemerkungen:

1. Diese Gleichungen sind natürlich nur gültig, sofern keine Energie (z.B. aufgrund magnetischer Hysterese) verloren geht. Um beispielsweise Verluste aufgrund von Wirbelströmen im Kern zu vermeiden, werden häufig geschichtete Kerne verwendet, deren Schichten gegeneinander isoliert wurden. Derartige Transformatoren sind in der Lage, Spannungen nahezu verlustfrei umzuwandeln.
2. Beide Gleichungen werden in der Literatur häufig auch in der Form $U_S / U_P = -N_S / N_P$ bzw. $I_S / I_P = -N_P / N_S$ geschrieben, wobei das Minuszeichen an-

deutet, dass die Wechselspannung im Primär- und Sekundärkreis um 180° phasenverschoben ist (Lenz'sche Regel).

3. Je nach Anwendungszweck müssen die Spulen des Transformators dimensioniert werden: Benötigt man hohe Spannungen, so muss hierfür N_S deutlich größer als N_P gemacht werden. Werden hingegen hohe Stromstärken verlangt, so wird man eine Primärspule mit vielen Windungen und eine Sekundärspule mit u.U. nur einer Windung wählen. Ein Transformator kann daher nicht gleichzeitig auf hohe Spannung und Strom dimensioniert werden.

6.2 Wechselstrom-Netzwerke

In diesem Abschnitt werden wir elektrische Netzwerke betrachten, die mit einem Wechselstrom betrieben werden und lediglich aus Ohm'schen Widerständen, Kondensatoren oder Spulen bestehen. Wir werden sehen, dass Strom und Spannung in derartigen Netzwerken im Allgemeinen zeitlich gegeneinander verschoben sind (Phasenverschiebung), so dass wir unseren Begriff der elektrischen Leistung erweitern müssen. Ferner wird sich zeigen, dass an idealen Kondensatoren und Spulen zwar eine elektrische Leistung abfällt, diese jedoch im Gegensatz zum Ohm'schen Widerstand nicht in eine Wärmeleistung umgewandelt wird und dem Stromkreis daher weiterhin zur Verfügung steht. Wir werden daher in diesem Abschnitt unterschiedliche Formen von elektrischer Leistung miteinander vergleichen und ihre Bedeutung diskutieren.

Elektrische Leistung in Wechselstromnetzwerken

In Abschnitt 4.4 wurde gezeigt, dass über einem elektrischen Verbraucher, der von einem Strom der Stromstärke I durchflossen wird, stets eine Spannung U abfällt, so dass mit dem Stromfluss die elektrische Leistung

$$P_{el} = \frac{d}{dt} W_{el} = U \cdot I \tag{6.7}$$

verbunden ist.

Im Gleichstromfall sind sowohl I als auch U und P_{el} zeitlich konstant. Wird der Verbraucher hingegen durch einen Wechselstrom mit Kreisfrequenz ω und Amplitude I_0 durchflossen,

$I(t) = I_0 \cdot \sin(\omega \cdot t)$,

so wird sich im Allgemeinen auch der Spannungsabfall U zeitlich mit der Kreisfrequenz ω verändern. Zusätzlich findet man häufig, dass Strom und Spannung zeitlich gegeneinander verschoben sind, d.h. gegeneinander eine (zeitlich konstante)

Phasenverschiebung φ_0 aufweisen:
$U(t) = U_0 \cdot \sin(\omega \cdot t + \varphi_0)$.
Aus Gl. 6.7 folgt daher als elektrische Leistung des Verbrauchers
$P_{el}(t) = U(t) \cdot I(t) = I_0 \cdot U_0 \cdot \sin(\omega \cdot t) \cdot \sin(\omega \cdot t + \varphi_0)$.
Sie kann mit Hilfe von trigonometrischen Additionstheoremen in

$$P_{el}(t) = \frac{I_0 \cdot U_0}{2} \cdot \left((1 - \cos(2 \cdot \omega \cdot t)) \cdot \cos \varphi_0 + \sin(2 \cdot \omega \cdot t) \cdot \sin \varphi_0\right) \qquad (6.8)$$

umgeformt werden.

Die elektrische Leistung setzt sich im Wechselstromfall aus zwei Termen zusammen:

(1) Der erste Term $P_{Wirk}(t) = \frac{I_0 \cdot U_0}{2} \cdot \left(1 - \cos(2 \cdot \omega \cdot t)\right) \cdot \cos \varphi_0$ führt eine Kosinus-Schwingung mit der doppelten Kreisfrequenz $2 \cdot \omega$ um den (zeitlichen) Mittelwert $< P_{Wirk} >= I_0 \cdot U_0 \cdot \cos(\varphi_0)/2$ durch und nimmt immer positive Werte an. Diese Leistung ist ein Maß für die Energie, die im Netzwerk zur Umwandlung in andere Energieformen (beispielsweise in thermische Energie) zur Verfügung steht, und wird daher als **Wirkleistung** bezeichnet (die dem Generator ständig entzogen wird).

(2) Der zweite Term $P_{Blind}(t) = \frac{I_0 \cdot U_0}{2} \cdot \sin(2 \cdot \omega \cdot t) \cdot \sin \varphi_0$ schwingt sinusförmig mit der doppelten Kreisfrequenz, nimmt aber sowohl positive als auch negative Werte an. Offensichtlich wird während einer Periode genau so viel Leistung $P_{Blind}(t)$ durch den Wechselstromkreis aufgenommen, wie auch wieder an den Generator abgegeben wird. Die zugehörige Energie wird somit ständig zwischen Wechselstromkreis und Generator hin und her transferiert und steht für eine Umwandlung in andere Energieformen nicht zur Verfügung. Daher wird $P_{Blind}(t)$ als **Blindleistung** bezeichnet.

Bemerkung:
Obwohl im zeitlichen Mittel keine Blindleistung umgesetzt wird, muss sie den Wechselstromnetzwerken dennoch zeitweise zugeführt werden, damit eine Schwingung möglich ist. Da mit dem zusätzlichen Energietransport immer Leitungsverluste verbunden sind, ist man in der Praxis bestrebt, die Blindleistung möglichst klein zu halten. Weiter unten werden wir Realisierungsmöglichkeiten hierfür aufzeigen.

Wirk- und Blindwiderstände

Gl. 6.8 zeigt, dass sowohl Wirk- als auch Blindleistung nicht nur von den Amplituden I_0 und U_0, sondern auch von der Phasenverschiebung φ_0 (zwischen Strom und Spannung) abhängen. Wenn I und U in Phase schwingen ($\varphi_0 = 0$), wird die Wirkleistung maximal, während die Blindleistung verschwindet. Die vom Generator abgegebene Energie wird vollständig durch das Netzwerk aufgenommen und in andere Energieformen umgewandelt, so dass man den **Wirkwiderstand** des Netzwerks durch $X_{Wirk} = U_0 / I_0$ definieren kann.
Die Umkehrung finden wir vor, wenn eine Phasenverschiebung von $\varphi_0 = \pm\pi/2$ vorliegt: Hier verschwindet die Wirkleistung, während die Blindleistung maximal wird, so dass man in Analogie durch $X_{Blind} = U_0 / I_0$ den **Blindwiderstand** des Netzwerks berechnen kann.

Ohm'sche Widerstände

Bei einem Ohm'schen Widerstand R besteht zwischen Stromstärke I und Spannungsabfall U stets der Zusammenhang $U = R \cdot I$ (→Abschnitt 4.3). Wird daher ein Ohm'scher Widerstand durch den Wechselstrom $I(t) = I_0 \cdot \sin(\omega \cdot t)$ durchflossen, so folgt für den Spannungsabfall
$U(t) = R \cdot I(t) = R \cdot I_0 \cdot \sin(\omega \cdot t)$ (vgl. Abb. 6.11).
Das bedeutet, dass die Phasenverschiebung Null ($\varphi_0 = 0$) ist, so dass die Blindleistung verschwindet ($P_{Blind}(t)$) und im zeitlichen Mittel am Ohm'schen Widerstand die maximal mögliche Wirkleistung

$$< P_{Wirk,R} > = \frac{I_0 \cdot U_0}{2} = \frac{R \cdot I_0^2}{2}$$

abfällt.

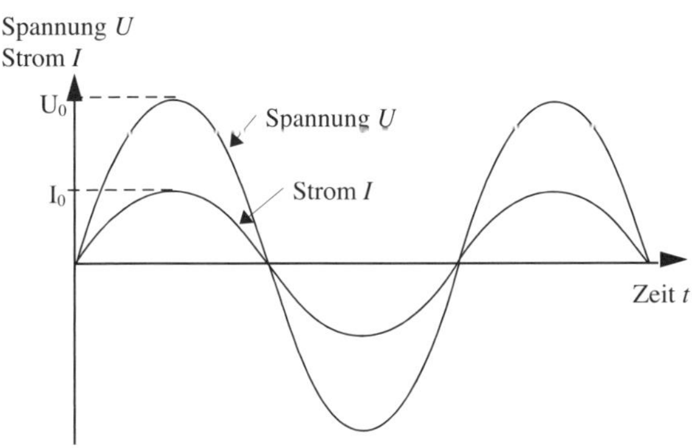

Abb. 6.11

Da U und I in Phase sind ($\varphi_0 = 0$), fällt im Wechselstromfall an einem Ohm'schen Widerstand lediglich ein Wirkwiderstand der Größe $X_{\text{Wirk,R}} = R$ ab. Der Blindwiderstand ist Null.

Spulen

Wird eine ideale Spule (Induktivität L) durch den Wechselstrom

$I(t) = I_0 \cdot \sin(\omega \cdot t)$

durchflossen, so wird hierdurch an der Spule die Induktionsspannung (→ Abschnitt 6.1)

$$U_{\text{ind}}(t) = -L \cdot \frac{\mathrm{d}}{\mathrm{d}t} I(t) = -L \cdot \omega \cdot I_0 \cdot \cos(\omega \cdot t)$$

erzeugt. Damit ein Stromfluss $I(t)$ stattfinden kann, muss der Generator die Induktionsspannung durch eine äußere Spannung $U(t)$ genau kompensieren (Maschensatz), was auf

$U(t) = -U_{\text{ind}}(t) = L \cdot \omega \cdot I_0 \cdot \cos(\omega \cdot t) = L \cdot \omega \cdot I_0 \cdot \sin(\omega \cdot t + \pi/2)$

führt. Das bedeutet, dass die Spannung dem Strom bei der Spule um $\varphi_0 = \pi/2$ vorauseilt (vgl. Abb. 6.12), so dass die Wirkleistung verschwindet: $P_{\text{Wirk}}(t) = 0$ (wie wir es auch von einer idealen Spule erwarten würden).

Bei einer idealen Spule sind U und I um $\varphi_0 = \pi/2 = 90°$ phasenverschoben, so dass im Wechselstromfall lediglich ein Blindwiderstand der Größe

$X_{\text{Blind,L}} = \omega \cdot L$

an der Spule abfällt. Der Wirkwiderstand ist Null.

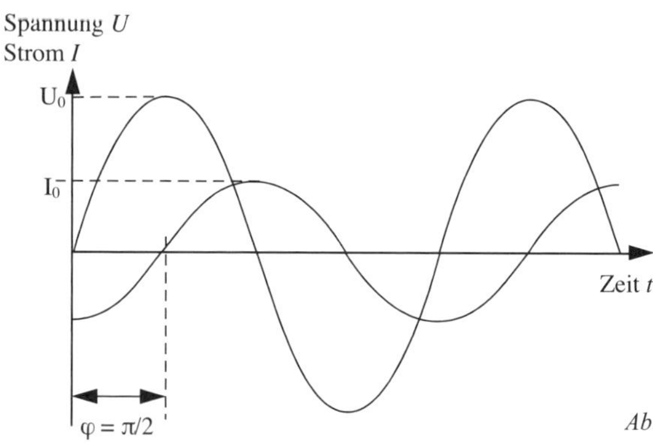

Abb. 6.12

Kondensatoren

Für die Ladung Q eines Kondensators (Kapazität C) gilt nach Abschnitt 4.2 die Gleichung $Q = C \cdot U$. Eine Wechselspannung

$U(t) = U_0 \cdot \sin(\omega \cdot t)$

wird daher die Aufladung des Kondensators ständig verändern, was nur möglich ist, wenn der Strom

$$Q(t) = C \cdot U(t) \rightarrow I(t) = \frac{\mathrm{d}}{\mathrm{d}t} Q(t) = C \cdot \frac{\mathrm{d}}{\mathrm{d}t} U(t)$$

$$\rightarrow I(t) = \omega \cdot C \cdot U_0 \cdot \cos(\omega \cdot t) = \omega \cdot C \cdot U_0 \cdot \sin(\omega \cdot t + \pi/2))$$

Ladungsträger zwischen den Kondensatorplatten transportiert. Der Strom eilt der Spannung daher um $\pi/2$ voraus (vgl. Abb. 6.13), und man stellt fest, dass die Wirkleistung, analog zur Spule, verschwindet: $P_{\text{Wirk}}(t) = 0$.

> Bei einem idealen Kondensator sind U und I um $\varphi_0 = -\pi/2 = -90°$ phasenverschoben, so dass im Wechselstromfall lediglich ein Blindwiderstand der Größe $X_{\text{Blind,C}} = -1/(\omega \cdot C)$ an der Spule abfällt. Der Wirkwiderstand ist Null.

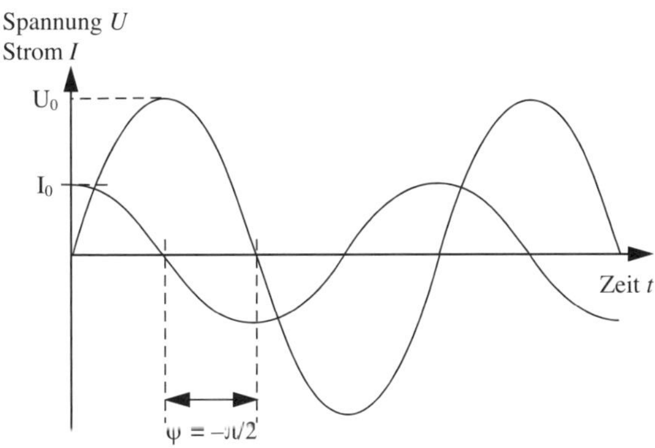

Abb. 6.13

Scheinwiderstand (Impedanz)

Die Überlegungen zeigen, dass ideale Spulen bzw. Kondensatoren lediglich einen Blindwiderstand im Wechselstromnetzwerk erzeugen, der (im zeitlichen Mittel) im Stromkreis zu keinem Energieverlust führt. Dennoch kommt ihnen bei der Berechnung des Stromflusses eine große Bedeutung zu, was folgende Grenzfälle anschaulich zeigen:

(1) Für $\omega \to 0$ (Gleichstromfall) wird der Blindwiderstand der Spule Null ($X_{\text{Blind,L}} = 0$), da ohne zeitliche Änderung des Stromflusses auch keine Induktionsspannung an der Spule entsteht. Sie verhält sich daher in diesem Grenzfall wie ein idealer Leiter. Hingegen unterbindet der Kondensator jeglichen Stromfluss ($X_{\text{Blind,C}} \to \infty$), da beim Gleichstrom nur solange ein Strom am Kondensator fließt, bis dieser vollständig aufgeladen ist. Im Stationären ist kein Stromfluss mehr möglich, was äquivalent zu einem unendlichen Widerstand ist.

(2) Für $\omega \to \infty$ kehrt sich die Situation um, d.h., der Scheinwiderstand des Kondensators wird Null ($X_{\text{Blind,C}} = 0$), da kurzfristig immer Ladungen durch den Kondensator auf das Netzwerk übertragen werden bzw. von ihm aufgenommen werden können. Durch die hohe Änderung des Stromflusses wird jedoch auch die Induktionsspannung an der Spule sehr groß, so dass nun die Spule jeglichen Stromfluss verhindert ($X_{\text{Blind,L}} \to \infty$).

Dies zeigt, dass auch Blindwiderstände im Netzwerk betrachtet werden müssen. Im Allgemeinen wird an einer Schaltung, die durch den Strom
$I(t) = I_0 \cdot \sin(\omega \cdot t)$
durchflossen wird, eine Spannung der Form
$U(t) = U_0 \cdot \sin(\omega \cdot t + \varphi_0)$.
abfallen. Wie im Gleichstromfall kann man durch
$Z = U_0 / I_0$
den **Scheinwiderstand** bzw. die **Impedanz** des Netzwerks definieren. Besteht es lediglich aus Widerständen, die alle entweder parallel oder in Reihe zueinander ge-

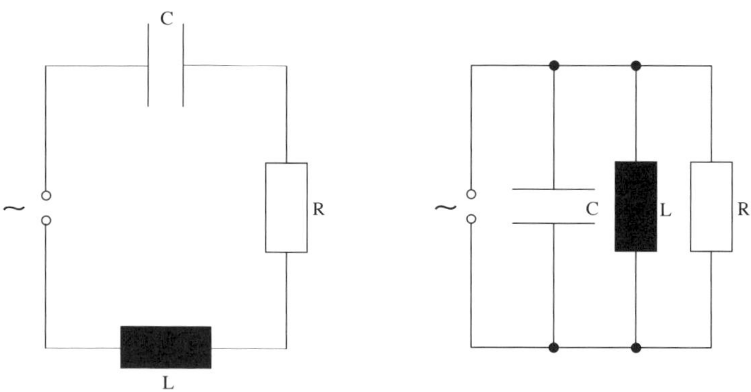

Abb. 6.14 a und b

schaltet sind, so kann man leicht zeigen, dass die Impedanz durch $Z = \sqrt{X^2_{\text{Blind}} + X^2_{\text{Wirk}}}$ (bei Reiheschaltung der Widerstände) bzw. $1/Z = \sqrt{1/X^2_{\text{Blind}} + 1/X^2_{\text{Wirk}}}$ (bei Parallelschaltung der Widerstände) gegeben ist, wobei X_{Blind} und X_{Wirk} die effektiven Blind- bzw. Wirkwiderstände sind, die analog zu den Widerstandsgesetzen aus Abschnitt 4.4 berechnet werden können:

> Sind mehrere Blindwiderstände $X_{\text{Blind},1}$ bis $X_{\text{Blind},n}$ **nacheinander (in Reihe)** geschaltet (wie z.B. in Abb. 6.14a), so können sie durch den effektiven Blindwiderstand $X_{\text{Blind,ges}} = \sum_{i=1}^{n} X_{\text{Blind},i}$ ersetzt werden.
> Werden sie jedoch parallel zueinander geschaltet (wie z.B. in Abb. 6.14b), so bilden sie einen Blindwiderstand $X_{\text{Blind,ges}}$, dessen Kehrwert durch die Summe der einzelnen Widerstandskehrwerte gegeben ist: $X^{-1}_{\text{Blind,ges}} = \sum_{i=1}^{n} X^{-1}_{\text{Blind},i}$.
> Für Wirkwiderstände gelten nach Abschnitt 4.4 die gleichen Regeln.

Übung:
Berechnen Sie die Scheinwiderstände in den Abb. 6.14. Bei welcher Kreisfrequenz ω_{Res} wird die Impedanz minimal, d.h. der Stromfluss durch die Schaltung maximal?

Lösung:
In beiden Abbildungen ist nur ein Wirkwiderstand vorhanden. Somit ist der effektive Wirkwiderstand durch $X_{\text{Wirk}} = R$ gegeben. In Abb. 6.14a sind die Blindwiderstände in Reihe geschaltet, so dass für diesen Fall der effektive Blindwiderstand durch $X_{\text{Blind}} = X_{\text{Blind,L}} + X_{\text{Blind,C}} = \omega \cdot L - \frac{1}{\omega \cdot C}$ gegeben ist und die Impedanz zu

$$Z_{\text{Reihe}} = \sqrt{X^2_{\text{Blind}} + X^2_{\text{Wirk}}} = \sqrt{\left(\omega \cdot L - \frac{1}{\omega \cdot C}\right)^2 + R^2}$$

gegeben ist. Analog folgt für Abb. 6.14b $X^{-1}_{\text{Blind}} = \frac{1}{\omega \cdot L} - \omega \cdot C$
und

$$1/Z_{\text{parallel}} = \sqrt{X^{-2}_{\text{Blind}} + X^{-2}_{\text{Wirk}}} = \sqrt{\left(\frac{1}{\omega \cdot L} - \omega \cdot C\right)^2 + \left(\frac{1}{R}\right)^2}.$$

Die Impedanz wird also immer dann minimal, wenn der Blindwiderstand verschwindet, was hier in beiden Situationen auf

$$\omega_{\text{Res}} \cdot L - \frac{1}{\omega_{\text{res}} \cdot C} = 0 \rightarrow \omega_{\text{Res}} = \sqrt{\frac{1}{L \cdot C}}$$

führt.

Bemerkung:
Im Beispiel wird die Impedanz bei ω_{Res} minimal, da sich die Blindwiderstände von Spule und Kondensator (zumindest bei dieser Frequenz) gegenseitig kompensieren. Das Wechselstromnetzwerk verhält sich daher bei ω_{Res} wie ein reiner Wirkwiderstand, so dass in dieser Situation mit dem Blindwiderstand auch die Blindleistung im Netzwerk verschwindet. Man kann daher durch geeignete Wahl der Parameter eine Blindleistung im Netzwerk (zumindest für eine Frequenz) vermeiden.

6.3 Elektrische Schwingkreise und Ausbreitung elektromagnetischer Wellen im Vakuum

In diesem Abschnitt werden wir sehen, dass bei einer Parallelschaltung von Spule und Kondensator eine ständige Energieumwandlung zwischen der elektrischen (Kondensator) und der magnetischen Energie (Spule) stattfinden kann, so dass dieser Stromkreis (**LC-Schwingkreis**) eigenständig **elektromagnetische Schwingungen** durchführen kann.
Ferner wird sich zeigen, dass diese Schwingungen nicht auf den Schwingkreis begrenzt sind, sondern sich unter bestimmten Bedingungen als **elektromagnetische Wellen** im Raum ausbreiten können. James Clerk Maxwell (1831 – 1879) war der Erste, der diese Gesetzmäßigkeit im Jahr 1864 ableitete. 1886 konnte sie durch Heinrich Hertz (1857 – 1894) experimentell nachgewiesen werden (**Hertz'scher Dipol**).
Es zeigte sich, dass die Geschwindigkeit elektromagnetischer Wellen mit der Geschwindigkeit des Lichtes übereinstimmt, was bereits Maxwell zu der Vermutung veranlasste, Licht stelle lediglich einen Spezialfall elektromagnetischer Wellen dar. Diese Auffassung ist heute allgemein akzeptiert und erlaubt es, die Ausbreitung von Licht im Vakuum (siehe unten) bzw. in Materie (→ Abschnitt 6.4) mit Hilfe der Maxwell'schen Gleichungen und ihrer Konsequenzen zu beschreiben.

Ungedämpfter Schwingkreis
Übung:
Betrachten Sie den in Abb. 6.15 abgebildeten Schaltkreis, bei dem die Spule (Induktivität L) und der Kondensator (Kapazität C) parallel geschaltet wurden. Zum Zeitpunkt $t = 0$ sei der Stromfluss $I(0) = 0$, und der Kondensator trage die Ladung $Q(0) = Q_0$. Zeigen Sie, dass der Stromfluss dann durch $I(t) = -Q_0 \cdot \omega \cdot \sin(\omega \cdot t)$ beschrieben wird.

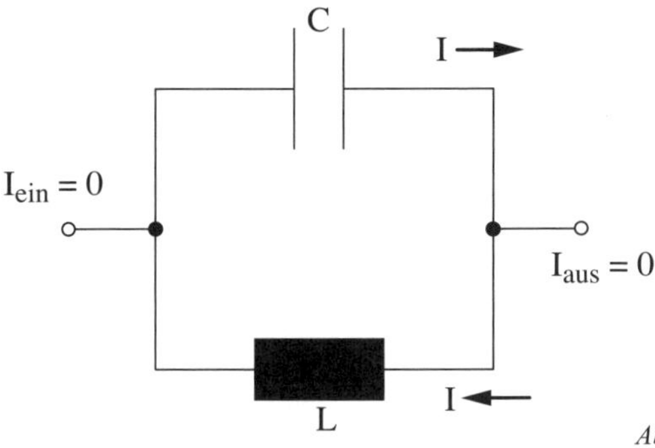

Abb. 6.15

Lösung:

Da keine Knoten vorhanden sind, muss der Stromfluss durch die Spule der Änderung der Kondensatorladung $Q(t)$ entsprechen (Knotenregel)

$$I(t) = \frac{\mathrm{d}}{\mathrm{d}t} Q(t). \tag{6.9}$$

Des Weiteren wird eine zeitliche Änderung der Stromstärke $I(t)$ an den Enden der Spule die Induktionsspannung

$$U_{\text{ind}}(t) = -L \cdot \frac{\mathrm{d}}{\mathrm{d}t} I(t) = -L \cdot \frac{\mathrm{d}^2}{\mathrm{d}t^2} Q(t)$$

verursachen, die durch die Kondensatorspannung

$$U_{\text{C}}(t) = \frac{Q(t)}{\text{C}} \equiv U_{\text{ind}}(t) = -L \cdot \frac{\mathrm{d}^2}{\mathrm{d}t^2} Q(t)$$

kompensiert werden muss (Maschensatz). Diese Gleichung kann leicht auf die Form des harmonischen Oszillators

$$\frac{Q(t)}{C} + L \cdot \frac{\mathrm{d}^2}{\mathrm{d}t^2} Q(t) = 0 \rightarrow \frac{\mathrm{d}^2}{\mathrm{d}t^2} Q(t) + \omega^2 \cdot Q(t) = 0 \text{ mit } \omega^2 = \frac{1}{L \cdot C}$$

gebracht werden, so dass die allgemeinen Lösungen für $Q(t)$ und $I(t)$ durch

$Q(t) = A \cdot \sin(\omega \cdot t) + B \cdot \cos(\omega \cdot t)$ und

$$I(t) = \frac{\mathrm{d}}{\mathrm{d}t} Q(t) = A \cdot \omega \cdot \cos(\omega \cdot t) - B \cdot \omega \cdot \sin(\omega \cdot t)$$

gegeben sind.

Aus den Randbedingungen $I(0) = 0$ und $Q(0) = Q_0$ folgt sofort

$I(0) = A \cdot \omega \equiv 0 \rightarrow A = 0 \rightarrow Q(t) = B \cdot \cos(\omega \cdot t)$ und

$$Q(t = 0) = B \equiv Q_0 \rightarrow Q_0 \cdot \cos(\omega \cdot t), \tag{6.10a}$$

so dass unter Verwendung von Gl. 6.9 die Behauptung folgt:

$$I(t) = \frac{\mathrm{d}}{\mathrm{d}t} Q(t) = -Q_0 \cdot \omega \cdot \sin(\omega \cdot t). \tag{6.10b}$$

Dieses Beispiel zeigt, dass der in Abb. 6.15 abgebildete Schaltkreis selbstständig eine elektrische Schwingung mit der Kreisfrequenz $\omega^2 = 1/(L \cdot C)$ durchführen kann (Thomson'sche Schwingungsgleichung), d.h. einen elektrischen (**Reihen-**)**Schwingkreis** darstellt.

Der Vorgang der elektrischen Schwingung wird anschaulicher, wenn wir die Energie des Kondensators $E_{el}(t)$ bzw. der Spule $E_{mag}(t)$ berechnen:

$$E_{el}(t) = \frac{1}{2}C \cdot U_C^2(t) = \frac{1}{2}C \cdot \frac{Q_0^2}{C^2} \cdot \cos^2(\omega \cdot t) = \frac{1}{2}\frac{Q_0^2}{C} \cdot \cos^2(\omega \cdot t) \text{ und}$$

$$E_{mag}(t) = \frac{1}{2}L \cdot I^2(t) = \frac{1}{2}L \cdot Q_0^2 \cdot \omega^2 \cdot \sin^2(\omega \cdot t) = \frac{1}{2}\frac{Q_0^2}{C} \cdot \sin^2(\omega \cdot t).$$

Dies zeigt, dass (wie bei den Schwingungen in Abschnitt 1.10) auch beim elektrischen Schwingkreis eine ständige Umwandlung zwischen zwei Energieformen stattfindet (hier zwischen elektrischer und magnetischer Energie), wobei die Gesamtenergie $E_{el}(t) + E_{mag}(t) = Q_0^2/(2 \cdot C)$ zeitlich konstant ist und exakt der Energie entspricht, die dem Schwingkreis zu Beginn zugeführt wurde. Der Schwingkreis kann daher als ein elektrisches Analogon zum Federpendel betrachtet werden: Obwohl beide Schwingungen unterschiedliche Ursachen haben, werden sie dennoch durch völlig analoge Gesetzmäßigkeiten beschrieben.

Bemerkungen:

1. Im Beispiel wurde dem System durch Aufladen des Kondensators Energie zugeführt. Alternativ kann man Energie jedoch auch über die Spule, d.h. über eine magnetische Flussdichte, zuführen.
2. Die Gleichungen 6.10a und b können einen realen Schwingkreis selbstverständlich nur in Näherung beschreiben, da nicht-ideales Verhalten der Komponenten (Leiter, Kondensator und Spule) stets zu einem Verlust von Energie während der Schwingung führt. Dies äußert sich physikalisch in einer Abnahme der im

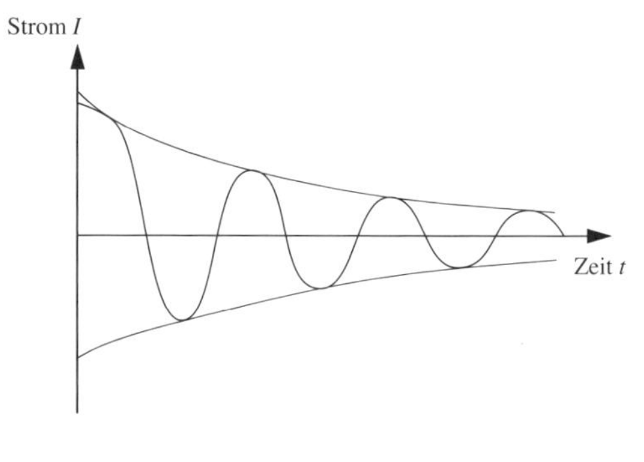

Abb. 6.16

Schwingkreis gespeicherten Energie, d.h. in einer zeitlichen Abnahme der Amplituden von $I(t)$ und $U(t)$ (gedämpfte Schwingung, vgl. Abb. 6.16). Der reale Fall wird daher durch die Schaltung in Abb. 6.14b beschrieben, bei der alle Energieverluste durch den Ohm'schen Widerstand R repräsentiert werden sollen.

Offener Schwingkreis: Hertz'scher Dipol

Die Möglichkeit, elektrische Schwingungen mit Hilfe von Schwingkreisen zu erzeugen, hat bemerkenswerte Konsequenzen. So kann man beispielsweise Schwingkreise derart deformieren, dass die Platten des Kondensators nicht mehr im Schwingkreis, sondern an dessen Enden positioniert sind, vgl. Abb. 6.17. (Dass die beiden Leiterplatten wirklich einen Kondensator bilden, folgt aus der Eigenschaft, dass die Änderung der Kondensatorgeometrie sich lediglich auf dessen Kapazität, nicht aber auf dessen Funktionsweise auswirkt, → Abschnitt 4.2)

Was zunächst wie eine physikalische Spielerei aussieht, hat enorme Auswirkungen: Da noch eine Parallelschaltung von Kondensator und Spule vorliegt, kann das System weiterhin elektrische Schwingungen durchführen. Jedoch ist die elektrische Feldenergie nicht mehr zwischen den Kondensatorplatten lokalisiert, sondern kann sich nun (wie die magnetische Energie) im Raum verteilen (angedeutet durch die Feldlinien in Abb. 6.17). Experimentell stellt man tatsächlich fest, dass die elektrische Schwingung nicht mehr (räumlich) an den Schwingkreis gebunden ist, sondern sich von der Schaltung ablösen und sich selbstständig im Raum ausbreiten kann.

Wie bereits erwähnt, wurde diese Form der (elektromagnetischen) Wellenausbreitung von James Clerk Maxwell (1831 – 1879) mathematisch abgeleitet (wir werden noch einmal darauf zurückkommen) und konnte im Jahr 1886 von Heinrich Hertz (1857 – 1894) durch die Experimente an dem sogenannten **Hertz'schen Dipol** erstmals nachgewiesen werden.

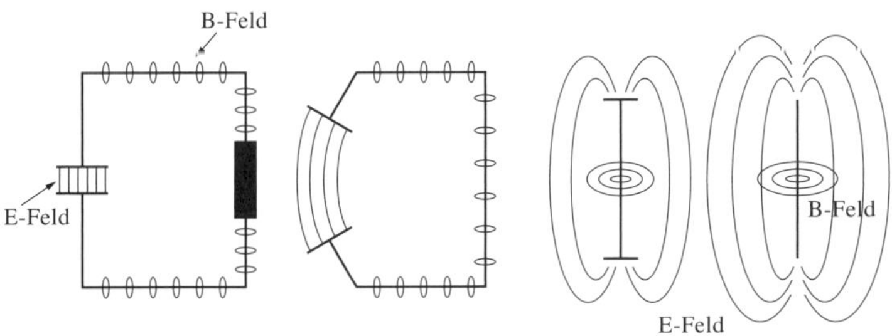

Abb. 6.17

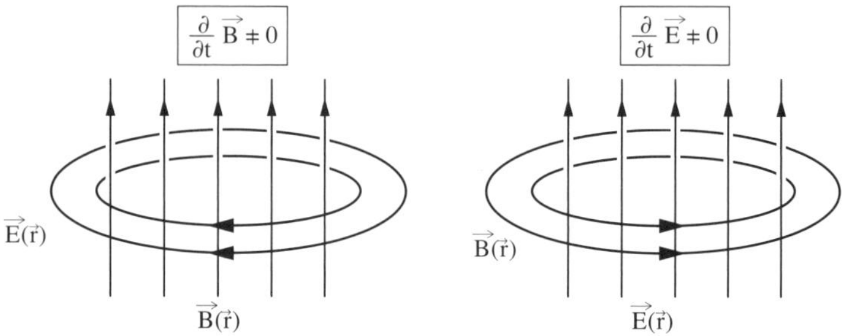

Abb. 6.18 a und b

Diese Eigenschaft der Wellenausbreitung ist deshalb so erstaunlich, da diese hier erstmals nicht an ein Medium gebunden ist. Wir müssen daher klären, welche physikalischen Größen bei dieser Wellenausbreitung miteinander gekoppelt sind:

(1) In Abschnitt 6.1 wurde gezeigt, dass eine zeitlich veränderliche, magnetische Flussdichte $\vec{B}(\vec{r},t)$ ein wirbelförmiges, elektrisches Feld $\vec{E}(\vec{r},t)$ erzeugt, welches sich in einer Ebene senkrecht zur Flussdichte ausbildet (vgl. Abb. 6.18a).

(2) Durch fundierte mathematische und theoretische Überlegungen konnte James Clerk Maxwell nachweisen, dass eine zeitliche Änderung des elektrischen Feldes $\vec{E}(\vec{r},t)$ in Analogie eine (wirbelförmige) magnetische Flussdichte $\vec{B}(\vec{r},t)$ erzeugt, die ebenfalls senkrecht zum elektrischen Feld ausgerichtet ist (vgl. Abb. 6.18b).

Dies zeigt, dass beide Felder miteinander gekoppelt sind: Eine zeitliche Änderung des elektrischen Feldes bewirkt eine Änderung der magnetischen Flussdichte, die wiederum (vgl. Induktionsspannung und Lenz'sche Regel) eine Veränderung des elektrischen Feldes erzeugt usw.

Beim Hertz'schen Dipol findet man diese Kopplung u.a. bei der ständigen Umwandlung von elektrischer und magnetischer Energie. Hierdurch werden im Raum abwechselnd elektrische und magnetische Felder erzeugt, die sich (aufgrund ihrer gegenseitigen Kopplung) vom Dipol ablösen und im Raum ausbreiten können.

Bemerkungen:

1. Da durch den Dipol eine Ausstrahlung von Wellen erfolgt, spricht man häufig auch von **elektromagnetischer Strahlung**.
2. Hertz war in der Lage, die Strahlungscharakteristik des Hertz'schen Dipols (unter bestimmten Näherungen) zu berechnen. So konnte er beispielsweise zeigen, dass

parallel zur Dipolachse (Leiter) keine Wellen abgestrahlt werden können, was man zumindest qualitativ den elektrischen Feldlinien in Abb. 6.17 (rechts) entnehmen kann.

3. Gl. 6.10 zeigt, dass während der Schwingung die Aufladung des Kondensators ständig umgepolt wird, d.h., dass permanent Elektronen zwischen den Kondensatorplatten transportiert werden. Bei diesem Vorgang werden sie pausenlos beschleunigt und abgebremst, was im Zusammenhang mit dem Dipol zu einer Abstrahlung von elektromagnetischen Wellen führt. Interessanterweise zeigt sich, dass sich dies verallgemeinern lässt:

> Beschleunigte Ladungen strahlen elektromagnetische Wellen ab.

4. Die Entdeckung der elektromagnetischen Wellen hatte weitreichende Folgen, da es durch sie erstmals möglich wurde, elektrische Signale (also Informationen) ohne Leiter zu übertragen. Diese Technologie wurde über die Jahre so weit entwickelt, dass Informationen heute (z.B. durch Sonden bzw. Satelliten) sogar über astronomische Entfernungen transportiert werden können.

Eigenschaften elektromagnetischer Wellen im Vakuum

Eine herausragende Leistung von James Clerk Maxwell bestand darin, für seine Überlegungen einen mathematischen Formalismus zu entwickeln, der eine quantitative Berechnung dieser Kopplung erlaubt. Mit Hilfe der heute sogenannten **Maxwell'schen Gleichungen** stellte er für beide Felder Wellengleichungen auf, die sowohl im Vakuum als auch in Materie gültig sind. Sie zeigen, dass die Kopplung beider Felder die räumliche Ausbreitung elektromagnetischer Wellen ermöglicht und mit diesen Wellen auch ein Transport elektrischer und magnetischer Energie einhergeht.

Die exakten Lösungen der elektromagnetischen Wellen sollen an dieser Stelle nicht hergeleitet werden, da die hierfür benötigte Mathematik den Rahmen dieses Buches sprengen würde. Wir werden uns im Folgenden lediglich mit den Eigenschaften elektromagnetischer Wellen beschäftigen und deren Ableitung offen lassen.

> Bei **elektromagnetischen Wellen** im Vakuum stehen das elektrische Feld $\vec{E}(\vec{r},t)$ und die magnetische Flussdichte $\vec{B}(\vec{r},t)$ immer senkrecht aufeinander. Des Weiteren sind beide Felder senkrecht zur Ausbreitungsrichtung der Welle orientiert, d.h., elektromagnetische Wellen sind immer **Transversalwellen**.

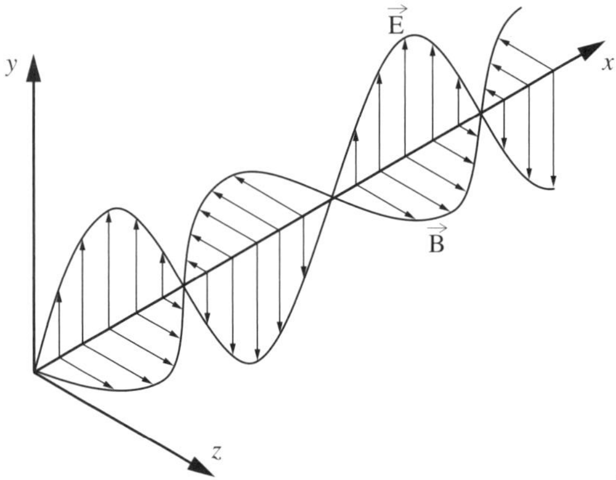

Abb. 6.19

Wenn wir daher zunächst den Spezialfall der ebenen Wellenausbreitung betrachten, bei der zusätzlich die Richtung des elektrischen Feldes konstant ist, so können wir das Koordinatensystem derart drehen, dass sich die Welle entlang der x-Achse ausbreitet und $\vec{E}(x,t)$ entlang der y-Achse orientiert ist: $\vec{E}(x,t) = E(x,t) \cdot \vec{e}_y$, (vgl. Abb. 6.19). Dann muss die magnetische Flussdichte in z-Richtung orientiert sein, $\vec{B}(x,t) = B(x,t) \cdot \vec{e}_z$, und man kann mit Hilfe der Maxwell'schen Gleichungen für die Feldstärken

$$\frac{\partial^2}{\partial y^2} E(\vec{r},t) = \mu_0 \cdot \varepsilon_0 \cdot \frac{\partial^2}{\partial t^2} E(\vec{r},t) = \frac{1}{c_{\mathrm{EM}}^2} \cdot \frac{\partial^2}{\partial t^2} E(\vec{r},t) \qquad (6.11)$$

und

$$\frac{\partial^2}{\partial z^2} B(\vec{r},t) = \mu_0 \cdot \varepsilon_0 \cdot \frac{\partial^2}{\partial t^2} B(\vec{r},t) = \frac{1}{c_{\mathrm{EM}}^2} \cdot \frac{\partial^2}{\partial t^2} B(\vec{r},t)$$

ableiten. Dies zeigt, dass beide Felder die Wellengleichung einer ebenen harmonischen Welle erfüllen, d.h. im Beispiel durch

$E(\vec{r},t) = E_0(\vec{r}) \cdot \sin(\omega \cdot t - k \cdot x)$ und

$B(\vec{r},t) = B_0(\vec{r}) \cdot \sin(\omega \cdot t - k \cdot x)$

gelöst werden, und dass ferner gilt:

> Elektromagnetische Wellen breiten sich im Vakuum mit der Geschwindigkeit
> $c_{\mathrm{EM}}^2 = \frac{1}{\mu_0 \cdot \varepsilon_0} \rightarrow c_{\mathrm{Em}} = \frac{1}{\sqrt{\mu_0 \cdot \varepsilon_0}} = 2{,}99'792'458 \text{ m} \cdot \text{s}^{-1}$
> durch den Raum aus (→ Abschnitt 2.7).

Ferner kann aus Gl. 6.11 geschlossen werden, dass elektromagnetische Wellen ebenfalls die **Dispersionsrelation harmonischer Wellen** erfüllen,

$c_{\mathrm{EM}} = \lambda \cdot f = \omega / k$,

die den Zusammenhang zwischen der **Frequenz** f bzw. der **Kreisfrequenz** $\omega = 2\pi \cdot f$ und der **Wellenlänge** λ bzw. dem **Wellenvektor** $k = 2\pi / \lambda$ der elektromagnetischen Welle herstellt.

Mit Hilfe der Maxwell'schen Gleichungen kann außerdem gezeigt werden, dass für die Feldstärken $\vec{E}(\vec{r},t)$ und $\vec{B}(\vec{r},t)$ im Vakuum ebenfalls die Gleichung

$$B(\vec{r},t) = \frac{1}{c_{\mathrm{EM}}} \cdot E(\vec{r},t) \qquad (6.12)$$

gilt.

Hier kann ein Feld somit aus dem anderen berechnet werden, so dass wir bei der Betrachtung der Eigenschaften einer elektromagnetischen Welle im Folgenden lediglich das elektrische Feld berücksichtigen. Da aus der Orientierung des elektrischen Feldes ferner auf die Orientierung der magnetischen Flussdichte geschlossen werden kann, ist es sinnvoll, folgende Definition vorzunehmen:

Die **Ebene** des **elektrischen Feldes** wird als **Polarisationsebene der elektromagnetischen Welle** bezeichnet. Sie gibt an, in welcher Ebene eine elektromagnetische Welle eine elektrische Polarisation von Materie verursacht.

Bemerkung:

1. Gl. 6.12 impliziert, dass beide Felder in Phase zueinander sind. Dies gilt streng genommen nur bei großer Entfernung zu bestimmten Quellen (**Fernfeld).** So wurde beispielsweise beim Hertz'schen Dipol gezeigt, dass die elektrischen und magnetischen Felder abwechselnd zueinander erzeugt werden, also um $\pi / 2$ zueinander phasenverschoben sind (vgl. Gl. 6.10). Im **Nahfeld** des Hertz'schen Dipols weisen beide Felder somit eine Phasenverschiebung auf, und Gl. 6.10 ist nicht erfüllt. Heinrich Hertz (1857 – 1894) konnte zeigen, dass diese Phasenverschiebung mit zunehmendem Abstand zum Dipol verschwindet (dieses Ergebnis ist nicht trivial und bedarf einiger Überlegungen und Berechnungen).
2. Da die (von Maxwell abgeleiteten) Wellengleichungen linear sind, kann man die elektrischen und magnetischen Felder zweier elektromagnetischer Wellen überlagern und erhält wieder eine elektromagnetische Welle. Dies bedeutet experimentell, dass sich elektromagnetische Wellen überlagern können, ohne sich gegenseitig in ihrer Ausbreitung zu stören. Dieses Verhalten kennt man beispiels-

weise von Licht, dessen Strahlen sich kreuzen können, ohne dass hierbei Strahlen abgelenkt werden.
Hierin eingeschlossen ist auch die Überlagerung von Teilwellen mit unterschiedlichen Frequenzen bzw. Wellenlängen:

> Setzt sich eine elektromagnetische Welle aus mehreren Teilwellen unterschiedlicher Frequenz bzw. Wellenlänge zusammen, so bezeichnet man sie als **polychromatisch**. Besitzt sie hingegen nur eine Frequenz, so heißt sie **monochromatisch**.

Energietransport und der Poynting-Vektor

Eine charakteristische Eigenschaft für die Ausbreitung von Wellen ist, dass ein Energietransport, aber kein Massentransport stattfindet. Bei der elektromagnetischen Welle erfolgt der Energietransport durch die räumliche Ausbreitung von $\vec{E}(\vec{r},t)$ und $\vec{B}(\vec{r},t)$. In der Elektrodynamik wird gezeigt, dass der **Poynting-Vektor**

$$\vec{S}(\vec{r},t) = \vec{E}(\vec{r},t) \times \vec{B}(\vec{r},t) / \mu_0 \qquad (6.13)$$

ein Maß für die Energiedichte ist, die durch eine elektromagnetische Welle transportiert wird. Der Betrag dieser Größe,

$$I(\vec{r},t) = |\vec{S}(\vec{r},t)|,$$

wird auch als Intensität der elektromagnetischen Welle bezeichnet. Da $\vec{E}(\vec{r},t)$ und $\vec{B}(\vec{r},t)$ im Vakuum immer senkrecht aufeinander stehen, folgt

$$\vec{E} \perp \vec{B} \rightarrow I(\vec{r},t) = E(\vec{r},t) \cdot B(\vec{r},t)/\mu_0,$$

was durch Einsetzen von Gl. 6.12 leicht in

$$I(\vec{r},t) = E^2(\vec{r},t) / (c_{\text{EM}} \cdot \mu_0) = c_{\text{EM}} \cdot \varepsilon_0 \cdot E^2(\vec{r},t)$$

umformuliert werden kann.

Daraus folgt:

> Die **Intensität** einer **elektromagnetischen Welle** ist proportional zum **Quadrat** der **elektrischen Feldstärke**. Während das elektrische und das magnetische Feld das Superpositionsprinzip erfüllen, gilt dies nicht für die Intensität.

Diese interessante Eigenschaft kann unter bestimmten Umständen zum Phänomen der Interferenz führen, das in Abschnitt 7.1 untersucht wird.

Polarisation ebener elektromagnetischer Wellen

Die konstante Orientierung des elektrischen Feldes im vorangegangenen Beispiel ($\vec{E}(\vec{r},t) = E(\vec{r},t) \cdot \vec{e}_y$) stellt selbstverständlich nur einen Spezialfall dar, den wir nun verallgemeinern wollen.

Dazu überlagern wir das (in y-Richtung orientierte) elektrische Feld

$\vec{E}_y(\vec{r},t) = E_{y,0} \cdot \sin(\omega \cdot t - k \cdot x) \cdot \vec{e}_y$

mit einem elektrischen Feld, das gegenüber E_y um φ_0 phasenverschoben ist und entlang der z-Achse ausgerichtet ist:

$\vec{E}_z(\vec{r},t) = E_{z,0} \cdot \sin(\omega \cdot t - k \cdot x + \varphi_0) \cdot \vec{e}_z.$

Nach Bemerkung 2 auf Seite 312 beschreibt die Überlagerung beider Felder ($\vec{E}(\vec{r},t) = \vec{E}_y(\vec{r},t) + \vec{E}_z(\vec{r},t)$ einschließlich der zugehörigen magnetischen Flussdichte) wieder eine elektromagnetische Welle, deren elektrisches Feld im Allgemeinen keine konstante Orientierung aufweist. Man kann nun folgende Fallunterscheidungen vornehmen:

1. Wenn die Phasenverschiebung verschwindet ($\varphi_0 = 0$), so ist die Polarisationsebene zeitlich und räumlich konstant ($\vec{E}(\vec{r},t) = \vec{E}_0$ mit $E_0 = \sqrt{E_{y,0}^2 + E_{z,0}^2}$). Entlang der Ausbreitungsrichtung entartet sie zu einer Linie, so dass man derartige Wellen als **linear polarisiert** bezeichnet.
2. Gelten $E_{y,0} = E_{z,0} \equiv E_0$ und $\varphi_0 = \pm\pi/2$, so kann $\vec{E}_z(\vec{r},t)$ in
   $\vec{E}_z(\vec{r},t) = E_0 \cdot \sin(\omega \cdot t - k \cdot x \pm \pi/2) \cdot \vec{e}_z = \pm E_0 \cdot \cos(\omega \cdot t - k \cdot x) \cdot \vec{e}_z$
   umgeschrieben werden. Der elektrische Feldstärkevektor $\vec{E}(\vec{r},t)$ beschreibt nun eine Kreisbahn in der y-z-Ebene, d.h., die Polarisationsebene dreht sich gleichmäßig um die Ausbreitungsrichtung. Dies bezeichnet man als **zirkulare Polarisation**. (Sie ist ein Spezialfall von **elliptisch** polarisierten Wellen, die man für $\varphi_0 \neq 0$ und bzw. oder $E_{y,0} \neq E_{z,0}$ vorfindet.)
3. Häufig findet man auch **unpolarisierte** elektromagnetische Wellen vor, bei denen sich die Orientierung der Polarisationsebene zufällig verändert und daher nicht durch Gesetzmäßigkeiten beschrieben werden kann.

   Durch die Wechselwirkung von elektromagnetischen Wellen mit Materie wird sich im Allgemeinen die Polarisationsebene verändern. So zeigt sich beispielsweise in Abschnitt 6.4, dass bei Reflexion und Transmission an einer Grenzfläche häufig die Polarisationsebene gedreht wird. Dieses Verhalten kann z.B. auch beobachtet werden, wenn Licht durch eine Zuckerlösung hindurchtritt, und wird von Winzern ausgenutzt, um (aus der Stärke der Drehung) die Zuckerkonzentration von Weintrauben zu bestimmen.

   Des Weiteren gibt es Körper, die den Polarisationszustand von linear zu elliptisch bzw. zirkular verändern können (z.B. $\lambda/4$-Plättchen) bzw. stets linear polarisierte Wellen erzeugen (**Polarisator**).

Licht als elektromagnetische Welle

Lange vor der Entdeckung der elektromagnetischen Wellen beschäftigten sich viele Wissenschaftler mit den Eigenschaften von Licht. Bereits im antiken Griechenland wurde diskutiert, ob dem Licht eine Bewegung mit endlicher Geschwindigkeit zugeschrieben werden kann. Gegen diese Idee wandte Aristoteles (384 v. Chr. – 322 v. Chr.) ein, dass die Geschwindigkeit von Licht (selbst wenn sie endlich wäre) derart groß sein muss, dass die menschliche Vorstellungskraft sie nicht mehr erfassen kann. Licht breitet sich nach Aristoteles also augenblicklich aus, sobald ein Objekt vorhanden ist, das Licht ausstrahlt.

Eine erste experimentelle Klärung dieser Fragestellung wurde durch die astronomischen Beobachtungen von Ole Rømer (1644 – 1710) möglich, der die Bewegung von Monden um den Jupiter mit dem Ziel studierte, eine Art astronomische Uhr zu entdecken, mit deren Hilfe man selbst auf hoher See die exakte Uhrzeit bestimmen kann.

Da der Umlauf eines Mondes eine periodische Bewegung um einen Planeten darstellt, kann man bei einer solchen Uhr die Zeit ablesen, indem man die Position des Mondes bezüglich seines Planeten bestimmt („astronomisches Zifferblatt"). Rømer stellte jedoch mit Erstaunen fest, dass diese astronomische Uhr vor- bzw. nachzugehen schien, je nachdem, wie groß der Abstand zwischen Erde und Jupiter war.

Wenn man nun davon ausgeht, dass die Lichtgeschwindigkeit unendlich ist, so müsste es unerheblich sein, ob man die Bewegung des Mondes von der Erde oder direkt vom Jupiter aus beobachtet (schließlich würde die aktuelle Mondposition durch das Licht augenblicklich und gleichzeitig an jeden Punkt des Raumes übertragen). Dieser Annahme zufolge hinge die Umlaufzeit des Mondes vom Abstand zur Erde ab, was im 17. Jahrhundert (→ Abschnitt 1.10) als unwahrscheinlich galt. Wenn die Lichtgeschwindigkeit c_{Licht} hingegen endlich ist, so benötigt man für die Übertragung von Informationen eine gewisse Laufzeit t_{Lauf}, die linear mit dem Abstand s_{Lauf} zur „Quelle" (hier der Mond) gemäß $t_{\text{Lauf}} = s_{\text{Lauf}} / c_{\text{Licht}}$ zunimmt. (Ein ähnliches Verhalten beobachtet man beispielsweise bei Blitzen, bei denen sich das Licht und der Schall mit unterschiedlichen Geschwindigkeiten ausbreiten, so dass man aus der Zeitdifferenz zwischen beiden Beobachtungen auf die Laufzeit und somit den Abstand vom Blitz schließen kann.)

Ole Rømer zog die Schlussfolgerung, dass diese Laufzeit bei der Beobachtung periodischer Vorgänge zu einer zeitlichen Verschiebung führt, und konnte durch seine Beobachtungen eine Lichtgeschwindigkeit von $c_{\text{Licht}} = 2{,}3\ 10^8$ m/s berechnen. In den darauffolgenden Jahrhunderten wurden die unterschiedlichsten Verfahren entwickelt, um die Lichtgeschwindigkeit mit hoher Genauigkeit zu messen. Der

Wellenart		Wellenlänge
Telegrafiewellen		10^6 m = 1000 km
		10^5 m = 100 km
		10^4 m = 10 km
Rundfunkwellen	lang	10^3 m = 1 km
	mittel	10^2 m
	kurz	10 m
	ultrakurz	1 m
Mikrowellen	Fernsehen	10^{-1} m = 10 cm
	Radar	10^{-2} m = 1 cm
		10^{-3} m = 1 mm
Infrarotwellen		10^{-4} m = 0,1 mm = 100 µm
		10^{-5} m = 0,01 mm = 10 µm
	770 nm	10^{-6} m = 1 µm
sichtbares Licht	390 nm	10^{-7} m = 100 nm
Ultraviolett		10^{-8} m = 10 nm
Röntgenstrahlen	weich ↑	10^{-9} m = 1 nm
		10^{-10} m = 100 pm
		10^{-11} m = 10 pm
		10^{-12} m = 1 pm
γ-Strahlen	hart ↓	10^{-13} m
		10^{-14} m
kosmische Strahlen		

heute akzeptierte Wert liegt bei $c_{\text{Licht}} = 299'792'458\ \text{m} \cdot \text{s}^{-1}$, was nochmals die bemerkenswerte Leistung von Ole Rømer unterstreicht, dessen Messwert (trotz seiner einfachen Methodik) um weniger als 25% vom heute akzeptierten Wert abweicht.

Andererseits konnte James Clerk Maxwell zeigen, dass die Lichtgeschwindigkeit (innerhalb der experimentellen Fehlergrenzen) mit der Ausbreitungsgeschwindigkeit von elektromagnetischen Wellen im Vakuum übereinstimmt
($c_{\text{Licht}} \equiv c_{\text{EM}} = 1/\sqrt{\mu_0 \cdot \varepsilon_0}$; daher werden wir c_{EM} im Folgenden auch als Lichtgeschwindigkeit bezeichnen). Dies formulierte Maxwell 1865 in der Hypothese, dass Licht als elektromagnetische Welle verstanden werden kann. Später zeigte sich, dass dieses sichtbare Licht Wellenlängen in einem bestimmten Intervall aufweist und, neben vielen weiteren Wellenlängenbereichen, einen Spezialfall darstellt.

6.4 Elektromagnetische Wellenausbreitung in Materie

In diesem Abschnitt werden wir einige Effekte untersuchen, die bei der Ausbreitung elektromagnetischer Wellen in Materie oder an Grenzflächen von Materie auftreten können, wobei wir unsere Betrachtung auf **Isolatoren** bzw. **Dielektrika** beschränken werden. Wir werden sehen, dass sich die Geschwindigkeit der Welle in Materie häufig verändert. Trifft eine Welle daher auf eine Grenzfläche zwischen zwei Medien, so wird ihre gerade Ausbreitung gestört und ihre Strahlen erfahren an der Grenzfläche **Brechung**.

Außerdem wird sich zeigen, dass nicht die gesamte Wellenintensität in das zweite Medium transportiert wird, sondern ein gewisser Teil häufig wieder ins erste Medium zurückreflektiert wird. Mit Hilfe der Fresnel'schen Formeln werden wir in der Lage sein, die **reflektierte** und **transmittierte** Intensität zu berechnen, und es wird sich zeigen, dass sich durch Reflexion und Transmission im Allgemeinen auch die Polarisationsachse verändert.

Adsorption und Lambert-Beer'sches Gesetz

Wenn sich eine elektromagnetische Welle durch ein Medium ausbreitet, so ist der Energietransport stets durch Energieverluste begleitet. Ein Beispiel hierfür ist die Adsorption von Energie durch das Medium, bei der Bestandteile des Mediums Energie von der Welle aufnehmen und in Wärmeenergie umwandeln. Die aufgenommene Energie steht einem weiteren Transport nicht mehr zur Verfügung, so dass die Energie der Welle sich bei einer Wellenausbreitung in einem adsorbierenden Medium stetig verringert. Das Lambert-Beer'sche Gesetz beschreibt dies quantitativ.

Lambert-Beer'sches Gesetz
Eine elektromagnetische Welle der Intensität I_0 breite sich in einem Medium aus. Beim Durchlaufen des Mediums wird die Intensität der Welle im Allgemeinen gemäß $I(d) = I_0 \cdot e^{-\alpha \cdot d}$ abnehmen, wobei α den **Adsorptionskoeffizienten des Mediums** (Einheit: 1 m^{-1}) und d die Strecke bezeichnet, welche die Welle im Medium zurückgelegt hat. Im Grenzfall $\alpha = 0$ zeigt das Medium keine Adsorption.

Lichtgeschwindigkeit in Materie: Brechungsindex und Dispersionsrelation
In Abschnitt 4.3 wurde gezeigt, dass Dielektrika (Dielektrizitätskonstante ε) in einem äußeren elektrischen Feld $\vec{E}_{\text{außen}}(\vec{r},t)$ ein Gegenfeld erzeugen (**Polarisation**), welches zu einer Abschwächung von $\vec{E}_{\text{außen}}(\vec{r},t)$ in der Materie führt. Diese Abschirmung kann ferner dadurch berücksichtigt werden, dass in allen Gleichungen die Vakuum-Dielektrizitätskonstante ε_0 um ε ergänzt wird: $\varepsilon_0 \rightarrow \varepsilon \cdot \varepsilon_0$.
Ähnliche Beobachtungen wurden in Abschnitt 5.3 gemacht, wo gezeigt wurde, dass Materie eine äußere magnetische Flussdichte $\vec{B}_{\text{außen}}(\vec{r},t)$ sowohl verstärken als auch abschwächen kann, was quantitativ durch die relative magnetische Permeabilität μ der Materie beschrieben wird. Analog muss in den Gleichungen daher die magnetische Permeabilitätskonstante μ_0 um die relative magnetische Permeabilität μ der Materie ergänzt werden ($\mu_0 \rightarrow \mu \cdot \mu_0$), was angewandt auf die Ausbreitungsgeschwindigkeit elektromagnetischer Wellen zu

$$c = \frac{1}{\sqrt{\mu \cdot \mu_0 \cdot \varepsilon \cdot \varepsilon_0}} = \frac{299'792'458 \text{ m} \cdot \text{s}^{-1}}{n} \qquad (6.14)$$

führt, wobei mit $n = \sqrt{\mu \cdot \varepsilon}$ der **Brechungsindex** eingeführt wurde. Umstellen dieser Gleichung nach n erlaubt sofort eine anschauliche Interpretation des Brechungsindex:

$$n = c_{\text{EM},0} / c_{\text{EM}} \text{ bzw. } c_{\text{EM}} = c_{\text{EM},0} / n. \qquad (6.15)$$

Der **Brechungsindex** n ist daher ein **Maß** für die **Geschwindigkeit** c_{EM}, mit der sich die elektromagnetische Welle durch die Materie ausbreitet: Je größer der Brechungsindex n ist, desto geringer ist c_{EM} im Vergleich zur **Vakuum-Lichtgeschwindigkeit** $c_{\text{EM},0} = 299'792'458 \text{ m} \cdot \text{s}^{-1}$.

Darüber hinaus kann man zeigen, dass die elektromagnetische Welle weiterhin die Wellengleichungen Gl. 6.11 erfüllt, d.h., dass in einem Dielektrikum weiterhin beide Felder senkrecht aufeinander und zur Ausbreitungsrichtung stehen und dass insbesondere die Dispersionsrelation $c_{\text{EM}} = f \cdot \lambda \rightarrow c_{\text{EM},0} = f \cdot \lambda \cdot n$ weiterhin gilt.

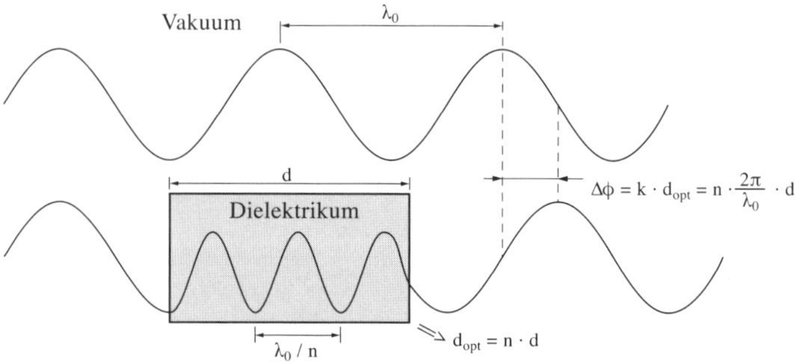

Abb. 6.20

Experimentell beobachtet man, dass sich die Frequenz der Welle bei Eindringen in das Dielektrikum nicht verändert ($f = f_0$), so dass für die Wellenlänge λ bzw. den Wellenvektor k in Materie

$$\frac{c_{\text{EM}}}{c_{\text{EM},0}} = \frac{f \cdot \lambda}{f_0 \cdot \lambda_0} \rightarrow \frac{1}{n} = \frac{\lambda}{\lambda_0} \rightarrow \lambda = \frac{\lambda_0}{n} \text{ bzw. } k = k_0 \cdot n \tag{6.16}$$

gelten. Dies zeigt, dass sich die Wellenlänge λ (bzw. der Wellenvektor k) im Dielektrikum um den Faktor n verringern (bzw. vergrößern), was anschaulich gesprochen für $n > 1$ bedeutet, dass der Abstand zwischen den Wellenbergen (bzw. den Wellentälern) abnimmt (vgl. Abb. 6.20).

Andererseits zeigt dies aber auch, dass sich die Phase der Welle in Materie pro Einheitslänge stärker verändert (genauer gesagt um den Faktor n) als im Vakuum. Durchläuft die Welle daher die Strecke d in Materie (Brechungsindex n), so ändert sich hierbei die Phase gemäß $\varphi(t,x) = \omega \cdot t - k \cdot x + \varphi_0$ um

$$\Delta\varphi(t, x) = \varphi(t, x + d) - \varphi(t, x) = k \cdot d = n \cdot k_0 \cdot d,$$

so dass die Welle im Vakuum zusätzlich die Strecke

$$d_{\text{opt}} = n \cdot d \tag{6.17}$$

zurücklegen müsste, um die gleiche Phasenänderung zu erreichen. Wenn man daher die Phasenänderung in Materie berechnen möchte, ist es sinnvoll, die geometrische Weglänge d in die **optische Weglänge** $d_{\text{opt}} = n \cdot d$ umzurechnen.

Bemerkungen:

1. Bei der Berechnung der Ausbreitungsgeschwindigkeit c_{EM} oder des Brechungsindex n muss berücksichtigt werden, dass im Allgemeinen sowohl μ als auch ε eine Funktion der Frequenz f der Welle sind. Dies kann man besonders eindrucksvoll bei Wasser beobachten, das bei optischen Frequenzen einen Brechungsindex von

ca. $n \approx 1{,}33$ besitzt, während bei sehr kleinen Frequenzen (quasi-statischer Fall) der Brechungsindex auf fast $n \approx 9$ ansteigt. Dieses Verhalten kann auf die Orientierungspolarisation der Wassermoleküle zurückgeführt werden: Bei geringen Frequenzen „bleibt" den Wasser-Dipolen genügend Zeit, um sich zum Feld auszurichten, was zur hohen Dielektrizitätskonstante von $\varepsilon \approx 87$ führt (→ Abschnitt 4.3). Bei sehr hohen Frequenzen können die Dipole der Bewegung des elektrischen Feldes nicht mehr folgen, so dass es nur noch geringfügig abgeschirmt wird und ε und n drastisch sinken.

2. Experimentell zeigt sich, dass der Brechungsindex mit zunehmender Frequenz entweder zu- ($\mathrm{d}n/\mathrm{d}\omega > 0$ bzw. $\mathrm{d}n/\mathrm{d}\lambda < 0$, **normale Dispersion**) oder abnehmen ($\mathrm{d}n/\mathrm{d}\omega < 0$ bzw. $\mathrm{d}n/\mathrm{d}\lambda > 0$, **anomale Dispersion**) kann. Im Allgemeinen zeigt Materie sowohl normale als auch anomale Dispersion. Die Form der Dispersion hängt dabei davon ab, welchen Frequenz- bzw.Wellenlängenbereich man betrachtet. Bei sichtbarem Licht zeigt jedoch der Großteil der durchsichtigen Materie normale Dispersion (was die Namensgebung erklärt).
3. Die meisten Dielektrika besitzen magnetische Permeabilitäten von $\mu \approx 1$, so dass der Brechungsindex häufig durch $n \approx \sqrt{\varepsilon}$ gegeben ist. Im Gegensatz dazu können heute (durch besondere Strukturierung von Materie) Materialien erzeugt werden, bei denen die Werte für μ und ε stark von natürlich vorkommenden Materialen abweichen, und die sogar negative Brechungsindizes ermöglichen: $-\infty < n < 1$. Diese **Metamaterialien** besitzen erstaunliche Eigenschaften; man könnte mit ihnen sogar (elektromagnetische) **Tarnkappen** konstruieren.
4. Vergleicht man die optische Weglänge der Einheitsstrecke in zwei Medien mit n_1 und $n_2 > n_1$, so ist sie im zweiten Medium größer als im ersten. Daher sagt man, dass das zweite Medium **optisch dichter** als das erste bzw. das erste Medium **optisch dünner** als das zweite ist.

Effekte an Grenzflächen: Brechungs- und Reflexionsgesetz

Betrachten wir nun die Situation, bei der zwei Medien mit unterschiedlichen Brechungsindizes aufeinander treffen, also eine Grenzfläche miteinander bilden.

> Trifft eine elektromagnetische Welle auf eine Grenzfläche, so wird ein Teil der Welle an der Grenzfläche „abprallen", d.h. von der Grenzfläche **reflektiert**, während der verbleibende Teil in das zweite Medium eindringt, also **transmittiert** wird (vgl. Abb. 6.21).
> Die Ebene, die durch die Ausbreitungsrichtung der einfallenden Welle und der Grenzflächen-Normale gebildet wird, bezeichnet man als **Einfallsebene**.

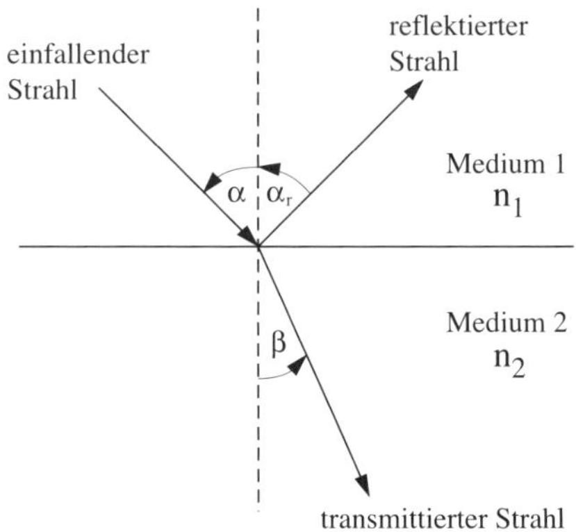

Abb. 6.21

Für die transmittierte Welle muss beachtet werden, dass nach Gl. 6.15 die Ausbreitungsgeschwindigkeit der Welle vom Brechungsindex des Mediums abhängt und sich schlagartig ändern kann, sobald die Welle von einem Medium ins andere übergeht. Interessanterweise stellt man fest, dass sich hierdurch im Allgemeinen die Ausbreitungsrichtung verändert:

Snellius'sches Brechungsgesetz

Eine elektromagnetische Welle treffe auf eine Grenzfläche, die durch zwei Medien mit unterschiedlichen Brechungsindizes n_1 und n_2 gebildet wird. Werden Einfalls- α und Ausfallswinkel β bezüglich der Normalen bzw. dem Lot der Grenzfläche gemessen, so gilt

$$n_1 \cdot \sin\alpha = n_2 \cdot \sin\beta \rightarrow \frac{\sin\beta}{\sin\alpha} = \frac{n_1}{n_2} \text{ bzw. } \sin\beta = \frac{n_1}{n_2} \cdot \sin\alpha. \qquad (6.17)$$

Dies zeigt, dass die Ausbreitungsrichtung der Welle sich bei Transmission durch die Grenzfläche verändert, dass also die **Welle an der Grenzfläche gebrochen** wird.

Bemerkung:

Die Brechung von Wellen ist eine Eigenschaft, die immer auftreten kann, wenn zwei Medien (mit unterschiedlicher Ausbreitungsgeschwindigkeit) eine Grenzfläche bilden. Dieser Effekt ist daher nicht auf elektromagnetische Wellen beschränkt, sondern kann im Prinzip bei allen Wellen beobachtet werden.

Übung:

Stellen sie sich vor, dass der Strahl in Abb. 6.21 von einer Lichtquelle Q ausgesendet und durch einen Detektor D aufgefangen wird (vgl. Abb. 6.22). Zeigen Sie, dass der Strahl durch das Snellius'sche Brechungsgesetz gerade so an der Grenzfläche gebrochen wird, dass die optische Weglänge zwischen Lichtquelle und Detektor minimal wird.

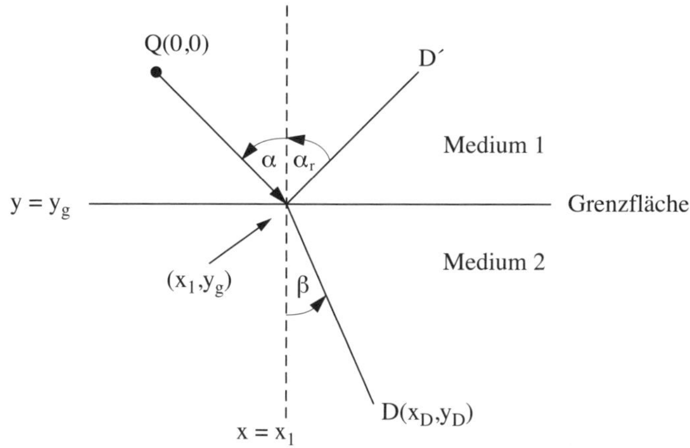

Abb. 6.22

Lösung:

Wir legen den Ursprung unseres Koordinatensystems genau in den Ort der Lichtquelle Q, so dass der Strahl die Grenzfläche im Punkt (x_1, y_G) trifft und sich der Detektor D am (raumfesten) Ort (x_D, y_D) befindet. Theoretisch können wir daher den Auftreffpunkt x_1 auf der (sonst konstanten) Grenzfläche verschieben und den Wert für x_1 suchen, bei dem der optische Weg von Q nach D minimal wird.

Wenn daher die Welle im Punkt x_1 auf die Grenzfläche trifft, so legt sie im Medium 1 die geometrische Strecke $d_1^2 = x_1^2 + y_G^2$ zurück, so dass

$$d_{1,\text{opt}} = n_1 \cdot d_1 = n_1 \cdot \sqrt{x_1^2 + y_G^2} \tag{6.18a}$$

für den optischen Weg der Welle im ersten Medium folgt. Analog folgt

$$d_{2,\text{opt}} = n_2 \cdot d_2 = n_2 \cdot \sqrt{(x_D - x_1)^2 + (y_D - y_G)^2} \tag{6.18b}$$

für den optischen Weg im zweiten Medium (vgl. Abb. 6.22), so dass der Strahl insgesamt den optischen Weg

$$d_{\text{opt}} = d_{1,\text{opt}} + d_{2,\text{opt}} = n_1 \cdot d_1 + n_2 \cdot d_2$$

zurücklegt.

Dieser Weg wird daher bezüglich x_1 genau dann minimal, wenn

$$\frac{\mathrm{d}}{\mathrm{d}x_1} d_{\mathrm{opt}} = 0 \rightarrow n_1 \cdot \frac{\mathrm{d}}{\mathrm{d}x_1} d_1 + n_2 \cdot \frac{\mathrm{d}}{\mathrm{d}x_1} d_2 = 0 \tag{6.19}$$

erfüllt ist. Wir müssen daher d_1 und d_2 bezüglich x_1 ableiten, was auf

$$\frac{\mathrm{d}}{\mathrm{d}x_1} d_1 = \frac{\mathrm{d}}{\mathrm{d}x_1} \sqrt{x_1^2 + y_G^2} = \frac{x_1}{\sqrt{x_1^2 + y_G^2}} = \frac{x_1}{d_1} \text{ und analog } \frac{\mathrm{d}}{\mathrm{d}x_1} d_2 = -\frac{x_D - x_1}{d_2}$$

führt. Mit Hilfe dieser Ableitungen kann Gl. 6.19 auf die Form

$$n_1 \cdot \frac{\mathrm{d}}{\mathrm{d}x_1} d_1 + n_2 \cdot \frac{\mathrm{d}}{\mathrm{d}x_1} d_2 = 0 \rightarrow n_1 \cdot \frac{x_1}{d_1} = n_2 \cdot \frac{x_D - x_1}{d_1} \rightarrow n_1 \cdot \sin\alpha = n_2 \cdot \sin\beta$$

gebracht werden. Somit führt die Brechung der Welle an der Grenzfläche tatsächlich zu einer Minimierung des optischen Weges und somit der gesamten Laufzeit zwischen Lichtquelle Q und Detektor D.

Eine interessante Konsequenz dieser Übung folgt aus der Beobachtung, dass es rechnerisch keinen Unterschied macht, ob man die transmittierte Welle betrachtet oder die Berechnung auf die reflektierte Welle anwendet, vgl. Detektor D' in Abb. 6.22. Da diese Welle (aufgrund der Reflexion) im gleichen Medium verbleibt, folgt aus $n_1 = n_2$ automatisch das

Reflexionsgesetz
Einfalls- und Ausfallswinkel einer reflektierten Welle stimmen immer überein, d.h. $\alpha = \alpha_r$, vgl. Abb. 6.23.

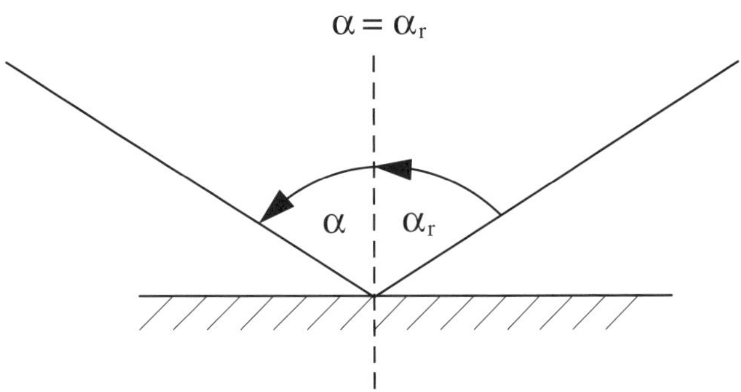

Abb. 6.23

Totalreflexion und Evaneszente Wellen

Betrachten wir noch einige Konsequenzen des Brechungsgesetzes Gl. 6.17:

(1) Wenn eine elektromagnetische Welle von einem optisch dünneren in ein optisch dichteres Medium übergeht ($n_1 < n_2$), so folgt automatisch: $\sin\beta < \sin\alpha$ bzw. $\beta < \alpha$. Die Welle wird daher zum Lot hin gebrochen.

(2) Geht sie hingegen von einem optisch dichteren in ein dünneres Medium über ($n_1 > n_2$), so wird sie vom Lot weg gebrochen ($\beta > \alpha$). Erfüllt der Einfallswinkel hingegen die Gleichung $\frac{n_1}{n_2} \cdot \sin\alpha > 1$, so kann Gl. 6.17 für keinen Ausfallswinkel β mehr erfüllt werden (schließlich kann die Sinus-Funktion keine Werte annehmen, die größer als 1 sind). Daraus folgt, dass eine Brechung bzw. Transmission der Welle in das zweite Medium unmöglich wird. Daher wird die komplette Welle reflektiert (Energieerhaltung):

> Übersteigt der Einfallswinkel α den kritischen Winkel $\sin\alpha_c = n_2/n_1$, so kann die Welle nicht mehr transmittiert werden und wird komplett ins erste Medium zurückreflektiert (**Totalreflexion**). Diese Situation kann nur auftreten, wenn $n_1 > n_2$ (Übergang vom optisch dichteren zum optisch dünneren Medium) gilt.

Bemerkungen:

1. Man kann nachweisen, dass die Welle bei der Totalreflexion geringfügig in das optisch dünnere Medium eindringt, d.h., dass die Intensität der Welle an der Grenzfläche nicht sofort auf Null springt, sondern exponentiell mit dem Abstand zur Grenzfläche abnimmt. Jedoch zeigt sich, dass (sofern die Adsorption vernachlässigbar ist) kein Energietransport in das optisch dünnere Medium erfolgt, was eine Wellenausbreitung in diesem Medium verhindert. Derartige Wellen bezeichnet man als **evaneszente Wellen**.
2. Das Prinzip der Totalreflexion wird beispielsweise bei Glasfaserkabeln verwendet, die einen gerichteten und (relativ) verlustfreien Transport von Lichtwellen ermöglichen. Sie bestehen aus einem Glasfaserkern (Brechungsindex n_1), der von einem Glasmantel mit geringerem Brechungsindex $n_2 < n_1$ umgeben ist. Wenn eine Lichtwelle geeignet in die Glasfaser eingekoppelt wird, so kann sie mit Hilfe der Totalreflexion innerhalb des Kerns über große Strecken transportiert werden.

   Hierfür muss man jedoch sicherstellen, dass der Mantel im Vergleich zur Eindringtiefe der evaneszenten Wellen dick und an keiner einzigen Stelle beschädigt ist. Beide Fehler verschlechtern die Totalreflexion am Mantel und führen somit zu einer Auskopplung von Energie.

Die Glasfaser-Technologie wird heute in sehr vielen Bereichen eingesetzt. Da Informationen mit sehr hoher Dichte sich mittels Lichtwellen übertragen lassen, sind Glasfaserkabel beispielsweise ein fester Bestandteil der modernen Datenübertragung geworden. Des Weiteren kann ausgenutzt werden, dass die Richtung bei der Ein- und Auskopplung von Lichtwellen lediglich von den Enden der Glasfasern abhängt. Somit ist man in der Lage, Licht auf eine Art und Weise zu leiten, die mit üblicher Optik schwer zu realisieren wäre. Dies wird z.B. bei Faseroptiken verwendet, mit denen man quasi „um die Ecke" schauen kann.

Fresnel'sche Formeln und Brewster-Winkel

Wenn eine elektromagnetische Welle auf eine Grenzfläche trifft, so wird im Allgemeinen ein Teil der Welle reflektiert und ein Teil ins zweite Medium transmittiert. Drücken wir diese Anteile bezüglich der Amplituden der elektrischen Feldstärken aus (E_0 der einlaufenden und E_r der reflektierten Welle), so können wir durch

$r := E_r/E_0$ (bzw. $R := r^2 = E_r^2/E_0^2$)

den Reflexionskoeffizienten r der Felder (bzw. R der Intensität) definieren.

Eine Ableitung von r wurde von Augustin Jean Fresnel (1788 – 1827) vorgenommen, und wir wollen hier nur die Resultate seiner (teilweise recht komplizierten) Berechnungen angeben. Zunächst muss berücksichtigt werden, dass die Orientierung der Polarisationsebene der einlaufenden Welle einen Einfluss auf die Reflexionskoeffizienten hat. Man unterscheidet daher zwei Grenzfälle:

Fresnel'sche Formeln

(1) Ist die Polarisationsebene senkrecht zur Einfallsebene orientiert (sogenannte s- bzw. TE-Polarisation), so wird der Anteil

$$r_s = \frac{n_1 \cdot \mu_2 \cdot \cos\alpha - n_2 \cdot \mu_1 \cdot \cos\beta}{n_1 \cdot \mu_2 \cdot \cos\alpha + n_2 \cdot \mu_1 \cdot \cos\beta} \quad (6.20a)$$

der elektrischen Feldstärke an der Grenzfläche reflektiert.

(2) Ist die Polarisationsebene hingegen parallel zur Einfallsebene orientiert (sogenannte p- bzw. TM-Polarisation), so gilt

$$r_p = \frac{n_2 \cdot \mu_1 \cdot \cos\alpha - n_1 \cdot \mu_2 \cdot \cos\beta}{n_2 \cdot \mu_1 \cdot \cos\alpha + n_1 \cdot \mu_2 \cdot \cos\beta}. \quad (6.20b)$$

Bei p-Polarisation entspricht die Polarisationsebene der Einfallsebene, während sie bei s-Polarisation senkrecht zu ihr ausgerichtet ist. Im allgemeinen Fall schließt die

Polarisationsebene der einfallenden elektromagnetischen Welle jedoch einen beliebigen Winkel mit der Einfallsebene ein. Dennoch können die Gl. 6.20 ohne Probleme angewandt werden, nachdem die elektrische Feldstärke gemäß

$$\vec{E}(\vec{r},t) = \vec{E}_s(\vec{r},t) + \vec{E}_p(\vec{r},t)$$

in Komponenten parallel und senkrecht (p- und s-) zur Einfallsebene zerlegt wurde (→ Abschnitt 6.3). Die Fresnel'schen Formeln können dann einzeln auf die jeweilige Komponente angewandt werden, und die gesamte reflektierte elektrische Feldstärke ergibt sich dann wieder als Superposition der einzelnen Anteile.

Übung:
Betrachten Sie eine Lichtwelle, die im Vakuum senkrecht auf eine Glasscheibe ($n_{\text{Glas}} = 1{,}6$, $\mu_{\text{Glas}} = 1$) trifft. Berechnen Sie, welcher Anteil der Intensität von der Glasscheibe reflektiert wird (Annahme: adsorptionsfreie Wellenausbreitung).

Lösung:
In dieser Situation können die Fresnel'schen Formeln verwendet werden, wenn man das erste Medium mit dem Vakuum ($n_1 = n_{\text{Vak}} = 1$, $\mu_1 = \mu_{\text{Vak}} = 1$) und das zweite mit der Glasscheibe ($n_2 = n_{\text{Glas}}$, $\mu_2 = \mu_{\text{Glas}}$) identifiziert. Bei senkrechtem Einfall gilt $\alpha = 0 \rightarrow \beta = 0$, so dass der Reflexionskoeffizient die Form

$r = \dfrac{n_2 \cdot \mu_1 - n_1 \cdot \mu_2}{n_2 \cdot \mu_1 + n_1 \cdot \mu_2}$ annimmt.

Dies zeigt, dass eine Unterscheidung zwischen s- und p-Polarisation bei senkrechtem Einfall überflüssig ist, da die Einfallsebene zu einer Geraden entartet. Einsetzen liefert bezüglich des elektrischen Feldes

$$r = \frac{1{,}6 - 1}{1{,}6 + 1} = 0{,}2308$$

bzw. (gemäß $I(\vec{r},t) = c \cdot \varepsilon_0 \cdot E^2(\vec{r},t)$, → Abschnitt 6.3) bezüglich der Intensität

$R = r^2 = 0{,}0533$.

Ungefähr 5 % der Lichtintensität werden also an der vorderen Grenzfläche der Glasscheibe reflektiert. Da das Licht bei einer Brille im Allgemeinen 2 Mal reflektiert wird (1 Mal beim Übergang von Luft zu Glas und 1 Mal beim Übergang von Glas zu Luft), zeigt das Beispiel, dass am Brillenglas bis zu 11 % der Lichtintensität reflektiert werden können. Um diese Abstrahlung minimieren zu können, werden häufig entspiegelte Gläser eingesetzt.

In Abb. 6.24 sind die Reflexionskoeffizienten r_p und r_s für eine Vakuum-Glas-Grenzfläche in Abhängigkeit von α dargestellt. Man erkennt, dass r_p bei einem bestimmten Einfallswinkel (Brewster-Winkel α_{Brew}) verschwindet: $r_p(\alpha_{\text{Brew}}) = 0$.

Physikalisch bedeutet dies:

> Entspricht der Einfallswinkel α dem **Brewster-Winkel** α_{Brew}, so wird die p-polarisierte Komponente an der Grenzfläche nicht mehr reflektiert ($r_p(\alpha_{Brew}) = 0$). Die reflektierte Welle besteht daher lediglich aus der s-polarisierten Komponente und ist somit linear-polarisiert.
> Gilt für die Medien $\mu_1 = \mu_2$, so schließen bei $a = a_{Brew}$ die reflektierte und transmittierte Welle einen rechten Winkel ein. Der Brewster-Winkel α_{Brew} kann dann durch $\tan \alpha_{Brew} = n_2 / n_1$ berechnet werden.

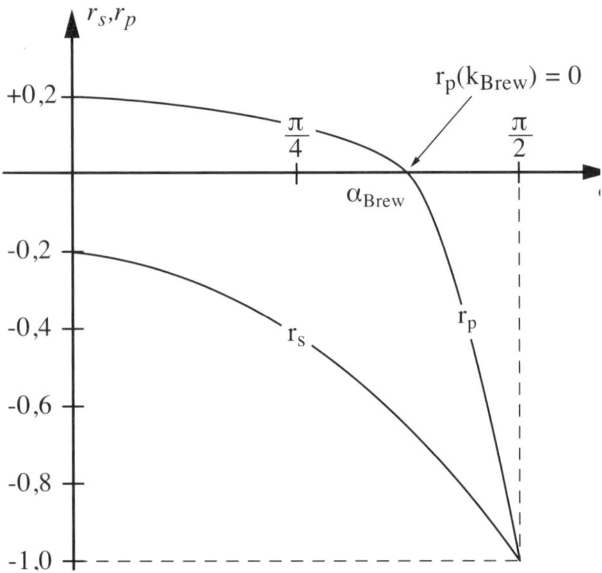

Abb. 6.24

Bemerkungen:

1. Aus $I \propto E^2$ folgt sofort: $R_s \propto r_s^2$ und $R_p \propto r_p^2$. Da die Intensität ein Maß für die Energie ist, wird bei (verlustfreier Wechselwirkung) der Teil $T_s = 1 - R_s$ bzw. $T_p = 1 - R_p$ der Intensität ins zweite Medium transmittiert.
2. Da die p- und s-polarisierten Komponenten der Welle im Allgemeinen unterschiedliche Reflexionskoeffizienten besitzen, wird bei Reflexion häufig die Pola-

risationsebene der Welle gedreht. Dies sieht man besonders deutlich am Brewster-Winkel, bei dem (unabhängig vom ursprünglichen Polarisationszustand) die reflektierte Welle stets senkrecht zur Einfallsebene polarisiert ist.

3. Des Weiteren kann Abb. 6.24 entnommen werden, dass r_p und r_s negative Werte annehmen können. Dies zeigt, dass elektromagnetische Wellen (in den entsprechenden Winkelbereichen) einen Phasensprung von π erfahren, wenn sie an einem optisch dichteren Medium reflektiert werden.

7. Interferenz, Beugung (Wellenoptik) und Geometrische Optik

Nachdem wir uns im Kapitel 6 mit der Ausbreitung von elektromagnetischen Wellen im Allgemeinen befasst haben, soll es hier vorrangig um **optische Wellenlängen** gehen, die (im Vakuum) im Bereich zwischen ca. 100 nm und 10 µm zu finden sind. Dieser (**transparente**) **Bereich** ist für die Technik von besonderem Interesse, da man hier Materie findet, die eine geringe Adsorption zeigt und somit für eine gezielte Strahlformung von elektromagnetischen Wellen eingesetzt werden kann.

Die optischen Wellenlängen können zusätzlich in ultraviolettes (100 nm – 380 nm), sichtbares (380 nm – 750 nm) und nahes Infrarot-Licht (750 nm – 10 µm) unterteilt werden. Das sichtbare Licht ist uns hierbei aus dem Alltag am besten bekannt. Es setzt sich aus Farbbereichen zusammen, wobei jeder Farbe ein bestimmter Wellenlängenbereich zugeordnet werden kann.

Bei der Ausbreitung von Licht wird häufig zwischen Wellenoptik und geometrischer Optik unterschieden. In der Wellenoptik werden Phänomene der Lichtausbreitung untersucht (z.B. **Beugung**), die sich nur dann erklären lassen, wenn man dem Licht einen Wellencharakter zuschreibt. In Abschnitt 7.2 wird gezeigt, dass dieser Wellencharakter bei der Lichtausbreitung immer dann berücksichtigt werden muss, wenn die Welle auf Körper trifft, deren Ausdehnung der Wellenlänge entspricht.

Findet die Wechselwirkung jedoch mit deutlich größeren Körpern statt, so erfolgt die Lichtausbreitung auf Linien (**geometrische Optik**), die unter Umständen (z.B. an Grenzflächen) gebrochen werden können. Hier kann man den Verlauf des Lichtes mit Hilfe von Geraden konstruieren und dadurch verstehen, wie Materie eingesetzt

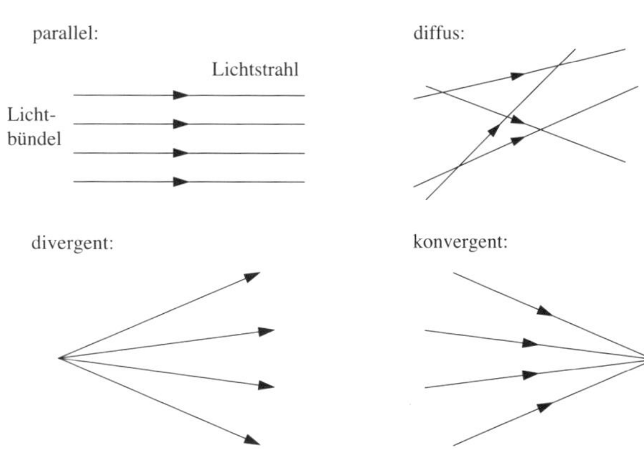

Abb. 7.1

werden kann, um beispielsweise Objekte optisch abzubilden (→ Abschnitt 7.3). In diesem Bild wird eine ebene Lichtwelle durch ein **Lichtbündel** repräsentiert, das sich aus parallel ausgerichteten **Lichtstrahlen** zusammensetzt (vgl. Abb. 7.1). Des Weiteren kann das Licht von einem Punkt ausgestrahlt werden und sich daher **divergent** im Raum ausbreiten, bzw. es kann **konvergent** auf einen Punkt fokussiert werden. Weisen die Lichtstrahlen keine Ordnung auf, so nennt man sie **diffus**.

7.1 Wellen II: Interferenz

Zweistrahlinterferenz

In Abschnitt 6.3 wurde bereits gezeigt, dass die Überlagerung mehrerer (elektromagnetischer) Wellen wieder eine (elektromagnetische) Welle erzeugt, wobei sich lediglich die Feldstärken, nicht aber die Intensitäten der einzelnen Wellen überlagern. Betrachten wir zunächst die vereinfachte („eindimensionale“) Situation, bei der sich lediglich zwei elektrische Feldstärken

$$E_1(x,t) = E_{1,0} \cdot \cos(\omega \cdot t - k \cdot x) \text{ und } E_2(x,t) = E_{2,0} \cdot \cos(\omega \cdot t - k \cdot x + \varphi_0) \tag{7.1}$$

(mit Wellenvektor k und Kreisfrequenz ω) überlagern. Da die resultierende Feldstärke in dieser Situation durch

$$E_{\text{res}}(x,t) = E_1(x,t) + E_2(x,t)$$

gegeben ist, folgt für die Intensität (→ Abschnitt 6.3)

$$I_{\text{res}}(\vec{r},t) = c_{\text{EM}} \cdot \varepsilon_0 \cdot E^2_{\text{res}}(\vec{r},t) \rightarrow I_{\text{res}}(x,t) = c \cdot \varepsilon_0 \cdot (E_1(x,t) + E_2(x,t))^2$$

$$I_{\text{res}}(x,t) = c_{\text{EM}} \cdot \varepsilon_0 \cdot \left(E_1^2(x,t) + E_2^2(x,t) + 2 \cdot E_1(x,t) \cdot E_2(x,t)\right). \tag{7.2}$$

Die ersten beiden Terme lassen sich leicht zu

$$E_1^2(x,t) = E_{1,0}^2 \cdot \cos^2(\omega \cdot t - k \cdot x) \text{ und } E_2^2(x,t) = E_{2,0}^2 \cdot \cos^2(\omega \cdot t - k \cdot x + \varphi_0)$$

berechnen und sind (aufgrund der Quadrierung) stets positiv. Der dritte Term lässt sich unter Einsatz von

$$\cos(x) \cdot \cos(y) = \left(\cos(x-y) + \cos(x+y)\right)/2$$

in die Gleichung

$$2 \cdot E_1(x,t) \cdot E_2(x,t) = 2 \cdot E_{1,0} \cdot E_{2,0} \cdot \cos(\omega \cdot t - k \cdot x) \cdot \cos(\omega \cdot t - k \cdot x + \varphi_0)$$

$$= 2 \cdot E_{1,0} \cdot E_{2,0} \cdot \left(\cos(\varphi_0) + \cos(2 \cdot \omega \cdot t - 2 \cdot k \cdot x + \varphi_0)\right)$$

umformen. Alle drei Terme sind Funktionen sowohl der Zeit t als auch des Ortes x. Im Allgemeinen ist die Kreisfrequenz ω derart hoch, dass wir einzelne Schwingungen bezüglich der Zeit nicht auflösen können, so dass sich experimentell häufig lediglich das zeitliche Mittel der Intensität

$$< I_{\text{res}}(x) > = \frac{1}{T} \cdot \int_0^T I_{\text{res}}(x,t) \cdot \mathrm{d}t \tag{7.3}$$

(mit $T = 2\pi/\omega$ der Periodendauer der Schwingung) berechnen lässt.

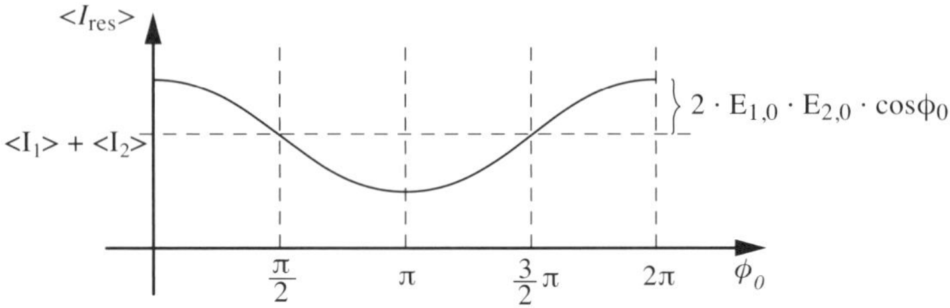

Abb. 7.2

Diese Integration liefert für die ersten beiden Terme
$< E_1^2(x) > = E_{1,0}^2/2$ und $< E_2^2(x) > = E_{2,0}^2/2$,
während beim dritten Term ausgenutzt wird, dass der Flächeninhalt einer Kosinus-Funktion verschwindet, sofern man sie über eine Periode integriert:
$< 2 \cdot E_1 \cdot E_2 > = E_{1,0} \cdot E_{2,0} \cdot \cos(\varphi_0)$.
Einsetzen in Gl. 7.2 zeigt, dass sich die gemittelte Intensität $< I_{res} >$ der resultierenden elektromagnetischen Welle aus der Summe der Intensitäten beider Wellen ($c \cdot \varepsilon_0 \cdot E_{1,0}^2/2$ und $c \cdot \varepsilon_0 \cdot E_{2,0}^2/2$) und einem Term zusammensetzt, der vom Kosinus der Phasenverschiebung φ_0 abhängt:

$$< I_{res} > = \frac{c \cdot \varepsilon_0}{2} \cdot \left(E_{1,0}^2 + E_{2,0}^2 + 2 \cdot E_{1,0} \cdot E_{2,0} \cdot \cos(\varphi_0)\right). \tag{7.4}$$

Zeichnet man die gemittelte Intensität in Abhängigkeit von der Phasenverschiebung φ_0 auf (vgl. Abb. 7.2), so zeigt sich, dass $< I_{res} >$ einen kosinusförmigen Verlauf aufweist und somit durch geeignete Wahl von φ_0 gezielt eingestellt werden kann.

> Überlagern sich mehrere elektromagnetische Wellen, so hängt die (mittlere) Intensität $< I_{res} >$ der resultierenden Welle auch von der Phasenverschiebung der Teilwellen ab (**Interferenz**). $< I_{res} >$ kann daher nicht einfach durch Superposition der Teilwellenintensitäten $< I_i >$ ermittelt werden.

Übung:
Zeigen Sie, dass für zwei elektromagnetische Wellen gleicher Intensität ($E_{1,0} = E_{2,0} = E_0$) die Intensität der resultierenden Welle verschwindet, wenn die Wellen um $\varphi_0 = \pi$ zueinander phasenverschoben sind.

Lösung:
Bei der Phasenverschiebung $\varphi_0 = \pi$ liefert die Kosinusfunktion $\cos(\varphi_0) = -1$, so dass der Klammerausdruck in Gl. 7.2 und somit die Intensität der resultierenden Welle verschwindet
$E^2_{1,0} + E^2_{2,0} + 2 \cdot E_{1,0} \cdot E_{2,0} \cdot \cos(\varphi_0) \rightarrow 2 \cdot E^2_0 - 2 \cdot E_0 \cdot E_0 = 0 \rightarrow \langle I \rangle = 0.$
Die Übung zeigt, dass sich zwei gleiche elektromagnetische Wellen gegenseitig in ihrer Wirkung kompensieren, wenn sie um $\varphi_0 = \pi$ gegeneinander in ihrer Phase verschoben sind. Dieses Verhalten kann man bereits den Gl. 7.2 entnehmen: Mit $E_{1,0} = E_{2,0}$ kann E_2 durch $E_2(x,t) = E_0 \cdot \cos(\omega \cdot t - k \cdot x + \pi) =$
$-E_0 \cdot \cos(\omega \cdot t - k \cdot x) = -E_1(x,t)$
dargestellt werden, so dass das resultierende elektrische Feld $E_{res}(x,t)$ und damit die Intensität verschwindet. Da sich hierbei beide Wellen gegenseitig „auslöschen", bezeichnet man dieses Verhalten als **destruktive Interferenz**.
Die umgekehrte Situation, d.h. eine **konstruktive Interferenz,** finden wir für $\varphi_0 = 0$ vor: Da zwischen den Teilwellen keine Phasenverschiebung vorliegt, folgt aus $E_{1,0} = E_{2,0} \rightarrow E_1(x,t) = E_2(x,t)$, so dass die resultierende elektrische Feldstärke ihre maximale Amplitude annimmt.

Beispiele: Michelson-Interferometer und Antireflex-Beschichtung
Ein *Michelson-Interferometer* ist ein System, das aus einem Strahlteiler und zwei Spiegeln besteht, vgl. Abb. 7.3. Eine elektromagnetische Welle
$$E(x,t) = E_0 \cdot \cos(\omega \cdot t - k \cdot x) \qquad (7.5)$$
läuft von links in das System ein und trifft auf einen idealen Strahlteiler, der die Welle in zwei Teilwellen (1 und 2) gleicher Intensität aufteilt
($R_{ST} = 1/2 \rightarrow r_{ST} = 1/\sqrt{2} \rightarrow E_{1/2} = E_0/\sqrt{2}$, → Abschnitt 6.3).
Anschließend legen beide Teilwellen in den Armen des Interferometers die Strecken d_1 und d_2 zurück, werden an den idealen Spiegeln reflektiert und laufen wieder die gleichen Strecken zurück zum Strahlteiler. Durch die optischen Strecken $2 \cdot d_1$ bzw.

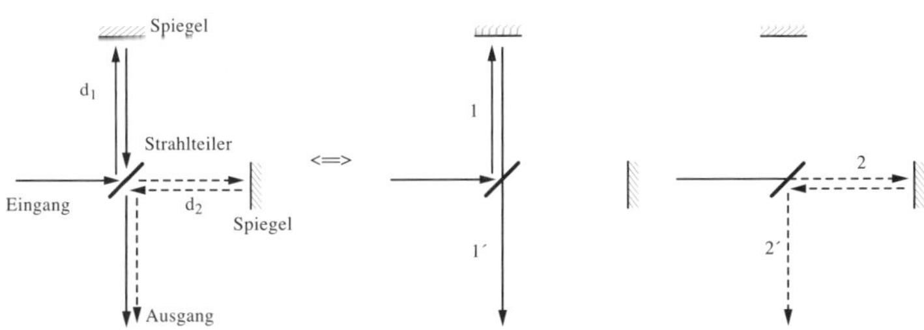

Abb. 7.3

$2 \cdot d_2$ verändern sich ihre Phasen um $2 \cdot k \cdot d_1$ bzw. $2 \cdot k \cdot d_2$, so dass der Phasenunterschied zwischen ihnen $2 \cdot k \cdot (d_1 - d_2)$ beträgt (→ Abschnitt 6.4).
Am Strahlteiler wird wieder der Teil $r_{ST} = 1/\sqrt{2}$ der Wellen reflektiert bzw. transmittiert, so dass sich im unteren Arm des Interferometers nun zwei Teilwellen (1' und 2') mit der Amplitude $E_0/2$ parallel ausbreiten und miteinander interferieren. Anwenden von Gl. 7.4 liefert dann

$$<I> = \frac{c \cdot \varepsilon_0}{2} \cdot \left(E_{1,0}^2 + E_{2,0}^2 + 2 \cdot E_{1,0} \cdot E_{2,0} \cdot \cos(\varphi_0)\right) = \frac{c \cdot \varepsilon_0}{2} \cdot \left(\frac{E_0^2}{2} + \frac{E_0 \cdot E_0}{2} \cdot \cos(\varphi_0)\right)$$

$$<I> = \frac{c \cdot \varepsilon_0}{2} \cdot \frac{E_0^2}{2}\left(1 + \cos\left(2 \cdot k \cdot (d_1 - d_2)\right)\right),$$

d.h., die gemittelte Intensität am Ausgang hängt kosinusförmig von dem Weglängenunterschied $d_1 - d_2$ der Interferometerarme ab und wird genau dann Null, wenn die Phasenverschiebung $\varphi_0 = 2 \cdot k \cdot (d_1 - d_2)$ ein ganzzahliges Vielfaches von $2 \cdot \pi$ ist. Da die Phasenverschiebung φ_0 sowohl von der Wellenlänge $\lambda = 2 \cdot \pi / k$ als auch vom Wegunterschied $\Delta d = d_1 - d_2$ abhängt, können mit dem Michelson-Interferometer Änderungen beider Größen mit hoher Genauigkeit gemessen werden. So können mit modernen Michelson-Interferometern Veränderungen der Armlängen von Bruchteilen eines Nanometers registriert werden, was beispielsweise bei der Suche von Gravitationswellen ausgenutzt wird.
Albert Abraham Michelson (1852 – 1931) nutzte dieses Interferometer, um nach Veränderungen in der Lichtgeschwindigkeit zu suchen, die er jedoch niemals fand (→ Spezielle Relativitätstheorie, Abschnitt 8.4).

Bei der *Antireflex-Beschichtung* wird ebenfalls ausgenutzt, dass durch Weglängenunterschiede Interferenzeffekte auftreten können. Hierbei wird ein Film (Dicke d_{AR}) auf einen transparenten Körper (beispielsweise Brillenglas) aufgebracht, wobei der Brechungsindex des Filmes n_{AR} so gewählt wird, dass er kleiner als der des Körpers n_K ist: $n_{AR} = \sqrt{n_K}$.
Das System besteht daher aus zwei Grenzflächen (Luft – Film, Film – Körper), so dass eine einfallende elektromagnetische Welle (Vakuumwellenlänge $\lambda_0 = 2 \cdot \pi / k_0$) einmal an der Luft-Film- und einmal an der (um d_{AR} verschobenen) Film-Körper-Grenzfläche reflektiert wird (wobei in beiden Fällen ein Phasensprung um π auftritt, → Abschnitt 6.4). Da die zweite Teilwelle einen optischen Weg zurückgelegt hat, der um $2 \cdot n_{AR} \cdot d_{AR}$ größer als der der ersten Teilwelle ist, ergibt sich insgesamt ein Phasenunterschied von $\varphi_0 = (2 \cdot n_{AR} \cdot k_0 \cdot d_{AR} + \pi) - \pi = 2 \cdot n_{AR} \cdot k_0 \cdot d_{AR}$.
Destruktive Interferenz liegt vor, wenn $\varphi_0 = \pi$ gilt, so dass bei

$$2 \cdot n_{AR} \cdot k_0 \cdot d_{AR,dI} = \pi \rightarrow d_{AR,dI} = \frac{\pi}{2} \cdot \frac{1}{n_{AR}} \cdot \frac{1}{k_0} = \frac{\pi}{2} \cdot \frac{1}{n_{AR}} \cdot \frac{\lambda_0}{2 \cdot \pi} = \frac{\lambda_0}{4} \cdot \frac{1}{n_{AR}}$$

(als Dicke der Antireflex-Schicht) die reflektierte Intensität minimal wird. Mit diesem Prinzip werden in der Technik Oberflächen entspiegelt, um die störenden Reflexionen an den Grenzflächen zu minimieren. (In Abschnitt 6.4 wurde beispielsweise gezeigt, dass bei der Reflexion an Linsen bis zu 11 % der eingestrahlten Intensität für die optische Abbildung verloren gehen können.) Da sich optische Instrumente häufig aus sehr vielen einzelnen Linsen zusammensetzen, würde dies zu inakzeptabel hohen Verlusten an Lichtintensität führen und die Abbildung stark einschränken.

Voraussetzungen für das Auftreten von Interferenz: Kohärenz

(1) Dass eine Überlagerung von elektromagnetischen Wellen nicht immer zu Interferenz führen muss, wurde in Abschnitt 6.3 am Beispiel von zirkular polarisiertem Licht gezeigt. Damit zwischen zwei Wellen überhaupt Interferenz auftreten kann, müssen diese daher parallel zueinander orientierte Komponenten der Feldstärke aufweisen.

(2) Ferner zeigen die vorangegangenen Berechnungen, dass die sich überlagernden Feldstärken ebenfalls die gleiche Frequenz aufweisen müssen, damit sich ein zeitlich stabiles Interferenzbild ausbilden kann: Überlagern sich Wellen mit unterschiedlichen Frequenzen, so folgt für den Interferenzterm
$I_{\text{Int}}(x,t) = E_1(x,t) \cdot E_2(x,t)$ in Gl. 7.2 nun
$I_{\text{Int}}(x,t) = E_{1,0} \cdot E_{2,0} \cdot (\cos(\omega_- \cdot t - k_- \cdot x + \varphi_0) + \cos(\omega_+ \cdot t - k_+ \cdot x + \varphi_0))$
(mit $\omega_\pm = \omega_1 \pm \omega_2$ und $k_\pm = k_1 \pm k_2$), so dass der konstante Anteil $\cos(\varphi_0)$ ist und die Interferenz damit verschwindet.

(3) Selbst wenn diese Voraussetzungen erfüllt sind, muss es nicht unbedingt zu einer Interferenz kommen. Damit Teilwellen eine stationäre Interferenzstruktur ausbilden können, müssen sie eine (relativ) konstante Phasenverschiebung φ_0 aufweisen, d.h., sie müssen **kohärent** sein bzw. **Kohärenz** aufweisen.

Nehmen wir Abb. 7.2 als Beispiel, so führt eine Veränderung von φ_0 zu einer horizontalen Verschiebung der Intensität, was im Allgemeinen die Maxima „verschmiert". Verändert sich φ_0 während der Beobachtung um mehr als 2π, so überlappen sich benachbarte Maxima und die Interferenz bricht vollständig zusammen. In der Natur entsteht Licht im Allgemeinen durch (nicht-synchronisierte) Abstrahlung von Photonen (→ Abschnitt 8.1). Da dies ein statistischer Prozess ist, weisen die abgestrahlten Photonen eine zufällige Phasenverschiebung φ_0 auf, und das Licht ist daher **inkohärent**. Werden die Photonen dagegen durch stimulierte Emission (z.B. mittels **Laser**) erzeugt, so weisen sie ein nahezu konstantes φ_0 und somit hohe Kohärenz auf.

7.2 Wellen III: Beugung

Bisher haben wir lediglich die geradlinige Ausbreitung elektromagnetischer Wellen beschrieben. Dies bedeutet, dass lediglich an den Orten des Raumes Wellen beobachtet werden können, die durch eine Gerade (Lichtstrahl) mit der Strahlungsquelle verbunden sind.
Manchmal zeigt sich jedoch, dass Wellen, die auf bestimmte Hindernisse treffen, Energie an Orte hinter dem Hindernis transportieren, die auf geradlinigen Wegen nicht erreichbar wären. Diesen Effekt, der prinzipiell bei allen Wellen auftreten kann, wird als **Beugung** bezeichnet.

Huygens'sches Prinzip

Im Prinzip lässt sich das Auftreten von Beugung an Hindernissen gut nachvollziehen, wenn man berücksichtigt, dass jede elektromagnetische Welle normalerweise als Kugelwelle in den Raum ausgesendet wird (Hertz'scher Dipol, → Abschnitt 6.3). Die Phasenflächen der Kugelwellen bilden somit konzentrische Kreise um die Strahlungsquelle, die aber bei zunehmendem Abstand immer flacher werden und schließlich im Fernfeld ebene Phasenflächen bilden. So gesehen, kann (bei sehr großem Abstand von der Quelle) jede ebene Welle als Grenzfall einer Kugelwelle aufgefasst werden.

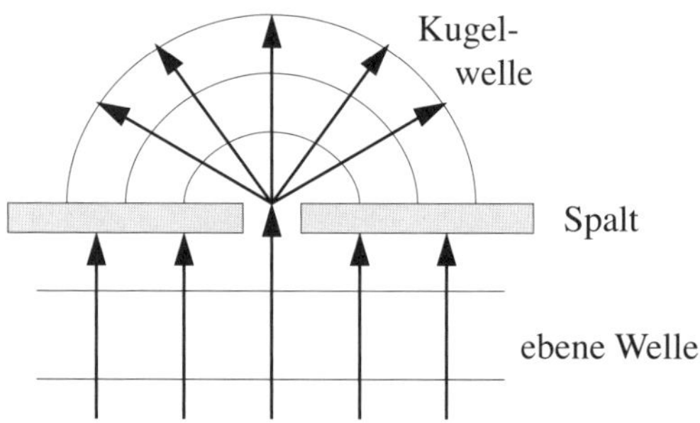

Abb. 7.4

Das **Huygens'sche Prinzip** geht an dieser Stelle noch einen Schritt weiter: Ihm zufolge kann jede Welle (z.B. auch Schallwellen) als Überlagerung mehrerer Kugelwellen aufgefasst werden. Das bedeutet, dass jeder Punkt, der während der Ausbreitung durch eine Phasenfläche getroffen wird, Ausgangspunkt einer Kugelwelle ist. Bei ebenen Wellen liegen die Raumpunkte, die durch die Phasenfläche angeregt werden, in einer Ebene, so dass die Überlagerung der angeregten Kugelwellen ebenfalls zu einer ebenen Phasenfläche in Ausbreitungsrichtung führt.

Dass sich eine ebene Welle tatsächlich aus Kugelwellen zusammensetzt, kann man sichtbar machen, indem man die Welle beispielsweise auf einen kleinen Spalt treffen lässt (vgl. Abb. 7.4). Er lässt nur die Kugelwellen passieren, die in seinem Inneren angeregt werden, und man findet hinter dem Spalt ausschließlich kugelförmige Phasenflächen vor. Interessanterweise zeigt sich, dass die Intensität hinter dem Spalt räumlich strukturiert sein kann, was auf Interferenzeffekte hindeutet.

Beugung am Doppelspalt

Mit Hilfe des Huygens'schen Prinzips kann man z.B. die Wellenausbreitung hinter einem Blendensystem berechnen, welches aus zwei unendlich dünnen Spalten besteht, deren Abstand b beträgt (**Young'scher Doppelspalt**, vgl. Abb. 7.5). Wenn von links eine ebene Welle einläuft, so trifft sie bei $x = 0$ auf die Blende und regt an den Spalten die Ausstrahlung von Kugelwellen an (Huygens'sches Prinzip).

In Abschnitt 7.1 wurde gezeigt, dass sich die beiden Kugelwellen in jedem Raumpunkt überlagern, wobei die Intensität der resultierenden Welle kosinusförmig von der Phasenverschiebung beider Teilwellen abhängt (Interferenz). Wenn wir daher einen Bildschirm in hinreichend großem Abstand zum Doppelspalt positionieren, so kann der Intensitätsverlauf auf dem Bildschirm berechnet werden, indem man die Phasenverschiebung $\varphi_0(y)$ beider Teilwellen ermittelt.

Für diese Berechnungen wählen wir das in Abb. 7.5 skizzierte Koordinatensystem: Die Spalten befinden sich bei $(0, \pm b/2)$, während der Bildschirm parallel zur y-Achse bei $x = L$ verläuft. Wenn wir somit den Punkt $P = (L, y)$ auf dem Bildschirm betrachten, so haben die Kugelwellen die Strecke

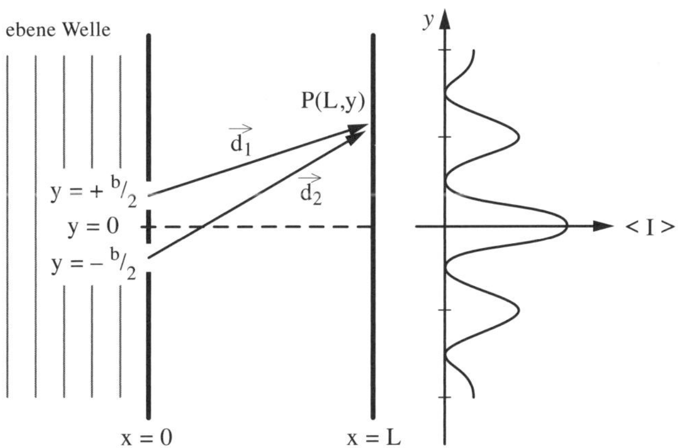

Abb. 7.5

$\vec{d}_1 = (L, y - b/2) \rightarrow d_1 = \sqrt{L^2 + (y - b/2)^2}$ und

$\vec{d}_2 = (L, y + b/2) \rightarrow d_2 = \sqrt{L^2 + (y + b/2)^2}$

zurückgelegt, wodurch sich die Phase der Kugelwellen (in Luft, $n \approx 1$) um

$\varphi_1 = k \cdot d_1$ bzw. $\varphi_2 = k \cdot d_2$

verändert. Wenn der Abstand zwischen Doppelspalt und Bildschirm groß ist (d.h. $L >> |y|$ und $L >> b$), so können die Wurzelausdrücke von d_1 und d_2 wie folgt angenähert werden (→ Abschnitt 1.5)

$$d_1 = L \cdot \sqrt{1 + \left(\frac{y - b/2}{L}\right)^2} = L \cdot \left(1 + \left(\frac{y - b/2}{L}\right)^2\right)^{1/2} = L \cdot \left(1 + \frac{1}{2}\left(\frac{y - b/2}{L}\right)^2\right)$$

$$\rightarrow d_2 = L \cdot \left(1 + \frac{1}{2}\left(\frac{y + b/2}{L}\right)^2\right).$$

Für die Phasenverschiebung ergibt sich somit

$$\varphi_0(y) = \varphi_2(y) - \varphi_1(y) = k \cdot (d_2 - d_1) = \frac{k}{2 \cdot L}\left(\left(y + b/2\right)^2 - \left(y - b/2\right)^2\right)$$

$$= \frac{k}{2 \cdot L}\left(y^2 + y \cdot b + b^2/4 - \left(y^2 - y \cdot b + b^2/4\right)\right) = \frac{k \cdot y \cdot b}{L},$$

so dass die Intensität der resultierenden Welle im Punkt P durch

$$I(y) \propto \cos \varphi_0 = \cos\left(\frac{k \cdot b}{L} \cdot y\right)$$

gegeben ist. Dies zeigt, dass auf dem Bildschirm eine periodische Intensitätsverteilung vorliegt, wobei die Intensität genau dann maximal wird, wenn $k \cdot b \cdot y/L$ ein ganzzahliges Vielfaches von 2π ist:

$$\frac{k \cdot b}{L} \cdot y_{\text{max,n}} = 2\pi \cdot n \rightarrow \frac{y_{\text{max,n}}}{L} = \frac{2\pi}{k \cdot b} \cdot n = \frac{\lambda}{b} \cdot n.$$

Diese Gleichung kann als Spezialfall der allgemeineren Gittergleichung aufgefasst werden.

Beugungsgitter

Ein **Beugungsgitter** ist eine **periodische Anordnung** von Spalten, deren Abstand als **Gitterkonstante** g bezeichnet wird. Der Doppelspalt kann somit als ein Beugungsgitter mit zwei Spalten aufgefasst werden, so dass die Gitterkonstante g dem Abstand der Spalten b entspricht: $g = b$.

Trifft eine Welle (Wellenlänge λ) unter dem Winkel α auf das Beugungsgitter, so werden in den Spalten Kugelwellen angeregt, die miteinander interferieren. Die Intensität der Welle hat dadurch bei bestimmten Winkeln α'_n ein lokales Maximum: $\sin \alpha'_n = \sin \alpha + n \cdot \lambda / g$ (**Gittergleichung**) (7.6a)

(wobei die ganze Zahl n die einzelnen Maxima durchnummeriert).

Trifft die Welle senkrecht auf das Beugungsgitter ($\alpha = 0$), so folgt

$\sin \alpha'_n = n \cdot \lambda / g.$ (7.6b)

Trivialerweise besitzen die Gl. 7.6 immer eine Lösung für $n = 0$, die als **Maximum 0. Ordnung** des Beugungsgitters bezeichnet wird.
Der exakte Verlauf der Intensität hängt von der Form der Spalten ab. Für rechteckige Spalten lässt sich jedoch zeigen, dass die Intensität an den Maxima durch $I(\alpha'_n) \propto 1/\alpha'^2_n$ gegeben ist. (7.7)
Aus Gl. 7.6b folgt mit $|\sin \alpha'_n| \leq 1$ automatisch, dass das n-te Maximum nur dann beobachtet werden kann, wenn $|n| \cdot \lambda/g \leq 1 \rightarrow |n| \leq g/\lambda$ gilt. Das Verhältnis von der Wellenlänge λ zur Gitterkonstanten g hat daher einen entscheidenden Einfluss auf das Beugungsbild:

(1) Für Beugungsgitter mit $g >> \lambda$ (Spaltabstand viel größer als die Wellenlänge) wird g/λ groß gegenüber eins sein, so dass Gl. 7.6 für viele n erfüllt werden kann. Das erste Nebenmaximum ($|n| = 1$) findet man wegen $\lambda/g << 1$ bei sehr kleinen Ausfallswinkeln $\alpha'_{|n-1|}$. Platziert man hinter dem Beugungsgitter einen Bildschirm, so beobachtet man eine periodische Intensitätsverteilung (vgl. Abb. 7.5).

(2) Wird der Abstand zwischen den Spalten verringert ($g \rightarrow \lambda$), so nimmt das Verhältnis g/λ ab, wodurch die Anzahl der Maxima, die Gl. 7.6 erfüllen können, sinkt. Ferner zeigt Gl. 7.6, dass mit Vergrößerung von λ/g ebenfalls die Ausfallswinkel der Nebenmaxima α'_n zunehmen. Auf dem Bildschirm beobachtet man daher weiterhin eine periodische Intensitätsverteilung, die jedoch größere Maxima-Abstände aufweist.

(3) Bei Erreichen des Grenzfalls ($g = \lambda$) ist das Verhältnis $g/\lambda = 1$, d.h., Gl. 7.6 besitzt neben dem Maximum 0. Ordnung lediglich die ersten Nebenmaxima bei $\alpha'_{n=\pm 1} = \pm\pi$ als Lösung. Das Hauptmaximum wird durch Beugung somit komplett über den Raum hinter dem Beugungsgitter verteilt, und man kann auf dem Bildschirm keine periodische Intensitätsverteilung mehr beobachten.

> Trifft eine Welle auf ein Objekt, dessen Ausdehnung der Wellenlänge entspricht, so wird die Welle am Objekt gebeugt. Ist das Objekt hingegen deutlich größer als die Wellenlänge, so sind Beugungseffekte vernachlässigbar und die Wellenausbreitung kann weiterhin als geradlinig beschrieben werden (→ Abschnitt 7.3, geometrische Optik).

Bemerkungen:

1. Da die Ausfallswinkel α'_n in Gl. 7.6 von der Wellenlänge abhängen, können Beugungsgitter zur Zerlegung polychromatischer Wellen in ihre einzelnen Bestandteile (d.h. in **Spektrometer**) verwendet werden.
   Betrachten wir zum Verständnis eine Welle, die durch Superposition von zwei Teilwellen (Wellenlängen λ_1 bzw. λ_2) entsteht. Nach Abschnitt 7.1 kann die Beugung der resultierenden Welle berechnet werden, indem man die Beugung der einzelnen Teilwellen ermittelt und anschließend wieder die Superposition bildet. Mit Hilfe von Gl. 7.6 können wir z.B. die Position der ersten Nebenmaxima ($n = 1$) zu $\alpha'_{n=1,i} = \arcsin(\lambda_i/g)$ berechnen.
   Da die Teilwellen unterschiedliche Wellenlängen besitzen, wird diese Gleichung für jedes Nebenmaximum durch einen eigenen Ausfallswinkel erfüllt, so dass wir zwei Nebenmaxima mit $n = 1$ auf dem Schirm beobachten. Würde die Welle aus m Wellenlängen bestehen, so würde folglich jedes Nebenmaximum in m Maxima aufspalten. Dem Intensitätsverlauf der Nebenmaxima $I(\alpha')$ kann daher entnommen werden, aus welchen Wellenlängen sich die polychromatische Welle zusammensetzt.
2. In Abschnitt 2.1 wurde gezeigt, dass manche Festkörper in Form von Kristallen vorliegen, die sich durch eine periodische Anordnung ihrer Bausteine auszeichnen. Kristalle können daher ebenfalls als Beugungsgitter aufgefasst werden, wobei die Gitterkonstante in dieser Situation durch die Abstände benachbarter Bausteine gegeben ist (z.B. Netzebenenabstände o.Ä.) und somit in der Größenordnung einiger Å (= 10^{-10} m) liegt. Will man daher Kristallbeugung beobachten, so muss man elektromagnetische Strahlung mit vergleichbarer Wellenlänge verwenden, d.h. Röntgenstrahlung. Mit Hilfe der **Bragg-Bedingung** kann dann aus den Beugungsmustern die Gitterstruktur berechnet werden, so dass sich durch **Röntgenbeugung** Gitterkonstanten mit sehr hoher Genauigkeit bestimmen lassen. Die Präzision moderner Röntgenbeugung ist derart hoch, dass sich bereits geringste Gitterveränderungen (z.B. durch thermische Ausdehnung oder Änderung der Zusammensetzung) messen lassen. Sie ist daher eine sehr wichtige Methode zur Strukturaufklärung in der modernen Physik.
3. Bei der Beugung am **Einzelspalt** interferieren Kugelwellen, die nebeneinander im Spalt (der Breite b) angeregt wurden. Die Berechnung der Intensitätsminima und -maxima ist etwas komplizierter und führt auch zu anderen Ergebnissen als beim Doppelspalt. Fällt die Welle senkrecht ein ($\alpha = 0$), so findet man minimale Intensität bei $\sin \alpha'_{n,\min} = n \cdot \lambda/b$ und maximale Intensität bei $\sin \alpha'_{n,\max} = (n + 1/2) \cdot \lambda/b$. Die einzige Ausnahme bildet das Maximum 0. Ordnung, welches bei $\alpha'_{0,\max} = 0$ liegt.

7.3 Geometrische Optik

In diesem Abschnitt werden wir die Brechung von Lichtstrahlen an Körpern betrachten, die deutlich größer als die Wellenlänge des Lichtes sind, so dass Beugungseffekte vernachlässigt werden können. Dies erlaubt, die brechende Wirkung von transparenten Körpern (z.B. Linsen und Prismen) mit Hilfe geometrischer Überlegungen zu berechnen (geometrische Optik).
Es wird sich zeigen, dass Objekte optisch abgebildet werden können (beispielsweise auf einem Bildschirm), wenn Lichtstrahlen (die von den Objekten ausgesendet wurden) auf geeignete Art gebrochen werden. Da man hierfür in der Praxis häufig Linsen bzw. Linsensysteme einsetzt, werden wir uns auch nur mit diesen Körpern näher befassen.

Prisma
Trifft eine Lichtwelle (Vakuum-Wellenlänge λ) im Winkel α auf eine Grenzfläche, die durch ein Medium (Brechungsindex n) und ein Vakuum gebildet wird, so ist der Ausfallswinkel β durch (→ Abschnitt 6.4)

$$\sin\beta = \frac{\sin\alpha}{n} \tag{7.8}$$

gegeben. Da der Brechungsindex im Allgemeinen jedoch von λ abhängt, werden elektromagnetische Wellen unterschiedlicher Wellenlänge auch unterschiedlich stark an der Grenzfläche gebrochen:

(1) Für **normale Dispersion** ($\mathrm{d}n/\mathrm{d}\lambda < 0$) nimmt der Brechungsindex mit der Wellenlänge ab, so dass Wellen an der Grenzfläche umso stärker gebrochen werden, je kleiner ihre Wellenlänge ist.

(2) Bei **anomaler Dispersion** gilt gerade die Umkehrung ($\mathrm{d}n/\mathrm{d}\lambda > 0$), so dass Wellen an der Grenzfläche umso stärker gebrochen werden, je größer ihre Wellenlänge ist.

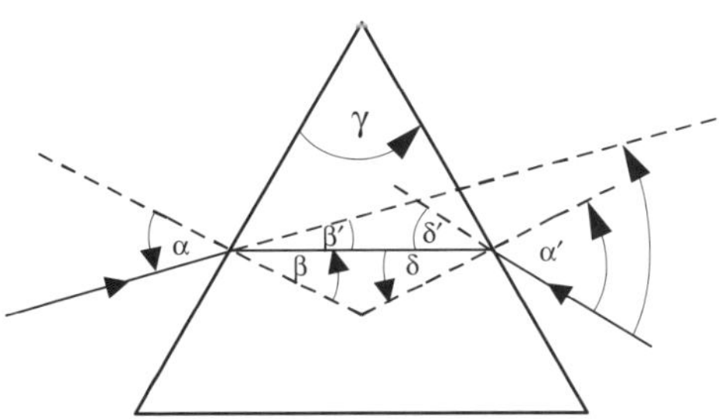

Abb. 7.6

Eine wellenlängenabhängige Brechung kann verwendet werden, um eine polychromatische Welle in ihre einzelnen Bestandteile (d.h. in die vorhandenen Frequenzen) zu zerlegen. Dies wird in der

Optik beispielsweise durch **Prismen** realisiert, vgl. Abb. 7.6. Ein Prisma wird daher durch mindestens drei Grenzflächen begrenzt, von denen im Allgemeinen lediglich zwei zur Brechung beitragen.

Übung:
Wenden Sie das Snellius'sche Brechungsgesetz 2 Mal auf die Informationen in Abb. 7.6 an und weisen Sie nach, dass der Ausfallswinkel durch

$$\alpha' = \arcsin\left[n \cdot \sin\left(\gamma - \arcsin\left(\frac{\sin\alpha}{n}\right)\right)\right] \tag{7.9}$$

gegeben ist. Nehmen Sie dabei an, dass das Prisma mit Brechungsindex n von einem Vakuum umgeben ist.

Lösung:
Für den Ausfallswinkel β nach der ersten Brechung folgt nach Gl. 7.8 $\beta = \arcsin\left(\frac{\sin\alpha}{n}\right)$. Des Weiteren muss nach Abb. 7.6 die Summe der Winkel β und β' gerade $90° = \pi/2$ ergeben, so dass β' durch $\beta' = \pi/2 - \beta$ gegeben ist. Ferner folgt aus dem Winkelsummensatz, dass die Summe der Innenwinkel β', γ und δ' gerade $180° = \pi$ (Dreieck) ergeben muss, d.h.

$\beta' + \gamma + \delta' = \pi \rightarrow \delta' = \pi - \beta' - \gamma = \pi - (\pi/2 - \beta) - \gamma = \pi/2 + \beta - \gamma$.

Da die Summe aus δ und δ' wiederum einen Winkel von $\pi/2$ ergeben muss, folgt letztendlich für den Einfallswinkel δ an der zweiten Grenzfläche

$\delta + \delta' = \pi/2 \rightarrow \delta = \pi/2 - \delta' = \pi/2 - (\pi/2 + \beta - \gamma) = \gamma - \beta$.

Hier kann das Snellius'sche Brechungsgesetz verwendet werden, wobei diesmal berücksichtigt werden muss, dass die Brechung von einem optisch dichteren Medium ins Vakuum erfolgt, d.h.

$\sin\alpha' = n \cdot \sin\delta \rightarrow \alpha' = \arcsin[n \cdot \sin(\gamma - \beta)] = \arcsin\left[n \cdot \sin\left(\gamma - \arcsin\left(\frac{\sin\alpha}{n}\right)\right)\right]$.

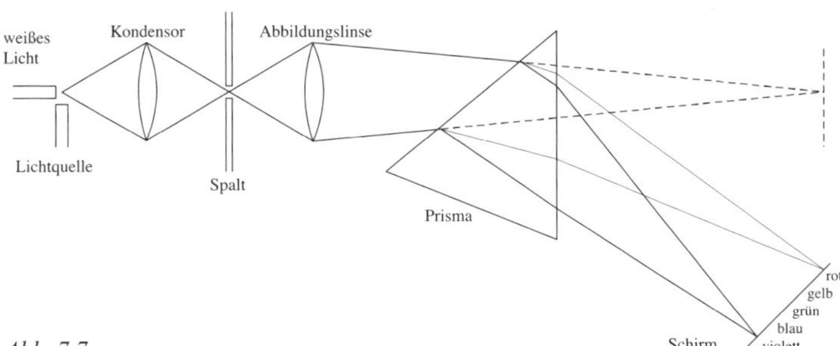

Abb. 7.7

Bemerkung:

1. Die meisten Gläser zeigen bei sichtbarem Licht normale Dispersion, so dass blaues Licht an einem Prisma beispielsweise stärker abgelenkt wird als rotes Licht. Beim Gitter (→ Abschnitt 7.2) gilt gerade die Umkehrung.
2. Im Prinzip können Prismen ebenfalls zur Zerlegung polychromatischen Lichtes in seine Bestandteile verwendet werden (Spektrometer, → Abschnitt 7.2). Abb. 7.7 zeigt den schematischen Aufbau eines **Prismenspektrometers** und die spektrale Zerlegung weißen Lichtes in seine farblichen Bestandteile. Mit ihnen wurden die ersten spektroskopischen Untersuchungen vorgenommen. Da sie jedoch wesentlich weniger leistungsfähig sind als heutige Gitterspektrometer, werden Prismen heute fast ausschließlich zum Umlenken von Strahlen (durch Totalreflexion) verwendet.

Sphärische Linsen

Bisher haben wir die Brechung an ebenen Grenzflächen untersucht. Trifft eine Lichtwelle jedoch auf eine gekrümmte Grenzfläche, so ist der (Einfalls-)winkel α keine Konstante mehr, sondern hängt vom Auftreffpunkt auf der Grenzfläche ab, vgl. Abb. 7.8a.

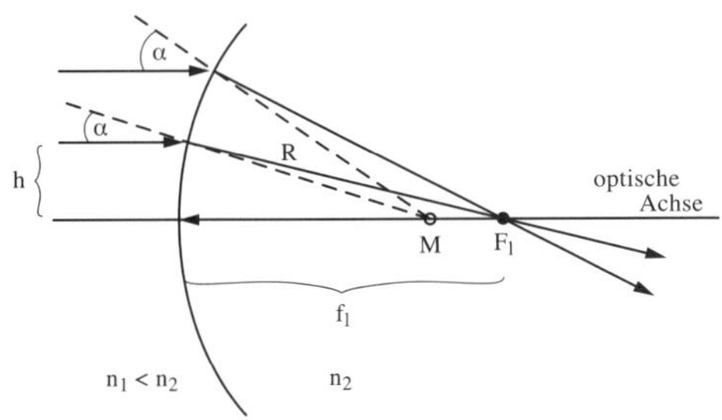

Abb. 7.8 a

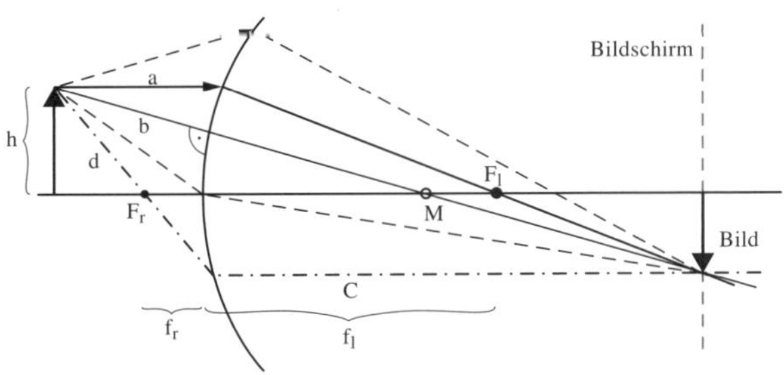

Abb. 7.8 b

Für „einfache“ gekrümmte Geometrien kann die Brechung berechnet werden, indem man den funktionellen Zusammenhang zwischen dem Einfallswinkel α und dem Auftreffpunkt ermittelt und anschließend das Snellius’sche Brechungsgesetz anwendet. Für kugelförmige Grenzflächen mit geringer Krümmung zeigen derartige Berechnungen, dass die Brechung durch eine einfache Formel beschrieben werden kann:

Betrachten wir dazu die Grenzfläche, die ein kugelförmiger Körper (Brechungsindex n_2, Radius R) mit einem zweiten Medium (Brechungsindex $n_1 < n_2$) bildet (vgl. Abb. 7.8a). Läuft eine ebene elektromagnetische Welle von links in das System ein, so verändert sich für die einzelnen Strahlen der Welle der Einfallswinkel α, wie man dieser Abbildung entnehmen kann.

Die Mittellinie in Abb. 7.8a (optische Achse der Linse) trifft genau im rechten Winkel auf die Grenzfläche, so dass ein Lichtstrahl (der sich auf ihr ausbreitet) durch die Grenzfläche nicht gebrochen wird. Ferner lässt sich zeigen, dass alle Strahlen, die parallel zu dieser Achse verlaufen und nur geringfügig von ihr entfernt sind (**achsnahe Strahlen**, $h << R$), so gebrochen werden, dass sie hinter der Grenzfläche durch denselben Punkt F_1 verlaufen. Dieser Punkt befindet sich ebenfalls auf der Achse, und sein Abstand f_1 (**Brennweite**) vom Apex des Körpers ist durch

$$f_1 = \frac{n_2}{n_2 - n_1} \cdot R$$

gegeben. Die in Abb. 7.8a abgebildete Grenzfläche ist somit in der Lage, die parallelen Strahlen einer ebenen Lichtwelle so zu brechen, dass sie im Punkt F_1 vereinigt (gesammelt) werden. Körper mit dieser Eigenschaft bezeichnet man als **Linsen** und den Punkt F_1 als Brennpunkt der Linse. (Im konkreten Fall handelt es sich um eine **sphärische Linse**.)

Diese Überlegung zeigt ferner, dass die Ausbreitungseigenschaften der Welle durch die Linse stark verändert werden: Waren die Strahlen der Welle vor der Linse parallel zueinander orientiert, hat hinter der Linse jeder Strahl seine eigene Richtung, die so orientiert ist, dass der Strahl durch den hinteren Brennpunkt der Linse verläuft (**konvergentes Lichtbündel**). Man kann daher auch sagen, dass die Linse **Parallelstrahlen** in **Brennpunktstrahlen** umwandelt.

Theoretisch können wir die Ausbreitung der Welle aber auch problemlos umkehren, d.h., wir können die Strahlen (wie in Abb. 7.8a eingezeichnet) von rechts in das System einlaufen lassen. Da sich die geometrischen Beziehungen hierdurch nicht verändern, müssen die Strahlen an der Grenzfläche so gebrochen werden, dass sie links von der Linse wieder parallel zueinander verlaufen. Daraus folgt, dass eine Linse ebenfalls **Brennpunktstrahlen** in **Parallelstrahlen** umwandelt.

Bildentstehung bei Linsen

Betrachten wir wieder eine ebene Lichtquelle, deren Strahlen durch eine Linse in einen Punkt gesammelt bzw. fokussiert werden. Da sich in diesem Punkt viele Teilwellen auf kleinem Raum überlagern, wird die gebrochene Lichtwelle aufgrund der Fokussierung am Brennpunkt eine hohe Intensität aufweisen. Dies äußert sich darin, dass – stellt man einen Bildschirm hinter der Linse auf – auf ihm ein heller Fleck entsteht, sobald man ihn in der Ebene des Brennpunktes platziert.

Wir wollen nun zeigen, dass man dieses Verhalten ausnutzen kann, um Objekte auf einem Bildschirm abzubilden. Betrachten wir dazu eine Lichtquelle, die sich, wie in Abb. 7.8b dargestellt, vor der Linse befindet und dabei den Abstand h von der Achse aufweist. Da sich die Lichtwellen kugelförmig von dieser Quelle aus entfernen (→ Abschnitt 6.3), wird die Quelle in alle Richtungen Strahlen aussenden (vgl. gestrichelte Linien).

Interessanterweise zeigt sich, dass man zur Berechnung der Linsenwirkung nicht alle Strahlen berücksichtigen muss, sondern dass hierfür zwei Strahlen ausreichen: Zunächst stellen wir fest, dass Strahl (a) parallel zur Achse der Linse verläuft. Dieser Strahl ist somit ein **Parallelstrahl** und wird von der Linse so gebrochen, dass er hinter ihr durch den Brennpunkt verläuft. Des Weiteren zeigt sich, dass Strahl (b) durch den Mittelpunkt der Linse verläuft. Hieraus folgt automatisch, dass dieser Strahl senkrecht auf die gekrümmte Grenzfläche treffen muss, somit keine Brechung erfährt und folglich einfach verlängert werden kann.

Abhängig von der Geometrie des Systems werden sich diese beiden Strahlen hinter der Linse entweder schneiden, oder auch nicht. Treffen sich beide Strahlen, kann man dies als ein Zusammenlaufen von Kugelwellen interpretieren, die zuvor die Lichtquelle verlassen haben. In diesem Punkt kehrt sich die Abstrahlung der Wellen also gewissermaßen um, so dass man experimentell ein (reales) Bild der Lichtquelle beobachten kann, sobald man einen Bildschirm in der Ebene dieses Punktes positioniert. Es lässt sich sogar zeigen, dass im Idealfall alle (von der Lichtquelle in Richtung Linse) ausgesandten Strahlen durch die Linse in diesem einen Punkt konvergieren (d.h. gesammelt werden).

Liegt jedoch die zweite Situation vor, d.h., die Strahlen schneiden sich nicht, so laufen hinter der Linse alle Strahlen auseinander, und es ist unmöglich, ein Bild der Lichtquelle auf den Bildschirm zu projizieren (unabhängig davon, in welcher Ebene der Bildschirm positioniert wird).

Um beide Situationen vorhersagen zu können, zeichnen wir in Abb. 7.8b zusätzlich den Strahl (c) ein, der sich hinter der Linse parallel zur Achse ausbreitet. Da dieser Strahl ebenfalls von der Lichtquelle ausgesandt wurde, muss er vor der Linse den eingezeichneten Verlauf (d) aufweisen. Wenn wir nun zusätzlich berücksichtigen, dass Linsen generell Parallel- und Brennpunktstrahlen ineinander umwandeln, so muss es vor der Linse ebenfalls einen Brennpunkt geben, dessen Position durch den Schnittpunkt F_r des Brennpunktstrahls (d) mit der Achse gegeben ist. Wieder kann man leicht nachweisen, dass dieser Brennpunkt F_r für achsennahe Strahlen den Abstand

$$f_r = \frac{n_1}{n_1 - n_2} \cdot R$$

vom Apex der Linse aufweist. Ließe man daher eine ebene Welle von rechts auf die eingezeichnete Linse einfallen, könnte man erneut feststellen, dass alle parallelen Strahlen im Brennpunkt F_r vereinigt werden. Dies zeigt, dass (bezüglich der Linse) beide „Lichtquellen" in Abb. 7.8b zueinander äquivalent sind, wobei physikalisch nur die linke Quelle real vorhanden ist, während rechts lediglich ein Bild von ihr entsteht. Ferner zeigt sich, dass genau dann ein reales Bild beobachtbar ist, wenn der Abstand zwischen Lichtquelle und Apex der Linse größer ist als die Brennweite f_r.

Sammel- und Zerstreuungslinsen

Wir können die Überlegungen wie folgt zusammenfassen: Läuft eine ebene Lichtwelle **von links** in das System aus Abb. 7.8, so werden ihre Strahlen im Brennpunkt $\mathbf{F_l}$ auf der rechten Seite der Linse fokussiert. Trifft die ebene Welle jedoch **von rechts** auf die Linse, so wird sie auf der linken Seite im Brennpunkt $\mathbf{F_r}$ gesammelt. In beiden Situationen sammelt die Linse die ebene Welle in einem Punkt, so dass Abb. 7.8 eine Sammellinse zeigt, sofern sie optisch dichter als das Medium ist: $n_1 < n_2$.

Werden die gleichen Berechnungen für den umgekehrten Fall ($n_1 > n_2$) durchgeführt, so zeigt sich ein ähnliches Bild: Die Abstände der Brennpunkte F_l bzw. F_r ändern unter dieser Bedingung ihr Vorzeichen:

$$f_l = \frac{n_2}{n_2 - n_1} \cdot R < 0 \text{ und } f_r = \frac{n_1}{n_1 - n_2} \cdot R > 0.$$

Dies ist aber lediglich die mathematische Formulierung der Tatsache, dass sich F_l bzw. F_r unter diesen Bedingungen auf der linken bzw. der rechten Linsenseite befinden (d.h. auf der gleichen Seite wie die einfallende Welle). Da durch die Linse weiterhin Parallel- und Brennpunktstrahlen ineinander umgewandelt werden, verlaufen die Strahlen hinter der Linse, als ob sie von einer Lichtquelle emittiert worden wären, die sich in dem Brennpunkt F_l bzw. F_r befindet. Eine ebene Welle wird hinter dieser Linse stets divergieren, d.h., allein mit dieser Linse können Objekte optisch nicht abgebildet werden (z.B. auf einen Bildschirm). Man könnte auch sagen, dass die ebene Welle durch die Linse zerstreut wird und somit (im Gegensatz zum ersten Fall) eine **Zerstreuungslinse** vorliegt.

Bemerkung:
Dieses Beispiel zeigt, dass man nicht allein anhand der Krümmung entscheiden kann, ob eine Sammel- oder Zerstreuungslinse vorliegt. Vielmehr müssen die Brechungsindizes der beteiligten Medien bekannt sein, bevor eine Konstruktion des Strahlengangs möglich ist.

Linsenformen
Wir wollen unsere Überlegungen nun auf Linsen mit zwei Grenzflächen erweitern, da man dies in der Praxis viel häufiger antrifft. Dabei werden wir uns auf die Situation beschränken, bei welcher der Brechungsindex n_2 der Linse höher als der des umgebenden Mediums n_1 ist.

Eine sphärisch gekrümmte Linse (Brechungsindex n_2), die sich in einem Medium (Brechungsindex $n_1 < n_2$) befindet, heißt **konvex**, wenn die Linsenoberfläche nach außen gewölbt ist, bzw. **konkav**, wenn sie nach innen gewölbt ist (vgl. Abb. 7.9).

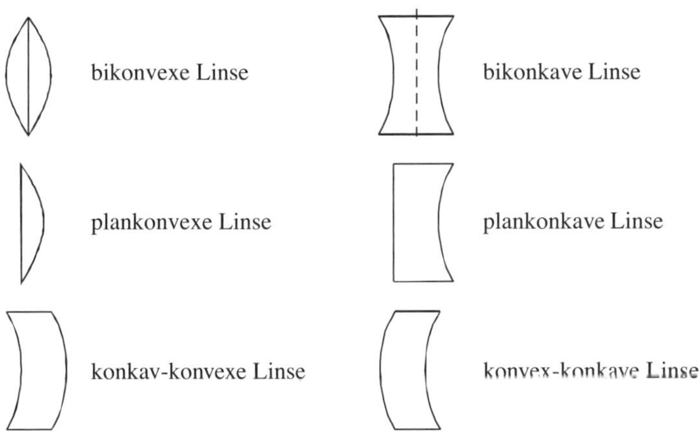

Abb. 7.9

Bikonvexe bzw. **bikonkave** Linsen liegen vor, wenn beide Grenzflächen konvex bzw. konkav sind. Ist eine der Grenzflächen eben, so spricht man von **plankonvexen** bzw. **plankonkaven** Linsen. In der Praxis findet man häufig auch Mischformen (z.B. **konvex-konkave** Linsen) vor.

Linsengleichung von dünnen Sammellinsen

Es zeigt sich, dass wir die vorangegangenen Überlegungen direkt anwenden können: Jeder Linse können zwei Brennpunkte F_l und F_r zugewiesen werden, mit deren Hilfe sich die Brechung von Lichtwellen beschreiben lässt. Trifft die Welle beispielsweise auf eine konvexe Linse, so wird sie wieder in einem Brennpunkt gesammelt (vgl. Abb. 7.10a), während die Welle bei konkaven Linsen so gebrochen wird, dass sie einen Strahlenverlauf aufweist, als sei sie von einem der Brennpunkte emittiert worden (vgl. Abb. 7.10b). Da Sammellinsen Lichtwellen sowohl in einem Punkt sammeln als auch zerstreuen können und somit (abhängig vom Abstand zur Lichtquelle) auch das Verhalten einer Zerstreuungslinse zeigen, werden wir uns im Folgenden lediglich mit Sammellinsen beschäftigen.

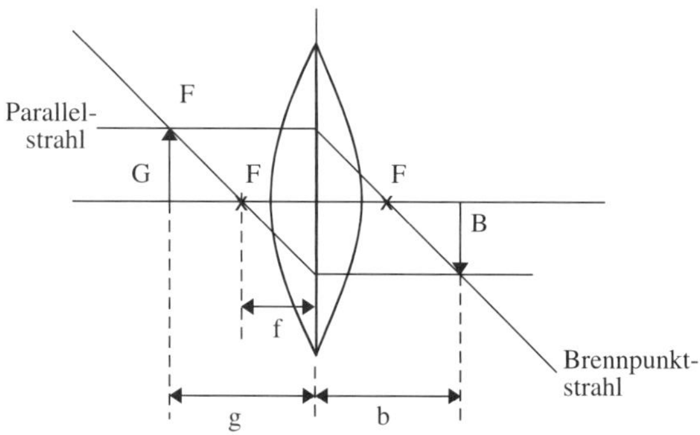

Abb. 7.10 a

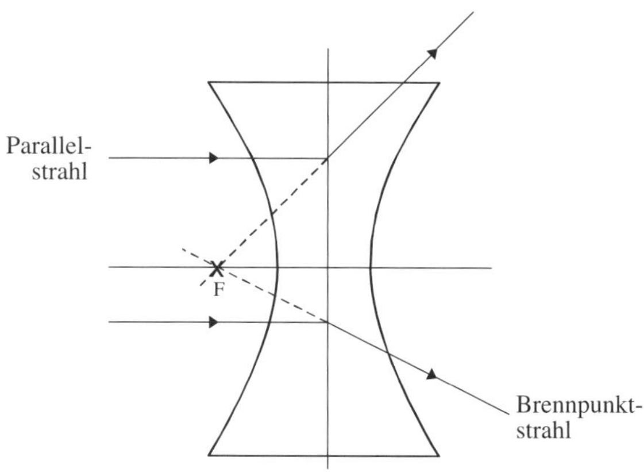

Abb. 7.10 b

Beschränken wir uns ferner auf sogenannte dünne Sammellinsen, also auf Linsen, die im Vergleich zu ihrer Höhe dünn sind, so kann man die Konstruktion des Strahlengangs analog zu Abb. 7.8 vornehmen. Betrachten wir dazu die Situation, bei der sich ein Objekt bzw. eine Lichtquelle im Abstand g (**Gegenstandsweite**) vor einer dünnen, symmetrischen Sammellinse mit Brennweite f befindet. Diese Situation ist in Abb. 7.10a dargestellt, wobei alle eingezeichneten Längen bzw. Abstände vom Mittelpunkt der Linse (**Linsenebene**) aus gemessen werden. Es wurde bereits gezeigt, dass die Sammellinse die Strahlen des Objektes in einem Punkt vereinigt, dessen Abstand von der Linsenebene als **Objektweite** bzw. **Bildweite** mit b bezeichnet wird.

Bei dieser Situation lässt sich mit Hilfe geometrischer Überlegungen zeigen, dass für die einzelnen Abstände die Linsengleichung

$$\frac{1}{f}=\frac{1}{b}+\frac{1}{g} \text{ bzw. } \frac{1}{b}=\frac{1}{f}-\frac{1}{g} \rightarrow b=\frac{f\cdot g}{g-f} \tag{7.10}$$

gilt. (Da die Brennweite f invers in Gl. 7.10 eingeht, wird häufig mit der **Brechkraft** $D = 1/f$ der Linse gerechnet, Einheit: 1 Dioptrie = 1 dpt = 1 m^{-1}.) Bezeichnen wir ferner die Größe des Objektes mit G (**Gegenstandsgröße**) bzw. die des Bildes mit B (**Bildgröße**), so folgt aus dem Strahlensatz der Geometrie sofort

$$\frac{b}{B}=\frac{g}{G} \rightarrow B=\frac{b}{g}\cdot G=\frac{f}{g-f}\cdot G. \tag{7.11}$$

Anhand dieser Gleichungen können wir folgende Grenzfälle betrachten:

(1) $g > f$: Ist die Gegenstandsweite g größer als die Brennweite f, so liefern die Gleichungen positive Brennweiten ($b > 0$) und Bildgrößen ($B > 0$). Das bedeutet, dass hinter der Sammellinse ein **reales**, **umgekehrtes Bild** entsteht, welches sich auf einem Bildschirm abbilden lässt (**Projektion**), sofern dieser sich im Abstand b von der Linsenebene befindet.

(2) $g < f$: Im umgekehrten Fall werden die Nenner in beiden Gleichungen und somit auch die Bildweite ($b < 0$) und die Bildgröße ($B < 0$) negativ. Die negative Bildweite zeigt dabei an, dass hinter der Linse kein reales Bild entsteht, sondern dass die Strahlen durch die Linse zerstreut werden. Interessanterweise verlaufen die Strahlen so, als seien sie von einem größeren Objekt ausgesandt worden ($B > G$, vgl. Gl. 7.11), das sich im Abstand $-b$ von der Linsenebene befindet. Hier wird durch die Sammellinse kein reales, sondern ein **vergrößertes** und **rein imaginäres Bild** erzeugt, welches nur unter Zuhilfenahme weiterer Linsen beobachtet (z.B. mit dem Auge) bzw. projiziert werden kann.

(3) Im Grenzfall $g = f$, bei der die Gegenstandsweite mit der Brennweite übereinstimmt, divergieren Gl. 7.10 und 7.11. Zeichnet man die Strahlengänge auf, so stellt man fest, dass die Lichtstrahlen des Objektes durch die Linse in Parallelstrahlen umgewandelt werden.

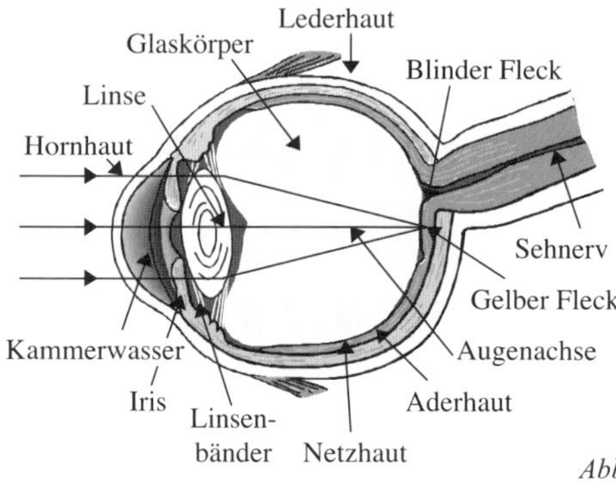

Abb. 7.11

Das menschliche Auge

Die fokussierende Eigenschaft von Sammellinsen erklärt auch die Funktionsweise des menschlichen Auges. Abb. 7.11 zeigt den schematischen Aufbau des Auges, das sich u.a. aus einer Sammellinse (gebildet aus Hornhaut und Linsenkörper) und einem Bildschirm (Netzhaut) zusammensetzt.

Objekte werden im Auge abgebildet, indem ihre Lichtstrahlen an Hornhaut und Linse gebrochen und fokussiert werden, so dass ein reales (aber umgekehrtes) Abbild des Objektes auf die Netzhaut projiziert wird. In der Netzhaut befinden sich lichtempfindliche Rezeptoren, welche die optischen in elektrische Information umwandeln (die anschließend durch das Gehirn verarbeitet werden können).

Da die Netzhaut einen festen Abstand b zur Linse aufweist, wird das Bild scharf gestellt, indem die Brechkraft $D = 1/f$ der elastischen Linse durch die Linsenbänder bzw. die Zonulafasern verändert wird. Ferner folgt aus b = const. und Gl. 7.11, dass die Bildgröße lediglich vom Verhältnis G/g, d.h. vom **Sehwinkel** $\tan \varepsilon = G/g$, abhängt (vgl. Abb. 7.12).

Abb. 7.12

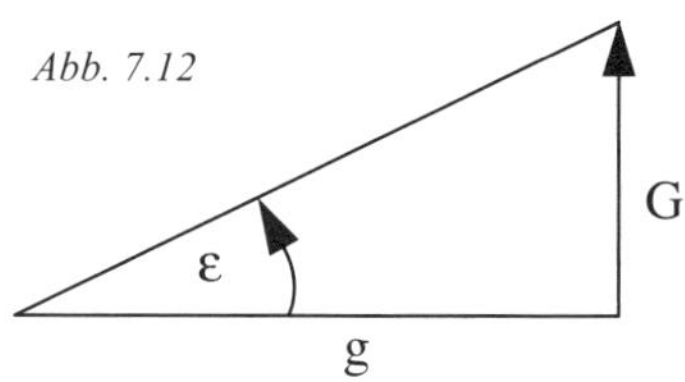

Linsensysteme und die optische Vergrößerung von Objekten

Verwendet man daher Linsen (bzw. Linsensysteme), um Objekte optisch zu vergrößern, so muss der Sehwinkel vergrößert werden. Als **(Winkel-)Vergrößerung** V_W definiert man daher das Verhältnis des Sehwinkels mit (ε_{ml}) bzw. ohne optisches Instrument (ε_{ol}): $V_W = \varepsilon_{ml} / \varepsilon_{ol}$.

Lupe: Eine Lupe ist eine Sammellinse mit hoher Brechkraft, d.h. relativ geringer Brennweite. Sie wird soweit an das Objekt herangeführt, bis sie zwischen der Brenn- und der Linsenebene liegt ($g \leq f$), so dass ein aufrechtes, virtuelles Bild des Objektes entsteht. Der Sehwinkel des Objektes wird vergrößert, da die Lupe zum einen ein vergrößertes virtuelles Bild erzeugt (vgl. Fall 2) und das Objekt zum anderen näher an das Auge herangeführt werden kann, als dies ohne Lupe möglich wäre.

Die erreichbaren Winkelvergrößerungen liegen im Bereich von 10...50 und sind somit für die meisten technischen Anwendungen zu gering. Daher verwendet man im Allgemeinen Systeme aus mehreren Linsen, mit denen sich deutlich höhere

Abb. 7.13

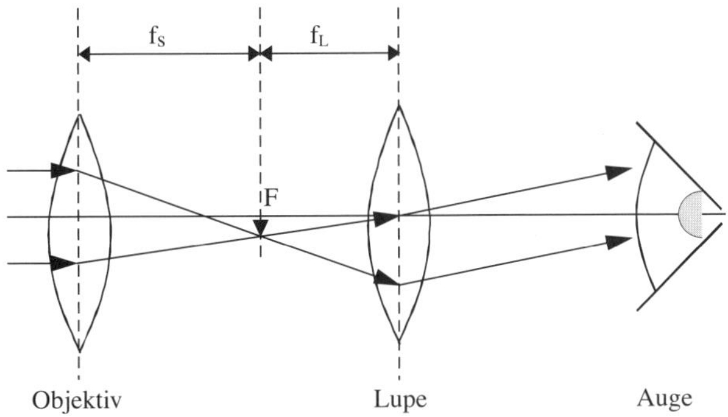

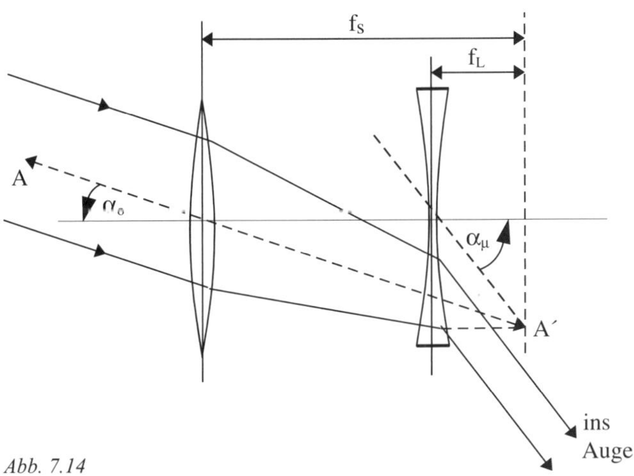

Abb. 7.14

Vergrößerungen erreichen lassen. Die Grundidee ist jedoch stets, mit Hilfe einer Sammellinse (Brennweite f_S) ein reales Zwischenbild des Objektes zu erzeugen, das anschließend durch eine Lupe (Brennweite f_L) nochmals stark vergrößert wird.

Fernrohr: Betrachten wir zunächst die Situation, bei der weit entfernte Objekte vergrößert werden sollen (**Teleskop** bzw. **Fernrohr**). Wird ein Objekt mit einer großen Gegenstandsweite g durch eine Sammellinse mit Brennweite f_S abgebildet, so folgt aus Gl. 7.10 mit $g >> f_S$

$$b = \frac{f_s \cdot g}{g - f_s} \rightarrow b(g >> f_s) \approx f_s.$$

Das reale Zwischenbild wird daher in der bildseitigen Brennebene der Sammellinse erzeugt und kann durch eine Lupe (Brennweite f_L) vergrößert werden, wenn die Brennebenen beider Linsen nahezu übereinstimmen (vgl. Abb. 7.13 für das **Kepler'sche**, Abb. 7.14 für das **Galilei'sche Fernrohr**). Es lässt sich zeigen, dass die Winkelvergrößerung V_W des Teleskops durch $V_W = f_S/f_L$ gegeben ist. Die Vergrößerung wird daher umso stärker, je größer die Brennweite der Sammellinse f_S und je kürzer die der Lupe f_L ist. (Beim Galilei'schen Fernrohr wird eine Zerstreuungslinse als Lupe verwendet, die (gegenüber dem Kepler'schen Fernrohr) den Vorteil hat, dass das Bild durch das Fernrohr nicht umgedreht wird.)

Mikroskop: Die umgekehrte Situation ist gegeben, wenn Objekte mit endlicher Gegenstandsweite vergrößert werden müssen. Hierfür werden **Mikroskope** eingesetzt, bei denen wieder eine Sammellinse (**Objektiv**) ein reales, vergrößertes Zwischenbild erzeugt, welches anschließend durch eine Lupe (**Okular**) nochmals stark vergrößert wird, vgl. Abb. 7.15.

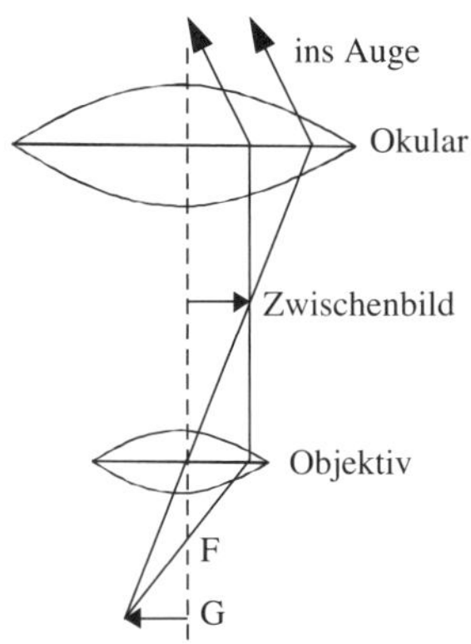

Abb. 7.15

Die Winkelvergrößerung von Mikroskopen lässt sich nicht so einfach ausdrücken wie beim Teleskop. Dennoch kann man zeigen, dass sie in Näherung durch das Produkt von Okular- und Objekt-Vergrößerung gegeben ist und daher mit fallenden Brennweiten f_L und f_S zunimmt. Will man hohe Vergrößerungen erreichen, müssen daher Linsen mit sehr kleinen Brennweiten verwendet werden, so dass das Objektiv sehr dicht an das Objekt herangebracht werden muss ($g \approx f$).

Beim Mikroskop muss berücksichtigt werden, dass bei Objekten, welche die gleiche Größenordnung wie die Wellenlänge des verwendeten Lichtes besitzen, Beugungseffekte auftreten (→ Abschnitt 7.2). Dies führt zu einer Verschlechterung der Bildqualität, da das Bild nun durch die entstehenden Beugungsstrukturen „verzerrt" wird und somit unscharf erscheint. Durch theoretische Überlegungen konnte Ernst Abbe (1840 – 1905) zeigen, dass die Auflösung von Mikroskopen die Grenze $d_{min} \geq \lambda/2$ nicht unterschreiten kann. Wird daher rotes Licht ($\lambda \approx 650$ nm) zur Beobachtung verwendet, können keine Strukturen aufgelöst werden, die kleiner als ≈ 325 nm sind. (Diese theoretische Untergrenze kann „umgangen" werden, wenn die Objekte nicht homogen, sondern durch nm-große Lichtquellen ausgeleuchtet werden, wie dies beispielsweise beim STED-Mikroskop oder beim optischen Rasternahfeldmikroskop (SNOM) ausgenutzt wird.)

8. Grundzüge der modernen Physik und Kernphysik

Im letzten Abschnitt werden wir einige Experimente und physikalische Modelle beleuchten, welche die moderne Physik stark geprägt haben. Da sie sehr komplex sind, können sie in diesem Buch nicht detailliert dargestellt werden. Ziel der folgenden Ausführungen ist vielmehr, einen kurzen Überblick über wichtige Erkenntnisse der modernen Physik zu geben, der weder Anspruch auf Vollständigkeit noch auf ausführliche Erklärung erheben kann.
Zunächst soll es um einige Experimente gehen, die am Ende des 19. bzw. zu Beginn des 20. Jahrhunderts durchgeführt wurden und die moderne physikalische Auffassung von Licht und Atomen entscheidend geprägt haben. Anschließend werden wir einige Aussagen von Albert Einsteins (1879 – 1955) Spezieller Relativitätstheorie beleuchten, deren zentraler Bestandteil die Konstanz der Lichtgeschwindigkeit ist.

8.1 Welle-Teilchen-Dualismus

Äußerer Photoelektrischer Effekt und korpuskulares Bild des Lichtes
In Abschnitt 4.4 wurde gezeigt, dass Elektronen innerhalb eines idealen metallischen Leiters verschoben werden können, ohne dass hierfür Arbeit geleistet werden muss. Möchte man hingegen ein Elektron aus dem Metall herauslösen, so muss hierfür im Allgemeinen Arbeit verrichtet werden, d.h., dem Elektron muss die sogenannte Austrittsenergie E_{aus} zugeführt werden, die vom betrachteten Metall abhängt. Diese Energie können Elektronen beispielsweise aufnehmen, indem sie elektromagnetische Wellen adsorbieren. Dazu wird das Metall in ein Vakuum eingebracht und mit einer elektromagnetischen Welle bekannter Wellenlänge λ bestrahlt. Wenn die zugeführte Energie E_{EM} größer als die Austrittsenergie E_{aus} ist, so werden Elektronen aus dem Metall herausgelöst, deren kinetische Energie durch die Energiedifferenz $E_{EM} - E_{aus} \equiv E_{kin} = m_e \cdot v^2/2$ gegeben ist.
Philipp Lenard (1862 – 1947) führte solche Experimente durch und stellte 1902 fest, dass die kinetische Energie der herausgelösten Elektronen lediglich von der Wellenlänge der eingestrahlten elektromagnetischen Welle, jedoch nicht von deren Intensität abhängt. Darüber hinaus zeigte sich, dass bei Überschreiten einer kritischen Wellenlänge λ_{aus} keine Elektronen mehr aus dem Metall herausgelöst werden (unabhängig davon, welche Intensität I diese Welle besitzt). Diese Beobachtung (**äußerer photoelektrischer Effekt**) widersprach zum Zeitpunkt ihrer Entdeckung radikal den Erkenntnissen der damaligen klassischen Physik.

Im Jahr 1905 stellte Albert Einstein (1879 – 1955) eine Theorie vor, die diesen Effekt sehr elegant erklärt. Es war eine von drei Arbeiten, für die er später den Nobelpreis für Physik erhalten sollte.
Einstein griff die Idee von Max Planck (1858 – 1947) auf, derzufolge die Energie elektromagnetischer Wellen nur in bestimmten Teilen (**Quanten**), übertragen werden kann. Dies bedeutet, dass die Energie unter Umständen ebenfalls eine quantisierte Größe (wie beispielsweise die elektrische Ladung, →Abschnitt 4.1) ist, und somit nicht in beliebig kleinen Teilen übertragen werden kann.
Plancks Überlegungen zufolge kann man sich eine elektromagnetische Welle (Wellenlänge $\lambda \rightarrow$ Frequenz $f = c/\lambda$) auch aus Quanten (hier **Photonen** genannt) der Energie $E_{\mathrm{EM,Q}} = h \cdot f = h \cdot c/\lambda$ zusammengesetzt denken, wobei die Proportionalitätskonstante $h = 6{,}626 \cdot 10^{-34}$ J ·s als **Planck'sches Wirkungsquantum** bezeichnet wird. Je höher die Intensität einer Welle ist, desto mehr Photonen befinden sich in ihr. Tritt diese Welle in Wechselwirkung (z.B. mit Materie), so ist die kleinste Einheit, mit der ihre Energie übertragen werden kann, gerade durch ein Quant $E_{\mathrm{EM,Q}} = h \cdot f$ gegeben.
Einstein griff diese Überlegungen wie folgt auf: Bei der Adsorption elektromagnetischer Strahlung geht die Energie eines Photons $E_{\mathrm{EM,Q}} = h \cdot f = h \cdot c/\lambda$ auf ein Elektron über. Damit das Elektron aus dem Metall freigesetzt werden kann, muss diese Energie die Austrittsarbeit mindestens kompensieren können, d.h. $h \cdot c/\lambda \geq E_{\mathrm{aus}}$. Die kritische Wellenlänge λ_{aus} wird erreicht, wenn das Gleichheitszeichen gilt:
$h \cdot c/\lambda_{\mathrm{aus}} = E_{\mathrm{aus}} \rightarrow \lambda_{\mathrm{aus}} = h \cdot c/E_{\mathrm{aus}}$.
Überschreitet die Wellenlänge λ die kritische Wellenlänge λ_{aus}, so kann das Elektron durch Adsorption eines Quanten nicht genügend Energie aufnehmen, um die Austrittsarbeit leisten zu können, so dass oberhalb von λ_{aus} keine Elektronen herausgelöst werden können (Verschwinden des äußeren lichtelektrischen Effektes). Mit der Intensität I verändert man somit lediglich die Energie der gesamten Welle (d.h. die Anzahl der Quanten), aber nicht die Energie eines einzelnen Quanten.
Die Quantisierung der Strahlung in Photonen ist eine Eigenschaft, die im klassischen Sinne von Teilchen (→ Abschnitt 4.1, Quantisierung der Ladung), aber nicht von Wellen erwartbar ist. Daher wurden die Ideen von Max Planck und Albert Einstein nicht widerstandslos übernommen und man suchte intensiv nach anderen Erklärungsansätzen, bevor man das Quantenbild akzeptierte.

Compton-Streuung

Ein weiteres Experiment, das die Teilcheneigenschaften elektromagnetischer Wellen aufzeigt, stellen die Streuversuche von Arthur Compton (1892 – 1962) dar, der die Wechselwirkung von Materie mit Röntgenstrahlung untersuchte (vgl. Abb. 8.1).

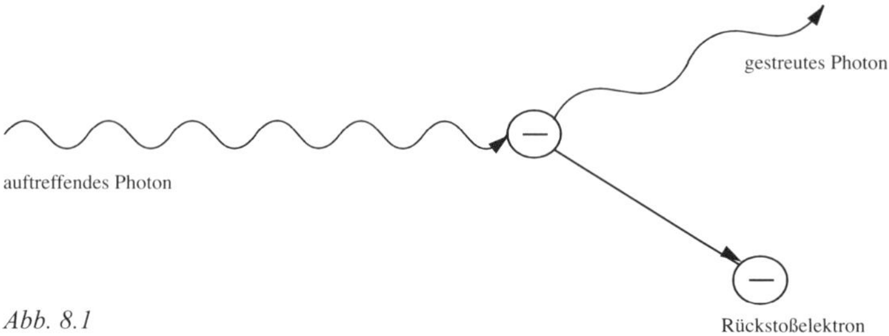

Abb. 8.1

Zu seinem Erstaunen stellte Compton fest, dass die Wellenlänge der gestreuten Röntgenstrahlen eine Funktion des Streuwinkels θ (d.h. des Winkels, der zwischen dem einfallenden und dem gestreuten Strahl liegt) ist.
Alleine mit Hilfe der Wellenphysik ist dieses Phänomen nicht erklärbar. Nimmt man jedoch an, dass Röntgenstrahlen der Wellenlänge λ sich aus Photonen der Energie $E_{\mathrm{EM,Q}} = h \cdot f = h \cdot \mathrm{c} / \lambda$ zusammensetzen, so kann ihre Streuung an Materie als ein Stoßprozess zwischen Teilchen aufgefasst werden.
In Abschnitt 1.12 wurde gezeigt, dass bei derartigen Stößen Erhaltungssätze für die Gesamtenergie und den Gesamtimpuls des Systems gelten. Unter der Annahme, dass die Streuung der Photonen an freien Elektronen in der Materie stattfindet, konnte Compton berechnen, dass sich die Wellenlänge λ der Photonen durch die Streuung um

$$\Delta\lambda = \frac{h}{m_{\mathrm{e}} \cdot c} \cdot (1 - \cos\theta)$$

vergrößert, was exakt mit den Messungen übereinstimmt. Ferner zeigt sich, dass die Änderung $\Delta\lambda$ unabhängig von der ursprünglichen, einstrahlenden Wellenlänge λ ist. Während der äußere lichtelektrische Effekt eher ein indirekter Nachweis der Teilcheneigenschaften elektromagnetischer Wellen ist, treten sie beim Compton-Effekt direkt zutage. Mit Hilfe dieses und auch anderer Versuche kann man nachweisen, dass einem Photon mit Energie $E_{\mathrm{EM,Q}}$ der **Teilchenimpuls** $p_{\mathrm{EM,Q}} = E_{\mathrm{EM,Q}} / c = h \cdot f / c = h / \lambda$ zugeordnet werden kann, was nochmals den Teilchencharakter unterstreicht.

De-Broglie-Wellenlänge: Welle-Teilchen-Dualismus

Die vorangegangenen Ausführungen zeigen, dass sich elektromagnetische Strahlung in Abhängigkeit vom gewählten Experiment sowohl als Welle wie auch als Teilchenstrom verhalten kann: Während Interferenz und Beugung Effekte sind, die klassischerweise nur bei Wellen beobachtet werden können, sind der lichtelektrische und der Compton-Effekt lediglich mit dem Teilchenbild erklärbar. Da elektro-

magnetische Strahlung sowohl Wellen- als auch Teilchencharakter zeigt, bezeichnet man diese Beobachtung als **Welle-Teilchen-Dualismus**.
Dieser Dualismus ist eine der wichtigsten Erkenntnisse der modernen Physik; nach seiner Entdeckung ging man sofort der Frage nach, ob (klassische) Teilchen ebenfalls Welleneigenschaften aufweisen können.
Louis de Broglie (1892 – 1987) untersuchte diese Fragestellung im Rahmen seiner Dissertation eingehend und kam zu der erstaunlichen Hypothese, dass jedem Teilchen mit Impuls p eine Materiewelle zugeordnet werden kann, welche die Wellenlänge

$$\lambda_{\mathrm{dB}} = h/p \qquad (8.1)$$

besitzt. Ihm zu Ehren wird diese Wellenlänge heute als **de-Broglie-Wellenlänge** λ_{dB} bezeichnet.
Im Jahr ihrer Formulierung war die de-Broglie-Wellenlänge bzw. die Existenz von Materiewellen ein rein theoretisches Konstrukt, zu dem keinerlei experimentelle Daten vorlagen. Dies änderte sich jedoch im Jahr 1927, als Clinton Davisson (1881 – 1958) und Lester Germer (1896 – 1971) ein Experiment vorstellten, bei dem Elektronen am Kristallgitter von Graphit gebeugt wurden. Die Position der dabei entstehenden konzentrischen Interferenzringe stimmt exakt mit dem Ergebnis der Wellenoptik (→ Abschnitt 7.2) überein, sofern man annimmt, dass den Elektronen eine Wellenlänge gemäß Gl. 8.1 zugeordnet werden kann.
Diese Experimente zeigen, dass sich der Welle-Teilchen-Dualismus auf alle Objekte in der Physik überträgt: Alle Wellen besitzen einen Teilchencharakter und alle Teilchen einen Wellencharakter. Ob man im Experiment die Wellen- oder Teilcheneigenschaften eines Objektes sieht, hängt im Allgemeinen stark von den experimentellen Umständen ab.
Praktisch wird dieses Phänomen z.B. bei Elektronenmikroskopen ausgenutzt: Sie sind im Prinzip wie ein optisches Mikroskop aufgebaut, verwenden aber anstelle von Licht Elektronen. Ihre Wellenlänge kann deutlich unterhalb eines Nanometers liegen, so dass nach dem Abbe-Kriterium (→ Abschnitt 7.3) mit derartigen Mikroskopen Auflösung im Sub-nm-Bereich erreicht werden kann.

8.2 Rutherford'sches und Bohr'sches Atommodell

In diesem Abschnitt sollen einige einfache Atommodelle diskutiert werden, die im Rahmen der (in diesem Buch vorgestellten) klassischen Physik verstanden werden können. Insbesondere das Bohr'sche Atommodell beschreibt einige Eigenschaften einfacher Atome mit guter Genauigkeit. Um atomare Eigenschaften allgemein zu behandeln, sind Atommodelle der modernen Physik notwendig. Diese sind zum einen sehr kompliziert und setzen zum anderen die Kenntnis weiterer physikalischer Konzepte (z.B. **Quantenmechanik**, **Quantenelektrodynamik**) und mathematischer Methoden (z.B. Funktionalanalysis) voraus.

Thomson'sches und Rutherford'sches Atommodell

Aus elektrostatischen Betrachtungen ist bekannt, dass Materie im Normalfall in neutralem Zustand vorliegt und beispielsweise durch Reibung aufgeladen werden kann. Da der elektrische Strom meist durch Elektronen getragen wird, nahm man Anfang des 19. Jahrhunderts an, dass ein Atom sich aus der gleichen Anzahl von positiven und negativen Ladungsträgern (Elektronen) zusammensetzt, die gleichmäßig über sein Volumen verteilt sind (**Thomson'sches Atommodell**).

Ferner konnten die molaren Massen und Dichten verschiedener Elemente bereits zu dieser Zeit sehr genau ermittelt werden. Mit Hilfe beider Informationen kann man berechnen, wie viele Atome pro Einheitsvolumen vorhanden sind und somit, welches Volumen ein Atom einnimmt. Dieser Ansatz führt im Allgemeinen auf Volumina der Größenordnung 10^{-30} m³, d.h. (bei Annahme kugelförmiger Atome) auf Atomradien von ca. 10^{-10} m.

Im Jahr 1909 konnte Ernest Rutherford (1871 – 1937) mit Hilfe von Experimenten (an denen er beteiligt war) und theoretischen Berechnungen nachweisen, dass zumindest die positiven Ladungen des Atoms in einem Volumen konzentriert sein müssen, das mehrere Größenordnungen kleiner als das Atomvolumen ist. Er berechnete anhand experimenteller Daten, dass dieser Atomkern (der alle positiven Ladungsträger des Atoms in sich vereint) einen Radius von ca. 10^{-15} m aufweisen muss.

Der Rest des Atomvolumens muss daher von Elektronen „ausgefüllt" sein, die sich mit hoher Geschwindigkeit um den Kern bewegen (da sie andernfalls aufgrund der anziehenden Coulomb-Kraft in den Kern stürzen müssten). Dieses (**Rutherford'sche**) Atommodell sagt jedoch nichts darüber aus, wie sich die Elektronen im Atomvolumen verteilen bzw. bewegen, und kann somit auch die (im Folgenden diskutierte) quantisierte Wechselwirkung zwischen Atomen und Licht nicht erklären.

Atomare Adsorption und Emission von Licht: Fraunhofer-Linien

Anfang des 19. Jahrhunderts zeigten spektroskopische Untersuchungen am Licht der Sonne, dass das Sonnenspektrum Lücken aufweist, d.h., dass im Lichtspektrum der Sonne bestimmte Wellenlängen fehlen. Dies bedeutet experimentell, dass das Emissionsspektrum der Sonne nicht alle Farben enthält, sondern immer wieder durch dunkle Linien durchbrochen ist. Systematisch untersucht wurden diese

Linien von Joseph von Fraunhofer (1787 – 1826), der über 500 davon im Sonnenlicht identifizieren konnte. Ihm zu Ehren werden sie heute als Fraunhofer-Linien bezeichnet.

Sie konnten später durch Gustav Robert Kirchhoff (1824 – 1887) und Robert Bunsen (1811 – 1899) auf die Adsorption von Licht durch Materie zurückgeführt werden. Ihre Experimente zeigten ferner, dass Materie generell nur mit Licht einer bestimmten Wellenlänge in Wechselwirkung treten kann, d.h. nur Photonen einer bestimmten Energie $E_{EM,Q} = h \cdot c/\lambda$ aufnehmen bzw. abgeben kann. Ferner zeigen die Experimente, dass die Fraunhofer-Linien elementspezifisch sind und somit zur Identifikation von chemischen Elementen verwendet werden können.

Zum Zeitpunkt ihrer Entdeckung waren dies erstaunliche Ergebnisse, da man zuvor davon ausgegangen war, dass Licht beliebiger Wellenlänge (d.h. jeder Energie) prinzipiell mit Materie in Wechselwirkung treten kann.

Bohr'sches Atommodell

Niels Bohr (1885 – 1962) griff diese Beobachtung auf und erweiterte das Rutherford'sche Atommodell um die folgenden Annahmen, auf deren Konsequenzen einzeln eingegangen werden soll.

1. Annahme: Die Elektronen umkreisen den (als punktförmig angenommenen) positiv geladenen Atomkern, wobei ein Gleichgewicht aus Coulomb-Kraft und Zentrifugalkraft die Elektronen auf Kreisbahnen hält. Sie bilden eine Hülle um das Atom (und werden im Folgenden als **Hüllenelektronen** bezeichnet).

Besteht daher der Atomkern aus N positiven Elementarladungen, so wirkt auf ein Elektron, das den Kern im Abstand r umkreist, die Coulomb-Kraft

$$F_{Coul}(r) = \frac{1}{4\pi\varepsilon_0} \cdot \frac{N \cdot e^2}{r^2}.$$

Wenn ferner die Bahngeschwindigkeit des Elektrons durch $v(r)$ gegeben ist, so folgt für die Zentrifugalkraft

$$F_{ZF}(r) = m_e \cdot v^2/r.$$

Gleichsetzen beider Kräfte führt dann auf den Zusammenhang zwischen Kreisradius r, Bahngeschwindigkeit $v(r)$ bzw. Elektronimpuls $p_e = m_e \cdot v$

$$\frac{1}{4\pi\varepsilon_0} \cdot \frac{N \cdot e^2}{r^2} = \frac{m_e \cdot v^2}{r} \rightarrow r = \frac{1}{4\pi\varepsilon_0} \cdot \frac{N \cdot m_e \cdot e^2}{p_e^2}. \tag{8.2}$$

2. Annahme: Im Gegensatz zur klassischen Mechanik können sich die Elektronen nicht auf allen Kreisbahnen bewegen, die Gl. 8.2 erfüllen. Bohr postulierte, dass eine Kreisbahn nur dann stabil ist (d.h. zu keiner Abstrahlung elektromagnetischer

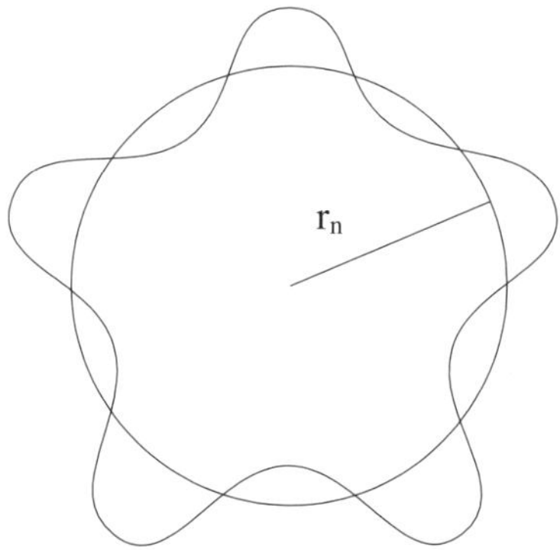

Abb. 8.2

Wellen führt), wenn ihr Umfang ein ganzzahliges Vielfaches der de-Broglie-Wellenlänge des Elektrons ist.
Wenn p_e der Impuls des Elektrons ist, so folgt nach Gl. 8.1 (→ Abschnitt 8.1) für die de-Broglie-Wellenlänge des Elektrons

$\lambda_{dB,e} = h/p_e$.

Wenn somit lediglich die Kreisbahnen erlaubt sind, deren Radius r_n bzw. Umfang u_n die Gleichung

$$u_n = 2\pi \cdot r_n \equiv n \cdot \lambda_{dB,e} = n \cdot h / p_e \rightarrow p_e = \frac{n \cdot h}{2\pi \cdot r_n} \tag{8.3}$$

erfüllen (vgl. Abb. 8.2), so folgt nach Einsetzen in Gl. 8.2:

$$r_n = \frac{N \cdot m_e \cdot e^2}{4\pi\varepsilon_0} \cdot \frac{4\pi^2 \cdot r_n^2}{n^2 \cdot h^2} \rightarrow r_n = n^2 \cdot \frac{h^2\varepsilon_0}{N \cdot m_e \cdot e^2 \cdot \pi} = n^2 \cdot \frac{a_0}{N}, \tag{8.4}$$

wobei mit $a_0 = \frac{h^2\varepsilon_0}{m_e \cdot e^2 \cdot \pi_n} = 0{,}529 \cdot 10^{-10}$ m der Bohr'sche Atomradius eingeführt wurde. Durch diese zusätzliche Annahme sind die Radien r_n der Kreisbahnen nicht mehr kontinuierlich verteilt (vgl. Gl. 8.2), sondern weisen nun ein diskretes Spektrum auf, das durch die ganze Zahl n (**Hauptquantenzahl**) durchnummeriert werden kann (vgl. Abb. 8.3).

Interessanterweise folgt aus der „Diskretisierung" der stabilen Bahnradien r_n automatisch eine Quantisierung der Elektron-Gesamtenergie: Im Bild der klassischen Mechanik besitzt das (aufgrund der Coulomb-Kraft erzeugte) Elektron die potentielle Energie $E_{pot}(r_n)$ und (aufgrund seiner Bewegung) die kinetische Energie $E_{kin}(v_n)$. Das Potential der Coulomb-Kraft wurde bereits in Abschnitt 4.1 berechnet und kann hier direkt verwendet werden:

$$E_{pot}(n) = -\frac{1}{4\pi \cdot \varepsilon_0} \cdot \frac{N \cdot e^2}{r_n} = -\frac{1}{n^2} \cdot \frac{N^2 \cdot m_e \cdot e^4}{4 \cdot \varepsilon_0^2 \cdot h^2}.$$

Andererseits können durch die Gl. 8.3 und 8.4 der Impuls des Elektrons zu

$$p_{e,n} = \frac{n \cdot h}{2\pi \cdot r_n} = \frac{N \cdot m_e \cdot e^2}{2 \cdot n \cdot h \cdot \varepsilon_0}$$ und somit die kinetische Energie zu

$$E_{kin}(n) = \frac{m_e}{2} \cdot v_n^2 = \frac{p_e^2}{2 \cdot m_e} = \frac{1}{n^2} \cdot \frac{N^2 \cdot m_e \cdot e^4}{8 \cdot \varepsilon_0^2 \cdot h^2} = -\frac{E_{pot}(n)}{2}$$

berechnet werden. Für die Gesamtenergie eines Elektrons folgt daher

$$E_{ges}(n) = E_{pot}(n) + E_{kin}(n) = -\frac{E_{pot}(n)}{2} = -\frac{1}{n^2} \cdot \frac{N^2 \cdot m_e \cdot e^4}{8 \cdot \varepsilon_0^2 \cdot h^2} = -\frac{N^2}{n^2} \cdot Ry_\infty,$$

wobei mit $Ry_\infty = \frac{m_e \cdot e^4}{8 \cdot \varepsilon_0^2 \cdot h^2} = 2{,}177 \cdot 10^{-18}\ \text{J} = 13{,}605\ \text{eV}$ die sogenannte **Rydberg-Energie** eingeführt wurde.

Dies zeigt erneut: Da im Bohr'schen Atommodell nur bestimmte Bahnradien erlaubt sind, weist das Elektron nur bestimmte Energiewerte auf. Bohr nutzte diese Eigenschaft, um die diskrete Natur der Spektrallinien zu erklären:

3. Annahme: Führt ein Elektron einen Übergang zwischen zwei Bahnen durch (von n_1 nach n_2), so ändert sich hierbei die Energie des Elektrons um

$$\Delta E(n_1 \to n_2) = E_{ges}(n_2) - E_{ges}(n_1) = N^2 \cdot Ry_\infty \cdot \left(\frac{1}{n_1^2} - \frac{1}{n_2^2}\right).$$

Dabei wird ein Photon der Energie

$$\Delta E(n_1 \to n_2) = E_{EM,Q} \to \lambda = \frac{h \cdot c}{N^2 \cdot Ry_\infty} \cdot \frac{n_1^2 \cdot n_2^2}{n_2^2 - n_1^2} \tag{8.5}$$

entweder durch das Elektron aufgenommen (unter Erhöhung der Hauptquantenzahl: $n_2 > n_1$) oder abgegeben (unter Verringerung der Hauptquantenzahl: $n_1 > n_2$).
Bohr erklärte die Fraunhofer-Linien somit durch die Diskretisierung der Elektronen-Energie. Wird Gl. 8.5 auf das Wasserstoff-Atom ($N = 1$) angewandt, so stimmen die berechneten Wellenlängen erstaunlich genau mit den experimentellen Werten überein. Für Atome mit mehreren Elektronen ergeben sich jedoch Abweichungen, die beispielsweise auf die Vernachlässigung der Elektron-Elektron-Abstoßung zurückgeführt werden können.

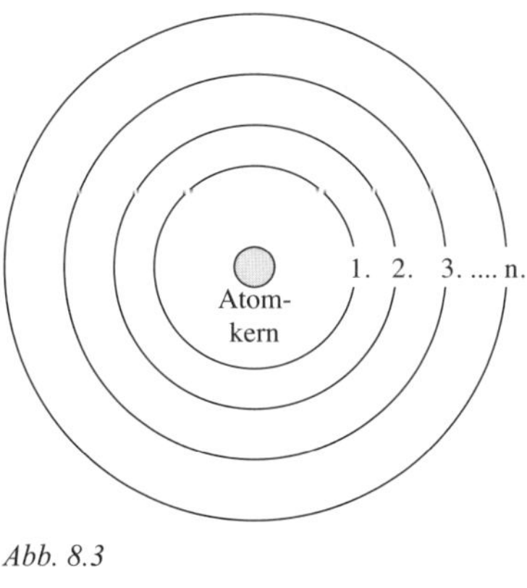

Abb. 8.3

Bemerkungen:

1. Die Elektron-Energie $E_{ges}(n)$ ist im Bohr'schen Atommodell stets negativ, so dass das Elektron an den Atomkern gebunden ist und man ihm stets Energie zuführen muss, um es vom Atomkern trennen zu können. Da dieser Prozess von einer Ladungstrennung (in ein freies Elektron und ein positiv geladenes „Restatom"/**Ion**) begleitet ist, wird er als **Ionisation** des Atoms bezeichnet.

Die hierfür notwendige Energie wird als **Ionisationsenergie** E_∞ bezeichnet und stellt die Energiedifferenz bei einem Übergang von $n = 1$ auf $n \to \infty$ (d.h. $r_n \to \infty$) dar, so dass mit Hilfe von Gl. 8.5 $E_\infty = N^2 \cdot Ry_\infty$ folgt. Diese Energie entspricht für ein Wasserstoffatom ($N = 1$) gerade der Rydberg-Energie Ry = 13,6 eV, was dem experimentellen Wert erstaunlich nahe kommt.

2. Hat ein Atom mehrere Elektronen, so besitzt es die geringste Energie, wenn alle Elektronen die kleinstmöglichen Hauptquantenzahlen aufweisen (**Grundzustand**). Empirisch wurde bereits früh gezeigt, dass sich insgesamt $2n^2$ Elektronen die gleiche Hauptquantenzahl n teilen können. Die unterste Schale $n = 1$ (**K-Schale**) kann daher 2 Elektronen aufnehmen, die **L-Schale** ($n = 2$) 8 Elektronen usw. (vgl. Abb. 8.3). Besitzt das Atom beispielsweise 6 Elektronen, so befinden sich im Grundzustand 2 Elektronen auf der K-Schale und 4 auf der L-Schale.
   Wird ein Elektron auf eine Schale mit höherem n angehoben, so ist das Atom **angeregt**, da es unter Aussendung eines Photons (und Rückkehr des Elektrons) wieder in den Grundzustand übergehen kann.
   Normalerweise findet dieser Prozess **spontan** statt, d.h., man kann nicht sagen, wann ein angeregtes Atom ein Photon emittiert. Albert Einstein (1879 – 1955) konnte jedoch zeigen, dass die Wechselwirkung eines Photons mit angeregten Atomen zur **stimulierten Emission** führen kann, die gleichzeitig mit dem Eintreffen des „stimulierenden" Photons stattfindet. Interessanterweise besitzen die Photonen identische Eigenschaften, was beispielsweise bei **Lasern** ausgenutzt wird, um Licht mit sehr **hoher Kohärenz** zu erzeugen (→ Abschnitt 7.1).
3. Dem Elektron kann die für einen Übergang notwendige Energie $\Delta E(n_1 \to n_2)$ auf unterschiedliche Arten zugeführt werden. Beim **Franck-Hertz-Versuch** beschleunigt man beispielsweise freie Elektronen durch eine Spannung U auf die kinetische Energie $E_{\text{kin}} = m_e \cdot v^2/2 \equiv e \cdot U$. Ist diese größer als die Übergangsenergie ΔE zwischen dem Grund- und einem angeregten Zustand, so kann ein Hüllenelektron durch einen inelastischen Stoß (→ Abschnitt 1.12) Energie von einem freien Elektron aufnehmen. Hierdurch wird das Atom angeregt und geht meist unter spontaner Emission eines Photons in den Grundzustand zurück. Beim Franck-Hertz-Versuch kann man daher eine Emission von Licht beobachten, sobald $E_{\text{kin}} \equiv e \cdot U$ einen kritischen Wert überschreitet.
4. Experimentell zeigt sich, dass beschleunigte Ladungen stets elektromagnetische Wellen aussenden. Wenn Elektronen daher (wie von Bohr angenommen) den Atomkern umkreisen, so müssten sie der klassischen Physik zufolge stets Energie abstrahlen und irgendwann in den Atomkern stürzen. Um die Stabilität seines Atommodells dennoch gewährleisten zu können, postulierte Bohr, dass Elektronen den Atomkern auf bestimmten Kreisbahnen strahlungsfrei umlaufen können

(vgl. Gl. 8.3). Dass es dafür keinerlei experimentelle Grundlage gibt, wird als großer Nachteil des Bohr'schen Atommodells aufgefasst.
Moderne Atommodelle (die z.B. Methoden der Quantenmechanik einsetzen), umgehen dieses Problem, sind aber zu kompliziert, um sie im Rahmen dieses Buches zu behandeln.

8.3 Einige Aspekte der Kernphysik

Aufbau des Atomkerns

Durch die Experimente von Ernest Rutherford (1871 – 1937) ist bekannt, dass sich der größte Teil der Atommasse auf den positiv geladenen Atomkern (Radius ca. 10^{-15} m) verteilt, während die „Hülle" des Atoms (Radius ca. 10^{-10} m) durch (negativ geladene) Elektronen gegeben wird. Ferner konnte Rutherford nachweisen, dass sich Atomkerne u.a. aus positiven Ladungsträgern (**Protonen**) zusammensetzen, die er als die Kerne von Wasserstoff-Atomen identifizieren konnte.
Da Atome zudem elektrisch neutral sind, müssen sie genauso viele positive wie negative Ladungsträger aufweisen, d.h., die Anzahl Z der Protonen muss exakt der Anzahl der Elektronen im Atom entsprechen. Man kann daher versuchen, die Anzahl Z der Protonen zu berechnen, indem man zunächst die Anzahl der Hüllenelektronen ermittelt, um dann die Masse eines Atoms durch $m_{\text{Atom}} \approx Z \cdot m_{\text{p}}$ abzuschätzen. Experimente zeigten jedoch, dass diese berechnete Masse (insbesondere bei schweren Elementen) deutlich kleiner als der experimentelle Wert ist. Dies legt die Vermutung nahe, dass sich entweder auch im Atomkern Elektronen befinden (wodurch Z sich automatisch erhöht) oder dass es einen weiteren Kernbaustein geben muss, der keinerlei Ladung trägt. James Chadwick (1891 – 1974) konnte schließlich zeigen, dass Atomkerne tatsächlich **Neutronen** enthalten, die elektrisch neutral und nur geringfügig schwerer als Protonen sind ($m_{\text{n}} = 1{,}675\ 10^{-27}$ kg $\approx m_{\text{p}} = 1{,}673\ 10^{-27}$ kg).

Atomkerne setzen sich aus Z **Protonen** und N **Neutronen** (den Kernbausteinen/ **Nukleonen**) zusammen. Die Kernladung ist somit proportional zu Z (**Kernladungszahl**), während die Gesamtzahl der Nukleonen $A = Z + N$ als **Massenzahl** A bezeichnet wird.
Unterschiedliche chemische Elemente weisen unterschiedliche Kernladungszahlen Z auf. Als **Isotope** bezeichnet man chemische Elemente, die sich nur in A aber nicht in Z unterscheiden. Ferner unterscheidet man noch zwischen **Isobaren** ($A = const.$) und **Isotonen** ($N = const.$). In Formeln werden die chemischen Elemente daher in der Form ${}^{A}_{Z}\text{Element}$ gekennzeichnet.

Beispiel: Kohlenstoff besitzt immer 6 Protonen ($Z = 6$), kommt aber (in der Natur) in den Isotopen $A = 12$ bis $A = 14$ vor, d.h. $^{12}_{6}C$ bis $^{14}_{6}C$.

Nimmt man an, dass der Atomkern sich wie ein Flüssigkeitstropfen aus Nukleonen zusammensetzt (**Tröpfchen-Modell**), so kann man bei hohen Massenzahlen A den Kernradius leicht durch $R_{Kern} = R_0 \cdot \sqrt[3]{A}$ (mit $R_0 = 1{,}3$ fm) berechnen (was gut mit den experimentellen Werten übereinstimmt). Da sich die Protonen jedoch elektrostatisch abstoßen, muss es eine starke Kraft geben, die den Atomkern „zusammenhält". Sie wird als **starke Wechselwirkung** bezeichnet und besitzt eine geringe Reichweite, so dass sie in Näherung nur zwischen benachbarten Nukleonen wirkt.

Kernstrahlung und Kernzerfall

Bei der Untersuchung von Atomkernen zeigte sich, dass nicht alle Kerne stabil sind, so dass einige unter Aussendung von Strahlung in andere Kerne zerfallen (**Kernzerfall/Radioaktivität**). Historisch wurde die Strahlung nach ihrer Reichweite und spezifischen Ladung (→ Abschnitt 5.2) in α-, β- und γ-Strahlung eingeteilt:

(1) **α-Strahlen** wurden als (positiv geladene) Fragmente von Atomkernen identifiziert, wobei am häufigsten Heliumkerne $^{4}_{2}He^{2+}$ beobachtet werden. Der **α-Zerfall** verläuft daher typischerweise gemäß

$${}^{A}_{Z}X \rightarrow {}^{A-4}_{Z-2}Y^{2-} + {}^{4}_{2}He^{2+}.$$

Er führt stets zu einer Verringerung von Massen- und Kernladungszahl und tritt daher bei hohen Massenzahlen A besonders häufig auf.

(2) **β-Strahlen** können positiv oder negativ geladen sein. Experimente haben gezeigt, dass die **negative β-Strahlung** durch Elektronen gebildet wird, die bei Umwandlung eines Neutrons in ein Proton im Kern entsteht. Interessanterweise zeigte sich, dass die **positive β-Strahlung** (die bei der Umwandlung eines Protons in ein Neutron entsteht) bis auf das Ladungsvorzeichen genau die gleichen Eigenschaften wie Elektronen besitzt. Später konnte gezeigt werden, dass diese Strahlung tatsächlich durch das **Antiteilchen** der Elektronen gebildet wird, das als **Positron** e^+ bezeichnet wird.

Dies zeigt, dass der **β-Zerfall** entweder bei einem Proton- (β^+) oder bei einem Neutron-Überschuss (β^-) im Kern auftritt. Die emittierte Strahlung setzt sich jedoch (im Gegensatz zur α-Strahlung) nicht aus Kernbausteinen zusammen, sondern entsteht erst während des Zerfalls.

Genaue Experimente zeigen, dass bei diesem Zerfall ein weiteres (bis dahin unbekanntes) Teilchen entstehen muss, da ansonsten die Energie- und Impulserhaltung verletzt wäre. Enrico Fermi (1901 – 1954) postulierte daher die Existenz von (Elektron-)Neutrinos υ_e (bzw. deren Antiteilchen $\bar{\upsilon}_e$), die ebenfalls während des β-Zerfalls entstehen:

β^-: ${}^1_0\text{n} \rightarrow {}^1_1\text{p}^+ + \text{e}^- + \bar{\upsilon}_e$ bzw. ${}^A_Z\text{X} \rightarrow {}^{A}_{Z+1}\text{Y}^+ + \text{e}^- + \bar{\upsilon}_e$.

β^+: ${}^1_1\text{p}^+ \rightarrow {}^1_0\text{n} + \text{e}^+ + \upsilon_e$ bzw. ${}^A_Z\text{X}^+ \rightarrow {}^{A}_{Z-1}\text{Y} + \text{e}^+ + \upsilon_e$.

(3) Die **γ-Strahlung** ist neutral und von sehr hoher Reichweite. Ernest Rutherford (1871 – 1937) konnte diese Strahlen als hochenergetische Photonen identifizieren, die durch angeregte Atomkerne ausgesendet werden. Beim γ-Zerfall führt der Atomkern somit einen Energieübergang durch, bei dem sich weder N noch Z verändert, so dass nach dem Zerfall (im Gegensatz zum α- und β-Zerfall) das gleiche Element vorliegt.

Diese Formen der Kernstrahlung gehen immer mit Kernzerfällen einher und treten (grob gesagt) immer dann auf, wenn die Kerne zu schwer werden (zu großes A) oder ein Ungleichgewicht zwischen N und Z besteht, d.h., wenn das Verhältnis N/Z vom optimalen Wert $N/Z = 1 + 0{,}015 \cdot A^{2/3}$ (für $A < 250$) abweicht.
Ferner beobachtet man, dass die Anzahl der Kernzerfälle $\mathrm{d}N_R$ pro Einheitszeit $\mathrm{d}t$ von der Gesamtzahl N_R der instabilen Kerne abhängt, d.h.

$$\frac{\mathrm{d}}{\mathrm{d}t} N_R(t) = -\lambda_R \cdot N_R(t) \rightarrow N_R(t) = N_R(t=0) \cdot \mathrm{e}^{-\lambda_R \cdot t}. \qquad (8.6)$$

Betrachtet man daher ein instabiles Element, so wird die Anzahl der instabilen Kerne N_R exponentiell mit der Zeit abnehmen (vgl. Abb. 8.4). Die Zerfallskonstante λ_R ist hierbei ein Maß dafür, wie schnell das Element zerfällt, und man kann leicht zeigen, dass innerhalb der **Halbwertszeit** $T_{1/2} = \log 2/\lambda_R$ die Hälfte des Elementes radioaktiv zerfallen ist. Als dritte Größe wird ebenfalls häufig die **Aktivität** A_R verwendet, die durch $A_R(t) = \lambda_R \cdot N_R(t)$ definiert ist und gemäß Gl. 8.6 angibt, wie viele Kerne pro Zeiteinheit zerfallen.

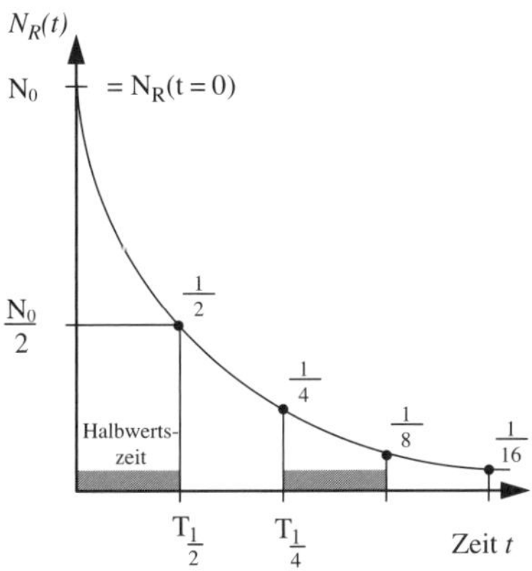

Abb. 8.4

Zerfallsreihen

Der α- und β-Zerfall wird offensichtlich immer von einer Umwandlung in ein anderes chemisches Element begleitet. Häufig entsteht hierbei wieder ein instabiler Kern, so dass unter

Umständen mehrere Elemente nacheinander radioaktiv zerfallen, bevor ein stabiler (End-)Kern erreicht wird.

Für jedes instabile Element kann man daher eine Zerfallsreihe ermitteln, die angibt, in welche anderen Elemente es umgewandelt wird und welches (stabile) Element den radioaktiven Zerfall beendet. In der Natur findet man hierbei drei Zerfallsreihen vor:

(1) Uran-Radium-Reihe: Startnuklid Uran ^{238}U, Endnuklid Blei ^{206}Pb

(2) Uran-Actinium-Reihe: Startnuklid Uran ^{235}U, Endnuklid Blei ^{207}Pb

(3) Thorium-Reihe: Startnuklid Thorium ^{232}Th, Endnuklid Blei ^{208}Pb.

Dazu kommt die künstliche

(4) Neptunium-Reihe: Startnuklid Neptunium ^{237}Np, Endnuklid Thallium ^{205}Tl, die in der Natur nicht mehr beobachtet wird, da das Neptunium-237 aufgrund der kurzen Halbwertszeit bereits vollständig zerfallen ist.

Kernspaltung

Die Überlegungen zeigen, dass Atomkerne instabil werden und (unter Freisetzung von Energie) radioaktiv zerfallen, wenn z.B. die Anzahl der Protonen und Neutronen im Ungleichgewicht ist. Dies legt die Idee nahe, gezielt einen Kernzerfall zu erzeugen, um die dabei freigesetzte Energie technisch nutzen zu können.

Diese Idee wird bei der **Kernspaltung** umgesetzt, bei der Atomkerne durch Beschuss mit Neutronen gespalten werden. Neutronen eignen sich hierfür besonders

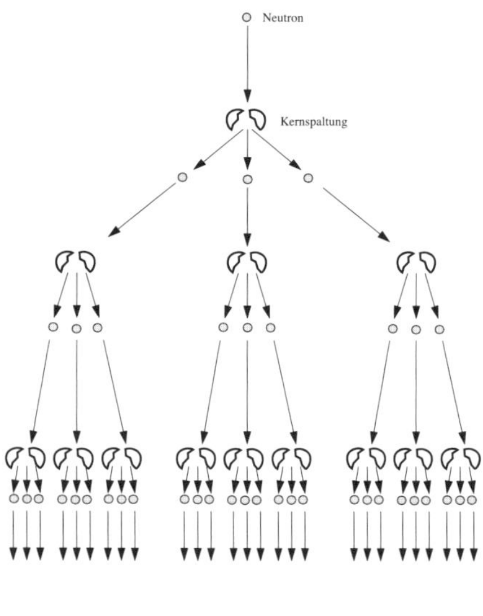

Abb. 8.5

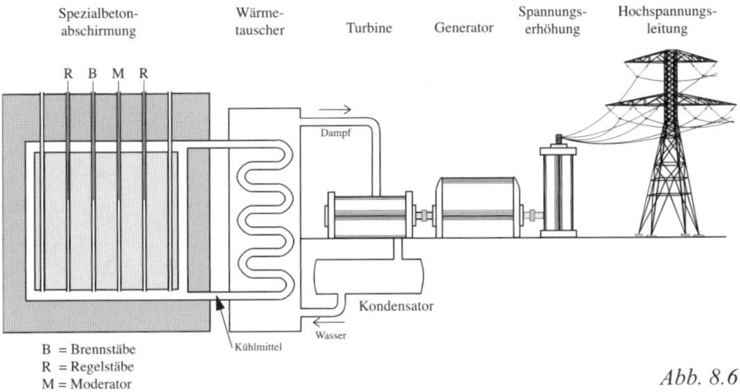

Abb. 8.6

gut, da sie nicht elektrostatisch vom Kern abgestoßen werden. Andererseits kommen in der Natur keine freien Neutronen ($T_{1/2} \approx 20$ min) vor, so dass sie während der Kernspaltung stets neu erzeugt werden müssen. Man benötigt daher einen Zerfallsprozess, bei dem im Idealfall mehrere Neutronen freigesetzt werden, was z.B. bei den Reaktionen

$^{1}_{0}n + ^{235}_{92}U \rightarrow ^{236}_{92}U \rightarrow ^{144}_{56}Ba + ^{89}_{36}Kr + 3 \cdot ^{1}_{0}n$ und $^{1}_{0}n + ^{239}_{94}Pu \rightarrow ^{144}_{56}Ba + ^{94}_{38}Sr + 2 \cdot ^{1}_{0}n$

erfüllt ist. Diese Reaktionen erzeugen während der Kernspaltung neue Neutronen, die ihrerseits weitere Atome spalten können, so dass eine **Kettenreaktion** einsetzt (vgl. Abb. 8.5).

Damit dies zur Erzeugung von Energie (z.B. in Kernkraftwerken, vgl. Abb. 8.6) sinnvoll genutzt werden kann, muss die Kettenreaktion natürlich kontrolliert werden. Andernfalls würden innerhalb kürzester Zeit enorme Energiemengen freigesetzt, die zu einer Zerstörung des Kraftwerkes und seiner Umgebung führen würden. Deshalb werden durch **Regelstäbe** Stoffe in den Reaktionsbereich (**Reaktor**) eingebracht, die Neutronen einfangen und somit die Anzahl der freien Neutronen, d.h. die Spaltrate, kontrollieren. Die bei der Spaltung freigesetzte Energie kann dann z.B. als Wärme durch einen Wärmetauscher an eine Dampfturbine (elektrischer Generator) übertragen werden, wo eine Umwandlung in elektrische Energie stattfindet.

Kernfusion

Eine weitere Möglichkeit, Energie durch Kernumwandlung zu erzeugen, ist die Kernfusion, die beispielsweise in der Sonne unter Freisetzung von Energie Wasserstoff in Helium umwandelt: $^{3}_{1}H + ^{2}_{1}H \rightarrow ^{4}_{2}He + ^{1}_{0}n + 17{,}6$ MeV.

Da hierbei gewaltige Mengen an Energie freigesetzt werden, forscht man seit Jahrzehnten an Reaktoren, die durch Kernfusion auch auf der Erde Wasserstoff zu

Helium verschmelzen. Dies hätte den großen Vorteil, dass (im Gegensatz zur Kernspaltung) keine nennenswerten radioaktiven Nebenprodukte entstehen und der benötigte Wasserstoff auf der Erde zudem in viel größeren Mengen vorhanden ist als beispielsweise Uran oder Plutonium.
Derzeit wird weltweit mit Hochdruck an Reaktoren geforscht, die eine stabile Fusion von Kernen ermöglichen. Es zeigt sich, dass insbesondere die hierfür notwendigen Temperaturen sehr hoch sind (ca. 100 Millionen Kelvin) und daher extreme Anforderungen an das Reaktormaterial stellen.

8.4 Spezielle Relativitätstheorie

Ende des 19. Jahrhundert war man fest davon überzeugt, dass jede Welle ein Medium braucht, in dem sie sich ausbreiten kann. Interessanterweise waren zu diesem Zeitpunkt bereits viele Phänomene bekannt, bei denen Energie scheinbar auch durch ein Vakuum transportiert wird (z.B. der Transport von Wärme durch Sonnenlicht auf die Erde).
Obwohl also viele Experimente die Vermutung nahelegten, dass die Ausbreitung von Licht nicht an ein Medium gebunden ist, war dies in der Physik damals so wenig vorstellbar, dass man die Existenz eines (hypothetischen) Mediums, des **Äthers,** postulierte. Er sollte jede Form von Materie durchdringen können und so die Ausbreitung elektromagnetischer Felder im gesamten Raum ermöglichen.
Aus physikalischer Sicht war dieser Ansatz dennoch unbefriedigend, so dass man sich bemühte, die Existenz eines Äthers experimentell zu bestätigen bzw. zu verwerfen. Ein Beispiel hierfür ist das (bereits in Abschnitt 7.1 beschriebene) Michelson-Interferometer, mit dem Albert Abraham Michelson (1852 – 1931) folgende Annahme überprüfen wollte: Wenn sich Licht in einem Medium (Äther) ausbreitet, so müsste sich die Lichtgeschwindigkeit der Galilei-Transformation (→ Abschnitt 1.9) zufolge vergrößern bzw. verringern, wenn man sich gegen bzw. mit dem Äther bewegt. Michelson stellte jedoch mit Erstaunen fest, dass die Lichtgeschwindigkeit völlig unabhängig vom Bewegungszustand der Messapparatur war. Bei der Messung spielte es somit keine Rolle, wie schnell sich der Beobachter bewegte.
Um die Bedeutung dieser Aussage erfassen zu können, betrachten wir kurz folgendes Beispiel: Wenn man einen Speerwerfer während des Abwurfs betrachtet, so ist die Abwurfgeschwindigkeit $\vec{v}_{\text{Speer}}$ für die Flugbahn des Speers ein essentieller Parameter. Da $\vec{v}_{\text{Speer}}$ im Ruhesystem des Stadions gemessen wird, setzt sie sich gemäß der Galilei-Transformation aus der Summe von Anlaufgeschwindigkeit $\vec{v}_{\text{Werfer}}$ des Werfers und der Abwurfgeschwindigkeit $\vec{v}'_{\text{Speer}}$ (gemessen im Ruhesystem des

Speerwerfers) zusammen: $\vec{v}_{\text{Speer}} = \vec{v}_{\text{Werfer}} + \vec{v}'_{\text{Speer}}$. Der Speerwerfer nutzt also die Addition der Geschwindigkeiten aus, um die Abwurfgeschwindigkeit $\vec{v}_{\text{Speer}}$ und somit die Wurfweite zu vergrößern. Die Messung von Michelson zeigt jedoch, dass dieser Zusammenhang für Licht nicht gilt. Wirft man beispielsweise anstelle des Speers eine Taschenlampe, so ist die Geschwindigkeit des (von der Lampe abgestrahlten) Lichtes unabhängig von der Abwurfgeschwindigkeit. Man hat daher keine Möglichkeit, die Lichtgeschwindigkeit durch den eigenen Bewegungszustand zu verändern.

Lorentz-Transformation und Gleichzeitigkeit

Diese Überlegungen zeigen, dass die Galilei-Transformation offensichtlich nur gültig ist, wenn die Geschwindigkeit zwischen den Inertialsystemen gegenüber der Lichtgeschwindigkeit klein ist. Bei „hohen" Geschwindigkeiten führt sie jedoch zu großen Fehlern, so dass man eine neue Koordinaten-Transformation finden muss, die:

(1) im Grenzfall kleiner Geschwindigkeiten in die Galilei-Transformation übergeht

(2) die Lichtgeschwindigkeit invariant lässt, d.h. nicht verändert.

Eine derartige Transformation wurde von Hendrik Antoon Lorentz (1853 – 1928) entwickelt und wird daher als **Lorentz-Transformation** bezeichnet. Da ihre allgemeine Formulierung den Rahmen dieses Buches sprengen würde, beschäftigen wir uns nur mit folgendem Spezialfall: KS und KS' seien zwei Inertialsysteme (mit gleicher Achsenorientierung, Ursprünge fallen zum Zeitpunkt $t = 0$ zusammen), die entlang der x-Achse mit konstanter Geschwindigkeit v_0 gegeneinander verschoben werden. KS ruhe im Raum, während KS' sich gleichförmig mit v_0 bewege.

Beschreibt man die Bewegungen in KS mit $\vec{r}(t)$ bzw. in KS' mit $\vec{r}'(t)$, so liefert die Galilei-Transformation für die Koordinaten die Relationen

$t = t'$ und $x(t) = x'(t) + v_0 \cdot t$, $y(t) = y'(t)$, $z(t) = z'(t)$.

Da in KS und KS' die gleiche Zeit ($t = t'$) gemessen wird (Newton'sches Weltbild), addieren sich Geschwindigkeiten bei Übergängen zwischen unterschiedlichen Inertialsystemen. Lorentz konnte jedoch zeigen, dass die Lichtgeschwindigkeit konstant bleibt, wenn sich sowohl die räumlichen als auch die zeitlichen Koordinaten gemäß

$$x(t') = \gamma \cdot (x'(t') + v_0 \cdot t'),\ y(t') = y'(t') \text{ und } z(t') = z'(t') \qquad (8.7)$$

und

$$t = \gamma \cdot (t' + x'(t') \cdot v_0/c^2_{\text{Licht}}) \text{ mit } \gamma = 1/\sqrt{1 - v_0^2/c^2_{\text{Licht}}}$$

transformieren. Albert Einstein (1879 – 1955) griff diese Rechnungen, die Lorentz ursprünglich zur Transformation elektromagnetischer Felder entwickelt hatte, auf und zeigte im Rahmen seiner **Speziellen Relativitätstheorie**, dass sich mit Hilfe der

Lorentz-Transformation nicht nur die elektromagnetischen, sondern alle physikalischen Gesetze zwischen verschiedenen Inertialsystemen umrechnen lassen.

Insbesondere zeigt die Lorentz-Transformation, dass in unterschiedlichen Inertialsystemen im Allgemeinen auch unterschiedliche Zeiten gemessen werden ($t \neq t'$, vgl. Gl. 8.7). Eine Bewegung wird somit nur dann eindeutig beschrieben, wenn man zu den räumlichen Koordinaten ebenfalls die **(Eigen-)Zeit** des verwendeten Inertialsystems hinzufügt, so dass man nun in vierdimensionalen Koordinatensystemen $\vec{r} = (x, y, z, t)$ bzw. $\vec{r}' = (x', y', z', t')$ rechnet.

Dies wird besonders deutlich, wenn man Ereignisse betrachtet, die in KS' gleichzeitig ($t'_1 = t'_2$) an unterschiedlichen Orten stattfinden ($x'_1 \neq x'_2$). Anwenden von Gl. 8.7 auf diese Situation zeigt, dass diese Ereignisse in KS im Allgemeinen zu unterschiedlichen Zeiten $t_1 \neq t_2$ stattfinden. Das bedeutet:

> Ob zwei Ereignisse gleichzeitig stattfinden, hängt vom gewählten Inertialsystem, d.h. vom Bewegungszustand des Beobachters ab. Man kann daher immer ein Inertialsystem finden, in dem zwei Ereignisse gleichzeitig stattfinden.

Zeitdilatation und (Lorentz'sche) Längenkontraktion

Betrachten wir nun eine Uhr, die im Koordinatenursprung von KS' ruht, $\vec{r}_{\text{Uhr}}' = (0, 0, 0, t')$, und deren Sekundenzeiger sich immer dann vorwärts bewegt, wenn in KS' das Zeitintervall $\Delta t' = 1$ s verstrichen ist. Wird diese Uhr aus KS beobachtet, so besitzt sie nach Gl. 8.3 die Koordinaten $\vec{r}_{\text{Uhr}} = (\gamma \cdot v_0 \cdot t', 0, 0, \gamma \cdot t')$, d.h., der Sekundenzeiger bewegt sich für einen Beobachter in KS einmal im Zeitintervall $\Delta t = \gamma \cdot \Delta t'$. Da jedoch stets $\gamma > 1$ gilt, folgt $\Delta t > \Delta t'$. Das bedeutet:

> Ruht ein Beobachter in einem Inertialsystem, so läuft jede (relativ zu ihm bewegte) Uhr langsamer als eine neben ihm ruhende Uhr. Besitzt sie die konstante Relativgeschwindigkeit v, so ist die **Zeitdilatation** durch
> $\Delta t = \gamma \cdot \Delta t' = \Delta t' / \sqrt{1 - v^2/c^2_{\text{Licht}}}$ gegeben.

Die Zeitdilatation wurde bei ihrer Ableitung zunächst als mathematischer „Trick" betrachtet, der einige Berechnungen vereinfachen konnte. Jedoch fand man schnell experimentelle Beweise dafür, dass sich der „zeitliche Maßstab" aufgrund der Relativbewegung tatsächlich verändert: So entstehen z.B. durch Wechselwirkung von kosmischer Strahlung mit der Erdatmosphäre in 10 km Höhe Elementarteilchen, die als **Myonen** bezeichnet werden. Durch Experimente weiß man, dass ihre mittlere Lebensdauer ca. $2{,}2\ 10^{-6}$ s beträgt und sie sich in der Natur nahezu mit Lichtgeschwindigkeit bewegen. Interessanterweise zeigt sich, dass Myonen die 10 km bis zur Erdoberfläche zurücklegen können, obwohl ihre Reichweite (aufgrund der begrenzten Lebensdauer) im klassischen (Newton'schen) Bild auf $\Delta L_{\text{New}} \approx c_{\text{Licht}} \cdot \Delta t_{\text{Myon}} = 660$ m beschränkt ist. Die klassische Mechanik kann diese Beobachtung daher nicht erklären. Im Einstein'schen Bild verlängert sich aufgrund der hohen Relativgeschwindigkeit $v \approx c_{\text{Licht}}$ jedoch die Lebenszeit der Myonen $\Delta t_{\text{Myon}} = \gamma \cdot \Delta t'_{\text{Myon}}$ (**Zeitdilatation**), so dass sie ohne Probleme den Weg bis zur Erdoberfläche zurücklegen können.

Man könnte nun einwenden, dass die Lebensdauer der Myonen in ihrem Ruhesystem unverändert durch 2,2 10^{-6} s gegeben ist, so dass ihre Reichweite weiterhin auf $\approx$ 660 m begrenzt ist und sie die Erdoberfläche somit noch immer nicht erreichen können. Man würde folglich in beiden Inertialsystemen unterschiedliche Beobachtungen machen, was im Widerspruch zum Relativitätsprinzip steht. Der Widerspruch löst sich auf, wenn man berücksichtigt, dass die Relativbewegung nicht nur den Maßstab der Zeitmessung, sondern auch den der Längenmessung verändert:

> Ruht ein Beobachter in einem Inertialsystem, so erscheinen ihm bewegte Körper umso stärker in Bewegungsrichtung komprimiert, je höher die Relativgeschwindigkeit v ist. Gilt $v = const.$, so kann die **Längenkontraktion** in Bewegungsrichtung durch $\Delta L = \Delta L' / \gamma = \Delta L' \cdot \sqrt{1 - v^2/c^2_{\text{Licht}}}$ berechnet werden.

In beiden Inertialsystemen werden deshalb die gleichen physikalischen Beobachtungen gemacht, weil sich im Ruhesystem der Erdoberfläche die Lebensdauer der Myonen um den Faktor γ verlängert (Zeitdilatation), während sich im Ruhesystem der Myonen der Abstand zur Erde um den Faktor γ verkürzt (Längenkontraktion).

1. Eigenschaften der vektoriellen Größe $\vec{r}$

r	Betrag des Vektors $\vec{r}$ (Kapitel 1.1)
$\vec{e}_r$	Richtungsvektor zum Vektor $\vec{r}$ (Kapitel 1.1)

2. Physikalische Größen

$\vec{a}$	(aktuelle) Beschleunigung (Kapitel 1.2)
A, $\vec{A}$	Fläche (Abschnitt 2.2), Flächenvektor (Kapitel 4.2)
$\vec{B}$	magnetische Flussdichte (Kapitel 5.1)
c	Schall- bzw. Lichtgeschwindigkeit (Kapitel 2.7)
C	beliebige Konstante
C	Wärmekapazität (Kapitel 3.1)
C	Kapazität (eines Kondensators) (Kapitel 4.2)
$\vec{D}$	Drehmoment (Kapitel 1.8)
$\vec{E}$	elektrisches Feld (Kapitel 4.1)
E	Elastizitätsmodul (Kapitel 2.3)
E	Energie (Kapitel 1.7)
E_{el}	elektrische (Feld-)Energie (Kapitel 4.2)
E_{kin}	kinetische Energie (Kapitel 1.7)
E_{mag}	magnetische (Feld-)Energie (Kapitel 6.1)
E_{pot}	potentielle Energie (Kapitel 1.7)
E_{rot}	Rotationsenergie (Kapitel 2.2)
f	Frequenz (Kapitel 1.10)
f	Anzahl an Freiheitsgraden (Kapitel 2.2 und 3.2)
f	Brennweite (Kapitel 7.3)
$\vec{F}$	Kraft (Kapitel 1.5)
$\vec{F}_{Cor}$	Coriolis-Kraft (Kapitel 1.9)
$\vec{F}_{Coul}$	Coulomb-Kraft (Kapitel 4.1)
$\vec{F}_g$	Gewichtskraft (Kapitel 1.5)
$\vec{F}_{Grav}$	Newton'sche Gravitationskraft (Kapitel 1.5)
$\vec{F}_{i,\,ext}$	Äußere Kraft (Kapitel 1.11)
$\vec{F}_{Lor}$	Lorentz-Kraft (Kapitel 5.2)

$\vec{F}_Z$	Zentrifugalkraft (Kapitel 1.9)
$\vec{F}_{ZP}$	Zentripetalkraft (Kapitel 1.9)
g	Schwerebeschleunigung (Kapitel 1.5)
G	Schermodul (Kapitel 2.3)
I	Trägheitsmoment (Kapitel 2.2)
I	Stromstärke (Kapitel 2.6 und 4.4)
I	Intensität einer Welle (Kapitel 6.3)
$\vec{j}$	Stromdichte (Kapitel 2.6)
k	Federkonstante (Kapitel 1.10)
k	Wellenvektor (Kapitel 2.7)
K	Kompressionsmodul (Kapitel 2.3)
$\vec{l}$	Teil eines Weges oder einer Strecke (Kapitel 1.7)
L	Länge eines Körpers (Kapitel 1.10)
L	Induktivität (Kapitel 6.1)
$\vec{L}$	Drehimpuls (Kapitel 1.8)
m	Masse (Kapitel 1.2)
M	Magnetisierung (Kapitel 5.3)
n	Brechungsindex (Kapitel 6.4)
n	Teilchendichte (Kapitel 2.5)
N	Teilchenanzahl (Kapitel 2.5)
p	Normalspannung bzw. Druck (Kapitel 2.3)
$\vec{p}$	Impuls (Kapitel 1.2)
$\vec{p}_{el}$	elektrisches Dipolmoment (Kapitel 4.1)
$\vec{p}_{mag}$	magnetisches Dipolmoment (Kapitel 5.2)
P	Punkt im Raum (Kapitel 1.1)
P	Leistung (Kapitel 1.7)
q	Querschnittsfläche (Kapitel 2.3)
Q	Wärme (Kapitel 3.1)
Q	Ladung (Kapitel 4.1)
r	Amplituden-Reflexionskoeffizient (Kapitel 6.4)
$\vec{r}(t)$	Bahnkurve (Kapitel 1.2)

R	Kreisradius (Kapitel 1.2)
R	Ohm'scher Widerstand (Kapitel 4.4)
R	Intensitäts-Reflexionskoeffizient (Kapitel 6.4)
S	Weg im Raum (Kapitel 1.7)
S	Entropie (Kapitel 3.6)
t	Zeit (Kapitel 1.2)
T	Periodendauer (Kapitel 1.10)
T	Temperatur (Kapitel 3.1)
U	innere Energie (Kapitel 3.3)
U	(elektrische) Spannung (Kapitel 4.1)
U_{ind}	Induktionsspannung (Kapitel 6.1)
U_M	magnetische Spannung (Kapitel 5.1)
$\vec{v}$	(aktuelle) Geschwindigkeit (Kapitel 1.2)
V	elektrisches Potential (Kapitel 4.1)
V	Volumen (Kapitel 2.2 und 3.2)
W	Wahrscheinlichkeit (Kapitel 3.2 und 3.7)
W	Arbeit (Kapitel 1.7)
W_S	entlang des Weges S verrichtete Arbeit (Kapitel 1.7)
α	Winkelbeschleunigung (Kapitel 1.2)
α_{th}	thermischer Längenausdehnungskoeffizient (Kapitel 3.1)
η	dynamische Viskosität (Kapitel 2.6)
ε	Dielektrizitätskonstante (Kapitel 4.2)
Φ	Potential (Kapitel 1.7)
γ_{th}	thermischer Volumenausdehnungskoeffizient (Kapitel 3.1)
κ	Kompressibilität (Kapitel 2.3)
κ	Adiabatenkoeffizient (Kapitel 3.3)
λ	Wellenlänge (Kapitel 2.7)
λ	Wärmeleitfähigkeit (Kapitel 3.7)
μ	Poisson-Zahl (Kapitel 2.3)
μ	relative magnetische Permeabilität (Kapitel 5.3)
μ_{reib}	Reibungskoeffizient (Kapitel 1.5)

ν	kinematische Viskosität (Kapitel 2.6)
Ψ_{el}	elektrischer (Kraft-)Fluss (Kapitel 4.2)
Ψ_{mag}	magnetischer (Kraft-)Fluss (Kapitel 6.1)
ρ	Dichte (Kapitel 2.2)
ρ_{el}	spezifischer Widerstand (Kapitel 4.4)
σ	Oberflächenspannung (Kapitel 2.4)
σ_{el}	elektrische Leitfähigkeit (Kapitel 3.7 und 4.4)
σ_F	Zugspannung (Kapitel 2.3)
σ_{RMS}	Rauheit (Kapitel 1.5)
τ	Scherspannung (Kapitel 2.3)
χ	magnetische Suszeptibilität (Kapitel 5.3)
ω	Winkelgeschwindigkeit (Kapitel 1.2)
$\vec{\omega}$	Vektor der Rotation um eine raumfeste Achse (Kapitel 1.9)

3. Physikalische Konstanten

$a_0 = 0{,}529 \cdot 10^{-10}$ m	Bohr'scher Atomradius
$c_{EM,0} = 299'792'458$ m $\cdot$ s^{-1}	Vakuum-Lichtgeschwindigkeit
$e = 1{,}602 \cdot 10^{-19}$ C	Elementarladung
$G = 6{,}674 \cdot 10^{-11}$ m$^3 \cdot$ kg$^{-1} \cdot$ s^{-2}	Newton'sche Gravitationskonstante
$h = 6{,}626 \cdot 10^{-34}$ J $\cdot$ s	Planck'sches Wirkungsquantum
$k_B = 1{,}3807 \cdot 10^{-23}$ J $\cdot$ K^{-1}	Boltzmann-Konstante
$L = 2{,}44 \cdot 10 - 8$ W $\cdot \Omega \cdot$ K^{-2}	Lorenz-Zahl
$m_e = 9{,}1094\ 10^{-31}$ kg	Ruhemasse des Elektrons
$m_n = 1{,}6749\ 10^{-27}$ kg	Ruhemasse des Neutrons
$m_p = 1{,}6726\ 10^{-27}$ kg	Ruhemasse des Protons
$N_A = 6{,}022 \cdot 10^{23}$ mol^{-1}	Avogadro-Konstante
$R = N_A \cdot k_B = 8{,}31$ J $\cdot$ mol$^{-1} \cdot$ K^{-1}	universelle Gaskonstante
$Ry_\infty = 2{,}177 \cdot 10^{-18}$ J $= 13{,}605$ eV	Rydberg-Energie
$T_0 = 0$ K $= -273{,}15$ °C	absoluter (Temperatur-)Nullpunkt
$\varepsilon_0 = 8{,}85\ 10^{-12}$ C $\cdot$ V$^{-1} \cdot$ m^{-1}	Vakuum-Dielektrizitätskonstante
$\mu_0 = 4\ \pi\ 10^{-7}$ VsA^{-1}m^{-1}	magnetische Permeabilitätskonstante

Register